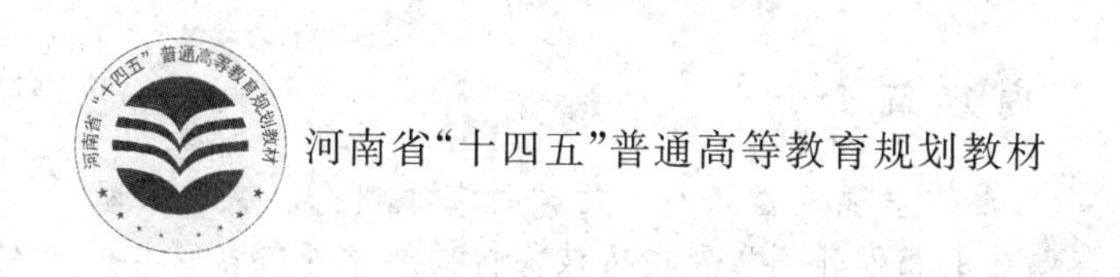

河南省“十四五”普通高等教育规划教材

电磁场与电磁波基础

(第二版)

张　瑜　王　旭　林方丽　武志燕　编著

同意发行

臧延新

2022.11.16

西安电子科技大学出版社

内容简介

本书主要以麦克斯韦方程组为核心，介绍宏观电磁场与电磁波的基本概念、基本原理、基本分析计算方法，电磁场和电磁波与物质的相互作用以及电磁波的传播规律等内容。

全书分为基础知识，电磁场理论及电磁波的传播、传输与辐射三篇。基础知识篇介绍了学习电磁场与电磁波课程必备的数学知识，如矢量运算、常用正交坐标系、矢量分析、场论基础等。电磁场理论篇根据学生学习的思维习惯，采用从特殊到一般的叙述方式，首先分别介绍了静电场、恒定电场、静磁场的基本特性和分析方法，总结出静态场中麦克斯韦方程组及其边界条件；然后介绍了静态场的典型计算方法；最后介绍了时变电磁场的基本特性和分析方法，并总结出适应于静态和时变情况下的一般麦克斯韦方程组和波动方程。在电磁波的传播、传输与辐射篇中，分别介绍了电磁波在无界空间和有界空间中的传播特性、规律和产生的相关效应，在此基础上简要介绍了电磁波的辐射特性和规律(属于天线技术领域)。其中电磁波在有界空间中的传输特性和电磁辐射特性可为电子信息类学生进一步学习后续课程奠定基础。

本书可作为高等学校电子信息工程、通信工程、电子科学与技术、光电子科学与工程等本科电子信息类专业的教材，也可供通信技术、雷达技术、微波技术、天线技术、射频技术、电波传播、电磁兼容等领域的科研工程人员参考。

图书在版编目(CIP)数据

电磁场与电磁波基础 / 张瑜等编著. —2版. —西安：西安电子科技大学出版社，2022.11
ISBN 978-7-5606-6536-8

Ⅰ. ①电…　Ⅱ. ①张…　Ⅲ. ①电磁场—高等学校—教材　②电磁波—高等学校—教材
Ⅳ. ①O441.4

中国版本图书馆 CIP 数据核字(2022)第 119365 号

策　　划　马乐惠
责任编辑　雷鸿俊
出版发行　西安电子科技大学出版社(西安市太白南路 2 号)
电　　话　(029)88202421　88201467　　邮　　编　710071
网　　址　www.xduph.com　　电子邮箱　xdupfxb001@163.com
经　　销　新华书店
印刷单位　陕西天意印务有限责任公司
版　　次　2022 年 11 月第 2 版　2022 年 11 月第 1 次印刷
开　　本　787 毫米×1092 毫米　1/16　印张　23.25
字　　数　551 千字
印　　数　1～2000 册
定　　价　56.00 元
ISBN 978-7-5606-6536-8/O
XDUP　6838002-1

前　言

本书是西安电子科技大学出版社于2016年4月出版的《电磁场与电磁波基础》(张瑜、李雪萍、付喆编著)的修订版。原书在2020年被评为河南省“十四五”规划教材。

本书第一版在许多高校使用多年，并获得好评。随着电磁场与电磁波知识在相关应用领域的要求不断提高，我们根据现代科学技术的发展和现实需求，在充分参考实际教学过程中许多授课教师和学生提出的意见与建议的基础上，为使教材更加适应教师教学和学生学习的需要，对原书进行了修订。本书可作为高等院校电子信息工程、通信工程、光电子科学与工程等电子信息类专业以及部分非电类专业中电磁场与电磁波课程的教材，也可作为相关工程技术人员的参考书。

本次修订以“保证基础、遵循思维、联系实际、体现创新”为基本原则，紧扣教学基本要求，培养学生全面发展能力。全书以知识内容导图开篇，以电磁辐射结尾，让学生站在整个场波系统的高度来认识电磁场与电磁波的基础理论，以便掌握其精髓和“根本”。本书通过知识与实际工程应用相结合，着力培养学生发现问题、研究问题和解决问题的能力。

本次所做的主要修订如下：

(1) 增加导图。为了使学生对电磁场和电磁波知识体系有全面的了解，并对全书内容有整体把握，在前言后增加了电磁场与电磁波内容导图、电磁场知识导图和电磁波知识导图。

(2) 删减内容。由于电子信息类专业学生在大学物理课程中已学习过电磁学的内容，为了减少内容重复，缩减学时，删减了部分静电场、恒定电场和静磁场方面的内容。

(3) 体现应用。为了激发学生的学习兴趣，进一步培养学生利用所学知识解决实际工程问题的能力，在每章后面增加了一些实际工程应用案例。

(4) 扩充习题。鉴于第一版中的习题较少，为了尽量涵盖所有的知识点，增加了一些习题。同时，为了体现知识的实际应用，增加了部分实际工程应用习题。

(5) 眼见为实。电磁场与电磁波是看不见、摸不着的物质，这也是影响学生理解的主要障碍。为了便于学生理解和掌握，对书中较难理解的知识点采用动图的方式进行呈现，学生通过手机扫码就可获得动图，“看见”电磁场的分布和电磁波的传播现象。

(6) 勘正错误。对原书中的一些错误和欠妥之处进行了改正。

(7) 同步辅导。鉴于许多选用本书的高校教师来电询问习题答案的情况，我们正在对修订版中所有的习题进行解答，习题答案将在随后出版的《电磁场与电磁波基础同步辅导与习题全解》中呈现。

本书的修订工作由张瑜教授、王旭副教授、林方丽博士和武志燕博士共同完成。其中，张瑜修订了第7、8、9章，王旭修订了第1、2、3章，林方丽修订了第4、5、6章，武志燕修订了第10、11章。另外，林方丽博士完成了全部动图的设计和实现，武志燕和张瑜完成了习题的修订。在修订过程中，河南师范大学电子工程系相关教师参与了修订大纲的讨论，河南师范大学的牛有田教授和中国电子科技集团公司第二十二研究所的郝文辉研究员不辞辛劳地仔细审阅了全部书稿，并提出了许多宝贵的意见和建议，在此表示深深的谢意！同时，也向对原书提出过意见和建议的读者表示衷心的感谢！西安电子科技大学出版社的马乐惠、雷鸿俊等编辑对本书内容提出了许多宝贵意见和建议，在此向他们表示真诚的感谢！在编写本书的过程中，我们参考了一些国内外的相关教材、论文和其他资料，限于篇幅，参考论文资料未在书末一一列出，在此一并向有关作者和出版单位表示感谢！

由于作者水平有限，书中可能还有疏漏和欠妥之处，恳请广大读者多加指正，以便我们进一步完善本书。

作　者

2022 年 7 月于河南师范大学

电磁场与电磁波内容导图

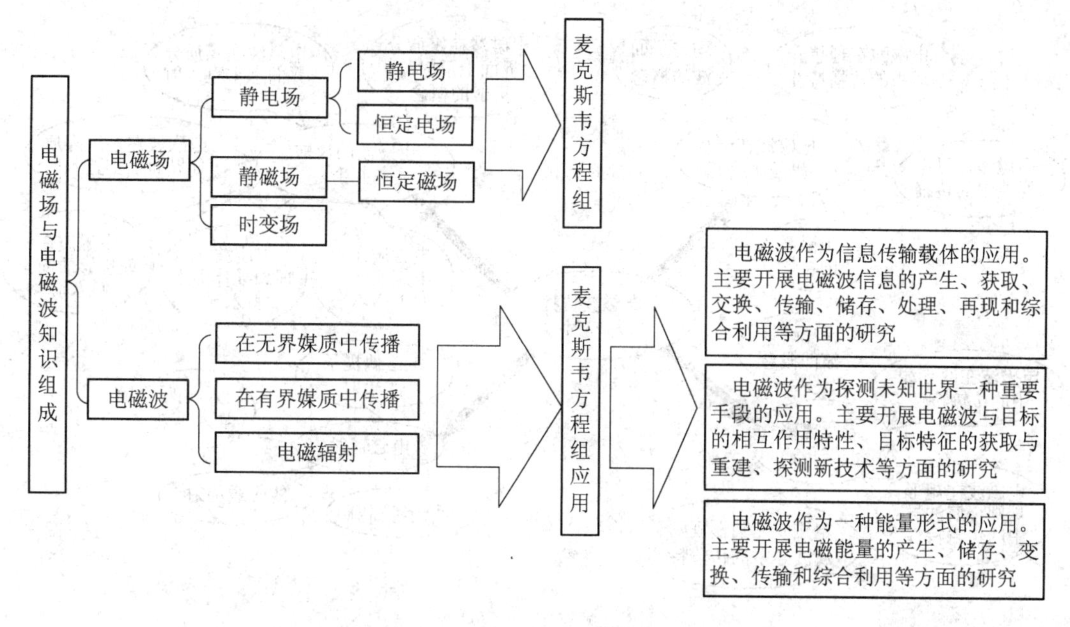

电磁场知识导图

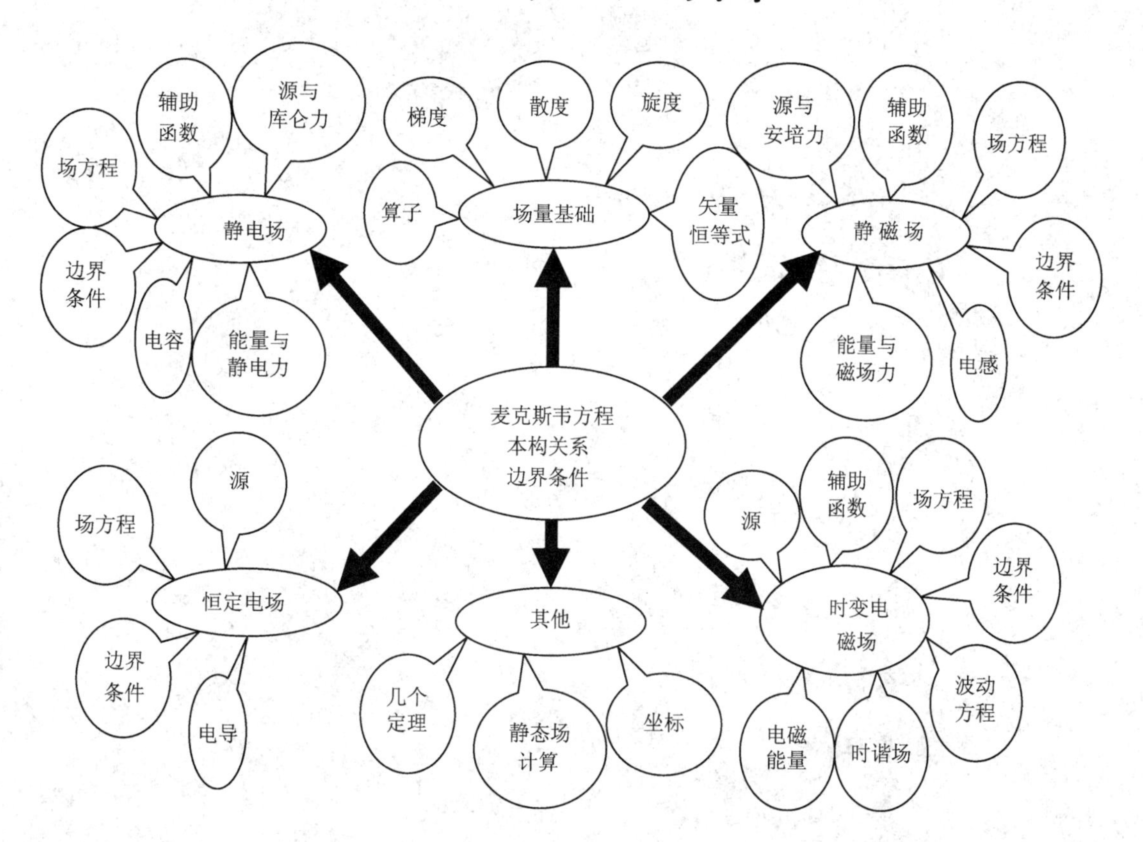

电磁波知识导图

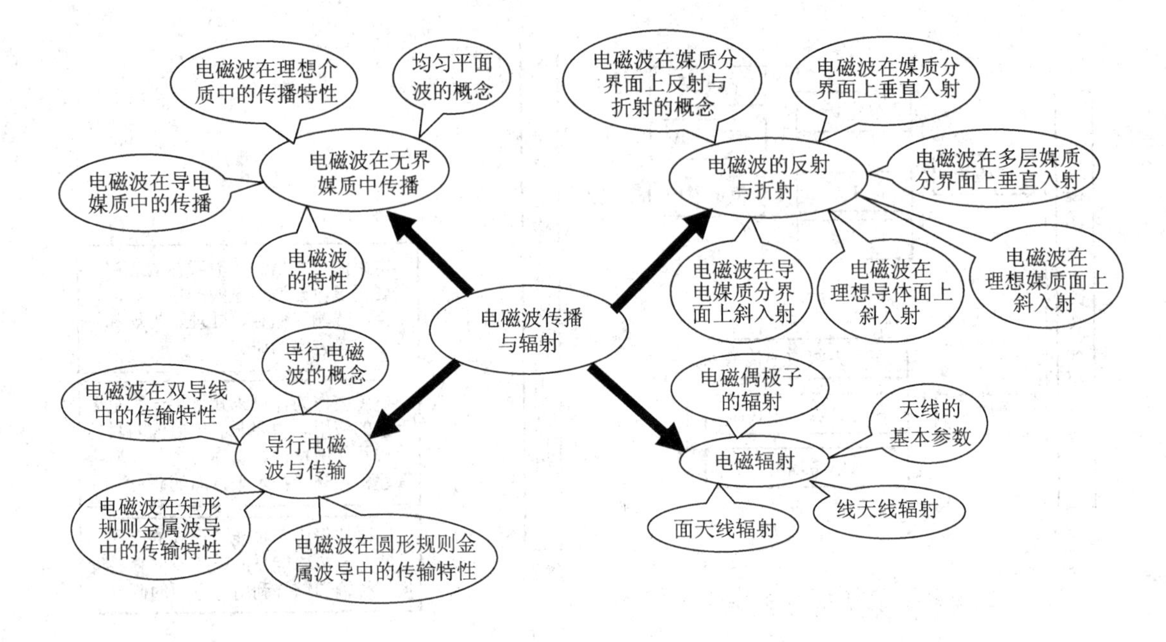

电磁波传播与辐射
电磁波在无界媒质中传播
电磁波在理想介质中的传播特性
均匀平面波的概念
电磁波在导电媒质中的传播
电磁波的特性
电磁波的反射与折射
电磁波在媒质分界面上反射与折射的概念
电磁波在媒质分界面上垂直入射
电磁波在多层媒质分界面上垂直入射
电磁波在导电媒质分界面上斜入射
电磁波在理想导体面上斜入射
电磁波在理想媒质面上斜入射
导行电磁波与传输
导行电磁波的概念
电磁波在双导线中的传输特性
电磁波在矩形规则金属波导中的传输特性
电磁波在圆形规则金属波导中的传输特性
电磁辐射
电磁偶极子的辐射
天线的基本参数
线天线辐射
面天线辐射

目　录

第一篇　基础知识

第二篇　电磁场理论

第三篇 电磁波的传播、传输与辐射

第一篇　基础知识

第1章　矢量分析

在电磁场与电磁波理论中描述电场和磁场及其相互关系时，一般采用矢量及其运算，一是它可为复杂的电磁现象提供简洁的数学描述，二是便于人们的直观想象和运算变换。因此，在学习电磁场与电磁波理论时，首先必须学好矢量概念和矢量运算等矢量分析方法。矢量分析是研究电磁场在空间中的分布和变化规律的基本数学工具之一。矢量分析中有一些新的符号和规则，因此需要特别关注并学好它，以便为电磁场与电磁波基础知识的学习奠定基础。

1.1　标量与矢量

在电磁场与电磁波理论中遇到的绝大多数参量，都可以很容易地用标量或矢量进行表示或描述。

只用大小就能够完整描述的物理量称为标量。在数学上，任一代数量都是标量。在物理学中，任一代数量一旦被赋予物理单位，则称其为具有物理意义的标量，即物理量，如质量 m、时间 t、温度 T、能量 W、电荷 Q、电压 u、长度 L、面积 S 等都是标量。若一个物理量与坐标系的选择无关，则称该物理量为绝对标量。

必须用大小和方向一起来描述的量称为矢量(或称为向量)。一旦某一矢量被赋予物理单位，则称该矢量为具有物理意义的物理矢量(或物理向量)，如力 $\boldsymbol{F}$、速度 $\boldsymbol{v}$、电场 $\boldsymbol{E}$、加速度 $\boldsymbol{a}$ 等都是物理矢量。因此，每个矢量都具有大小和方向两个特征。

在几何上，一个矢量 $\boldsymbol{A}$ 可用一条有方向的线段 OP 来表示，其中 O 表示线段的起点，P 表示线段的终点，$\boldsymbol{A}$ 表示从 O 点指向 P 点的矢量，如图 1.1-1 所示。线段 OP 的长度表示矢量 $\boldsymbol{A}$ 的模 A，即 $A=|\boldsymbol{A}|$，它是一个标量。

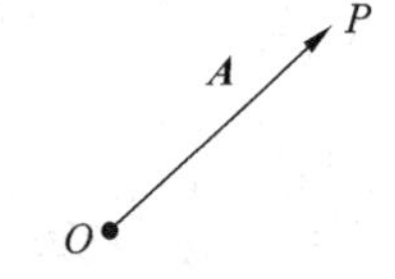

图 1.1-1　矢量的几何表示

如果一个矢量的模 A 为 1，则称该矢量为单位矢量，用 $\boldsymbol{e}_A$ 表示。它表示与 $\boldsymbol{A}$ 同方向、模为 1 的一个矢量。显然，

$$\boldsymbol{e}_A=\frac{\boldsymbol{A}}{A} \tag{1.1-1}$$

在代数上，矢量 $\boldsymbol{A}$ 可表示为 $\boldsymbol{A}=\boldsymbol{e}_A A$，则矢量的方向为单位矢量 $\boldsymbol{e}_A$ 的方向，该矢量的模 A 为

$$A=\frac{\boldsymbol{A}}{\boldsymbol{e}_A}=|\boldsymbol{A}| \tag{1.1-2}$$

如果一个矢量的大小和方向均不变，则称该矢量为常矢量。但要注意，一个单位矢量尽管其模为常数 1，但其方向是会变化的，因此单位矢量不一定是常矢量。只有单位矢量

的方向不变时它才是常矢量。

如果一个矢量的大小等于0，则称该矢量为零矢量，简称为空矢或零矢。零矢量是唯一不能用箭头表示的矢量。

如果两个矢量同时满足方向相同和模的大小相等这两个条件，则称这两个矢量相等。

1.2　矢量代数

在日常生活中，我们遇到最多的数字计算大都是标量之间的加、减、乘、除运算，这对于绝大多数人来讲是很简单的。在计算时，只要把具有相同单位的标量的大小进行加、减、乘、除就完成了。但是，矢量的加、减、乘、除运算就没有那么简单了。因为矢量运算不仅要考虑大小，而且也要考虑方向。由于矢量的除法目前还没有明确的物理定义，因此这里略去，有兴趣的读者可参阅有关的书籍。

1.2.1　矢量的加法

矢量分析——加法

若两个矢量 $\boldsymbol{A}$ 和 $\boldsymbol{B}$ 相加，则其和是另一个矢量 $\boldsymbol{C}$，即 $\boldsymbol{A}+\boldsymbol{B}=\boldsymbol{C}$。两矢量的求和方法同物理学中的两个力的合成或两个速度的合成相类似，在几何上主要有平行四边形法和三角形法两种计算方法。用平行四边形法求矢量和是以 O 为这两个矢量相同的起点，以这两个矢量 $\boldsymbol{A}$、$\boldsymbol{B}$ 为邻边作平行四边形，平行四边形的对角线 OC 对应的矢量 $\boldsymbol{C}$ 即为两个矢量 $\boldsymbol{A}$、$\boldsymbol{B}$ 的矢量和，如图1.2-1所示。用三角形法求矢量和是以第一个矢量 $\boldsymbol{A}$ 的终点作为第二个矢量 $\boldsymbol{B}$ 的始点，这样用直线连接矢量 $\boldsymbol{A}$ 的始点与第二个矢量 $\boldsymbol{B}$ 的终点，形成的矢量即为两个矢量 $\boldsymbol{A}$、$\boldsymbol{B}$ 的矢量和，如图1.2-2所示。

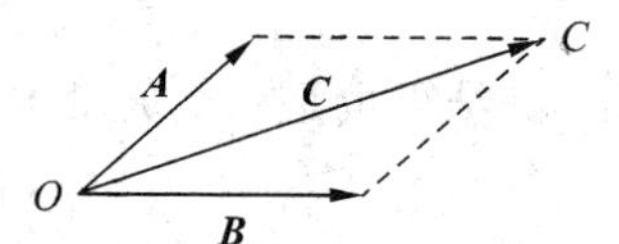

图1.2-1　两个矢量相加的平行四边形法

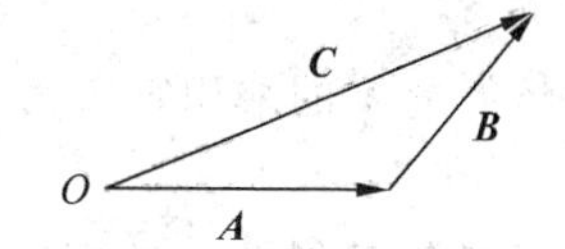

图1.2-2　两个矢量相加的三角形法

从前面的讨论中可以看出，两个矢量相加与各个矢量的先后次序无关，因此矢量相加服从加法的交换律，即

$$\boldsymbol{A}+\boldsymbol{B}=\boldsymbol{B}+\boldsymbol{A} \tag{1.2-1}$$

如果三个矢量相加，可以证明矢量相加也服从加法的结合律，即

$$\boldsymbol{A}+(\boldsymbol{B}+\boldsymbol{C})=(\boldsymbol{A}+\boldsymbol{B})+\boldsymbol{C} \tag{1.2-2}$$

从表面上看，矢量求和的平行四边形法和三角形法是完全等价的。但三角形法的最大优点在于它可以推广到 n 个矢量求和的多边形法，即当 n 个矢量首尾相接时，总的矢量和是连接第一个矢量的起点到最后一个矢量的终点的直线所形成的矢量，如图1.2-3所示。

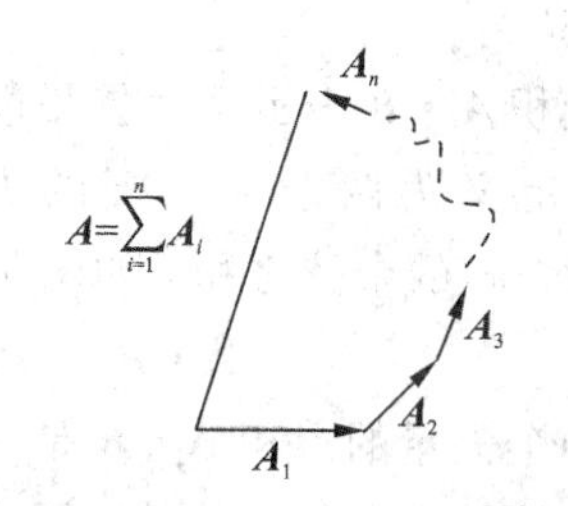

图1.2-3　n 个矢量求和的多边形法

在数学形式上，n 个矢量 $\boldsymbol{A}_i(i=1,2,3,\cdots,n)$ 的矢量和 $\boldsymbol{A}$ 为

$$\boldsymbol{A} = \sum_{i=1}^{n} \boldsymbol{A}_i \tag{1.2-3}$$

1.2.2　矢量的减法

矢量分析——减法

两个矢量的减法同矢量的加法完全类似，可以用平行四边形法和三角形法进行计算。两个矢量减法的平行四边形法是以 O 为两个矢量相同的起点，以这两个矢量 $\boldsymbol{A}$、$\boldsymbol{B}$ 为邻边作平行四边形，平行四边形的另一对角线 AB 对应的矢量 $\boldsymbol{D}$ 即为两个矢量 $\boldsymbol{A}$、$\boldsymbol{B}$ 的差，如图 1.2－4 所示。两个矢量减法的三角形法是以 O 为两个矢量相同的起点，第一个矢量 $\boldsymbol{A}$ 的终点与第二个矢量 $\boldsymbol{B}$ 的终点的连线形成的矢量即为两个矢量 $\boldsymbol{A}$、$\boldsymbol{B}$ 的差，如图 1.2－5 所示。

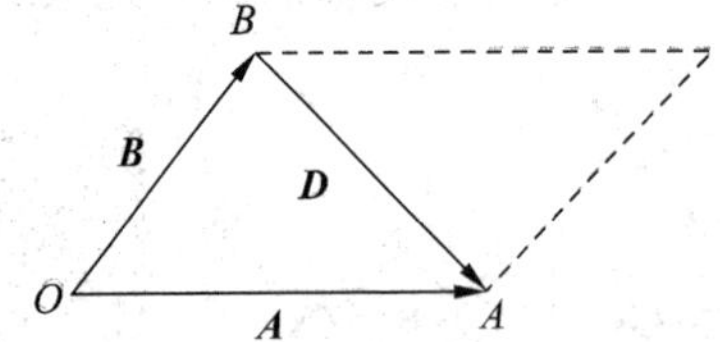
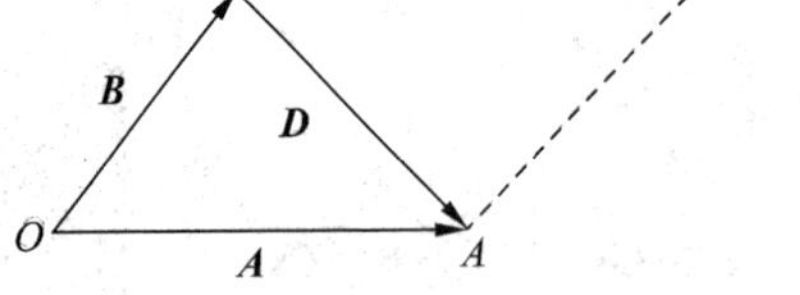

图 1.2－4　两个矢量相减的平行四边形法

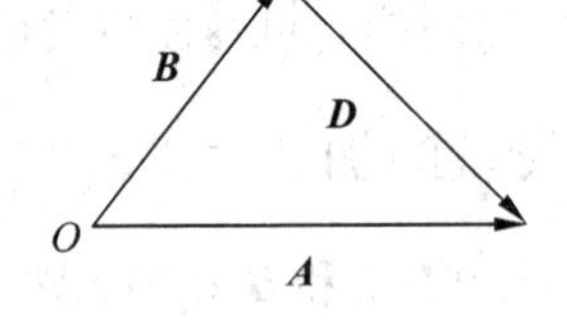

图 1.2－5　两个矢量相减的三角形法

事实上，负矢量 $-\boldsymbol{B}$ 是一个与矢量 $\boldsymbol{B}$ 大小相等、方向相反的矢量，称为矢量 $\boldsymbol{B}$ 的逆矢量。因此矢量的减法也可以用负矢量的加法来计算，即

$$\boldsymbol{D} = \boldsymbol{A} - \boldsymbol{B} = \boldsymbol{A} + (-\boldsymbol{B}) \tag{1.2-4}$$

利用负矢量，可以将两个矢量的减法运算变成两个矢量的加法进行运算。

1.2.3　矢量的数乘

标量 k 与矢量 $\boldsymbol{A}$ 的乘积定义为标量与矢量的数乘，其结果也是一个矢量 $\boldsymbol{B}$，即

$$\boldsymbol{B} = k\boldsymbol{A} \tag{1.2-5}$$

矢量 $\boldsymbol{B}$ 的模等于矢量 $\boldsymbol{A}$ 的模的 k 倍。若 $k>0$，则矢量 $\boldsymbol{B}$ 与矢量 $\boldsymbol{A}$ 同方向；若 $k<0$，则矢量 $\boldsymbol{B}$ 与矢量 $\boldsymbol{A}$ 反方向；特殊地，若 $k=0$，则矢量 $\boldsymbol{B}=0$。但是无论标量 k 如何变化，矢量 $\boldsymbol{B}$ 都平行于矢量 $\boldsymbol{A}$，只是在方向上相同或相反而已。

1.2.4　矢量的点积

两种矢量相乘的乘积有两种：一种称为点积，记为 $\boldsymbol{A}\cdot\boldsymbol{B}$；另一种称为叉积，记为 $\boldsymbol{A}\times\boldsymbol{B}$。

点积 $\boldsymbol{A}\cdot\boldsymbol{B}$ 表示两个矢量间的一种数量(或标量)相互作用，定义为两个矢量模的大小与它们之间较小夹角 $\theta(0\leqslant\theta\leqslant\pi)$ 的余弦之积，如图 1.2－6 所示，即

$$\boldsymbol{A}\cdot\boldsymbol{B} = AB\cos\theta \tag{1.2-6}$$

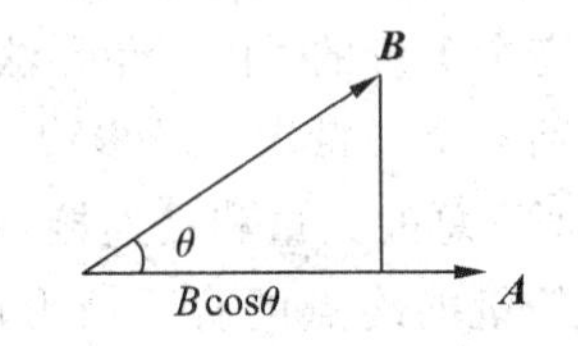

图 1.2－6　点积 $\boldsymbol{A}\cdot\boldsymbol{B}$ 示意图

两个矢量的点积 $\boldsymbol{A}\cdot\boldsymbol{B}$ 是一个标量，因此也称为标量积、数量积或内积。根据矢量点积的定义，两个矢量的点积也可以写为

$$\boldsymbol{A} \cdot \boldsymbol{B} = A(B\cos\theta) = B(A\cos\theta) \tag{1.2-7}$$

可见，两个矢量的点积实际上是一个矢量的模在另一个矢量上的投影与另一个矢量的模这两个标量的乘积。

当两个非零矢量平行时，由于其夹角 $\theta=0$，因此两个矢量的点积取得最大值；当两个矢量垂直(或正交)时，由于其夹角 $\theta=\pi/2$，因此两个矢量的点积为零。根据两个矢量点积为零这一特性，可以确定两个非零矢量是否处于正交的状态，即如果两个非零矢量的点积为0，则这两个矢量必定正交。

利用两个矢量的模和它们的点积可以得到这两个矢量之间较小的夹角 $\theta(0\leqslant\theta\leqslant\pi)$，即

$$\theta = \arccos\left(\frac{\boldsymbol{A} \cdot \boldsymbol{B}}{AB}\right) \tag{1.2-8}$$

由式(1.2-7)可见，$\boldsymbol{A} \cdot \boldsymbol{B}=A(B\cos\theta)=B(A\cos\theta)=\boldsymbol{B} \cdot \boldsymbol{A}$，因此，矢量的点积运算服从交换律，即

$$\boldsymbol{A} \cdot \boldsymbol{B} = \boldsymbol{B} \cdot \boldsymbol{A}\ (\text{交换律}) \tag{1.2-9}$$

由于两个矢量的点积是一个矢量与另一个矢量在第一个矢量上投影的标量乘积，对于矢量 $\boldsymbol{A}$ 与矢量 $\boldsymbol{B}$、$\boldsymbol{C}$ 之和的点积 $\boldsymbol{A} \cdot (\boldsymbol{B}+\boldsymbol{C})$，实际上就是 $(\boldsymbol{B}+\boldsymbol{C})$ 在矢量 $\boldsymbol{A}$ 上的投影与矢量 $\boldsymbol{A}$ 的标量乘积。又因为 $(\boldsymbol{B}+\boldsymbol{C})$ 在矢量 $\boldsymbol{A}$ 上的投影标量等于矢量 $\boldsymbol{B}$、$\boldsymbol{C}$ 分别在矢量 $\boldsymbol{A}$ 上的投影标量之和，所以矢量的点积运算也服从分配律，即

$$\boldsymbol{A} \cdot (\boldsymbol{B}+\boldsymbol{C}) = \boldsymbol{A} \cdot \boldsymbol{B} + \boldsymbol{A} \cdot \boldsymbol{C} \tag{1.2-10}$$

在电磁场与电磁波理论中，矢量点积最重要的应用之一是寻找给定方向上的分量。如矢量 $\boldsymbol{A}$ 在单位矢量 $\boldsymbol{e}_n$ 上的分量(标量)为

$$\boldsymbol{A} \cdot \boldsymbol{e}_n = |\boldsymbol{A}|\cos\theta = A\cos\theta \tag{1.2-11}$$

当 $0<\theta<\pi/2$ 时，分量的符号为正；当 $\pi/2<\theta\leqslant\pi$ 时，分量的符号为负。

1.2.5　矢量的叉积

叉积 $\boldsymbol{A}\times\boldsymbol{B}$ 表示两矢量间的一种矢量相互作用。两个矢量的叉积是一个矢量，其模的大小等于矢量 $\boldsymbol{A}$ 和 $\boldsymbol{B}$ 的模与 $\boldsymbol{A}$、$\boldsymbol{B}$ 间较小夹角 $\theta(0\leqslant\theta\leqslant\pi)$ 的正弦之积，其方向与 $\boldsymbol{A}$、$\boldsymbol{B}$ 所在平面相垂直，且满足右手螺旋法则(右手四指从 $\boldsymbol{A}$ 转向 $\boldsymbol{B}$ 时大拇指所指示的方向)，如图1.2-7所示。

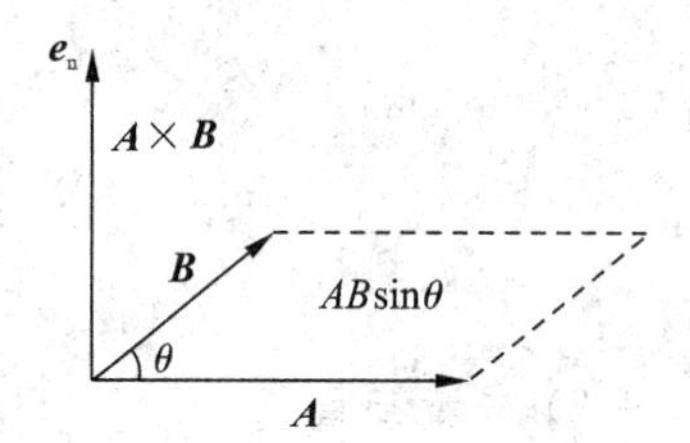

图1.2-7　叉积 $\boldsymbol{A}\times\boldsymbol{B}$ 图示

两个矢量叉积 $\boldsymbol{A}\times\boldsymbol{B}$ 为

$$\boldsymbol{A} \times \boldsymbol{B} = \boldsymbol{e}_n AB\sin\theta \tag{1.2-12}$$

式中，$\boldsymbol{e}_n$ 为矢量 $\boldsymbol{A}$、$\boldsymbol{B}$ 组成平面的法线方向的单位矢量。

可见，两个矢量的叉积 $\boldsymbol{A}\times\boldsymbol{B}$ 是一个矢量，因此也称为矢积、矢量积或外积。

当两个非零矢量平行时，由于其夹角 $\theta=0$，因此两个矢量的叉积为零；当两个矢量垂直(或正交)时，由于其夹角 $\theta=\pi/2$，因此两个矢量的叉积取得最大值。根据两个矢量叉积为零这一特性，可以确定两个非零矢量是否处于平行的状态，即如果两个非零矢量的叉积为0，则这两个矢量必定平行。

利用两个矢量的模和它们的叉积可以得到这两个矢量之间较小的夹角 $\theta(0\leqslant\theta\leqslant\pi)$，即

$$\theta = \arcsin\left(\frac{\boldsymbol{A} \times \boldsymbol{B}}{AB}\right) \tag{1.2-13}$$

根据叉积的定义有

$$\boldsymbol{B}\times\boldsymbol{A}=(-\boldsymbol{e}_{\mathrm{n}})BA\sin\theta=-\boldsymbol{e}_{\mathrm{n}}AB\sin\theta=-\boldsymbol{A}\times\boldsymbol{B} \tag{1.2-14}$$

这说明两个矢量的叉积不满足交换律。同理，根据叉积定义可以证明矢量的叉积满足分配律，即

$$\boldsymbol{A}\times(\boldsymbol{B}+\boldsymbol{C})=\boldsymbol{A}\times\boldsymbol{B}+\boldsymbol{A}\times\boldsymbol{C} \tag{1.2-15}$$

1.2.6 矢量的组合运算

前面讨论的是两个矢量的点积和叉积。如果有三个矢量进行点积和叉积的组合运算，将更为复杂一些。常见的矢量组合运算主要有标量三重积和矢量三重积两种。

1）标量三重积

矢量 $\boldsymbol{A}$ 与矢量 $\boldsymbol{B}\times\boldsymbol{C}$ 的点积 $\boldsymbol{A}\cdot(\boldsymbol{B}\times\boldsymbol{C})$ 称为标量三重积。因为 $\boldsymbol{B}\times\boldsymbol{C}$ 是一个矢量，故矢量 $\boldsymbol{A}$ 与 $\boldsymbol{B}\times\boldsymbol{C}$ 的点积必定是一个标量。

标量三重积最重要的性质是旋转法则，即

$$\boldsymbol{A}\cdot(\boldsymbol{B}\times\boldsymbol{C})=\boldsymbol{B}\cdot(\boldsymbol{C}\times\boldsymbol{A})=\boldsymbol{C}\cdot(\boldsymbol{A}\times\boldsymbol{B}) \tag{1.2-16}$$

标量三重积的几何意义表示由三个矢量 $\boldsymbol{A}$、$\boldsymbol{B}$、$\boldsymbol{C}$ 为邻边的平行六面体的体积，如图 1.2-8 所示，即

$$V=\boldsymbol{A}\cdot(\boldsymbol{B}\times\boldsymbol{C}) \tag{1.2-17}$$

因此可以推论，三个非零矢量的标量三重积为 0 的充要条件是：三个矢量 $\boldsymbol{A}$、$\boldsymbol{B}$、$\boldsymbol{C}$ 共面，此时对应的有向六面体的体积为零。

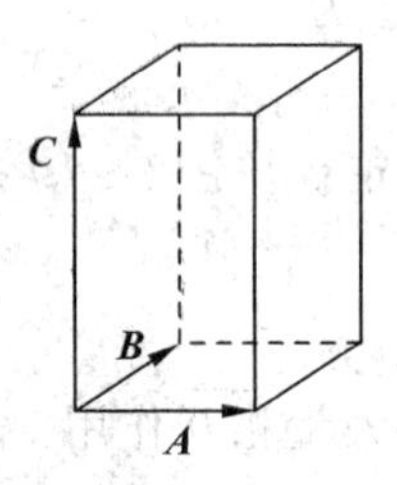

图 1.2-8 平行六面体的有向体积 $V=\boldsymbol{A}\cdot(\boldsymbol{B}\times\boldsymbol{C})$

2）矢量三重积

矢量 $\boldsymbol{A}$ 与矢量 $\boldsymbol{B}\times\boldsymbol{C}$ 的叉积 $\boldsymbol{A}\times(\boldsymbol{B}\times\boldsymbol{C})$ 称为矢量三重积。因为 $\boldsymbol{B}\times\boldsymbol{C}$ 是一个矢量，矢量 $\boldsymbol{A}$ 与它的叉积必定也是一个矢量。

可以证明矢量三重积有如下运算性质：

$$\boldsymbol{A}\times(\boldsymbol{B}\times\boldsymbol{C})=\boldsymbol{B}(\boldsymbol{A}\cdot\boldsymbol{C})-\boldsymbol{C}(\boldsymbol{A}\cdot\boldsymbol{B}) \tag{1.2-18}$$

应注意，矢量三重积不满足结合律，即

$$\boldsymbol{A}\times(\boldsymbol{B}\times\boldsymbol{C})\neq(\boldsymbol{A}\times\boldsymbol{B})\times\boldsymbol{C} \tag{1.2-19}$$

1.3 常用正交坐标系

正交坐标系

一个物理量在空间中的位置可通过三条相互正交曲线的交点来确定。三条相互正交曲线组成的体系称为正交曲线坐标系，其中，三

条正交曲线称为坐标轴，它描述的参量称为坐标变量。在电磁场与电磁波理论中涉及的大多数参量，一般都可采用不同的坐标系来描述。常用的坐标系一般有三种，即直角坐标系、圆柱坐标系和球坐标系。当然，相同的物理量可由不同的坐标系来描述，得到的结果只是在表征形式上的不同，其实质上是相同的，因此，各坐标系之间可以相互转换。

1.3.1　直角坐标系

直角坐标系由三条相互正交的直线组成，这三条直线分别称为 x、y、z 坐标轴，三条直线的交点称为坐标原点。在各个坐标轴上的物理量分别称为 x、y、z 分量，一般用单位矢量 $\boldsymbol{e}_x$、$\boldsymbol{e}_y$、$\boldsymbol{e}_z$ 表示对应三个轴的方向。由于直角坐标系中三个轴的方向相互正交，因此这三个轴的方向符合右手螺旋法则。

x、y、z 三个分量的变化范围分别为

$$-\infty < x < \infty,\ -\infty < y < \infty,\ -\infty < z < \infty$$

空间中任意一点 $P(x_0, y_0, z_0)$ 是三个平面 $x=x_0$，$y=y_0$，$z=z_0$ 的交点，从原点开始指向并到达 P 点的矢量称为位置矢量 $\boldsymbol{r}$(或简称为位矢或矢径)。因此，空间中任意一点可以由它的矢径在三个轴线上的投影来唯一确定，如图 1.3－1 所示。

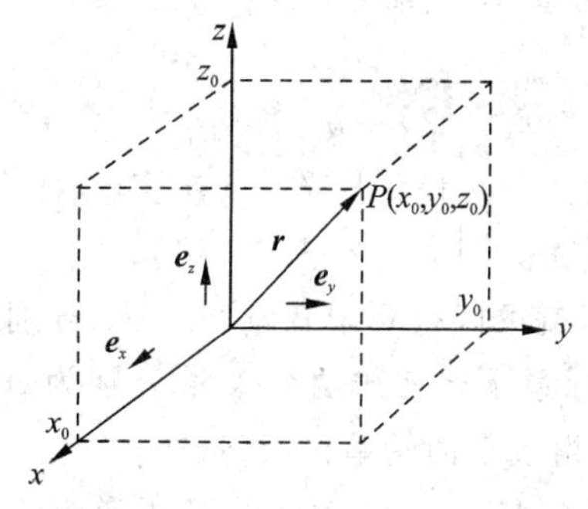

图 1.3－1　直角坐标系中空间点的投影

假设空间任意一矢量 $\boldsymbol{A}$ 的模在直角坐标系中三个坐标轴上的投影分量分别为 A_x、A_y、A_z，则矢量 $\boldsymbol{A}$ 可表示为

$$\boldsymbol{A} = \boldsymbol{e}_x A_x + \boldsymbol{e}_y A_y + \boldsymbol{e}_z A_z \tag{1.3-1}$$

类似地，矢量 $\boldsymbol{B}$ 可表示为

$$\boldsymbol{B} = \boldsymbol{e}_x B_x + \boldsymbol{e}_y B_y + \boldsymbol{e}_z B_z \tag{1.3-2}$$

则两个矢量 $\boldsymbol{A}$、$\boldsymbol{B}$ 的和、差为

$$\begin{aligned}\boldsymbol{A}\pm\boldsymbol{B} &= (\boldsymbol{e}_x A_x + \boldsymbol{e}_y A_y + \boldsymbol{e}_z A_z) \pm (\boldsymbol{e}_x B_x + \boldsymbol{e}_y B_y + \boldsymbol{e}_z B_z)\\ &= \boldsymbol{e}_x(A_x \pm B_x) + \boldsymbol{e}_y(A_y \pm B_y) + \boldsymbol{e}_z(A_z \pm B_z)\end{aligned} \tag{1.3-3}$$

由于直角坐标系中的三个单位矢量 $\boldsymbol{e}_x$、$\boldsymbol{e}_y$、$\boldsymbol{e}_z$ 相互正交，根据两个矢量相乘时的点积和叉积特性则有

$$\boldsymbol{e}_x \cdot \boldsymbol{e}_x = 1,\ \boldsymbol{e}_y \cdot \boldsymbol{e}_y = 1,\ \boldsymbol{e}_z \cdot \boldsymbol{e}_z = 1$$

$$\boldsymbol{e}_x \cdot \boldsymbol{e}_y = 0,\ \boldsymbol{e}_y \cdot \boldsymbol{e}_z = 0,\ \boldsymbol{e}_z \cdot \boldsymbol{e}_x = 0$$

$$\boldsymbol{e}_x \times \boldsymbol{e}_x = 0,\ \boldsymbol{e}_y \times \boldsymbol{e}_y = 0,\ \boldsymbol{e}_z \times \boldsymbol{e}_z = 0$$

$$\boldsymbol{e}_x \times \boldsymbol{e}_y = \boldsymbol{e}_z,\ \boldsymbol{e}_y \times \boldsymbol{e}_z = \boldsymbol{e}_x,\ \boldsymbol{e}_z \times \boldsymbol{e}_x = \boldsymbol{e}_y$$

这样，两个矢量 $\boldsymbol{A}$、$\boldsymbol{B}$ 的点积为

$$\boldsymbol{A}\cdot\boldsymbol{B}=(\boldsymbol{e}_xA_x+\boldsymbol{e}_yA_y+\boldsymbol{e}_zA_z)\cdot(\boldsymbol{e}_xB_x+\boldsymbol{e}_yB_y+\boldsymbol{e}_zB_z)$$
$$=A_xB_x+A_yB_y+A_zB_z \tag{1.3-4}$$

两个矢量 $\boldsymbol{A}$、$\boldsymbol{B}$ 的叉积为

$$\boldsymbol{A}\times\boldsymbol{B}=(\boldsymbol{e}_xA_x+\boldsymbol{e}_yA_y+\boldsymbol{e}_zA_z)\times(\boldsymbol{e}_xB_x+\boldsymbol{e}_yB_y+\boldsymbol{e}_zB_z)$$
$$=\boldsymbol{e}_x(A_yB_z-A_zB_y)+\boldsymbol{e}_y(A_zB_x-A_xB_z)+\boldsymbol{e}_z(A_xB_y-A_yB_x)$$
$$=\begin{vmatrix}\boldsymbol{e}_x & \boldsymbol{e}_y & \boldsymbol{e}_z\\ A_x & A_y & A_z\\ B_x & B_y & B_z\end{vmatrix} \tag{1.3-5}$$

【例题 1-1】 假设在直角坐标系下，已知四个矢量分别为 $\boldsymbol{r}_1=2\boldsymbol{e}_x-\boldsymbol{e}_y+\boldsymbol{e}_z$，$\boldsymbol{r}_2=\boldsymbol{e}_x+3\boldsymbol{e}_y-2\boldsymbol{e}_z$，$\boldsymbol{r}_3=-2\boldsymbol{e}_x+\boldsymbol{e}_y-3\boldsymbol{e}_z$，$\boldsymbol{r}_4=3\boldsymbol{e}_x+2\boldsymbol{e}_y+5\boldsymbol{e}_z$，试求 $\boldsymbol{r}_4=a\boldsymbol{r}_1+b\boldsymbol{r}_2+c\boldsymbol{r}_3$ 中的三个常数 a、b、c。

解 将已知的矢量 $\boldsymbol{r}_1$、$\boldsymbol{r}_2$、$\boldsymbol{r}_3$、$\boldsymbol{r}_4$ 分别代入 $\boldsymbol{r}_4=a\boldsymbol{r}_1+b\boldsymbol{r}_2+c\boldsymbol{r}_3$ 中可得

$$3\boldsymbol{e}_x+2\boldsymbol{e}_y+5\boldsymbol{e}_z=a(2\boldsymbol{e}_x-\boldsymbol{e}_y+\boldsymbol{e})+b(\boldsymbol{e}_x+3\boldsymbol{e}_y-2\boldsymbol{e}_z)+c(-2\boldsymbol{e}_x+\boldsymbol{e}_y-3\boldsymbol{e}_z)$$
$$=(2a+b-2c)\boldsymbol{e}_x+(-a+3b+c)\boldsymbol{e}_y+(a-2b-3c)\boldsymbol{e}_z$$

要使上式成立，等号两边各分量必须相等，这样就可建立由三个方程组成的标量方程组，即

$$\begin{cases}2a+b-2c=3\\ -a+3b+c=2\\ a-2b-3c=5\end{cases}$$

解此含有三个未知数的方程组就可以得到未知量 a、b、c 分别为 -2、1、-3。

【例题 1-2】 在直角坐标系下，已知两个矢量分别为 $\boldsymbol{A}=2\boldsymbol{e}_x-6\boldsymbol{e}_y-3\boldsymbol{e}_z$，$\boldsymbol{B}=4\boldsymbol{e}_x+3\boldsymbol{e}_y-\boldsymbol{e}_z$，求垂直于 $\boldsymbol{A}$、$\boldsymbol{B}$ 矢量组成平面的单位矢量。

解 根据两个矢量叉积的定义，由 $\boldsymbol{A}$、$\boldsymbol{B}$ 矢量叉积形成的矢量 $\boldsymbol{A}\times\boldsymbol{B}$ 垂直于 $\boldsymbol{A}$、$\boldsymbol{B}$ 矢量组成的平面，如果再将矢量 $\boldsymbol{A}\times\boldsymbol{B}$ 除以它们的模 $|\boldsymbol{A}\times\boldsymbol{B}|$ 就可得到垂直于 $\boldsymbol{A}$、$\boldsymbol{B}$ 矢量组成平面的单位矢量 $\boldsymbol{e}_\mathrm{n}$，即

$$\boldsymbol{e}_\mathrm{n}=\pm\frac{\boldsymbol{A}\times\boldsymbol{B}}{|\boldsymbol{A}\times\boldsymbol{B}|}$$

根据已知条件可得

$$\boldsymbol{A}\times\boldsymbol{B}=\begin{vmatrix}\boldsymbol{e}_x & \boldsymbol{e}_y & \boldsymbol{e}_z\\ A_x & A_y & A_z\\ B_x & B_y & B_z\end{vmatrix}=\begin{vmatrix}\boldsymbol{e}_x & \boldsymbol{e}_y & \boldsymbol{e}_z\\ 2 & -6 & -3\\ 4 & 3 & -1\end{vmatrix}$$
$$=15\boldsymbol{e}_x-10\boldsymbol{e}_y+30\boldsymbol{e}_z$$
$$|\boldsymbol{A}\times\boldsymbol{B}|=\sqrt{15^2+10^2+30^2}=35$$

则

$$\boldsymbol{e}_\mathrm{n}=\pm\frac{\boldsymbol{A}\times\boldsymbol{B}}{|\boldsymbol{A}\times\boldsymbol{B}|}=\pm\frac{15\boldsymbol{e}_x-10\boldsymbol{e}_y+30\boldsymbol{e}_z}{35}=\pm\frac{1}{7}(3\boldsymbol{e}_x-2\boldsymbol{e}_y+6\boldsymbol{e}_z)$$

【例题 1-3】 证明：(1) $\boldsymbol{A}\cdot(\boldsymbol{B}\times\boldsymbol{C})=\boldsymbol{B}\cdot(\boldsymbol{C}\times\boldsymbol{A})=\boldsymbol{C}\cdot(\boldsymbol{A}\times\boldsymbol{B})$；(2) $\boldsymbol{A}\times(\boldsymbol{B}\times\boldsymbol{C})=\boldsymbol{B}(\boldsymbol{A}\cdot\boldsymbol{C})-\boldsymbol{C}(\boldsymbol{A}\cdot\boldsymbol{B})$。

证明 假设 $\boldsymbol{A}$、$\boldsymbol{B}$、$\boldsymbol{C}$ 三个矢量在直角坐标系下分别为

$$\boldsymbol{A}=\boldsymbol{e}_xA_x+\boldsymbol{e}_yA_y+\boldsymbol{e}_zA_z$$
$$\boldsymbol{B}=\boldsymbol{e}_xB_x+\boldsymbol{e}_yB_y+\boldsymbol{e}_zB_z$$
$$\boldsymbol{C}=\boldsymbol{e}_xC_x+\boldsymbol{e}_yC_y+\boldsymbol{e}_zC_z$$

(1) 根据矢量点乘和叉乘的公式有

$$\begin{aligned}\boldsymbol{A}\cdot(\boldsymbol{B}\times\boldsymbol{C})&=(\boldsymbol{e}_xA_x+\boldsymbol{e}_yA_y+\boldsymbol{e}_zA_z)\cdot\begin{vmatrix}\boldsymbol{e}_x & \boldsymbol{e}_y & \boldsymbol{e}_z\\ B_x & B_y & B_z\\ C_x & C_y & C_z\end{vmatrix}\\&=(\boldsymbol{e}_xA_x+\boldsymbol{e}_yA_y+\boldsymbol{e}_zA_z)\\&\quad\cdot[\boldsymbol{e}_x(B_yC_z-B_zC_y)+\boldsymbol{e}_y(B_zC_x-B_xC_z)+\boldsymbol{e}_z(B_xC_y-B_yC_x)]\\&=A_xB_yC_z-A_xB_zC_y+A_yB_zC_x-A_yB_xC_z+A_zB_xC_y-A_zB_yC_x\\&=A_xB_yC_z+A_yB_zC_x+A_zB_xC_y-A_xB_zC_y-A_yB_xC_z-A_zB_yC_x\end{aligned}$$

$$\begin{aligned}\boldsymbol{B}\cdot(\boldsymbol{C}\times\boldsymbol{A})&=(\boldsymbol{e}_xB_x+\boldsymbol{e}_yB_y+\boldsymbol{e}_zB_z)\cdot\begin{vmatrix}\boldsymbol{e}_x & \boldsymbol{e}_y & \boldsymbol{e}_z\\ C_x & C_y & C_z\\ A_x & A_y & A_z\end{vmatrix}\\&=(\boldsymbol{e}_xB_x+\boldsymbol{e}_yB_y+\boldsymbol{e}_zB_z)\cdot\\&\quad[\boldsymbol{e}_x(C_yA_z-C_zA_y)+\boldsymbol{e}_y(C_zA_x-C_xA_z)+\boldsymbol{e}_z(C_xA_y-C_yA_x)]\\&=A_xB_yC_z-A_xB_zC_y+A_yB_zC_x-A_yB_xC_z+A_zB_xC_y-A_zB_yC_x\\&=A_xB_yC_z+A_yB_zC_x+A_zB_xC_y-A_xB_zC_y-A_yB_xC_z-A_zB_yC_x\end{aligned}$$

$$\begin{aligned}\boldsymbol{C}\cdot(\boldsymbol{A}\times\boldsymbol{B})&=(\boldsymbol{e}_xC_x+\boldsymbol{e}_yC_y+\boldsymbol{e}_zC_z)\cdot\begin{vmatrix}\boldsymbol{e}_x & \boldsymbol{e}_y & \boldsymbol{e}_z\\ A_x & A_y & A_z\\ B_x & B_y & B_z\end{vmatrix}\\&=(\boldsymbol{e}_xC_x+\boldsymbol{e}_yC_y+\boldsymbol{e}_zC_z)\cdot\\&\quad[\boldsymbol{e}_x(A_yB_z-A_zB_y)+\boldsymbol{e}_y(A_zB_x-A_xB_z)+\boldsymbol{e}_z(A_xB_y-A_yB_x)]\\&=A_yB_zC_x-A_zB_yC_x+A_zB_xC_y-A_xB_zC_y+A_xB_yC_z-A_yB_xC_z\\&=A_xB_yC_z+A_yB_zC_x+A_zB_xC_y-A_xB_zC_y-A_yB_xC_z-A_zB_yC_x\end{aligned}$$

可见，$\boldsymbol{A}\cdot(\boldsymbol{B}\times\boldsymbol{C})=\boldsymbol{B}\cdot(\boldsymbol{C}\times\boldsymbol{A})=\boldsymbol{C}\cdot(\boldsymbol{A}\times\boldsymbol{B})$。

(2) 根据矢量点乘和叉乘的公式有

$$\begin{aligned}\boldsymbol{A}\times(\boldsymbol{B}\times\boldsymbol{C})&=(\boldsymbol{e}_xA_x+\boldsymbol{e}_yA_y+\boldsymbol{e}_zA_z)\times\begin{vmatrix}\boldsymbol{e}_x & \boldsymbol{e}_y & \boldsymbol{e}_z\\ B_x & B_y & B_z\\ C_x & C_y & C_z\end{vmatrix}\\&=\begin{vmatrix}\boldsymbol{e}_x & \boldsymbol{e}_y & \boldsymbol{e}_z\\ A_x & A_y & A_z\\ B_yC_z-B_zC_y & B_zC_x-B_xC_z & B_xC_y-B_yC_x\end{vmatrix}\\&=\boldsymbol{e}_x\{[A_y(B_xC_y-B_zC_y)]-[A_z(B_xC_z-B_zC_x)]\}+\\&\quad\boldsymbol{e}_y\{[A_z(B_yC_z-B_zC_y)]-[A_x(B_xC_y-B_yC_x)]\}+\\&\quad\boldsymbol{e}_z\{[A_x(B_zC_x-B_xC_z)]-[A_y(B_yC_z-B_zC_y)]\}\end{aligned}$$

因为

$$\boldsymbol{A}\cdot\boldsymbol{C}=(\boldsymbol{e}_xA_x+\boldsymbol{e}_yA_y+\boldsymbol{e}_zA_z)\cdot(\boldsymbol{e}_xC_x+\boldsymbol{e}_yC_y+\boldsymbol{e}_zC_z=A_xC_x+A_yC_y+A_zC_z$$

所以有

$$\begin{aligned}\boldsymbol{B}(\boldsymbol{A}\cdot\boldsymbol{C}) &= (\boldsymbol{e}_xB_x+\boldsymbol{e}_yB_y+\boldsymbol{e}_zB_z)(A_xC_x+A_yC_y+A_zC_z)\\ &= \boldsymbol{e}_xB_x(A_xC_x+A_yC_y+A_zC_z)+\\ &\quad \boldsymbol{e}_yB_y(A_xC_x+A_yC_y+A_zC_z)+\\ &\quad \boldsymbol{e}_zB_z(A_xC_x+A_yC_y+A_zC_z)\end{aligned}$$

因为

$$\boldsymbol{A}\cdot\boldsymbol{B} = (\boldsymbol{e}_xA_x+\boldsymbol{e}_yA_y+\boldsymbol{e}_zA_z)\cdot(\boldsymbol{e}_xB_x+\boldsymbol{e}_yB_y+\boldsymbol{e}_zB_z) = A_xB_x+A_yB_y+A_zB_z$$

所以

$$\begin{aligned}\boldsymbol{C}(\boldsymbol{A}\cdot\boldsymbol{B}) &= (\boldsymbol{e}_xC_x+\boldsymbol{e}_yC_y+\boldsymbol{e}_zC_z)(A_xB_x+A_yB_y+A_zB_z)\\ &= \boldsymbol{e}_xC_x(A_xB_x+A_yB_y+A_zB_z)+\boldsymbol{e}_yC_y(A_xB_x+A_yB_y+A_zB_z)+\\ &\quad \boldsymbol{e}_zC_z(A_xB_x+A_yB_y+A_zB_z)\end{aligned}$$

这样,

$$\begin{aligned}&\boldsymbol{B}(\boldsymbol{A}\cdot\boldsymbol{C})-\boldsymbol{C}(\boldsymbol{A}\cdot\boldsymbol{B})\\ &= [\boldsymbol{e}_xB_x(A_xC_x+A_yC_y+A_zC_z)+\boldsymbol{e}_yB_y(A_xC_x+A_yC_y+A_zC_z)+\boldsymbol{e}_zB_z(A_xC_x+A_yC_y+A_zC_z)]-\\ &\quad [\boldsymbol{e}_xC_x(A_xB_x+A_yB_y+A_zB_z)+\boldsymbol{e}_yC_y(A_xB_x+A_yB_y+A_zB_z)+\boldsymbol{e}_zC_z(A_xB_x+A_yB_y+A_zB_z)]\\ &= \boldsymbol{e}_x\{[A_y(B_xC_y-B_yC_z)]+[A_z(B_xC_z-B_zC_x)]\}+\boldsymbol{e}_y\{[A_x(B_yC_x-B_zC_y)]+\\ &\quad [A_z(B_yC_z-B_zC_y)]\}+\boldsymbol{e}_z\{[A_x(B_zC_x-B_xC_z)]+[A_y(B_zC_y-B_yC_z)]\}\end{aligned}$$

可见，$\boldsymbol{A}\times(\boldsymbol{B}\times\boldsymbol{C})=\boldsymbol{B}(\boldsymbol{A}\cdot\boldsymbol{C})-\boldsymbol{C}(\boldsymbol{A}\cdot\boldsymbol{B})$。

为了详细分析物理量在坐标系中的分布和变化情况，需要了解不同坐标系下各个参量的微分情况。直角坐标系中的微分元如图 1.3-2 所示。

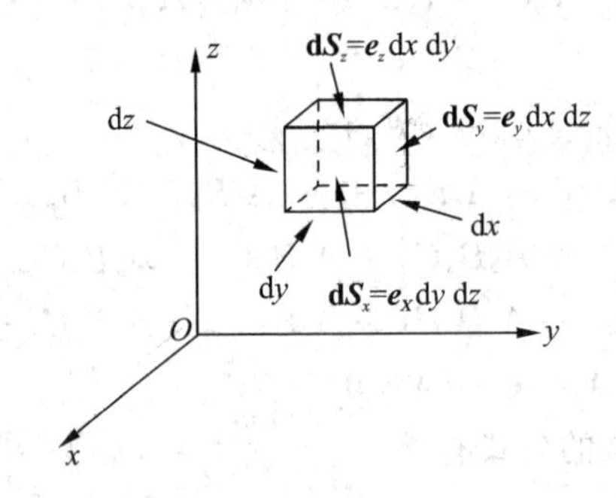

图 1.3-2　直角坐标系中的微分元

可见，直角坐标系中的位置矢量 $\boldsymbol{r}$ 可表示为

$$\boldsymbol{r} = \boldsymbol{e}_xx+\boldsymbol{e}_yy+\boldsymbol{e}_zz \tag{1.3-6}$$

位置矢量的微分 $\mathrm{d}\boldsymbol{r}$ 为

$$\mathrm{d}\boldsymbol{r} = \boldsymbol{e}_x\mathrm{d}x+\boldsymbol{e}_y\mathrm{d}y+\boldsymbol{e}_z\mathrm{d}z \tag{1.3-7}$$

由图 1.3-2 可以得到与三个坐标轴相正交的三个面积元为

$$\begin{cases}\mathrm{d}S_x = \mathrm{d}y\mathrm{d}z\\ \mathrm{d}S_y = \mathrm{d}z\mathrm{d}x\\ \mathrm{d}S_z = \mathrm{d}x\mathrm{d}y\end{cases} \tag{1.3-8}$$

体积元 $\mathrm{d}V$ 为

$$dV = dxdydz \tag{1.3-9}$$

1.3.2　圆柱坐标系

圆柱坐标系是几何学中极坐标系的三维空间形式，它由三条相互正交的曲面组成，三个坐标变量分别为 ρ、ϕ、z，一般用单位矢量 $\boldsymbol{e}_\rho$、$\boldsymbol{e}_\phi$、$\boldsymbol{e}_z$ 表示对应三个坐标的方向。与直角坐标系相比，ρ 为矢径 OP 在 xy 平面上的投影，ϕ 为从 x 轴开始逆时针旋转到 OP 投影线的角度，z 与直角坐标系中的 z 相同。由于圆柱坐标系中的三个轴的方向相互正交，因此这三个轴的方向符合右手螺旋法则。

ρ、ϕ、z 三个分量的变化范围分别为

$$0 \leqslant \rho < \infty,\ 0 \leqslant \phi < 2\pi,\ -\infty < z < \infty$$

空间中的任意一点 $P(\rho_0, \phi_0, z_0)$是三个曲面 $\rho=\rho_0$，$\phi=\phi_0$，$z=z_0$的交点，可以由它的矢径在三个坐标上的投影来唯一确定，如图 1.3-3 所示。

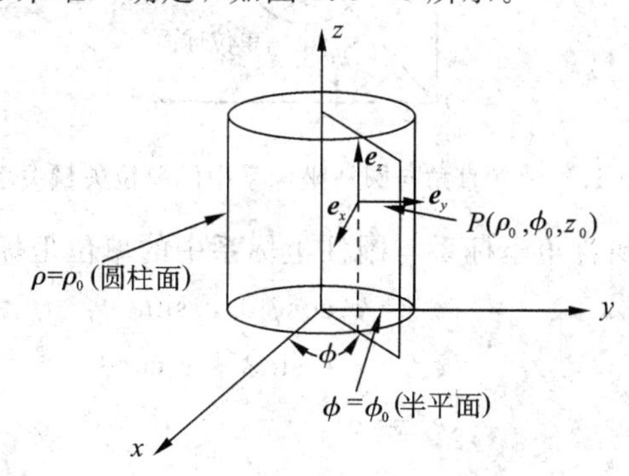

图 1.3-3　圆柱坐标系中空间点的投影

假设空间任意一矢量 $\boldsymbol{A}$ 的模在三个坐标上的投影分量分别为 A_ρ、A_ϕ、A_z，则在圆柱坐标系中，矢量 $\boldsymbol{A}$ 可表示为

$$\boldsymbol{A} = \boldsymbol{e}_\rho A_\rho + \boldsymbol{e}_\phi A_\phi + \boldsymbol{e}_z A_z \tag{1.3-10}$$

类似地，矢量 $\boldsymbol{B}$ 可表示为

$$\boldsymbol{B} = \boldsymbol{e}_\rho B_\rho + \boldsymbol{e}_\phi B_\phi + \boldsymbol{e}_z B_z \tag{1.3-11}$$

则两个矢量 $\boldsymbol{A}$、$\boldsymbol{B}$ 的和、差为

$$\begin{aligned}\boldsymbol{A}\pm\boldsymbol{B} &= (\boldsymbol{e}_\rho A_\rho + \boldsymbol{e}_\phi A_\phi + \boldsymbol{e}_z A_z) \pm (\boldsymbol{e}_\rho B_\rho + \boldsymbol{e}_\phi B_\phi + \boldsymbol{e}_z B_z) \\ &= \boldsymbol{e}_\rho (A_\rho \pm B_\rho) + \boldsymbol{e}_\phi (A_\phi \pm B_\phi) + \boldsymbol{e}_z (A_z \pm B_z)\end{aligned} \tag{1.3-12}$$

由于圆柱坐标系中的三个单位矢量 $\boldsymbol{e}_\rho$、$\boldsymbol{e}_\phi$、$\boldsymbol{e}_z$ 相互正交，根据两个矢量相乘时的点积和叉积特性则有

$$\boldsymbol{e}_\rho \cdot \boldsymbol{e}_\rho = 1,\ \boldsymbol{e}_\phi \cdot \boldsymbol{e}_\phi = 1,\ \boldsymbol{e}_z \cdot \boldsymbol{e}_z = 1$$

$$\boldsymbol{e}_\rho \cdot \boldsymbol{e}_\phi = 0,\ \boldsymbol{e}_\phi \cdot \boldsymbol{e}_z = 0,\ \boldsymbol{e}_z \cdot \boldsymbol{e}_\rho = 0$$

$$\boldsymbol{e}_\rho \times \boldsymbol{e}_\rho = 0,\ \boldsymbol{e}_\phi \times \boldsymbol{e}_\phi = 0,\ \boldsymbol{e}_z \times \boldsymbol{e}_z = 0$$

$$\boldsymbol{e}_\rho \times \boldsymbol{e}_\phi = \boldsymbol{e}_z,\ \boldsymbol{e}_\phi \times \boldsymbol{e}_z = \boldsymbol{e}_\rho,\ \boldsymbol{e}_z \times \boldsymbol{e}_\rho = \boldsymbol{e}_\phi$$

这样，两个矢量 $\boldsymbol{A}$、$\boldsymbol{B}$ 的点积为

$$\begin{aligned}\boldsymbol{A}\cdot\boldsymbol{B} &= (\boldsymbol{e}_\rho A_\rho + \boldsymbol{e}_\phi A_\phi + \boldsymbol{e}_z A_z) \cdot (\boldsymbol{e}_\rho B_\rho + \boldsymbol{e}_\phi B_\phi + \boldsymbol{e}_z B_z) \\ &= A_\rho B_\rho + A_\phi B_\phi + A_z B_z\end{aligned} \tag{1.3-13}$$

两个矢量 **A**、**B** 的叉积为

$$
\begin{aligned}
\boldsymbol{A}\times\boldsymbol{B} &= (\boldsymbol{e}_\rho A_\rho+\boldsymbol{e}_\phi A_\phi+\boldsymbol{e}_z A_z)\times(\boldsymbol{e}_\rho B_\rho+\boldsymbol{e}_\phi B_\phi+\boldsymbol{e}_z B_z)\\
&= \boldsymbol{e}_\rho(A_\phi B_z-A_z B_\phi)+\boldsymbol{e}_\phi(A_z B_\rho-A_\rho B_z)+\boldsymbol{e}_z(A_\rho B_\phi-A_\phi B_\rho)\\
&= \begin{vmatrix} \boldsymbol{e}_\rho & \boldsymbol{e}_\phi & \boldsymbol{e}_z\\ A_\rho & A_\phi & A_z\\ B_\rho & B_\phi & B_z \end{vmatrix}
\end{aligned}
\tag{1.3-14}
$$

与直角坐标系不同的是圆柱坐标系中的坐标单位矢量 $\boldsymbol{e}_\rho$、$\boldsymbol{e}_\phi$ 都不是常矢量，它们的方向随空间坐标变化，如图 1.3-4 所示。

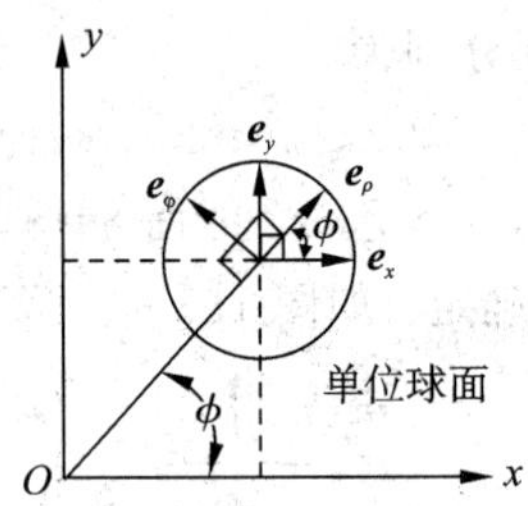

图 1.3-4　直角与圆柱坐标系中的单位矢量关系

由图 1.3-4 可以得到直角坐标系与圆柱坐标系中的单位坐标矢量关系为

$$
\begin{cases}
\boldsymbol{e}_\rho = \boldsymbol{e}_x\cos\phi+\boldsymbol{e}_y\sin\phi\\
\boldsymbol{e}_\phi = -\boldsymbol{e}_x\sin\phi+\boldsymbol{e}_y\cos\phi\\
\boldsymbol{e}_z = \boldsymbol{e}_z
\end{cases}
\tag{1.3-15a}
$$

或

$$
\begin{cases}
\boldsymbol{e}_x = \boldsymbol{e}_\rho\cos\phi-\boldsymbol{e}_\phi\sin\phi\\
\boldsymbol{e}_y = \boldsymbol{e}_\rho\sin\phi+\boldsymbol{e}_\phi\cos\phi\\
\boldsymbol{e}_z = \boldsymbol{e}_z
\end{cases}
\tag{1.3-15b}
$$

用矩阵表示则为

$$
\begin{bmatrix}\boldsymbol{e}_\rho\\ \boldsymbol{e}_\phi\\ \boldsymbol{e}_z\end{bmatrix}=\begin{bmatrix}\cos\phi & \sin\phi & 0\\ -\sin\phi & \cos\phi & 0\\ 0 & 0 & 1\end{bmatrix}\begin{bmatrix}\boldsymbol{e}_x\\ \boldsymbol{e}_y\\ \boldsymbol{e}_z\end{bmatrix}
\tag{1.3-16a}
$$

或

$$
\begin{bmatrix}\boldsymbol{e}_x\\ \boldsymbol{e}_y\\ \boldsymbol{e}_z\end{bmatrix}=\begin{bmatrix}\cos\phi & -\sin\phi & 0\\ \sin\phi & \cos\phi & 0\\ 0 & 0 & 1\end{bmatrix}\begin{bmatrix}\boldsymbol{e}_\rho\\ \boldsymbol{e}_\phi\\ \boldsymbol{e}_z\end{bmatrix}
\tag{1.3-16b}
$$

由式(1.3-16a)可见，圆柱坐标系中的单位矢量 $\boldsymbol{e}_\rho$、$\boldsymbol{e}_\phi$ 都不是常量，它们的方向随 ϕ 变化，其变化规律为

$$
\begin{cases}
\dfrac{\partial \boldsymbol{e}_\rho}{\partial\phi} = -\boldsymbol{e}_x\sin\phi+\boldsymbol{e}_y\cos\phi = \boldsymbol{e}_\phi\\
\dfrac{\partial \boldsymbol{e}_\phi}{\partial\phi} = -\boldsymbol{e}_x\cos\phi-\boldsymbol{e}_y\sin\phi = -\boldsymbol{e}_\rho
\end{cases}
\tag{1.3-17}
$$

圆柱坐标系中的位置矢量 $\boldsymbol{r}$ 可表示为

$$\boldsymbol{r} = \boldsymbol{e}_\rho \rho + \boldsymbol{e}_z z \tag{1.3-18}$$

由式(1.3－18)可见，圆柱坐标系中的位置矢量 $\boldsymbol{r}$ 不显含 ϕ 分量，这是因为它已包含在 $\boldsymbol{e}_\rho$ 的方向变化中的缘故。

为了详细分析物理量在圆柱坐标系中的分布和变化情况，需要了解圆柱坐标系下的各个参量的微分情况。与直角坐标系相比，圆柱坐标系求解微分元更复杂一些。圆柱坐标系中的微分元如图 1.3－5 所示。

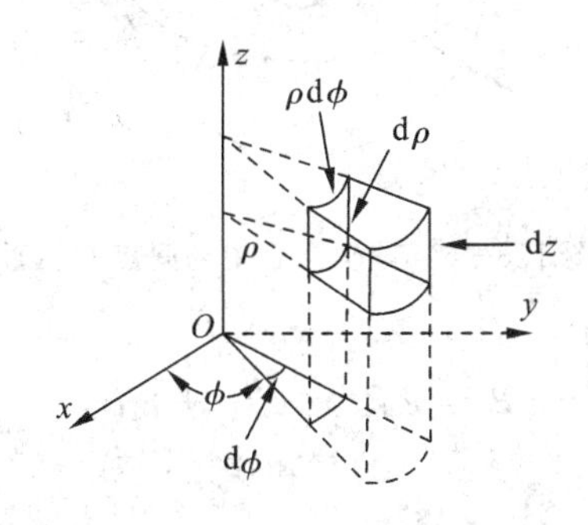

图 1.3－5　圆柱坐标系中的微分元

对式(1.3－18)两边微分，并利用式(1.3－17)可以得到位置矢量的微分 d$\boldsymbol{r}$ 为

$$\begin{aligned}\mathrm{d}\boldsymbol{r} &= \mathrm{d}(\boldsymbol{e}_\rho \rho) + \mathrm{d}(\boldsymbol{e}_z z) = \boldsymbol{e}_\rho \mathrm{d}\rho + \rho \mathrm{d}\boldsymbol{e}_\rho + \boldsymbol{e}_z \mathrm{d}z + z\mathrm{d}\boldsymbol{e}_z \\ &= \boldsymbol{e}_\rho \mathrm{d}\rho + \boldsymbol{e}_\phi \rho\, \mathrm{d}\phi + \boldsymbol{e}_z \mathrm{d}z\end{aligned} \tag{1.3-19}$$

由图 1.3－5 可见，与三个坐标轴相正交的三个面积元为

$$\begin{cases}\mathrm{d}S_\rho = \rho\, \mathrm{d}\phi\, \mathrm{d}z \\ \mathrm{d}S_\phi = \mathrm{d}z\, \mathrm{d}\rho \\ \mathrm{d}S_z = \rho\, \mathrm{d}\rho\, \mathrm{d}\phi\end{cases} \tag{1.3-20}$$

体积元 dV 为

$$\mathrm{d}V = \rho\, \mathrm{d}\rho\, \mathrm{d}\phi\, \mathrm{d}z \tag{1.3-21}$$

1.3.3　球坐标系

球坐标系由三条相互正交的曲面组成，三个坐标变量分别为 r、θ、ϕ，一般用单位矢量 $\boldsymbol{e}_r$、$\boldsymbol{e}_\theta$、$\boldsymbol{e}_\phi$ 表示对应三个坐标的方向。与直角坐标系相比，r 为矢径 OP 的大小；θ 为从正 z 轴开始顺时针旋转到矢径 OP 时经过的角度，即正 z 轴与矢径 OP 的夹角；ϕ 为从 x 轴开始逆时针旋转到 OP 投影线的角度，它与圆柱坐标相同。由于球坐标系中的三个轴的方向相互正交，因此这三个轴的方向符合右手螺旋法则。

r、θ、ϕ 三个分量的变化范围分别为

$$0 \leqslant r < \infty,\ 0 \leqslant \theta < \pi,\ 0 \leqslant \phi < 2\pi$$

空间中的任意一点 $P(r_0, \theta_0, \phi_0)$是三个曲面 $r=r_0$，$\theta=\theta_0$，$\phi=\phi_0$的交点，可以由它的矢径在三个坐标上的投影来唯一确定，如图 1.3－6 所示。

假设空间任意一矢量 $\boldsymbol{A}$ 的模在三个坐标上的投影分量分别为 A_r、A_θ、A_ϕ，则在球坐标系中，矢量 $\boldsymbol{A}$ 可表示为

$$\boldsymbol{A} = \boldsymbol{e}_r A_r + \boldsymbol{e}_\theta A_\theta + \boldsymbol{e}_\phi A_\phi \tag{1.3-22}$$

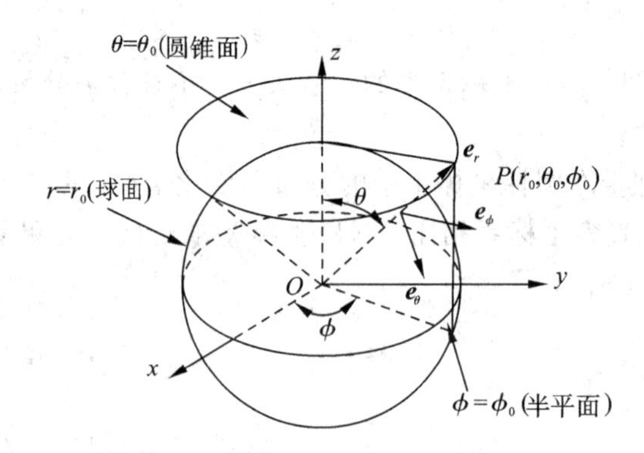

图 1.3-6　球坐标系中空间点的投影

类似地，矢量 $\boldsymbol{B}$ 可表示为

$$\boldsymbol{B} = \boldsymbol{e}_r B_r + \boldsymbol{e}_\theta B_\theta + \boldsymbol{e}_\phi B_\phi \tag{1.3-23}$$

则两个矢量 $\boldsymbol{A}$、$\boldsymbol{B}$ 的和、差为

$$\begin{aligned}\boldsymbol{A}\pm\boldsymbol{B} &= (\boldsymbol{e}_r A_r + \boldsymbol{e}_\theta A_\theta + \boldsymbol{e}_\phi A_\phi) \pm (\boldsymbol{e}_r B_r + \boldsymbol{e}_\theta B_\theta + \boldsymbol{e}_\phi B_\phi) \\ &= \boldsymbol{e}_r (A_r \pm B_r) + \boldsymbol{e}_\theta (A_\theta \pm B_\theta) + \boldsymbol{e}_\phi (A_\phi \pm B_\phi)\end{aligned} \tag{1.3-24}$$

由于球坐标系中的三个单位矢量 $\boldsymbol{e}_r$、$\boldsymbol{e}_\theta$、$\boldsymbol{e}_\phi$ 相互正交，根据两个矢量相乘时的点积和叉积特性则有

$$\boldsymbol{e}_r \cdot \boldsymbol{e}_r = 1,\ \boldsymbol{e}_\theta \cdot \boldsymbol{e}_\theta = 1,\ \boldsymbol{e}_\phi \cdot \boldsymbol{e}_\phi = 1$$

$$\boldsymbol{e}_r \cdot \boldsymbol{e}_\theta = 0,\ \boldsymbol{e}_\theta \cdot \boldsymbol{e}_\phi = 0,\ \boldsymbol{e}_\phi \cdot \boldsymbol{e}_r = 0$$

$$\boldsymbol{e}_r \times \boldsymbol{e}_r = 0,\ \boldsymbol{e}_\theta \times \boldsymbol{e}_\theta = 0,\ \boldsymbol{e}_\phi \times \boldsymbol{e}_\phi = 0$$

$$\boldsymbol{e}_r \times \boldsymbol{e}_\theta = \boldsymbol{e}_\phi,\ \boldsymbol{e}_\theta \times \boldsymbol{e}_\phi = \boldsymbol{e}_r,\ \boldsymbol{e}_\varphi \times \boldsymbol{e}_r = \boldsymbol{e}_\theta$$

这样，两个矢量 $\boldsymbol{A}$、$\boldsymbol{B}$ 的点积为

$$\begin{aligned}\boldsymbol{A}\cdot\boldsymbol{B} &= (\boldsymbol{e}_r A_r + \boldsymbol{e}_\theta A_\theta + \boldsymbol{e}_\phi A_\phi) \cdot (\boldsymbol{e}_r B_r + \boldsymbol{e}_\theta B_\theta + \boldsymbol{e}_\phi B_\phi) \\ &= A_r B_r + A_\theta B_\theta + A_\phi B_\phi\end{aligned} \tag{1.3-25}$$

两个矢量 $\boldsymbol{A}$、$\boldsymbol{B}$ 的叉积为

$$\begin{aligned}\boldsymbol{A}\times\boldsymbol{B} &= (\boldsymbol{e}_r A_r + \boldsymbol{e}_\theta A_\theta + \boldsymbol{e}_\phi A_\phi) \times (\boldsymbol{e}_r B_r + \boldsymbol{e}_\theta B_\theta + \boldsymbol{e}_\phi B_\phi) \\ &= \boldsymbol{e}_r (A_\theta B_\phi - A_\phi B_\theta) + \boldsymbol{e}_\theta (A_\phi B_r - A_r B_\phi) + \boldsymbol{e}_\phi (A_r B_\theta - A_\theta B_r) \\ &= \begin{vmatrix} \boldsymbol{e}_r & \boldsymbol{e}_\theta & \boldsymbol{e}_\phi \\ A_r & A_\theta & A_\phi \\ B_r & B_\theta & B_\phi \end{vmatrix}\end{aligned} \tag{1.3-26}$$

与直角坐标系不同的是，球坐标系中的单位坐标矢量 $\boldsymbol{e}_r$、$\boldsymbol{e}_\theta$、$\boldsymbol{e}_\phi$ 都不是常矢量，它们的方向随空间坐标变化，这样直接求得直角坐标系与球坐标系中三个坐标轴的单位坐标矢量的关系更为复杂。然而，把球坐标系中的单位坐标矢量同圆柱坐标系中对应的单位坐标矢量相比，球坐标系中的单位坐标矢量 $\boldsymbol{e}_\phi$ 与圆柱坐标系中的单位坐标矢量 $\boldsymbol{e}_\phi$ 相同，只有不是常量的单位坐标矢量 $\boldsymbol{e}_r$、$\boldsymbol{e}_\theta$ 不同。因此可先把球坐标系中的单位坐标矢量同圆柱坐标系相比，得到它们的关系，然后再利用圆柱坐标系与直角坐标系中的单位坐标矢量关系，最后获得球坐标系与直角坐标系中的单位坐标矢量关系。

球坐标系与圆柱坐标系中的单位坐标矢量关系如图 1.3-7 所示。

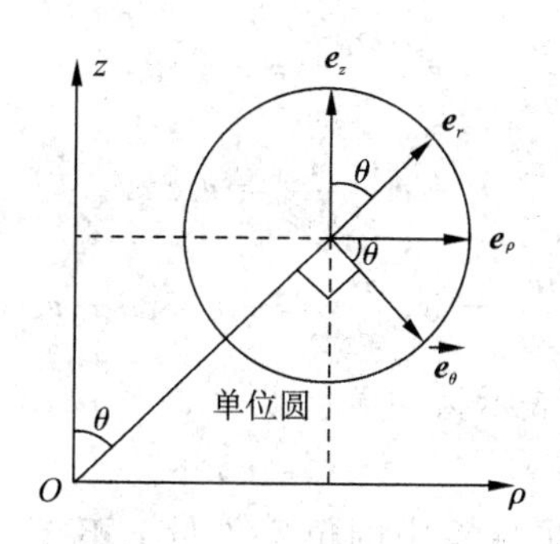

图 1.3-7 球坐标与圆柱坐标系中的单位坐标矢量关系

由图 1.3-7 可以得到球坐标系与圆柱坐标系中的单位坐标矢量关系为

$$\begin{cases} \boldsymbol{e}_r = \boldsymbol{e}_\rho \sin\theta + \boldsymbol{e}_z \cos\theta \\ \boldsymbol{e}_\theta = \boldsymbol{e}_\rho \cos\theta - \boldsymbol{e}_z \sin\theta \\ \boldsymbol{e}_\phi = \boldsymbol{e}_\phi \end{cases} \tag{1.3-27a}$$

或

$$\begin{cases} \boldsymbol{e}_\rho = \boldsymbol{e}_r \sin\theta + \boldsymbol{e}_\theta \cos\theta \\ \boldsymbol{e}_z = \boldsymbol{e}_r \cos\theta - \boldsymbol{e}_\theta \sin\theta \\ \boldsymbol{e}_\phi = \boldsymbol{e}_\phi \end{cases} \tag{1.3-27b}$$

用矩阵表示则为

$$\begin{bmatrix} \boldsymbol{e}_r \\ \boldsymbol{e}_\theta \\ \boldsymbol{e}_\phi \end{bmatrix} = \begin{bmatrix} \sin\theta & 0 & \cos\theta \\ \cos\theta & 0 & -\sin\theta \\ 0 & 1 & 0 \end{bmatrix} \begin{bmatrix} \boldsymbol{e}_\rho \\ \boldsymbol{e}_\phi \\ \boldsymbol{e}_z \end{bmatrix} \tag{1.3-28a}$$

或

$$\begin{bmatrix} \boldsymbol{e}_\rho \\ \boldsymbol{e}_\phi \\ \boldsymbol{e}_z \end{bmatrix} = \begin{bmatrix} \sin\theta & \cos\theta & 0 \\ 0 & 0 & 1 \\ \cos\theta & -\sin\theta & 0 \end{bmatrix} \begin{bmatrix} \boldsymbol{e}_r \\ \boldsymbol{e}_\theta \\ \boldsymbol{e}_\phi \end{bmatrix} \tag{1.3-28b}$$

将式(1.3-16a)与式(1.3-16b)分别代入式(1.3-28a)与式(1.3-28b)，可以得到球坐标系与直角坐标系下单位坐标矢量的关系为

$$\begin{bmatrix} \boldsymbol{e}_r \\ \boldsymbol{e}_\theta \\ \boldsymbol{e}_\phi \end{bmatrix} = \begin{bmatrix} \sin\theta\cos\phi & \sin\theta\sin\phi & \cos\theta \\ \cos\theta\cos\phi & \cos\theta\sin\phi & -\sin\theta \\ -\sin\phi & \cos\phi & 0 \end{bmatrix} \begin{bmatrix} \boldsymbol{e}_x \\ \boldsymbol{e}_y \\ \boldsymbol{e}_z \end{bmatrix} \tag{1.3-29a}$$

或

$$\begin{bmatrix} \boldsymbol{e}_x \\ \boldsymbol{e}_y \\ \boldsymbol{e}_z \end{bmatrix} = \begin{bmatrix} \sin\theta\cos\phi & \cos\theta\cos\phi & -\sin\phi \\ \sin\theta\sin\phi & \cos\theta\sin\phi & \cos\phi \\ \cos\theta & -\sin\theta & 0 \end{bmatrix} \begin{bmatrix} \boldsymbol{e}_r \\ \boldsymbol{e}_\theta \\ \boldsymbol{e}_\phi \end{bmatrix} \tag{1.3-29b}$$

由式(1.3-29a)可见，球坐标系中的单位矢量 $\boldsymbol{e}_\rho$、$\boldsymbol{e}_\theta$、$\boldsymbol{e}_\phi$ 都不是常量，它们的方向随 θ、ϕ 变化，它们的变化规律为

$$\begin{cases} \dfrac{\partial \boldsymbol{e}_r}{\partial \theta} = \boldsymbol{e}_\theta, \ \dfrac{\partial \boldsymbol{e}_r}{\partial \phi} = \boldsymbol{e}_\phi \sin\theta \\ \dfrac{\partial \boldsymbol{e}_\theta}{\partial \theta} = -\boldsymbol{e}_r, \ \dfrac{\partial \boldsymbol{e}_\theta}{\partial \phi} = \boldsymbol{e}_\phi \cos\theta \\ \dfrac{\partial \boldsymbol{e}_\phi}{\partial \theta} = 0, \ \dfrac{\partial \boldsymbol{e}_\phi}{\partial \phi} = -\boldsymbol{e}_r \sin\theta - \boldsymbol{e}_\theta \cos\theta \end{cases} \tag{1.3-30}$$

球坐标系中的位置矢量 $\boldsymbol{r}$ 表示为

$$\boldsymbol{r} = \boldsymbol{e}_r r \tag{1.3-31}$$

由式(1.3-31)可见，球坐标系中的位置矢量 $\boldsymbol{r}$ 不显含 θ、ϕ 分量，这是它们已包含在 $\boldsymbol{e}_r$ 的方向变化中的缘故。

为了详细分析物理量在球坐标系中的分布和变化情况，需要了解球坐标系下的各个参量的微分情况。与直角和圆柱坐标系相比，球坐标系求解微分元更复杂一些。球坐标系中的微分元如图 1.3-8 所示。

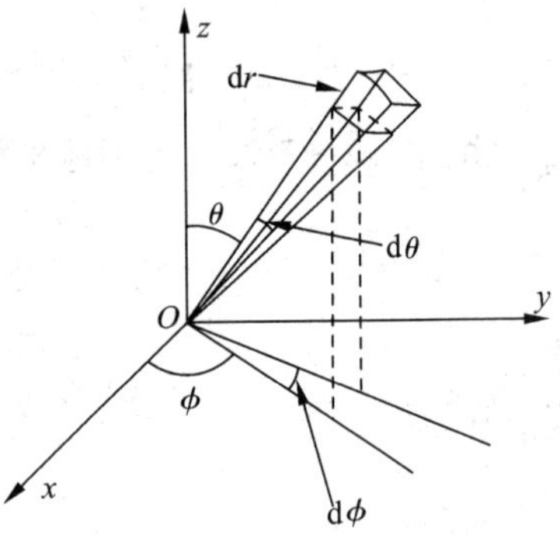

图 1.3-8　球坐标系中的微分元

对式(1.3-31)两边微分，并利用式(1.3-30)可以得到球坐标系中位置矢量的微分 $\mathrm{d}\boldsymbol{r}$ 为

$$\mathrm{d}\boldsymbol{r} = \mathrm{d}(\boldsymbol{e}_r r) = \boldsymbol{e}_r \mathrm{d}r + r\mathrm{d}\boldsymbol{e}_r = \boldsymbol{e}_r \mathrm{d}r + \boldsymbol{e}_\theta r \mathrm{d}\theta + \boldsymbol{e}_\phi r \sin\theta \mathrm{d}\phi \tag{1.3-32}$$

由图 1.3-8 可见，与三个坐标轴相正交的三个面积元为

$$\begin{cases} \mathrm{d}S_r = r^2 \sin\theta \ \mathrm{d}\theta \ \mathrm{d}\phi \\ \mathrm{d}S_\theta = r\sin\theta \ \mathrm{d}r \ \mathrm{d}\phi \\ \mathrm{d}S_\phi = r \ \mathrm{d}r \ \mathrm{d}\theta \end{cases} \tag{1.3-33}$$

体积元 $\mathrm{d}V$ 为

$$\mathrm{d}V = r^2 \sin\theta \ \mathrm{d}r \ \mathrm{d}\theta \ \mathrm{d}\phi \tag{1.3-34}$$

这里再次强调，在三种常用坐标系中，只有直角坐标系中的单位坐标矢量 $\boldsymbol{e}_x$、$\boldsymbol{e}_y$、$\boldsymbol{e}_z$ 和圆柱坐标系中的单位坐标矢量 $\boldsymbol{e}_z$ 是常矢量，或称为不变单位矢量，其它单位坐标矢量 $\boldsymbol{e}_\rho$、$\boldsymbol{e}_r$、$\boldsymbol{e}_\theta$、$\boldsymbol{e}_\phi$ 均不是常矢量，称为变单位矢量。在空间不同的位置，变单位矢量的方向是不同的，因此，它们必须参与空间的微分、积分运算。

1.4　矢量分析

前面主要讨论矢量及其矢量代数，本节主要讨论变化的矢量，或称为矢量函数。实际应用中，矢量函数可分解为空间函数(x、y、z)和时间函数(t)，或者两者的联合函数(x，y，z，t)。在静电磁场中主要涉及物理量的空间函数；在变化电磁场中，除了涉及空间函数外，还涉及时间函数，或者说变化电磁场主要涉及联合函数。由于空间函数由三个参量组成，与空间场的结构对应，因此把矢量的空间函数放到场论中讨论更加合适。这里只讨论矢量的时间函数。

1.4.1 标量函数与矢量函数

如果一个标量 u 随时间 t 变化，即

$$u = u(t) \tag{1.4-1}$$

则 $u(t)$称为标量函数。

同理，如果一个矢量 $\boldsymbol{A}$ 随时间 t 变化，即

$$\boldsymbol{A} = \boldsymbol{A}(t) \tag{1.4-2}$$

则 $\boldsymbol{A}(t)$称为矢量函数。

如果用分量形式表示，则矢量函数 $\boldsymbol{A}(t)$可表示为

$$\boldsymbol{A}(t) = \begin{cases} \boldsymbol{e}_x A_x(t) + \boldsymbol{e}_y A_y(t) + \boldsymbol{e}_z A_z(t) & \text{直角坐标} \\ \boldsymbol{e}_\rho A_\rho(t) + \boldsymbol{e}_\phi A_\phi(t) + \boldsymbol{e}_z A_z(t) & \text{圆柱坐标} \\ \boldsymbol{e}_r A_r(t) + \boldsymbol{e}_\theta A_\theta(t) + \boldsymbol{e}_\phi A_\phi(t) & \text{球坐标} \end{cases} \tag{1.4-3}$$

可见，矢量函数 $\boldsymbol{A}(t)$是由三个独立有序的标量函数组合而成的。

1.4.2 矢端曲线

矢量函数 $\boldsymbol{A}(t)$的终点 M 随参量 t 变化形成的曲线 $\boldsymbol{l}$ 称为矢端曲线，如方程(1.4-2)和方程(1.4-3)就是矢端曲线方程。

如果把矢量函数 $\boldsymbol{A}(t)$的起点取为坐标的原点 O，则从 O 点出发的矢量函数 $\boldsymbol{A}(t)$即为矢径 $\boldsymbol{r}(t)$。这样矢径 $\boldsymbol{r}(t)$可以写成：

$$\boldsymbol{r}(t) = OM = \boldsymbol{A}(t) = \boldsymbol{e}_x A_x(t) + \boldsymbol{e}_y A_y(t) + \boldsymbol{e}_z A_z(t) \tag{1.4-4}$$

可见，它是曲线 $\boldsymbol{l}$ 以 t 为参量的参数方程。

如果定义随 t 增大的方向为曲线 $\boldsymbol{l}$ 的正向，则矢端曲线 $\boldsymbol{l}$ 为有向曲线。

1.4.3 矢量函数的导数与微分

由于矢量函数 $\boldsymbol{A}(t)$是由三个独立有序的标量函数组合而成的，因此，矢量函数 $\boldsymbol{A}(t)$的连续和极限完全可归结于对应三个标量函数 $A_x(t)$、$A_y(t)$、$A_z(t)$的连续和极限。

若矢量函数在参量 t 的邻域内有定义，即

$$\frac{\Delta \boldsymbol{A}}{\Delta t} = \frac{\boldsymbol{A}(t+\Delta t) - \boldsymbol{A}(t)}{\Delta t} \tag{1.4-5}$$

且在 $\Delta t \to 0$ 时极限存在，则式(1.4-5)的极限即为矢量函数 $\boldsymbol{A}(t)$在 t 处的导数，记为$\frac{\mathrm{d}\boldsymbol{A}(t)}{\mathrm{d}t}$或 $\boldsymbol{A}'(t)$。这样有

$$\frac{\mathrm{d}\boldsymbol{A}}{\mathrm{d}t} = \lim_{\Delta t \to 0} \frac{\Delta \boldsymbol{A}}{\Delta t} \tag{1.4-6}$$

矢量函数的导数是一个矢量，它是矢端曲线的切线，并始终指向 t 增大的方向。对于直角坐标系下由三个标量函数 $A_x(t)$、$A_y(t)$、$A_z(t)$表示的矢量函数 $\boldsymbol{A}(t)$，其导数也可写为

$$\frac{\mathrm{d}\boldsymbol{A}(t)}{\mathrm{d}t} = \boldsymbol{e}_x \frac{\mathrm{d}A_x(t)}{\mathrm{d}t} + \boldsymbol{e}_y \frac{\mathrm{d}A_y(t)}{\mathrm{d}t} + \boldsymbol{e}_z \frac{\mathrm{d}A_z(t)}{\mathrm{d}t} \tag{1.4-7}$$

或

$$\boldsymbol{A}'(t)=\boldsymbol{e}_xA'_x(t)+\boldsymbol{e}_yA'_y(t)+\boldsymbol{e}_zA'_z(t) \tag{1.4-8}$$

根据矢量函数的导数公式可以得到矢量函数的微分为

$$\mathrm{d}\boldsymbol{A}=\boldsymbol{A}'(t)\mathrm{d}t \tag{1.4-9}$$

矢量函数的微分也是一个矢量。当矢量函数的导数$\boldsymbol{A}'(t)>0$时，其微分$\mathrm{d}\boldsymbol{A}$与$\boldsymbol{A}'(t)$方向一致；当矢量函数的导数$\boldsymbol{A}'(t)<0$时，其微分$\mathrm{d}\boldsymbol{A}$与$\boldsymbol{A}'(t)$方向相反。

1.4.4 矢量函数的积分

矢量函数的积分是标量函数积分的推广。同标量函数的积分一样，矢量函数积分也可分为不定积分与定积分两类。

1. 矢量函数的不定积分

在规定的区间t上，设$\dfrac{\mathrm{d}\boldsymbol{B}(t)}{\mathrm{d}t}=\boldsymbol{A}(t)$，则称$\boldsymbol{B}(t)$是该区间上$\boldsymbol{A}(t)$的一个原函数，且$\boldsymbol{A}(t)$的全部原函数即为$\boldsymbol{A}(t)$在该区间的不定积分，记为$\int\boldsymbol{A}(t)\mathrm{d}t$。

这样，可以得到

$$\int\boldsymbol{A}(t)\mathrm{d}t=\boldsymbol{B}(t)+\boldsymbol{C}\ (\boldsymbol{C}\text{为常矢量}) \tag{1.4-10}$$

对于由三个分量组成的矢量函数，其不定积分为

$$\int\boldsymbol{A}(t)\mathrm{d}t=\boldsymbol{e}_x\int A_x(t)\mathrm{d}t+\boldsymbol{e}_y\int A_y(t)\mathrm{d}t+\boldsymbol{e}_z\int A_z(t)\mathrm{d}t \tag{1.4-11}$$

这说明，矢量函数的不定积分实质上是三个独立有序的标量函数的不定积分之和。

2. 矢量函数的定积分

同矢量函数的不定积分一样，矢量函数的定积分完全等价于三个独立有序的标量函数的定积分之和，即

$$\int_{t_1}^{t_2}\boldsymbol{A}(t)\mathrm{d}t=\boldsymbol{e}_x\int_{t_1}^{t_2}A_x(t)\mathrm{d}t+\boldsymbol{e}_y\int_{t_1}^{t_2}A_y(t)\mathrm{d}t+\boldsymbol{e}_z\int_{t_1}^{t_2}A_z(t)\mathrm{d}t \tag{1.4-12}$$

1.5 典型应用——北斗卫星导航系统

北斗卫星导航系统(BeiDou Navigation Satellite System，BDS)是中国自行研制的全球卫星导航系统，是继美国全球定位系统(GPS)、俄罗斯格洛纳斯卫星导航系统(GLONASS)之后第三个成熟的卫星导航系统。我国的BDS和美国的GPS、俄罗斯的GLONASS及欧盟的GALILEO(伽利略)系统是联合国卫星导航委员会已认定的供应商。

1. 北斗卫星导航系统的构成

北斗卫星导航系统由空间段、地面段和用户段三部分组成，可在全球范围内全天候、全天时为各类用户提供高精度、高可靠定位、导航和授时服务，并具有短报文通信能力，已具备区域导航、定位和授时能力，定位精度为10 m，测速精度为0.2 m/s，授时精度为10 ns。

北斗卫星导航系统的空间段由35颗卫星组成，包括五颗静止轨道卫星、27颗中地球轨道卫星和三颗倾斜同步轨道卫星。五颗静止轨道卫星定点位置分别为东经58.75°、80°、

110.5°、140°、160°；中地球轨道卫星运行在三个轨道面上，轨道面之间相隔120°均匀分布。图1.5-1为北斗卫星轨道示意图。

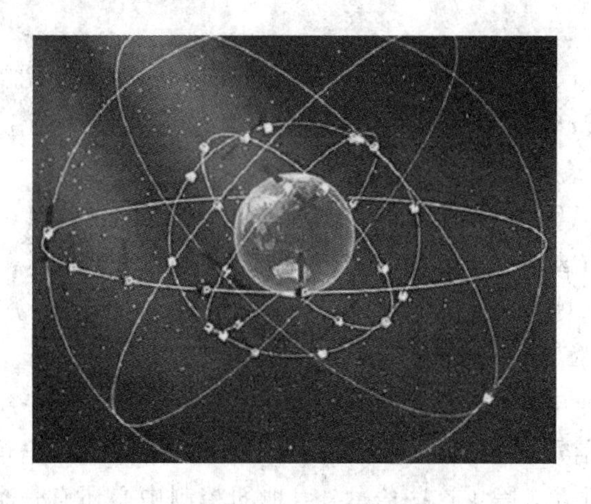

图1.5-1 北斗卫星轨道示意图

北斗卫星导航系统的地面段包括主控站、注入站和监测站等若干个地面站。主控站用于系统运行管理与控制，它从监测站接收数据并进行处理，生成卫星导航电文和差分完好性信息，然后交由注入站执行信息的发送。注入站用于向卫星发送信号，对卫星进行控制管理，在接受主控站的调度后，将卫星导航电文和差分完好性信息向卫星发送。监测站用于接收卫星的信号，并发送给主控站，可实现对卫星的监测，以确定卫星轨道，并为时间同步提供观测资料。

北斗卫星导航系统的用户段即用户的终端，既可以是专用于北斗卫星导航系统的信号接收机，也可以是同时兼容其他卫星导航系统的接收机。接收机需要捕获并跟踪卫星的信号，根据数据按一定的方式进行定位计算，最终得到用户的经纬度、高度、速度、时间等信息。

2. 信号传输

北斗卫星导航系统使用码分多址技术(与GPS和GALILEO系统一致)，而不同于GLONASS系统的频分多址技术。两者相比，码分多址有更高的频谱利用率，在L波段的频谱资源非常有限的情况下，选择码分多址是更妥当的方式。此外，码分多址的抗干扰性以及与其他卫星导航系统的兼容性更佳。

北斗卫星导航系统在L波段和S波段发送导航信号，在L波段的B1、B2、B3频点上发送服务信号，包括开放的信号和需要授权的信号。

B1频点：1559.052～1591.788 MHz。

B2频点：1166.220～1217.370 MHz。

B3频点：1250.618～1286.423 MHz。

3. 方法与精度

1）空间定位原理

北斗卫星导航系统采用三球交会原理进行定位，通过地面的控制中心进行数据解算，随后向用户提供定位数据。

在空间中若已经确定 A、B、C 三点的空间位置 (x_A, y_A, z_A)、(x_B, y_B, z_B)、(x_C, y_C, z_C)，且第四点 D 到上述三点的距离皆已知的情况下，即可确定 $D(x_D, y_D, z_D)$ 的空间位置。

$$\begin{cases}(x_D - x_A)^2 + (y_D - y_A)^2 + (z_D - z_A)^2 = R_{AD}^2 \\ (x_D - x_B)^2 + (y_D - y_B)^2 + (z_D - z_B)^2 = R_{BD}^2 \\ (x_D - x_C)^2 + (y_D - y_C)^2 + (z_D - z_C)^2 = R_{CD}^2\end{cases} \tag{1.5-1}$$

因为 A 点位置和 AD 间距离已知，可以推算出 D 点一定位于以 A 为圆心、AD 为半径的圆球表面，按照此方法又可以得到以 B、C 为圆心的另两个圆球，即 D 点一定在这三个圆球的交会点上，即三球交会定位。

2）有源与无源定位

当卫星导航系统使用有源时间测距来定位时，用户终端通过导航卫星向地面控制中心发出一个申请定位的信号，之后地面控制中心发出测距信号，根据信号传输的时间得到用户与两颗卫星之间的距离。除了这些信息外，地面控制中心还有一个数据库，为地球表面各点至地球球心的距离。当认定用户也在此不均匀球面的表面时，三球交会定位的条件已经全部满足，控制中心可以计算出用户的位置，并将信息发送到用户的终端。

当卫星导航系统使用无源时间测距定位时，用户接收至少四颗导航卫星发出的信号，根据时间信息可获得距离信息，根据三球交会的原理，用户终端可以自行计算其空间位置。此即为 GPS 所使用的技术。北斗卫星导航系统也使用此技术来实现全球的卫星定位。

3）精度

参照三球交会定位的原理，根据三颗卫星到用户终端的距离信息，就可得到用户终端的位置信息，即理论上使用三颗卫星就可实现无源定位。但是，由于卫星时钟和用户终端使用的时钟间一般会有误差，而电磁波以光速传播，微小的时间误差将使得距离信息出现巨大失真，实际上应当认为时钟差距不是 0 而是一个未知数 t，如此方程中就有四个未知数，即客户端的三维坐标(X, Y, Z)和时钟差距 t，故需要四颗卫星来列出四个关于距离的方程式，进而求得用户端所在的三维位置。

若空中有足够的卫星，用户终端可以接收多于四颗卫星的信息，则可以将卫星每组四颗分为多个组，列出多组方程，再通过一定的算法挑选误差最小的那组结果，从而提高定位精度。

电磁波以 300 000 km/s 的光速传播，在测量卫星距离时，若卫星钟有 1 ns(十亿分之一秒)时间误差，就会产生 30 cm 的距离误差。尽管卫星采用的是非常精确的原子钟，也会累积较大误差，因此地面工作站会监视卫星时钟，并将结果与地面上更大规模的、更精确的原子钟比较，得到误差的修正信息，最终用户通过接收机可以得到经过修正后的更精确的信息。当前有代表性的卫星用原子钟大约有数纳秒的累积误差，产生大约 1 m 的距离误差。

为提高定位精度，还可使用差分技术。在地面上建立基准站，将其已知的精确坐标与通过导航系统给出的坐标相比较，可以得出修正数，然后对外发布。用户终端依靠此修正数，可以将自己的导航系统计算结果进行再次修正，从而提高定位精度。

习　题

1.1　已知$\boldsymbol{A}=\boldsymbol{e}_x-9\boldsymbol{e}_y-\boldsymbol{e}_z$，$\boldsymbol{B}=2\boldsymbol{e}_x-4\boldsymbol{e}_y+3\boldsymbol{e}_z$，求：(1) $\boldsymbol{A}+\boldsymbol{B}$；(2) $\boldsymbol{A}-\boldsymbol{B}$；(3) $\boldsymbol{A}\cdot\boldsymbol{B}$；(4) $\boldsymbol{A}\times\boldsymbol{B}$。

1.2　已知$\boldsymbol{A}=\boldsymbol{e}_x+b\boldsymbol{e}_y+c\boldsymbol{e}_z$，$\boldsymbol{B}=-\boldsymbol{e}_x+3\boldsymbol{e}_y+8\boldsymbol{e}_z$。(1) 若$\boldsymbol{A}\perp\boldsymbol{B}$成立，求$b$和$c$的值；(2) 若$\boldsymbol{A}//\boldsymbol{B}$成立，求$b$和$c$的值。

1.3　有三个矢量，分别为$\boldsymbol{A}=\boldsymbol{e}_x+2\boldsymbol{e}_y-3\boldsymbol{e}_z$，$\boldsymbol{B}=-4\boldsymbol{e}_y+\boldsymbol{e}_z$，$\boldsymbol{C}=5\boldsymbol{e}_x-2\boldsymbol{e}_z$，分别求$\boldsymbol{A}\cdot\boldsymbol{B}$、$\boldsymbol{A}\times\boldsymbol{C}$、$|\boldsymbol{A}-\boldsymbol{B}|$、$\theta_{AB}$、$\boldsymbol{A}\cdot(\boldsymbol{B}\times\boldsymbol{C})$、$(\boldsymbol{A}\times\boldsymbol{B})\cdot\boldsymbol{C}$、$(\boldsymbol{A}\times\boldsymbol{B})\times\boldsymbol{C}$和$\boldsymbol{A}\times(\boldsymbol{B}\times\boldsymbol{C})$。

1.4　证明矢量$\boldsymbol{A}=2\boldsymbol{e}_x+5\boldsymbol{e}_y+3\boldsymbol{e}_z$和矢量$\boldsymbol{B}=4\boldsymbol{e}_x+10\boldsymbol{e}_y+6\boldsymbol{e}_z$相互平行。

1.5　证明矢量$\boldsymbol{A}=6\boldsymbol{e}_x+5\boldsymbol{e}_y-10\boldsymbol{e}_z$和矢量$\boldsymbol{B}=5\boldsymbol{e}_x+2\boldsymbol{e}_y+4\boldsymbol{e}_z$是正交矢量。

1.6　已知三个矢量，分别为$\boldsymbol{A}=2\boldsymbol{e}_x+\boldsymbol{e}_y-2\boldsymbol{e}_z$，$\boldsymbol{B}=-\boldsymbol{e}_x+3\boldsymbol{e}_y+5\boldsymbol{e}_z$，$\boldsymbol{C}=5\boldsymbol{e}_x-2\boldsymbol{e}_y-2\boldsymbol{e}_z$，计算这三个矢量构成的平行六面体的体积。

1.7　在圆柱坐标系中，P点的坐标为$\left(4, \dfrac{2\pi}{3}, 3\right)$，求该点在直角坐标系和球坐标系中的坐标。

1.8　已知A点和B点对于坐标原点的位置矢量为$\boldsymbol{a}$和$\boldsymbol{b}$，求通过A点和B点的直线方程。

1.9　三角形的三个顶点为$P_1(0, 1, -2)$、$P_2(4, 1, -3)$和$P_3(6, 2, 5)$。(1) 判断$\triangle P_1P_2P_3$是否为一直角三角形；(2) 求三角形的面积。

1.10　给定两个矢量$\boldsymbol{A}=2\boldsymbol{e}_x+3\boldsymbol{e}_y-4\boldsymbol{e}_z$和$\boldsymbol{B}=-6\boldsymbol{e}_x-4\boldsymbol{e}_y+\boldsymbol{e}_z$，求$\boldsymbol{A}\times\boldsymbol{B}$在$\boldsymbol{C}=\boldsymbol{e}_x-\boldsymbol{e}_y+\boldsymbol{e}_z$上的分量。

1.11　证明：如果$\boldsymbol{A}\cdot\boldsymbol{B}=\boldsymbol{A}\cdot\boldsymbol{C}$和$\boldsymbol{A}\times\boldsymbol{B}=\boldsymbol{A}\times\boldsymbol{C}$，则$\boldsymbol{B}=\boldsymbol{C}$。

第2章 场论基础

在给定区域内用一组数表示一个物理量特性时，若该区域内的每个点都具备这种特性，则称具有这种特性的量为场。也可以说，发生物理现象的空间称为场，场是空间的函数，是描述物理量在空间中一定区域内所有点的物理量。与物理量具有标量或矢量的性质相对应，场也可以分为标量场和矢量场两类，如温度场、密度场、电位场等为标量场，力、力矩、电场、磁场为矢量场。场具有两个明显的性质：① 场是物理量的客观存在，它不以坐标系的不同而改变，只是不同的坐标系中场的外部表现形式不同而已；② 场可以随时间和空间变化，只是在静态场中主要讨论场的空间变化，在动态场中主要讨论场的联合变化。一般称不随时间变化的场为静态场或时不变场，称随时间变化的场为动态场或时变场。

场论是研究电磁场在空间分布和随时间变化规律的基本数学工具之一，它有一些新的符号和规则，需要特别关注并学好它，以便为学好电磁场与电磁波理论打好基础。

2.1 标量场与矢量场

对应物理量的性质，物理场可分为标量场和矢量场两类。

2.1.1 标量场与等值面

如果一个物理量只用一个数量就可对其进行表述，则这个物理量在空间所确定的场称为标量场。如果标量场不随时间变化，则标量场 u 是空间点 M 的函数。当标量场 u 在空间是单值、连续且可导时，标量场函数 u 可表示为

$$u = u(M) \tag{2.1-1}$$

在直角坐标系中可表示为

$$u = u(x, y, z) \tag{2.1-2}$$

它表示各点的场量是随空间变化的标量。

标量场的重要宏观特征之一是等值面，即在等值面上标量场处处相等。标量场的等值面是把具有相同数量的点连接起来构成的一个空间曲面，它可直观、形象地描述标量场表征的物理量在空间的分布状况。标量场的等值面定义为

$$u(x, y, z)=C(\text{任意常数}) \tag{2.1-3}$$

对应到物理中，等值面有温度场的等温面、电位场的等位面、气体压力场的等压面、相同海拔高度场的等高面等。图 2.1-1 给出了山地等高面的示意图。

标量场的等值面具有如下重要特征：

(1) 空间的每一点均对应于一个等值面，曲面 $u(x, y, z)=u(x_0, y_0, z_0)$ 是通过点

(x_0, y_0, z_0)的等值面。

(2) 常数 C 不同，得到的标量场等值面也不同，因此可形成等值面族。标量场的等值面族充满场所在的整个空间。

(3) 由于标量场函数 $u(x, y, z)$是单值的，空间的每一点只能在一个等值面上，不同的等值面之间互不相交，如图 2.1-2 所示。

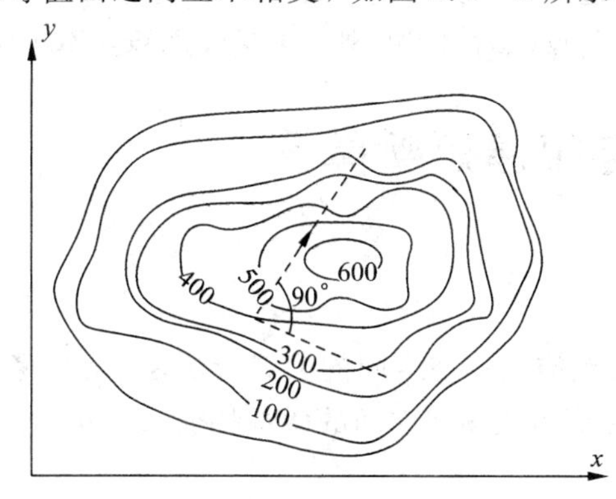

图 2.1-1　山地等高线(面)

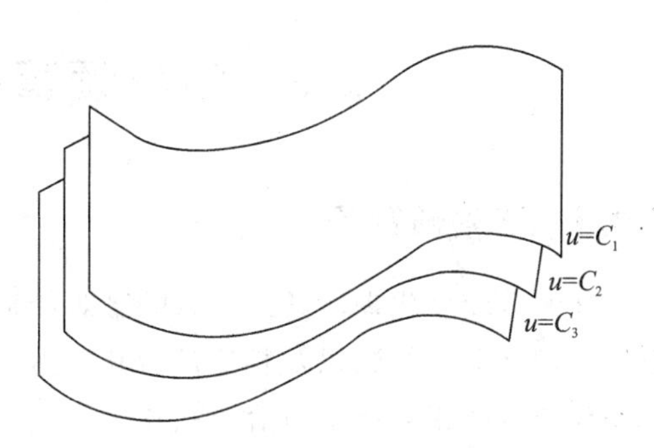

图 2.1-2　几个不同的等值面

2.1.2　矢量场与矢量线

如果一个物理量不仅需要用数量，而且也需要用方向一起来表述，则这个物理量在空间所确定的场称为矢量场。如果矢量场不随时间变化，矢量场 $\mathbf{A}$ 是空间点 M 的函数，则可表示为

$$\mathbf{A} = \mathbf{A}(M) \tag{2.1-4}$$

在直角坐标系中可表示为

$$\mathbf{A} = \mathbf{A}(x, y, z) = \boldsymbol{e}_x A_x + \boldsymbol{e}_y A_y + \boldsymbol{e}_z A_z \tag{2.1-5}$$

它表示各点的场量是随空间变化的矢量。其中，A_x、A_y、A_z 分别为矢量场 $\mathbf{A}$ 的模在三个坐标轴上的分量。

矢量场的重要宏观特征之一是矢量线，简称矢线。矢量线在每一点都与该点处的矢量 $\mathbf{A}$ 相切，其切线方向代表了该点矢量场的方向。矢量线可直观、形象地描述矢量物理量在空间的分布状况。对应的物理量中，有流体的速度矢线、加速度矢线、重力场矢线与电场矢线等。一般情况下，矢量场中的每一点都有矢量线通过，因此矢量线充满矢量场所在的空间，如图 2.1-3 所示。

我们知道，直角坐标系中的矢径 $\boldsymbol{r}$ 可表示为

$$\boldsymbol{r} = \boldsymbol{e}_x x + \boldsymbol{e}_y y + \boldsymbol{e}_z z \tag{2.1-6}$$

则其微分矢量为

$$\mathrm{d}\boldsymbol{r} = \boldsymbol{e}_x \mathrm{d}x + \boldsymbol{e}_y \mathrm{d}y + \boldsymbol{e}_z \mathrm{d}z \tag{2.1-7}$$

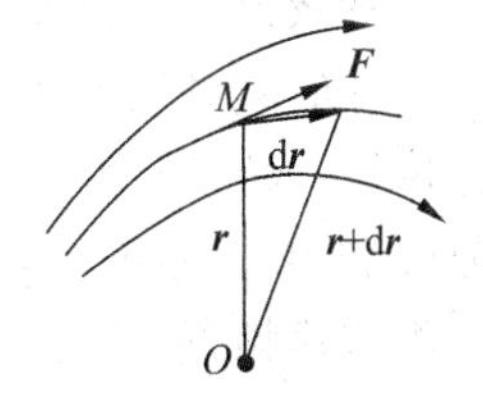

图 2.1-3　矢量线

由于矢径 $\boldsymbol{r}$ 的微分矢量 $\mathrm{d}\boldsymbol{r}$ 为矢量线的切向方向，矢量场 $\mathbf{A} = \boldsymbol{e}_x A_x + \boldsymbol{e}_y A_y + \boldsymbol{e}_z A_z$ 的方向也是矢量线的切线方向，因此在相同的点 M 处，微分矢量 $\mathrm{d}\boldsymbol{r}$ 与矢量场 $\mathbf{A}$ 必定平行。由平行条件可得

$$\frac{\mathrm{d}x}{A_x} = \frac{\mathrm{d}y}{A_y} = \frac{\mathrm{d}z}{A_z} \tag{2.1-8}$$

式(2.1-8)就是矢量线的微分方程，通过此方程可以很容易描绘出矢量线。

矢量场的矢量线具有如下重要特征：

(1) 空间的每一点对应于无穷多个矢量线，矢量线 $\boldsymbol{A}=\boldsymbol{e}_i A(x_0, y_0, z_0)$ 是通过点 (x_0, y_0, z_0) 的矢量线，其中 $\boldsymbol{e}_i$ 为任意方向的单位矢量。

(2) 矢量场中的每一点都有矢量线通过，矢量线充满矢量场所在的整个空间。

(3) 从矢量线的定义和微分方程可知，除个别点(如物理源)外，矢量线之间互不相交。

2.2　哈密顿算子与拉普拉斯算子

2.2.1　哈密顿算子

场的空间变化表征场在空间的微观特征。要想描述场在空间的微观特征，就需要考虑场的空间微分或导数以及相应的分析。为了简便地描述场在空间的微观特征，常引入能够表示场与空间相互作用的哈密顿算子∇。

在三维(x, y, z)空间情况下，哈密顿算子∇可写为

$$\nabla=\boldsymbol{e}_1\frac{\partial}{\partial x}+\boldsymbol{e}_2\frac{\partial}{\partial y}+\boldsymbol{e}_3\frac{\partial}{\partial z} \tag{2.2-1}$$

式中，x、y、z 分别为三维坐标的标量分量，$\boldsymbol{e}_1$、$\boldsymbol{e}_2$、$\boldsymbol{e}_3$ 分别为相对应的与坐标相切的单位矢量。

在电磁场与电磁波理论中，哈密顿算子∇是一个很重要的微分算子，它表示一个运算符号，本身缺乏独立意义，只有与场结合才显示其作用。哈密顿算子∇具有矢量和运算双重意义，首先它是矢性的，但不是一个具体的矢量；其次，它对跟随其后的函数进行微分，无论该函数是标量函数还是矢量函数，因此哈密顿算子∇称为矢性微分算符。

可以把哈密顿算子∇推广到一般的正交坐标系中。假如 q_1、q_2、q_3 表示一组正交坐标的三个分量，$\boldsymbol{e}_1$、$\boldsymbol{e}_2$、$\boldsymbol{e}_3$ 表示相对应的相切单位矢量，则广义正交坐标系中的哈密顿算子∇为

$$\nabla=\boldsymbol{e}_1\frac{1}{h_1}\frac{\partial}{\partial q_1}+\boldsymbol{e}_2\frac{1}{h_2}\frac{\partial}{\partial q_2}+\boldsymbol{e}_3\frac{1}{h_3}\frac{\partial}{\partial q_3} \tag{2.2-2}$$

式中，h_1、h_2、h_3 称为拉梅系数。

拉梅系数是正交坐标系中的三个坐标增加方向上的微分元与各自坐标的微分之比。由于这些微分都是长度单位，因此拉梅系数也称为度量系数。

在前面讨论的常用三种正交坐标系(直角坐标系、圆柱坐标系、球坐标系)的坐标微分分析中，直角坐标系中的三个坐标增加方向上的微分元分别为 $\mathrm{d}x$、$\mathrm{d}y$、$\mathrm{d}z$，对应坐标的微分分别为 $\mathrm{d}x$、$\mathrm{d}y$、$\mathrm{d}z$，因此可得到其拉梅系数为 $h_1=1$，$h_2=1$，$h_3=1$。这样，直角坐标系下的哈密顿算子∇为

$$\nabla=\boldsymbol{e}_x\frac{\partial}{\partial x}+\boldsymbol{e}_y\frac{\partial}{\partial y}+\boldsymbol{e}_z\frac{\partial}{\partial z} \tag{2.2-3}$$

同理，圆柱坐标系中的三个坐标增加方向上的微分元分别为 $\mathrm{d}\rho$、$\rho\mathrm{d}\phi$、$\mathrm{d}z$，对应坐标的微分分别为 $\mathrm{d}\rho$、$\mathrm{d}\phi$、$\mathrm{d}z$，可得到其拉梅系数为 $h_1=1$，$h_2=\rho$，$h_3=1$。这样，圆柱坐标系下的哈密顿算子∇为

$$\nabla = \boldsymbol{e}_\rho \frac{\partial}{\partial \rho} + \boldsymbol{e}_\phi \frac{1}{\rho} \frac{\partial}{\partial \phi} + \boldsymbol{e}_z \frac{\partial}{\partial z} \tag{2.2-4}$$

球坐标系中的三个坐标增加方向上的微分元分别为 dr、$r\,d\theta$、$r\sin\theta\,d\phi$，对应坐标的微分分别为 dr、$d\theta$、$d\phi$，可得到其拉梅系数为 $h_1=1$，$h_2=r$，$h_3=r\sin\theta$。这样，球坐标系下的哈密顿算子∇为

$$\nabla = \boldsymbol{e}_r \frac{\partial}{\partial r} + \boldsymbol{e}_\theta \frac{1}{r} \frac{\partial}{\partial \theta} + \boldsymbol{e}_\phi \frac{1}{r\sin\theta} \frac{\partial}{\partial \phi} \tag{2.2-5}$$

2.2.2　拉普拉斯算子

我们知道，哈密顿算子∇是一矢性算子(矢量)，它属于一阶微分算子。那么对于二阶微分有无算子呢？电磁场和电磁波理论中常用到的二阶微分算子是著名的拉普拉斯算子∇^2。

拉普拉斯算子是 n 维欧几里得空间中的一个二阶微分算子，定义为标量函数的梯度的散度。也就是说，如果有一标量函数 u，则拉普拉斯算子则为

$$\nabla^2 u = \nabla \cdot (\nabla u) \tag{2.2-6}$$

在直角坐标系下，可以得到

$$\begin{aligned}\nabla^2 u &= \nabla \cdot \nabla u = \left(\boldsymbol{e}_x \frac{\partial}{\partial x} + \boldsymbol{e}_y \frac{\partial}{\partial y} + \boldsymbol{e}_z \frac{\partial}{\partial z}\right) \cdot \left(\boldsymbol{e}_x \frac{\partial u}{\partial x} + \boldsymbol{e}_y \frac{\partial u}{\partial y} + \boldsymbol{e}_z \frac{\partial u}{\partial z}\right) \\ &= \frac{\partial^2 u}{\partial x^2} + \frac{\partial^2 u}{\partial y^2} + \frac{\partial^2 u}{\partial z^2}\end{aligned} \tag{2.2-7}$$

可见，拉普拉斯算子是数性算子，它与标量函数作用后是一标量。但要注意，哈密顿算子∇与标量函数作用后是一矢量。

同理，在圆柱坐标系中可以得到

$$\nabla^2 u = \frac{1}{\rho} \frac{\partial}{\partial \rho}\left(\rho \frac{\partial u}{\partial \rho}\right) + \frac{1}{\rho^2} \frac{\partial^2 u}{\partial \varphi^2} + \frac{\partial^2 u}{\partial z^2} \tag{2.2-8}$$

在球坐标系中

$$\nabla^2 u = \frac{1}{r^2} \frac{\partial}{\partial r}\left(r^2 \frac{\partial u}{\partial r}\right) + \frac{1}{r^2 \sin\theta} \frac{\partial}{\partial \theta}\left(\sin\theta \frac{\partial u}{\partial \theta}\right) + \frac{1}{r^2 \sin^2\theta} \frac{\partial^2 u}{\partial \phi^2} \tag{2.2-9}$$

当然，拉普拉斯算子∇^2也可对矢量场 $\boldsymbol{A}$ 进行作用，然而由于拉普拉斯算子∇^2对矢量运算时已失去梯度和散度的概念，因此在电磁场与电磁波理论中的拉普拉斯算子应用，一般常用其与标量场发生作用这一运算。

2.3　标量场的方向导数与梯度

通过前面的讨论可知，等值面表述了标量场的重要宏观特征，但是它只能描述标量场在空间的分布特征，而不能描述标量场在空间的变化特征。标量场在空间的变化特征是标量场的微观特征，它应该如何描述呢？进一步说，标量场在空间任意一点的邻域内向各个方向变化的微观特征以及向最大方向变化的微观特征应如何描述呢？这就需要引入方向导数和梯度这两个概念。

2.3.1 方向导数

1. 方向导数的概念

假设 M_0 是标量场 $u=u(M)$ 中的一个已知点，从 M_0 出发向某一方向引一条射线 $\boldsymbol{l}$，在射线 $\boldsymbol{l}$ 上与 M_0 邻近的地方任取一点 M，设 MM_0 长为 ρ，如图 2.3-1 所示。

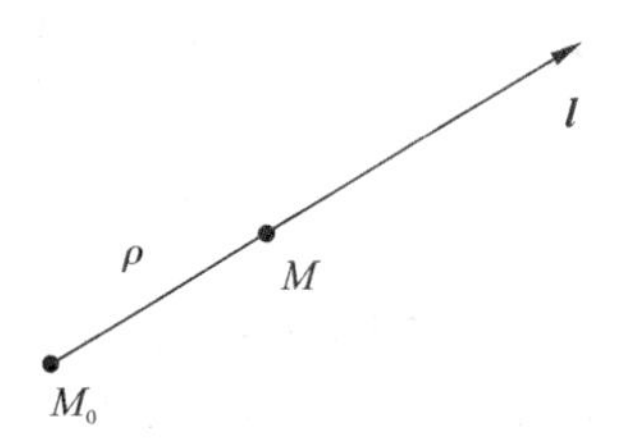

图 2.3-1 方向导数的定义

如果当 M 趋于 M_0（即 ρ 趋于零）时，比值 $\dfrac{u(M)-u(M_0)}{\rho}$ 的极限存在，则此比值的极限定义为标量场 $u(M)$ 在点 M_0 处沿 $\boldsymbol{l}$ 方向的方向导数，记作 $\left.\dfrac{\partial u}{\partial \boldsymbol{l}}\right|_{M_0}$，即

$$\left.\frac{\partial u}{\partial \boldsymbol{l}}\right|_{M_0}=\lim_{\rho\to 0}\frac{u(M)-u(M_0)}{\rho} \tag{2.3-1}$$

由方向导数的定义可知，方向导数表示标量场沿某方向 $\boldsymbol{l}$ 的空间距离变化率。方向导数的值不仅与起始点 M_0 有关，而且也与 $\boldsymbol{l}$ 方向有关，可见方向导数是一个矢量。当 $\boldsymbol{l}$ 的方向不同时，其方向导数一般也不相同。

当标量场 $u(M)$ 沿 $\boldsymbol{l}$ 方向增加时，方向导数 $\dfrac{\partial u}{\partial \boldsymbol{l}}>0$；当标量场 $u(M)$ 沿 $\boldsymbol{l}$ 方向减小时，方向导数 $\dfrac{\partial u}{\partial \boldsymbol{l}}<0$；当标量场 $u(M)$ 在 $\boldsymbol{l}$ 方向无变化时，方向导数 $\dfrac{\partial u}{\partial \boldsymbol{l}}=0$，这也说明方向导数 $\dfrac{\partial u}{\partial \boldsymbol{l}}=0$ 时，$\boldsymbol{l}$ 在标量场 $u(M)$ 的等值面上，或者说，标量场 $u(M)$ 等值面上的方向导数等于零。

2. 方向导数的计算

由前面的讨论可知，方向导数的定义没有涉及坐标系，因此方向导数与坐标无关。鉴于物理量一般采用坐标系下的参数进行描述，方向导数的实际计算也应选用不同的坐标系，因此方向导数的实际计算与坐标系有关。这里只给出常用的直角坐标系下的方向导数计算公式，其它坐标系下的计算请读者自行推出。

利用复合函数求导法则，直角坐标系下的标量场 $u(x, y, z)$ 的方向导数为

$$\frac{\partial u}{\partial \boldsymbol{l}}=\frac{\partial u}{\partial x}\frac{\mathrm{d}x}{\mathrm{d}\boldsymbol{l}}+\frac{\partial u}{\partial y}\frac{\mathrm{d}y}{\mathrm{d}\boldsymbol{l}}+\frac{\partial u}{\partial z}\frac{\mathrm{d}z}{\mathrm{d}\boldsymbol{l}} \tag{2.3-2}$$

假设 $\boldsymbol{l}$ 的方向余弦为 $\cos\alpha$、$\cos\beta$、$\cos\gamma$，即

$$\begin{cases}\dfrac{\mathrm{d}x}{\mathrm{d}\boldsymbol{l}}=\cos\alpha\\[2ex]\dfrac{\mathrm{d}y}{\mathrm{d}\boldsymbol{l}}=\cos\beta\\[2ex]\dfrac{\mathrm{d}z}{\mathrm{d}\boldsymbol{l}}=\cos\gamma\end{cases} \tag{2.3-3}$$

这样，单位射线 $\boldsymbol{l}$ 就可写为

$$\boldsymbol{l} = \boldsymbol{e}_x\cos\alpha + \boldsymbol{e}_y\cos\beta + \boldsymbol{e}_z\cos\gamma \tag{2.3-4}$$

且满足

$$\cos^2\alpha + \cos^2\beta + \cos^2\gamma = 1 \tag{2.3-5}$$

这样，采用射线 $\boldsymbol{l}$ 的方向余弦的标量场 $u(x, y, z)$ 在直角坐标系下的方向导数为

$$\frac{\partial u}{\partial \boldsymbol{l}} = \frac{\partial u}{\partial x}\cos\alpha + \frac{\partial u}{\partial y}\cos\beta + \frac{\partial u}{\partial z}\cos\gamma \tag{2.3-6}$$

2.3.2 梯度

在空间标量场中，一个定点发出的射线有无穷多个，因此也有无穷多个方向导数。一般情况下，不同方向上变化率是不同的。那么标量场在哪个方向的变化率最大，其最大值又是多少呢？为了描述最大的方向导数，下面引入梯度的概念。

1. 梯度的概念

定义标量场在空间点 M 处的梯度为该点所有方向导数中最大的方向导数，记为 $\mathrm{grad}(u)$，即

$$\mathrm{grad}(u) = \boldsymbol{e}_l \left.\frac{\partial u}{\partial \boldsymbol{l}}\right|_{\max} \tag{2.3-7}$$

式中，$\boldsymbol{e}_l$ 为标量场 u 变化率最大方向上的单位矢量。

可见，梯度是一个矢量，其方向为沿场量变化最大的方向，其值等于该方向上的最大变化率。

2. 梯度的计算

同方向导数一样，梯度的定义没有涉及坐标，因此可以说梯度与坐标无关。根据物理量常用坐标系描述的现实，实际计算梯度时，其具体表达式与坐标系的选择有关。

用矢量的点积可在直角坐标系中将方向导数的公式(2.3-6)变为

$$\begin{aligned}\frac{\partial u}{\partial \boldsymbol{l}} &= \frac{\partial u}{\partial x}\cos\alpha + \frac{\partial u}{\partial y}\cos\beta + \frac{\partial u}{\partial z}\cos\gamma \\ &= \left(\boldsymbol{e}_x \frac{\partial u}{\partial x} + \boldsymbol{e}_y \frac{\partial u}{\partial y} + \boldsymbol{e}_z \frac{\partial u}{\partial z}\right)\cdot(\boldsymbol{e}_x\cos\alpha + \boldsymbol{e}_y\cos\beta + \boldsymbol{e}_z\cos\gamma) \\ &= \boldsymbol{G}\cdot\boldsymbol{l}\end{aligned} \tag{2.3-8}$$

这里

$$\begin{cases}\boldsymbol{G} = \boldsymbol{e}_x \dfrac{\partial u}{\partial x} + \boldsymbol{e}_y \dfrac{\partial u}{\partial y} + \boldsymbol{e}_z \dfrac{\partial u}{\partial z} \\ \boldsymbol{l} = \boldsymbol{e}_x\cos\alpha + \boldsymbol{e}_y\cos\beta + \boldsymbol{e}_z\cos\gamma\end{cases} \tag{2.3-9}$$

可见，标量场的方向导数由两部分组成，一是标量场的导数矢量 $\boldsymbol{G}$，二是所取方向的单位矢量 $\boldsymbol{l}$。由于导数矢量 $\boldsymbol{G}$ 与单位矢量 $\boldsymbol{l}$ 的方向无关，方向导数 $\frac{\partial u}{\partial \boldsymbol{l}}$ 只是导数矢量 $\boldsymbol{G}$ 在单位矢量 $\boldsymbol{l}$ 方向的投影。只有当导数矢量 $\boldsymbol{G}$ 与单位矢量 $\boldsymbol{l}$ 的方向相同时，方向导数才能取得最大值。可见，导数矢量 $\boldsymbol{G}$ 是所有方向导数的最大值。根据梯度的定义可得梯度为

$$\mathrm{grad}(u) = \boldsymbol{G} = \boldsymbol{e}_x \frac{\partial u}{\partial x} + \boldsymbol{e}_y \frac{\partial u}{\partial y} + \boldsymbol{e}_z \frac{\partial u}{\partial z} \tag{2.3-10}$$

如果引入哈密顿算子 $\nabla = \boldsymbol{e}_x \frac{\partial}{\partial x} + \boldsymbol{e}_y \frac{\partial}{\partial y} + \boldsymbol{e}_z \frac{\partial}{\partial z}$，则标量场 u 在直角坐标系下的梯度可

写为

$$\nabla u = \mathrm{grad}(u) = \left(\boldsymbol{e}_x \frac{\partial}{\partial x} + \boldsymbol{e}_y \frac{\partial}{\partial y} + \boldsymbol{e}_z \frac{\partial}{\partial z}\right)u = \boldsymbol{e}_x \frac{\partial u}{\partial x} + \boldsymbol{e}_y \frac{\partial u}{\partial y} + \boldsymbol{e}_z \frac{\partial u}{\partial z} \qquad (2.3-11)$$

表明标量场的梯度是哈密顿算子∇作用于标量函数的一种运算，梯度是矢量。

根据圆柱坐标系与球坐标系下的哈密顿算子∇表示，可以直接写出这两种坐标系下的标量场梯度计算公式。

圆柱坐标系下的标量场梯度为

$$\nabla u = \boldsymbol{e}_\rho \frac{\partial u}{\partial \rho} + \boldsymbol{e}_\phi \frac{1}{\rho}\frac{\partial u}{\partial \phi} + \boldsymbol{e}_z \frac{\partial u}{\partial z} \qquad (2.3-12)$$

球坐标系下的标量场梯度为

$$\nabla u = \boldsymbol{e}_r \frac{\partial u}{\partial r} + \boldsymbol{e}_\theta \frac{1}{r}\frac{\partial u}{\partial \theta} + \boldsymbol{e}_\phi \frac{1}{r\sin\theta}\frac{\partial u}{\partial \phi} \qquad (2.3-13)$$

3. 梯度的性质

根据前面的讨论，梯度具有如下性质：

(1) 标量场u的梯度∇u是一个矢量。其大小是各个方向中最大的方向导数$|\nabla u| = \max\left(\frac{\partial u}{\partial \boldsymbol{l}}\right)$，其方向是沿场量变化最大的方向；

(2) 标量场u在射线$\boldsymbol{l}$方向上的方向导数$\frac{\partial u}{\partial \boldsymbol{l}}$是梯度$\nabla u$在$\boldsymbol{l}$方向上的投影，即$\nabla u$与$\boldsymbol{l}$的点积；

(3) 标量场$u=u(M)$的梯度垂直于过该点的等值面，且指向$u=u(M)$增大的方向。

4. 梯度运算的基本公式

标量场的梯度实际上是一个对标量函数的微分过程，因此其基本运算公式类似于一般的求导公式。这里给出常用的梯度运算公式，其中C为常数，u、v为标量函数(标量场)，$f(u)$为u的函数。

$$\begin{cases} \nabla C = 0 \\ \nabla (Cu) = C\nabla u \\ \nabla (u \pm v) = \nabla u \pm \nabla v \\ \nabla (uv) = (\nabla u)v + u(\nabla v) \\ \nabla \left(\dfrac{u}{v}\right) = \dfrac{1}{v^2}[(\nabla u)v - u(\nabla v)] \\ \nabla [f(u)] = \dfrac{\partial f}{\partial u}\nabla u \end{cases} \qquad (2.3-14)$$

【例题 2-1】 设空间中有一标量函数$\varphi(x, y, z)=x^2+y^2-z$。求：(1) 该函数$\varphi$在点$P(1, 1, 1)$处的梯度，以及表示该梯度方向的单位矢量；(2) 该函数φ沿单位矢量$\boldsymbol{l}=\frac{1}{2}\boldsymbol{e}_x+\frac{\sqrt{2}}{2}\boldsymbol{e}_y+\frac{1}{2}\boldsymbol{e}_z$方向的方向导数，并以点$P(1, 1, 1)$处的方向导数值与该点的梯度值作比较，得出相应结论。

解 (1) 由梯度计算公式可求得标量函数φ梯度为

$$\nabla \varphi = \left(\boldsymbol{e}_x \frac{\partial}{\partial x} + \boldsymbol{e}_y \frac{\partial}{\partial y} + \boldsymbol{e}_z \frac{\partial}{\partial z}\right)(x^2+y^2-z) = \boldsymbol{e}_x 2x + \boldsymbol{e}_y 2y - \boldsymbol{e}_z$$

则点 $P(1, 1, 1)$的梯度为

$$\nabla \varphi|_P = (\boldsymbol{e}_x 2x + \boldsymbol{e}_y 2y - \boldsymbol{e}_z)|_{P(1,1,1)} = 2\boldsymbol{e}_x + 2\boldsymbol{e}_y - \boldsymbol{e}_z$$

表示该梯度方向的单位矢量为

$$\boldsymbol{e}_l = \left.\frac{\nabla \varphi}{|\nabla \varphi|}\right|_P = \frac{2\boldsymbol{e}_x + 2\boldsymbol{e}_y - \boldsymbol{e}_z}{\sqrt{2^2 + 2^2 + 1}} = \frac{2}{3}\boldsymbol{e}_x + \frac{2}{3}\boldsymbol{e}_y - \frac{1}{3}\boldsymbol{e}_z$$

(2) 由方向导数与梯度之间的关系式可知，沿 $\boldsymbol{l} = \frac{1}{2}\boldsymbol{e}_x + \frac{\sqrt{2}}{2}\boldsymbol{e}_y + \frac{1}{2}\boldsymbol{e}_z$ 方向的方向导数为

$$\frac{\partial \varphi}{\partial \boldsymbol{l}} = \nabla \varphi \cdot \boldsymbol{l} = (\boldsymbol{e}_x 2x + \boldsymbol{e}_y 2y - \boldsymbol{e}_z) \cdot \left(\frac{1}{2}\boldsymbol{e}_x + \frac{\sqrt{2}}{2}\boldsymbol{e}_y + \frac{1}{2}\boldsymbol{e}_z\right) = x + \sqrt{2}y - \frac{1}{2}$$

在点 $P(1, 1, 1)$处的方向导数为

$$\left.\frac{\partial \varphi}{\partial \boldsymbol{l}}\right|_P = \left.\left(x + \sqrt{2}y - \frac{1}{2}\right)\right|_{P(1,1,1)} = \frac{1 + 2\sqrt{2}}{2}$$

在点 $P(1, 1, 1)$处的梯度值为

$$|\nabla \varphi|_P = \left.\sqrt{(2x)^2 + (2y)^2 + 1}\right|_{P(1,1,1)} = 3$$

显然，梯度$|\nabla \varphi|$描述了 P 点处标量函数 φ 的最大变化率，即最大的方向导数，故 $|\nabla \varphi|_P \geqslant \left.\frac{\partial \varphi}{\partial \boldsymbol{l}}\right|_P$ 恒成立。

【例题 2-2】 已知矢量 $\boldsymbol{r} = x\boldsymbol{e}_x + y\boldsymbol{e}_y + z\boldsymbol{e}_z$，$\boldsymbol{r}' = x'\boldsymbol{e}_x + y'\boldsymbol{e}_y + z'\boldsymbol{e}_z$，且有 $\boldsymbol{R} = \boldsymbol{r} - \boldsymbol{r}'$，$R = |\boldsymbol{R}|$。求：(1) ∇R；(2) $\nabla\left(\frac{1}{R}\right)$；(3) $\nabla'\left(\frac{1}{R}\right)$。

解 我们知道，$\nabla = \boldsymbol{e}_x \frac{\partial}{\partial x} + \boldsymbol{e}_y \frac{\partial}{\partial y} + \boldsymbol{e}_z \frac{\partial}{\partial z}$表示对 x、y、z 的运算，$\nabla' = \boldsymbol{e}_x \frac{\partial}{\partial x'} + \boldsymbol{e}_y \frac{\partial}{\partial y'} + \boldsymbol{e}_z \frac{\partial}{\partial z'}$表示对 x'、y'、z'的运算。

(1) 根据已知条件可知

$$R = |\boldsymbol{R}| = |\boldsymbol{r} - \boldsymbol{r}'| = \sqrt{(x - x')^2 + (y - y')^2 + (z - z')^2}$$

$$\boldsymbol{R} = \boldsymbol{r} - \boldsymbol{r}' = \boldsymbol{e}_x(x - x') + \boldsymbol{e}_y(y - y') + \boldsymbol{e}_z(z - z')$$

则

$$\begin{aligned}\nabla R &= \boldsymbol{e}_x \frac{\partial R}{\partial x} + \boldsymbol{e}_y \frac{\partial R}{\partial y} + \boldsymbol{e}_z \frac{\partial R}{\partial z} \\ &= \frac{\boldsymbol{e}_x(x - x') + \boldsymbol{e}_y(y - y') + \boldsymbol{e}_z(z - z')}{\sqrt{(x - x')^2 + (y - y')^2 + (z - z')^2}} \\ &= \frac{\boldsymbol{R}}{R}\end{aligned}$$

(2) 根据已知条件可知

$$\frac{1}{R} = \left|\frac{1}{\boldsymbol{R}}\right| = \left|\frac{1}{\boldsymbol{r} - \boldsymbol{r}'}\right| = \frac{1}{\sqrt{(x - x')^2 + (y - y')^2 + (z - z')^2}}$$

则

$$\nabla\left(\frac{1}{R}\right) = \boldsymbol{e}_x \frac{\partial}{\partial x}\left(\frac{1}{R}\right) + \boldsymbol{e}_y \frac{\partial}{\partial y}\left(\frac{1}{R}\right) + \boldsymbol{e}_z \frac{\partial}{\partial z}\left(\frac{1}{R}\right)$$

由于

$$\begin{cases}\dfrac{\partial}{\partial x}\left(\dfrac{1}{R}\right)=-\dfrac{1}{R^2}\dfrac{\partial R}{\partial x}=-\dfrac{1}{R^2}\dfrac{x-x'}{\sqrt{(x-x')^2+(y-y')^2+(z-z')^2}}=-\dfrac{x-x'}{R^3}\\ \dfrac{\partial}{\partial y}\left(\dfrac{1}{R}\right)=-\dfrac{1}{R^2}\dfrac{\partial R}{\partial y}=-\dfrac{1}{R^2}\dfrac{y-y'}{\sqrt{(x-x')^2+(y-y')^2+(z-z')^2}}=-\dfrac{y-y'}{R^3}\\ \dfrac{\partial}{\partial z}\left(\dfrac{1}{R}\right)=-\dfrac{1}{R^2}\dfrac{\partial R}{\partial z}=-\dfrac{1}{R^2}\dfrac{z-z'}{\sqrt{(x-x')^2+(y-y')^2+(z-z')^2}}=-\dfrac{z-z'}{R^3}\end{cases}$$

则

$$\nabla\left(\frac{1}{R}\right)=-\frac{1}{R^3}[\boldsymbol{e}_x(x-x')+\boldsymbol{e}_y(y-y')+\boldsymbol{e}_z(z-z')]=-\frac{\boldsymbol{R}}{R^3}$$

(3) 根据已知条件可知

$$\frac{1}{R}=\left|\frac{1}{\boldsymbol{R}}\right|=\left|\frac{1}{\boldsymbol{r}-\boldsymbol{r}'}\right|=\frac{1}{\sqrt{(x-x')^2+(y-y')^2+(z-z')^2}}$$

则

$$\nabla'\left(\frac{1}{R}\right)=\boldsymbol{e}_x\frac{\partial}{\partial x'}\left(\frac{1}{R}\right)+\boldsymbol{e}_y\frac{\partial}{\partial y'}\left(\frac{1}{R}\right)+\boldsymbol{e}_z\frac{\partial}{\partial z'}\left(\frac{1}{R}\right)$$

由于

$$\begin{cases}\dfrac{\partial}{\partial x'}\left(\dfrac{1}{R}\right)=-\dfrac{1}{R^2}\dfrac{\partial R}{\partial x'}=\dfrac{1}{R^2}\dfrac{x-x'}{\sqrt{(x-x')^2+(y-y')^2+(z-z')^2}}=\dfrac{x-x'}{R^3}\\ \dfrac{\partial}{\partial y'}\left(\dfrac{1}{R}\right)=-\dfrac{1}{R^2}\dfrac{\partial R}{\partial y'}=\dfrac{1}{R^2}\dfrac{y-y'}{\sqrt{(x-x')^2+(y-y')^2+(z-z')^2}}=\dfrac{y-y'}{R^3}\\ \dfrac{\partial}{\partial z'}\left(\dfrac{1}{R}\right)=-\dfrac{1}{R^2}\dfrac{\partial R}{\partial z'}=\dfrac{1}{R^2}\dfrac{z-z'}{\sqrt{(x-x')^2+(y-y')^2+(z-z')^2}}=\dfrac{z-z'}{R^3}\end{cases}$$

则

$$\nabla'\left(\frac{1}{R}\right)=\frac{1}{R^3}[\boldsymbol{e}_x(x-x')+\boldsymbol{e}_y(y-y')+\boldsymbol{e}_z(z-z')]=\frac{\boldsymbol{R}}{R^3}$$

可见，

$$\nabla'\left(\frac{1}{R}\right)=-\nabla\left(\frac{1}{R}\right)$$

在电磁场与电磁波理论分析中，常常用 $\boldsymbol{r}$ 表示场点的矢径，即用(x, y, z)表示场点的坐标；用 $\boldsymbol{r}'$ 表示源点的矢径，即用(x', y', z')表示源点的坐标。

2.4 矢量场的通量与散度

同表述标量场的特征类似，矢量场的空间描述也有宏观和微观两种特征。矢量场的宏观特征是矢量场在空间的分布特征，一般采用通量来描述；矢量场的微观特征是矢量场在空间的变化特征，一般采用散度来描述。

2.4.1 矢量场的通量

矢量场的通量 ψ 是描述矢量场 $\boldsymbol{A}$ 和有向曲面 $\boldsymbol{S}$ 之间的相互数量作用，表示矢量场 $\boldsymbol{A}$ 穿

过有向曲面 $\boldsymbol{S}$ 的总量，它是一个标量，只能定量描述矢量场的大小。

1. 有向曲面

我们一般常说的曲面 $\boldsymbol{S}$ 是没有方向的，而有向曲面 $\boldsymbol{S}$ 的最关键特点是具有方向性。假设 $\mathrm{d}S$ 为空间曲面 S 上的一个面元，则有向曲面的矢量面积元 $\mathrm{d}\boldsymbol{S}$ 为

$$\mathrm{d}\boldsymbol{S} = \boldsymbol{e}_{\mathrm{n}}\mathrm{d}S \tag{2.4-1}$$

其中，$\boldsymbol{e}_{\mathrm{n}}$ 为面积元 $\mathrm{d}S$ 的法线方向单位矢量。

实际上，由于一个曲面是双侧的，存在凸、凹两个面，则有向曲面上同一点处的法线方向就有凸(向外，称为外法线)和凹(向内，称为内法线)两个方向，如图 2.4-1 所示。

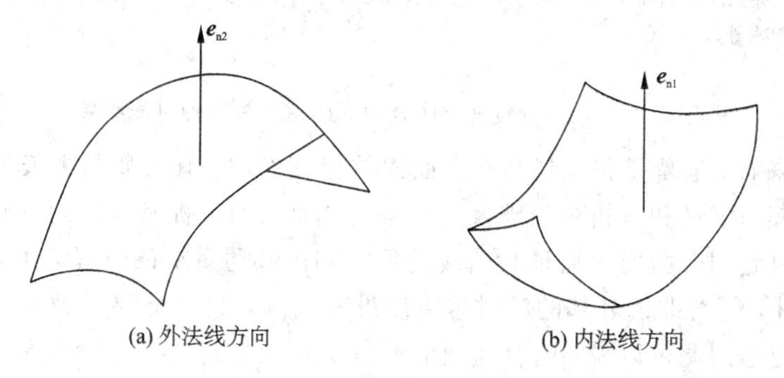

图 2.4-1　有向曲面的法线方向

有向曲面的法线方向单位矢量 $\boldsymbol{e}_{\mathrm{n}}$ 的常用取法(指向)有两种：一种是对表面为开面的取向，此开曲面是由封闭曲线 C 所围成的，当选定曲线 C 绕行方向后，沿曲线 C 绕行方向按右手螺旋法可确定曲面上任意一个面积元 $\mathrm{d}S$ 的法线方向 $\boldsymbol{e}_{\mathrm{n}}$，如图 2.4-2 所示；另一种是对闭合曲面的取向，一般取该有向闭合曲面上任意一个面积元 $\mathrm{d}S$ 的法线方向 $\boldsymbol{e}_{\mathrm{n}}$ 为闭合面的外法线方向，如图 2.4-3 所示。

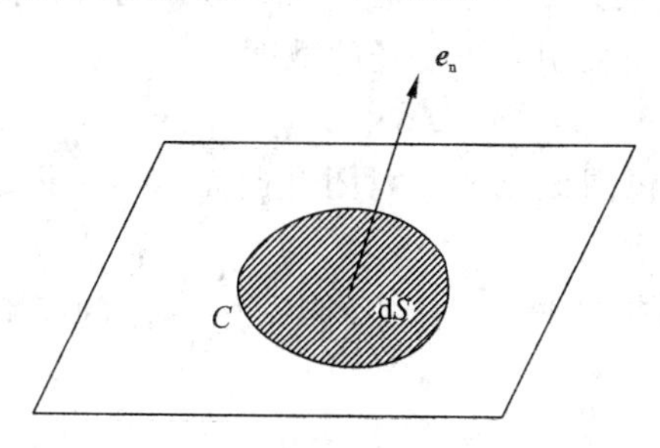

图 2.4-2　开表面的法线方向

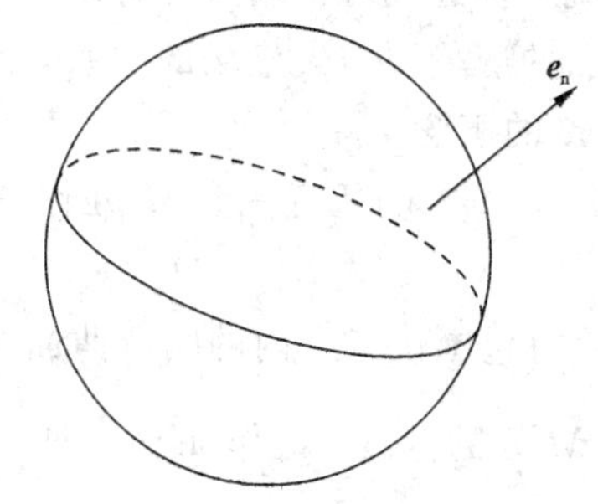

图 2.4-3　闭合面的法线方向

2. 通量

在矢量场 $\boldsymbol{A}$ 中，有向曲面的面积元 $\mathrm{d}\boldsymbol{S}$ 与矢量 $\boldsymbol{A}$ 的点积 $\boldsymbol{A}\cdot\mathrm{d}\boldsymbol{S}$ 称为通过该面积元的通量 $\mathrm{d}\psi$，注意它是一个标量。有向面积元的通量 $\mathrm{d}\psi$ 之和就是矢量 $\boldsymbol{A}$ 穿过整个有向曲面 $\boldsymbol{S}$ 的总通量 ψ，即

$$\psi = \oint_S \boldsymbol{A}\cdot\mathrm{d}\boldsymbol{S} = \oint_S \boldsymbol{A}\cdot\boldsymbol{e}_{\mathrm{n}}\mathrm{d}S \tag{2.4-2}$$

可见，矢量 $\boldsymbol{A}$ 的通量 ψ 是矢量 $\boldsymbol{A}$ 在有向曲面 $\boldsymbol{S}$ 上的面积分。

当有向曲面 $\boldsymbol{S}$ 为一闭合曲面时，矢量 $\boldsymbol{A}$ 通过闭合曲面的总通量 ψ 为

$$\psi = \oint_S \boldsymbol{A}\cdot\mathrm{d}\boldsymbol{S} = \oint_S \boldsymbol{A}\cdot\boldsymbol{e}_{\mathrm{n}}\mathrm{d}S \tag{2.4-3}$$

矢量 **A** 通过闭合曲面的总通量 ψ 有三种可能结果，如图 2.4-4 所示：① 通过闭合曲面有净的矢量线穿出时，总通量 $\psi>0$，这说明闭合曲面内必定有正的通量源存在；② 通过闭合曲面有净的矢量线进入时，总通量 $\psi<0$，这说明闭合曲面内必定有负的通量源存在；③ 进入与穿出闭合曲面的矢量线相等时，总通量 $\psi=0$，这说明闭合曲面内无通量源存在。

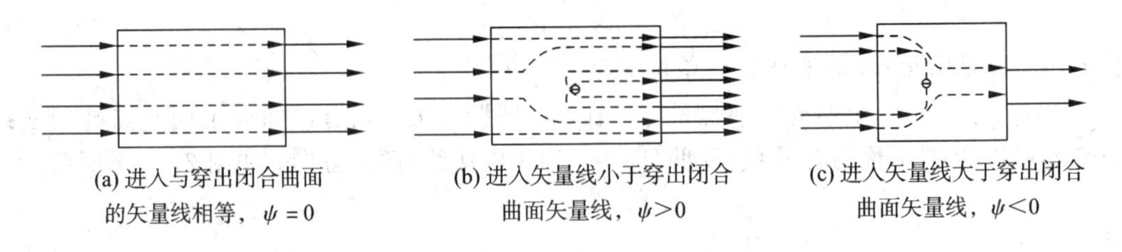

(a) 进入与穿出闭合曲面的矢量线相等，$\psi=0$

(b) 进入矢量线小于穿出闭合曲面矢量线，$\psi>0$

(c) 进入矢量线大于穿出闭合曲面矢量线，$\psi<0$

图 2.4-4 矢量线通过闭合曲面的总通量三种可能结果

从表面上来看，通量是矢量场与有向曲面的相互作用，其实质是由矢量场背后的源在起作用。在通量的定义和分析中只涉及矢量场与曲面，而没提及曲面的形状和曲面内部通量源的位置，因此闭合曲面内通量与曲线的形状和内部通量源的位置无关，只取决于曲面内部的源。另外，闭合曲面外部的源对总通量没有贡献，它只是部分等量矢量线进入和穿出闭合曲面而已。因此可以说，闭合曲面的通量从宏观上建立了矢量场通过闭合曲面的通量与曲面内产生矢量场的源之间的关系。

2.4.2 矢量场的散度

矢量 **A** 的通量 ψ 是一个积分量，只是矢量 **A** 和有向曲面 **S** 之间关系的宏观描述，反映了某一空间内场与源之间关系的总特性，但是它没有反映出场源的分布特性，也就是说它无法从微观上描述场源的特性。为了定量描述矢量场中任意一点的场源特性，就需要建立空间任意点的通量源与矢量场的关系，为此下面引入矢量场的散度。

1. 散度的概念

在矢量场 **A** 中的任意一点 M 处作一个包围该点的任意闭合曲面 S，将该闭合曲面无限收缩，使得包围该点在内的闭合曲面的体积 V 趋于 0，则比值 $\dfrac{\oint_S \boldsymbol{A}\cdot \mathrm{d}\boldsymbol{S}}{\Delta V}$ 的极限称为矢量场 **A** 在点 M 处的散度，记作 div**A**，即

$$\mathrm{div}\boldsymbol{A}=\lim_{\Delta V\to 0}\frac{\oint_S \boldsymbol{A}\cdot \mathrm{d}\boldsymbol{S}}{\Delta V} \tag{2.4-4}$$

此式表明，矢量场的散度是一个标量，它是矢量通过包含该点的任意闭合小曲面的通量与曲面元体积之比的极限。它表示从该点单位体积内散发出来的矢量 **A** 的通量，即通量密度，反映矢量场 **A** 在该点通量源的强度。如果 div**A**>0，说明该点有正源；如果 div**A**<0，说明该点有负源；如果 div**A**$=0$，说明该点无源。显然，在无源区域内矢量场在各点的散度均为零。

2. 散度的计算

散度的定义与坐标无关，但是在实际计算中的具体表达式则与坐标系有关。这里采用直角坐标系进行散度表达式的推导。

在直角坐标系中作一很小的直角正六面体，各边的长度分别为Δx、Δy、Δz，各面分别与坐标面平行，如图2.4－5所示。

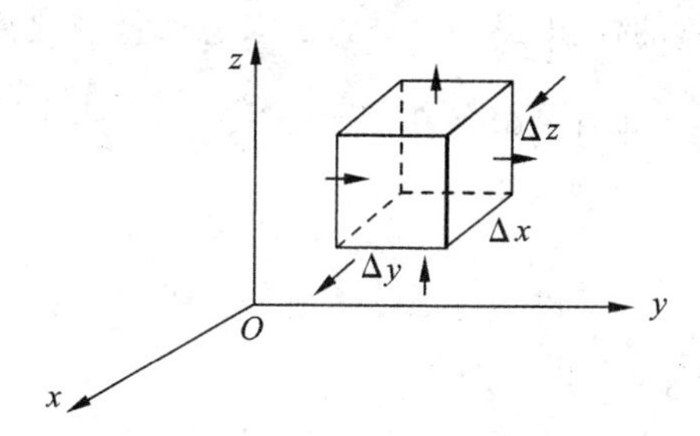

图2.4－5　直角坐标系下求矢量场的散度

矢量场$\boldsymbol{A}$穿出该六面体V的总通量ψ应是六个面通量之和，即

$$\begin{aligned}\psi &= \oint_S \boldsymbol{A} \cdot \mathrm{d}\boldsymbol{S} \\ &= \int_{前} \boldsymbol{A} \cdot \mathrm{d}\boldsymbol{S} + \int_{后} \boldsymbol{A} \cdot \mathrm{d}\boldsymbol{S} + \int_{左} \boldsymbol{A} \cdot \mathrm{d}\boldsymbol{S} + \int_{右} \boldsymbol{A} \cdot \mathrm{d}\boldsymbol{S} + \int_{上} \boldsymbol{A} \cdot \mathrm{d}\boldsymbol{S} + \int_{下} \boldsymbol{A} \cdot \mathrm{d}\boldsymbol{S}\end{aligned} \tag{2.4-5}$$

假设直角坐标系下的矢量场$\boldsymbol{A}=\boldsymbol{e}_x A_x+\boldsymbol{e}_y A_y+\boldsymbol{e}_z A_z$。在计算前、后面上的通量时，由于矢量$\boldsymbol{A}$的分量$A_y$、$A_z$与前、后面的法线相垂直，因此它们对前、后面上的通量无贡献，只有与前、后的法线相平行的分量A_x才对前、后面上的通量有贡献。这样，前、后面上的通量分别为

$$\int_{前} \boldsymbol{A} \cdot \mathrm{d}\boldsymbol{S} \approx A_x(x, y, z)\Delta y\Delta z \tag{2.4-6a}$$

$$\int_{后} \boldsymbol{A} \cdot \mathrm{d}\boldsymbol{S} \approx -A_x(x-\Delta x, y, z)\Delta y\Delta z \tag{2.4-6b}$$

根据泰勒定理有

$$\begin{aligned}A_x(x-\Delta x, y, z) &= A_x(x, y, z) - \frac{\partial A_x(x, y, z)}{\partial x}\Delta x + \frac{1}{2}\frac{\partial^2 A_x(x, y, z)}{\partial x}(\Delta x)^2 - \cdots \\ &\approx A_x(x, y, z) - \frac{\partial A_x(x, y, z)}{\partial x}\Delta x\end{aligned} \tag{2.4-7}$$

则前、后面上的通量和为

$$\begin{aligned}&\int_{前} \boldsymbol{A} \cdot \mathrm{d}\boldsymbol{S} + \int_{后} \boldsymbol{A} \cdot \mathrm{d}\boldsymbol{S} \\ &\approx A_x(x, y, z)\Delta y\Delta z + \frac{\partial A_x(x, y, z)}{\partial x}\Delta x\Delta y\Delta z - A_x(x, y, z)\Delta y\Delta z \\ &= \frac{\partial A_x(x, y, z)}{\partial x}\Delta x\Delta y\Delta z\end{aligned} \tag{2.4-8}$$

同理，可得左、右面和上、下面上的通量和分别为

$$\int_{左} \boldsymbol{A} \cdot \mathrm{d}\boldsymbol{S} + \int_{右} \boldsymbol{A} \cdot \mathrm{d}\boldsymbol{S} \approx \frac{\partial A_y(x, y, z)}{\partial y}\Delta x\Delta y\Delta z \tag{2.4-9}$$

$$\int_{上} \boldsymbol{A} \cdot \mathrm{d}\boldsymbol{S} + \int_{下} \boldsymbol{A} \cdot \mathrm{d}\boldsymbol{S} \approx \frac{\partial A_z(x, y, z)}{\partial z}\Delta x\Delta y\Delta z \tag{2.4-10}$$

这样，矢量场$\boldsymbol{A}$穿出该六面体V的总通量ψ为

$$\psi=\int_S \boldsymbol{A}\cdot \mathrm{d}\boldsymbol{S}=\left[\frac{\partial A_x(x,y,z)}{\partial x}+\frac{\partial A_y(x,y,z)}{\partial y}+\frac{\partial A_z(x,y,z)}{\partial z}\right]\Delta x\Delta y\Delta z$$

因为微小直角正六面体的体积 $\Delta V=\Delta x\Delta y\Delta z$，总通量 ψ 化简后有

$$\psi=\oint_S \boldsymbol{A}\cdot \mathrm{d}\boldsymbol{S}=\left(\frac{\partial A_x}{\partial x}+\frac{\partial A_y}{\partial y}+\frac{\partial A_z}{\partial z}\right)\Delta V \tag{2.4-11}$$

根据散度的定义有

$$\begin{aligned}\mathrm{div}\boldsymbol{A}&=\lim_{\Delta V\to 0}\frac{\oint_S \boldsymbol{A}\cdot \mathrm{d}\boldsymbol{S}}{\Delta V}\\&=\lim_{\Delta V\to 0}\frac{\left(\frac{\partial A_x}{\partial x}+\frac{\partial A_y}{\partial y}+\frac{\partial A_z}{\partial z}\right)\Delta V}{\Delta V}\\&=\frac{\partial A_x}{\partial x}+\frac{\partial A_y}{\partial y}+\frac{\partial A_z}{\partial z}\end{aligned} \tag{2.4-12}$$

式(2.4-12)也可以写成用哈密顿微分算子∇与矢量 $\boldsymbol{A}$ 的点积形式，即

$$\begin{aligned}\mathrm{div}\boldsymbol{A}&=\frac{\partial A_x}{\partial x}+\frac{\partial A_y}{\partial y}+\frac{\partial A_z}{\partial z}\\&=\left(\boldsymbol{e}_x\frac{\partial}{\partial x}+\boldsymbol{e}_y\frac{\partial}{\partial y}+\boldsymbol{e}_z\frac{\partial}{\partial z}\right)\cdot(\boldsymbol{e}_xA_x+\boldsymbol{e}_yA_y+\boldsymbol{e}_zA_z)\\&=\nabla\cdot\boldsymbol{A}\end{aligned} \tag{2.4-13}$$

在电磁场与电磁波理论中，常用$\nabla\cdot\boldsymbol{A}$ 表示矢量场 $\boldsymbol{A}$ 的散度。注意，矢量场的散度是一个标量。

用类似方法可推出圆柱和球坐标系下的矢量场 $\boldsymbol{A}$ 的散度表达式，即

在圆柱坐标系中

$$\nabla\cdot\boldsymbol{A}=\frac{\partial A_\rho}{\partial \rho}+\frac{1}{\rho}\frac{\partial A_\phi}{\partial \phi}+\frac{\partial A_z}{\partial z} \tag{2.4-14}$$

在球坐标系中

$$\nabla\cdot\boldsymbol{A}=\frac{1}{r^2}\frac{\partial(r^2A_r)}{\partial r}+\frac{1}{r\sin\theta}\frac{\partial(\sin\theta A_\theta)}{\partial \theta}+\frac{1}{r\sin\theta}\frac{\partial A_\phi}{\partial \phi} \tag{2.4-15}$$

3. 散度运算的基本公式

矢量场的散度实际上是一个哈密顿微分算子(矢量)对矢量函数的点积过程，其结果为一标量。其基本运算公式类似于两个矢量的点积公式，这里给出常用的散度运算公式，其中 $\boldsymbol{C}$ 为常矢量，k 为常数标量，u 为标量函数。

$$\begin{cases}\nabla\cdot\boldsymbol{C}=0\\\nabla\cdot(\boldsymbol{C}u)=\boldsymbol{C}\cdot\nabla u\\\nabla\cdot(k\boldsymbol{A})=k\nabla\cdot\boldsymbol{A}\\\nabla\cdot(u\boldsymbol{A})=u\nabla\cdot\boldsymbol{A}+\boldsymbol{A}\cdot\nabla u\\\nabla\cdot(\boldsymbol{A}\pm\boldsymbol{B})=\nabla\cdot\boldsymbol{A}\pm\nabla\cdot\boldsymbol{B}\end{cases} \tag{2.4-16}$$

2.4.3 散度定理

矢量场 $\boldsymbol{A}$ 的散度表示其通量的体密度。从散度的定义出发，可以得到矢量场 $\boldsymbol{A}$ 在空间

任意闭合曲面的总通量等于该闭合曲面所包含体积中矢量场的散度的体积分，即

$$\oint_S \boldsymbol{A} \cdot \mathrm{d}\boldsymbol{S} = \int_V \nabla \cdot \boldsymbol{A} \mathrm{d}V \tag{2.4-17}$$

此式称为散度定理，它是由俄国数学家奥斯特洛格拉特斯基首先撰文发表的。但是，由于著名数学家高斯在奥斯特洛格拉特斯基之前已发现这一定理，只是未及时发表，因此散度定理也称为高斯定理。

可以这样来证明散度定理。如图 2.4-6 所示，在矢量场 $\boldsymbol{A}$ 中，将闭合面 S 包围的体积 V 分成几个体积元 $\Delta V_i (i=1, 2, \cdots, n)$。计算每个体积元的小封闭曲面 S_i 上穿过的通量，然后进行通量的叠加，最后获得总通量。

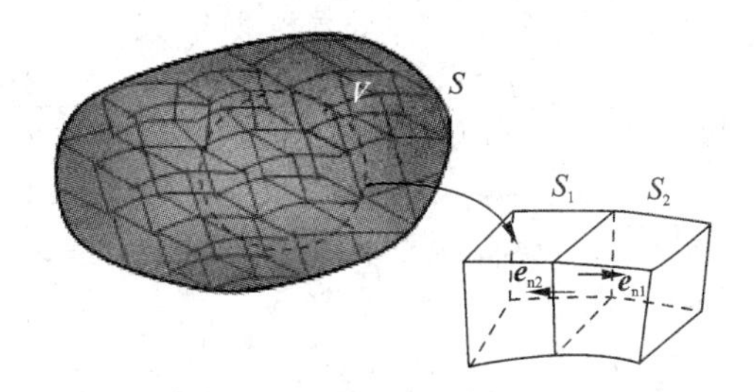

图 2.4-6　体积 V 剖分

根据散度定义，任意一个小体积元 ΔV_i 的散度为

$$\mathrm{div}\boldsymbol{A} = \lim_{\Delta V_i \to 0} \frac{\oint_{S_i} \boldsymbol{A} \cdot \mathrm{d}\boldsymbol{S}}{\Delta V_i} = \nabla \cdot \boldsymbol{A} \tag{2.4-18}$$

则穿过此小体积的封闭面的通量 $\Delta\psi_i$ 为

$$\Delta\psi_i = \oint_{S_i} \boldsymbol{A} \cdot \mathrm{d}\boldsymbol{S} = \lim_{\Delta V_i \to 0} (\nabla \cdot \boldsymbol{A}) \Delta V_i \tag{2.4-19}$$

两个相邻体积元都有一个公共表面，而这个公共面的通量对这两个体积元来讲正好是等值异号，因此求和时正好相互抵消。除了邻近 S 面的体积元外，所有体积元都由几个相邻体积元间的公共面包围而成，因此这些体积元的通量为 0。这样，只有邻近 S 面的体积元的部分表面的通量没有被抵消，其总和正好等于从闭合面 S 穿出的通量，因此可以得到穿过闭合面 S 上的总通量为

$$\psi = \sum_{i=1}^{n} \oint_{S_i} \boldsymbol{A} \cdot \mathrm{d}\boldsymbol{S} = \sum_{i=1}^{n} \lim_{\Delta V_i \to 0} (\nabla \cdot \boldsymbol{A}) \Delta V_i \tag{2.4-20}$$

当 n 趋于无穷大时，根据体积分的定义可以得到散度定理，即式(2.4-17)。这里重写为

$$\oint_S \boldsymbol{A} \cdot \mathrm{d}\boldsymbol{S} = \int_V \nabla \cdot \boldsymbol{A} \mathrm{d}V$$

散度定理表明，任意矢量场的散度在场中任意一个体积上的体积分等于该矢量场与限定该体积的闭合面上的面积分，它是矢量的散度的体积分与该矢量的闭合曲面积分之间的变换关系，在电磁场理论中有着重要用途。

【例题 2-3】　假设有一点电荷 q 位于直角坐标系的原点，在离其 r 处产生的电通量密度为 $D=\dfrac{q\boldsymbol{r}}{4\pi r^3}$，其中 $\boldsymbol{r}=x\boldsymbol{e}_x+y\boldsymbol{e}_y+z\boldsymbol{e}_z$，$r=\sqrt{x^2+y^2+z^2}$。求任意点处电通量密度的散度

以及穿出以 r 为半径的球面的电通量。

解 电通量密度可以写为

$$D=\frac{q\boldsymbol{r}}{4\pi r^3}=\frac{q(x\boldsymbol{e}_x+y\boldsymbol{e}_y+z\boldsymbol{e}_z)}{4\pi(x^2+y^2+z^2)^{3/2}}=D_x\boldsymbol{e}_x+D_y\boldsymbol{e}_y+D_z\boldsymbol{e}_z$$

根据散度计算公式，可以得到电通量密度的散度为

$$\nabla\cdot D=\frac{\partial D_x}{\partial x}+\frac{\partial D_y}{\partial y}+\frac{\partial D_z}{\partial z}$$

由于

$$\begin{cases}\dfrac{\partial D_x}{\partial x}=\dfrac{q}{4\pi}\dfrac{\partial}{\partial x}\left[\dfrac{x}{(x^2+y^2+z^2)^{3/2}}\right]=\dfrac{q}{4\pi}\left[\dfrac{1}{(x^2+y^2+z^2)^{3/2}}-\dfrac{3x^2}{(x^2+y^2+z^2)^{5/2}}\right]=\dfrac{q}{4\pi}\dfrac{r^2-3x^2}{r^5}\\ \dfrac{\partial D_y}{\partial y}=\dfrac{q}{4\pi}\dfrac{\partial}{\partial y}\left[\dfrac{y}{(x^2+y^2+z^2)^{3/2}}\right]=\dfrac{q}{4\pi}\left[\dfrac{1}{(x^2+y^2+z^2)^{3/2}}-\dfrac{3y^2}{(x^2+y^2+z^2)^{5/2}}\right]=\dfrac{q}{4\pi}\dfrac{r^2-3y^2}{r^5}\\ \dfrac{\partial D_z}{\partial z}=\dfrac{q}{4\pi}\dfrac{\partial}{\partial z}\left[\dfrac{z}{(x^2+y^2+z^2)^{3/2}}\right]=\dfrac{q}{4\pi}\left[\dfrac{1}{(x^2+y^2+z^2)^{3/2}}-\dfrac{3z^2}{(x^2+y^2+z^2)^{5/2}}\right]=\dfrac{q}{4\pi}\dfrac{r^2-3z^2}{r^5}\end{cases}$$

则

$$\nabla\cdot D=\frac{\partial D_x}{\partial x}+\frac{\partial D_y}{\partial y}+\frac{\partial D_z}{\partial z}=\frac{q}{4\pi}\frac{3r^2-3(x^2+y^2+z^2)}{r^5}=\frac{q}{4\pi}\frac{3r^2-3r^2}{r^5}=0$$

可见，除点电荷所在源点外，空间各点的电通量密度散度均为 0。

根据通量定义可以得到穿出以 r 为半径的球面的电通量为

$$\psi=\oint_S\boldsymbol{D}\cdot\mathrm{d}\boldsymbol{S}=\frac{q}{4\pi}\oint_S\frac{\boldsymbol{r}}{r^3}\cdot 4\pi r^2\ \frac{\boldsymbol{r}}{r}\mathrm{d}r=q$$

可见，在此球面上所穿过的电通量的源正是点电荷。

2.5 矢量场的环量与旋度

不是所有的矢量场都是由通量源激发的，也存在另一类不同于通量源的矢量源，称为漩涡源。它所激发的矢量场的力线是闭合的，它对于任何闭合曲面的通量为零，但在场所定义的空间中闭合路径的积分不为零。这种矢量场的宏观特征一般采用环量来描述，微观特征一般采用旋度来描述。

2.5.1 矢量场的环量

矢量场的环量 Γ 用于描述矢量场 $\boldsymbol{A}$ 和有向曲线 $\boldsymbol{l}$ 之间的相互矢量作用，表示矢量场沿有向曲线的环流量(或称为旋涡量)，它是一个标量。

1. 有向曲线

在电磁场与电磁波理论中应用到的环量是指闭合曲线 C 的环量，其中闭合曲线具有方向性，其方向规定为有向曲线的切向方向。这里定义 $\mathrm{d}\boldsymbol{l}$ 为闭合曲线 C 上的单位线元矢量。

2. 环量

在矢量场 $\boldsymbol{A}$ 中，有向闭合曲线 $\mathrm{d}\boldsymbol{l}$ 与矢量 $\boldsymbol{A}$ 的点积 $\boldsymbol{A}\cdot\mathrm{d}\boldsymbol{l}$ 的积分称为矢量场 $\boldsymbol{A}$ 沿闭合曲线 C(方向为 $\mathrm{d}\boldsymbol{l}$)的环量 Γ。注意，环量 Γ 是一个标量，它也是描述矢量场宏观重要性质的一个量。根据定义有

$$\Gamma = \oint_C \boldsymbol{A} \cdot \mathrm{d}\boldsymbol{l} = \oint_C A\cos\theta\,\mathrm{d}l \tag{2.5-1}$$

其中，θ 为 $\boldsymbol{A}$ 与 $\mathrm{d}\boldsymbol{l}$ 的夹角，矢量场 $\boldsymbol{A}$ 是闭合曲线上任意点的矢量。

环量不仅与矢量场 $\boldsymbol{A}$ 的分布有关，还与所取闭合曲线 C 的环绕方向有关。环量的物理意义随矢量函数代表的场而定：当 $\boldsymbol{A}$ 为电场强度时，环量代表围绕闭合路径的电动势；当 $\boldsymbol{A}$ 为力时，环量代表围绕闭合路径所做的功。

环量描述了矢量场与旋涡源之间的关系，当环量 $\Gamma \neq 0$ 时，即矢量场对于任何闭合曲线的环量不为零，说明矢量场 $\boldsymbol{A}$ 由旋涡源产生，且闭合环路包围有旋涡源，这时的矢量场称为有旋场。激发有旋场的源称为旋涡源，如电流是磁场的旋涡源。当环量 $\Gamma=0$ 时，即矢量函数 $\boldsymbol{A}$ 沿任何闭合路径上的环量等于零，说明闭合环路内没有旋涡源，这时的矢量场称为无旋场或保守场，如静电场、重力场都是保守场。

3. 环量密度

在矢量场 $\boldsymbol{A}$ 中的任意一点 M 处作一个包围该点的任意闭合曲线 C，该闭合曲线将形成一个面积元 ΔS。以 C 为周界选定其绕行方向 $\mathrm{d}\boldsymbol{l}$，用右手法则确定曲面元 ΔS 的法线方向 $\boldsymbol{e}_\mathrm{i}$，如图 2.5-1 所示。

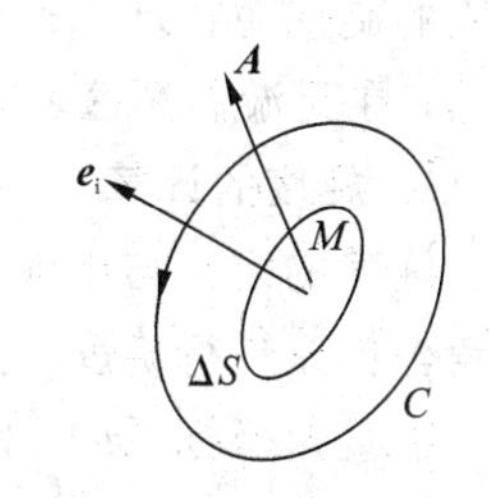

图 2.5-1　矢量场的环量

将该闭合曲线无限收缩，使得包围该点在内的闭合曲线形成的面积元 ΔS 趋于 0，则比值 $\oint_C \boldsymbol{A} \cdot \mathrm{d}\boldsymbol{l}/\Delta S$ 的极限称为矢量场 $\boldsymbol{A}$ 在点 M 处沿 $\boldsymbol{e}_\mathrm{i}$ 方向的环量密度(或称为环量面密度、环流密度、环量强度)，记作 $\mathrm{rot}_\mathrm{i}\boldsymbol{A}$，即

$$\mathrm{rot}_\mathrm{i}\boldsymbol{A} = \lim_{\Delta S \to 0} \frac{\oint_C \boldsymbol{A} \cdot \mathrm{d}\boldsymbol{l}}{\Delta S} = \lim_{\Delta S \to 0} \frac{\oint_C A\cos\theta \mathrm{d}l}{\Delta S} \tag{2.5-2}$$

此式表明，矢量场的环量密度与面元 ΔS 的法线方向 $\boldsymbol{e}_\mathrm{i}$ 有关，它随着矢量场 $\boldsymbol{A}$ 和矢量场与面元 ΔS 的法线方向的夹角而变化。如在电流形成的磁场中，若某点附近的面元法线方向与电流方向重合，则磁场强度的环量密度将取得最大值；若面元法线方向与电流方向相垂直，则磁场强度的环量密度将取得最小值(等于 0)；若面元法线方向与电流方向之间有一夹角，则磁场强度的环量密度的取值在最大值与最小值之间。事实上，矢量场在点 M 处沿 $\boldsymbol{e}_\mathrm{i}$ 方向的环量密度就是在该点处沿 $\boldsymbol{e}_\mathrm{i}$ 方向的旋涡源密度。

2.5.2　矢量场的旋度

矢量 $\boldsymbol{A}$ 的环量 Γ 是一个积分量，只是矢量 $\boldsymbol{A}$ 和有向闭合路径 $\boldsymbol{C}$ 之间关系的宏观描述，反映了某一空间内矢量场与漩涡源之间关系的总特性，但是它没有反映出场源的分布特性。也就是说，它只能描述闭合路径中有无旋涡源的存在，不能从微观上描述矢量场中某一具体点的性质和分布。为了定量描述矢量场在闭合路径内任意点的性质和分布，就需要建立空间任意点的矢量场与漩涡源的关系，为此下面引入矢量场的旋度。

1. 旋度的概念

矢量场的环量密度虽然能够描述矢量场与漩涡源的微观特征，但是由于某点的环量密度与该点面元的法线方向有关，因此，在矢量场 $\boldsymbol{A}$ 中，一个给定点处沿任意方向的环量密度一般是不相同的。为了描述在某一确定方向上环流密度取得最大值的情况，需引入旋度的概念。

矢量场 $\boldsymbol{A}$ 的旋度是一个矢量，定义为其方向是沿着使环量密度取得最大值的面元的法向方向，大小等于该环量密度的最大值，记作 rot$\boldsymbol{A}$，即

$$\mathrm{rot}\boldsymbol{A}=\boldsymbol{e}_{\mathrm{n}}\mathrm{rot}_{\mathrm{i}}\boldsymbol{A}\Big|_{\max}=\boldsymbol{e}_{\mathrm{n}}\lim_{\Delta S\to 0}\frac{\int_{C}\boldsymbol{A}\cdot\mathrm{d}\boldsymbol{l}}{\Delta S}\Bigg|_{\max}\tag{2.5-3}$$

式中，$\boldsymbol{e}_{\mathrm{n}}$ 为环流密度取得最大值时面元的正法向单位矢量。

不难看出，矢量场的旋度是一个矢量，在点 M 处的矢量场 $\boldsymbol{A}$ 的旋度 rot$\boldsymbol{A}$ 就是在该点的最大旋涡源密度，也是该点处的单位面积的最大环量。这也说明了矢量场在点 M 处沿任意 $\boldsymbol{e}_{\mathrm{i}}$ 方向的环量密度实际上是该点的旋度在该方向上的投影，即 $\mathrm{rot}_{\mathrm{i}}\boldsymbol{A}=\boldsymbol{e}_{\mathrm{i}}\cdot\mathrm{rot}\boldsymbol{A}$。

矢量场 $\boldsymbol{A}$ 的旋度 rot$\boldsymbol{A}$ 反映了矢量场 $\boldsymbol{A}$ 在该点旋涡源的强度。如果 $\mathrm{rot}\boldsymbol{A}>0$，说明该点有正的旋涡源；如果 $\mathrm{rot}\boldsymbol{A}<0$，说明该点有负的漩涡源；如果 $\mathrm{rot}\boldsymbol{A}=0$，说明该点无漩涡源。显然，在无漩涡源区域内矢量场在各点的旋度均为零。

2. 旋度的计算

旋度的定义与坐标无关，但是在实际计算中的具体表达式则与坐标系有关。这里采用直角坐标系进行旋度表达式的推导。

在直角坐标系中，以点 M 为顶点，取一平行于 yOz 平面的小矩形面积元，则单位面积元 $\Delta\boldsymbol{S}=\boldsymbol{e}_x\Delta y\Delta z$，如图 2.5-2 所示。

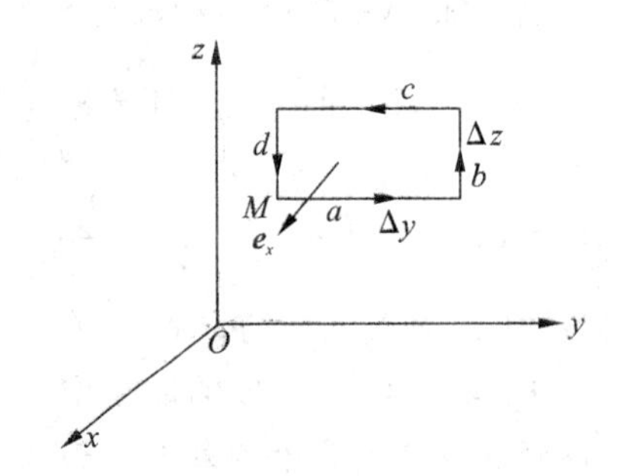

图 2.5-2 直角坐标系下求矢量场的旋度

假设在一直角坐标系中，有一矢量场 $\boldsymbol{A}=\boldsymbol{e}_xA_x+\boldsymbol{e}_yA_y+\boldsymbol{e}_zA_z$，小矩形的线元为 $\mathrm{d}\boldsymbol{l}=\boldsymbol{e}_x\mathrm{d}x+\boldsymbol{e}_y\mathrm{d}y+\boldsymbol{e}_z\mathrm{d}z$，则矢量场 $\boldsymbol{A}$ 绕矩形面积元组成曲线的环量 Γ 为

$$\Gamma=\oint_C\boldsymbol{A}\cdot\mathrm{d}\boldsymbol{l}=\int_a\boldsymbol{A}\cdot\mathrm{d}\boldsymbol{l}+\int_b\boldsymbol{A}\cdot\mathrm{d}\boldsymbol{l}+\int_c\boldsymbol{A}\cdot\mathrm{d}\boldsymbol{l}+\int_{\mathrm{d}}\boldsymbol{A}\cdot\mathrm{d}\boldsymbol{l}\tag{2.5-4}$$

由于

$$\begin{cases}\displaystyle\int_a\boldsymbol{A}\cdot\mathrm{d}\boldsymbol{l}=\int_y^{y+\Delta y}\boldsymbol{A}\cdot\boldsymbol{e}_y\mathrm{d}y=[A_y\Delta y]_{\text{在}z\text{上}}\\ \displaystyle\int_b\boldsymbol{A}\cdot\mathrm{d}\boldsymbol{l}=\int_z^{z+\Delta z}\boldsymbol{A}\cdot\boldsymbol{e}_z\mathrm{d}z=[A_z\Delta z]_{\text{在}y+\Delta y\text{上}}\\ \displaystyle\int_c\boldsymbol{A}\cdot\mathrm{d}\boldsymbol{l}=\int_{y+\Delta y}^{y}\boldsymbol{A}\cdot\boldsymbol{e}_y\mathrm{d}y=-[A_y\Delta y]_{\text{在}z+\Delta z\text{上}}\\ \displaystyle\int_{\mathrm{d}}\boldsymbol{A}\cdot\mathrm{d}\boldsymbol{l}=\int_{z+\Delta z}^{z}\boldsymbol{A}\cdot\boldsymbol{e}_z\mathrm{d}z=-[A_z\Delta z]_{\text{在}y\text{上}}\end{cases}\tag{2.5-5}$$

因此

$$\oint_C \boldsymbol{A}\cdot \mathrm{d}\boldsymbol{l} = [A_y\Delta y]_{在z上} - [A_y\Delta y]_{在z+\Delta z上} + [A_z\Delta z]_{在y+\Delta y上} - [A_z\Delta z]_{在y上} \tag{2.5-6}$$

当 $\Delta y\to 0$，$\Delta z\to 0$ 时，应用泰勒级数展开，并忽略高次项后有

$$\begin{cases} [A_y\Delta y]_{在z上} - [A_y\Delta y]_{在z+\Delta z上} = -\dfrac{\partial A_y}{\partial z}\Delta y\Delta z \\ [A_z\Delta z]_{在y+\Delta y上} - [A_z\Delta z]_{在y上} = \dfrac{\partial A_z}{\partial y}\Delta y\Delta z \end{cases} \tag{2.5-7}$$

这样，绕矩形面积元组成曲线的环量 Γ 为

$$\oint_C \boldsymbol{A}\cdot \mathrm{d}\boldsymbol{l} = \left(\frac{\partial A_z}{\partial y} - \frac{\partial A_y}{\partial z}\right)\Delta y\Delta z \tag{2.5-8}$$

进而，可得到矢量场 $\boldsymbol{A}$ 的旋度在 $\boldsymbol{e}_x$ 方向上的投影(即矢量场 $\boldsymbol{A}$ 沿 $\boldsymbol{e}_x$ 方向的旋涡量)为

$$\mathrm{rot}_x\boldsymbol{A} = \lim_{\Delta S_x\to 0}\frac{\int_C \boldsymbol{A}\cdot \mathrm{d}\boldsymbol{l}}{\Delta S_x} = \frac{\partial A_z}{\partial y} - \frac{\partial A_y}{\partial z} \tag{2.5-9}$$

同理，矢量场 $\boldsymbol{A}$ 的旋度在 $\boldsymbol{e}_y$、$\boldsymbol{e}_z$ 方向上的投影为

$$\mathrm{rot}_y\boldsymbol{A} = \lim_{\Delta S_y\to 0}\frac{\int_C \boldsymbol{A}\cdot \mathrm{d}\boldsymbol{l}}{\Delta S_y} = \frac{\partial A_x}{\partial z} - \frac{\partial A_z}{\partial x} \tag{2.5-10}$$

$$\mathrm{rot}_z\boldsymbol{A} = \lim_{\Delta S_z\to 0}\frac{\int_C \boldsymbol{A}\cdot \mathrm{d}\boldsymbol{l}}{\Delta S_z} = \frac{\partial A_y}{\partial x} - \frac{\partial A_x}{\partial y} \tag{2.5-11}$$

从而，可得到矢量场 $\boldsymbol{A}$ 的旋度为

$$\begin{aligned} \mathrm{rot}\boldsymbol{A} &= \boldsymbol{e}_x\mathrm{rot}_x\boldsymbol{A} + \boldsymbol{e}_y\mathrm{rot}_y\boldsymbol{A} + \boldsymbol{e}_z\mathrm{rot}_z\boldsymbol{A} \\ &= \boldsymbol{e}_x\left(\frac{\partial A_z}{\partial y} - \frac{\partial A_y}{\partial z}\right) + \boldsymbol{e}_y\left(\frac{\partial A_x}{\partial z} - \frac{\partial A_z}{\partial x}\right) + \boldsymbol{e}_z\left(\frac{\partial A_y}{\partial x} - \frac{\partial A_x}{\partial y}\right) \end{aligned} \tag{2.5-12}$$

同标量场的梯度、矢量场的散度可用哈密顿微分算子∇ 表示一样，上式也可用哈密顿微分算子∇ 表示为

$$\mathrm{rot}\boldsymbol{A} = \left(\boldsymbol{e}_x\frac{\partial}{\partial x} + \boldsymbol{e}_y\frac{\partial}{\partial y} + \boldsymbol{e}_z\frac{\partial}{\partial z}\right)\times(\boldsymbol{e}_xA_x + \boldsymbol{e}_yA_y + \boldsymbol{e}_zA_z) = \nabla\times\boldsymbol{A} \tag{2.5-13}$$

在电磁场与电磁波理论中，常用$\nabla\times\boldsymbol{A}$ 表示矢量场 $\boldsymbol{A}$ 的旋度。为了简化起见，矢量场的旋度$\nabla\times\boldsymbol{A}$ 一般用行列式表示，即

$$\nabla\times\boldsymbol{A} = \begin{vmatrix} \boldsymbol{e}_x & \boldsymbol{e}_y & \boldsymbol{e}_z \\ \dfrac{\partial}{\partial x} & \dfrac{\partial}{\partial y} & \dfrac{\partial}{\partial z} \\ A_x & A_y & A_z \end{vmatrix} \tag{2.5-14}$$

特别要注意，矢量场的旋度是一个矢量。

用类似方法可推出圆柱和球坐标系下的矢量场 $\boldsymbol{A}$ 的旋度表达式，即在圆柱坐标系中

$$\nabla\times\boldsymbol{A} = \frac{1}{\rho}\begin{vmatrix} \boldsymbol{e}_\rho & \rho\boldsymbol{e}_\phi & \boldsymbol{e}_z \\ \dfrac{\partial}{\partial \rho} & \dfrac{\partial}{\partial \phi} & \dfrac{\partial}{\partial z} \\ A_\rho & \rho A_\phi & A_z \end{vmatrix} \tag{2.5-15}$$

在球坐标系中

$$\nabla\times\boldsymbol{A}=\frac{1}{r^2\sin\theta}\begin{vmatrix}\boldsymbol{e}_r & r\boldsymbol{e}_\theta & r\sin\theta\boldsymbol{e}_\phi\\ \dfrac{\partial}{\partial r} & \dfrac{\partial}{\partial\theta} & \dfrac{\partial}{\partial\phi}\\ A_r & rA_\theta & r\sin\theta A_\phi\end{vmatrix} \tag{2.5-16}$$

3. 旋度常用的重要性质

（1）在电磁场与电磁波理论中常用的旋度重要性质之一是矢量场的旋度的散度恒等于零，即

$$\nabla\cdot(\nabla\times\boldsymbol{A})\equiv 0 \tag{2.5-17}$$

证明：

$$\begin{aligned}\nabla\cdot(\nabla\times\boldsymbol{A})&=\left(\boldsymbol{e}_x\frac{\partial}{\partial x}+\boldsymbol{e}_y\frac{\partial}{\partial y}+\boldsymbol{e}_z\frac{\partial}{\partial z}\right)\cdot\left[\left(\boldsymbol{e}_x\frac{\partial}{\partial x}+\boldsymbol{e}_y\frac{\partial}{\partial y}+\boldsymbol{e}_z\frac{\partial}{\partial z}\right)\times(\boldsymbol{e}_xA_x+\boldsymbol{e}_yA_y+\boldsymbol{e}_zA_z)\right]\\&=\left(\boldsymbol{e}_x\frac{\partial}{\partial x}+\boldsymbol{e}_y\frac{\partial}{\partial y}+\boldsymbol{e}_z\frac{\partial}{\partial z}\right)\cdot\left[\boldsymbol{e}_x\left(\frac{\partial A_z}{\partial y}-\frac{\partial A_y}{\partial z}\right)+\boldsymbol{e}_y\left(\frac{\partial A_x}{\partial z}-\frac{\partial A_z}{\partial x}\right)+\boldsymbol{e}_z\left(\frac{\partial A_y}{\partial x}-\frac{\partial A_x}{\partial y}\right)\right]\\&=\frac{\partial}{\partial x}\left(\frac{\partial A_z}{\partial y}-\frac{\partial A_y}{\partial z}\right)+\frac{\partial}{\partial y}\left(\frac{\partial A_x}{\partial z}-\frac{\partial A_z}{\partial x}\right)+\frac{\partial}{\partial z}\left(\frac{\partial A_y}{\partial x}-\frac{\partial A_x}{\partial y}\right)\\&\equiv 0\end{aligned}$$

（2）在电磁场与电磁波理论中常用的旋度重要性质之二是标量场的梯度的旋度恒等于零，即

$$\nabla\times(\nabla u)\equiv 0 \tag{2.5-18}$$

证明：

$$\begin{aligned}\nabla\times(\nabla u)&=\left(\boldsymbol{e}_x\frac{\partial}{\partial x}+\boldsymbol{e}_y\frac{\partial}{\partial y}+\boldsymbol{e}_z\frac{\partial}{\partial z}\right)\times\left(\boldsymbol{e}_x\frac{\partial u}{\partial x}+\boldsymbol{e}_y\frac{\partial u}{\partial y}+\boldsymbol{e}_z\frac{\partial u}{\partial z}\right)\\&=\boldsymbol{e}_z\frac{\partial^2u}{\partial x\partial y}-\boldsymbol{e}_y\frac{\partial^2u}{\partial x\partial z}-\boldsymbol{e}_z\frac{\partial^2u}{\partial y\partial x}+\boldsymbol{e}_x\frac{\partial^2u}{\partial y\partial z}+\boldsymbol{e}_y\frac{\partial^2u}{\partial z\partial x}-\boldsymbol{e}_x\frac{\partial^2u}{\partial z\partial y}\\&\equiv 0\end{aligned}$$

4. 旋度运算的基本公式

矢量场的旋度实际上是一个哈密顿微分算子(矢量)对矢量函数的叉乘过程，其结果为一矢量。其基本运算公式类似于两矢量的叉乘公式。这里给出常用的旋度运算公式，其中 $\boldsymbol{C}$ 为常矢量，k 为常数标量，u 为标量函数。

$$\begin{cases}\nabla\times\boldsymbol{C}=0\\ \nabla\times(\boldsymbol{C}u)=\nabla u\times\boldsymbol{C}\\ \nabla\times(\nabla u)=0\\ \nabla\times(u\boldsymbol{A})=u\nabla\times\boldsymbol{A}+\nabla u\times\boldsymbol{A}\\ \nabla\times(\boldsymbol{A}\pm\boldsymbol{B})=\nabla\times\boldsymbol{A}\pm\nabla\times\boldsymbol{B}\\ \nabla\cdot(\boldsymbol{A}\times\boldsymbol{B})=\boldsymbol{B}\cdot\nabla\times\boldsymbol{A}-\boldsymbol{A}\cdot\nabla\times\boldsymbol{B}\\ \nabla\cdot(\nabla\times\boldsymbol{A})=0\\ \nabla\times\nabla\times\boldsymbol{A}=\nabla(\nabla\cdot\boldsymbol{A})-\nabla^2\boldsymbol{A}\end{cases} \tag{2.5-19}$$

2.5.3 斯托克斯定理

矢量场 $\boldsymbol{A}$ 的旋度表示其环量的面密度。从旋度的定义出发，可以得到矢量场 $\boldsymbol{A}$ 沿任意

闭合曲线的环量等于矢量场的旋度在该闭合曲线所围的曲面的积分，即

$$\oint_C \boldsymbol{A} \cdot \mathrm{d}\boldsymbol{l} = \int_S \nabla \times \boldsymbol{A} \cdot \mathrm{d}\boldsymbol{S} \tag{2.5-20}$$

此式称为斯托克斯定理。

可以用类似散度定理的方法来证明斯托克斯定理。如图2.5-3所示，在矢量场$\boldsymbol{A}$中，将闭合曲线C可形成的任一曲面S分成许多面积元$\Delta S_i(i=1,2,\cdots,n)$，小面积元的闭合回路的方向与整个大曲线的方向相同。计算矢量场$\boldsymbol{A}$在形成每个面积元的小封闭曲线l_i上的环量，然后进行环量的叠加，最后获得总环量。

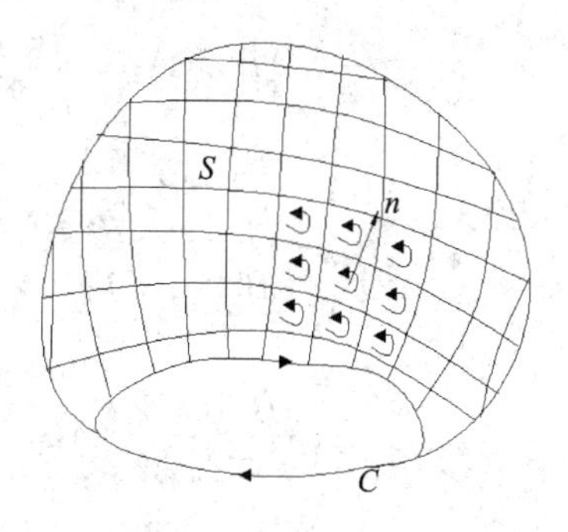

图2.5-3　曲面剖分

根据旋度定义，任意一个小面积元ΔS_i的旋度为

$$\mathrm{rot}\boldsymbol{A} = \boldsymbol{e}_{\mathrm{i}} \lim_{\Delta S_i \to 0} \frac{\oint_{l_i} \boldsymbol{A} \cdot \mathrm{d}\boldsymbol{l}}{\Delta S_i} = \nabla \times \boldsymbol{A} \tag{2.5-21}$$

则沿此小面积的封闭线的环量$\Delta \Gamma_i$为

$$\Delta \Gamma_i = \oint_{l_i} \boldsymbol{A} \cdot \mathrm{d}\boldsymbol{l} = \lim_{\Delta S_i \to 0} (\nabla \times \boldsymbol{A}) \cdot \Delta \boldsymbol{S}_i \tag{2.5-22}$$

两个相邻面元都有一个公共线，而这公共线的环量对这两个面积元来讲正好是等值异号，因此求和时正好相互抵消。除了邻近曲线的面积元外，所有面积元都由几个相邻面积元间的公共线包围而成，因此这些包围面积元路径的环量为0。这样，只有邻近大曲线C的面积元的部分曲线的环量没有被抵消，其总和正好等于闭合曲线C的环量，因此可以得到沿闭合曲线C上的总环量为

$$\Gamma = \sum_{i=1}^{n} \oint_{l_i} \boldsymbol{A} \cdot \mathrm{d}\boldsymbol{l} = \sum_{i=1}^{n} \lim_{\Delta S_i \to 0} (\nabla \times \boldsymbol{A}) \cdot \Delta \boldsymbol{S}_i \tag{2.5-23}$$

当n无穷大时，根据面积分的定义可以得到斯托克斯定理，即式(2.5-20)。

由斯托克斯定理可知，任意矢量场的旋度在场中任意一个面积上的面积分等于该矢量场与限定该面积的闭合线上的线积分。斯托克斯定理是矢量的旋度的面积分与该矢量沿闭合曲线的线积分之间的变换关系，在电磁场与电磁波理论中有着广泛的应用。

【例题2-4】 证明：(1) $\nabla \cdot (\boldsymbol{A} \times \boldsymbol{B}) = \boldsymbol{B} \cdot \nabla \times \boldsymbol{A} - \boldsymbol{A} \cdot \nabla \times \boldsymbol{B}$；(2) $\nabla \times \nabla \times \boldsymbol{A} = \nabla(\nabla \cdot \boldsymbol{A}) - \nabla^2 \boldsymbol{A}$。

证明　假设$\boldsymbol{A}$、$\boldsymbol{B}$两个矢量在直角坐标系下分别为

$$\boldsymbol{A} = \boldsymbol{e}_x A_x + \boldsymbol{e}_y A_y + \boldsymbol{e}_z A_z, \quad \boldsymbol{B} = \boldsymbol{e}_x B_x + \boldsymbol{e}_y B_y + \boldsymbol{e}_z B_z$$

直角坐标系下的哈密顿算子∇的表示式为

$$\nabla = \boldsymbol{e}_x \frac{\partial}{\partial x} + \boldsymbol{e}_y \frac{\partial}{\partial y} + \boldsymbol{e}_z \frac{\partial}{\partial z}$$

(1) 根据矢量叉乘公式有

$$\boldsymbol{A} \times \boldsymbol{B} = \begin{vmatrix} \boldsymbol{e}_x & \boldsymbol{e}_y & \boldsymbol{e}_z \\ A_x & A_y & A_z \\ B_x & B_y & B_z \end{vmatrix} = \boldsymbol{e}_x (A_y B_z - A_z B_y) + \boldsymbol{e}_y (A_z B_x - A_x B_z) + \boldsymbol{e}_z (A_x B_y - A_y B_x)$$

则

$$\nabla\cdot(\boldsymbol{A}\times\boldsymbol{B})=\left(\boldsymbol{e}_x\frac{\partial}{\partial x}+\boldsymbol{e}_y\frac{\partial}{\partial y}+\boldsymbol{e}_z\frac{\partial}{\partial z}\right)\cdot\left[\boldsymbol{e}_x(A_yB_z-A_zB_y)+\boldsymbol{e}_y(A_zB_x-A_xB_z)+\boldsymbol{e}_z(A_xB_y-A_yB_x)\right]$$

$$=\frac{\partial}{\partial x}(A_yB_z-A_zB_y)+\frac{\partial}{\partial y}(A_zB_x-A_xB_z)+\frac{\partial}{\partial z}(A_xB_y-A_yB_x)$$

$$=\left(A_y\frac{\partial B_z}{\partial x}+B_z\frac{\partial A_y}{\partial x}+A_z\frac{\partial B_x}{\partial y}+B_x\frac{\partial A_z}{\partial y}+A_x\frac{\partial B_y}{\partial z}+B_y\frac{\partial A_x}{\partial z}\right)-$$

$$\left(A_z\frac{\partial B_y}{\partial x}+B_y\frac{\partial A_z}{\partial x}+A_x\frac{\partial B_z}{\partial y}+B_z\frac{\partial A_x}{\partial y}+A_y\frac{\partial B_x}{\partial z}+B_x\frac{\partial A_y}{\partial z}\right)$$

$$=A_x\left(\frac{\partial B_y}{\partial z}-\frac{\partial B_z}{\partial y}\right)+A_y\left(\frac{\partial B_z}{\partial x}-\frac{\partial B_x}{\partial z}\right)+A_z\left(\frac{\partial B_x}{\partial y}-\frac{\partial B_y}{\partial x}\right)+$$

$$B_x\left(\frac{\partial A_z}{\partial y}-\frac{\partial A_y}{\partial z}\right)+B_y\left(\frac{\partial A_x}{\partial z}-\frac{\partial A_z}{\partial x}\right)+B_z\left(\frac{\partial A_y}{\partial x}-\frac{\partial A_x}{\partial y}\right)$$

因为

$$\boldsymbol{B}\cdot\nabla\times\boldsymbol{A}=(\boldsymbol{e}_xB_x+\boldsymbol{e}_yB_y+\boldsymbol{e}_zB_z)\cdot\begin{vmatrix}\boldsymbol{e}_x & \boldsymbol{e}_y & \boldsymbol{e}_z\\ \frac{\partial}{\partial x} & \frac{\partial}{\partial y} & \frac{\partial}{\partial z}\\ A_x & A_y & A_z\end{vmatrix}$$

$$=(\boldsymbol{e}_xB_x+\boldsymbol{e}_yB_y+\boldsymbol{e}_zB_z)\cdot\left[\boldsymbol{e}_x\left(\frac{\partial A_z}{\partial y}-\frac{\partial A_y}{\partial z}\right)+\boldsymbol{e}_y\left(\frac{\partial A_x}{\partial z}-\frac{\partial A_z}{\partial x}\right)+\boldsymbol{e}_z\left(\frac{\partial A_y}{\partial x}-\frac{\partial A_x}{\partial y}\right)\right]$$

$$=B_x\left(\frac{\partial A_z}{\partial y}-\frac{\partial A_y}{\partial z}\right)+B_y\left(\frac{\partial A_x}{\partial z}-\frac{\partial A_z}{\partial x}\right)+B_z\left(\frac{\partial A_y}{\partial x}-\frac{\partial A_x}{\partial y}\right)$$

$$\boldsymbol{A}\cdot\nabla\times\boldsymbol{B}=(\boldsymbol{e}_xA_x+\boldsymbol{e}_yA_y+\boldsymbol{e}_zA_z)\cdot\begin{vmatrix}\boldsymbol{e}_x & \boldsymbol{e}_y & \boldsymbol{e}_z\\ \frac{\partial}{\partial x} & \frac{\partial}{\partial y} & \frac{\partial}{\partial z}\\ B_x & B_y & B_z\end{vmatrix}$$

$$=(\boldsymbol{e}_xA_x+\boldsymbol{e}_yA_y+\boldsymbol{e}_zA_z)\cdot\left[\boldsymbol{e}_x\left(\frac{\partial B_z}{\partial y}-\frac{\partial B_y}{\partial z}\right)+\boldsymbol{e}_y\left(\frac{\partial B_x}{\partial z}-\frac{\partial B_z}{\partial x}\right)+\boldsymbol{e}_z\left(\frac{\partial B_y}{\partial x}-\frac{\partial B_x}{\partial y}\right)\right]$$

$$=A_x\left(\frac{\partial B_z}{\partial y}-\frac{\partial B_y}{\partial z}\right)+A_y\left(\frac{\partial B_x}{\partial z}-\frac{\partial B_z}{\partial x}\right)+A_z\left(\frac{\partial B_y}{\partial x}-\frac{\partial B_x}{\partial y}\right)$$

所以

$$\boldsymbol{B}\cdot\nabla\times\boldsymbol{A}-\boldsymbol{A}\cdot\nabla\times\boldsymbol{B}=\left[B_x\left(\frac{\partial A_z}{\partial y}-\frac{\partial A_y}{\partial z}\right)+B_y\left(\frac{\partial A_x}{\partial z}-\frac{\partial A_z}{\partial x}\right)+B_z\left(\frac{\partial A_y}{\partial x}-\frac{\partial A_x}{\partial y}\right)\right]-$$

$$\left[A_x\left(\frac{\partial B_z}{\partial y}-\frac{\partial B_y}{\partial z}\right)+A_y\left(\frac{\partial B_x}{\partial z}-\frac{\partial B_z}{\partial x}\right)+A_z\left(\frac{\partial B_y}{\partial x}-\frac{\partial B_x}{\partial y}\right)\right]$$

$$=\left[A_x\left(\frac{\partial B_y}{\partial z}-\frac{\partial B_z}{\partial y}\right)+A_y\left(\frac{\partial B_z}{\partial x}-\frac{\partial B_x}{\partial z}\right)+A_z\left(\frac{\partial B_x}{\partial y}-\frac{\partial B_y}{\partial x}\right)\right]-$$

$$\left[B_x\left(\frac{\partial A_y}{\partial z}-\frac{\partial A_z}{\partial y}\right)+B_y\left(\frac{\partial A_z}{\partial x}-\frac{\partial A_x}{\partial z}\right)+B_z\left(\frac{\partial A_x}{\partial y}-\frac{\partial A_y}{\partial x}\right)\right]$$

可见，$\nabla\cdot(\boldsymbol{A}\times\boldsymbol{B})=\boldsymbol{B}\cdot\nabla\times\boldsymbol{A}-\boldsymbol{A}\cdot\nabla\times\boldsymbol{B}$。

(2) $$\nabla\times\nabla\times\mathbf{A}=\left(\boldsymbol{e}_x\frac{\partial}{\partial x}+\boldsymbol{e}_y\frac{\partial}{\partial y}+\boldsymbol{e}_z\frac{\partial}{\partial z}\right)\times\begin{vmatrix}\boldsymbol{e}_x & \boldsymbol{e}_y & \boldsymbol{e}_z\\ \frac{\partial}{\partial x} & \frac{\partial}{\partial y} & \frac{\partial}{\partial z}\\ A_x & A_y & A_z\end{vmatrix}$$

$$=\left(\boldsymbol{e}_x\frac{\partial}{\partial x}+\boldsymbol{e}_y\frac{\partial}{\partial y}+\boldsymbol{e}_z\frac{\partial}{\partial z}\right)\times$$

$$\left[\boldsymbol{e}_x\left(\frac{\partial A_z}{\partial y}-\frac{\partial A_y}{\partial z}\right)+\boldsymbol{e}_y\left(\frac{\partial A_x}{\partial z}-\frac{\partial A_z}{\partial x}\right)+\boldsymbol{e}_z\left(\frac{\partial A_y}{\partial x}-\frac{\partial A_x}{\partial y}\right)\right]$$

$$=\begin{vmatrix}\boldsymbol{e}_x & \boldsymbol{e}_y & \boldsymbol{e}_z\\ \frac{\partial}{\partial x} & \frac{\partial}{\partial y} & \frac{\partial}{\partial z}\\ \frac{\partial A_z}{\partial y}-\frac{\partial A_y}{\partial z} & \frac{\partial A_x}{\partial z}-\frac{\partial A_z}{\partial x} & \frac{\partial A_y}{\partial x}-\frac{\partial A_x}{\partial y}\end{vmatrix}$$

$$=\boldsymbol{e}_x\left[\frac{\partial}{\partial y}\left(\frac{\partial A_y}{\partial x}-\frac{\partial A_x}{\partial y}\right)-\frac{\partial}{\partial z}\left(\frac{\partial A_x}{\partial z}-\frac{\partial A_z}{\partial x}\right)\right]+$$

$$\boldsymbol{e}_y\left[\frac{\partial}{\partial z}\left(\frac{\partial A_z}{\partial y}-\frac{\partial A_y}{\partial z}\right)-\frac{\partial}{\partial x}\left(\frac{\partial A_y}{\partial x}-\frac{\partial A_x}{\partial y}\right)\right]+$$

$$\boldsymbol{e}_z\left[\frac{\partial}{\partial x}\left(\frac{\partial A_x}{\partial z}-\frac{\partial A_z}{\partial x}\right)-\frac{\partial}{\partial y}\left(\frac{\partial A_z}{\partial y}-\frac{\partial A_y}{\partial z}\right)\right]$$

$$=\boldsymbol{e}_x\left[\frac{\partial^2 A_y}{\partial y\partial x}+\frac{\partial^2 A_z}{\partial z\partial x}-\frac{\partial^2 A_x}{\partial y^2}-\frac{\partial^2 A_x}{\partial z^2}\right]+$$

$$\boldsymbol{e}_y\left[\frac{\partial^2 A_z}{\partial z\partial y}+\frac{\partial^2 A_x}{\partial x\partial y}-\frac{\partial^2 A_y}{\partial z^2}-\frac{\partial^2 A_y}{\partial x^2}\right]+$$

$$\boldsymbol{e}_z\left[\frac{\partial^2 A_x}{\partial x\partial z}+\frac{\partial^2 A_y}{\partial y\partial z}-\frac{\partial^2 A_z}{\partial x^2}-\frac{\partial^2 A_z}{\partial y^2}\right]$$

由于

$$\nabla(\nabla\cdot\mathbf{A})=\left(\boldsymbol{e}_x\frac{\partial}{\partial x}+\boldsymbol{e}_y\frac{\partial}{\partial y}+\boldsymbol{e}_z\frac{\partial}{\partial z}\right)\left[\left(\boldsymbol{e}_x\frac{\partial}{\partial x}+\boldsymbol{e}_y\frac{\partial}{\partial y}+\boldsymbol{e}_z\frac{\partial}{\partial z}\right)\cdot(\boldsymbol{e}_xA_x+\boldsymbol{e}_yA_y+\boldsymbol{e}_zA_z)\right]$$

$$=\left(\boldsymbol{e}_x\frac{\partial}{\partial x}+\boldsymbol{e}_y\frac{\partial}{\partial y}+\boldsymbol{e}_z\frac{\partial}{\partial z}\right)\left(\frac{\partial A_x}{\partial x}+\frac{\partial A_y}{\partial y}+\frac{\partial A_z}{\partial z}\right)$$

$$=\boldsymbol{e}_x\left(\frac{\partial^2 A_x}{\partial x^2}+\frac{\partial^2 A_y}{\partial x\partial y}+\frac{\partial^2 A_z}{\partial x\partial z}\right)+\boldsymbol{e}_y\left(\frac{\partial^2 A_x}{\partial x\partial y}+\frac{\partial^2 A_y}{\partial y^2}+\frac{\partial^2 A_z}{\partial y\partial z}\right)$$

$$+\boldsymbol{e}_z\left(\frac{\partial^2 A_x}{\partial x\partial z}+\frac{\partial^2 A_y}{\partial y\partial z}+\frac{\partial^2 A_z}{\partial z^2}\right)$$

$$\nabla^2\mathbf{A}=\left(\frac{\partial^2}{\partial x^2}+\frac{\partial^2}{\partial y^2}+\frac{\partial^2}{\partial z^2}\right)(\boldsymbol{e}_xA_x+\boldsymbol{e}_yA_y+\boldsymbol{e}_zA_z)$$

$$=\boldsymbol{e}_x\left(\frac{\partial^2 A_x}{\partial x^2}+\frac{\partial^2 A_x}{\partial y^2}+\frac{\partial^2 A_z}{\partial z^2}\right)+\boldsymbol{e}_y\left(\frac{\partial^2 A_y}{\partial x^2}+\frac{\partial^2 A_y}{\partial y^2}+\frac{\partial^2 A_y}{\partial z^2}\right)+$$

$$\boldsymbol{e}_z\left(\frac{\partial^2 A_z}{\partial x^2}+\frac{\partial^2 A_z}{\partial y^2}+\frac{\partial^2 A_z}{\partial z^2}\right)$$

因此

$$\begin{aligned}\nabla(\nabla\cdot\mathbf{A})-\nabla^2\mathbf{A}=&\boldsymbol{e}_x\left(\frac{\partial^2A_x}{\partial x^2}+\frac{\partial^2A_y}{\partial x\partial y}+\frac{\partial^2A_z}{\partial x\partial z}-\frac{\partial^2A_x}{\partial x^2}-\frac{\partial^2A_x}{\partial y^2}-\frac{\partial^2A_z}{\partial z^2}\right)+\\&\boldsymbol{e}_y\left(\frac{\partial^2A_x}{\partial x\partial y}+\frac{\partial^2A_y}{\partial y^2}+\frac{\partial^2A_z}{\partial y\partial z}-\frac{\partial^2A_y}{\partial x^2}-\frac{\partial^2A_y}{\partial y^2}-\frac{\partial^2A_y}{\partial z^2}\right)+\\&\boldsymbol{e}_z\left(\frac{\partial^2A_x}{\partial x\partial z}+\frac{\partial^2A_y}{\partial y\partial z}+\frac{\partial^2A_z}{\partial z^2}-\frac{\partial^2A_z}{\partial x^2}-\frac{\partial^2A_z}{\partial y^2}-\frac{\partial^2A_z}{\partial z^2}\right)\\=&\boldsymbol{e}_x\left(\frac{\partial^2A_y}{\partial x\partial y}+\frac{\partial^2A_z}{\partial x\partial z}-\frac{\partial^2A_x}{\partial y^2}-\frac{\partial^2A_z}{\partial z^2}\right)+\\&\boldsymbol{e}_y\left(\frac{\partial^2A_x}{\partial x\partial y}+\frac{\partial^2A_z}{\partial y\partial z}-\frac{\partial^2A_y}{\partial x^2}-\frac{\partial^2A_y}{\partial z^2}\right)+\\&\boldsymbol{e}_z\left(\frac{\partial^2A_x}{\partial x\partial z}+\frac{\partial^2A_y}{\partial y\partial z}-\frac{\partial^2A_z}{\partial x^2}-\frac{\partial^2A_z}{\partial y^2}\right)\end{aligned}$$

可见，$\nabla\times\nabla\times\mathbf{A}=\nabla(\nabla\cdot\mathbf{A})-\nabla^2\mathbf{A}$。

【例题 2-5】 已知矢量 $\mathbf{A}=\dfrac{2x\boldsymbol{e}_x+3y\boldsymbol{e}_y}{x+y}$，求该矢量在点(1, 0, 0)处的旋度，以及该点沿 $\boldsymbol{l}=\boldsymbol{e}_x+\boldsymbol{e}_z$ 方向的环量面密度。

解　假设矢量 $\mathbf{A}=\boldsymbol{e}_xA_x+\boldsymbol{e}_yA_y+\boldsymbol{e}_zA_z$，根据题意有

$$A_x=\frac{2x}{x+y},\ A_y=\frac{3y}{x+y},\ A_z=0$$

根据旋度的计算公式有

$$\nabla\times\mathbf{A}=\begin{vmatrix}\boldsymbol{e}_x&\boldsymbol{e}_y&\boldsymbol{e}_z\\\dfrac{\partial}{\partial x}&\dfrac{\partial}{\partial y}&\dfrac{\partial}{\partial z}\\A_x&A_y&A_z\end{vmatrix}=\begin{vmatrix}\boldsymbol{e}_x&\boldsymbol{e}_y&\boldsymbol{e}_z\\\dfrac{\partial}{\partial x}&\dfrac{\partial}{\partial y}&\dfrac{\partial}{\partial z}\\\dfrac{2x}{x+y}&\dfrac{3y}{x+y}&0\end{vmatrix}=\boldsymbol{e}_z\left[\frac{\partial}{\partial x}\left(\frac{3y}{x+y}\right)-\frac{\partial}{\partial y}\left(\frac{2x}{x+y}\right)\right]=\boldsymbol{e}_z\frac{2x-3y}{(x+y)^2}$$

这样，该矢量 **A** 在点(1, 0, 0)处的旋度为

$$\nabla\times\mathbf{A}\big|_{(1,0,0)}=\boldsymbol{e}_z\frac{2x-3y}{(x+y)^2}\bigg|_{(1,0,0)}=2\boldsymbol{e}_z$$

由于 $\boldsymbol{l}=\boldsymbol{e}_x+\boldsymbol{e}_z$ 的单位矢量为 $\boldsymbol{l}^0=\dfrac{1}{\sqrt{2}}(\boldsymbol{e}_x+\boldsymbol{e}_z)$，则矢量 **A** 沿 $\boldsymbol{l}=\boldsymbol{e}_x+\boldsymbol{e}_z$ 方向的环量面密度为

$$(\nabla\times\mathbf{A})\big|_{(1,0,0)}\cdot\boldsymbol{l}^0=2\boldsymbol{e}_z\cdot\frac{1}{\sqrt{2}}(\boldsymbol{e}_x+\boldsymbol{e}_z)=\sqrt{2}$$

2.6　常用定理

在前面的分析中我们知道，标量场的宏观特征可用等值面来描述，其微观特征可用方向导数和梯度描述。标量场的梯度是一个矢量，它描述了标量场中某点最大变化率方向的方向导数。矢量场的宏观特性可用通量和环量描述，其微观特征可用散度和旋度描述。矢量场的散度是一个标量，它描述矢量场中某点通量的强度，表示矢量场中各点场与通量源的关系。矢量场的旋度是一个矢量，它描述矢量场中某点的最大环量强度，表示矢量场中

各点场与漩涡源的关系。场是由源所激发的，一旦矢量场的散度和旋度确定，场中的通量源和漩涡源也就确定了。反之，一旦矢量场中的通量源和漩涡源确定，则场的散度和旋度也就确定了。为了更加简明地描述各种场之间的关系与变换，下面给出了几个重要的定理，它们在电磁场与电磁波理论中有着重要的用途。同时，下面也把各种场进行了分类。

2.6.1 格林定理

格林定理也可以称为格林公式，是矢量分析中的重要定理，常用于电磁场解的唯一性和电磁辐射及电磁波传播等问题研究中。

由散度定理可知，如果矢量场 $\boldsymbol{A}$ 在体积 V 和包围该体积的闭合曲面 S 上处处都是连续、可微的单值函数，则有

$$\oint_S \boldsymbol{A}\cdot \mathrm{d}\boldsymbol{S}=\int_V \nabla\cdot\boldsymbol{A}\mathrm{d}V$$

若矢量函数 $\boldsymbol{A}$ 是一个标量函数 φ 与标量函数 ψ 的梯度 $\nabla\psi$（矢量函数）之积，即 $\boldsymbol{A}=\varphi\nabla\psi$，则

$$\nabla\cdot\boldsymbol{A}=\nabla\cdot[\varphi\nabla\psi]=\varphi\nabla^2\psi+\nabla\varphi\cdot\nabla\psi \tag{2.6-1}$$

将式(2.6-1)代入散度定理后可得到格林第一恒等式，即

$$\int_V(\varphi\nabla^2\psi+\nabla\varphi\cdot\nabla\psi)\mathrm{d}V=\oint_S\varphi\nabla\psi\cdot\mathrm{d}\boldsymbol{S}=\oint_S\varphi\frac{\partial\psi}{\partial n}\cdot\mathrm{d}S \tag{2.6-2}$$

式中，$\frac{\partial\psi}{\partial n}$为闭合曲面 S 上的外法向导数。

将标量函数 φ 与 ψ 互换，则式(2.6-2)可变为

$$\int_V(\psi\nabla^2\varphi+\nabla\psi\cdot\nabla\varphi)\mathrm{d}V=\oint_S\psi\nabla\varphi\cdot\mathrm{d}\boldsymbol{S}=\oint_S\psi\frac{\partial\varphi}{\partial n}\mathrm{d}\boldsymbol{S} \tag{2.6-3}$$

将式(2.6-2)与式(2.6-3)相减，可以得到格林第二恒等式，即

$$\int_V(\varphi\nabla^2\psi-\psi\nabla^2\varphi)\mathrm{d}V=\oint_S(\varphi\nabla\psi-\psi\nabla\varphi)\cdot\mathrm{d}\boldsymbol{S}=\oint_S\left(\varphi\frac{\partial\psi}{\partial n}-\psi\frac{\partial\varphi}{\partial n}\right)\cdot\mathrm{d}\boldsymbol{S} \tag{2.6-4}$$

特殊情况下，如果 $\varphi=\psi$，则格林第一恒等式变为

$$\int_V(\varphi\nabla^2\varphi+(\nabla\varphi)^2)\mathrm{d}V=\oint_S\varphi\nabla\varphi\cdot\mathrm{d}\boldsymbol{S}=\oint_S\varphi\frac{\partial\varphi}{\partial n}\mathrm{d}\boldsymbol{S} \tag{2.6-5}$$

格林定理定量地描述了两个标量场之间的关系，即如果已知一个标量场的分布，则利用格林定理可以得到另一个标量场的分布，这一性质在电磁场与电磁波理论中有着广泛的用途。另外，格林定理也说明了区域 V 中的场与边界 S 上的场之间的关系。因此，利用格林定理可将区域中场的求解问题转变为边界上场的求解问题，反之亦然。

2.6.2 唯一性定理

假设一个矢量场的散度和旋度在全区域内确定，且在包围区域的封闭面上的法向分量也确定，则这个矢量场在区域内是唯一的，此为唯一性定理。

证明：设一个区域的体积 V 由闭合面 S 包围所形成，有两个不同的矢量场 $\boldsymbol{A}$ 和 $\boldsymbol{B}$，它们在整个区域的体积内有相同的散度和旋度，即 $\nabla\cdot\boldsymbol{A}=\nabla\cdot\boldsymbol{B}$，$\nabla\times\boldsymbol{A}=\nabla\times\boldsymbol{B}$，且在封闭

面 S 有相同的法向分量，即 $\boldsymbol{A}\cdot d\boldsymbol{S}=\boldsymbol{B}\cdot d\boldsymbol{S}$。

设 $\boldsymbol{C}=\boldsymbol{A}-\boldsymbol{B}$，则有

$$\begin{cases}\nabla\cdot\boldsymbol{C}=\nabla\cdot(\boldsymbol{A}-\boldsymbol{B})=\nabla\cdot\boldsymbol{A}-\nabla\cdot\boldsymbol{B}=0\\ \nabla\times\boldsymbol{C}=\nabla\times(\boldsymbol{A}-\boldsymbol{B})=\nabla\times\boldsymbol{A}-\nabla\times\boldsymbol{B}=0\\ \boldsymbol{C}\cdot d\boldsymbol{S}=(\boldsymbol{A}-\boldsymbol{B})\cdot d\boldsymbol{S}=\boldsymbol{A}\cdot d\boldsymbol{S}-\boldsymbol{B}\cdot d\boldsymbol{S}=0\end{cases}\tag{2.6-6}$$

由于$\nabla\times\boldsymbol{C}=0$，根据旋度的重要性质$\nabla\times(\nabla u)=0$，因此矢量 $\boldsymbol{C}$ 可用一个标量 u 的梯度来表示，即 $\boldsymbol{C}=\nabla u$。这样有

$$\begin{cases}\nabla\cdot\boldsymbol{C}=\nabla\cdot(\nabla u)=\nabla^2 u=0\\ \boldsymbol{C}\cdot d\boldsymbol{S}=\nabla u\cdot d\boldsymbol{S}=0\end{cases}\tag{2.6-7}$$

将式(2.6-7)中的$\nabla^2 u=0$ 和$\nabla u\cdot d\boldsymbol{S}=0$ 代入特殊情况下的格林第一恒等式(2.6-5)中，就可以得到

$$\int_V(\nabla u)^2\,dV=0\tag{2.6-8}$$

可见，只有在区域 V 内处处有$\nabla u=0$ 存在，式(2.6-8)才能成立，因此必有 $\boldsymbol{C}=\nabla u=0$。这样，根据开始假设的条件 $\boldsymbol{C}=\boldsymbol{A}-\boldsymbol{B}$，可知必有 $\boldsymbol{A}=\boldsymbol{B}$，从而证明了唯一性定理。

2.6.3　亥姆霍兹定理

亥姆霍兹定理是矢量场的一个重要定理。亥姆霍兹定理表明：若矢量场在空间中处处单值，且其导数连续有界，源分布在有限区域中，则矢量场 $\boldsymbol{F}$ 由其散度及旋度唯一确定，并且可以表示为一个标量函数 u 的梯度和一个矢量函数 $\boldsymbol{A}$ 的旋度之和，即

$$\boldsymbol{F}=-\nabla u(\boldsymbol{r})+\nabla\times\boldsymbol{A}(\boldsymbol{r})\tag{2.6-9}$$

其中

$$\begin{cases}u(\boldsymbol{r})=\dfrac{1}{4\pi}\displaystyle\int_V\frac{\nabla'\cdot\boldsymbol{F}(\boldsymbol{r}')}{|\boldsymbol{r}-\boldsymbol{r}'|}dV'\\ \boldsymbol{A}(\boldsymbol{r})=\dfrac{1}{4\pi}\displaystyle\int_V\frac{\nabla'\times\boldsymbol{F}(\boldsymbol{r}')}{|\boldsymbol{r}-\boldsymbol{r}'|}dV'\end{cases}\tag{2.6-10}$$

式中，上标带“′”是对源点的运算，不带“′”是对场点的运算。$\boldsymbol{r}$ 为矢量场点的矢径，$\boldsymbol{r}'$为源点的矢径，$|\boldsymbol{r}-\boldsymbol{r}'|$为场点到源点的距离，算子$\nabla'$为对源点坐标的微分，算子$\nabla$ 为对场点坐标的微分。

对于有限区域内的矢量场 $\boldsymbol{F}$，可由它的散度、旋度和边界条件(围成限定区域 V 的闭合面 S 上的矢量场分布)唯一确定，这时，式(2.6-10)变为

$$\begin{cases}u(\boldsymbol{r})=\dfrac{1}{4\pi}\displaystyle\int_V\frac{\nabla'\cdot\boldsymbol{F}(\boldsymbol{r}')}{|\boldsymbol{r}-\boldsymbol{r}'|}dV'-\frac{1}{4\pi}\oint_S\frac{\boldsymbol{e}'_n\cdot\boldsymbol{F}(\boldsymbol{r}')}{|\boldsymbol{r}-\boldsymbol{r}'|}dS'\\ \boldsymbol{A}(\boldsymbol{r})=\dfrac{1}{4\pi}\displaystyle\int_V\frac{\nabla'\times\boldsymbol{F}(\boldsymbol{r}')}{|\boldsymbol{r}-\boldsymbol{r}'|}dV'-\frac{1}{4\pi}\oint_S\frac{\boldsymbol{e}'_n\times\boldsymbol{F}(\boldsymbol{r}')}{|\boldsymbol{r}-\boldsymbol{r}'|}dS'\end{cases}\tag{2.6-11}$$

可见，式(2.6-11)等号右第二项是有限区域的边界条件对矢量场的作用。

亥姆霍兹定理可用类似唯一性定理证明的方法来证明，可参考有关文献，这里从略。

亥姆霍兹定理表明：

(1) 在无限区域，矢量场可由它的散度、旋度唯一确定；在有限区域，矢量场由它的散

度、旋度和边界条件唯一确定；

(2) 由于$\nabla \times [\nabla u(\boldsymbol{r})] \equiv 0$，$\nabla \cdot [\nabla \times \boldsymbol{A}(\boldsymbol{r})] \equiv 0$，则一个矢量场可表示为一个无旋场与一个无散场之和；

(3) 若在有限区域 V 内矢量场的散度和旋度处处为零，则矢量场可由其边界面上场分布完全确定；

(4) 源是产生场的根本，任何一个物理场必须由源产生，场与源是一起出现的，因此对于无限空间，矢量场的散度和旋度不可能处处为零。

习　题

2.1　求标量场 $\varphi=\ln(x^2+y^2+z^2)$ 通过点 $M(1, 2, 3)$ 的等值面方程。

2.2　假设 $\boldsymbol{a}=a_1\boldsymbol{e}_x+a_2\boldsymbol{e}_y+a_3\boldsymbol{e}_z$，矢径 $\boldsymbol{r}=x\boldsymbol{e}_x+y\boldsymbol{e}_y+z\boldsymbol{e}_z$。求矢量场 $\boldsymbol{A}=\boldsymbol{a}\times\boldsymbol{r}$ 的矢量线方程。

2.3　求标量场 $\varphi=x^2z^3+2y^2z$ 在点 $M(2, 0, -1)$ 处沿 $\boldsymbol{l}=2x\boldsymbol{e}_x-xy^2\boldsymbol{e}_y+3z^4\boldsymbol{e}_z$ 的方向导数。

2.4　求标量函数 $\Psi=x^2yz$ 的梯度及 Ψ 在一个指定方向的方向导数，此方向由单位矢量 $\boldsymbol{e}_l=\boldsymbol{e}_x\dfrac{3}{\sqrt{50}}+\boldsymbol{e}_y\dfrac{4}{\sqrt{50}}+\boldsymbol{e}_z\dfrac{5}{\sqrt{50}}$ 定出，求 $(2, 3, 1)$ 点的方向导数值。

2.5　求下列标量场的梯度：

(1) $f(\rho, \varphi, z)=\rho^2\cos\varphi+z^2\sin\varphi$；

(2) $f(r, \theta, \varphi)=\left(ar^2+\dfrac{1}{r^3}\right)\sin2\theta\cos\varphi$；

(3) $f(x, y, z)=x^2+2y^2+3z^2+xy+3x-2y-6z$。

2.6　已知 $\varphi=x^2+2y^2+3z^2+xy+3x-2y-6z$，求在点 $(0, 0, 0)$ 和 $(1, 1, 1)$ 处的梯度。

2.7　设 A、B 为椭圆的两个焦点，P 为椭圆上的任意一点。试证明直线 AP、BP 与椭圆在 P 点的切线所成的夹角相等。

2.8　证明 $\nabla\left(\dfrac{u}{v}\right)=\dfrac{1}{v^2}[(\nabla u)v-u(\nabla v)]$，其中 u、v 都是标量函数。

2.9　已知矢量场 $\boldsymbol{A}=(x^2+axz)\boldsymbol{e}_x+(by+xy^2)\boldsymbol{e}_y+(z-z^2+cxz-2xyz)\boldsymbol{e}_z$，试确定 a、b、c，使得该场为一无源场。

2.10　在圆柱体 $x^2+y^2=9$ 与平面 $z=0$ 和 $z=2$ 所包围的区域内，求矢径 $\boldsymbol{r}$ 穿出该圆柱的通量。

2.11　设 $\boldsymbol{a}$ 为一常矢量，矢径 $\boldsymbol{r}=x\boldsymbol{e}_x+y\boldsymbol{e}_y+z\boldsymbol{e}_z$，$r=|\boldsymbol{r}|$ 求：(1) $\nabla\cdot(\boldsymbol{a}r)$；(2) $\nabla\cdot(\boldsymbol{a}r^2)$；(3) $\nabla\cdot(\boldsymbol{a}r^n)$（$n$ 为整数）。

2.12　应用散度定理计算下述积分：

$$I=\oiint_S [xz^2\boldsymbol{e}_x+(x^2y-z^3)\boldsymbol{e}_y+(2xy+y^2z)\boldsymbol{e}_z]\cdot \mathrm{d}\boldsymbol{S}$$

S 是 $z=0$ 和 $z=(a^2-x^2-y^2)^{1/2}$ 所围成的半球区域的外表面。

2.13　在由圆柱面 $x^2+y=25$ 和平面 $x=0$、$y=0$、$z=0$ 及 $z=7$ 围成的闭面上计算 $\boldsymbol{A}=x^2\boldsymbol{e}_x+(x+2y)\boldsymbol{e}_y+(4z-x)\boldsymbol{e}_z$ 的穿出通量。

2.14　(1) 求矢量 $\boldsymbol{A}=x^2\boldsymbol{e}_x+x^2y^2\boldsymbol{e}_y+24x^2y^2z^3\boldsymbol{e}_z$ 的散度；(2) 求 $\nabla\cdot\boldsymbol{A}$ 对中心在原点的一个单位立方体的积分；(3) 求 $\boldsymbol{A}$ 对此立方体表面的积分，验证散度定理。

2.15　在圆柱体 $x^2+y^2=9$ 和平面 $x=0$，$y=0$ 与 $z=0$ 和 $z=2$ 所包围的区域内，对矢量场 $\boldsymbol{A}=3x^2\boldsymbol{e}_x+(3y+z)\boldsymbol{e}_y+(3z-x)\boldsymbol{e}_z$ 验证散度定理。

2.16　已知 $\boldsymbol{r}=x\boldsymbol{e}_x+y\boldsymbol{e}_y+z\boldsymbol{e}_z$，证明：(1) $\nabla\cdot\left(\frac{\boldsymbol{r}}{r^3}\right)=0$；(2) $\nabla\cdot(\boldsymbol{r}r^n)=(n+3)r^n$。

2.17　证明 $\nabla\times(\varphi\boldsymbol{A})=\varphi\nabla\times\boldsymbol{A}+\nabla\varphi\times\boldsymbol{A}$。

2.18　已知 $\boldsymbol{r}=x\boldsymbol{e}_x+y\boldsymbol{e}_y+z\boldsymbol{e}_z$，证明：(1) $\nabla\times\left(\frac{\boldsymbol{r}}{r}\right)=0$；(2) $\nabla\times\left(\frac{\boldsymbol{r}}{r}f(r)\right)=0$，其中 $f(r)$ 是 r 的函数。

2.19　求 $\boldsymbol{F}=-y\boldsymbol{e}_x+x\boldsymbol{e}_y+k\boldsymbol{e}_z$（$k$ 为常数）沿圆周曲线 $x^2+y^2=9$，$z=0$ 的环量。

2.20　求矢量 $\boldsymbol{A}=x\boldsymbol{e}_x+x^2\boldsymbol{e}_y+y^2z\boldsymbol{e}_z$ 沿 xOy 平面上一个边长为 2 的正方形回路的线积分，此正方形的两条边分别与 x 轴和 y 轴相重合；再求 $\nabla\times\boldsymbol{A}$ 对此回路所包围的表面积分，验证斯托克斯定理。

2.21　试证明下列函数满足拉普拉斯方程：

(1) $\varphi(x,y,z)=\sin\alpha x\sin\beta y\mathrm{e}^{-\gamma z}\ (\gamma^2=\alpha^2+\beta^2)$；

(2) $\varphi(\rho,\phi,z)=\rho^{-n}\cos n\phi$；

(3) $\varphi(r,\theta,\phi)=r\cos\theta$。

2.22　求下列矢量场的散度与旋度：

(1) $\boldsymbol{A}=(3x^2y+z)\boldsymbol{e}_x+(y^3-xz^2)\boldsymbol{e}_y+2xyz\boldsymbol{e}_z$；

(2) $\boldsymbol{A}=\rho\cos^2\varphi\boldsymbol{e}_\rho+\rho\sin\varphi\boldsymbol{e}_\varphi$；

(3) $\boldsymbol{A}=yz^2\boldsymbol{e}_x+zx^2\boldsymbol{e}_y+xy^2\boldsymbol{e}_z$；

(4) $\boldsymbol{A}=P(x)\boldsymbol{e}_x+Q(y)\boldsymbol{e}_y+R(z)\boldsymbol{e}_z$。

第二篇　电磁场理论

第 3 章　静电场及其特性

相对于观察者静止，且不随时间变化的点电荷或由其组成的电荷集合产生的场称为静电场。静电场是存在于静电荷周围空间的一种由非实体粒子组成的特殊物质，它是一个矢量场，它只是空间的物理函数，而不随时间变化。

本章主要介绍静电场的基本性质和规律，以及各种媒质与静电场相互作用产生的特性。

3.1　电荷与电荷密度

3.1.1　电荷与电荷守恒定律

一切电现象都起源于电荷的存在或电荷的运动。电荷是电场的源，电荷的总量及空间分布是决定电场分布的本质因素。

1. 电荷

电荷是电子、质子等微观粒子所具有的一种特性，是物质的基本属性之一，电荷量表示带电体所带电量的大小。1897 年英国科学家汤姆逊(Thomson J. J.)在实验中发现了电子。1907－1913 年，美国科学家密立根(Miliken R. A.)通过油滴实验，精确测定出一个电子的电荷量的值为 $e=1.602\times10^{-19}$，单位为 C(库仑)。

2. 电荷守恒定律

在自然界中存在两类电荷：正电荷和负电荷。正电荷的电荷量为 e，负电荷的电荷量为 $-e$。人们总结出的电荷守恒定律为：一个孤立系统(与外界无电荷交换)的总电量(系统中所有正、负电荷的代数和)在任何物理过程中始终保持不变。电荷守恒定律说明了电荷既不能被创造，也不能被消灭，只能从物体的一部分转移到另一部分，或者从一个物体转移到另一个物体。电荷守恒定律是电磁现象中的基本定律之一。

3.1.2　电荷密度

由于含有大量带电粒子的带电体的形状和各处存在带电粒子的疏密程度都有所不同，因此常采用电荷密度来描述带电体的电荷分布情况。事实上，根据电荷分布区域的实际情况，常用体电荷密度 ρ、面电荷密度 ρ_S 和线电荷密度 ρ_l 来描述电荷在空间体积、面积和曲线中的分布。点电荷是电荷分布的一种特殊形式，理想中的点电荷只有几何位置而没有几何大小。

1. 体电荷密度

连续分布于体积 V' 内的电荷称为体电荷。一般采用体电荷密度 $\rho(\boldsymbol{r}')$ 来描述体电荷在该空间内的连续分布特征。定义体电荷密度 $\rho(\boldsymbol{r}')$ 为空间微体积元 $\Delta V'$ 内的电荷量 Δq 的极限值，即

$$\rho(\boldsymbol{r}') = \lim_{\Delta V' \to 0}\left(\frac{\Delta q}{\Delta V'}\right) = \frac{\mathrm{d}q}{\mathrm{d}V'} \tag{3.1-1}$$

式中，$\boldsymbol{r}'$为源点的位置矢量，体电荷密度 $\rho(\boldsymbol{r}')$的单位为 $\mathrm{C/m^3}$(库仑/立方米)。

体电荷密度 $\rho(\boldsymbol{r}')$是空间位置的连续函数，它是一个空间标量函数。如果已知某一空间体积 V'内的体电荷密度 $\rho(\boldsymbol{r}')$，则可以得到该体积内的总电荷量(或称总电量)q，即

$$q = \int_{V'}\rho(\boldsymbol{r}')\mathrm{d}V' \tag{3.1-2}$$

2. 面电荷密度

连续分布于厚度可以忽略的曲面积 S'上的电荷称为面电荷，如分布在导体或电介质表面的电荷，一般采用面电荷密度 $\rho_S(\boldsymbol{r}')$来描述面电荷在该表面上的连续分布特征。定义面电荷密度 $\rho_S(\boldsymbol{r}')$为面积元 $\Delta S'$上的电荷量 Δq 的极限值，即

$$\rho_S(\boldsymbol{r}') = \lim_{\Delta S' \to 0}\left(\frac{\Delta q}{\Delta S'}\right) = \frac{\mathrm{d}q}{\mathrm{d}S'} \tag{3.1-3}$$

面电荷密度 $\rho_S(\boldsymbol{r}')$的单位为 $\mathrm{C/m^2}$。面电荷密度 $\rho_S(\boldsymbol{r}')$是空间位置的连续函数，它是一个标量函数。如果已知某一曲面 S'上的面电荷密度 $\rho_S(\boldsymbol{r}')$，则可以得到该曲面上的总电荷量 q，即

$$q = \int_{S'}\rho_S(\boldsymbol{r}')\mathrm{d}S' \tag{3.1-4}$$

3. 线电荷密度

连续分布于截面积可以忽略的曲线 l'上的电荷称为线电荷，如分布在细导体上的电荷，一般采用线电荷密度 $\rho_l(\boldsymbol{r}')$来描述线电荷在该曲线上的连续分布特征。定义线电荷密度 $\rho_l(\boldsymbol{r}')$为线元 $\Delta l'$上的电荷量 Δq 的极限值，即

$$\rho_l(\boldsymbol{r}') = \lim_{\Delta l' \to 0}\left(\frac{\Delta q}{\Delta l'}\right) = \frac{\mathrm{d}q}{\mathrm{d}l'} \tag{3.1-5}$$

线电荷密度 $\rho_l(\boldsymbol{r}')$的单位为 C/m。线电荷密度 $\rho_l(\boldsymbol{r}')$是空间位置的连续函数，它是一个标量函数。如果已知某一曲线 l'上的线电荷密度 $\rho_l(\boldsymbol{r}')$，则可以得到该曲线上的总电荷量 q，即

$$q = \int_{l'}\rho_l(\boldsymbol{r}')\mathrm{d}l' \tag{3.1-6}$$

4. 点电荷

点电荷 q 是电磁场与电磁波理论中常用的描述电荷分布的一种理想模型，是一种电荷分布的极限，即电荷的密度很大，而其占据的体积趋于 0 的情况。也可以说，点电荷只有几何位置而没有几何大小。为了用电荷密度来描述点电荷的分布，常借助数学上的 δ 函数来进行。

若点电荷的空间位置矢量为 $\boldsymbol{r}'$，则 δ 函数为

$$\delta(\boldsymbol{r}-\boldsymbol{r}') = \begin{cases} 0 & \boldsymbol{r} \neq \boldsymbol{r}' \\ \infty & \boldsymbol{r} = \boldsymbol{r}' \end{cases} \tag{3.1-7}$$

$$\int_V \delta(\boldsymbol{r}-\boldsymbol{r}')\mathrm{d}V = \begin{cases} 0 & \boldsymbol{r}' \text{ 在 } V \text{ 外} \\ 1 & \boldsymbol{r}' \text{ 在 } V \text{ 内} \end{cases} \tag{3.1-8}$$

这里，$\boldsymbol{r}$ 为观察点的空间位置矢量。

这样，点电荷的电荷密度 $\rho(\boldsymbol{r})$ 可表示为

$$\rho(\boldsymbol{r}) = q\delta(\boldsymbol{r} - \boldsymbol{r}') \tag{3.1-9}$$

在电磁场与电磁波理论中，点电荷的概念具有非常重要的地位。当带电体的尺寸远小于观察点至带电体之间的距离时，可将带电体视为点电荷。另外，也可把连续的体、面、线电荷视为无穷多个点电荷的叠加。

当电荷密度在分布的区域内处处相同时，则称为电荷均匀分布，在数学描述上与坐标无关；当电荷密度在分布的区域内不全部相同时，则称为电荷非均匀分布，在数学描述上与坐标有关。

3.2　库仑定律与电场强度

库仑定律是从力学角度描述点电荷之间相互作用力的实验定律。电场强度是从力学角度描述电荷周围电场空间分布的物理量。

3.2.1　库仑定律

1785 年，法国物理学家库仑(Coulomb)以点电荷模型为基础，通过扭秤实验，总结出了真空中两个静止点电荷之间的相互作用规律，称为真空中的库仑定律，简称库仑定律。库仑定律表明：真空中两静止点电荷之间的相互作用力的大小与两点电荷的大小成正比，与它们之间距离的平方成反比，力的方向沿着两点电荷之间的连线，且同号点电荷之间为排斥力，异号点电荷之间为吸引力。

库仑定律的数学表述为

$$\boldsymbol{F}_{12} = k\frac{q_1 q_2}{R^2}\boldsymbol{e}_R = k\frac{q_1 q_2}{R^3}\boldsymbol{R} \tag{3.2-1}$$

式中：$\boldsymbol{F}_{12}$ 为点电荷 q_1 对点电荷 q_2 的作用力，也称为静电力，单位为 N(牛)；R 为两点电荷之间的直线距离，单位为 m(米)；$\boldsymbol{e}_R$ 为从 q_1 指向 q_2 的单位矢量，$\boldsymbol{R}=\boldsymbol{e}_R R$；$k$ 为比例系数，它与真空中的介电常数 $\varepsilon_0 \approx \frac{1}{36\pi}\times 10^{-9}$ F/m$\approx 8.854\times 10^{-12}$ F/m(法拉/米)的关系为 $k=\frac{1}{4\pi\varepsilon_0}$，因此，常用的库仑定律一般都写成

$$\boldsymbol{F}_{12} = \frac{q_1 q_2}{4\pi\varepsilon_0 R^2}\boldsymbol{e}_R = \frac{q_1 q_2}{4\pi\varepsilon_0 R^3}\boldsymbol{R} \tag{3.2-2}$$

如果将两个点电荷换位，根据库仑定律显然可以得到 $\boldsymbol{F}_{12} = -\boldsymbol{F}_{21}$，可见两点电荷之间的作用力符合牛顿第三定律。

静电力具有叠加性质。假设有 N 个点电荷 $q_i(i=1, 2, \cdots, N)$ 分别位于 $\boldsymbol{r}'_i(i=1, 2, \cdots, N)$ 处(如图 3.2-1 所示)，则位于 $\boldsymbol{r}$ 处的点电荷 q 受到的作用力 $\boldsymbol{F}$ 等于其它各个点电荷 q_i 对 q 作用力的矢量和(或称为矢量叠加)，表示为

$$\boldsymbol{F} = \frac{q}{4\pi\varepsilon_0}\sum_{i=1}^{N}\frac{q_i}{|\boldsymbol{r}-\boldsymbol{r}'_i|^3}(\boldsymbol{r}-\boldsymbol{r}'_i) \tag{3.2-3}$$

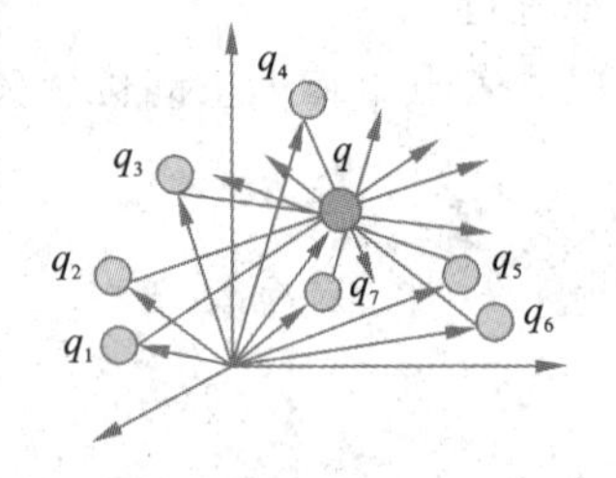

图 3.2-1　静电力的叠加性

式中：$|\boldsymbol{r}-\boldsymbol{r}'_i|$为电荷$q_i$与电荷$q$之间的距离，单位为m；$\dfrac{\boldsymbol{r}-\boldsymbol{r}'_i}{|\boldsymbol{r}-\boldsymbol{r}'_i|}$为由$q_i$指向$q$方向的单位矢量。

注意：库仑定律研究的只是点电荷之间的相互作用力问题，并且是在真空中，且点电荷处的媒质是均匀的，库仑定律只能直接用于真空中点电荷的情形。后面将会讲到如何使得库仑定律用于不均匀媒质中。

3.2.2　电场强度

电场强度

库仑定律仅描述了两点电荷之间的相互作用力的大小和方向，并没有说明这种力的传递方式。实验表明，任何电荷均在自己周围空间产生一种由非实体粒子组成的物质，称为电场。电场对处于其中的任何电荷都会产生力的作用，称为电场力。电荷之间的作用力正是通过电场来进行传递的。

一般用电场强度$\boldsymbol{E}$这一物理量来描述电场。定义电场强度为：作用于试探电荷q_0上的电场力$\boldsymbol{F}$与该试探电荷的比值。事实上，试探电荷q_0自身也会产生电场，并改变原始电场。为使试探电荷自身电场对原始电场的影响最小，电场强度就应该是当试探电荷$q_0\rightarrow 0$时，作用于该试探电荷上的电场力，即

$$\boldsymbol{E}=\lim_{q_0\rightarrow 0}\frac{\boldsymbol{F}}{q_0} \tag{3.2-4}$$

可见，电场强度是一个矢量，其单位为N/C(牛顿/库仑)。由于在量纲上，N/C等同于V/m(伏特/米)，因此，尽管电场强度是单位电荷上的力，但一般常用V/m表示其单位。

不失一般性，假设产生电场的源电荷为q，它所在的位置(称为源点)矢量为$\boldsymbol{r}'$，在空间任意一点P处(称为场点)放一试探电荷q_0，其位置矢量为$\boldsymbol{r}$。根据库仑定律，q_0受到的作用力为

$$\boldsymbol{F}=\frac{qq_0}{4\pi\varepsilon_0}\frac{\boldsymbol{r}-\boldsymbol{r}'}{|\boldsymbol{r}-\boldsymbol{r}'|^3} \tag{3.2-5}$$

则空间场点P处的电场强度$\boldsymbol{E}(\boldsymbol{r})$为

$$\boldsymbol{E}(\boldsymbol{r})=\frac{\boldsymbol{F}}{q_0}=\frac{q}{4\pi\varepsilon_0}\frac{\boldsymbol{r}-\boldsymbol{r}'}{|\boldsymbol{r}-\boldsymbol{r}'|^3} \tag{3.2-6}$$

可见，场点的电场强度只与源点的点电荷(大小和位置)和场点的位置有关。它的大小等于单位正电荷在场点所受电场力的大小，其方向与该电场力的方向相同。

作为特殊情形，如果点电荷的源点在坐标原点上，即$\boldsymbol{r}'=0$，则场点的电场强度为

$$\boldsymbol{E}(\boldsymbol{r})=\frac{q}{4\pi\varepsilon_0}\frac{\boldsymbol{r}}{|\boldsymbol{r}|^3} \tag{3.2-7}$$

类似静电力具有叠加性一样，电场也具有叠加性质。分别位于$\boldsymbol{r}'_i(i=1,2,\cdots,N)$处的$N$个点电荷$q_i(i=1,2,\cdots,N)$在场点$\boldsymbol{r}$处产生的总电场强度，等于其它各个点电荷$q_i$在场点$\boldsymbol{r}$处单独产生电场强度的矢量和，表示为

$$\boldsymbol{E}(\boldsymbol{r})=\frac{1}{4\pi\varepsilon_0}\sum_{i=1}^{N}\frac{q_i}{|\boldsymbol{r}-\boldsymbol{r}'_i|^3}(\boldsymbol{r}-\boldsymbol{r}'_i) \tag{3.2-8}$$

对于电荷分别以体密度、面密度和线密度连续分布的带电体，可将其划分为许多很小的带电单元，每个单元都可视为点电荷，然后根据叠加性计算场点的电场强度。若以

$\rho(\boldsymbol{r}')$、$\rho_S(\boldsymbol{r}')$和$\rho_l(\boldsymbol{r}')$分别表示带电体的体电荷密度、面电荷密度和线电荷密度，则在场点$\boldsymbol{r}$处产生的电场强度分别为

$$\boldsymbol{E}(\boldsymbol{r})=\begin{cases}\dfrac{1}{4\pi\varepsilon_0}\displaystyle\int_V\dfrac{\rho(\boldsymbol{r}')(\boldsymbol{r}-\boldsymbol{r}')}{|\boldsymbol{r}-\boldsymbol{r}'|^3}\mathrm{d}V' & \text{体电荷}\\ \dfrac{1}{4\pi\varepsilon_0}\displaystyle\int_S\dfrac{\rho_S(\boldsymbol{r}')(\boldsymbol{r}-\boldsymbol{r}')}{|\boldsymbol{r}-\boldsymbol{r}'|^3}\mathrm{d}S' & \text{面电荷}\\ \dfrac{1}{4\pi\varepsilon_0}\displaystyle\int_l\dfrac{\rho_l(\boldsymbol{r}')(\boldsymbol{r}-\boldsymbol{r}')}{|\boldsymbol{r}-\boldsymbol{r}'|^3}\mathrm{d}l' & \text{线电荷}\end{cases}\qquad(3.2-9)$$

注意：在式(3.2-9)中，积分是对源点$\boldsymbol{r}'$进行的，计算结果是场点$\boldsymbol{r}$的函数。

电场强度是一个矢量，因此可用矢量线来描绘，该矢量线称为电力线或电场线。电力线上的每一点的切线方向就是该点电场的方向，电场线的疏密程度可以显示电场强度的大小。静电场的电力线是从正电荷出发而终止于负电荷的一族非闭合线。若只有一个正电荷，则其电力线是从该正电荷出发向四周辐射的矢量线；若只有一个负电荷，则其电力线是从四周该向该负电荷积聚的矢量线。图 3.2-2 给出了三种典型电力线分布示意图。

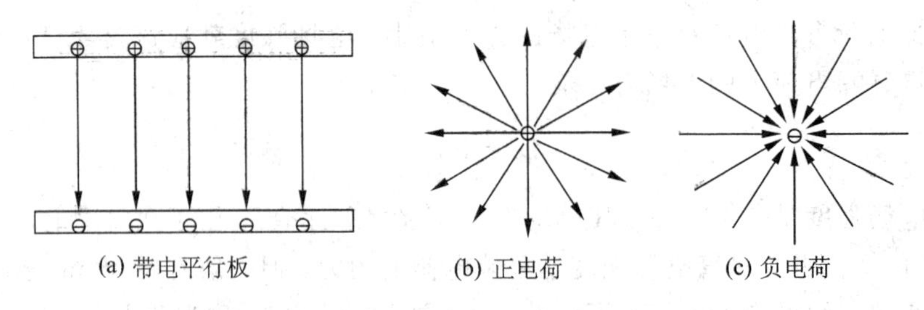

(a) 带电平行板　　(b) 正电荷　　(c) 负电荷

图 3.2-2　典型电力线分布示意图

【例题 3-1】　如图 3.2-3 所示，真空中有一长为l的均匀带电直导线，电荷线密度为ρ_l，试求P点的电场强度。

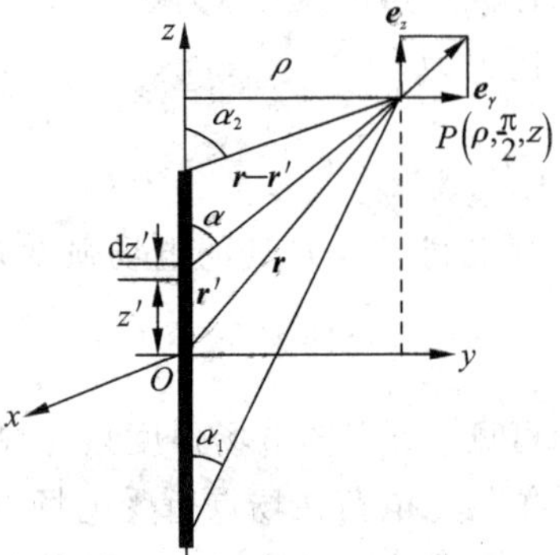

图 3.2-3　例题 3-1 图

解　根据题意，由于均匀带电直导线外的电场强度为关于以l为轴的圆对称场，因此这里选用圆柱坐标系。

令圆柱坐标系的z轴与线电荷的长度方位一致，且中点为坐标原点。由于结构旋转对称，场强与方位角ϕ无关。令观察点P位于yz平面，即$\phi=\pi/2$。根据电场强度的定义可以得到P点的电场强度为

$$\boldsymbol{E}(\rho,z)=\frac{\rho_l}{4\pi\varepsilon_0}\int_{-l/2}^{l/2}\frac{\boldsymbol{r}-\boldsymbol{r}'}{|\boldsymbol{r}-\boldsymbol{r}'|^3}\mathrm{d}\boldsymbol{l}'$$

由于

$$\begin{cases}|\boldsymbol{r}-\boldsymbol{r}'|=\rho\csc\alpha\\ \boldsymbol{r}-\boldsymbol{r}'=\rho\csc\alpha(\boldsymbol{e}_z\cos\alpha+\boldsymbol{e}_\rho\sin\alpha)\\ z'=z-\rho\cot\alpha\\ \mathrm{d}l'=\mathrm{d}z'=\rho\csc^2\alpha\mathrm{d}\alpha\end{cases}$$

则

$$\boldsymbol{E}(\rho,z)=\frac{\rho_l}{4\pi\varepsilon_0}\int_{\alpha_1}^{\alpha_2}\frac{\boldsymbol{e}_z\cos\alpha+\boldsymbol{e}_\rho\sin\alpha}{\rho^2\csc^2\alpha}\rho\csc^2\alpha\mathrm{d}\alpha$$

$$= \frac{\rho_l}{4\pi\varepsilon_0 \rho}[\boldsymbol{e}_z(\sin\alpha_2 - \sin\alpha_1) + \boldsymbol{e}_\rho(\cos\alpha_1 - \cos\alpha_2)]$$

当均匀带电直导线 l 为无限长时，$\alpha_1 \to 0$，$\alpha_2 \to \pi$，则它在 P 点引起的电场强度为

$$\boldsymbol{E}(\rho) = \boldsymbol{e}_\rho \frac{\rho_l}{2\pi\varepsilon_0 \rho}$$

【例题 3-2】 如图 3.2-4 所示，有一个半径为 a 的均匀带电圆环，求轴线上的电场强度。

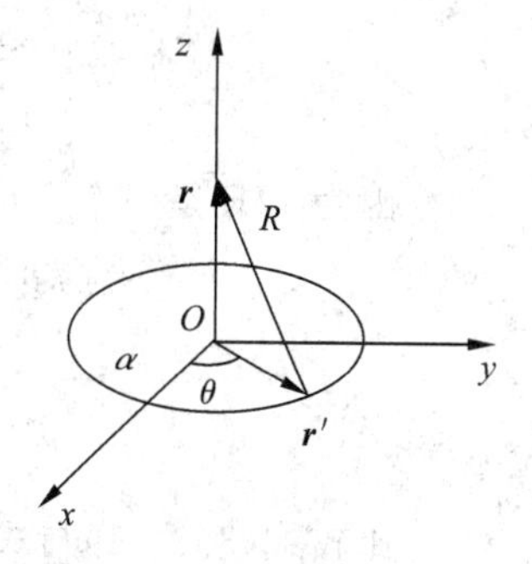

图 3.2-4　例题 3-2 图

解　根据题意，为简化取圆柱坐标系，圆环位于 xOy 平面，圆环中心与坐标原点重合，设圆环上的电荷线密度为 ρ_l，如图 3.2-4 所示。

根据图示可见

$$\begin{cases} \boldsymbol{r} = \boldsymbol{e}_z z \\ \boldsymbol{r}' = \boldsymbol{e}_x a\cos\theta + \boldsymbol{e}_y a\sin\theta \\ R = |\boldsymbol{r} - \boldsymbol{r}'| = \sqrt{a^2 + z^2} \\ \mathrm{d}l' = a\mathrm{d}\theta \end{cases}$$

根据电场强度的定义可以得到

$$\boldsymbol{E}(z) = \frac{\rho_l}{4\pi\varepsilon_0}\int_0^{2\pi} \frac{\boldsymbol{e}_z z - \boldsymbol{e}_x a\cos\theta - \boldsymbol{e}_y a\sin\theta}{(a^2 + z^2)^{3/2}} a\mathrm{d}\theta$$

$$= \frac{a\rho_l}{2\varepsilon_0} \frac{z}{(a^2 + z^2)^{3/2}} \boldsymbol{e}_z$$

3.3　真空中的静电场方程

我们知道，静电场是矢量场。亥姆霍兹定理表明，无限大空间的任一矢量场可由它的散度和旋度唯一确定。对于有限空间，则任一矢量场可由它的散度、旋度和边界条件唯一确定。因此，要确定静电场，必须首先讨论静电场的散度和旋度，然后再根据具体的边界条件来确定该条件下的静电场特征。散度和旋度是矢量场的微分描述，它表示在空间任一点矢量场的特征，而通量和环量是矢量场的积分描述，它表示在空间矢量场的总体特征。因此，全面描述矢量场的特征时应考虑这两方面。

3.3.1　静电场的散度与高斯定理

由库仑定律可知，电荷是静电场的场源，因此静电场是有源场，也就是说静电场具有通量源。假设电荷连续分布在体积 V' 的区域内，则具有体电荷分布的空间中电场强度公式(3.2-9)可简写为

$$\boldsymbol{E}(\boldsymbol{r}) = \frac{1}{4\pi\varepsilon_0}\int_V \frac{\rho(\boldsymbol{r}')\boldsymbol{R}}{R^3}\mathrm{d}V' \tag{3.3-1}$$

式中，$\boldsymbol{R} = \boldsymbol{r} - \boldsymbol{r}'$，$R = |\boldsymbol{r} - \boldsymbol{r}'|$。

直角坐标系中，源点的位置矢量 $\boldsymbol{r}' = \boldsymbol{e}_x x' + \boldsymbol{e}_y y' + \boldsymbol{e}_z z'$，场点的位置矢量 $\boldsymbol{r} = \boldsymbol{e}_x x + \boldsymbol{e}_y y + \boldsymbol{e}_z z$，则

$$\begin{cases} \boldsymbol{R} = \boldsymbol{r} - \boldsymbol{r}' = \boldsymbol{e}_x(x-x') + \boldsymbol{e}_y(y-y') + \boldsymbol{e}_z(z-z') \\ R = |\boldsymbol{R}| = |\boldsymbol{r}-\boldsymbol{r}'| = \sqrt{(x-x')^2+(y-y')^2+(z-z')^2} \end{cases} \tag{3.3-2}$$

这样可以得到

$$\begin{cases} \dfrac{\boldsymbol{R}}{R^3} = \dfrac{\boldsymbol{r}-\boldsymbol{r}'}{|\boldsymbol{r}-\boldsymbol{r}'|^3} = \dfrac{\boldsymbol{e}_x(x-x') + \boldsymbol{e}_y(y-y') + \boldsymbol{e}_z(z-z')}{\left[\sqrt{(x-x')^2+(y-y')^2+(z-z')^2}\right]^3} \\ \dfrac{1}{R} = \dfrac{1}{|\boldsymbol{r}-\boldsymbol{r}'|} = \dfrac{1}{\sqrt{(x-x')^2+(y-y')^2+(z-z')^2}} \end{cases} \tag{3.3-3}$$

因为 $1/R$ 是一个标量函数，可将它以场点位置矢量 $\boldsymbol{r}$ 为变量取梯度后为

$$\begin{aligned} \nabla\left(\frac{1}{R}\right) &= \boldsymbol{e}_x \frac{\partial}{\partial x}\left(\frac{1}{R}\right) + \boldsymbol{e}_y \frac{\partial}{\partial y}\left(\frac{1}{R}\right) + \boldsymbol{e}_z \frac{\partial}{\partial z}\left(\frac{1}{R}\right) \\ &= -\frac{\boldsymbol{e}_x(x-x') + \boldsymbol{e}_y(y-y') + \boldsymbol{e}_z(z-z')}{\left[\sqrt{(x-x')^2+(y-y')^2+(z-z')^2}\right]^3} \end{aligned} \tag{3.3-4}$$

比较式(3.3-3)与式(3.3-4)，可以得到

$$\nabla\left(\frac{1}{R}\right) = -\frac{\boldsymbol{R}}{R^3} \tag{3.3-5a}$$

或

$$\nabla\left(\frac{1}{|\boldsymbol{r}-\boldsymbol{r}'|}\right) = -\frac{\boldsymbol{r}-\boldsymbol{r}'}{|\boldsymbol{r}-\boldsymbol{r}'|^3} \tag{3.3-5b}$$

该式是一个重要的关系式，应尽量记住。

将式(3.3-5a)代入式(3.3-1)可以得到

$$\boldsymbol{E}(\boldsymbol{r}) = -\frac{1}{4\pi\varepsilon_0}\int_V \rho(\boldsymbol{r}')\,\nabla\left(\frac{1}{R}\right)\mathrm{d}V' \tag{3.3-6}$$

将式(3.3-6)两边以场点位置矢量 $\boldsymbol{r}$ 为变量取散度，则有

$$\nabla\cdot\boldsymbol{E}(\boldsymbol{r}) = -\frac{1}{4\pi\varepsilon_0}\int_V \nabla\cdot\left[\rho(\boldsymbol{r}')\,\nabla\left(\frac{1}{R}\right)\right]\mathrm{d}V' \tag{3.3-7}$$

式(3.3-7)两边的哈密顿算子∇是对场点位置矢量 $\boldsymbol{r}$ 的微分，而体电荷密度 $\rho(\boldsymbol{r}')$是源点位置矢量 $\boldsymbol{r}'$的函数，这样，式(3.3-7)右边的$\nabla\cdot$不对 $\boldsymbol{r}'$微分，因此可以将式(3.3-7)中的体电荷密度 $\rho(\boldsymbol{r}')$移出$\nabla\cdot$外，此时的式(3.3-7)变为

$$\nabla\cdot\boldsymbol{E}(\boldsymbol{r}) = -\frac{1}{4\pi\varepsilon_0}\int_V \rho(\boldsymbol{r}')\,\nabla\cdot\nabla\left(\frac{1}{R}\right)\mathrm{d}V' = -\frac{1}{4\pi\varepsilon_0}\int_V \rho(\boldsymbol{r}')\,\nabla^2\left(\frac{1}{R}\right)\mathrm{d}V' \tag{3.3-8}$$

利用 δ 函数的筛选性可以证明$\nabla^2\left(\dfrac{1}{R}\right) = -4\pi\delta(\boldsymbol{r}-\boldsymbol{r}')$，将该关系式代入式(3.3-8)，可以得到

$$\nabla\cdot\boldsymbol{E}(\boldsymbol{r}) = \frac{1}{\varepsilon_0}\int_V \rho(\boldsymbol{r}')\delta(\boldsymbol{r}-\boldsymbol{r}')\mathrm{d}V' \tag{3.3-9}$$

依据 δ 函数的性质，

$$\int_V \rho(\boldsymbol{r}')\delta(\boldsymbol{r}-\boldsymbol{r}')\mathrm{d}V' = \begin{cases} 0 & \text{积分区域不含 } \boldsymbol{r}=\boldsymbol{r}' \text{ 的点} \\ \rho(\boldsymbol{r}) & \text{积分区域含 } \boldsymbol{r}=\boldsymbol{r}' \text{ 的点} \end{cases}$$

由于已假设电荷分布在区域 V 内，因此有

$$\nabla\cdot\boldsymbol{E}(\boldsymbol{r}) = \frac{\rho(\boldsymbol{r})}{\varepsilon_0} \tag{3.3-10a}$$

式中的电场强度 $\boldsymbol{E}(\boldsymbol{r})$和电荷密度 $\rho(\boldsymbol{r})$都是场点位置矢量 $\boldsymbol{r}$ 的函数，为简化起见，电场强度的散度一般写为

$$\nabla \cdot \boldsymbol{E} = \frac{\rho}{\varepsilon_0} \tag{3.3-10b}$$

此式称为真空中高斯定理的微分形式。它表示空间任意一点的电场强度的散度等于该点的电荷密度与真空介电常数 ε_0 的比值，描述的只是电场强度的散度与同一点的电荷密度的关系。当空间某点的 $\nabla \cdot \boldsymbol{E}>0$ 时，$\rho>0$，说明该点有正电荷堆积，电力线向外发散；当空间某点的 $\nabla \cdot \boldsymbol{E}<0$ 时，$\rho<0$，说明该点有负电荷堆积，电力线向该点汇聚；当空间某点的 $\nabla \cdot \boldsymbol{E}=0$时，$\rho=0$，说明该点无电荷存在，电力线只是通过该点。

静电场的散度只是描述了电场强度在空间任一点的特征，而描述静电场在空间的总体特征时应采用通量，即空间区域内电场强度散度的积分。

将式(3.3-10)两边在任意体积体 V 内取积分，有

$$\int_V \nabla \cdot \boldsymbol{E} \mathrm{d}V = \frac{1}{\varepsilon_0}\int_V \rho \mathrm{d}V \tag{3.3-11}$$

根据散度定理 $\oint_S \boldsymbol{A} \cdot \mathrm{d}\boldsymbol{S} = \int_V \nabla \cdot \boldsymbol{A} \mathrm{d}V$，式(3.3-11)可变为

$$\oint_S \boldsymbol{E} \cdot \mathrm{d}\boldsymbol{S} = \frac{1}{\varepsilon_0}\int_V \rho \mathrm{d}V = \frac{q}{\varepsilon_0} \tag{3.3-12}$$

此式称为真空中高斯定理的积分形式。q 为区域内的总电荷量。高斯定理的积分形式表示电场强度在空间任意闭合面 S 的通量等于该闭合面所包围的总电量与真空介电常数 ε_0 的比值，描述了穿过一个宏观区域表面的电场强度的通量与该区域内总电荷量间的关系。高斯定理的积分形式对求解具有对称性电荷分布的带电系统的电场问题非常方便。

3.3.2　静电场的旋度与环路定理

类似电场强度的散度推导方法，将电场强度的表达式(3.3-6)两边取旋度后有

$$\nabla \times \boldsymbol{E}(\boldsymbol{r}) = -\nabla \times \left[\frac{1}{4\pi\varepsilon_0}\int_V \rho(\boldsymbol{r}')\, \nabla \left(\frac{1}{R}\right) \mathrm{d}V'\right] \tag{3.3-13}$$

由于上式两边的哈密顿算子∇ 都是对场点位置矢量 $\boldsymbol{r}$ 的微分，而体电荷密度 $\rho(\boldsymbol{r}')$是源点位置矢量 $\boldsymbol{r}'$的函数，右边的积分也是对源点位置矢量 $\boldsymbol{r}'$的积分，因此可将右边积分中的哈密顿算子∇ 提到积分号外，此时上式变为

$$\nabla \times \boldsymbol{E}(\boldsymbol{r}) = -\nabla \times \nabla \left[\frac{1}{4\pi\varepsilon_0}\int_V \rho(\boldsymbol{r}') \left(\frac{1}{R}\right) \mathrm{d}V'\right] \tag{3.3-14}$$

上式右边的中括号内的函数是一个标量函数，根据矢量的性质$\nabla \times \nabla u \equiv 0$，则电场强度的旋度表达式为

$$\nabla \times \boldsymbol{E}(\boldsymbol{r}) = 0 \tag{3.3-15}$$

此式称为环路定理的微分形式。它表示静电场的旋度恒等于 0，表明静电场是无旋场。

将式(3.3-15)两边在任意曲面 S 上取积分，有

$$\int_S \nabla \times \boldsymbol{E} \cdot \mathrm{d}\boldsymbol{S} = 0 \tag{3.3-16}$$

根据斯托克斯定理 $\oint_l \boldsymbol{A} \cdot \mathrm{d}\boldsymbol{l} = \int_S \nabla \times \boldsymbol{A} \cdot \mathrm{d}\boldsymbol{S}$，式(3.3-16)可变为

$$\oint_l \boldsymbol{E} \cdot \mathrm{d}\boldsymbol{l} = 0 \tag{3.3-17}$$

此式称为环路定理的积分形式。它表示电场强度沿任意闭合路径的积分恒等于0，描述的是静电场沿任意闭合路径的环量等于0，在物理意义上表明单位电荷沿静电场中任意闭合回路一周，电场力不做功。

3.3.3　真空中的静电场方程

静电场是一个矢量场，其微观特性用散度和旋度来描述，称为静电场方程的微分形式；宏观特性用通量和环量来描述，称为静电场方程的积分形式。

通过对前面的讨论，可归纳总结出静电场的特性。静电场方程的微分形式为

$$\begin{cases} \nabla \cdot \boldsymbol{E} = \dfrac{\rho}{\varepsilon_0} \\ \nabla \times \boldsymbol{E} = 0 \end{cases} \tag{3.3-18}$$

静电场方程的积分形式为

$$\begin{cases} \oint_S \boldsymbol{E} \cdot \mathrm{d}\boldsymbol{S} = \dfrac{1}{\varepsilon_0}\int_V \rho \mathrm{d}V = \dfrac{q}{\varepsilon_0} \\ \oint_l \boldsymbol{E} \cdot \mathrm{d}\boldsymbol{l} = 0 \end{cases} \tag{3.3-19}$$

静电场方程说明静电场是一个有源无旋场，其通量等于静电场空间的总电量与真空介电常数 ε_0 的比值，其环量等于0。

【例题 3-3】　总量为 q 的电荷均匀分布于球体中，假设球内外的介电常数分别为 ε、ε_0，分别求球内、外的电场强度。

解　设球体的半径为 a。由电荷分布可知，电场强度 $\boldsymbol{E}$ 是球对称的，在距离球心为 r 的球面上，电场强度大小相等，方向沿半径方向。

在球外，$r>a$，取半径为 r 的球面作为高斯面，利用高斯定理则有

$$\oint_S \boldsymbol{E}_r \cdot \mathrm{d}\boldsymbol{S} = \frac{q}{\varepsilon_0} = \boldsymbol{E}_r 4\pi r^2$$

则球外的电场强度为

$$\boldsymbol{E}_r = \frac{q}{4\pi\varepsilon_0 r^2}$$

在球内，$r<a$，也取球面作为高斯面，同样利用高斯定理可得到

$$\oint_S \boldsymbol{E} \cdot \mathrm{dS} = \frac{q'}{\varepsilon} = \boldsymbol{E}_r 4\pi r^2$$

其中

$$q' = \frac{q}{\frac{4}{3}\pi a^3}\frac{4}{3}\pi r^3 = \frac{r^3 q}{a^3}$$

则球内的电场强度为

$$\boldsymbol{E}_r = \frac{rq}{4\pi\varepsilon a^3}$$

【例题 3-4】　设半径为 a，电荷体密度为 ρ 的无限长圆柱带电体位于真空，计算该带

电圆柱体内外的电场强度。

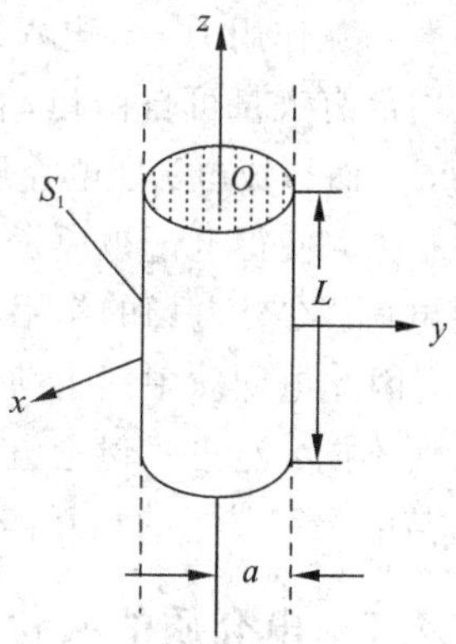

解　选取圆柱坐标系，令 z 轴为圆柱的轴线，如图 3.3-1 所示。由于圆柱是无限长的，对于任一 z 值，上下均匀无限长，因此场量与 z 坐标无关。对于任一 z 为常数的平面，上下是对称的，因此电场强度一定垂直于 z 轴，且与径向坐标 r 一致。再考虑到圆柱结构具有旋转对称的特点，场强一定与角度 ϕ 无关。取半径为 r、长度为 L 的圆柱面与其上下端面构成高斯面。

图 3.3-1　例题 3-4 图

应用高斯定律

$$\oint_S \boldsymbol{E} \cdot \mathrm{d}\boldsymbol{S} = \frac{q}{\varepsilon_0}$$

由于电场强度方向处处与圆柱侧面 S_1 的外法线方向一致，而与上下端面的外法线方向垂直，因此上式可写为

$$\oint_S \boldsymbol{E} \cdot \mathrm{d}\boldsymbol{S} = \boldsymbol{E} 2\pi r L = \frac{q}{\varepsilon_0}$$

从而可导出电场强度为

$$\boldsymbol{E} = \frac{q}{2\pi r L \varepsilon_0}$$

当 $r<a$ 时，电量 $q=\pi r^2 L\rho$，则圆柱体内的电场强度为

$$\boldsymbol{E} = \frac{q}{2\pi r L \varepsilon_0}\boldsymbol{e}_r = \frac{\pi r^2 L\rho}{2\pi r L\varepsilon_0}\boldsymbol{e}_r = \frac{r\rho}{2\varepsilon_0}\boldsymbol{e}_r$$

当 $r>a$ 时，电量 $q=\pi a^2 L\rho$，则圆柱体内的电场强度为

$$\boldsymbol{E} = \frac{q}{2\pi r L \varepsilon_0}\boldsymbol{e}_r = \frac{\pi a^2 L\rho}{2\pi r L\varepsilon_0}\boldsymbol{e}_r = \frac{a^2\rho}{2r\varepsilon_0}\boldsymbol{e}_r$$

由于圆柱体内外的电场强度都与圆柱的长度 L 无关，因此上面求得的电场强度也是无限长圆柱带电体产生的电场。如果圆柱体缩减为小细线，其线上的线电荷密度为 ρ_l，则线上单位长度的电荷量为 $q=\rho_l=\pi a^2\rho$。这样，细线外的电场强度就可写为

$$\boldsymbol{E} = \frac{\rho_l}{2\pi r\varepsilon_0}\boldsymbol{e}_r$$

3.4　电介质中的静电场方程

前面讨论的都是静电场在真空条件下的宏观和微观特征，那么静电场在不同媒质中又有怎样的宏观和微观特征呢？也就是说，在不同媒质中的静电场方程如何？这就需要讨论媒质的特性及其与静电场的相互作用。

媒质中的带电粒子与电磁场的相互作用在宏观效应上看会产生传导、极化和磁化三种基本现象。尽管任意媒质可以呈现所有这三种特性，但不同的媒质使这三种特性呈现的程度不同。根据媒质的传导、极化和磁化以哪一种为主的现象分类，可将媒质分为导体、电介质和磁介质三种。其中导体和电介质是媒质的电特性表现，磁介质是媒质的磁特性表现。

任何媒质都由带正电荷（原子核）和带负电荷（电子）的粒子组成，这些带电粒子之间存

在着相互作用力。导电媒质一般称为导体，导体中的原子核与电子间的相互作用力很小，其内部有大量可自由运动的电荷。在外电场的作用下，导体内部的自由电荷可作宏观运动，从而形成电流。电介质媒质一般称为绝缘体，电介质中的原子核与电子间的相互作用力很大，使得电子被原子核紧紧束缚住而不能作宏观运动，因此称电介质中的电子量为束缚电荷。在外电场的作用下，电介质内部的束缚电荷只能作微观移动，使分子产生极化现象，因此电介质中的束缚电荷也称为极化电荷。电介质中电场的特征和变化规律与真空中有所不同，这里只讨论电介质的特性及其与电场的相互作用规律，导体和磁介质的特性及其与电场和磁场的相互作用规律在以后的章节中讨论。

3.4.1 电介质的极化

根据电介质中束缚电荷的分布特征，可将组成电介质的分子分为无极分子和有极分子两类。无极分子是指电介质内部的束缚电荷分布对称，正电荷与负电荷的中心重合，对外产生的合成电场为0，对外不显电特性的分子；有极分子是指其内部束缚电荷分布不对称，正电荷与负电荷的中心不重合，本身构成一个电偶极矩(简称电矩)的分子，或称为电偶极子。

无外加电场时，无极分子电介质中的分子没有电矩。有外加电场时，每个无极分子在外电场作用下使得正、负电荷的中心被拉开微小的距离，电荷的中心产生位移，形成了一个电偶极子，产生一个电矩，电矩的方向与外电场的方向平行。外电场越强，分子中电荷的中心位移越大，电介质中分子电矩的矢量和也越大。无极分子电介质的这种特性称为位移极化。

无外加电场时，有极分子电介质中的分子具有一个固有电矩。但是由于电介质内部分子的无规则热运动，使得每个具有电矩的极性分子分布无规则，因此电介质中所有分子电矩的矢量和为0，对外产生的合成电场为0，对外也不显电特性。有外加电场时，每个有极分子的电矩都受到一个外电场力矩作用，使得有极分子的电矩在一定程度上转向外电场方向，最终使得电介质中分子电矩的矢量和不等于0。外电场越强，分子电矩排列越整齐，电介质中分子电矩的矢量和也越大。有极分子电介质的这种特性称为取向极化。

在外加电场作用下，电介质中无极分子的束缚电荷发生位移产生的位移极化，以及有极分子的固有电矩的取向趋于电场方向而产生的取向极化统称为电介质的极化，其特性如图 3.4-1 所示。

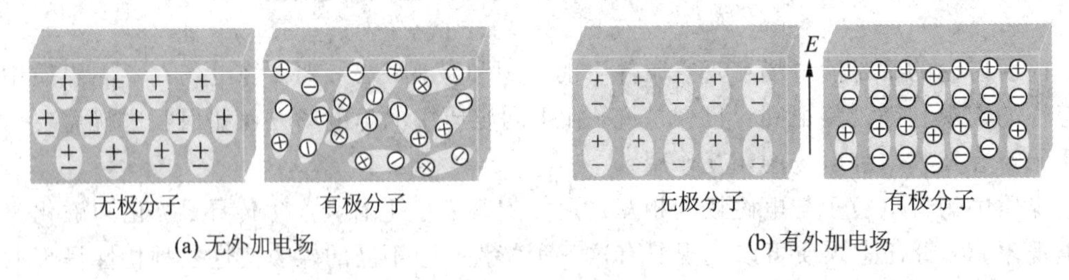

图 3.4-1 电介质的极化特性

电介质的极化使得电介质内分子的正负电荷发生位移或取向变化，电介质内部出现许多按外电场方向排列的电偶极子，这些电偶极子改变了整个电介质原来的电场分布。在电介质内部可能出现的电荷分布，同时在电介质的表面上有电荷分布，这种电介质表面上的电荷称为极化电荷。极化电荷与导体中的自由电荷不同，不能自由移动，因此也称为束缚电荷。但是极化电荷也是电荷，它与自由电荷一样是产生电场的源，极化电荷对原电场有影响，会引起整个电介质电场的变化。

电介质对电场的影响来源于极化电荷产生的附加电场，因此，电介质内的电场 $\boldsymbol{E}$ 可视为外电场 $\boldsymbol{E}_0$ 与极化电荷产生的附加电场 $\boldsymbol{E}'$ 的矢量和，即

$$\boldsymbol{E} = \boldsymbol{E}_0 + \boldsymbol{E}' \tag{3.4-1}$$

3.4.2　极化强度与极化电荷密度

1. 极化强度

不同电介质的极化程度是不一样的。为了分析电介质极化的宏观效应，常引入极化强度 $\boldsymbol{P}$ 这一物理量来表征电介质的极化特性。极化强度是一个矢量，定义单位体积内电偶极子电矩的矢量和为极化强度，表示为

$$\boldsymbol{P} = \lim_{\Delta V \to 0} \frac{\sum_i \boldsymbol{p}_i}{\Delta V} = n\boldsymbol{p} \tag{3.4-2}$$

式中：$\boldsymbol{p}_i$ 为单位体积 ΔV 内的第 i 个电偶极子的电矩，$\boldsymbol{p}_i = q_i \boldsymbol{l}_i$，$q_i$、$l_i$ 分别为第 i 个电偶极子的电荷量与电偶极子的距离；$\boldsymbol{p}$ 为单位体积 ΔV 内每个分子的平均电偶极矩；极化强度 $\boldsymbol{P}$ 的单位为 $\mathrm{C/m^2}$(库仑/平方米)，它实质上是电偶极矩的体密度。

2. 极化电荷密度

电介质在外电场作用下发生极化后，若电介质内部极化均匀，则电介质内的极化电荷等于 0，电介质内不会存在极化电荷的体分布；若电介质内部极化不均匀，则电介质内的极化产生的电偶极子的分布也不均匀，电介质内的极化电荷不等于 0，电介质内部存在极化电荷的体分布。无论电介质内均匀极化或非均匀极化，电介质的表面都会有极化电荷存在。

我们知道，电介质极化会产生极化电荷，而极化强度又是表征电介质的极化程度的物理量，这二者之间必有一定的关系。在电介质中的任意闭合面 S 内作一面积元 $\mathrm{d}S$，其法向单位矢量为 $\boldsymbol{e}_\mathrm{n}$，电介质极化时近似认为 $\mathrm{d}S$ 上的极化强度 $\boldsymbol{P}$ 不变，如图 3.4-2 所示。正、负电荷分子都在面积元内或外形成的电偶极子对面积元 $\mathrm{d}S$ 的极化电荷无贡献，只有电偶极矩跨越 $\mathrm{d}S$ 面的分子才对 $\mathrm{d}S$ 的极化电荷有贡献。

在图 3.4-2 中，设在以 $\mathrm{d}S$ 为底面积、l 为高的体积元 ΔV 中，共有 n 个分子跨越 $\mathrm{d}S$ 面，每个电偶极子的电矩为 $\boldsymbol{p} = q\boldsymbol{l}$。由于负电荷位于斜柱体内的电偶极矩才穿过小面元 $\mathrm{d}S$，则穿出 $\mathrm{d}S$ 面的正电荷 ΔQ 形成的总电矩为 $\Delta Q \cdot \boldsymbol{l}$，根据极化强度定义有

$$\boldsymbol{P} = \lim_{\Delta V \to 0} \frac{\sum_i \boldsymbol{p}_i}{\Delta V} = \lim_{\Delta V \to 0} \frac{\Delta Q \cdot \boldsymbol{l}}{l \Delta S} = \frac{\mathrm{d}Q}{\mathrm{d}S} \boldsymbol{e}_\mathrm{n} \tag{3.4-3}$$

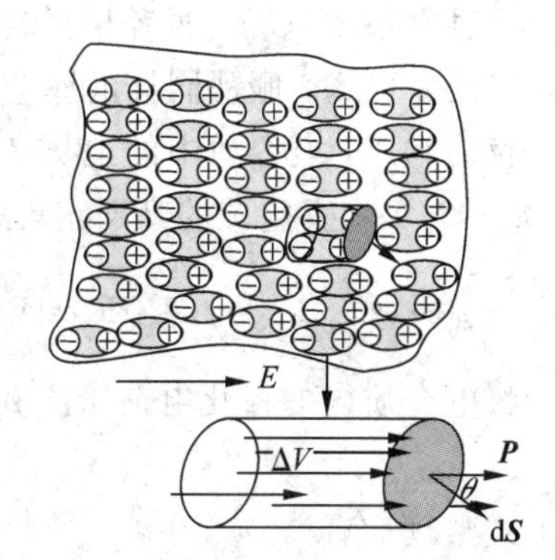

图 3.4-2　非均匀电介质极化模型

这样，穿出 $\mathrm{d}S$ 面的正电荷 $\mathrm{d}Q$ 为

$$\mathrm{d}Q = \boldsymbol{P} \cdot \mathrm{d}\boldsymbol{S} \tag{3.4-4}$$

从而可得到穿出 S 面的总正电荷 Q 为

$$Q = \oint_S \boldsymbol{P} \cdot \mathrm{d}\boldsymbol{S} \tag{3.4-5}$$

根据电荷守恒原理，极化电荷的总和为零。利用散度定理 $\oint_S \boldsymbol{A} \cdot \mathrm{d}\boldsymbol{S} = \int_V \nabla \cdot \boldsymbol{A} \mathrm{d}V$，留在 S 面内的极化电荷量 Q_P 为

$$Q_P = -\oint_S \boldsymbol{P} \cdot \mathrm{d}\boldsymbol{S} = -\oint_V \nabla \cdot \boldsymbol{P} \mathrm{d}V \tag{3.4-6}$$

假设任意闭合面 S 内的极化电荷体密度为 ρ_P，则由它得到的极化电荷量为

$$Q_P = \oint_V \rho_P \mathrm{d}V \tag{3.4-7}$$

由式(3.4-6)和式(3.4-7)可以得到电介质内极化电荷体密度与极化强度的关系，即

$$\rho_P = -\nabla \cdot \boldsymbol{P} \tag{3.4-8}$$

电介质被极化时，电介质表面呈现极化电荷分布，即具有极化电荷面密度。在紧贴电介质表面取如图 3.4-3 所示的闭合曲面 S，则穿过面积元 $\mathrm{d}S$ 的极化电荷即为电介质表面的极化电荷。

类似非均匀电介质极化讨论，电介质中穿出 S 面的极化电荷 Q 为

$$Q = \oint_S \boldsymbol{P} \cdot \mathrm{d}\boldsymbol{S} = \oint_S \boldsymbol{P} \cdot \boldsymbol{e}_n \mathrm{d}S \tag{3.4-9}$$

假设任意闭合曲面 S 上的极化电荷面密度为 ρ_{SP}，则由它得到的极化电荷量为

$$Q = \oint_S \rho_{SP} \mathrm{d}S \tag{3.4-10}$$

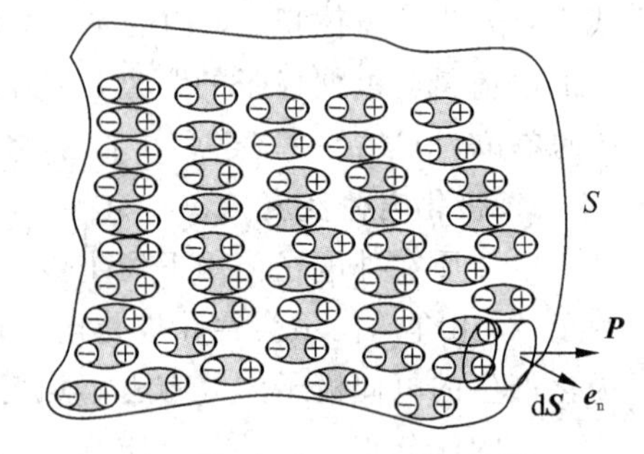

图 3.4-3　均匀电介质极化模型

由式(3.4-9)和式(3.4-10)可以得到极化电荷面密度与极化强度的关系，即

$$\rho_{SP} = \boldsymbol{P} \cdot \boldsymbol{e}_n \tag{3.4-11}$$

3.4.3　电位移矢量与高斯定理

电介质的极化过程包括两个方面：外加电场的作用使介质极化，产生极化电荷；极化电荷反过来激发电场。两者相互制约并达到平衡状态。无论是自由电荷还是极化电荷，它们都能激发电场，服从同样的库仑定律和高斯定理。

我们知道，电介质中的电场 $\boldsymbol{E}$ 是外加电场 $\boldsymbol{E}_0$ 和极化电荷产生的电场 $\boldsymbol{E}'$ 的叠加，即 $\boldsymbol{E}=\boldsymbol{E}_0+\boldsymbol{E}'$。将真空中的高斯定理推广到电介质中，则有

$$\nabla \cdot \boldsymbol{E} = \nabla \cdot (\boldsymbol{E}_0 + \boldsymbol{E}') = \frac{\rho}{\varepsilon_0} + \frac{\rho_P}{\varepsilon_0} = \frac{\rho + \rho_P}{\varepsilon_0} \tag{3.4-12}$$

将电介质内的极化电荷密度 $\rho_P = -\nabla \cdot \boldsymbol{P}$ 代入式(3.4-12)，可以得到

$$\nabla \cdot (\varepsilon_0 \boldsymbol{E}) = \rho - \nabla \cdot \boldsymbol{P}$$

将上式整理后有

$$\nabla \cdot (\varepsilon_0 \boldsymbol{E} + \boldsymbol{P}) = \rho \tag{3.4-13}$$

可见，上式的右边仅是区域内的自由电荷密度，左边是自由电荷和极化电荷产生的总

电场(即电介质的电场)和电介质的极化强度之和的散度。

若令

$$\boldsymbol{D} = \varepsilon_0 \boldsymbol{E} + \boldsymbol{P} \tag{3.4-14}$$

则式(3.4-13)变为

$$\nabla \cdot \boldsymbol{D}(\boldsymbol{r}) = \rho \tag{3.4-15}$$

称 $\boldsymbol{D}$ 为电位移矢量，它包含了外加电场与极化强度对电介质的贡献，隐含了电介质的总电场，其单位为 C/m^2(库仑/平方米)。

式(3.4-15)为电介质中高斯定理的微分形式。它是引入电位移矢量后得到的，表明电介质内任意一点的电位移矢量的散度等于该点的自由电荷的体密度，也说明电位移矢量的通量源是自由电荷。电位移矢量线从正自由电荷发出而终止于负自由电荷，为了便于比较，图 3.4-4 给出了电场强度 $\boldsymbol{E}$、电位移矢量 $\boldsymbol{D}$ 和极化强度 $\boldsymbol{P}$ 的矢量线，其中，中间部分为电介质。

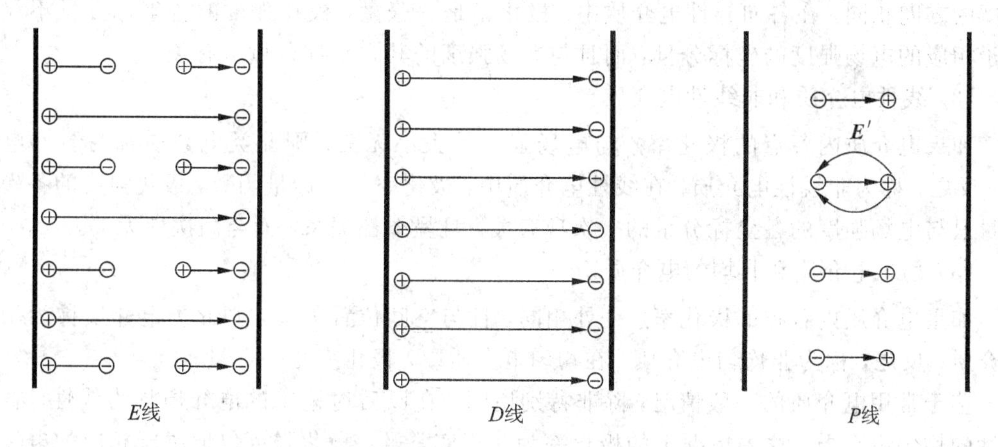

图 3.4-4　电位移矢量、电场强度和极化强度的矢量线关系

可见，电场强度 $\boldsymbol{E}$ 的矢量线由正电荷发出，终止于负电荷；电位移矢量 $\boldsymbol{D}$ 的矢量线由正的自由电荷发出，终止于负的自由电荷；极化强度 $\boldsymbol{P}$ 的矢量线由负的极化电荷发出，终止于正的极化电荷，但它产生的电场 $\boldsymbol{E}'$ 是由正极化电荷发出，终止于负极化电荷。

将式(3.4-15)两边体积分，并利用散度定理，可以得到

$$\oint_S \boldsymbol{D} \cdot \mathrm{d}\boldsymbol{S} = \int_V \rho \mathrm{d}V = q \tag{3.4-16}$$

式(3.4-16)称为电介质中高斯定理的积分形式。它表明电位移矢量穿过任一闭合曲面的通量等于该闭合面内自由电荷的代数和，而与闭合面的形状、大小、电荷的分布及电介质的分布无关。

3.4.4　电介质分类与本构关系

从电位移矢量的定义中可知，电位移矢量包含电场强度和极化强度两部分贡献。电介质中的电场不仅包括自由电荷产生的电场 $\boldsymbol{E}_0$，而且也包括极化电荷产生的电场 $\boldsymbol{E}'$。极化强度是电介质被极化程度的表征，极化电荷产生的电场 $\boldsymbol{E}'$ 和极化强度都与电介质特性有关，因此电介质中的电位移矢量和电场强度的关系必与电介质特征有关。

1. 电介质的分类

自然界中有许多种不同特性的电介质。实验结果表明，大多数电介质在电场的作用下发生极化时，其极化强度 $\boldsymbol{P}$ 与介质中的合成电场强度 $\boldsymbol{E}$(外电场与极化电场的矢量和)成正比，即

$$\boldsymbol{P} = \varepsilon_0 \chi_e \boldsymbol{E} \tag{3.4-17}$$

式中：ε_0 为真空中的介电常数，单位为 F/m(法拉/米)；χ_e 为电介质的极化率，无量纲。

根据电介质的特性可将常用电介质分为以下几种：

(1) 各向同性电介质和各向异性电介质。

如果电介质内各点的物理特性相同，且与电场强度的方向无关，则此类电介质称为各向同性电介质；反之，称为各向异性电介质。在各向同性电介质中，极化率 χ_e 是一标量函数，极化强度的各坐标分量仅取决于相应的电场强度的坐标分量，极化强度的方向与电场强度的方向相同。在各向异性电介质中，极化率是一张量，极化强度的各坐标分量不仅取决于相应的电场强度的坐标分量，而且与电场强度的其它坐标分量也有关。

(2) 线性电介质和非线性电介质。

如果电介质内各点的极化率 χ_e 与电场强度的大小无关，则此类电介质称为线性电介质；反之，称为非线性电介质。在线性电介质中，极化率是一标量函数，极化强度的各坐标分量只与电场强度的各坐标分量的一次项有关，且呈线性关系，而与高次项无关。

(3) 均匀电介质和非均匀电介质。

如果电介质内各点的极化率 χ_e 处处相同，且与空间位置无关，则此类电介质称为均匀电介质；反之，称为非均匀电介质。在均匀电介质中，极化率是一常量。

鉴于常用电介质的一般情况，除非特别说明，在以后讨论中的电介质均为线性、各向同性的均匀电介质。这种情况下的极化率为一正实常数，极化强度仅取决于相应的电场强度(方向与大小)。

2. 本构关系

在真空中采用电场强度来描述电场特征，在电介质中采用电位移矢量来描述电场特征。电场强度和电位移矢量都是描述电场特征的物理量，因此两者之间必定存在一定的关系，它们之间的关系称为本构关系。

将式(3.4-17)代入式(3.4-14)，则有

$$\boldsymbol{D} = \varepsilon_0 \boldsymbol{E} + \boldsymbol{P} = \varepsilon_0 \boldsymbol{E} + \varepsilon_0 \chi_e \boldsymbol{E} = \varepsilon_0 (1 + \chi_e) \boldsymbol{E} \tag{3.4-18}$$

令

$$\begin{cases} \varepsilon_r = 1 + \chi_e \\ \varepsilon = \varepsilon_r \varepsilon_0 \end{cases} \tag{3.4-19}$$

称 ε_r 为电介质的相对介电常数，无量纲；ε 为电介质的介电常数，单位为 F/m(法拉/米)，它是相对介电常数与真空介电常数 ε_0 的乘积。在线性、各向同性的均匀电介质中，电介质的相对介电常数是一个正实常数，它是一个实验测量参数。表 3.4-1 给出了典型电介质的相对介电常数。

表 3.4－1　典型电介质的相对介电常数

电介质	相对介电常数 ε_r	电介质	相对介电常数 ε_r
真空	1.0	橡胶	3
空气	1.0006	云母	6
海水	81	石英	5
纸	2.0～4.0	石蜡	2.2
聚乙烯	2.28	硅	12

由式(3.4－18)和式(3.4－19)可得

$$\boldsymbol{D} = \varepsilon_0 \varepsilon_r \boldsymbol{E} = \varepsilon \boldsymbol{E} \tag{3.4-20}$$

上式称为线性、各向同性的均匀电介质的本构关系，说明电介质中的电位移矢量与电场强度的方向相同，大小成比例。当然，电介质在一般情况下是绝缘(不导电)的，但是，当电场增加到一定程度时，电介质的绝缘性将遭到破坏，从而使电介质变成导体，这种现象称为电介质的击穿。电介质在未击穿下所能承受的最大电场强度称为击穿场强。

3.4.5　电介质的静电场方程

电介质中的静电场是一个矢量场，由于电介质中的静电场是自由电荷产生的场与极化电荷产生的场的合成场，因此，电介质中静电场常用电位移矢量的散度和通量来描述。当然，一个确定的矢量场需要散度和旋度来描述。由于电介质中的静电场是无旋场，因此电介质的电位移矢量的旋度等于 0，即$\nabla \times \boldsymbol{D}=0$。根据电位移矢量与电场强度的本构关系$\boldsymbol{D}=\varepsilon\boldsymbol{E}$，可以得到$\nabla \times \boldsymbol{E}=0$，可见，它与真空中电场的旋度公式相同。

通过前面的讨论，可归纳总结出电介质中的静电场特性。电介质的静电场方程的微分形式为

$$\begin{cases} \nabla \cdot \boldsymbol{D} = \rho \\ \nabla \times \boldsymbol{E} = 0 \end{cases} \tag{3.4-21}$$

电介质的静电场方程的积分形式为

$$\begin{cases} \oint_S \boldsymbol{D} \cdot \mathrm{d}\boldsymbol{S} = \int_V \rho \, \mathrm{d}V = q \\ \oint_l \boldsymbol{E} \cdot \mathrm{d}\boldsymbol{l} = 0 \end{cases} \tag{3.4-22}$$

【例题 3－5】　设有一个半径为 a 的介质球，其中，球内的介电常数为 ε，均匀分布的体电荷密度为 ρ，球外为真空。求：(1) 该介质球内外的电位移矢量 $\boldsymbol{D}$、电场强度 $\boldsymbol{E}$ 和极化强度 $\boldsymbol{P}$；(2) 介质球内的极化电荷体密度 ρ_P 和球面上的极化电荷 ρ_S。

解　根据题意选取球坐标系。

(1) 由于介质球及其电荷分布的对称性，球内外的电位移矢量、电场强度和极化强度均在球的径向方向上，且在于介质球同心的等半径圆上各自的幅度相等。

在球内，$r<a$，半径为 r 的球面包围的电荷为

$$q' = \oint_V \rho \mathrm{d}V = \frac{4}{3}\rho\pi r^3$$

根据介质中的高斯定理$\oint_S \boldsymbol{D} \cdot \mathrm{d}\boldsymbol{S} = Q$有

$$\boldsymbol{D}_{\mathrm{r}}4\pi r^2=\frac{4}{3}\rho\pi r^3$$

从而得到

$$\boldsymbol{D}_{\mathrm{r}}=\frac{\rho r}{3}$$

根据本构关系 $\boldsymbol{D}=\varepsilon\boldsymbol{E}$ 可求得球内的电场强度为

$$\boldsymbol{E}_{\mathrm{r}}=\frac{\rho r}{3\varepsilon}$$

根据电位移矢量、电场强度和极化强度的关系 $\boldsymbol{D}=\varepsilon_0\boldsymbol{E}+\boldsymbol{P}$，可求得球外的极化强度为

$$\boldsymbol{P}_{\mathrm{r}}=\boldsymbol{D}-\varepsilon_0\boldsymbol{E}=\frac{\rho r}{3}-\varepsilon_0\frac{\rho r}{3\varepsilon}=\frac{(\varepsilon-\varepsilon_0)\rho r}{3\varepsilon}=\frac{(\varepsilon_{\mathrm{r}}-1)\rho r}{3\varepsilon_{\mathrm{r}}}$$

在球外，$r>a$，任意一点所形成的同心球面包围的电荷为

$$q=\oint_V\rho\mathrm{d}V=\frac{4}{3}\rho\pi a^3$$

根据介质中的高斯定理 $\oint_S\boldsymbol{D}\cdot\mathrm{d}\boldsymbol{S}=Q$ 有

$$\boldsymbol{D}_{\mathrm{r}}4\pi r^2=\frac{4}{3}\rho\pi a^3$$

从而得到

$$\boldsymbol{D}_{\mathrm{r}}=\frac{\rho a^3}{3r^2}$$

根据本构关系 $\boldsymbol{D}=\varepsilon\boldsymbol{E}$ 可求得球外的电场强度为

$$\boldsymbol{E}_{\mathrm{r}}=\frac{\rho a^3}{3\varepsilon_0 r^2}$$

根据电位移矢量、电场强度和极化强度的关系 $\boldsymbol{D}=\varepsilon_0\boldsymbol{E}+\boldsymbol{P}$，可求得球外的极化强度为

$$\boldsymbol{P}_{\mathrm{r}}=\boldsymbol{D}-\varepsilon_0\boldsymbol{E}=0$$

(2) 在介质球内的极化电荷体密度 ρ_{P} 为

$$\rho_{\mathrm{P}}=-\nabla\cdot\boldsymbol{P}_{\mathrm{r}}=-\frac{1}{r^2}\frac{\partial}{\partial r}(r^2\boldsymbol{P}_{\mathrm{r}})=\frac{(1-\varepsilon_{\mathrm{r}})\rho}{\varepsilon_{\mathrm{r}}}$$

介质球面上的极化电荷 ρ_{S} 为

$$\rho_{\mathrm{S}}=\boldsymbol{P}_{\mathrm{r}}\cdot\boldsymbol{e}_{\mathrm{r}}\big|_{r=a}=\frac{(\varepsilon_{\mathrm{r}}-1)\rho a}{3\varepsilon_{\mathrm{r}}}$$

3.5　电位与电位差

电场为一矢量，直接求解一般情况下的电场常常较为困难，常用的求解电场的方法是根据矢量场的特点引入辅助位函数。在静电场中常引入电位这一辅助位函数来简化电场的求解。

3.5.1　电位

我们知道，静电场是一个无旋场，即电场强度的旋度等于0，这也是静电场的基本方

程之一，即

$$\nabla \times \boldsymbol{E} = 0 \tag{3.5-1}$$

根据矢量恒等式$\nabla \times \nabla u \equiv 0$，可将上式变为

$$\boldsymbol{E} = -\nabla \varphi \tag{3.5-2}$$

也就是说，电场强度可用一标量函数φ的负梯度表示，称这一标量函数φ为电位函数，简称电位。式中的负号是物理概念的需要，表示沿着电场的方向电位降低。

式(3.5-2)表明电场强度与电位的关系。同电场强度一样，电位φ的源也是电荷，它与电荷一定也有关系。

我们知道，点电荷q的电场强度为

$$\boldsymbol{E}(r) = \frac{q}{4\pi\varepsilon} \frac{\boldsymbol{r}-\boldsymbol{r}'}{|\boldsymbol{r}-\boldsymbol{r}'|^3} \tag{3.5-3}$$

式中，$\boldsymbol{r}'$为电荷源点所在的位置矢量，$\boldsymbol{r}$为电场的位置矢量。

在3.3.1节推导中有

$$\nabla\left(\frac{1}{|\boldsymbol{r}-\boldsymbol{r}'|}\right) = -\frac{\boldsymbol{r}-\boldsymbol{r}'}{|\boldsymbol{r}-\boldsymbol{r}'|^3} \tag{3.5-4}$$

这样，式(3.5-3)可写成

$$\boldsymbol{E}(r) = -\frac{q}{4\pi\varepsilon} \nabla\left(\frac{1}{|\boldsymbol{r}-\boldsymbol{r}'|}\right) \tag{3.5-5}$$

将式(3.5-2)与式(3.5-5)比较后可以得到

$$\varphi(r) = \frac{q}{4\pi\varepsilon} \frac{1}{|\boldsymbol{r}-\boldsymbol{r}'|} + C \tag{3.5-6}$$

式中，C为任意常数。可见，电位是一个标量函数。

根据电场的叠加性原理，以及带电体具有的点电荷系、电荷体密度、面密度和线密度，可以得到它们各自产生的电位表达式，即

$$\varphi(r) = \begin{cases} \dfrac{1}{4\pi\varepsilon}\sum\limits_{i=1}^{N}\dfrac{q_i}{|\boldsymbol{r}-\boldsymbol{r}'_i|} + C & \text{点电荷} \\ \dfrac{1}{4\pi\varepsilon}\displaystyle\int_V \dfrac{\rho(\boldsymbol{r}')}{|\boldsymbol{r}-\boldsymbol{r}'|}\mathrm{d}V' + C & \text{体电荷} \\ \dfrac{1}{4\pi\varepsilon}\displaystyle\int_S \dfrac{\rho_S(\boldsymbol{r}')}{|\boldsymbol{r}-\boldsymbol{r}'|}\mathrm{d}S' + C & \text{面电荷} \\ \dfrac{1}{4\pi\varepsilon}\displaystyle\int_l \dfrac{\rho_l(\boldsymbol{r}')}{|\boldsymbol{r}-\boldsymbol{r}'|}\mathrm{d}l' + C & \text{线电荷} \end{cases} \tag{3.5-7}$$

同所有的标量函数一样，电位也可以用等位面或等位线来形象描述其空间分布。电场线$\boldsymbol{E}$(电力线)垂直于等位面，并指向电位下降最快的方向。在实际计算中，如果已知电荷的分布，可用式(3.5-7)求出电荷在某一点产生的电位，再利用式(3.5-2)求出某一点的电场强度，某种情况下这比直接由电荷分布求电场强度简单得多。

3.5.2　电位差

静电场是一个无旋场的积分表达式，即

$$\oint_l \boldsymbol{E}(r) \cdot \mathrm{d}\boldsymbol{l} = 0 \tag{3.5-8}$$

它表示电场强度沿任意闭合路径的积分等于 0，在物理意义上表明单位电荷沿静电场中任意闭合回路一周，电场力做功为 0。

如果推动单位正电荷沿一非闭合线运动，则情况又如何呢？设单位正电荷沿非闭合曲线从 P 点运动到 Q 点，此时有

$$\int_P^Q \boldsymbol{E}(r)\cdot \mathrm{d}\boldsymbol{l} = -\int_P^Q \nabla\varphi(r)\cdot \mathrm{d}\boldsymbol{l} \tag{3.5-9}$$

由于

$$\nabla\varphi(r)\cdot \mathrm{d}\boldsymbol{l} = \frac{\partial\varphi(r)}{\partial l}\mathrm{d}\boldsymbol{l} = \mathrm{d}\varphi(r) \tag{3.5-10}$$

则

$$\int_P^Q \boldsymbol{E}(r)\cdot \mathrm{d}\boldsymbol{l} = -\int_P^Q \mathrm{d}\varphi(r) = \varphi(P)-\varphi(Q) \tag{3.5-11}$$

一般称 $\varphi(P)-\varphi(Q)$ 为 P 点到 Q 点的电位差，在物理意义上是电场力把单位正电荷从 P 点推动到 Q 点所做的功。

电位差由两个点电位确定，要确定电场中任意一点的电位值，就必须建立参考点。一般选择电场中的某一固定点为参考点，并规定该参考点的电位等于 0，这样就可以根据电位差确定任意点的电位值。如选定 Q 点为电位的参考点，并规定 $\varphi(Q)=0$，这样，P 点的电位 $\varphi(P)$ 为

$$\varphi(P) = \varphi(\boldsymbol{r}) = \int_P^Q \boldsymbol{E}(r)\cdot \mathrm{d}\boldsymbol{l} \tag{3.5-12}$$

原则上，电位参考点可以任意选择，但在具体工程中，一般应根据尽量使电位表达式简单清晰的原则进行选择。在实际应用中，当电荷分布在有限区域时，应尽量将电位参考点选择为无穷远处；当电荷分布在无限区域时，应尽量将电位参考点选择为有限远的特定点处。但是要注意，每一个系统只能选择一个电位参考点。

3.5.3　静电场的电位方程

在静电场中，电介质的介电常数 ε 为常数(真空中的介电常数 $\varepsilon=\varepsilon_0$)，电位移矢量的散度公式可变为

$$\nabla\cdot\boldsymbol{D}(r) = \nabla\cdot(\varepsilon\boldsymbol{E}(r)) = \varepsilon\nabla\cdot\boldsymbol{E}(r) = -\varepsilon\nabla\cdot\nabla\varphi(r) = -\varepsilon\nabla^2\varphi = \rho \tag{3.5-13}$$

故得

$$\nabla^2\varphi(r) = -\frac{\rho}{\varepsilon} \tag{3.5-14}$$

上式称为静电位(静电场中的电位)的泊松方程。

如果讨论的区域内无自由电荷存在，即 $\rho=0$，则式(3.5-14)变为

$$\nabla^2\varphi(r) = 0 \tag{3.5-15}$$

此式称为静电位的拉普拉斯方程。

引入电位函数后，求解静电场问题实际上就转化为求解静电位的泊松方程或拉普拉斯方程问题。只要求解出电位，根据电位与电场强度的关系 $\boldsymbol{E}=-\nabla\varphi$ 就可得到电场强度。当然，再利用电位移矢量与电场强度的本构关系 $\boldsymbol{D}=\varepsilon\boldsymbol{E}$ 也可以得到电位移矢量。

【例题 3-6】 求真空中一个电偶极子引起的空间电场强度。

解　电偶极子是由相距很近、带等值异号的两个点电荷组成的电荷系统，如图 3.5-1 所示。

电偶极子的电场与电位

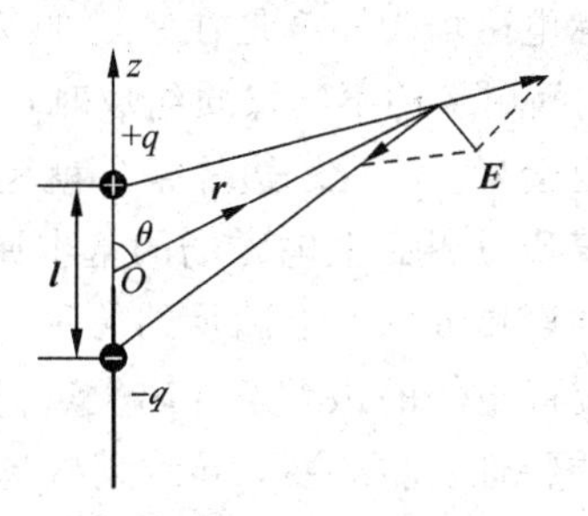

图 3.5-1　例题 3-6 图

采用球坐标系，使得电偶极子的中心位于球坐标系的原点 O，电偶极子的轴与 z 轴平行。根据叠加原理，可得两个点电荷 $\pm q$ 产生的电位为

$$\varphi(r)=\frac{q}{4\pi\varepsilon_0}\left(\frac{1}{|\boldsymbol{r}-\boldsymbol{r}_1'|}-\frac{1}{|\boldsymbol{r}-\boldsymbol{r}_2'|}\right)=\frac{q}{4\pi\varepsilon_0}\frac{|\boldsymbol{r}-\boldsymbol{r}_2'|-|\boldsymbol{r}-\boldsymbol{r}_1'|}{|\boldsymbol{r}-\boldsymbol{r}_1'||\boldsymbol{r}-\boldsymbol{r}_2'|}$$

若观察距离远大于两电荷的间距 l，则可认为 $|\boldsymbol{r}-\boldsymbol{r}'_2|$ 与 $|\boldsymbol{r}-\boldsymbol{r}'_1|$ 与 $\boldsymbol{r}$ 的方向一致(或平行)，则

$$\begin{cases}|\boldsymbol{r}-\boldsymbol{r}_2'|-|\boldsymbol{r}-\boldsymbol{r}_1'|\approx l\cos\theta\\ |\boldsymbol{r}-\boldsymbol{r}_2'||\boldsymbol{r}-\boldsymbol{r}_1'|\approx\left(\boldsymbol{r}-\dfrac{l}{2}\cos\theta\right)\left(\boldsymbol{r}+\dfrac{l}{2}\cos\theta\right)\approx r^2\end{cases}$$

因此

$$\varphi(r)=\frac{q}{4\pi\varepsilon_0}\frac{l\cos\theta}{r^2}=\frac{q}{4\pi r^2\varepsilon_0}(\boldsymbol{l}\cdot\boldsymbol{e}_r)$$

式中，l 的方向规定由负电荷指向正电荷。通常定义乘积 $q\boldsymbol{l}$ 为电偶极子的电矩 $\boldsymbol{p}$，即 $\boldsymbol{p}=q\boldsymbol{l}$。则电偶极子产生的电位为

$$\varphi(r)=\frac{\boldsymbol{p}\cdot\boldsymbol{e}_r}{4\pi r^2\varepsilon_0}=\frac{p\cos\theta}{4\pi r^2\varepsilon_0}$$

利用关系式 $\boldsymbol{E}=-\nabla\varphi$ 可求得电偶极子的电场强度为

$$\begin{aligned}\boldsymbol{E}(r)&=-\left(\boldsymbol{e}_r\frac{\partial\varphi}{\partial r}+\boldsymbol{e}_\theta\frac{1}{r}\frac{\partial\varphi}{\partial\theta}+\boldsymbol{e}_\phi\frac{1}{r\sin\theta}\frac{\partial\varphi}{\partial\phi}\right)\\&=\boldsymbol{e}_r\frac{p\cos\theta}{2\pi r^3\varepsilon_0}+\boldsymbol{e}_\theta\frac{p\sin\theta}{4\pi r^3\varepsilon_0}\end{aligned}$$

可见，电偶极子的电位与距离平方成反比，电场强度的大小与距离的三次方成反比，而且两者均与方位角 θ 有关，这些特点与点电荷显著不同。图 3.5-2 绘出了电偶极子的电场线和等位线的分布。

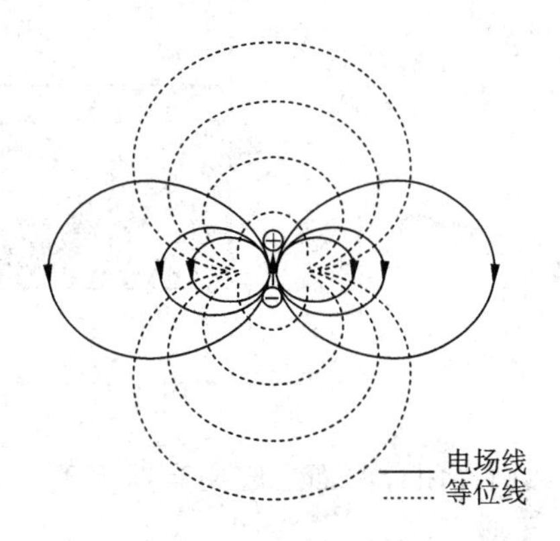

图 3.5-2　电偶极子的电场线和等位线的分布

3.6 静电场的边界条件

实际电磁场问题都是在一定的物理空间内发生，因此电磁场都与空间的媒质特性有关。当空间由多种不同媒质组成时，由于在分界面两侧媒质的特性参数不同，则场在分界面两侧也会发生变化。边界条件就是不同媒质的分界面上的电磁场矢量满足的关系，它是在不同媒质分界面上电磁场的基本属性。对于静电场，边界条件就是电位移矢量和电场强度在不同媒质分界面上满足的关系。

研究静电场的边界条件出发点仍然是静电场基本方程，然而，由于在不同媒质的交界面处媒质特性发生突变，导致某些场的分量也发生突变，从而使得静电场的微分形式在分界面两侧失去意义，但积分形式在不同媒质的分界面上仍然适用，因此边界条件只能由静电场基本方程的积分形式来导出。

为了使导出的边界条件不受所采用的坐标系限制，将场矢量在分界面上分解为垂直分界面的法向场矢量和平行于分界面的切向场矢量两部分。在静电场基本方程中，分界面处电位移矢量的通量垂直于分界面，可由它导出其在分界面上法向方向的边界条件；分界面处电场强度的环量平行于分界面，可由它导出其在分界面上切向方向的边界条件。

3.6.1 电位移矢量的法向边界条件

在两种电介质(ε_1，ε_2)交界面上任取一点 P，作一个包围该点的圆柱闭合曲面 S，圆柱体上下底面分别在分界面的两边，并与分界面平行，且为 ΔS。圆柱体的高度为 Δh(无限小量)，分界面的法向方向为 $\boldsymbol{e}_{\mathrm{n}}$(单位矢量)，分界面上的自由电荷面密度为 ρ_S，如图 3.6-1 所示。

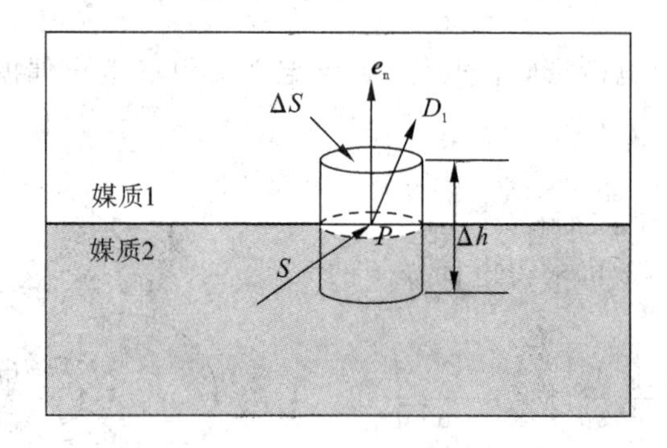

图 3.6-1 电位移矢量的法向边界条件

在圆柱闭合曲面上应用高斯定理，则有

$$\oint_S \boldsymbol{D}\cdot \mathrm{d}\boldsymbol{S}=\int_{\text{上底面}}\boldsymbol{D}_1\cdot \mathrm{d}\boldsymbol{S}+\int_{\text{下底面}}\boldsymbol{D}_2\cdot \mathrm{d}\boldsymbol{S}+\int_{\text{侧面}}\boldsymbol{D}_3\cdot \mathrm{d}\boldsymbol{S}=\int_V \rho \mathrm{d}V$$

当圆柱体的高度 $\Delta h\to 0$ 时，电位移矢量在圆柱侧面的积分趋于 0，圆柱体内自由电荷的体积分变成了分界面上自由电荷的面积分，再考虑上下底面 ΔS 的方向，则有

$$\oint_S \boldsymbol{D}\cdot \mathrm{d}\boldsymbol{S}=\int_{\text{上底面}}\boldsymbol{D}_1\cdot \boldsymbol{e}_{\mathrm{n}}\mathrm{d}S-\int_{\text{下底面}}\boldsymbol{D}_2\cdot \boldsymbol{e}_{\mathrm{n}}\mathrm{d}S=\int_S \rho_S \mathrm{d}S \tag{3.6-1}$$

因圆柱体的上、下底面积与所取分界面的面积都相等，则由式(3.6-1)可以得到

$$(\boldsymbol{D}_1-\boldsymbol{D}_2)\cdot\boldsymbol{e}_\mathrm{n}=\rho_\mathrm{S}\quad 或\quad \boldsymbol{D}_{1\mathrm{n}}-\boldsymbol{D}_{2\mathrm{n}}=\rho_\mathrm{S}\tag{3.6-2}$$

$\boldsymbol{D}_{1\mathrm{n}}$、$\boldsymbol{D}_{2\mathrm{n}}$分别表示电介质1与电介质2中在分界面法向方向的电位移矢量的分量。

式(3.6-2)称为电位移矢量的边界条件。它表明，当分界面上有自由面电荷存在时，电位移矢量的法向分量不连续而产生突变，其突变量与分界面上的自由面电荷密度有关。如果分界面上的自由面电荷密度为0，则电位移矢量的边界条件变为

$$(\boldsymbol{D}_1-\boldsymbol{D}_2)\cdot\boldsymbol{e}_\mathrm{n}=0\quad 或\quad \boldsymbol{D}_{1\mathrm{n}}-\boldsymbol{D}_{2\mathrm{n}}=0\tag{3.6-3}$$

这表明，分界面上无自由面电荷时，电位移矢量的法向分量连续，不发生突变。

如果一个电介质(假设电介质2)是理想导体，由于理想导体内部不存在电场，即$\boldsymbol{D}_2=\varepsilon\boldsymbol{E}_2=0$，理想导体所带自由电荷只分布在导体表面，则电位移矢量在理想导体表面的边界条件为

$$\boldsymbol{D}_1\cdot\boldsymbol{e}_\mathrm{n}=\rho_\mathrm{S}\quad 或\quad \boldsymbol{D}_{1\mathrm{n}}=\rho_\mathrm{S}\tag{3.6-4}$$

表明在电介质与理想导体的分界面上，电位移矢量的法向分量不连续而产生突变，其突变量等于理想导体表面上的自由面电荷密度。

3.6.2　电场强度的切向边界条件

在两种电介质(ε_1，ε_2)交界面上任取一点，作一个包围该点的小环路，处于两电介质内的长度都是Δl_1，并与分界面平行，介于两电介质之间的长度为Δl_2(无限小量)，分界面左边曲线段的切向方向为$\boldsymbol{e}_\mathrm{t}$(单位矢量)，如图3.6-2所示。

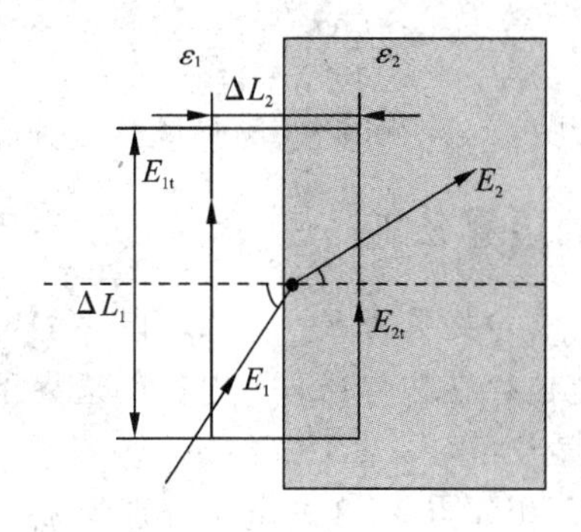

图3.6-2　电场强度的切向边界条件

在闭合小环路上应用安培环路定理，则

$$\oint_l\boldsymbol{E}\cdot\mathrm{d}\boldsymbol{l}=\int_{上边}\boldsymbol{E}\cdot\mathrm{d}\boldsymbol{l}+\int_{下边}\boldsymbol{E}\cdot\mathrm{d}\boldsymbol{l}+\int_{左边}\boldsymbol{E}\cdot\mathrm{d}\boldsymbol{l}+\int_{右边}\boldsymbol{E}\cdot\mathrm{d}\boldsymbol{l}=0$$

当$\Delta l_2\to0$时，电场强度在小环路上下两边的积分趋于0，再考虑左右两边Δl_1的方向，则有

$$\int_{左边}\boldsymbol{E}\cdot\mathrm{d}\boldsymbol{l}+\int_{右边}\boldsymbol{E}\cdot\mathrm{d}\boldsymbol{l}=\int_{\Delta l_1}\boldsymbol{E}_1\cdot\boldsymbol{e}_\mathrm{t}\mathrm{d}l-\int_{\Delta l_1}\boldsymbol{E}_2\cdot\boldsymbol{e}_\mathrm{t}\mathrm{d}l=0\tag{3.6-5}$$

即

$$(\boldsymbol{E}_1-\boldsymbol{E}_2)\cdot\boldsymbol{e}_\mathrm{t}=0\quad 或\quad \boldsymbol{E}_{1\mathrm{t}}=\boldsymbol{E}_{2\mathrm{t}}\tag{3.6-6}$$

因为分界面切向方向$\boldsymbol{e}_\mathrm{t}$与分界面法向方向$\boldsymbol{e}_\mathrm{n}$相互垂直，根据矢量特性，式(3.6-6)也

可写成

$$\boldsymbol{e}_n \times (\boldsymbol{E}_1 - \boldsymbol{E}_2) = 0 \quad 或 \quad \boldsymbol{E}_{1t} = \boldsymbol{E}_{2t} \tag{3.6-7}$$

$\boldsymbol{E}_{1t}$、$\boldsymbol{E}_{2t}$分别表示电介质1与电介质2中在分界面切向方向的电场强度。

式(3.6-6)或式(3.6-7)称为电场强度的边界条件。它表明，分界面上电场强度的切向分量连续。

如果一个电介质(假设电介质2)是理想导体，由于理想导体内部不存在电场，即$\boldsymbol{E}_2=0$，则电场强度在理想导体表面的边界条件为

$$\boldsymbol{e}_n \times \boldsymbol{E}_1 = 0 \quad 或 \quad \boldsymbol{E}_{1t} = 0 \tag{3.6-8}$$

表明在电介质与理想导体的分界面上，电场强度的切向分量为0。

3.6.3 电场矢量在分界面上的折射

由静电场的边界条件可知，电位移矢量和电场强度通过电介质分界面后其方向发生了改变。假设分界面上无自由电荷存在，即$\rho_S=0$，借助本构关系$\boldsymbol{D}=\varepsilon\boldsymbol{E}$和图3.6-1，静电场的边界条件可变为

$$\begin{cases} \varepsilon_1 \boldsymbol{E}_1 \cos\theta_1 = \varepsilon_2 \boldsymbol{E}_2 \cos\theta_2 \\ \boldsymbol{E}_1 \sin\theta_1 = \boldsymbol{E}_2 \sin\theta_2 \end{cases} \tag{3.6-9}$$

式中，ε_1、ε_2分别为电介质1与电介质2中的介电常数，$\boldsymbol{E}_1$、$\boldsymbol{E}_2$分别为电介质1与电介质2中的电场强度，θ_1、θ_2分别为$\boldsymbol{E}_1$、$\boldsymbol{E}_2$与分界面法向矢量的夹角。

由式(3.6-9)可得到

$$\frac{\tan\theta_1}{\tan\theta_2} = \frac{\varepsilon_1}{\varepsilon_2} \tag{3.6-10}$$

一般情况下，$\varepsilon_1 \neq \varepsilon_2$，所以$\theta_1 \neq \theta_2$，可见电场矢量线在分界面上发生了折射现象。

3.6.4 电位在分界面上的边界条件

我们知道，电场强度与电位的关系为$\boldsymbol{E}=-\nabla\varphi$。既然静电场(电场强度、电位移矢量)存在边界条件，那么电位必定也存在边界条件。电位的边界条件对于求解电位的泊松方程和拉普拉斯方程非常有用。

设两电介质(ε_1，ε_2)分界面相邻点1、2的电位分别为φ_1、φ_2，则根据电位差的概念有

$$\varphi_1 - \varphi_2 = \int_1^2 \boldsymbol{E} \cdot \mathrm{d}\boldsymbol{l} = \boldsymbol{E}h \tag{3.6-11}$$

式中，h为分界面两边的两种电介质相邻两点1、2之间的距离，$\boldsymbol{E}$为h上的电场强度法向分量的平均值。由于$\boldsymbol{E}$为有限值，相邻曲线长度$h\to 0$，则这相邻两点的电位差等于0，即有

$$\varphi_1 = \varphi_2 \tag{3.6-12}$$

表明两电介质分界面上的电位相等，说明电位是连续的。

根据静电场的本构关系$\boldsymbol{D}=\varepsilon\boldsymbol{E}$和电场强度与电位的$\boldsymbol{E}=-\nabla\varphi$，有

$$\begin{cases} \boldsymbol{D}_{1n} = \varepsilon_1 \boldsymbol{E}_{1n} = -\varepsilon_1 \dfrac{\partial\varphi_1}{\partial n} \\ \boldsymbol{D}_{2n} = \varepsilon_2 \boldsymbol{E}_{2n} = -\varepsilon_2 \dfrac{\partial\varphi_2}{\partial n} \end{cases} \tag{3.6-13}$$

将上式代入电位移矢量的边界条件 $\boldsymbol{D}_{1n}-\boldsymbol{D}_{2n}=\rho_S$，则有

$$\varepsilon_1\frac{\partial\varphi_1}{\partial n}-\varepsilon_2\frac{\partial\varphi_2}{\partial n}=-\rho_S \tag{3.6-14}$$

表明两电介质分界面上电位的法向导数满足一定的关系。式(3.6-12)和式(3.6-14)称为电位的边界条件。

如果其中一个电介质(假设电介质 2)是理想接地导体，由于达到静电平衡后导体内部电场为 0，导体成为等位体，则导体表面电位的边界条件变为

$$\begin{cases}\varphi_1=0\\ \varepsilon_1\dfrac{\partial\varphi_1}{\partial n}=-\rho_S\end{cases} \tag{3.6-15}$$

如果分界面上没有自由电荷存在，即 $\rho_S=0$，则电位的边界条件变为

$$\begin{cases}\varphi_1=\varphi_2\\ \varepsilon_1\dfrac{\partial\varphi_1}{\partial n}=\varepsilon_2\dfrac{\partial\varphi_2}{\partial n}\end{cases} \tag{3.6-16}$$

【例题 3-7】 假设一个平行板电容器内填充两种均匀介质 ε_1、ε_2，厚度分别为 d_1、d_2，电容器外加电压为 U_0，如图 3.6-3 所示。在忽略边缘效应后求平行板电容器内的电场强度。

解 由于电容器内的电场强度垂直于两个极板方向，也就垂直于两种均匀介质 ε_1、ε_2 的分界面，属于分界面的法线方向。由于在介质分界面上没有自由电荷存在，即 $\rho_S=0$，根据两介质分界面上电位移矢量在法线方向的边界条件 $\boldsymbol{D}_{1n}-\boldsymbol{D}_{2n}=0$ 以及本构关系 $\boldsymbol{D}=\varepsilon\boldsymbol{E}$ 可以得到

$$\varepsilon_1\boldsymbol{E}_1=\varepsilon_2\boldsymbol{E}_2$$

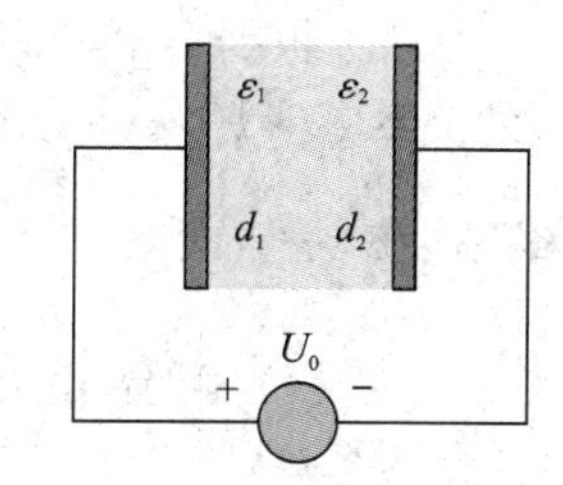

图 3.6-3　例题 3-7 图

根据电场与电位差的关系 $\int_P^Q\boldsymbol{E}(r)\cdot\mathrm{d}\boldsymbol{l}=\varphi(P)-\varphi(Q)=U$ 可以得到

$$U_0=\boldsymbol{E}_1d_1+\boldsymbol{E}_2d_2$$

将这两个方程组成方程组，解该方程组可得

$$\begin{cases}\boldsymbol{E}_1=\dfrac{\varepsilon_2U_0}{\varepsilon_2d_1+\varepsilon_1d_2}\\ \boldsymbol{E}_2=\dfrac{\varepsilon_1U_0}{\varepsilon_2d_1+\varepsilon_1d_2}\end{cases}$$

【例题 3-8】 如图 3.6-4 所示，设有一个半径为 r_1，带电量为 q 的导体球。在该导体球被一个内外半径分别为 r_2、r_3 的导体球壳所包围，球与球壳之间填充介质的介电常数为 ε_1。球壳外表涂有介电常数为 ε_2 的介质层，该层介质的外半径为 r_4。球壳外涂层之外为真空。求：(1) 各区域中的电场强度；(2) 各个表面上的自由电荷密度和极化电荷密度。

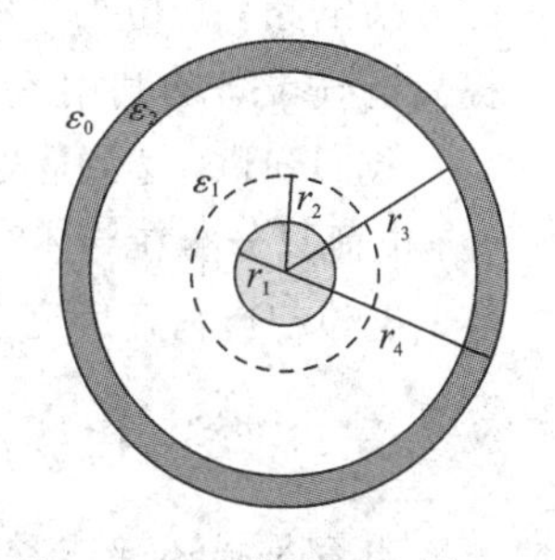

图 3.6-4　例题 3-8 图

解 由于系统结构为球对称，场也必定为球对称。取球面作

为高斯面，由于电场必须垂直于导体表面，因而也垂直于高斯面。场的矢径 r 从球心指向外面。

(1) 当 $r<r_1$ 时，由于导体球内的电场为 0，因此 $\boldsymbol{E}_1(r)=0$。

当 $r_1<r<r_2$ 时，由于高斯面内的电荷为 q，球与球壳之间填充介质的介电常数为 ε_1，根据高斯定理 $\oint_S \boldsymbol{D}\cdot d\boldsymbol{S}=q$，有 $\varepsilon_1 \boldsymbol{E}_2 4\pi r^2=q$，从而可得到

$$\boldsymbol{E}_2=\boldsymbol{e}_r \frac{q}{4\pi\varepsilon_1 r^2}$$

当 $r_2<r<r_3$ 时，由于导体球壳内的电场为 0，因此 $\boldsymbol{E}_3(r)=0$。

当 $r_3<r<r_4$ 时，由于高斯面内的电荷为 q，球壳间填充介质的介电常数为 ε_2，根据高斯定理 $\oint_S \boldsymbol{D}\cdot d\boldsymbol{S}=q$，有 $\varepsilon_2 \boldsymbol{E}_4 4\pi r^2=q$，从而可得到

$$\boldsymbol{E}_4=\boldsymbol{e}_r \frac{q}{4\pi\varepsilon_2 r^2}$$

当 $r>r_4$ 时，由于高斯面内的电荷为 q，场区域的介电常数为 ε_0，根据高斯定理 $\oint_S \boldsymbol{D}\cdot d\boldsymbol{S}=q$，有 $\varepsilon_0 \boldsymbol{E}_5 4\pi r^2=q$，从而可得到

$$\boldsymbol{E}_5=\boldsymbol{e}_r \frac{q}{4\pi\varepsilon_0 r^2}$$

(2) 根据自由电荷面密度与电场强度的关系 $\boldsymbol{e}_n\cdot\varepsilon\boldsymbol{E}=\rho_S$，极化电荷面密度与极化强度的关系 $\boldsymbol{e}_n\cdot\boldsymbol{P}=-\rho'_S$，以及电介质中的本构关系 $\boldsymbol{D}=\varepsilon_0\boldsymbol{E}+\boldsymbol{P}=\varepsilon\boldsymbol{E}$ 可以得到：

在 $r=r_1$ 面上，$\rho_S=\dfrac{q}{4\pi r_1^2}$，$\rho'_S=\varepsilon_0\boldsymbol{E}_{1n}-\rho_S=\dfrac{q}{4\pi r_1^2}\left(\dfrac{1}{\varepsilon_{r1}}-1\right)<0$；

在 $r=r_2$ 面上，$\rho_S=-\dfrac{q}{4\pi r_2^2}$，$\rho'_S=-\varepsilon_0\boldsymbol{E}_{1n}-\rho_S=\dfrac{q}{4\pi r_2^2}\left(1-\dfrac{1}{\varepsilon_{r1}}\right)>0$；

在 $r=r_3$ 面上，$\rho_S=\dfrac{q}{4\pi r_3^2}$，$\rho'_S=\varepsilon_0\boldsymbol{E}_{2n}-\rho_S=\dfrac{q}{4\pi r_3^2}\left(\dfrac{1}{\varepsilon_{r2}}-1\right)<0$；

在 $r=r_4$ 面上，$\rho_S=0$，$\rho'_S=\varepsilon_0(E_{0n}-\boldsymbol{E}_{2n})=\dfrac{q}{4\pi r_4^2}\left(1-\dfrac{1}{\varepsilon_{r2}}\right)>0$。

3.7 导体系统的电容

电容器是广泛应用于电子设备电路中的关键器件之一，利用电容器可以实现电路中的滤波、移相、隔直、旁路、选频等作用；通过电容、电感、电阻的排布，可组合成各种功能的复杂电路；在电力系统中，可利用电容器来改善系统的功率因数，以减少电能的损失和提高电气设备的利用率。

我们知道，达到静电平衡时的导体内部电场为 0，表面为一等位面，内部无自由电荷存在，电荷只分布在导体的表面，因此不同的导体之间会有电容存在。在多导体系统中，每个导体的电位与电荷密度完全取决于导体系统的几何尺寸、形状及周围电介质的特性参数等。

3.7.1 电容与电容器

电容是描述导体系统储存电荷能力的物理量。孤立导体的电容 C 定义为所带电量 q 与

其电位 φ 的比值，即

$$C=\frac{q}{\varphi} \tag{3.7-1}$$

相互接近且绝缘的两个导体系统可构成电容器，在外部能量作用下可以将电荷从一个导体传输到另一个导体，这样两个导体将带等量异号电荷，因此会在两个导体间形成电场，并使该系统产生电位差。将一个导体上的电荷量与它和另一个导体之间的电位差之比定义为该导体系统的电容。

两导体组成电容器的电容 C 为

$$C=\frac{q}{|\varphi_1-\varphi_2|}=\frac{q}{U} \tag{3.7-2}$$

式中，q 为一个导体上的电荷量，$U=|\varphi_1-\varphi_2|$ 为两导体间的电位差(电压)，电容 C 的单位为 F(法拉)。注意，导体系统确定后，q/U 是一个常量，电容只与两导体的几何尺寸、相互位置及周围的介质有关，而与导体的带电量和电位无关。

根据两导体系统电容的定义和性质可以很容易给出其常用计算方法：首先假定两导体上分别带等量异号的电荷来计算两导体间的电场强度，然后利用电场强度与电位差的关系公式求出两导体间的电位差，最后根据电容的定义得出所求电容的值。

【例题 3-9】　如图 3.7-1 所示，球形电容器的内导体半径 $R_1=1$ cm，外导体内径 $R_2=6$ cm，其间充有两种电介质 ε_1、ε_2，它们的分界面的半径为 $R=3$ cm。已知 ε_1、ε_2 的相对介电常数分别为 $\varepsilon_{1r}=2$、$\varepsilon_{2r}=1$。求此球形电容器的电容 C。

解　假设球形电容器的内导体带电荷为 Q，根据高斯定理 $\oint_S \boldsymbol{D}\cdot \mathrm{d}\boldsymbol{S}=Q$ 和本构关系 $\boldsymbol{D}=\varepsilon\boldsymbol{E}$，可以得到内外导体球之间两个介质中的电场强度分别为

$$\begin{cases}\boldsymbol{E}_1=\dfrac{Q}{4\pi\varepsilon_1 r^2}\boldsymbol{e}_r & 1<r<3\\[2ex] \boldsymbol{E}_2=\dfrac{Q}{4\pi\varepsilon_2 r^2}\boldsymbol{e}_r & 3<r<6\end{cases}$$

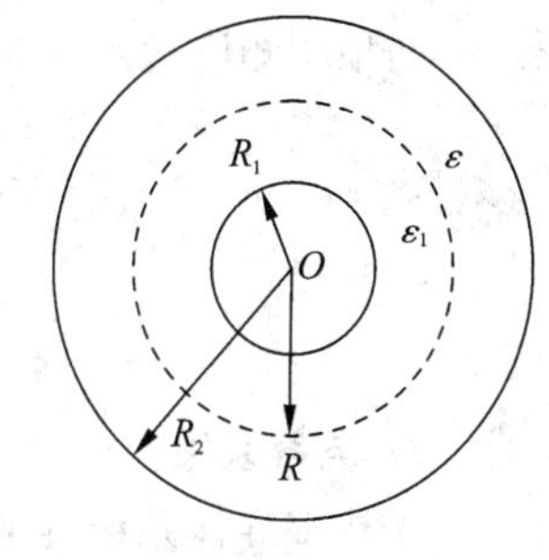

图 3.7-1　例题 3-9 图

根据环路定理和电位公式可以得到

$$\begin{aligned}U&=\int_1^3 E_1\,\mathrm{d}r+\int_3^6 E_2\,\mathrm{d}r=-\frac{100Q}{4\pi\varepsilon_1}\left(\frac{1}{3}-\frac{1}{1}\right)-\frac{100Q}{4\pi\varepsilon_2}\left(\frac{1}{6}-\frac{1}{3}\right)\\&=\frac{100Q}{4\pi\varepsilon_0}\times\frac{1}{3}+\frac{100Q}{4\pi\varepsilon_0}\times\frac{1}{6}=\frac{100Q}{4\pi\varepsilon_0}\times\frac{1}{2}\\&=50\times 9\times 10^9 Q\end{aligned}$$

根据电容的定义可以得到

$$C=\frac{Q}{U}=\frac{10^{-10}}{45}(\mathrm{F})$$

3.7.2　多导体间的部分电容

在实际工程中，绝大多数系统是多导体系统。多导体系统中，每个导体的电位不仅与导体本身的电荷有关，同时还与其它导体上的电荷有关。这是因为周围导体上电荷的存在必然影响周围空间静电场的分布，而多导体的电场是由它们共同产生的。也就是说，任何

两个导体间的电压都要受到其余导体上的电荷的影响。因此，研究多导体系统时，必须把电容的概念加以推广。多导体系统中导体上的电荷与导体电压的关系也不能仅用一个电容来表示，这就需引入部分电容的概念，它是指一个导体在其余导体的影响下，与另一个导体之间构成的电容。

1. 电位系数

设有 n 个导体构成一个导体系统，其中，第 j 个导体上的电荷面密度为 ρ_{Sj}。根据面电荷分布的电位公式(3.5-7)和叠加原理可以得到空间任意点 r 的电位 $\varphi(r)$ 为

$$\varphi(r) = \sum_{j=1}^{n} \frac{1}{4\pi\varepsilon}\int_{Sj} \frac{\rho_{Sj}(\boldsymbol{r}'_j)}{|\boldsymbol{r}-\boldsymbol{r}'_j|}\mathrm{d}S'_j \tag{3.7-3}$$

可见，第 j 个导体上对空间电位的贡献正比于它的电荷面密度 ρ_{Sj}，而面电荷密度 ρ_{Sj} 又正比于其表面的总电荷量 q_j，因此，导体 j 对导体 i 上的电位贡献 φ_{ij} 正比于导体 j 上的电荷量 q_j。为此，可引入比例系数 p_{ij} 来表示 φ_{ij}，即

$$\varphi_{ij} = p_{ij}q_j \tag{3.7-4}$$

由于 p_{ij} 是描述由电荷量得到电位的比例系数，因此称为电位系数。这样，整个系统在导体 i 上产生的电位 φ_i 为

$$\varphi_i = \sum_{j=1}^{n} p_{ij}q_j \tag{3.7-5}$$

当 $i=j$ 时 p_{ij} 称为自电位系数，p_{ij} 表示导体 i 上电荷对自身电位的贡献；当 $i\neq j$ 时 p_{ij} 称为互电位系数，表示导体 j 上的电荷对导体 i 上电位的贡献。

如果用矩阵表示，则由 n 个导体组成的导体系统的电位为

$$\begin{bmatrix}\varphi_1\\ \varphi_2\\ \vdots\\ \varphi_n\end{bmatrix} = \begin{bmatrix}p_{11} & p_{12} & \cdots & p_{1n}\\ p_{21} & p_{22} & \cdots & p_{2n}\\ \vdots & \vdots & & \vdots\\ p_{n1} & p_{n2} & \cdots & p_{nn}\end{bmatrix}\begin{bmatrix}q_1\\ q_2\\ \vdots\\ q_n\end{bmatrix} \tag{3.7-6}$$

2. 电容系数

既然多导体系统的电位可用电位系数来表示，那么多导体系统的电荷也可以用各导体的电位来表示，即

$$q_i = \sum_{j=1}^{n} \beta_{ij}\varphi_j \tag{3.7-7}$$

由于 β_{ij} 是描述由电位得到电荷量的比例系数，与电容的定义相类似，因此称为电容系数。当 $i=j$ 时 β_{ij} 称为自电容系数，表示导体 i 上电位对自身电荷的贡献；当 $i\neq j$ 时 β_{ij} 称为互电容系数，表示导体 j 上的电位对导体 i 上电荷的贡献。

如果用矩阵表示，则由 n 个导体组成的导体系统的电荷为

$$\begin{bmatrix}q_1\\ q_2\\ \vdots\\ q_n\end{bmatrix} = \begin{bmatrix}\beta_{11} & \beta_{12} & \cdots & \beta_{1n}\\ \beta_{21} & \beta_{22} & \cdots & \beta_{2n}\\ \vdots & \vdots & & \vdots\\ \beta_{n1} & \beta_{n2} & \cdots & \beta_{nn}\end{bmatrix}\begin{bmatrix}\varphi_1\\ \varphi_2\\ \vdots\\ \varphi_n\end{bmatrix} \tag{3.7-8}$$

3. 部分电容

在孤立导体中引入了孤立电容的概念，在双导体中引入了电容的概念，在多导体系统

中可引入部分电容的概念。

将式(3.7-8)的右边分别加、减相同的项后可得到方程组为

$$\begin{cases} q_1 = (\beta_{11}+\beta_{12}+\cdots+\beta_{1n})\varphi_1 - \beta_{12}(\varphi_1-\varphi_2) - \beta_{13}(\varphi_1-\varphi_3) - \cdots - \beta_{1n}(\varphi_1-\varphi_n) \\ q_2 = -\beta_{21}(\varphi_2-\varphi_1) + (\beta_{21}+\beta_{22}+\cdots+\beta_{2n})\varphi_2 - \beta_{23}(\varphi_2-\varphi_3) - \cdots - \beta_{2n}(\varphi_2-\varphi_n) \\ \cdots \\ q_n = -\beta_{n1}(\varphi_n-\varphi_1) - \beta_{n2}(\varphi_n-\varphi_2) - \beta_{n3}(\varphi_n-\varphi_3) - \cdots + (\beta_{n1}+\beta_{n2}+\cdots+\beta_{nn})\varphi_n \end{cases} \tag{3.7-9}$$

若令 $C_{ii} = \sum_{j=1}^{n}\beta_{ij}$，$C_{ij} = -\beta_{ij}(i \neq j)$，则上式变为

$$\begin{cases} q_1 = C_{11}\varphi_1 + C_{12}(\varphi_1-\varphi_2) + C_{13}(\varphi_1-\varphi_3) + \cdots + C_{1n}(\varphi_1-\varphi_n) \\ q_2 = C_{21}(\varphi_2-\varphi_1) + C_{22}\varphi_2 + C_{23}(\varphi_2-\varphi_3) + \cdots + C_{2n}(\varphi_2-\varphi_n) \\ \cdots \\ q_n = C_{n1}(\varphi_n-\varphi_1) + C_{n2}(\varphi_n-\varphi_2) + C_{n3}(\varphi_n-\varphi_3) + \cdots + C_{nn}\varphi_n \end{cases} \tag{3.7-10}$$

C_{ij} 称为部分电容，当 $i=j$ 时称为自部分电容，表示导体 i 与地之间的部分电容；当 $i \neq j$ 时称为互部分电容，表示导体 j 与导体 i 之间的部分电容。

这样，式(3.7-10)也可表示为

$$q_i = \sum_{j \neq i}^{n} C_{ij}(\varphi_i - \varphi_j) + C_{ii}\varphi_i \tag{3.7-11}$$

式(3.7-11)右边的第一部分表示除 i 导体之外的所有导体上的电位在 i 导体引起的电荷，第二部分表示 i 导体本身的电位在 i 导体引起的电荷。

4. 等效电容

在多导体系统中，把其中任意两个导体作为电容器的两个电极，设在这两个电极间加上电压 U，极板上所带电荷分别为 $\pm q$，则比值 q/U 称为这两个导体间的等效电容。

如图3.7-2所示为两个导体与地组成的系统，可见它有三个部分电容 C_{11}、C_{22} 和 C_{12}。导线1和2间的等效电容为 $C = C_{12} + \dfrac{C_{11}C_{22}}{C_{11}+C_{22}}$；导线1和大地间的等效电容为 $C = C_{11} + \dfrac{C_{12}C_{22}}{C_{12}+C_{22}}$；导线2和大地间的等效电容为 $C = C_{22} + \dfrac{C_{12}C_{11}}{C_{12}+C_{11}}$。

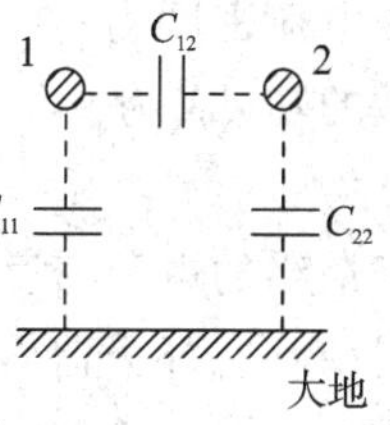

图3.7-2　大地上空两个导体的电容

3.8　静电场的能量与力

电磁场是一种特殊形式的物质，能量又是物质的属性之一。静电场最基本的特征是对电荷有作用力，这表明静电场具有能量，称为静电能。电场能量是在建立电场过程中从与各导体相连接的电源中取得的，因此电场储能是外力做功形成的。

3.8.1　静电场的能量

任何形式的带电系统，都要经过从没有电荷分布到某个最终电荷分布的建立(或充电)

过程。在此过程中，外加电源(外电源)必须克服电荷之间的相互作用力而做功。如果充电过程进行得足够缓慢，就不会有能量辐射，充电过程中外加电源所做的总功将全部转换成电场能量，或者说电场能量就等于外加电源在此电场建立过程中所做的总功。也就是说静电场能量来源于建立电荷系统过程中外加电源提供的能量。

1. 静电场能量

在静电场的作用下，带有正电荷的带电体会沿电场方向发生运动，这就意味着电场力做了功。静电场为了对外做功必须消耗自身的能量，可见静电场是具有能量的。如果静止带电体在外力作用下由无限远处移入静电场中，外力必须反抗电场力做功，这部分功将转变为静电场的能量储藏在静电场中，使静电场的能量增加。由此可见，根据电场力做功或外力做功与静电场能量之间的转换关系，可以计算静电场能量。注意，这里讨论的静电能是指带电体达到平衡状态时的电场能量，它仅与带电体的最终带电状态有关，而与建立这一状态的中间过程无关，同时也假设导体和介质都是固定的，介质为线性和各向同性的均匀介质。

静电场是由电荷产生的，一个电荷系统的能量等于建立该系统过程中外力所做的功。假设开始时系统中无电荷存在，即该系统开始时不带电，最后达到系统带电平衡时的电荷都是从无穷远处由外力做功而移到系统中的。这样，当第一个电荷移到系统中时，因系统中无电场存在而不做功。此时系统由于具有电荷而具有电场，相应地也有电位存在。当第二个电荷移到该系统中时，它需要克服由第一个电荷产生的电场力而做功，此时系统具有的电场为第一个电荷与第二个电荷形成的总电场。以此类推，可见每次把外电荷移到系统的过程中，外力需做的功都不相同。

假设系统从电荷为 0 开始充电，充电完成后(系统达到静电平衡状态)系统的最终电荷分布密度为 ρ，相对应，电位也是从 0 开始到最后的 φ。设充电过程中系统电荷密度按比例系数 α 均匀增大，则系统对应的电位也为这一比例系数 α 均匀增大，则充电过程中任一时刻系统的电荷密度为 $\alpha\rho$，相对应的电位为 $\alpha\varphi$。将电荷密度为 $\mathrm{d}\rho=\rho\mathrm{d}\alpha$ 的电荷移到系统中时外力需做的功 $\mathrm{d}A$ 为

$$\mathrm{d}A = (\alpha\varphi)\mathrm{d}\rho = (\alpha\varphi)\rho\mathrm{d}\alpha = \alpha\varphi\rho\mathrm{d}\alpha \tag{3.8-1}$$

由于最终的电荷密度为 ρ，则从充电开始到充电完成 α 的变化应是从 0 到 1。这样，系统达到平衡状态外力需做的功为

$$A = \int \mathrm{d}A = \int_V \alpha\varphi\rho\mathrm{d}\alpha\mathrm{d}V = \int_0^1 \alpha\mathrm{d}\alpha\int_V \varphi\rho\mathrm{d}V = \frac{1}{2}\int_V \varphi\rho\mathrm{d}V \tag{3.8-2}$$

根据能量守恒定理，建立系统过程中，外力所做的功等于总的静电场能，即系统的静电能 W_e 为

$$W_e = \frac{1}{2}\int_V \varphi\rho\mathrm{d}V \tag{3.8-3}$$

同理，如果电荷以面密度 ρ_S 分布在曲面 S 上，或者以线密度 ρ_l 分布在曲线 l 上，则系统的静电能 W_e 为

$$W_e = \begin{cases} \dfrac{1}{2}\displaystyle\int_S \varphi\rho_S\mathrm{d}S & \text{面电荷} \\ \dfrac{1}{2}\displaystyle\int_l \varphi\rho_l\mathrm{d}l & \text{线电荷} \end{cases} \tag{3.8-4}$$

对于由 n 个导体组成的多导体系统，由于每个导体是等位面 φ_i，每个导体所带电荷量为 q_i，则系统的静电能 W_e 为

$$W_e = \frac{1}{2}\sum_{i=1}^{n}\varphi_i q_i \tag{3.8-5}$$

电场能量的单位为J(焦耳)。由于式(3.8-3)～式(3.8-5)中静电场能量都与电场源成比例，因此它们是以场源来描述电场能量的。

特殊地，如果一个电容器 C 两板分别带正、负电荷 q，电位分别为 φ_1、φ_2，两板间的电压为 U，$U=\varphi_1-\varphi_2$，则该电容器储存的静电能为

$$W_e = \frac{1}{2}\varphi_1 q + \frac{1}{2}(-q)\varphi_2 = \frac{1}{2}q(\varphi_1-\varphi_2) = \frac{qU}{2} = \frac{1}{2}CU^2 \tag{3.8-6}$$

2. 静电场的能量密度

从场的观点来看，静电场的能量分布于电场所在的整个空间。对于空间任一点处的能量分布一般用能量密度来描述。

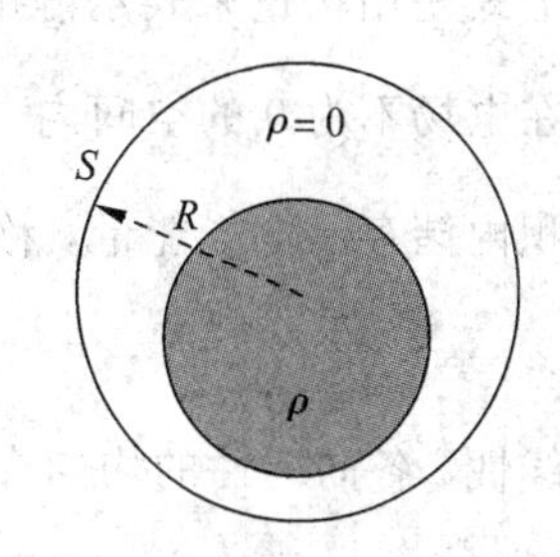

图 3.8-1 电荷分布在有限区域

设一个带电体 V 的电荷密度为 ρ，在带电体外的电荷密度 $\rho=0$，在包围该带电体的远处做一球面 S 组成一个空间区域，如图 3.8-1 所示。

由于区域内的电位移矢量与带电体的电荷密度有关，即 $\nabla\cdot\boldsymbol{D}=\rho$，则静电场能量表达式可变为

$$W_e = \frac{1}{2}\int_V \varphi\nabla\cdot\boldsymbol{D}\mathrm{d}V \tag{3.8-7}$$

因为

$$\nabla\cdot(\varphi\boldsymbol{D}) = \varphi\nabla\cdot\boldsymbol{D} + \nabla\varphi\cdot\boldsymbol{D} \tag{3.8-8}$$

则

$$W_e = \frac{1}{2}\int_V[\nabla\cdot(\varphi\boldsymbol{D}) - \nabla\varphi\cdot\boldsymbol{D}]\mathrm{d}V = \frac{1}{2}\int_V[\nabla\cdot(\varphi\boldsymbol{D})]\mathrm{d}V - \frac{1}{2}\int_V\nabla\varphi\cdot\boldsymbol{D}\mathrm{d}V \tag{3.8-9}$$

根据高斯定理 $\int_V\nabla\cdot(\varphi\boldsymbol{D})\mathrm{d}V = \oint_S\varphi\boldsymbol{D}\cdot\mathrm{d}\boldsymbol{S}$ 和电场强度与电位的关系 $\boldsymbol{E}=-\nabla\varphi$，有

$$W_e = \frac{1}{2}\oint_S\varphi\boldsymbol{D}\cdot\mathrm{d}\boldsymbol{S} + \frac{1}{2}\int_V\boldsymbol{E}\cdot\boldsymbol{D}\mathrm{d}V \tag{3.8-10}$$

式(3.8-10)已将电荷的存在空间变为电场的存在空间。我们知道，只要电荷分布在有限区域内，上式中的积分区域扩大到整个场空间时其结果仍然成立。若将闭合面 S 无限扩大，有限区域内的电荷就可近似为一个点电荷 q。根据点电荷的电位和它产生电位移矢量的表达式

$$\begin{cases}\varphi = \dfrac{q}{4\pi\varepsilon}\dfrac{1}{R}\\[2ex]\boldsymbol{D} = \varepsilon\boldsymbol{E} = \dfrac{q}{4\pi}\dfrac{\boldsymbol{R}}{R^3}\end{cases}$$

可有

$$\begin{cases} \varphi \propto \dfrac{1}{R} \\ \boldsymbol{D} \propto \dfrac{1}{R^2} \end{cases} \tag{3.8-11}$$

可见 $\varphi\boldsymbol{D}\propto\dfrac{1}{R^3}$。又因闭合面 $S\propto R^2$，使得$\dfrac{1}{2}\oint_S\varphi\boldsymbol{D}\cdot\mathrm{d}\boldsymbol{S}\propto\dfrac{1}{R}$。当闭合面 S 无限大时，$R\to\infty$，则有$\dfrac{1}{2}\oint_S\varphi\boldsymbol{D}\cdot\mathrm{d}\boldsymbol{S}\to 0$。因此式(3.8－10)变为

$$W_e = \int_V \frac{1}{2}\boldsymbol{E}\cdot\boldsymbol{D}\mathrm{d}V \tag{3.8-12}$$

上式是用场量来表示静电能量，它的积分是在电场的整个空间进行的，表示电场能量储存在电场不为 0 的空间内。被积函数$\dfrac{1}{2}\boldsymbol{E}\cdot\boldsymbol{D}$从物理概念上可理解为电场中任意一点单位体积内储存的电场能量，称为静电场的能量密度 w_e，即

$$w_e = \frac{1}{2}\boldsymbol{E}\cdot\boldsymbol{D} \tag{3.8-13}$$

对于线性、各向同性的均匀介质，$\boldsymbol{D}=\varepsilon\boldsymbol{E}$，静电场的能量密度为

$$w_e = \frac{1}{2}\boldsymbol{E}\cdot\varepsilon\boldsymbol{E} = \frac{1}{2}\varepsilon E^2 \tag{3.8-14}$$

此式表明，静电场能量与电场强度平方成正比。注意，静电能量不符合叠加原理，虽然 n 个带电体在空间产生的电场强度等于各个带电体分别产生的电场强度的矢量和，但是，其总能量并不等于各个带电体单独存在时具有的各个能量之和。事实上，这是因为当第二个带电体引入系统中时，外力必须反抗第一个带电体对第二个带电体产生的电场力而做功，此功也转变为电场能量，这份能量通常称为互有能，而带电体单独存在时具有的能量称为固有能。

【例题 3－10】 求真空中体电荷密度为 ρ、半径为 a 的球体产生的静电能量。

解　根据高斯定律$\oint_S\boldsymbol{D}\cdot\mathrm{d}\boldsymbol{S}=\int_{V'}\rho\,\mathrm{d}V'$和本构关系$\boldsymbol{D}=\varepsilon\boldsymbol{E}$，可以得到球内外的电场强度分别为

$$\boldsymbol{E} = \begin{cases} \boldsymbol{e}_r\dfrac{\rho r}{3\varepsilon_0} & r<a \\ \boldsymbol{e}_r\dfrac{\rho a^3}{3\varepsilon_0 r^2} & r>a \end{cases}$$

则球体产生的静电能量为

$$W_e = \frac{1}{2}\int_V \boldsymbol{D}\cdot\boldsymbol{E}\mathrm{d}V = \frac{1}{2}\int_{V_1}\varepsilon_0 E_1{}^2 4\pi r^2\mathrm{d}r + \frac{1}{2}\int_{V_2}\varepsilon_0 E_2{}^2 4\pi r^2\mathrm{d}r = \frac{4\pi}{15\varepsilon_0}\rho^2 a^5$$

也可以由场源求静电能量：

$$W_e = \frac{1}{2}\int_V \varphi\rho\mathrm{d}V$$

因为电位为

$$\varphi = \int_r^a \frac{\rho 4\pi r^3/3}{4\pi\varepsilon_0 r^2}\mathrm{d}r + \int_a^\infty \frac{\rho 4\pi a^3/3}{4\pi\varepsilon_0 r^2}\mathrm{d}r = \frac{\rho}{2\varepsilon_0}\left(a^2 - \frac{r^2}{3}\right)$$

则静电能量为

$$W_e = \frac{1}{2}\int_0^a \frac{\rho^2}{2\varepsilon_0}\left(a^2 - \frac{r^2}{3}\right)4\pi r^2 \mathrm{d}r = \frac{4\pi\rho^2 a^5}{15\varepsilon_0}$$

3.8.2 静电场的力

在静电场中，各个带电体都将受到电场力的作用。若已知带电体的电荷分布，原则上可根据库仑定律计算带电体之间的电场力。但是对于电荷分布复杂的带电系统，根据库仑定律计算电场力往往非常困难，有时甚至无法求解，因此通常采用虚位移法来计算静电力。

虚位移法的思想是：假设在电场力 $\boldsymbol{F}$ 作用下带电体发生了一定的位移($\mathrm{d}\boldsymbol{r}$)，则会产生两种结果：一是电场力对带电体做了功($\boldsymbol{F}\cdot\mathrm{d}\boldsymbol{r}$)；二是位移前后的电场强度发生了改变，使得电场能量也产生了变化($\mathrm{d}W_e$)，而这两种能量的变化都是外电源做功 $\mathrm{d}W_b$的结果。根据能量守恒定理可以得到

$$\mathrm{d}W_b = \boldsymbol{F}\cdot\mathrm{d}\boldsymbol{r} + \mathrm{d}W_e \tag{3.8-15}$$

外电源对带电体做功可使带电体上有电荷的增加 $\mathrm{d}q$，位移前后电场强度的变化可使电位有一改变 $\mathrm{d}\varphi$，因此在具体计算静电力时，可假定带电体的电位不变或假定带电体的电荷不变两种情况。

1. 假定带电体的电荷保持不变(恒电荷系统)

要使有一位移的带电体上的电荷保持不变，则必须所有带电体都不与外电源相连接，此时外电源对带电体不做功，即 $\mathrm{d}W_b=0$，则有

$$\boldsymbol{F}\cdot\mathrm{d}\boldsymbol{r} + \mathrm{d}W_e = 0 \tag{3.8-16}$$

从而可得到在位移方向上静电力为

$$\boldsymbol{F}_r = -\left.\frac{\partial W_e}{\partial r}\right|_{q=\text{常数}} \tag{3.8-17}$$

式中的负号表明在外电源对带电体不做功的情况下，电场力做功是靠减少系统的电场能量来实现的。

虚位移在各个方向上的静电力的矢量形式为

$$\boldsymbol{F}_r = -(\nabla W_e)\big|_{q=\text{常数}} \tag{3.8-18}$$

2. 假定带电体的电位保持不变(恒电位系统)

要使有一位移的带电体上的电位保持不变，外电源必须对带电体做功，则所有带电体都与外电源相连接。带电体之间产生位移时，外电源需对带电体做的功为

$$\mathrm{d}W_b = \sum_{i=1}^{n}\varphi_i \mathrm{d}q_i \tag{3.8-19}$$

前面讨论过，电荷变化使得静电能量的增加为

$$\mathrm{d}W_e = \frac{1}{2}\sum_{i=1}^{n}\varphi_i \mathrm{d}q_i \tag{3.8-20}$$

将式(3.8-19)与式(3.8-20)代入式(3.8-15)，则有

$$\sum_{i=1}^{n}\varphi_i \mathrm{d}q_i = \boldsymbol{F}\cdot\mathrm{d}\boldsymbol{r} + \frac{1}{2}\sum_{i=1}^{n}\varphi_i \mathrm{d}q_i \tag{3.8-21}$$

可见，外电源需对带电体做的功的一半用于静电能量的增加上，另一半则用于电场力的做功。

式(3.8-21)可变为

$$\boldsymbol{F}\cdot \mathrm{d}\boldsymbol{r}=\frac{1}{2}\sum_{i=1}^{n}\varphi_i \mathrm{d}q_i=\mathrm{d}W_{\mathrm{e}} \tag{3.8-22}$$

从而可得到在位移方向上静电力为

$$\boldsymbol{F}_{\mathrm{r}}=\left.\frac{\partial W_{\mathrm{e}}}{\partial r}\right|_{\varphi=\text{常数}} \tag{3.8-23}$$

虚位移在各个方向上的静电力的矢量形式为

$$\boldsymbol{F}_{\mathrm{r}}=(\nabla W_{\mathrm{e}})\big|_{\varphi=\text{常数}} \tag{3.8-24}$$

在假定带电体的电位不变或假定带电体的电荷不变两种情况下，尽管得到的静电力的表达式不同，但最终计算出的静电力结果是相同的。

【例题 3-11】 如图 3.8-2 所示，有一带电荷为 q、半径为 a 的球形带电表面，求球面单位面积所受的电场力。

解 球面上的电位为 $\varphi=\dfrac{q}{4\pi\varepsilon_0 a}$，则整个球面上的电场能量为 $W_{\mathrm{e}}=\dfrac{1}{2}\varphi q=\dfrac{q^2}{8\pi\varepsilon_0 a}$，球面单位面积上的能量为

$$W_1=\frac{W_{\mathrm{e}}}{S}=\frac{\dfrac{q^2}{8\pi\varepsilon_0 a}}{4\pi a^2}=\frac{q^2}{32\pi^2\varepsilon_0 a^3}$$

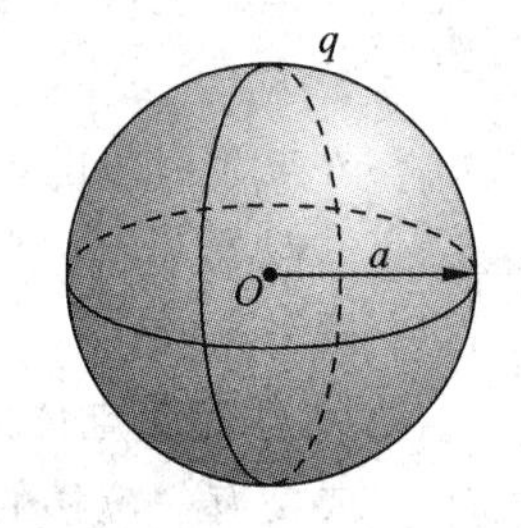

图 3.8-2　例题 3-11 图

由于球面上的电荷不变，球面所受的电场力为

$$\boldsymbol{F}_{\mathrm{r}}=-\frac{\partial W_{\mathrm{e}}}{\partial a}=-\frac{\partial}{\partial a}\left(\frac{q^2}{8\pi\varepsilon_0 a}\right)=\frac{q^2}{8\pi\varepsilon_0 a^2}$$

球面单位面积所受的电场力为

$$\boldsymbol{F}_{\mathrm{r1}}=\frac{\boldsymbol{F}_{\mathrm{r}}}{S}=\frac{\dfrac{q^2}{8\pi\varepsilon_0 a^2}}{4\pi a^2}=\frac{q^2}{32\pi^2\varepsilon_0 a^4}>0(\mathrm{N/m^2})$$

由于力的方向为沿半径增加的方向，因此表现为膨胀力。

3.9　典型应用

3.9.1　静电喷涂

静电喷涂是通过高压静电场使得带负电的涂料微粒沿着电场的反方向定向运动，从而使得涂料微粒吸附在工件表面的一种喷涂方法。一般情况下，静电喷涂设备由喷枪、喷杯以及静电喷涂高压电源等组成，可用于工业的喷漆及敷粉。这种方法可使涂料与工件表面结合得更牢固，而且工件表面凹陷部分也能均匀涂料，同传统技术相比可以节约原料，降低成本。

工作时静电喷涂的喷枪或喷盘、喷杯、涂料微粒部分接负极，工件接正极并接地，在高压电源的作用下，喷枪(或喷盘、喷杯)的端部与工件之间就形成一个静电场。涂料微粒所受到的电场力与静电场的电压和涂料微粒的带电量成正比，而与喷枪和工件间的距离成

反比。当电压足够高时，喷枪端部附近区域形成空气电离区，空气激烈地离子化和发热，使喷枪端部锐边或极针周围形成一个暗红色的晕圈(在黑暗中能明显看见)，这时空气会产生强烈的电晕放电。

涂料中的成膜物即树脂和颜料等大多数是由高分子有机化合物组成的，多为导电的电介质，大多是极性物质，电阻率较低，有一定的导电能力，它们能提高涂料的带电性能。电介质的分子结构可分为极性分子和非极性分子两种。极性分子组成的电介质在受外加电场作用时，会显示出电性。

在喷枪与工件之间形成一个高压电晕放电电场，当粉末粒子由喷枪口喷出经过放电区时，便聚集了大量的电子，成为带负电的微粒，在静电吸引的作用下，被吸附到带正电荷的工件上。当粉末附着到一定厚度时，会发生“同性相斥”的作用，不能再吸附粉末，从而使各部分的粉层厚度均匀，再经加温烘烤固化后粉层流平成为均匀的膜层。

静电粉末喷涂是粉末涂装中目前发展最快的一种重要施工工艺，其工艺流程为：上件→脱脂→清洗→去锈→清洗→磷化→清洗→钝化→粉末静电喷涂→固化→冷却→下件。

3.9.2　静电除尘

以煤炭作为燃料的工厂、电站，每天排出的烟气中带走大量的煤粉，不仅浪费燃料，而且会严重污染环境，利用静电除尘可以消除烟气中的煤粉。

利用静电场使气体电离为正离子和电子，电子奔向正极过程中遇到尘粒，使尘粒带负电吸附到正极从而被收集。

静电除尘装置的结构是：使棒状或丝状高压放电电极两端绝缘，并悬挂在接地平板集尘极之间或接地圆筒形集尘极的轴心上，在高压放电极上施加负高压，当达到电晕起始电压以上时，高压极表面就出现紫色的光点，同时发出“嘶嘶”声。含有粉尘或烟雾的气体通入时，粉尘及烟雾等粒子因负离子作用而直接带电，在电场作用下它们被吸附在集尘极上并堆积起来，被净化的气体将从中抽出。所堆积的粉尘，在敲打集尘极时脱落下来，然后加以清除。静电除尘与一般的用离心力分离、清洗、过滤等除尘方法相比，具有较高的除尘效率，一般可达 95%以上，高的可达 99%以上。

静电除尘按粒子的处理方式可分为干式、湿式和雾式；按气流方向可分为垂直型与水平型；按集尘电极的形状可分为圆筒型和平板型。一般采用负电晕放电，其闪络电压较高，可提高施加电压，有利于提高除尘效率。除尘效率与电极形状和尺寸、粉尘性质、施加电压和电流、气体流速与流量、再飞扬等多种因素有关。电集尘中难度较大的是高电阻率粉尘的处理，因其易引起反电离与再飞扬现象。一般可采用加入添加剂、三电极系统、脉冲电源和宽的电极间距等措施加以改善。有人在直流电压上叠加 25 kV 左右的脉冲电压，收到了较好的效果。

3.9.3　静电分选

静电分选是利用强电场对带电体或极化体的静电力作用，有选择地分离各种固体材料。静电分选的各种分选设备均包含有带电机构和粒子轨道调节装置两个基本部分。

1. 带电机构

带电机构使待分选的固体材料的电荷分布满足下列条件：一是两种不同种类的固体粒

子进入分选区时带异号电荷，这样，方向相反的电场力使二者分开；二是两种不同种类的粒子进入分选区时仅有一种粒子显著带电，或者虽带同号电荷，但电量显著不同，电场力的差别使二者分开；三是不同种类的粒子进入分选区时被极化，所产生的偶极矩显著不同，使之分开。使粒子带电的方式可以是由接触起电或摩擦起电、离子或电子碰撞起电以及感应起电等。分选装置中的电源一般为高压直流电(电压范围为10～100 kV)，既可为粒子带电提供电场，又可为分选时对粒子施加需要的作用力。

2. 粒子轨道调节装置

粒子轨道调节装置用来调节对粒子的作用力和作用时间，以便在预定时间内使不同粒子具有不同的轨道。在该装置中，不仅利用电场力，还可利用重力、离心力或摩擦力。

分选设备按供料系统和产品收集系统的不同可分为接触起电与自由落体分选机(适用于两种介质材料的分选)、离子碰撞带电与高压分选机(可把良导体从非导体中分选出来)以及感应起电与传导分选机(适用于从良好绝缘体中分选出良导体)。静电分选技术已成功应用于冶炼选矿、粮食净化、纤维选拣、产品筛选等很多方面。实际上，静电除尘也是一种分选。

习　题

3.1　平行板真空二极管两极板间的电荷体密度为 $\rho=-\frac{4}{9}\varepsilon_0 U_0 d^{-4/3}x^{-2/3}$，阴极板位于 $x=d$ 处，极间电压为 U_0。若 $U_0=40$ V，$d=1$ cm，横截面 $S=10$ cm^2，求：(1) $x=0$ 至 $x=d$ 区域内的总电荷量；(2) $x=d/2$ 至 $x=d$ 区域内的总电荷量。

3.2　已知真空中有三个点电荷，其电量及位置分别为

$$q_1=1\text{C},\ P_1(0,\ 0,\ 1)$$
$$q_2=1\text{C},\ P_2(1,\ 0,\ 1)$$
$$q_3=4\text{C},\ P_3(0,\ 1,\ 0)$$

试求位于 $P(0,\ -1,\ 0)$点的电场强度。

3.3　两点电荷 $q_1=8$C 位于 z 轴上 $z=4$ 处，$q_2=-4$C 位于 y 轴上 $y=4$ 处，求点(4，0，0)处的电场强度。

3.4　三根长度均为 L，均匀带电荷密度分别为 ρ_{l1}、ρ_{l2}、ρ_{l3} 的线电荷构成等边三角形。若 $\rho_{l1}=2\rho_{l2}=2\rho_{l3}$，计算三角形中心处的电场强度。

3.5　相距很近，且带有等值异号点电荷组成的系统称为电偶极子，计算电偶极子的电场强度。

3.6　计算均匀带电的环形薄片轴线上任意点的电场强度。

3.7　在半径为 a 的一个半圆弧线上均匀分布有电荷 q，求圆心处的电场强度。

3.8　一个很薄的无限大导电带电面，电荷面密度为 ρ_S。证明：垂直于平面的 z 轴上 $z=z_0$ 处的电场强度中，有一半是有平面上半径为$\sqrt{3}z_0$ 的圆内电荷产生的。

3.9　有一电荷密度为 ρ_0、半径为 b 的无限长带电圆柱体，在该圆柱体内部有一与它偏轴的半径为 a 的无限长圆柱空洞，两者的轴线距离为 d，求空洞内的电场强度并证明空洞内的电场强度是均匀的。

3.10　假设均匀带电球体半径为 a，电荷密度为 ρ_0，求该球体在真空中的场强分布。

3.11　已知半径为 a 的球内、外的电场分布为

$$\boldsymbol{E}=\begin{cases}E_0\left(\dfrac{a}{r}\right)^2\boldsymbol{e}_r & r>a\\[2ex] E_0\left(\dfrac{r}{a}\right)\boldsymbol{e}_r & r<a\end{cases}$$

求电荷密度。

3.12　一个圆柱形电介质的极化强度沿其轴向方向，假设该圆柱的高度为 h，半径为 a，且均匀极化，求束缚体电荷与束缚面电荷分布。

3.13　一半径为 R 的电介质球，极化强度为 $\boldsymbol{P}=K\boldsymbol{r}/r^2$，$K$ 为常数，电容率为 ε。(1) 计算束缚电荷的体密度和面密度；(2) 计算自由电荷体密度；(3) 计算球外和球内的电势；(4) 求该带电介质球产生的静电场总能量。

3.14　已知半径为 a、长度为 l 的均匀极化介质圆柱内的极化强度 $\boldsymbol{P}=P_0a_z$，圆柱轴线与坐标轴 z 轴重合，试求：(1) 圆柱上的极化电荷面密度 ρ_{SP}；(2) 在远离圆柱中心的任意一点 r 处($r\gg a$，$r\gg l$)的电位 φ；(3) 在远离圆柱的任意一点 r 处的电场强度 $\boldsymbol{E}$。

3.15　一导体球的半径为 a，外罩一个内外半径分别为 b 和 c 的通信导体壳。该系统带电后内球的电位为 V，外球带总电量为 Q，求此系统各处的电位和电场分布。

3.16　在介电常数为 ε 的无限大均匀介质中，开有如下空腔(如图 3-1 所示)：(1) 平行于 $\boldsymbol{E}$ 的针形空腔；(2) 底面垂直于 $\boldsymbol{E}$ 的薄盘形空腔。求各空腔中的 $\boldsymbol{E}$ 和 $\boldsymbol{D}$。

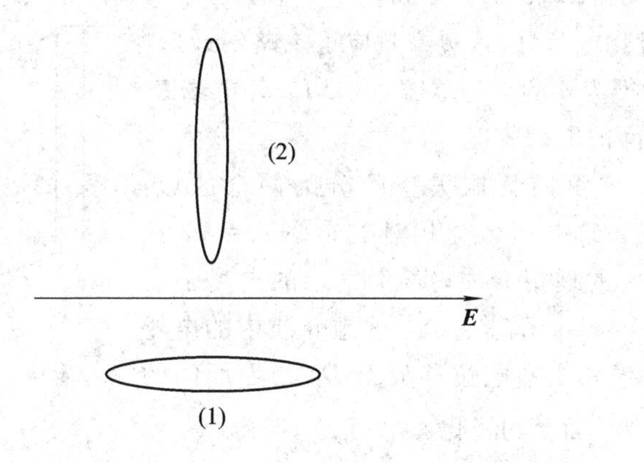

图 3-1　习题 3.16 图

3.17　一同轴线的内、外导体半径分别为 a、b，a、b 之间填充不同的绝缘材料，$a<r<r_0$ 范围内的介电常数为 ε_1，$r_0<r<b$ 范围内的介电常数为 ε_2。r_0 取怎样的值才能使得两种介质中的电场强度的最大值相等？

3.18　分别计算方形和圆形均匀线电荷在轴线上的电位。

3.19　带电量为 q 的导体球外有一介电常数为 ε、厚度为 d 的电介质外层，求任意点的电位。

3.20　厚度为 t，介电常数为 $\varepsilon=3\varepsilon_0$ 的无限大介质板，放置于均匀电场 $\boldsymbol{E}_0$ 中，板与 $\boldsymbol{E}_0$ 成角 θ_1，如图 3-2 所示。试求：(1)使 $\theta_2=\pi/3$ 的 θ_1 值；(2) 介质板两表面的极化电荷密度。

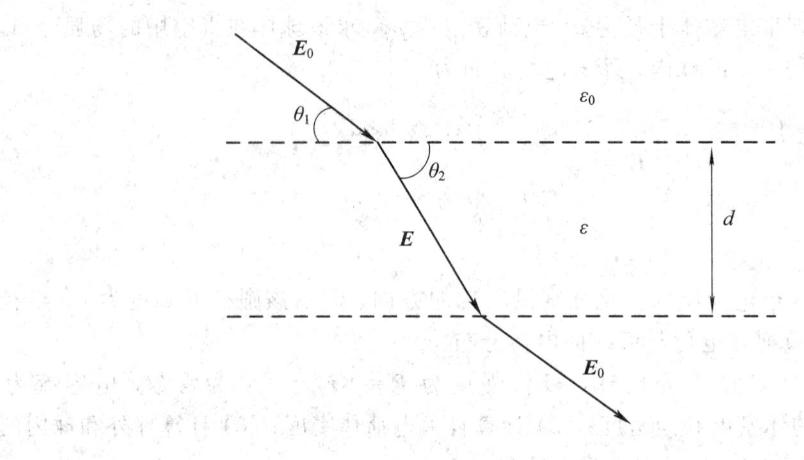

图 3-2　习题 3.20 图

3.21　假设真空中有一均匀电场 $\boldsymbol{E}_0$，若在其中放置一个介电常数为 ε、厚度为 d、法线与 $\boldsymbol{E}_0$ 的夹角为 θ_0 的大电介质片，求：(1) 电介质片中的电场强度 $\boldsymbol{E}$；(2) $\boldsymbol{E}$ 与电介质片法线的夹角 θ；(3) 电介质片表面的极化电荷密度。

3.22　已知介电常数为 ε 的无限大均匀介质中存在均匀电场分布 $\boldsymbol{E}$，介质中有一个底面垂直于电场、半径为 a、高度为 d 的圆柱形空腔，如图 3-3 所示。分别求出当 $a \gg d$ 和 $a \ll d$ 时，空间的电场强度 $\boldsymbol{E}$、电位移矢量 $\boldsymbol{D}$ 和极化电荷分布(边缘效应可忽略不计)。

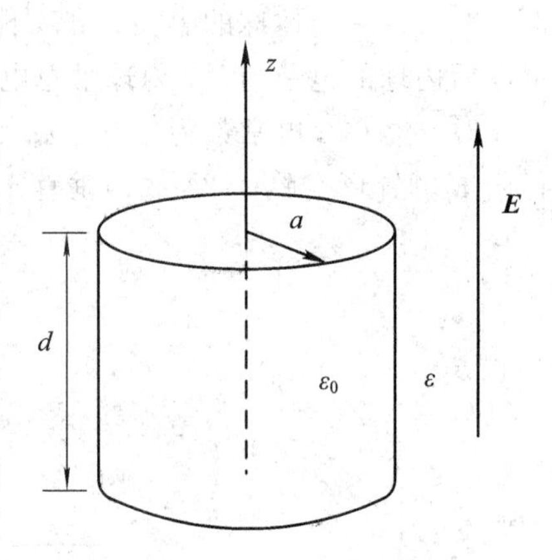

图 3-3　习题 3.22 图

3.23　将半径为 a 的导体球放置于均匀外电场 $\boldsymbol{E}_0$ 中，求导体球表面的电荷密度。

3.24　$z=0$ 平面将无限大空间分为两个区域：$z<0$ 区域为空气，$z>0$ 区域为相对磁导率 $\mu_r=1$，相对介电常数 $\varepsilon_r=4$ 的理想介质，若空气中的电场强度为 $\boldsymbol{E}_1=\boldsymbol{e}_x+4\boldsymbol{e}_z$ (V/m)，试求：(1) 理想介质中的电场强度 $\boldsymbol{E}_2$；(2) 理想介质中电位移矢量 $\boldsymbol{D}_2$ 与界面间的夹角 α；(3) $z=0$ 平面上的极化面电荷 ρ_{sp}。

3.25　平行板电容器极板间距为 d，其间被介电常数分别为 ε_1 和 ε_2 的两种介质充满，两部分的面积分别为 S_1 和 S_2，两极板的电位差为 U，如图 3-4 所示。求：(1) 电容器储存的静电能；(2) 电容器的电容。

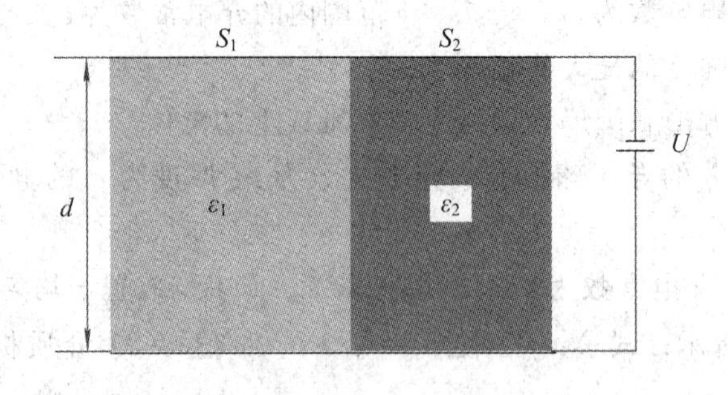

图 3-4　习题 3.25 图

3.26　如图 3-5 所示，在两种介质的界面上有半径为 a 的导体球，导体球的带电量为 Q，两种介质的介电常数为 ε_1 和 ε_2，试求：(1) 导体球外的电场强度 $\boldsymbol{E}$；(2) 球面上的自由面电荷密度 ρ_S；(3) 导体球的孤立电容 C_0。

3.27　半径为 a 的导体球，带有自由电荷总量 q。将导体球的一半浸没在介电常数为 ε 的液体中，另一半露在空气中，求：(1) 导体球外的电位和电场分布；(2) 导体球的电容和电场能量。

3.28　两同心球之间的圆环中分别充满两种不同的介质，分为上、下两层，上层介质的介电常数为 ε_1，下层介质的介电常数为 ε_2，如图 3-6 所示。计算当内球带电荷 Q、外球壳接地时各介质表面上极化电荷面密度以及电容器的电容量。

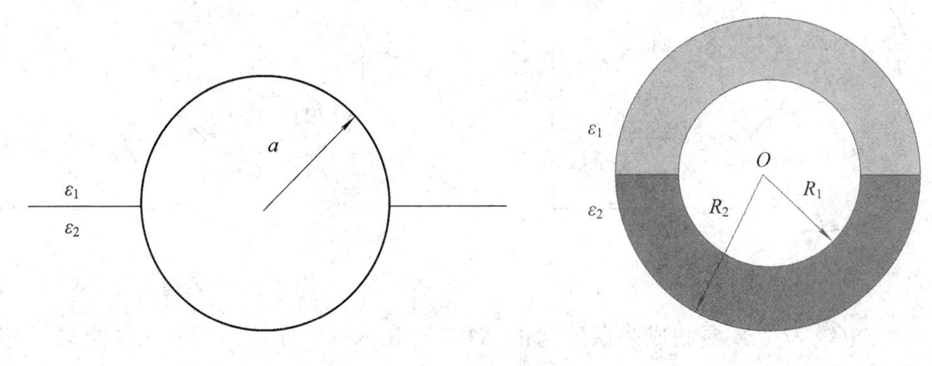

图 3-5　习题 3.26 图　　　　图 3-6　习题 3.28 图

3.29　球形电容器的内导体半径为 a，外导体内半径为 b，其间填充介电常数分别为 ε_1 和 ε_2 的两种均匀介质，如图 3-7 所示。设内球带电荷为 q，外球壳接地。求：(1) 介质中的电场和电位分布；(2) 电容器的电容和电场能量。

3.30　无限大空气平行板电容器的电容量为 C_0，将相对介电常数 $\varepsilon_r=4$ 的一块平板平行地插入两极板之间，如图 3-8 所示。(1) 在保持电荷一定的条件下，使该电容器的电容值升为原值的 2 倍，所插入板的厚度为 d_1 与电容器两板之间的距离 d 的比值为多少？(2) 若插入板的厚度 $d_1=\dfrac{2}{3}d$，在保持电容器电压不变的条件下，电容器的电容将变为多少？

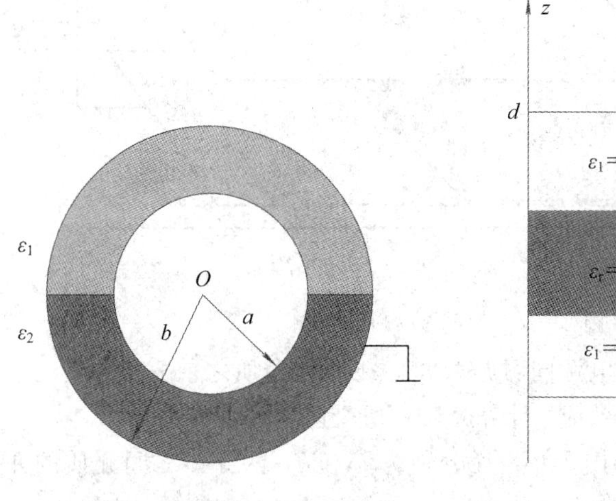

图 3-7　习题 3.29 图　　　　图 3-8　习题 3.30 图

3.31　同轴线的内导体半径为 a，外导体半径为 b，其间填充介电常数 $\varepsilon=\varepsilon_0 r/a$（$r$ 为到轴线的距离）的电介质。已知外导体接地，内导体的电位为 V_0，如图 3-9 所示。求：(1) 介质中的 $\boldsymbol{E}$ 和 $\boldsymbol{D}$；(2) 介质中的极化电荷分布；(3) 同轴线每单位长度的电容和能量。

3.32　两个同轴导体圆柱面半径分别为 a 和 b，在 $0<\theta<\theta_0$ 部分填充介电常数为 ε 的电介质，两柱面间加电压 U_0，如图 3-10 所示。试求：(1) 两柱面间的电场和电位分布；(2) 极化电荷（束缚电荷）分布；(3) 单位长度的电容和电场能量。

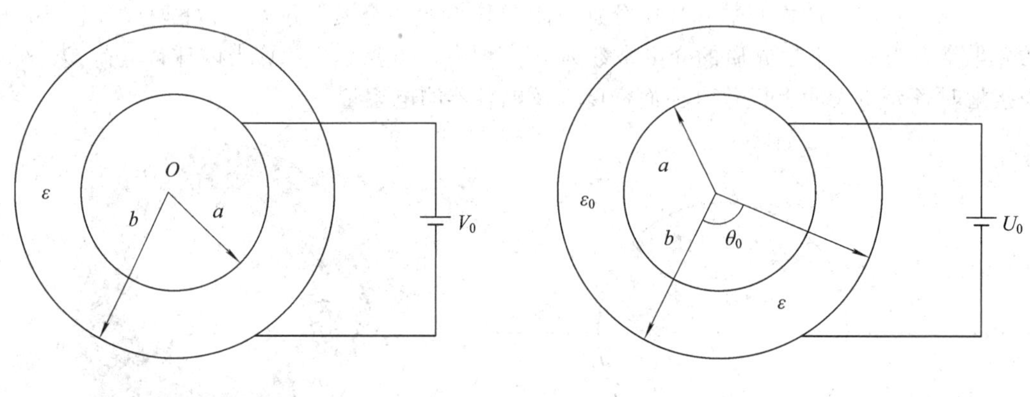

图 3-9　习题 3.31 图　　　　图 3-10　习题 3.32 图

3.33　电缆为什么要制成多层绝缘的结构（即在内、外导体间用介电常数各不相同的多层介质）？各层介质的介电常数的选取遵循什么原则？为什么？

3.34　有一电量为 q、半径为 a 的导体球切成两半，求两半球之间的电场力。

3.35　如图 3-11 所示，长度为 a、宽度为 b 的两块平行放置的导体板组成的一个电容器，板间距离为 d。沿着长度方向将介电常数为 ε 的介质板插入电容器的深度为 x。当电容器与电源连接，使两极板维持在固定的电位差 V 时，忽略边缘效应，计算介质板所受静电力。

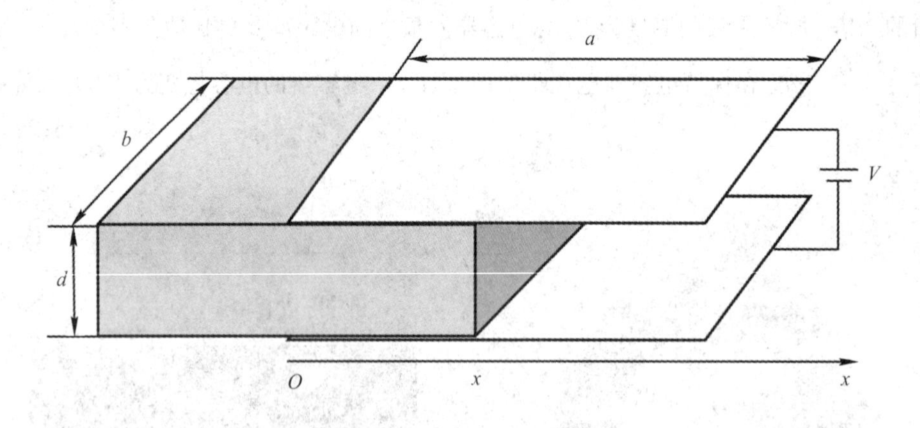

图 3-11　习题 3.35 图

3.36　电容器、介质板结构和电源同习题 3.35。在插入介质之前先给电容器充电，在移去电源后插入介质板，忽略边缘效应，计算介质板所受静电力。

3.37　圆球形电容器内导体的内、外半径分别为 a 和 b，两导体之间介质的介电常数为 ε，介质的击穿场强为 $\boldsymbol{E}_0$，求此电容器的耐压。

3.38　高压同轴线的最佳尺寸设计——高压同轴圆柱电缆，外导体的内半径为2 cm，内外导体间电介质的击穿电场强度为200 kV/m。内导体的半径为a，其值可以自由选定但有一最佳值。试问：a为何值时，该电缆能承受最大电压？并求此最大电压值。

3.39　同轴线内、外导体的半径分别为a和b，证明其所存储的电能有一半是在半径为$c=\sqrt{ab}$的圆柱内，并计算同轴线单位长度上的电容。

3.40　导体球及与其同心的导体球壳构成的一个双导体系统。若导体球的半径为a，球壳的内半径为b，壳的厚度可以忽略不计，求电位系数、电容系数和部分电容。

3.41　圆球形电容器内导体的内、外半径分别为a和b，内外导体之间填充两层介电常数分别为ε_1和ε_2的介质，界面半径为r，电压为U，求电容器中的电场能量。

3.42　无限大均匀介质ε中，若总量为q的电荷均匀分布于半径为a的球体中和半径为a的球面上，试比较两种情况下系统的静电能量。

3.43　相对介电常数$\varepsilon_r=2$的区域内电位$\varphi(r)=x^2-2y^2+z(\text{V})$，求点(1，1，1)处的电场强度$\boldsymbol{E}$、电荷密度$\rho$和电场能量密度$w_e$。

第4章 恒定电场及其特性

我们知道，自由电荷做宏观定向运动将形成电流。如果一导电媒质回路中有电流，必定是存在于导电媒质中的电场推动了自由电荷运动。通有电流的导电媒质中产生的电场称为电流场。当空间各点的电流密度不随时间变化时称为恒定电流场，简称恒定电场。在导电媒质中，由于恒定电场中流走的自由电子被新的自由电子补充，导电媒质中的电荷密度总是处于动态平衡，因而其场分布不同于静电场。导电媒质周围介质中的电场是导电媒质中动态平衡电荷所产生的恒定场，与静电场的分布相同。

4.1 电流与电流密度

电流是描述电荷流动的宏观物理量，其强弱一般用电流强度来表示。电流密度是描述电流分布状态的物理量。

4.1.1 电流

我们知道，电流是自由电荷做宏观定向运动形成的。在固体和液体等导电介质中，带电粒子(电子或离子)在电场作用下定向运动形成的电流称为传导电流。传导电流的能量传播速度不等于带电粒子的运动速度，它依靠带电粒子之间和带电粒子与晶格之间的碰撞来实现能量的传播，它遵守欧姆定律和焦耳定律。在真空或稀薄气体中，带电粒子在电场作用下定向运动形成的电流称为运流电流。运流电流的能量传播速度等于带电粒子的宏观定向运动的平均速度，它依靠带电粒子的“携带”来实现能量的传播，它不遵守欧姆定律和焦耳定律。由于本章主要讨论导电媒质的恒定电场，因此，在无特殊说明的情况下，以后讨论的电流均认为是传导电流。

自由电荷的定向运动形成电流，要使导电媒质中有电流存在，电场和可自由移动电荷两个条件必须存在。定义电流强度(简称电流)为单位时间内通过某一单位横截面的电荷量，常用 i 表示，即

$$i=\lim_{\Delta t\to 0}\left(\frac{\Delta q}{\Delta t}\right)=\frac{\mathrm{d}q}{\mathrm{d}t} \tag{4.1-1}$$

可见，电流一般是时间的函数，如果电流不随时间变化，则称为恒定电流，用 I 表示。电流的单位为 A(安培)，电流方向一般规定为正电荷的流动方向。

4.1.2 电流密度

在一般导电媒质中，常用总电流来描述电路中的电流。事实上，在导体内部各点处电流的大小和方向往往是不同的。这种情况下，一般用电流密度来描述电流的分布特征，常

用的电流密度为体电流密度和面电流密度。

1. 体电流密度

电荷在某一体积内定向运动所形成的电流称为体电流，用体电流密度 $\boldsymbol{J}$(常简称为电流密度)来描述其分布，如图 4.1－1 所示。体电流密度是一个矢量，其方向为该点电流的方向，大小为通过垂直于电流方向的单位面积的电流强度，即

$$\boldsymbol{J} = \boldsymbol{e}_{\mathrm{n}} \lim_{\Delta S \to 0}\left(\frac{\Delta i}{\Delta S}\right) = \boldsymbol{e}_{\mathrm{n}} \frac{\mathrm{d}i}{\mathrm{d}S} \tag{4.1-2}$$

式中：$\boldsymbol{e}_{\mathrm{n}}$ 为面积元 $\mathrm{d}\boldsymbol{S}$ 法线方向的单位矢量，也是正电荷运动方向的单位矢量；体电流密度 $\boldsymbol{J}$ 的单位为 $\mathrm{A/m^2}$(安培/平方米)。

利用式(4.1－2)可以由电流密度求出流过任意面积的电流强度。一般情况下，电流密度 $\boldsymbol{J}$ 和面积元 $\mathrm{d}\boldsymbol{S}$ 的方向并不一致。此时，流过任意曲面 S 的电流应等于电流密度在横截面 S 上的通量，即

$$I = \int_S \mathrm{d}i = \int_S \boldsymbol{J} \cdot \mathrm{d}\boldsymbol{S} \tag{4.1-3}$$

2. 面电流密度

电流有时可分布在一个厚度可以忽略的薄层区域内，如因趋肤效应使得高频时电流趋于导体表面分布的情况。这种情况下，电荷在导体表面薄层内定向运动所形成的电流称为面电流，用面电流密度 $\boldsymbol{J}_{\mathrm{S}}$ 来描述其分布，如图 4.1－2 所示。面电流密度是一个矢量，其方向为该点电流的方向，大小为通过垂直于电流方向的单位线段的电流强度，即

$$\boldsymbol{J}_{\mathrm{S}} = \boldsymbol{e}_{\mathrm{t}} \lim_{\Delta l \to 0}\left(\frac{\Delta i}{\Delta l}\right) = \boldsymbol{e}_{\mathrm{t}} \frac{\mathrm{d}i}{\mathrm{d}l} \tag{4.1-4}$$

式中：$\boldsymbol{e}_{\mathrm{t}}$ 为正电荷运动方向的单位矢量，也是在有向曲面上的垂直于单位线段 $\Delta \boldsymbol{l}$ 的切线方向(它不同于有向曲面的切线方向)；面电流密度 $\boldsymbol{J}_{\mathrm{S}}$ 的单位为 A/m(安培/米)。

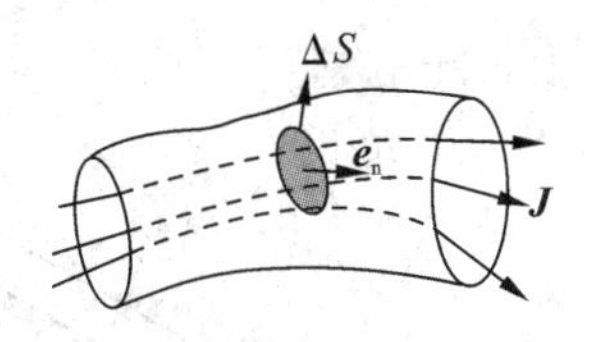

图 4.1－1　体电流密度矢量

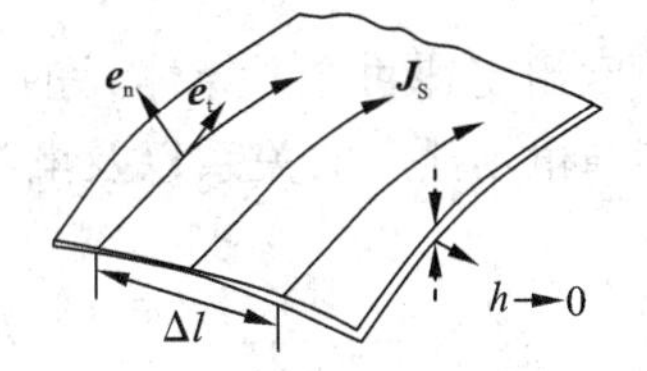

图 4.1－2　面电流密度矢量

一般情况下，面电流密度 $\boldsymbol{J}_{\mathrm{S}}$ 和有向曲面的切线方向并不一致，如果将有向曲面的法线方向定义为 $\boldsymbol{e}_{\mathrm{n}}$，则流过任意曲面上任意有向曲线 $\mathrm{d}\boldsymbol{l}$ 的面电流为

$$I_{\mathrm{S}} = \int_l \mathrm{d}\boldsymbol{i} = \int_l \boldsymbol{J}_{\mathrm{S}} \cdot (\boldsymbol{e}_{\mathrm{n}} \times \mathrm{d}\boldsymbol{l}) \tag{4.1-5}$$

3. 运流电流密度

由前面可知，运流电流与传导电流有着本质的区别，运流电流依靠带电粒子的“携带”来传播。假设在空间任意一点的电荷密度为 ρ，围绕该点取一小区域，使得面积元 $\mathrm{d}S$ 垂直于电荷运动方向，单位长度 $\mathrm{d}l$ 沿电荷运动方向，则在体积元 $\mathrm{d}S\mathrm{d}l$ 中的电荷量为 $\rho\mathrm{d}S\mathrm{d}l$。当电荷运动速度为 V 时，该电荷量全部穿出体积元所需时间为 $\mathrm{d}t=\mathrm{d}l/V$，这样电荷运动形成的运流电流 $\mathrm{d}i$ 为

$$\mathrm{d}i = \frac{\mathrm{d}q}{\mathrm{d}t} = \frac{\rho\mathrm{d}S\mathrm{d}l}{\mathrm{d}l/V} = \rho V\mathrm{d}S \tag{4.1-6}$$

相应的运流电流密度为

$$\boldsymbol{J} = \frac{\mathrm{d}\boldsymbol{i}}{\mathrm{d}l} = \rho \boldsymbol{V} \tag{4.1-7}$$

可见，运流电流密度与电荷密度和电荷的运动速度成正比。

4.2　导电媒质中的欧姆定律和焦耳定律

存在可以自由移动带电粒子的介质称为导电媒质(或导体)。在外电场作用下，导电媒质中将形成定向移动电流，即传导电流。传导电流依靠带电粒子之间和带电粒子与晶格之间的碰撞来实现能量的传播，它遵守欧姆定律和焦耳定律。

4.2.1　欧姆定律

我们熟悉的欧姆定律为：导体内流过的电流与导体两端的电压成正比，即

$$U = RI \tag{4.2-1}$$

式中：U 为导体两端的电压，单位为 V(伏特)；I 为导体内流过的总电流，单位为 A(安培)；R 为导体的电阻，单位为 Ω(欧姆)。式(4.2-1)称为欧姆定律的积分形式。

积分形式的欧姆定律是描述导体(导电媒质)上总的导电规律，它是导电媒质中导电规律的宏观描述，表述整个导电媒质区域的总电压与总电流之间的关系，但不能表述物理量在区域内的分布情况。那么，怎样描述导体内任意一点的导电规律呢？这就需要用欧姆定律的微分形式来表述。

假设在线性、各向同性的均匀导电媒质中的电流密度为 $\boldsymbol{J}$，使自由电荷运动形成电流的电场为 $\boldsymbol{E}$。在导电媒质中取一小段导体元，其截面积为 ΔS，长度为 Δl，如图 4.2-1 所示。

由欧姆定律可知，导体元的电阻 $R=U/I$。根据电位差(电压)与电场强度的关系以及电流与电流密度的关系，可以得到

$$R = \frac{U}{I} = \frac{\boldsymbol{E} \cdot \Delta \boldsymbol{l}}{\boldsymbol{J} \cdot \Delta \boldsymbol{S}} \tag{4.2-2}$$

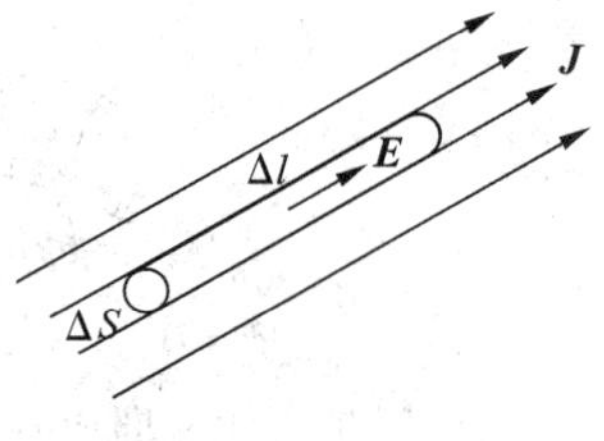

图 4.2-1　导电媒质中的导体元

我们知道，导电媒质中导体元的电阻与该导体的截面积、长度和导体材料的性质有关，即

$$R = \gamma \frac{\Delta l}{\Delta S} = \frac{1}{\sigma} \frac{\Delta l}{\Delta S} \tag{4.2-3}$$

式中：γ 为导体材料的电阻率；σ 为导体材料的电导率，单位为 S/m(西门子/米)。导体材料的电阻率与电导率互为倒数。

由式(4.2-2)和式(4.2-3)可以得到

$$\boldsymbol{J} = \sigma \boldsymbol{E} \tag{4.2-4}$$

上式称为欧姆定律的微分形式，也称为电流密度与电场强度的本构关系，它建立了导电媒质中电场与电流密度的关系。但要注意，这里的电流密度是指体密度，此式对于面电流密度 $\boldsymbol{J}_S$ 和运流电流都不成立。

微分形式的欧姆定律描述了电流在导电媒质内的分布情况，它是导电媒质中导电规律

的微观描述，表述导电媒质区域内任意一点电流密度与电场强度之间的关系。

电导率 σ 值愈大表明导电能力愈强，电导率为无限大的导体称为理想导电体。显然，在理想导电体中，即使在微弱的电场作用下，也可形成很强的电流。因此，在理想导电体中不可能存在恒定电场，否则将会产生无限大的电流，从而产生无限大的能量。电导率为零的媒质，不具有导电能力，这种媒质称为理想介质。

导电媒质的电导率 σ 一般随温度变化，但是在常温范围内的变化很小，可以忽略。为了便于实际应用，表 4.2-1 给出了几种常用导电材料(导电媒质)在常温(20℃)下的电导率。

表 4.2-1　常用导电材料电导率(20℃)

材　料	电导率 σ/(S/m)	材　料	电导率 σ/(S/m)
铁(99.98%)	1.00×10^{7}	铜	5.80×10^{7}
黄铜	1.46×10^{7}	银	6.20×10^{7}
钨	1.82×10^{7}	碳(石墨)	2.86×10^{4}
铝	3.54×10^{7}	海水	5
金	4.10×10^{7}	锗	2.38
铅	4.55×10^{7}	硅	3.85×10^{-4}

4.2.2　焦耳定律

我们知道，有电流流过导体时，由于电阻的存在，必伴随功率损耗，其损耗功率 P 为

$$P = I^2R = IU \tag{4.2-5}$$

上式称为焦耳定律的积分形式。

假设线性、各向同性的均匀导电媒质中的电流密度为 $\boldsymbol{J}$，使自由电荷运动形成电流的电场为 $\boldsymbol{E}$，在导电媒质中取一小段导体元，其截面积为 ΔS，长度为 Δl(如图 4.2-1 所示)，则电流通过导体元产生的损耗功率为

$$\Delta P = \Delta I \cdot \Delta U = (\boldsymbol{J} \cdot \Delta \boldsymbol{S})(\boldsymbol{E} \cdot \Delta \boldsymbol{l}) = \boldsymbol{J} \cdot \boldsymbol{E}\Delta V \tag{4.2-6}$$

则导体元产生的损耗功率密度 p 为

$$p = \lim_{\Delta V \to 0} \frac{\Delta P}{\Delta V} = \boldsymbol{J} \cdot \boldsymbol{E} = \sigma E^2 \tag{4.2-7}$$

上式称为焦耳定律的微分形式，它表示导电媒质内任一点的热功率密度。注意，对于运流电流，由于电场力对电荷所做的功转变为电荷的动能，而不是转变为电荷与晶格碰撞的热能，因此焦耳定律对于运流电流不成立。

4.3　恒定电场方程

恒定电场的基本场矢量是电流密度 $\boldsymbol{J}$ 和电场强度 $\boldsymbol{E}$，其本构关系为 $\boldsymbol{J}=\sigma\boldsymbol{E}$。

4.3.1　电流连续性方程

假设在电流密度为 $\boldsymbol{J}$ 的任意空间内取一闭合曲面 S，由曲面 S 所围成的体积为 V。根据电荷守恒定律可知，通过该闭合曲面 S 的电流等于单位时间内该体积 V 内电荷的减少

量，即

$$I=\int_S \boldsymbol{J}\cdot \mathrm{d}\boldsymbol{S}=-\frac{\mathrm{d}q}{\mathrm{d}t}=-\frac{\mathrm{d}}{\mathrm{d}t}\int_V \rho \mathrm{d}V \tag{4.3-1}$$

在式(4.3-1)右边，积分是对空间函数进行，微分是对时间进行，两种运算是相互独立的，因此可以把两种运算顺序进行互换。又因为一般情况下空间 V 内的电荷密度 ρ 是空间和时间的函数，因此式(4.3-1)可变为

$$I=\int_S \boldsymbol{J}\cdot \mathrm{d}\boldsymbol{S}=-\frac{\mathrm{d}}{\mathrm{d}t}\int_V \rho \mathrm{d}V=-\int_V \frac{\partial \rho}{\partial t}\mathrm{d}V \tag{4.3-2}$$

上式称为电流连续性方程的积分形式，其实质是电荷守恒的数学表达式，它描述了电流与电荷随时间变化的关系。

对式(4.3-2)应用高斯散度定理可得

$$\int_V \left(\nabla\cdot \boldsymbol{J}+\frac{\partial \rho}{\partial t}\right)\mathrm{d}V=0 \tag{4.3-3}$$

因为闭合曲面 S 和由它围成的体积 V 都是任意假设的，对于任意体积上积分为零的条件必须是被积函数为零，则有

$$\nabla\cdot \boldsymbol{J}+\frac{\partial \rho}{\partial t}=0 \tag{4.3-4a}$$

或

$$\nabla\cdot \boldsymbol{J}=-\frac{\partial \rho}{\partial t} \tag{4.3-4b}$$

式(4.3-4)称为电流连续性方程的微分形式，它描述了电流密度与电荷随时间变化的关系。

由于在推导电流连续性方程过程中，对空间和时间都是任意假设，因此得到的微分或积分形式的电流连续性方程为一般性方程，它不仅适用于恒定电场，也适用于时变电场。

4.3.2 恒定电场的散度

我们知道，导电媒质中恒定电场的电流强度不随时间变化，则导电媒质区域内的电荷分布应是恒定的，即也不随时间变化。这样，电流连续性方程变为

$$\int_S \boldsymbol{J}\cdot \mathrm{d}\boldsymbol{S}=0 \tag{4.3-5}$$

$$\nabla\cdot \boldsymbol{J}=0 \tag{4.3-6}$$

将欧姆定律的微分形式 $\boldsymbol{J}=\sigma\boldsymbol{E}$ 代入式(4.3-5)和式(4.3-6)可得

$$\int_S \boldsymbol{E}\cdot \mathrm{d}\boldsymbol{S}=0 \tag{4.3-7}$$

$$\nabla\cdot \boldsymbol{E}=0 \tag{4.3-8}$$

式(4.3-5)～式(4.3-8)表明，由于恒定电场中的电流密度和电场的通量都等于0，这说明穿出闭合曲面 S 的电流恒为0，恒定电场是一个无散场。虽然在导电媒质内部有电流存在，电流又是电荷的运动，但是，在闭合曲面 S 包围的体积内的电荷不随时间改变。

4.3.3 恒定电场的旋度

要在导电媒质中维持恒定电流才能形成恒定电场，完成这一任务的装置称为电源。要

保持导电媒质中的恒定电流就要求在电源中必须有非静电力存在。这个非静电力使得正电荷从电源负极向正极运动，以维持两极板上电荷的固定分布来确保导电媒质中的恒定电流。产生非静电力的电源就是把静电能以外的能转化为电能，如化学能、机械能、太阳能、热能等转化为电能。它们建立的电场称为局外电场 $\boldsymbol{E}_e$，它只存在于电源内部。在电源两极板上，由于存在恒定分布电荷而产生的电场称为库仑场 $\boldsymbol{E}$。这样在电源外的导电媒质中只存在库仑电场，在电源内部不仅存在库仑电场，也存在局外电场，如图 4.3-1 所示。

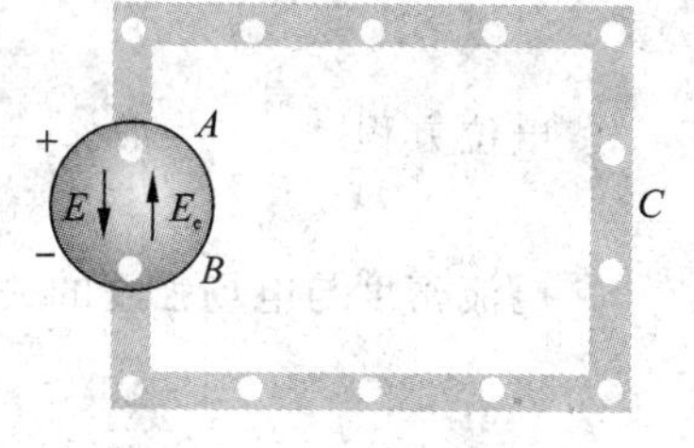

图 4.3-1 电源内外电场

为了定量描述电源特性，引入电动势这一物理量。定义在电源内部从负极搬运单位正电荷到正极中非静电力所做的功为电源的电动势 ε：

$$\varepsilon = \int_B^A \boldsymbol{E}_e \cdot \mathrm{d}\boldsymbol{l} \tag{4.3-9}$$

电源电动势是电源本身的特征量，与外电路无关。

对于恒定电流场，与其对应的库仑场 $\boldsymbol{E}$ 是不随时间变化的恒定电场，它由不随时间变化的分布电荷产生，因而其性质与静电荷产生静电场的性质相同，即

$$\oint_C \boldsymbol{E} \cdot \mathrm{d}\boldsymbol{l} = 0 \tag{4.3-10}$$

式中的积分路径 C 为电源外部的导电媒质中的任意闭合曲线。

利用斯托克斯定理可以得到

$$\nabla \times \boldsymbol{E} = 0 \tag{4.3-11}$$

电源电动势也可以用总电场(局外场与库仑场之和)的回路积分来描述，即

$$\varepsilon = \int_B^A \boldsymbol{E}_e \cdot \mathrm{d}\boldsymbol{l} = \oint_C (\boldsymbol{E}_e + \boldsymbol{E}) \cdot \mathrm{d}\boldsymbol{l} \tag{4.3-12}$$

式中的积分路径 C 为整个电流回路，即从通过电源内再通过外导电媒质构成的总体回路。

4.3.4 恒定电场的电位

在静电场中我们引入了辅助位函数——电位函数来描述静电场特征，同样，在恒定电场中也可引入电位函数 φ。因为在恒定电场中，电场强度的旋度等于0，即式(4.3-11)，因此恒定电场与引入的电位函数也有 $\boldsymbol{E}=-\nabla\varphi$ 关系。

将 $\boldsymbol{E}=-\nabla\varphi$ 代入式(4.3-8)可以得到 $\nabla \cdot \boldsymbol{E} = -\nabla \cdot (\nabla\varphi) = -\nabla^2\varphi = 0$。可见，在电源之外的导电媒质中，电位函数满足拉普拉斯方程，即

$$\nabla^2 \varphi = 0 \tag{4.3-13}$$

4.3.5 导电媒质中的恒定电场方程

将前面讨论的电源外部的导电媒质中的恒定电场方程总结归纳如下：

微分形式：

$$\begin{cases} \nabla \cdot \boldsymbol{J} = 0 \\ \nabla \times \boldsymbol{E} = 0 \end{cases}$$

积分形式：

$$\begin{cases} \oint_S \boldsymbol{J} \cdot \mathrm{d}\boldsymbol{S} = 0 \\ \oint_C \boldsymbol{E} \cdot \mathrm{d}l = 0 \end{cases}$$

电位方程：

$$\nabla^2 \varphi = 0$$

电流密度与电场强度的关系为

$$\boldsymbol{J} = \sigma \boldsymbol{E}$$

4.4 恒定电场的边界条件

与静电场类似，由于两种媒质特性不同，使得通过两种媒质交界面的恒定电场和电流密度发生变化，其变化规律用恒定电场的边界条件来描述，如图 4.4-1 所示。边界条件一般用恒定电场的积分方程来推出。

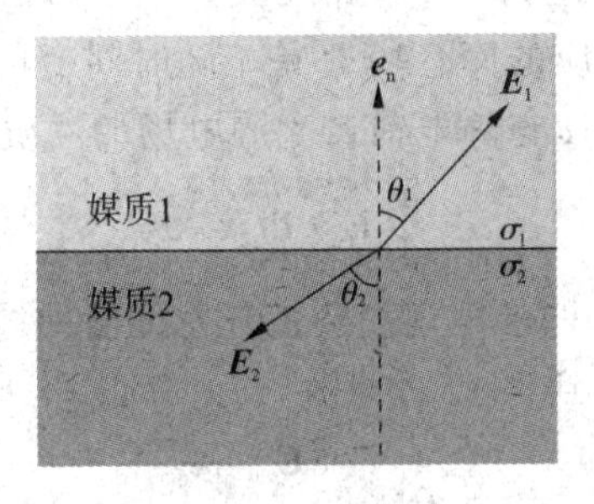

图 4.4-1 恒定电场的边界条件

4.4.1 电流密度与电场的边界条件

采用与静电场类比的方式可以方便地得到恒定电场中不同媒质分界面的边界条件。

我们知道，在静电场中，假设电荷密度 $\rho=0$ 时，根据静电场积分方程

$$\begin{cases} \oint_S \boldsymbol{D} \cdot \mathrm{d}\boldsymbol{S} = 0 \\ \oint_C \boldsymbol{E} \cdot \mathrm{d}\boldsymbol{l} = 0 \end{cases}$$

可导出边界条件为

$$\begin{cases} d_{1n} - d_{2n} = 0 \\ E_{1t} - E_{2t} = 0 \end{cases} \quad \text{或} \quad \begin{cases} \boldsymbol{e}_n \cdot (\boldsymbol{d}_1 - \boldsymbol{d}_2) = 0 \\ \boldsymbol{e}_n \times (\boldsymbol{E}_1 - \boldsymbol{E}_2) = 0 \end{cases}$$

类似地，由于在无源区的恒定电场积分方程为

$$\begin{cases} \oint_S \boldsymbol{J} \cdot \mathrm{d}\boldsymbol{S} = 0 \\ \oint_C \boldsymbol{E} \cdot \mathrm{d}\boldsymbol{l} = 0 \end{cases}$$

则可以类似得到无源区恒定电场的边界条件为

$$\begin{cases} J_{1n} - J_{2n} = 0 \\ E_{1t} - E_{2t} = 0 \end{cases} \tag{4.4-1a}$$

或

$$\begin{cases} \boldsymbol{e}_n \cdot (\boldsymbol{J}_1 - \boldsymbol{J}_2) = 0 \\ \boldsymbol{e}_n \times (\boldsymbol{E}_1 - \boldsymbol{E}_2) = 0 \end{cases} \tag{4.4-1b}$$

恒定电场的边界条件表明，在无源区分界面上，恒定电场的电流密度的法向分量连续，电场强度的切向分量连续。

4.4.2　电力线在分界面上的折射

在均匀导电媒质中，在边界两边有下式成立：

$$\begin{cases} \boldsymbol{J}_t = \sigma \boldsymbol{E}_t \\ \boldsymbol{E}_n = \dfrac{\boldsymbol{J}_n}{\sigma} \end{cases} \tag{4.4-2}$$

在恒定电场中，尽管根据边界条件有 $\boldsymbol{J}_{1n} = \boldsymbol{J}_{2n}$，$\boldsymbol{E}_{1t} = \boldsymbol{E}_{2t}$，但是由于分界面两边的电导率 σ 不相等，则必有

$$\begin{cases} J_{1t} \neq J_{2t} \\ E_{1n} \neq E_{2n} \end{cases} \tag{4.4-3}$$

说明在无源区分界面上，恒定电场的电流密度的切向分量和电场强度的法向分量都不连续。

可见，恒定电场在分界面上的电流密度法向分量连续而切向分量不连续，电场强度切向分量连续而法向分量不连续。这样，边界面两边的合成电场强度和电流密度不连续，即 $\boldsymbol{J}_1 \neq \boldsymbol{J}_2$，$\boldsymbol{E}_1 \neq \boldsymbol{E}_2$。

根据图 4.4-1 可写出电场矢量的折射关系：

$$\frac{\tan\theta_1}{\tan\theta_2} = \frac{E_{1t}/E_{1n}}{E_{2t}/E_{2n}} \tag{4.4-4}$$

将式(4.4-1a)与式(4.4-2)代入后有

$$\frac{\tan\theta_1}{\tan\theta_2} = \frac{E_{2n}}{E_{1n}} = \frac{J_{2n}/\sigma_2}{J_{1n}/\sigma_1} = \frac{\sigma_1}{\sigma_2} \tag{4.4-5}$$

这表明，电流线和电力线通过分界面时会产生弯曲，即折射现象，折射的程度取决于两媒质电导率的比值。

在良导体与不良导体的交界面上有 $\sigma_2 \gg \sigma_1$。当 $\theta_2 \neq 0$ 时，则 $\theta_1 \approx 0$，即电场线近似垂直于良导体表面，此时，良导体表面可近似地看作等位面。

对于导体与理想介质的分界面，即 $\sigma_1 = 0$，则 $\boldsymbol{J}_1 = \sigma_1 \boldsymbol{E}_1 = 0$，故 $J_{2n} = J_{1n} = 0$，从而使得 $D_{2n} = \varepsilon_2 E_{2n} = \sigma_2 J_{2n}/\sigma_2 = 0$，说明导体中的电流与分界面平行，在垂直方向上无电场存在。根据介质中的边界条件可以得到，$E_{1n} = D_{1n}/\varepsilon_1 = \rho_S/\varepsilon_1$，说明导体与理想介质分界面上必有面电荷存在。若面电荷存在，则分界面的两边必存在电场。但是导体中的法向电场又等于 0，根据边界条件，分界面两边电场的切向分量又相等，则必有 $E_{1t} = E_{2t} \neq 0$，说明导体中的电场与分界面平行，如图 4.4-2 所示。

恒定电场边界条件

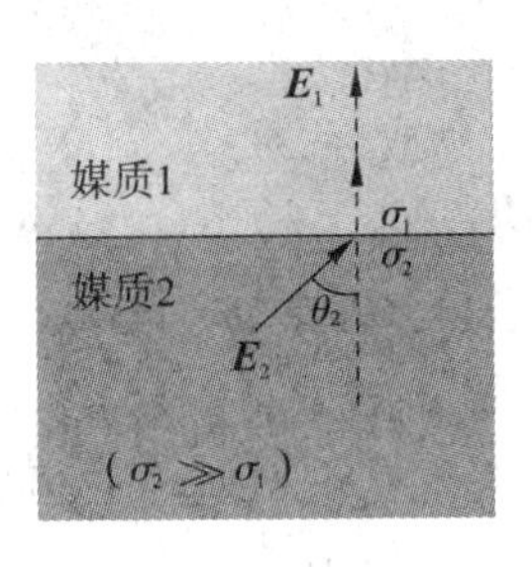

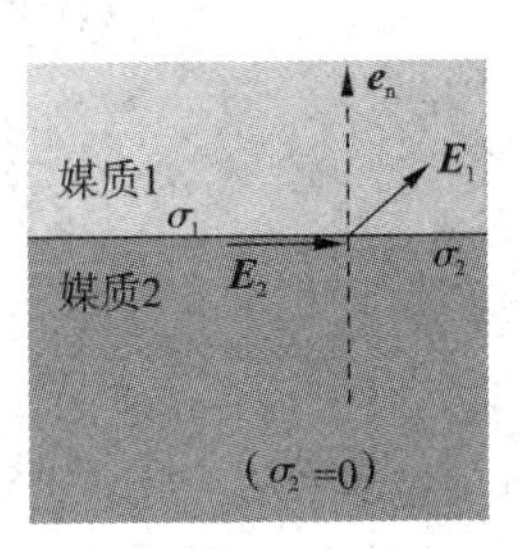

图 4.4-2 特殊折射现象

4.4.3 导电媒质分界面上的电荷面密度

由前面的讨论可知，在恒定电流情况下，导电媒质内部的自由电荷密度为 0，电荷只能分布在导电媒质的表面，即存在电荷面密度 ρ_S。

因为 $J_{1n}=J_{2n}$，故有 $\sigma_1 E_{1n}=\sigma_2 E_{2n}$。又因为 $D_{1n}-D_{2n}=\rho_S$，故有 $\varepsilon_1 E_{1n}-\varepsilon_2 E_{2n}=\rho_S$，从而可以得到

$$\begin{aligned}\rho_S &= \varepsilon_1 E_{1n}-\varepsilon_2\frac{\sigma_1}{\sigma_2}E_{1n}=\left(\varepsilon_1-\varepsilon_2\frac{\sigma_1}{\sigma_2}\right)E_{1n}\\ &=\left(\frac{\varepsilon_1}{\sigma_1}-\frac{\varepsilon_2}{\sigma_2}\right)\sigma_1 E_{1n}=\left(\frac{\varepsilon_1}{\sigma_1}-\frac{\varepsilon_2}{\sigma_2}\right)J_n \end{aligned} \tag{4.4-6}$$

一般情况下媒质交界面上总有净自由面电荷存在，只有当 $\frac{\varepsilon_1}{\sigma_1}=\frac{\varepsilon_2}{\sigma_2}$ 时分界面上的电荷密度才为 0。但对于理想介质交界面 $\sigma\to 0$，只有束缚电荷而没有自由电荷。

4.4.4 电位在分界面上的边界条件

由于 $\boldsymbol{J}=\sigma\boldsymbol{E}=-\sigma\nabla\varphi$，根据恒定电场的边界条件可以得到用电位函数表述的边界条件为

$$\begin{cases}\varphi_1=\varphi_2\\ \sigma_1\dfrac{\partial\varphi_1}{\partial n}=\sigma_2\dfrac{\partial\varphi_2}{\partial n}\end{cases} \tag{4.4-7}$$

可见，恒定电场同时存在于导体内部和外部，在导体表面上的电场既有法向分量又有切向分量，电场并不垂直于导体表面，因而导体表面不是等位面。

4.5 典型应用——电阻率测量

电阻率是表示各种物质电阻特性的物理量。某种材料所制成的原件(常温下 20℃)的电阻与横截面积的乘积与长度的比值叫做这种材料的电阻率。电阻率与导体的形状、横截面积等因素无关，是导体材料本身的电学性质，由导体的材料决定，且与温度、压力、磁场等外界因素有关。

电阻率的测量方法很多，如三探针法、四探针法、霍耳效应法、扩展电阻法等。目前，四探针法则是一种广泛采用的基于恒定电流的电阻率测量方法，其主要优点在于设备简

单、操作方便、精确度高，而且对样品的几何尺寸无严格要求。

在半无穷大样品上的点电流源，若样品的电阻率 ρ 均匀，引入点电流源的探针的电流强度为 I，则所产生的电力线具有球面的对称性，即等位面为一系列以点电流为中心的半球面，如图 4.5－1 所示。

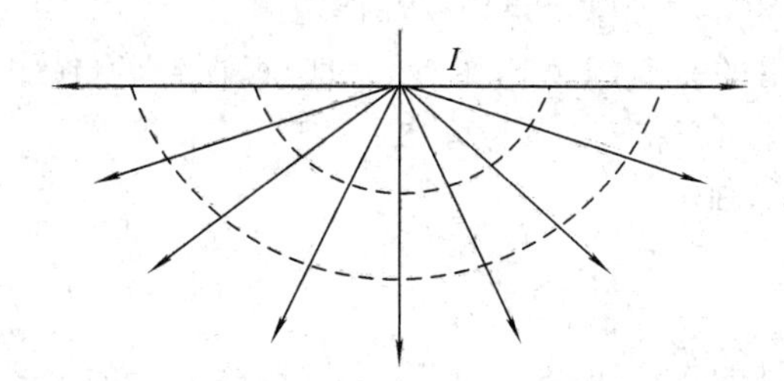

图 4.5－1　半无穷大样品点电流源的半球等位面

在以 r 为半径的半球面上，电流密度 j 的分布是均匀的，即

$$j=\frac{I}{2\pi r^2} \tag{4.5-1}$$

若 E 为 r 处的电场强度，则

$$E=j\rho=\frac{I\rho}{2\pi r^2} \tag{4.5-2}$$

由电场强度和电位梯度以及球面的对称关系有

$$E=-\frac{\mathrm{d}\psi}{\mathrm{d}r} \tag{4.5-3}$$

$$\mathrm{d}\psi=-E\mathrm{d}r=-\frac{I\rho}{2\pi r^2}\mathrm{d}r \tag{4.5-4}$$

根据式(4.5－2)～式(4.5－4)可以得到

$$\psi=-\int_{\infty}^{r}-E\mathrm{d}r=-\frac{I\rho}{2\pi}\int_{\infty}^{r}\frac{\mathrm{d}r}{r^2} \tag{4.5-5}$$

一般取无穷远处的电位为零，则可以得到

$$\psi(r)=\frac{I\rho}{2\pi r} \tag{4.5-6}$$

式(4.5－6)就是半无穷大均匀样品上离开点电流源距离为 r 的点的电位与探针流过的电流和样品电阻率的关系式，它代表了一个点电流源对距离 r 处点的电势的贡献。

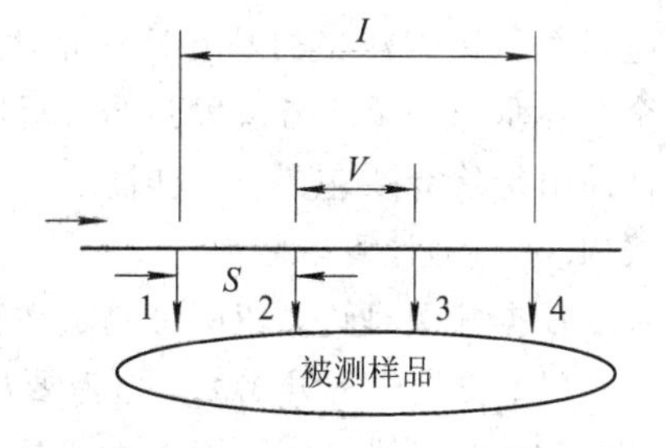

图 4.5－2　四探针结构示意图

四探针测量时在粗磨的单晶表面上垂直压下探针，压力为 1.5～2 kg，电流探针 1、4 通过恒流电流 A，由测量探针 2、3 上的电位差 V 而求得物体的电阻率数值 $\rho=\frac{V}{A}C$，其中 V 为探针 2、3 的电位差(mV)，A 为探针 1、4 的电流(mA)。图 4.5－2 是四探针结构示意图。

对于图 4.5－2 所示的情形，四根探针位于样品中央，电流从探针 1 流入，从探针 4 流出，则可将 1 和 4 探针认为是点电流源，由式(4.5－7)可知，2 和 3 探针的电位差为

$$V_{23}=\psi_2-\psi_3=\frac{I\rho}{2\pi}\left(\frac{1}{r_{12}}-\frac{1}{r_{24}}-\frac{1}{r_{13}}+\frac{1}{r_{34}}\right) \tag{4.5-7}$$

式(4.5-7)就是利用直流四探针法测量电阻率的普遍公式。我们只需测出流过1、4探针的电流I以及2、3探针间的电位差V_{23}，代入四根探针的间距，就可以求出该样品的电阻率ρ。

实际测量中，最常用的是直线型四探针，即四根探针的针尖位于同一直线上，并且间距相等，如图4.5-3所示。

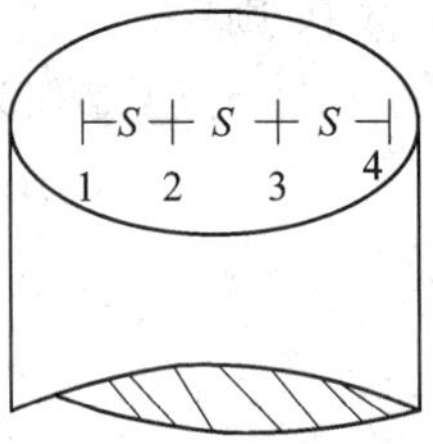

设$r_{12}=r_{23}=r_{34}=S$，则有

$$\rho=\frac{V_{23}}{I}2\pi S \tag{4.5-8}$$

图4.5-3 直线型四探针

式(4.5-8)就是常见的直流四探针(等间距)测量电阻率的公式。这一公式是在半无限大样品的基础上导出的，实用中需满足样品厚度及边缘与探针之间的最近距离大于4倍探针间距，这样才能使该式具有足够的精确度。如果被测样品不是半无穷大，而是厚度、横向尺寸一定，这时利用四探针法测量电阻率时，就不能直接采用公式(4.5-8)。如果需要利用四探针法，则需要对式(4.5-8)引入适当的修正系数B_0即可，此时：

$$\rho=\frac{2\pi S}{B_0}\cdot\frac{V_{23}}{I} \tag{4.5-9}$$

如果是极薄样品，则是指样品厚度d比探针间距小很多，而横向尺寸为无穷大的样品，如图4.5-4所示。

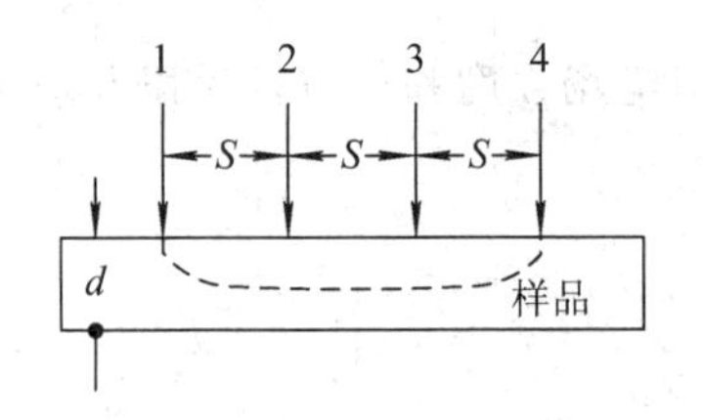

图4.5-4 极薄样品电阻率的测量

这时从探针1流入和从探针4流出的电流，其等位面近似为圆柱面高为d。任一等位面的半径设为r，类似于上面对半无穷大样品的推导，很容易得出当$r_{12}=r_{23}=r_{34}=S$时，极薄样品的电阻率为

$$\rho=\left(\frac{\pi}{\ln 2}\right)d\,\frac{V_{23}}{I}=4.5324d\,\frac{V_{23}}{I} \tag{4.5-10}$$

式(4.5-10)说明：对于极薄样品，在等间距探针情况下，探针间距和测量结果无关，电阻率和被测样品的厚度d成正比。样品为片状单晶，四探针针尖所连成的直线与样品一个边界垂直，探针与该边界的最近距离为L，除样品厚度及该边界外，其余周界为无穷远，样品由绝缘介质包围。同样需要注意的是，当片状样品不满足极薄样品的条件时，仍需按式(4.5-10)计算电阻率。

根据相关理论，四探针测量中使用的注入电流必须满足以下基本要求：

(1) 测量过程开始后，电流要始终保持恒定。

(2) 电流的数值不能太小，否则不能顺利流过样品。

(3) 电流的注入不会使样品发热，样品被测区域的温度会升高。一般的掺杂半导体在温度升高(在室温附近)时，载流子的晶格散射作用会加强，引起电阻率增加，所以注入电流的数值也不能过大。

按照上述要求，随被测样品电阻率的不同，要选择不同的注入电流来进行测量，也就是说，输出电流必须可调。这些要求是准确测量半导体样品电阻率的先决条件，所以选择合适的恒定电流非常重要。

习　题

4.1　一个半径为 a 的球内均匀分布着总电量为 q 的电荷，当其以角速度 ε 绕某一直径旋转时，求球内的电流密度。

4.2　有一电导率为 σ 的均匀、线性、各向同性导体球，其半径为 R，表面的电位分布为 $\varphi_0\cos\theta$，试确定表面上各点的电流密度。

4.3　在电导率为 σ 的媒质中有两个半径分别为 a 和 b，球心距为 $d(d\gg a+b)$ 的良导体小球，求两小球间的电阻。

4.4　同轴电缆两导体间媒质的相对介电常数为 2，电导率为 6.25 μS/m，内、外导体的半径分别为 8 mm 和 10 mm。电缆两导体之间单位长度的电阻是多少？若导体间电位差为 230 V，电缆长为 100 m，计算供给电缆的总功率。

4.5　有恒定电流流过介电常数分别为 ε_1、ε_2，电导率分别为 σ_1、σ_2 的两种不同导电媒质。若要使两种导电媒质分界面处的电荷面密度 $\rho_S=0$，则 ε_1、ε_2 和 σ_1、σ_2 应满足什么条件？

4.6　若恒定电场中有非均匀的导电媒质，其电导率为 $\sigma=\sigma(x, y, z)$，介电常数为 $\varepsilon=\varepsilon(x, y, z)$，求媒质中自由电荷的体密度。

4.7　在内、外半径分别为 a、c 的同轴线内填充两种漏电媒质，其介电常数分别为 ε_1、ε_2，电导率分别为 σ_1、σ_2，分界面为 $r=b$ 的圆柱面，$a<b<c$。若在内外导体间加恒定电压 U，求内外导体间的电场强度 $\boldsymbol{E}$，电流密度 $\boldsymbol{J}$ 和 $r=b$ 界面上的自由电荷密度 ρ_S。

4.8　有半径分别是 3 cm 和 9 cm 的同心球形导体，半径为 3～6 cm 的媒质的电导率为 50 μS/m，介电常数为 $3\varepsilon_0$；半径为 6 cm 到 9 cm 的媒质的电导率为 100 μS/m，介电常数为 $4\varepsilon_0$。求当导体间电位差为 50 V 时分界面上的面电荷密度。

4.9　一半径为 a 的均匀带电球，带电总量为 Q，该球绕直径以角速度 ω 旋转，求：(1) 球内各处的电流密度 $\boldsymbol{J}$；(2) 通过半径为 a 的半圆的总电流。

4.10　同轴线的内、外导体半径分别为 a 和 b，内外导体间填充媒质的漏电导率为 σ，内、外导体间的电压为 U_0。求此同轴线单位长度的功率损耗。

4.11　接地器埋藏很浅，其形状可近似用半球形代替，如图 4-1 所示，求接地电阻。

4.12　一个半径为 10 cm 的半球形接地电极，电极平面与地面重合，如图 4-2 所示。若土壤的电导率为 0.01 S/m，求当电极通过的电流为 100 A 时土壤损耗的功率。

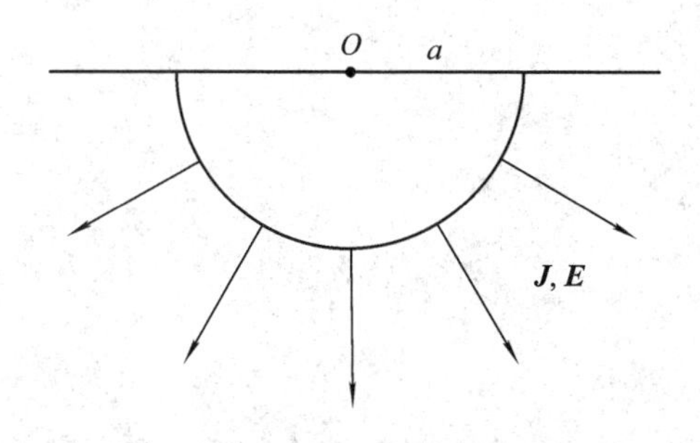

图 4-1　习题 4.11 图

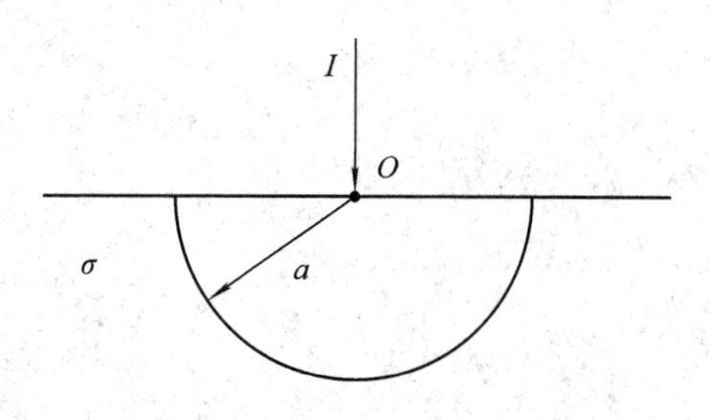

图 4-2　习题 4.12 图

4.13　一个半径为 a 的导体球作为电极深埋地下，土壤的电导率为 σ。忽略地面的影响，求电极的接地电阻。

4.14　半球形电极置于一个直而深的陡壁附近，如图 4-3 所示。已知 $R=0.3\ \text{m}$，半球中心距壁的距离为 $h=10\ \text{m}$，土壤的电导率 $\sigma=10^{-2}\ \text{S/m}$，求接地电阻。

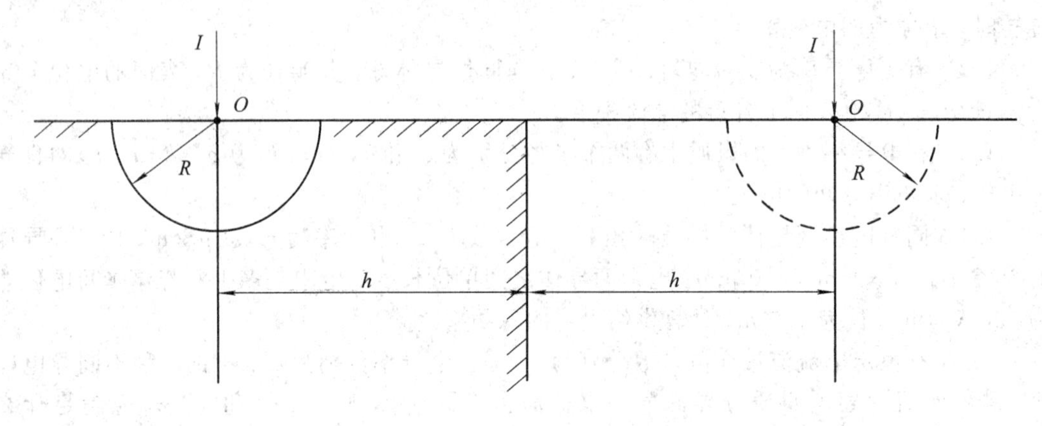

图 4-3　习题 4.14 图

4.15　在一块厚度 d 的导电板上，由半径分别为 r_1 和 r_2、夹角为 α 的两个圆弧共同割出的一块扇形体，如图 4-4 所示。求：(1) 沿厚度方向的电阻；(2) 两圆弧面之间的电阻。设导电板的电导率为 σ。

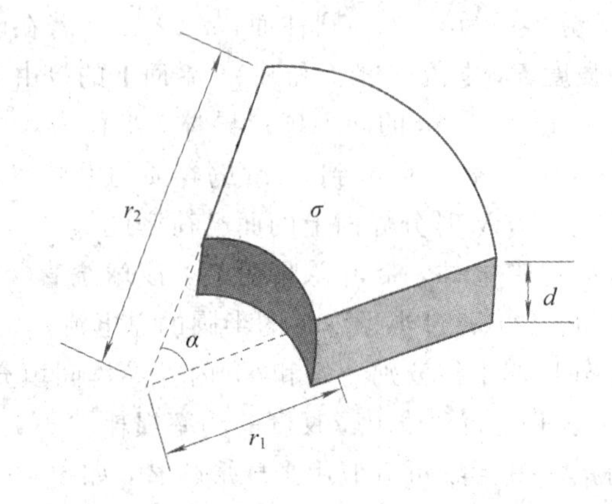

图 4-4　习题 4.15 图

第 5 章　静磁场及其特性

我们知道，静止电荷会在其周围空间产生静电场，静电场对场中的电荷会产生作用力，作用力的方向平行于电场的方向。运动的电荷会形成电流，如果电荷量不随时间变化则形成恒定电流。恒定电流在其周围空间产生恒定磁场，或称为静磁场。静磁场对电流(运动电荷)产生作用力，作用力的方向垂直于磁场方向。电流的实质是运动电荷，因此也在其周围空间产生电场。恒定电流产生恒定磁场，磁的本质就是动电现象。静电场与静磁场有很好的相似性，静电场用电场力、电场强度、电位移矢量及其散度和旋度来描述。根据对称性原理，静磁场可类似用安培力、磁感应强度、磁场强度及其散度和旋度来描述。但要注意，由于磁是动电现象，因此与静电场又有本质的不同，有其本身的特点。

本章主要介绍静磁场的基本性质和规律，以及各种媒质与静磁场之间的相互作用关系。

5.1　安培定律与磁感应强度

5.1.1　安培定律

1821—1825 年，法国物理学家安培通过对电流的磁效应的大量实验研究，设计并完成了电流相互作用的精巧实验，得到了电流之间相互作用力的规律，称为安培定律。

安培定律描述了真空中的载流回路 C_1 对载流回路 C_2 的作用力(如图 5.1－1 所示)，即

$$\boldsymbol{F}_{12}=\frac{\mu_0}{4\pi}\oint_{C_2}\oint_{C_1}\frac{I_2\mathrm{d}\boldsymbol{l}_2\times(I_1\mathrm{d}\boldsymbol{l}_1\times\boldsymbol{R}_{21})}{R_{21}^3}\tag{5.1-1}$$

其中：$I_1\mathrm{d}\boldsymbol{l}_1$、$I_2\mathrm{d}\boldsymbol{l}_2$ 分别为载流回路 C_1、C_2 上的电流元；$\boldsymbol{R}_{21}$为回路 C_1 电流元指向回路 C_2 电流元之间的距离矢量，$\boldsymbol{R}_{21}=\boldsymbol{r}_2-\boldsymbol{r}_1$，$R_{21}=|\boldsymbol{R}_{21}|$；$\mu_0$ 为真空中的磁导率，$\mu_0=4\pi\times10^{-7}$ H/m(亨利/米)。

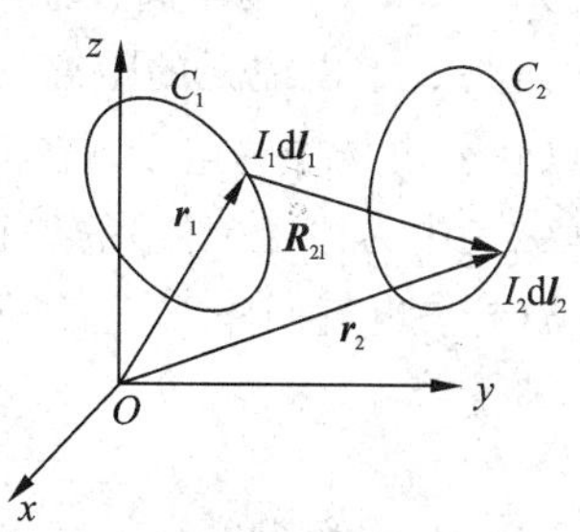

图 5.1－1　安培定律

式(5.1－1)中的 $\boldsymbol{F}_{12}$表示载流回路 C_1 对 C_2 的作用力，称为安培力。

同理，载流回路 C_2 对载流回路 C_1 的作用力 $\boldsymbol{F}_{21}$为

$$\boldsymbol{F}_{21}=\frac{\mu_0}{4\pi}\oint_{C_1}\oint_{C_2}\frac{I_1\mathrm{d}\boldsymbol{l}_1\times(I_2\mathrm{d}\boldsymbol{l}_2\times\boldsymbol{R}_{12})}{R_{12}^3}\tag{5.1-2}$$

这里，$\boldsymbol{R}_{12}=\boldsymbol{r}_1-\boldsymbol{r}_2$ 为回路 C_2 电流元指向回路 C_1 电流元之间的距离矢量，$R_{12}=|\boldsymbol{r}_1-\boldsymbol{r}_2|$。

比较式(5.1－1)和式(5.1－2)可见，安培力满足牛顿第三定律，即

$$\boldsymbol{F}_{12} = -\boldsymbol{F}_{21} \tag{5.1-3}$$

5.1.2　磁感应强度

安培定律明确描述了两载流回路之间相互作用力的大小和方向，但是它没有说明此力的传递方式。那么，安培力是怎样转递的呢？同电荷间电场力用电场来描述力的传递方式类似，电流间安培力也可用场的观点来很好地解释。场的观点认为电流之间的相互作用力是通过磁场进行传递的。也就是说，载流回路 C_1 对载流回路 C_2 的作用力是回路 C_1 中的电流 I_1 产生的磁场对回路 C_2 中的电流 I_2 的作用力。基于此观点，可以把式(5.1-1)写为

$$\boldsymbol{F}_{12} = \oint_{C_2} I_2 \mathrm{d}\boldsymbol{l}_2 \times \left[\frac{\mu_0}{4\pi}\oint_{C_1} \frac{I_1 \mathrm{d}\boldsymbol{l}_1 \times \boldsymbol{R}_{21}}{R_{21}^3}\right] \tag{5.1-4}$$

令

$$\boldsymbol{B}_{12} = \frac{\mu_0}{4\pi}\oint_{C_1} \frac{I_1 \mathrm{d}\boldsymbol{l}_1 \times \boldsymbol{R}_{21}}{R_{21}^3} = \frac{\mu_0}{4\pi}\oint_{C_1} \frac{I_1 \mathrm{d}\boldsymbol{l}_1 \times (\boldsymbol{r}_2 - \boldsymbol{r}_1)}{|\boldsymbol{r}_2 - \boldsymbol{r}_1|^3} \tag{5.1-5}$$

则式(5.1-4)变为

$$\boldsymbol{F}_{12} = \oint_{C_2} I_2 \mathrm{d}\boldsymbol{l}_2 \times \boldsymbol{B}_{12} \tag{5.1-6}$$

式(5.1-5)称为电流回路 C_1 在电流元 $I_2\mathrm{d}\boldsymbol{l}_2$ 处产生的磁感应强度(或称为磁通密度)，单位为 T(特斯拉)，也可以用 $\mathrm{Wb/m^2}$(韦伯/平方米)表示。$\boldsymbol{r}_1$、$\boldsymbol{r}_2$ 分别表示电流元 $I_1\mathrm{d}\boldsymbol{l}_1$、$I_2\mathrm{d}\boldsymbol{l}_2$ 的矢径。

磁感应强度是描述磁场的一个基本物理量，它是一个矢性函数，表明电流可以产生磁场，而产生磁场的源就是电流。

从式(5.1-5)可见，电流回路 C_1 在电流元 $I_2\mathrm{d}\boldsymbol{l}_2$ 处产生的磁感应强度 $\boldsymbol{B}_{12}$ 与电流元 $I_2\mathrm{d}\boldsymbol{l}_2$ 无关，因此就可以把 $\boldsymbol{B}_{12}$ 视为电流回路 C_1 在空间任意一点 $\boldsymbol{r}$(矢径)处产生的磁感应强度。这样，任意电流回路 C 在空间产生的磁感应强度 $\boldsymbol{B}(r)$ 为

$$\boldsymbol{B}(r) = \frac{\mu_0 I}{4\pi}\oint_C \frac{\mathrm{d}\boldsymbol{l}' \times \boldsymbol{R}}{R^3} = \frac{\mu_0 I}{4\pi}\oint_C \frac{\mathrm{d}\boldsymbol{l}' \times (\boldsymbol{r} - \boldsymbol{r}')}{|\boldsymbol{r} - \boldsymbol{r}'|^3} \tag{5.1-7}$$

式中：$\boldsymbol{B}(r)$为电流回路 C 在空间任意点产生的磁感应强度；I 为回路 C 中的恒定电流，其电流元为 $I\mathrm{d}\boldsymbol{l}'$；$\boldsymbol{r}$ 为空间任意点的矢径，$\boldsymbol{r}'$为回路 C 上电流元的矢径；$\boldsymbol{R}=\boldsymbol{r}-\boldsymbol{r}'$为空间任意点到回路 C 上电流元的距离矢量，$R=|\boldsymbol{r}-\boldsymbol{r}'|$。注意，如没有特别说明，以后都以 $\boldsymbol{r}$ 表示场点(在静电场中为电场，在静磁场中为磁场)的矢径，以 $\boldsymbol{r}'$表示源点(在静电场中为电荷，在静磁场中为恒定电流)的矢径。

这样，电流回路 C 上任一电流元 $I\mathrm{d}\boldsymbol{l}'$在空间任意点产生的磁感应强度为

$$\mathrm{d}\boldsymbol{B}(r) = \frac{\mu_0}{4\pi}\frac{I\mathrm{d}\boldsymbol{l}' \times (\boldsymbol{r} - \boldsymbol{r}')}{|\boldsymbol{r} - \boldsymbol{r}'|^3} \tag{5.1-8}$$

式(5.1-8)称为毕奥—萨伐尔定律。毕奥—萨伐尔定律是一个重要的实验定律，它定量地描述了电流元和由它产生的磁场之间的关系。但要注意，毕奥—萨伐尔定律只适用于恒定磁场中无限大均匀媒质。

可以将任意电流回路 C 在空间产生的磁感应强度式(5.1-7)进行推广。假设有一体密度为 $\boldsymbol{J}(r')$的体分布电流，其体电流元为 $\boldsymbol{J}(r')\mathrm{d}V'$，则分布在体积 V(它包围体积 V')内的体电流产生的磁感应强度为

$$\boldsymbol{B}(r)=\frac{\mu_0}{4\pi}\oint_V \frac{\boldsymbol{J}(\boldsymbol{r}')\times \boldsymbol{R}}{R^3}\mathrm{d}V'=\frac{\mu_0}{4\pi}\oint_V \frac{\boldsymbol{J}(\boldsymbol{r}')\times(\boldsymbol{r}-\boldsymbol{r}')}{|\boldsymbol{r}-\boldsymbol{r}'|^3}\mathrm{d}V' \tag{5.1-9}$$

同理，对于面密度为 $\boldsymbol{J}_{\mathrm{S}}(r')$ 的面分布电流，其面电流元为 $\boldsymbol{J}_{\mathrm{S}}(r')\mathrm{d}S'$，分布在面积 S(它包围面积 S')内的面电流产生的磁感应强度为

$$\boldsymbol{B}(r)=\frac{\mu_0}{4\pi}\oint_S \frac{\boldsymbol{J}_{\mathrm{S}}(\boldsymbol{r}')\times \boldsymbol{R}}{R^3}\mathrm{d}S'=\frac{\mu_0}{4\pi}\oint_S \frac{\boldsymbol{J}_{\mathrm{S}}(\boldsymbol{r}')\times(\boldsymbol{r}-\boldsymbol{r}')}{|\boldsymbol{r}-\boldsymbol{r}'|^3}\mathrm{d}S' \tag{5.1-10}$$

5.1.3　洛伦兹力

我们知道，静电场对静止电荷或运动电荷都会产生作用力，称为库仑力，库仑力的方向平行于电场的方向。根据安培定律和毕奥—萨伐尔定律可将磁场对电流元 $I\mathrm{d}\boldsymbol{l}$ 的作用力写为

$$\mathrm{d}\boldsymbol{F}=I\mathrm{d}\boldsymbol{l}\times\boldsymbol{B} \tag{5.1-11}$$

电流的本质是运动的电荷，则电流 $I=\frac{\mathrm{d}q}{\mathrm{d}t}$。根据电荷运动的速度 $\boldsymbol{v}$ 可以得到在 $\mathrm{d}t$ 时间内电荷移动的距离 $\mathrm{d}\boldsymbol{l}=\boldsymbol{v}\mathrm{d}t$，这样有

$$\mathrm{d}\boldsymbol{F}=\frac{\mathrm{d}q}{\mathrm{d}t}\boldsymbol{v}\mathrm{d}t\times\boldsymbol{B}=(\mathrm{d}q\cdot\boldsymbol{v})\times\boldsymbol{B} \tag{5.1-12}$$

则点电荷 q 在磁场 $\boldsymbol{B}$ 中受到的作用力为

$$\boldsymbol{F}=q\boldsymbol{v}\times\boldsymbol{B} \tag{5.1-13}$$

此作用力称为洛伦兹力。由式(5.1-13)可见，带电粒子只要在磁场中运动就会受到洛伦兹力的作用。但要注意，洛伦兹力不同于静电场的库仑力(作用于运动和静止电荷)，它只作用于运动电荷。洛伦兹力既垂直于磁感应强度，又垂直于电荷运动方向，因此它只会改变电荷运动方向，而不改变其大小，对电荷不做功。而静电场中的库仑力平行于电场强度，它可改变电荷运动速度的大小，且对电荷做功。

如果电量为 q 的带电粒子运动在同时具有电场 $\boldsymbol{E}$ 和磁感应强度 $\boldsymbol{B}$ 的空间中，则它受到的电磁力应包括电场力与磁场力的总和，即

$$\boldsymbol{F}=q\boldsymbol{E}+q\boldsymbol{v}\times\boldsymbol{B}=q(\boldsymbol{E}+\boldsymbol{v}\times\boldsymbol{B}) \tag{5.1-14}$$

此式称为洛伦兹力公式。

【例题 5-1】 有一流过电流为 I 的导体细圆环，其半径为 a，求该圆环轴线上任意一点的磁感应强度。

解　为了简便，采用圆柱坐标系。其中，细圆环位于 xOy 平面，则圆环轴线坐标为 $P(0,0,z)$，圆环上的电流元为 $I\mathrm{d}\boldsymbol{l}'=\boldsymbol{e}_\phi Ia\mathrm{d}\phi'$，其矢径为 $\boldsymbol{r}'=\boldsymbol{e}_\rho a$，所求场点的矢径为 $\boldsymbol{r}=\boldsymbol{e}_z z$，如图 5.1-2 所示。

通电小环路的磁感应强度线

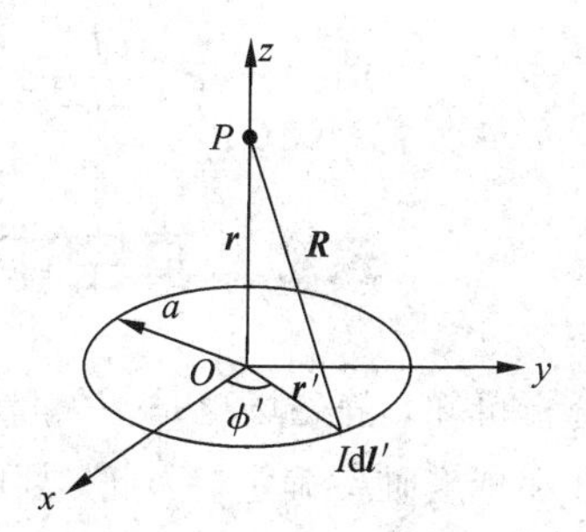

图 5.1-2　例题 5-1 图

根据题意有 $\boldsymbol{r}-\boldsymbol{r}'=\boldsymbol{e}_z z-\boldsymbol{e}_\rho a$，则

$$|\boldsymbol{r}-\boldsymbol{r}'|=\sqrt{z^2+a^2}$$

这样，

$$I\mathrm{d}\boldsymbol{l}'\times(\boldsymbol{r}-\boldsymbol{r}')=\boldsymbol{e}_\phi Ia\mathrm{d}\phi'\times(\boldsymbol{e}_z z-\boldsymbol{e}_\rho a)=Ia(\boldsymbol{e}_\rho z+\boldsymbol{e}_z a)\mathrm{d}\phi'$$

根据磁感应强度公式，在 $P(0, 0, z)$点有

$$\begin{aligned}\boldsymbol{B}(0, 0, z)&=\frac{\mu_0}{4\pi}\oint_C\frac{I\mathrm{d}\boldsymbol{l}'\times(\boldsymbol{r}-\boldsymbol{r}')}{|\boldsymbol{r}-\boldsymbol{r}'|^3}=\frac{\mu_0 Ia}{4\pi}\int_0^{2\pi}\frac{\boldsymbol{e}_\rho z+\boldsymbol{e}_z a}{(z^2+a^2)^{3/2}}\mathrm{d}\phi'\\&=\frac{\mu_0 Ia}{4\pi}\int_0^{2\pi}\frac{\boldsymbol{e}_\rho z}{(z^2+a^2)^{3/2}}\mathrm{d}\phi'+\frac{\mu_0 Ia}{4\pi}\int_0^{2\pi}\frac{\boldsymbol{e}_z a}{(z^2+a^2)^{3/2}}\mathrm{d}\phi'\end{aligned}$$

因为

$$\int_0^{2\pi}\boldsymbol{e}_\rho\mathrm{d}\phi'=\int_0^{2\pi}(\boldsymbol{e}_x\cos\phi'+\boldsymbol{e}_y\sin\phi')\mathrm{d}\phi'=0$$

则

$$\boldsymbol{B}(0, 0, z)=\frac{\mu_0 Ia}{4\pi}\int_0^{2\pi}\frac{\boldsymbol{e}_z a}{(z^2+a^2)^{3/2}}\mathrm{d}\phi'=\boldsymbol{e}_z\frac{\mu_0 Ia^2}{2(z^2+a^2)^{3/2}}$$

通电线段产生的磁感应强度

【例题 5-2】 假设有一通有电流为 I 的直细导线，当该直细导线为有限长和无限长时，求其产生的磁感应强度。

解　采用圆柱坐标系。假设该直线为有限长，所求场点 M 到直线下、上端的连线与直线的夹角分别为 θ_1 和 θ_2，直线上的电流元为 $I\mathrm{d}z$，如图 5.1-3 所示。

根据毕奥—萨伐尔定律，M 点处的磁感应强度为

$$\mathrm{d}\boldsymbol{B}(\rho)=\frac{\mu_0}{4\pi}\frac{I\mathrm{d}\boldsymbol{l}'\times(\boldsymbol{r}-\boldsymbol{r}')}{|\boldsymbol{r}-\boldsymbol{r}'|^3}=\boldsymbol{e}_\varphi\frac{\mu_0}{4\pi}\frac{I\mathrm{d}z\sin\theta}{(\rho/\sin\theta)^2}$$

因为 $z=\rho c\tan\theta$，则

$$\mathrm{d}z=\frac{\rho}{\sin^2\theta}\mathrm{d}\theta$$

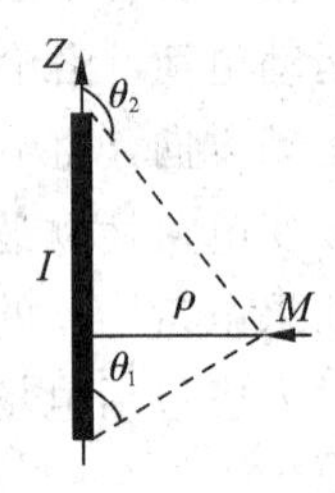

图 5.1-3　例题 5-2 图

所以有

$$\mathrm{d}\boldsymbol{B}(\rho)=\boldsymbol{e}_\varphi\frac{\mu_0}{4\pi}\frac{I\mathrm{d}z\sin\theta}{(\rho/\sin\theta)^2}=\boldsymbol{e}_\varphi\frac{\mu_0}{4\pi}\frac{I\sin\theta}{\rho}\mathrm{d}\theta$$

则

$$\boldsymbol{B}(\rho)=\int_{\theta_1}^{\theta_2}\mathrm{d}\boldsymbol{B}(\rho)=\boldsymbol{e}_\varphi\frac{\mu_0 I}{4\pi\rho}\int_{\theta_1}^{\theta_2}\sin\theta\mathrm{d}\theta=\boldsymbol{e}_\varphi\frac{\mu_0 I}{4\pi\rho}(\cos\theta_1-\cos\theta_2)$$

当该直线为无限长时，由于 $\theta_1\to0$，$\theta_2\to\pi$，即 $\cos\theta_1\to1$，$\cos\theta_2\to-1$，则

$$\boldsymbol{B}(\rho)=\boldsymbol{e}_\varphi\frac{\mu_0 I}{4\pi\rho}(\cos\theta_1-\cos\theta_2)=\boldsymbol{e}_\varphi\frac{\mu_0 I}{2\pi\rho}$$

5.2　真空中的静磁场方程

由前面的分析可知，静磁场也是一矢量场。亥姆霍兹定理表明，无界区域中任一矢量场可由它的散度和旋度唯一确定。因此，要唯一确定静磁场，必须确定静磁场的散度和旋度。矢量场的散度和旋度是微分描述，它表示在空间任一点矢量场的特征，而矢量场的通

量和环量是积分描述，它表示在空间矢量场的总体特征。因此，全面描述静磁场的特征时应考虑这两个方面。

5.2.1　静磁场散度与磁通连续性原理

我们知道，库仑定律是静电场的理论基础，由它可以导出静电场的散度和旋度。同样，静磁场的理论基础是毕奥—萨伐尔定律，由它也可以导出静磁场的散度和旋度。

1. 静磁场的散度

由第 1 章可知

$$\nabla\left(\frac{1}{|\boldsymbol{r}-\boldsymbol{r}'|}\right)=-\frac{\boldsymbol{r}-\boldsymbol{r}'}{|\boldsymbol{r}-\boldsymbol{r}'|^3}$$

假设有一体密度为 $\boldsymbol{J}(r')$ 的体分布电流，将上式代入体分布电流产生磁场的公式(5.1-9)中，可得

$$\boldsymbol{B}(r)=\frac{\mu_0}{4\pi}\oint_V\frac{\boldsymbol{J}(r')\times(\boldsymbol{r}-\boldsymbol{r}')}{|\boldsymbol{r}-\boldsymbol{r}'|^3}\mathrm{d}V'=-\frac{\mu_0}{4\pi}\int_V\boldsymbol{J}(r')\times\nabla\left(\frac{1}{|\boldsymbol{r}-\boldsymbol{r}'|}\right)\mathrm{d}V' \tag{5.2-1}$$

根据矢量恒等式 $\nabla\times(u\boldsymbol{A})=u\nabla\times\boldsymbol{A}+\nabla u\times\boldsymbol{A}$，则有

$$-\boldsymbol{A}\times\nabla u=\nabla\times(u\boldsymbol{A})-u\nabla\times\boldsymbol{A} \tag{5.2-2}$$

将式(5.2-2)代入式(5.2-1)有

$$\boldsymbol{B}(r)=\frac{\mu_0}{4\pi}\int_V\left[\nabla\times\frac{\boldsymbol{J}(r')}{|\boldsymbol{r}-\boldsymbol{r}'|}-\frac{1}{|\boldsymbol{r}-\boldsymbol{r}'|}\nabla\times\boldsymbol{J}(r')\right]\mathrm{d}V' \tag{5.2-3}$$

由于算符 ∇ 只是对场点矢径的微分，而体电流密度 $\boldsymbol{J}(r')$ 是源点矢径的分布，它与场点矢径无关，或说它相对场点矢径是一常数，因此有 $\nabla\times\boldsymbol{J}(r')=0$。由于式(5.2-3)中的积分是对场源 $\boldsymbol{r}'$ 的积分，而不是对矢量场 $\boldsymbol{r}$ 的积分，因此对积分号内的函数求导数 ∇ 可以提到积分号外，这样式(5.2-3)可变为

$$\boldsymbol{B}(r)=\frac{\mu_0}{4\pi}\int_V\nabla\times\frac{\boldsymbol{J}(r')}{|\boldsymbol{r}-\boldsymbol{r}'|}\mathrm{d}V'=\nabla\times\frac{\mu_0}{4\pi}\int_V\frac{\boldsymbol{J}(r')}{|\boldsymbol{r}-\boldsymbol{r}'|}\mathrm{d}V' \tag{5.2-4}$$

我们知道，任意矢量函数 $\boldsymbol{A}$ 具有恒等式 $\nabla\cdot(\nabla\times\boldsymbol{A})\equiv0$，则将式(5.2-4)两边取散度后有

$$\nabla\cdot\boldsymbol{B}(r)=\nabla\cdot\left\{\nabla\times\frac{\mu_0}{4\pi}\int_V\frac{\boldsymbol{J}(r')}{|\boldsymbol{r}-\boldsymbol{r}'|}\mathrm{d}V'\right\}=0 \tag{5.2-5}$$

可见，静磁场的磁感应强度 $\boldsymbol{B}(r)$ 的散度等于 0，说明静磁场是一个无源的矢量场，也表明目前没有发现自然界中存在独立的磁荷。该式称为磁通连续性原理的微分形式。

2. 静磁场的磁通连续性原理

静磁场的散度是静磁场量在空间任一点的变化特征，是静磁场的微分描述。对于静磁场量在空间的总体特征描述，需要采用它的通量来描述，即用积分形式来进行描述。

定义磁感应强度穿过任意闭合面 S 的磁通量 Φ 为

$$\Phi=\oint_S\boldsymbol{B}(r)\cdot\mathrm{d}\boldsymbol{S} \tag{5.2-6}$$

根据散度定理 $\int_V\nabla\cdot\boldsymbol{A}\mathrm{d}V=\oint_S\boldsymbol{A}\cdot\mathrm{d}\boldsymbol{S}$ 有

$$\oint_S\boldsymbol{B}(r)\cdot\mathrm{d}\boldsymbol{S}=\int_V\nabla\cdot\boldsymbol{B}(r)\mathrm{d}V=0 \tag{5.2-7}$$

此式表明，穿过任意闭合面 S 的磁通量 Φ 等于0，说明进入到任意闭合面 S 的磁通量等于从该闭合面出去的磁通量，磁感应力线(磁力线)是一条无头无尾的连续闭合线。此式称为磁通连续性原理的积分形式。

5.2.2　静磁场旋度与安培环路定理

1. 静磁场的旋度

对式(5.2-4)两边同时取旋度，则有

$$\nabla\times\boldsymbol{B}(\boldsymbol{r})=-\frac{\mu_0}{4\pi}\int_V\nabla\times\nabla\times\frac{\boldsymbol{J}(\boldsymbol{r}')}{|\boldsymbol{r}-\boldsymbol{r}'|}\mathrm{d}V'$$

将矢量等式 $\nabla\times\nabla\times\boldsymbol{A}=\nabla(\nabla\cdot\boldsymbol{A})-\nabla^2\boldsymbol{A}$ 代入上式，可以得到

$$\begin{aligned}\nabla\times\boldsymbol{B}(\boldsymbol{r})&=\frac{\mu_0}{4\pi}\nabla\int_V\nabla\cdot\frac{\boldsymbol{J}(\boldsymbol{r}')}{|\boldsymbol{r}-\boldsymbol{r}'|}\mathrm{d}V'-\frac{\mu_0}{4\pi}\int_V\nabla^2\frac{\boldsymbol{J}(\boldsymbol{r}')}{|\boldsymbol{r}-\boldsymbol{r}'|}\mathrm{d}V'\\&=\frac{\mu_0}{4\pi}\nabla\int_V\nabla\cdot\frac{\boldsymbol{J}(\boldsymbol{r}')}{|\boldsymbol{r}-\boldsymbol{r}'|}\mathrm{d}V'-\frac{\mu_0}{4\pi}\int_V\boldsymbol{J}(\boldsymbol{r}')\nabla^2\frac{1}{|\boldsymbol{r}-\boldsymbol{r}'|}\mathrm{d}V'\end{aligned}\tag{5.2-8}$$

利用矢量等式 $\nabla\cdot(u\boldsymbol{A})=u\nabla\cdot\boldsymbol{A}+\nabla u\cdot\boldsymbol{A}$，可将式(5.2-8)中等式后面第一项的积分号内的函数变为

$$\nabla\cdot\frac{\boldsymbol{J}(\boldsymbol{r}')}{|\boldsymbol{r}-\boldsymbol{r}'|}=\frac{1}{|\boldsymbol{r}-\boldsymbol{r}'|}\nabla\cdot\boldsymbol{J}(\boldsymbol{r}')+\boldsymbol{J}(\boldsymbol{r}')\cdot\nabla\left(\frac{1}{|\boldsymbol{r}-\boldsymbol{r}'|}\right)\tag{5.2-9}$$

因为有恒等式 $\nabla\cdot\boldsymbol{J}(\boldsymbol{r}')=0$，式(5.2-9)等式右边的第一项为0，则

$$\nabla\cdot\frac{\boldsymbol{J}(\boldsymbol{r}')}{|\boldsymbol{r}-\boldsymbol{r}'|}=\boldsymbol{J}(\boldsymbol{r}')\cdot\nabla\left(\frac{1}{|\boldsymbol{r}-\boldsymbol{r}'|}\right)$$

由于矢量等式 $\nabla\cdot(u\boldsymbol{A})=u\nabla\cdot\boldsymbol{A}+\nabla u\cdot\boldsymbol{A}$，$\nabla'\cdot(u\boldsymbol{A})=u\nabla'\cdot\boldsymbol{A}+\nabla'u\cdot\boldsymbol{A}$。其中，$\nabla$ 为对场点矢量 $\boldsymbol{r}$ 求微分，∇' 为对源点矢量 $\boldsymbol{r}'$ 求微分。因为

$$\nabla\frac{1}{|\boldsymbol{r}-\boldsymbol{r}'|}=-\nabla'\frac{1}{|\boldsymbol{r}-\boldsymbol{r}'|}$$

则

$$\nabla\cdot\frac{\boldsymbol{J}(\boldsymbol{r}')}{|\boldsymbol{r}-\boldsymbol{r}'|}=-\boldsymbol{J}(\boldsymbol{r}')\cdot\nabla'\left(\frac{1}{|\boldsymbol{r}-\boldsymbol{r}'|}\right)$$

根据矢量等式 $\nabla'\cdot(u\boldsymbol{A})=u\nabla'\cdot\boldsymbol{A}+\nabla'u\cdot\boldsymbol{A}$ 以及 $\nabla'\cdot\boldsymbol{J}(r')=0$，可以得到

$$\begin{aligned}\nabla\cdot\frac{\boldsymbol{J}(\boldsymbol{r}')}{|\boldsymbol{r}-\boldsymbol{r}'|}&=-\boldsymbol{J}(\boldsymbol{r}')\cdot\nabla'\left(\frac{1}{|\boldsymbol{r}-\boldsymbol{r}'|}\right)\\&=-\nabla'\cdot\frac{\boldsymbol{J}(\boldsymbol{r}')}{|\boldsymbol{r}-\boldsymbol{r}'|}+\frac{\nabla'\cdot\boldsymbol{J}(\boldsymbol{r}')}{|\boldsymbol{r}-\boldsymbol{r}'|}\\&=-\nabla'\cdot\frac{\boldsymbol{J}(\boldsymbol{r}')}{|\boldsymbol{r}-\boldsymbol{r}'|}\end{aligned}\tag{5.2-10}$$

这样，利用高斯散度定理，式(5.2-8)中等式后面第一项为

$$\begin{aligned}\frac{\mu_0}{4\pi}\nabla\int_V\nabla\cdot\frac{\boldsymbol{J}(\boldsymbol{r}')}{|\boldsymbol{r}-\boldsymbol{r}'|}\mathrm{d}V'&=-\frac{\mu_0}{4\pi}\nabla\int_V\nabla'\cdot\frac{\boldsymbol{J}(\boldsymbol{r}')}{|\boldsymbol{r}-\boldsymbol{r}'|}\mathrm{d}V'\\&=\frac{\mu_0}{4\pi}\nabla\oint_S\frac{\boldsymbol{J}(\boldsymbol{r}')}{|\boldsymbol{r}-\boldsymbol{r}'|}\cdot\mathrm{d}\boldsymbol{S}'\end{aligned}$$

由于电流密度分布在区域 V 内，在包围区域 V 的边界 S 面上电流没有法向分量，即 $\boldsymbol{J}(\boldsymbol{r}')\cdot\mathrm{d}S'=0$，则上式变为

$$\frac{\mu_0}{4\pi}\nabla\int_V \nabla\cdot\frac{\boldsymbol{J}(\boldsymbol{r}')}{|\boldsymbol{r}-\boldsymbol{r}'|}\mathrm{d}V' = 0 \tag{5.2-11}$$

这样，式(5.2-8)变为

$$\nabla\times\boldsymbol{B}(\boldsymbol{r}) = -\frac{\mu_0}{4\pi}\int_V \boldsymbol{J}(\boldsymbol{r}')\nabla^2\frac{1}{|\boldsymbol{r}-\boldsymbol{r}'|}\mathrm{d}V' \tag{5.2-12}$$

利用 δ 函数的性质可以证明：

$$\nabla^2\frac{1}{|\boldsymbol{r}-\boldsymbol{r}'|} = -4\pi\delta(\boldsymbol{r}-\boldsymbol{r}') \tag{5.2-13}$$

这样，式(5.2-12)变为

$$\nabla\times\boldsymbol{B}(\boldsymbol{r}) = \frac{\mu_0}{4\pi}\int_V \boldsymbol{J}(r')4\pi\delta(\boldsymbol{r}-\boldsymbol{r}')\mathrm{d}V' = \mu_0\boldsymbol{J}(\boldsymbol{r}) \tag{5.2-14}$$

可见，静磁场的磁感应强度 $\boldsymbol{B}(\boldsymbol{r})$ 的旋度不等于 0，表明静磁场是一个有旋矢量场，恒定电流是产生静磁场的漩涡源。式(5.2-14)称为安培环路定理的微分形式。

2. 静磁场的安培环路定理

静磁场的旋度也是静磁场在空间任一点的变化特征，是静磁场的微分描述。对于静磁场在空间的总体特征需要采用它的环量来描述，即用积分形式来进行描述。

对式(5.2-14)两端以 l 为周界的任一曲面 S 进行积分，则有

$$\int_S \nabla\times\boldsymbol{B}(\boldsymbol{r})\cdot\mathrm{d}\boldsymbol{S} = \int_S \mu_0\boldsymbol{J}(\boldsymbol{r})\cdot\mathrm{d}\boldsymbol{S} \tag{5.2-15}$$

根据斯托克斯定理 $\int_S \nabla\times\boldsymbol{A}\cdot\mathrm{d}\boldsymbol{S} = \oint_l \boldsymbol{A}\cdot\mathrm{d}\boldsymbol{l}$，式(5.2-15)可变为

$$\oint_l \boldsymbol{B}(\boldsymbol{r})\cdot\mathrm{d}\boldsymbol{l} = \int_S \mu_0\boldsymbol{J}(\boldsymbol{r})\cdot\mathrm{d}\boldsymbol{S} = \mu_0 I \tag{5.2-16}$$

式中，I 为穿过曲面 S 的电流强度的代数和。

式(5.2-16)表明，静磁场的磁感应强度在任一闭合曲线上的环量等于穿过该闭合曲线形成的曲面上的总电流与磁导率 μ_0 的乘积。该式称为静磁场的安培环路定理的积分形式。

5.2.3　真空中的静磁场方程

静磁场是一个矢量场，其微观特性用散度和旋度来描述，称为静磁场方程的微分形式；宏观特性用通量和环量来描述，称为静磁场方程的积分形式。

通过对前面的讨论，可归纳总结出静磁场的特性。静磁场方程的微分形式为

$$\begin{cases}\nabla\cdot\boldsymbol{B} = 0\\ \nabla\times\boldsymbol{B} = \mu_0\boldsymbol{J}\end{cases} \tag{5.2-17}$$

静磁场方程的积分形式为

$$\begin{cases}\oint_S \boldsymbol{B}\cdot\mathrm{d}\boldsymbol{S} = 0\\ \oint_l \boldsymbol{B}\cdot\mathrm{d}\boldsymbol{l} = \mu_0 I\end{cases} \tag{5.2-18}$$

【例题 5-3】　计算电流为 I 的无限长线电流产生的磁感应强度。

解　选取圆柱坐标系。令线电流沿 z 轴方向，则磁感应强度 $\boldsymbol{B}$ 为 ϕ 方向，即 $\boldsymbol{B}=\boldsymbol{e}_\phi B$。

可见，磁力线是以 z 轴为圆心的一系列同心圆。显然，磁场分布以 z 轴对称，且与 ϕ 无关。又因线电流为无限长，故场量一定与变量 z 无关，因此，以线电流为圆心的磁力线上各点磁感应强度相等。

根据安培环路定理 $\oint_l \boldsymbol{B}\cdot \mathrm{d}\boldsymbol{l}=\mu_0 I$，可得

$$2\pi\rho \boldsymbol{B}=\mu_0 I$$

则沿半径为 ρ 的磁场线上的磁感应强度为

$$\boldsymbol{B}=\boldsymbol{e}_\phi \frac{\mu_0 I}{2\pi\rho}$$

注意，这一结论也适用于具有一定截面，电流为 I 的无限长的圆柱导线外的恒定磁场。

【例题 5-4】 通过电流密度为 $\boldsymbol{J}$ 的均匀电流的长圆柱导体中，有一个平行的圆柱形空腔，其横截面如图 5.2-1 所示。计算各部分的磁感应强度。

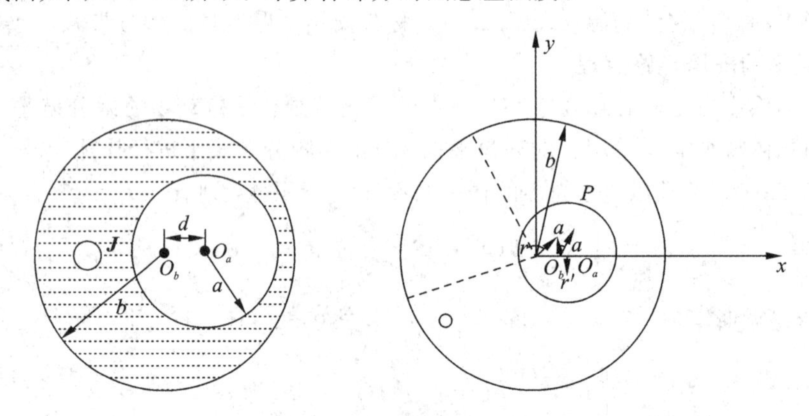

图 5.2-1 例题 5-4 图

解 由于圆柱中的电流密度为 $\boldsymbol{J}$，而空腔内的电流密度为 0。要把整个圆柱看成一体，则空腔内电流密度应为 $-\boldsymbol{J}$ 才能使得空腔内的电流密度为 0。这样，整体内的电流产生的场应是这两个电流产生场的合成场。其中大圆柱整体为 $\boldsymbol{J}$，空腔整体为 $-\boldsymbol{J}$。

根据安培环流定律 $\oint \boldsymbol{B}(\boldsymbol{r})\cdot \mathrm{d}\boldsymbol{l}=\mu_0 I$，对于圆柱体，有

$$B_\phi 2\pi\rho=\mu_0 I' \Rightarrow B_\phi=\frac{\mu_0 I'}{2\pi\rho}$$

则对于单独的大圆柱有

当 $r<b$ 时，

$$B_\phi=\frac{\mu_0 I'}{2\pi r}=\frac{\mu_0}{2\pi r}\boldsymbol{J}\pi r^2=\frac{\mu_0 \boldsymbol{J} r}{2}$$

当 $r>b$ 时，

$$B_\phi=\frac{\mu_0 I}{2\pi r}=\frac{\mu_0}{2\pi r}\boldsymbol{J}\pi b^2=\frac{\mu_0 \boldsymbol{J} b^2}{2r}$$

对于单独的空腔圆柱有

当 $r'<a$ 时，

$$B_{\phi'}=\frac{\mu_0 I'}{2\pi r'}=-\frac{\mu_0}{2\pi r'}\boldsymbol{J}\pi r'^2=-\frac{\mu_0 \boldsymbol{J} r'}{2}$$

当 $r'>a$ 时，

$$B_{\phi'}=\frac{\mu_0 I}{2\pi r'}=-\frac{\mu_0}{2\pi r'}\boldsymbol{J}\pi a^2=-\frac{\mu_0 \boldsymbol{J}a^2}{2r'}$$

由于空间任意点处的磁感应强度应是两个圆柱产生的磁感应强度的矢量和，因此，在大圆柱体外：

$$\begin{aligned}\boldsymbol{B}&=B_\phi+B_{\phi'}=\frac{\mu_0 \boldsymbol{J}b^2}{2r}\boldsymbol{e}_z\times\frac{\boldsymbol{r}}{r}-\frac{\mu_0 \boldsymbol{J}a^2}{2r'}\boldsymbol{e}_z\times\frac{\boldsymbol{r}'}{r'}\\&=\frac{\mu_0 \boldsymbol{J}}{2}\boldsymbol{e}_z\times\left(\frac{b^2\boldsymbol{r}}{r^2}-\frac{a^2\boldsymbol{r}'}{r'^2}\right)\end{aligned}$$

在空腔与大圆柱体之间：

$$\begin{aligned}\boldsymbol{B}&=B_\phi+B_{\phi'}=\frac{\mu_0 \boldsymbol{J}r}{2}\boldsymbol{e}_z\times\frac{\boldsymbol{r}}{r}-\frac{\mu_0 \boldsymbol{J}a^2}{2r'}\boldsymbol{e}_z\times\frac{\boldsymbol{r}'}{r'}\\&=\frac{\mu_0 \boldsymbol{J}}{2}\boldsymbol{e}_z\times\left(\boldsymbol{r}-\frac{a^2\boldsymbol{r}'}{r'^2}\right)\end{aligned}$$

在空腔内：

$$\begin{aligned}\boldsymbol{B}&=B_\phi+B_{\phi'}=\frac{\mu_0 \boldsymbol{J}r}{2}\boldsymbol{e}_z\times\frac{\boldsymbol{r}}{r}-\frac{\mu_0 \boldsymbol{J}r'}{2}\boldsymbol{e}_z\times\frac{\boldsymbol{r}'}{r'}\\&=\frac{\mu_0 \boldsymbol{J}}{2}\boldsymbol{e}_z\times(\boldsymbol{r}-\boldsymbol{r}')=\frac{\mu_0 \boldsymbol{J}}{2}\boldsymbol{e}_z\times\boldsymbol{d}\end{aligned}$$

5.3　磁介质中的静磁场方程

前面讨论的都是静磁场在真空条件下的宏观和微观特征，那么静磁场在媒质中又有怎样的宏观和微观特征呢？也就是说在媒质中的静磁场方程如何呢？这就需要讨论媒质的特性及其与静磁场的相互作用。能够与磁场相互作用的媒质称为磁介质。磁介质与磁场的相互作用主要表现为磁场使得介质产生磁化现象，而磁化介质本身又产生磁场，对原磁场产生作用。

5.3.1　介质的磁化

传导电流产生磁场的性质在第 4 章已讨论，这里讨论分子电流产生的磁场特性。在外磁场作用下，呈现出明显磁性的物质称为磁介质。物质的磁性来源于分子中原子内的带电粒子的运动，因此一般常用一个简单的原子模型来解释物质的磁性。我们知道，原子由原子核和它周围的电子所组成，电子在自己的轨道中以恒定速度绕原子核旋转，形成了一个环形电流，它相当于一个磁偶极子，将其磁偶极矩称为电子轨道磁矩。电子在绕原子核运动的同时，电子本身还要自旋，其自旋形成的电流也相当于一个磁偶极子，将此磁偶极矩称为电子自旋磁矩。另外，原子核本身也在自旋中，它形成的磁偶极矩称为原子核自旋磁矩。总之，原子中存在三种磁矩，即电子轨道磁矩、电子自旋磁矩和原子核自旋磁矩。一个分子中形成的所有原子磁矩的总和称为分子的固有磁矩。一般情况下，可以忽略原子的自旋，每个磁介质分子(或原子)等效于一个环形电流，称为分子电流。分子电流的磁偶极矩称为分子磁矩 $\boldsymbol{p}_{\mathrm{m}}$，即

$$\boldsymbol{p}_{\mathrm{m}} = i\Delta \boldsymbol{S} \tag{5.3-1}$$

式中：i 为分子电流；$\Delta\boldsymbol{S}=\boldsymbol{e}_{\mathrm{n}}\Delta S$ 为分子电流所围的面积元矢量，其方向与 i 流动的方向成右手螺旋关系。

无外磁场时，物质中的分子磁矩不规则排列，各个分子磁矩无序，合成磁矩为零，宏观上对外不显磁性。在外磁场作用下，物质中的分子磁矩都将受到一个扭矩作用，分子磁矩沿外磁场取向，所有分子磁矩都趋于与外磁场方向一致排列，合成磁矩不为零，结果对外产生磁效应，宏观上显示出磁性，这种现象称为物质的磁化，如图 5.3－1 所示。

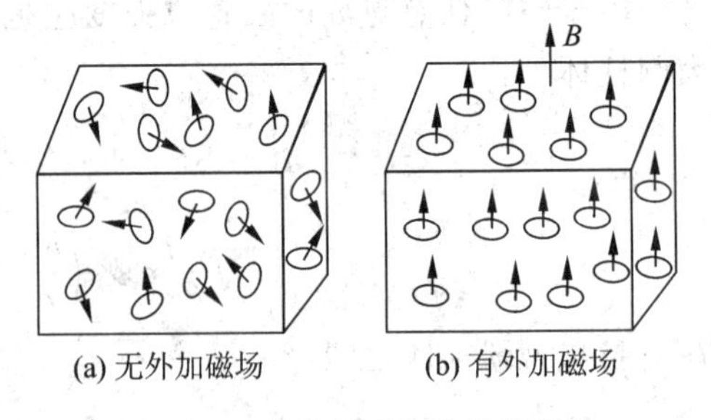

图 5.3－1　磁介质中的分子磁矩

总之，磁介质与磁场的相互作用主要表现在两个方面：其一是在外加磁场作用下，磁介质中的分子磁矩沿外磁场取向，磁介质被磁化；其二是磁化后的磁介质要产生附加的磁场，该附加磁场对原来的外磁场产生作用，使整个磁场分布发生变化。因此，磁介质中的磁感应强度 $\boldsymbol{B}$ 可视为外磁感应强度 $\boldsymbol{B}_0$ 与磁化电流产生的附加磁感应强度 $\boldsymbol{B}'$ 的矢量叠加，即

$$\boldsymbol{B} = \boldsymbol{B}_0 + \boldsymbol{B}' \tag{5.3-2}$$

5.3.2　磁化强度与磁化电流

1. 磁化强度

由于组成媒质的介质不同，在相同的外磁场作用下，不同磁介质的磁化程度也不一样。为了分析磁介质磁化的宏观效应，常引入磁化强度 $\boldsymbol{M}$ 这一物理量来表征磁介质的磁化性质。磁化强度是一个矢量，定义单位体积内分子磁矩的矢量和，表示为

$$\boldsymbol{M} = \lim_{\Delta V\to 0}\frac{\sum_i \boldsymbol{p}_{\mathrm{m}i}}{\Delta V} \tag{5.3-3}$$

式中：ΔV 为矢径 $\boldsymbol{r}$ 处的体积元；$\boldsymbol{p}_{\mathrm{m}i}$ 为体积 ΔV 内的第 i 个分子的磁矩；$\boldsymbol{M}$ 为磁化强度，也称为磁化密度，其单位为 A/m(安培/米)。

磁化强度 $\boldsymbol{M}$ 是描述磁介质磁化程度的物理量，表示介质的磁化状态，即磁化方向和程度。在磁介质内，如果各点的磁化强度 $\boldsymbol{M}$ 都相同，则该磁介质称为均匀磁介质，否则称为非均匀磁介质。如果组成磁介质的各个分子磁矩的大小和方向都相同，则磁化强度 $\boldsymbol{M}$ 可写成：

$$\boldsymbol{M} = n\boldsymbol{p}_{\mathrm{m}} \tag{5.3-4}$$

其中，n 为组成磁介质的分子磁矩个数。

2. 磁化电流

同电介质极化后在电介质内部和表面出现极化电荷相类似，磁介质被磁化后，在其内部与表面上可能出现电流分布，称为磁化电流 I_{M}。由于磁化电流是磁介质被磁化引起的，因此磁化电流必定与磁化强度有关。

在磁介质中任意取一由边界回路 C 构成的曲面 S，使曲面 S 的法线方向与回路 C 的绕

行方向构成右手螺旋关系。在曲面 S 外，没有穿过曲面 S 的分子电流不会对磁化电流有贡献。在曲面 S 内，由于分子电流沿相反方向穿过两次曲面 S，其作用相互抵消，也不会对磁化电流产生贡献。可见，只有环绕边界曲线 C 的分子电流才对穿过曲面 S 的磁化电流有贡献，如图 5.3－2(a)所示。

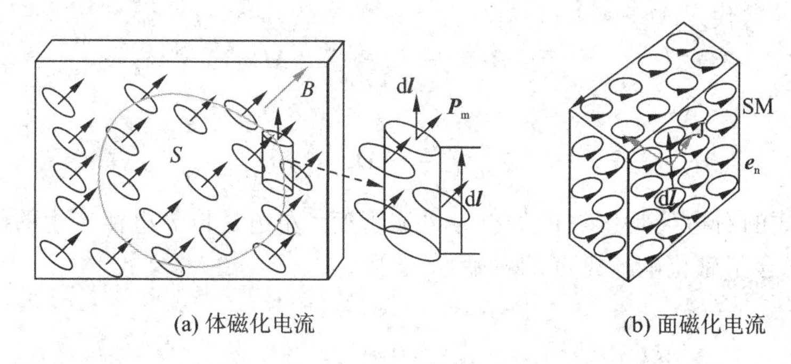

图 5.3－2　磁介质中的磁化电流

以 $\mathrm{d}\boldsymbol{l}$ 为轴线，以分子电流环面积 ΔS 为底面，以 $\mathrm{d}\boldsymbol{l}$ 为高度作一圆柱面。可见只有中心在圆柱面内的分子电流环绕 $\mathrm{d}\boldsymbol{l}$，从而对圆柱体内的磁化电流有贡献。中心在圆柱面内的分子电流数目等于圆柱内的分子数目。设磁介质单位体积中的分子数目为 N，每个分子电流 i 的磁矩为 $\boldsymbol{p}_{\mathrm{m}}=i\Delta\boldsymbol{S}$，则环绕线元 $\mathrm{d}l$ 的磁化电流 $\mathrm{d}I_{\mathrm{M}}$ 为

$$\mathrm{d}I_{\mathrm{M}}=Ni\Delta\boldsymbol{S}\cdot\mathrm{d}\boldsymbol{l}=N\boldsymbol{p}_{\mathrm{m}}\cdot\mathrm{d}\boldsymbol{l}=\boldsymbol{M}\cdot\mathrm{d}\boldsymbol{l} \tag{5.3-5}$$

这样穿过整个曲面 S 的磁化电流 I_{M} 为

$$I_{\mathrm{M}}=\oint_{l}\mathrm{d}I_{\mathrm{M}}=\oint_{l}\boldsymbol{M}\cdot\mathrm{d}\boldsymbol{l} \tag{5.3-6}$$

根据斯托克斯定理 $\oint_{l}\boldsymbol{A}\cdot\mathrm{d}\boldsymbol{l}=\int_{S}\nabla\times\boldsymbol{A}\cdot\mathrm{d}\boldsymbol{S}$，式(5.3－6)可变为

$$I_{\mathrm{M}}=\oint_{l}\boldsymbol{M}\cdot\mathrm{d}\boldsymbol{l}=\int_{S}\nabla\times\boldsymbol{M}\cdot\mathrm{d}\boldsymbol{S} \tag{5.3-7}$$

考虑用磁化电流密度 $\boldsymbol{J}_{\mathrm{M}}$ 描述磁化电流，即

$$I_{\mathrm{M}}=\int_{S}\boldsymbol{J}_{\mathrm{M}}\cdot\mathrm{d}\boldsymbol{S} \tag{5.3-8}$$

由式(5.3－7)与式(5.3－8)可以得到磁化电流密度与磁化强度的关系为

$$\boldsymbol{J}_{\mathrm{M}}=\nabla\times\boldsymbol{M} \tag{5.3-9}$$

通过磁化电流密度与磁化强度的关系可以计算磁介质内部的磁化电流分布。在实际工程应用中，有时需要获得磁介质表面上的磁化电流密度。如图 5.3－2(b)所示，在紧贴磁介质表面取一长度元 $\mathrm{d}\boldsymbol{l}=\boldsymbol{e}_{\mathrm{t}}\mathrm{d}l$，与此长度元交链的磁化电流为 $\mathrm{d}I_{\mathrm{M}}=\boldsymbol{M}\cdot\boldsymbol{e}_{\mathrm{t}}\mathrm{d}l=M_{\mathrm{t}}\mathrm{d}l$。这里，$\boldsymbol{e}_{\mathrm{t}}$ 为磁介质表面的切向单位矢量，M_{t} 为磁化强度矢量的切向分量，故可得磁化电流的面密度 $\boldsymbol{J}_{\mathrm{SM}}=M_{\mathrm{t}}$，即

$$\boldsymbol{J}_{\mathrm{SM}}=\boldsymbol{M}\times\boldsymbol{e}_{\mathrm{n}} \tag{5.3-10}$$

5.3.3　磁场强度与磁介质中的安培环路定理

磁介质的磁化过程包括两个方面：① 外加磁场的作用使介质磁化，产生磁化电流；② 磁化电流又产生磁场，它又影响外磁场。可见，磁化电流是联系两个效应的物理量，因

此，在磁介质中的磁场应是外加磁场与磁化电流产生的磁场的叠加结果，即磁介质中的磁感应强度 $\boldsymbol{B}=\boldsymbol{B}_0+\boldsymbol{B}_M$。$\boldsymbol{B}_0$ 为外加磁感应强度，$\boldsymbol{B}_M$ 为磁化电流产生的磁感应强度。

将真空中的安培环路定理推广到磁介质中，则有

$$\nabla\times\boldsymbol{B}=\mu_0(\boldsymbol{J}+\boldsymbol{J}_M) \tag{5.3-11}$$

将式(5.3-9)代入式(5.3-11)有

$$\nabla\times\boldsymbol{B}=\mu_0(\boldsymbol{J}+\nabla\times\boldsymbol{M}) \tag{5.3-12}$$

整理式(5.3-12)得

$$\nabla\times\left[\frac{\boldsymbol{B}}{\mu_0}-\boldsymbol{M}\right]=\boldsymbol{J} \tag{5.3-13}$$

可见，上式的右边仅是区域内的传导电流密度，左边是传导电流产生的磁场和磁介质的磁化强度(隐含了磁化电流密度的贡献)的旋度。

定义

$$\boldsymbol{H}=\frac{\boldsymbol{B}}{\mu_0}-\boldsymbol{M} \tag{5.3-14}$$

称 $\boldsymbol{H}$ 为磁场强度，它是包含了磁化效应的物理量，单位为 A/m(安培/米)。

引入磁化强度后，式(5.3-13)变为

$$\nabla\times\boldsymbol{H}=\boldsymbol{J} \tag{5.3-15}$$

此式称为磁介质中安培环路定理的微分形式。它是引入磁场强度矢量后得到的，表明磁介质内任意一点的磁场强度的旋度等于该点的传导电流的体密度。

对式(5.3-15)两边积分，并利用斯托克斯定理，可以得到

$$\oint_C\boldsymbol{H}(r)\cdot d\boldsymbol{l}=\int_S\boldsymbol{J}(r)\cdot d\boldsymbol{S}=I \tag{5.3-16}$$

此式称为磁介质中安培环路定理的积分形式。它表明磁场强度沿磁介质内任意闭合路径的环量等于与该闭合路径交链的传导电流，而与闭合路径的形状、大小等参数无关。

5.3.4　磁介质的本构关系

在真空中采用磁感应强度 $\boldsymbol{B}$ 来描述磁场特征，在磁介质中采用磁场强度 $\boldsymbol{H}$ 来描述磁场特征。由于磁场强度和磁感应强度都是描述磁场特征的物理量，因此两者之间一定存在关系，称为本构关系。从磁场强度的定义中可知，磁场强度包含磁感应强度和磁化强度两部分贡献，而磁化强度是对磁介质被磁化程度的表征，因此磁感应强度和磁场强度的关系必与磁介质有关。

1. 磁介质的分类

自然界中有许多种不同特性的磁介质。实验结果表明，对于线性、各向同性的磁介质，磁化强度 $\boldsymbol{M}$ 与磁场强度 $\boldsymbol{H}$ 成正比，即

$$\boldsymbol{M}=\chi_m\boldsymbol{H} \tag{5.3-17}$$

式中，χ_m 为磁介质的磁化率，无量纲。

不同的磁介质有不同的磁化率。根据磁介质的磁化特性可将常用磁介质分为以下几种：

1) 抗磁性介质

当介质的磁化率 $\chi_m<0$ 时，磁介质称为抗磁体，也就是说该介质具有抗磁性。自然界

中几乎所有的物质都具有抗磁性。抗磁性源于外加磁场改变了电子绕原子核作轨道旋转的运动状态，从而产生了一个与外加磁场方向相反的附加分子磁矩，此为抗磁性磁化。抗磁性效应通常很弱，且随外加磁场的取消而消失，如金、银和铜等属于抗磁性介质。

2）顺磁性介质

当介质的磁化率$\chi_m>0$时，磁介质称为顺磁体，也就是说该介质具有顺磁性。自然界中只有一部分物质具有顺磁性。即使无外加磁场，该类物质分子的固有磁矩也不为零，只是由于热运动导致分子固有磁矩混乱排列，使得物质在总体上不产生宏观的磁场；当有外加磁场时，分子的固有磁矩将受到一个企图使它们沿外加磁场取向的力矩，该力矩与热运动的共同作用使得固有磁矩部分沿外磁场取向，此为顺磁性磁化。当然，顺磁性介质同时存在抗磁性磁化，只是由于顺磁性效应远大于抗磁性效应，使该物质最终呈现顺磁性。物质的顺磁性效应通常也很弱，且随外加磁场的取消而消失，如镁、锂和钨等属于顺磁性介质。

3）铁磁性介质

当介质的磁化率$\chi_m\gg0$时，磁介质称为铁磁体。铁磁性介质的磁化率χ_m非常大，自然界中只有铁、镍和钴等少数物质属于铁磁性介质。无外加磁场，该类媒质分子的固有磁矩在极小区域内就有一定程度的一致取向，从而形成不为零的磁畴(媒质内分子固有磁矩自发一致取向的极小区域)磁矩。虽然各磁畴内分子的固有磁矩取向一致，但每个磁畴磁矩的取向杂乱无序，使得媒质无外加磁场时对外不显磁性。当有外加磁场时，一方面磁畴的范围会扩大，另一方面每个磁畴磁矩会沿外加磁场排列，从而产生很强的顺磁效应，此效应称为铁磁性介质的磁化。

铁磁性物质被磁化后，如果撤去外磁场后部分磁畴的取向仍保持一致，对外仍然呈现磁性，则此种情况称为剩余磁化。另外，铁磁材料的磁性和温度也有很大关系，当超过某一温度值后，铁磁材料会失去磁性，这个温度称为居里点。

无论是抗磁性介质还是顺磁性介质，由于它们的磁化效应都很弱，通常将它们统称为非铁磁性物质。铁磁性物质的磁场强度$\boldsymbol{H}$与磁感应强度$\boldsymbol{B}$之间是非线性关系。

4）亚铁磁性介质

在亚铁磁性介质中，由于部分反向磁矩的存在，其磁性比铁磁材料的要弱，铁氧体属于一种亚铁磁质。

2. 本构关系

鉴于常用磁介质的一般情况，除非特别说明，在以后讨论中的磁介质均为线性、各向同性的均匀介质，这种情况下的磁化率是一无量纲的常数。

将式(5.3-17)代入式(5.3-14)中，则有

$$\boldsymbol{H}=\frac{\boldsymbol{B}}{\mu_0}-\chi_m\boldsymbol{H} \tag{5.3-18}$$

则

$$\boldsymbol{B}=\mu_0(1+\chi_m)\boldsymbol{H} \tag{5.3-19}$$

令

$$\begin{cases}\mu_r = 1+\chi_m \\ \mu = \mu_r\mu_0\end{cases} \tag{5.3-20}$$

式中：μ_r为磁介质的相对磁导率，无量纲；μ 为磁介质的磁导率，单位为 H/m（亨利/米），它是相对磁导率 μ_r与真空中磁导率 μ_0的乘积。表 5.3-1 给出了典型磁介质的近似相对磁导率。

表 5.3-1　典型磁介质的近似相对磁导率

材　料	种　类	μ_r	材　料	种　类	μ_r
铋	抗磁体	0.999 83	钴	铁磁体	250
金	抗磁体	0.999 96	镍	铁磁体	600
银	抗磁体	0.999 98	锰锌铁氧体	铁磁体	1500
铜	抗磁体	0.999 99	低碳钢	铁磁体	2000
水	抗磁体	0.999 99	坡莫合金 45	铁磁体	2500
空气	顺磁体	1.000 00	纯铁	铁磁体	4000
铝	顺磁体	1.000 02	铁镍合金	铁磁体	100 000

由式(5.3-19)和式(5.3-20)可得

$$\boldsymbol{B} = \mu_0\mu_r\boldsymbol{H} = \mu\boldsymbol{H} \tag{5.3-21}$$

上式称为线性、各向同性的均匀磁介质的本构关系。说明磁介质中的磁感应强度 $\boldsymbol{B}$ 与磁场强度 $\boldsymbol{H}$ 的方向相同，大小成比例，即成线性关系。

对于各向异性磁介质，磁导率 μ 不再为常数，而是一个张量，表示为 $\boldsymbol{\mu}$。此时，磁感应强度 $\boldsymbol{B}$ 与磁场强度 $\boldsymbol{H}$ 不再成线性关系，两者的关系为

$$\boldsymbol{B} = \boldsymbol{\mu}\cdot\boldsymbol{H} \tag{5.3-22}$$

在直角坐标系下可写成

$$\begin{bmatrix}B_x\\B_y\\B_z\end{bmatrix} = \begin{bmatrix}\mu_{xx} & \mu_{xy} & \mu_{xz}\\ \mu_{yx} & \mu_{yy} & \mu_{yz}\\ \mu_{zx} & \mu_{zy} & \mu_{zz}\end{bmatrix}\begin{bmatrix}H_x\\H_y\\H_z\end{bmatrix} \tag{5.3-23}$$

5.3.5　介质中的静磁场方程

磁介质中的静磁场也是一个矢量场。由于磁介质中的静磁场是传导电流产生的场与磁化电流产生场的合成场，因此，磁介质的静磁场可用磁场强度的旋度或环量来描述，它是其宏观特性描述。当然，描述一个矢量场也需要用散度和旋度两个量来描述其微观特性。由于磁介质的静磁场是一个无源有旋场，因此磁介质的磁感应强度的散度与真空中的电场散度相同，仍等于 0。

通过对前面的讨论，可归纳总结出磁介质中的静磁场特性。磁介质的静磁场方程的微分形式为

$$\begin{cases}\nabla\times\boldsymbol{H} = \boldsymbol{J} \\ \nabla\cdot\boldsymbol{B} = 0\end{cases} \tag{5.3-24}$$

磁介质的静磁场方程的积分形式为

$$\begin{cases}\oint_C \boldsymbol{H}\cdot d\boldsymbol{l}=\int_S \boldsymbol{J}\cdot d\boldsymbol{S}=I\\ \oint_S \boldsymbol{B}\cdot d\boldsymbol{S}=0\end{cases}\tag{5.3-25}$$

【例题 5-5】 有一磁导率为 μ、半径为 a 的无限长导磁圆柱，其轴线处有无限长的线电流 I，圆柱外是空气，求圆柱内外的磁场强度、磁感应强度和磁化强度的分布。

解　选取圆柱坐标系。由于无限长导磁圆柱的轴线处有无限长的线电流 I，则其磁场强度 $\boldsymbol{H}$、磁感应强度 $\boldsymbol{B}$ 和磁化强度 $\boldsymbol{M}$ 必定与线电流垂直，且具有轴对称性。如果线电流方向取为 z 方向，则 $\boldsymbol{H}$、$\boldsymbol{B}$ 和 $\boldsymbol{M}$ 必定为 ϕ 方向。

根据安培环路定律 $\oint_C \boldsymbol{H}\cdot d\boldsymbol{l}=\int_S \boldsymbol{J}\cdot d\boldsymbol{S}=I$，可得 $\boldsymbol{H}\cdot 2\pi\rho=I$，则导磁圆柱内外的磁场强度 $\boldsymbol{H}$ 为

$$\boldsymbol{H}=\boldsymbol{e}_\phi\frac{I}{2\pi\rho}$$

由于导磁圆柱内外的磁导率不同，则对应的磁感应强度也不相同。根据本构关系 $\boldsymbol{B}=\mu\boldsymbol{H}$，则有

$$\boldsymbol{B}=\begin{cases}\mu\boldsymbol{H}=\boldsymbol{e}_\phi\dfrac{\mu I}{2\pi\rho} & \rho<a\\ \mu_0\boldsymbol{H}=\boldsymbol{e}_\phi\dfrac{\mu_0 I}{2\pi\rho} & \rho>a\end{cases}$$

根据 $\boldsymbol{H}$、$\boldsymbol{B}$ 和 $\boldsymbol{M}$ 之间的关系 $\boldsymbol{H}=\dfrac{\boldsymbol{B}}{\mu_0}-\boldsymbol{M}$，则有

$$\boldsymbol{M}=\frac{\boldsymbol{B}}{\mu_0}-\boldsymbol{H}=\begin{cases}\boldsymbol{e}_\phi\dfrac{(\mu-\mu_0)I}{2\pi\mu_0\rho} & \rho<a\\ 0 & \rho>a\end{cases}$$

【例题 5-6】 如图 5.3-3 所示，同轴线的内导体半径为 a，外导体的内半径为 b，外半径为 c。设内、外导体分别流过反向的电流 I，两导体之间介质的磁导率为 μ，求各区域的磁场强度 H 和磁感应强度 B。

同轴线电缆磁场强度图

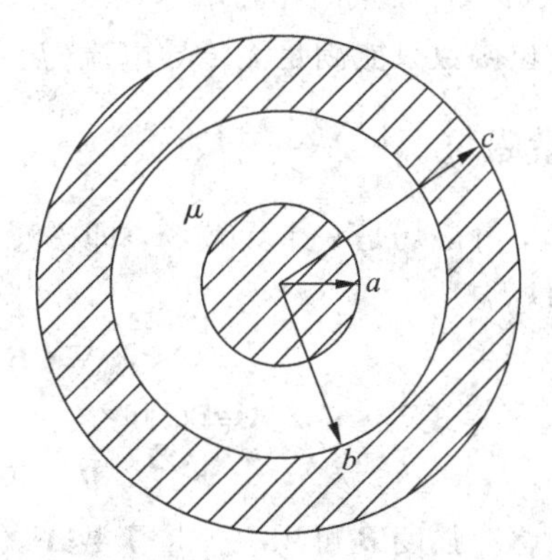

图 5.3-3　例题 5-6 图

解　因同轴线为无限长，则其磁场沿轴线无变化，该磁场只有 ϕ 分量，且其大小只是 r 的函数。分别在各区域使用介质中的安培环路定律求出各区的磁场强度 H，然后由 H 求出 B。

当 $r\leqslant a$ 时，电流 I 在导体内均匀分布，且流向 $+z$ 方向。

因为

$$\boldsymbol{J}=\frac{I}{\pi a^2};\int_S \boldsymbol{J}\cdot \mathrm{d}\boldsymbol{S}=\boldsymbol{J}\cdot\pi r^2=I\frac{r^2}{a^2};\int_C \boldsymbol{H}\cdot \mathrm{d}\boldsymbol{l}=\int_C H_\phi r\mathrm{d}\phi=H_\phi 2\pi r$$

则由安培环路定律得

$$\boldsymbol{H}=\boldsymbol{e}_\phi\frac{Ir}{2\pi a^2}$$

考虑这一区域的磁导率为μ_0，可得

$$\boldsymbol{B}=\boldsymbol{e}_\phi\frac{\mu_0 Ir}{2\pi a^2}$$

当$a<r\leqslant b$时，与积分回路交链的电流为I，该区磁导率为μ，同理可得

$$\boldsymbol{H}=\boldsymbol{e}_\phi\frac{I}{2\pi r},\ \boldsymbol{B}=\boldsymbol{e}_\phi\frac{\mu_0 I}{2\pi r}$$

当$b<r\leqslant c$时，考虑到外导体电流均匀分布，可得出与积分回路交链的电流为

$$I'=I-\frac{r^2-b^2}{c^2-b^2}I$$

则

$$\boldsymbol{H}=\boldsymbol{e}_\phi\frac{I}{2\pi r}\frac{c^2-r^2}{c^2-b^2},\ \boldsymbol{B}=\boldsymbol{e}_\phi\frac{\mu_0 I}{2\pi r}\frac{c^2-r^2}{c^2-b^2}$$

当$c<r$时，由于与积分回路交链的电流为0，则

$$\boldsymbol{B}=\boldsymbol{H}=0$$

5.4　矢量磁位与标量磁位

一般情况直接求解磁场常常较为困难或不方便。同电场求解中引入电位函数使得求解变为简化相类似，在求解磁场问题时也引入辅助位函数。根据磁场的特性，在磁场求解中引入的辅助位函数有两个，即矢量磁位函数和标量磁位函数。在这一点上它与在电场中只引入电位函数(标量)不同。在磁场求解中引入的矢量磁位函数可满足一般的磁场边界条件，而标量磁位函数只能满足无传导电流($J=0$)的特殊情况。

5.4.1　矢量磁位

我们知道，静磁场是一个无散场，即磁感应强度的散度等于0，这也是静磁场的基本方程之一，即

$$\nabla\cdot\boldsymbol{B}=0 \tag{5.4-1}$$

根据矢量恒等式$\nabla\cdot\nabla\times\boldsymbol{A}\equiv 0$，可令

$$\boldsymbol{B}=\nabla\times\boldsymbol{A} \tag{5.4-2}$$

也就是说，磁感应强度$\boldsymbol{B}$可用一矢量函数$\boldsymbol{A}$的旋度来表示，称这一矢量函数$\boldsymbol{A}$为矢量磁位函数，简称磁矢位，单位为T·m(特斯拉·米)或Wb/m(韦伯/米)。磁矢位同磁感应强度一样，也是一个矢量。

式(5.4-2)表明了磁感应强度与磁矢位的关系。由于磁感应强度与电流分布有关，尽管从表面上看磁矢位$\boldsymbol{A}$是一个物理意义不太明确的辅助物理量，但是它却是隐含了与电流

分布密切相关的矢量。磁感应强度和磁矢位两者的本源都是电流分布。

由前面的讨论知道，磁感应强度 $\boldsymbol{B}$ 为

$$\boldsymbol{B}(r)=\frac{\mu_0}{4\pi}\int_V \nabla\times\frac{\boldsymbol{J}(r')}{|\boldsymbol{r}-\boldsymbol{r}'|}\mathrm{d}V'=\nabla\times\frac{\mu_0}{4\pi}\int_V\frac{\boldsymbol{J}(r')}{|\boldsymbol{r}-\boldsymbol{r}'|}\mathrm{d}V' \tag{5.4-3}$$

式中，$\boldsymbol{r}'$为电流源点所在的位置矢量(源的矢径)，$\boldsymbol{r}$ 为磁场的位置矢量(场的矢径)。

由式(5.4-2)和式(5.4-3)可以得到磁矢位 $\boldsymbol{A}$ 的表达式为

$$\boldsymbol{A}(r)=\frac{\mu_0}{4\pi}\int_V\frac{\boldsymbol{J}(r')}{|\boldsymbol{r}-\boldsymbol{r}'|}\mathrm{d}V'+C \tag{5.4-4}$$

同理，面电流分布系统和线电流分布系统的磁矢位为

$$\boldsymbol{A}(r)=\begin{cases}\dfrac{\mu_0}{4\pi}\displaystyle\int_S\frac{\boldsymbol{J}_S(r')}{|\boldsymbol{r}-\boldsymbol{r}'|}\mathrm{d}S'+C & \text{面电流}\\[2ex] \dfrac{\mu_0 I}{4\pi}\displaystyle\int_l\frac{\mathrm{d}\boldsymbol{l}'}{|\boldsymbol{r}-\boldsymbol{r}'|}+C & \text{线电流}\end{cases} \tag{5.4-5}$$

由于式(5.4-2)引入的磁矢位只是规定了磁矢位的旋度。根据亥姆霍兹定理，一个矢量场需由它的旋度和散度共同确定。因此，要使得引入的磁矢位能够唯一确定一个磁矢量场，还必须再引入磁矢位的散度，即必须对磁矢位 $\boldsymbol{A}$ 的散度作一个规定。对于静磁场，一般规定：

$$\nabla\cdot\boldsymbol{A}=0 \tag{5.4-6}$$

称这种规定为库仑规范。这样，由于磁矢位有散度和旋度两个条件，则该磁矢位就可唯一确定。

5.4.2　标量磁位

一般情况下，静磁场只能引入磁矢位来描述，但在无传导电流($J=0$)的空间中，因有$\nabla\times\boldsymbol{H}=0$，它同静电场中因$\nabla\times\boldsymbol{E}=0$而引入电位 φ 一样，可以引入一个标量磁位 φ_m，即

$$\boldsymbol{H}(\boldsymbol{r})=-\nabla\varphi_m \tag{5.4-7}$$

也就是说，在 $J=0$ 的情形下，磁场强度可用一标量函数 φ_m 的负梯度表示，称这一标量函数 φ_m 为标量磁位函数，简称磁标位。式中的负号是物理概念的需要，表示沿着磁场的方向磁标位降低。

5.4.3　磁矢位与磁标位的拉普拉斯方程和泊松方程

针对引入的磁矢位，在均匀、线性和各向同性的磁介质中，将 $\boldsymbol{H}=\dfrac{\boldsymbol{B}}{\mu}=\dfrac{1}{\mu}\nabla\times\boldsymbol{A}$ 代入磁场方程$\nabla\times\boldsymbol{H}=\boldsymbol{J}$，则有

$$\nabla\times\boldsymbol{H}=\frac{1}{\mu}\nabla\times\nabla\times\boldsymbol{A}=\boldsymbol{J} \tag{5.4-8}$$

根据矢量恒等式$\nabla\times\nabla\times\boldsymbol{A}\equiv\nabla(\nabla\cdot\boldsymbol{A})-\nabla^2\boldsymbol{A}$和库仑规范$\nabla\cdot\boldsymbol{A}=0$，式(5.4-8)可变为

$$\nabla^2\boldsymbol{A}=-\mu\boldsymbol{J} \tag{5.4-9}$$

该式称为磁矢位 $\boldsymbol{A}$ 的泊松方程。

在无源区($J=0$)中，式(5.4-9)可变为

$$\nabla^2\boldsymbol{A}=0 \tag{5.4-10}$$

该式称为磁矢位 $\boldsymbol{A}$ 的拉普拉斯方程。

∇^2是矢量拉普拉斯算子，在直角坐标系中，$\boldsymbol{A}=\boldsymbol{e}_xA_x+\boldsymbol{e}_yA_y+\boldsymbol{e}_zA_z$，$\boldsymbol{J}=\boldsymbol{e}_xJ_x+\boldsymbol{e}_yJ_y+\boldsymbol{e}_zJ_z$，则可将式(5.4-9)写成三个分量的标量方程，即

$$\begin{cases}\nabla^2 A_x=-\mu J_x\\ \nabla^2 A_y=-\mu J_y\\ \nabla^2 A_z=-\mu J_z\end{cases}\tag{5.4-11}$$

由于磁矢位 $\boldsymbol{A}$ 的每一个分量都满足泊松方程，这与静电场中电位 φ 满足泊松方程的形式一样，因此可以比拟写出各个标量方程，即

$$\begin{cases}A_x=\dfrac{\mu}{4\pi}\displaystyle\int_V\dfrac{J_x}{|\boldsymbol{r}-\boldsymbol{r}'|}\mathrm{d}V'\\ A_y=\dfrac{\mu}{4\pi}\displaystyle\int_V\dfrac{J_y}{|\boldsymbol{r}-\boldsymbol{r}'|}\mathrm{d}V'\\ A_z=\dfrac{\mu}{4\pi}\displaystyle\int_V\dfrac{J_z}{|\boldsymbol{r}-\boldsymbol{r}'|}\mathrm{d}V'\end{cases}\tag{5.4-12}$$

将三个分量方程解叠加即可得到磁矢位泊松方程的解，即式(5.4-4)。同样，也可以得到面电流分布系统和线电流分布系统的磁矢位泊松方程的解，即式(5.4-5)。

在实际计算中，如果已知传导电流的分布，则可通过解磁矢位的泊松方程得到磁矢位，然后用式(5.4-2)得到磁感应强度，再用本构关系得到磁场强度。在某种情况下这比直接由传导电流分布求磁场分布简单得多。

针对引入的磁标位，在均匀、线性和各向同性的磁介质中，将 $\boldsymbol{B}=\mu\boldsymbol{H}$ 和 $\boldsymbol{H}=-\nabla\varphi_{\mathrm{m}}$ 代入磁场方程 $\nabla\cdot\boldsymbol{B}=0$，则有

$$\nabla\cdot\boldsymbol{B}=\nabla\cdot(\mu\boldsymbol{H})=-\mu\nabla\cdot(\nabla\varphi_{\mathrm{m}})=0$$

即

$$\nabla^2\varphi_{\mathrm{m}}=0\tag{5.4-13}$$

该式称为磁标位 φ_{m} 的拉普拉斯方程。它与静电场中电位 φ 满足拉普拉斯方程完全类似，可用对比的方法求得其解。

我们知道，当空间有传导电流时，在静磁场中引入了磁矢位。当传导电流为 0 时，可以引入磁标位。同在静电场中引入了电位一样，辅助函数的引入都是为了使计算静态场问题得以简化。为了便于记忆与区分，这里把它进行了比较，如表 5.4-1 所示。

表 5.4-1 磁矢位、磁标位和电位的比较

比较内容	位函数		
	电位 φ（有源或无源）	磁标位 φ_{m}（无源）	磁矢位 $\boldsymbol{A}$（有源或无源）
引入位函数依据	$\nabla\times\boldsymbol{E}=0$	$\nabla\times\boldsymbol{H}=0$	$\nabla\cdot\boldsymbol{B}=0$
位与场的关系	$\boldsymbol{E}=-\nabla\varphi$ $\varphi=\int_B^A\boldsymbol{E}\cdot\mathrm{d}\boldsymbol{l}$	$\boldsymbol{H}=-\nabla\varphi_{\mathrm{m}}$ $\varphi_{\mathrm{m}}=\int_B^A\boldsymbol{H}\cdot\mathrm{d}\boldsymbol{l}$	$\boldsymbol{B}=\nabla\times\boldsymbol{A}$ $\oint_l\boldsymbol{A}\cdot\mathrm{d}\boldsymbol{l}=\int_S\boldsymbol{B}\cdot\mathrm{d}\boldsymbol{S}$
微分方程	$\nabla^2\varphi=-\dfrac{\rho}{\varepsilon}$	$\nabla^2\varphi_{\mathrm{m}}=0$	$\nabla^2\boldsymbol{A}=-\mu\boldsymbol{J}$
位与源的关系	$\varphi=\int_V\dfrac{\rho\mathrm{d}V}{4\pi\varepsilon r}$		$\boldsymbol{A}=\int_V\dfrac{\mu\boldsymbol{J}\mathrm{d}V}{4\pi r}$

【例题 5-7】 有一载流为 I 的短铜线，长度为 l，求远离短铜线($r\gg l$)的磁矢位和磁感应强度。

解　取圆柱坐标系。设短铜线上电流为 $\boldsymbol{e}_z I$，则磁矢位为

$$\boldsymbol{A}(r)=\boldsymbol{e}_z\frac{\mu_0}{4\pi}\int_l\frac{I\mathrm{d}l}{|\boldsymbol{r}-\boldsymbol{r}'|}=\boldsymbol{e}_z\frac{\mu_0}{4\pi}\int_{-l/2}^{l/2}\frac{I\mathrm{d}l}{|\boldsymbol{r}-\boldsymbol{r}'|}$$

由于 $r\gg l$，则

$$\boldsymbol{A}(r)=\boldsymbol{e}_z\frac{\mu_0}{4\pi}\int_{-l/2}^{l/2}\frac{I\mathrm{d}l}{|\boldsymbol{r}-\boldsymbol{r}'|}=\boldsymbol{e}_z\frac{\mu_0}{4\pi}\frac{Il}{\sqrt{\rho^2+z^2}}$$

因此

$$\boldsymbol{B}(r)=\nabla\times\boldsymbol{A}(r)=\begin{vmatrix}\boldsymbol{e}_\rho & \dfrac{1}{\rho}\boldsymbol{e}_\phi & \boldsymbol{e}_z\\ \dfrac{\partial}{\partial\rho} & \dfrac{\partial}{\partial\phi} & \dfrac{\partial}{\partial z}\\ A_\rho & A_\phi & A_z\end{vmatrix}$$

$$=-\boldsymbol{e}_\phi\frac{\partial A_z}{\partial\rho}=\boldsymbol{e}_\phi\frac{\mu_0}{4\pi}\frac{\rho Il}{(\rho^2+z^2)^{3/2}}$$

5.5　静磁场的边界条件

实际电磁场问题都是在一定的物理空间内发生，该空间中可能是由多种不同媒质组成的。边界条件就是不同媒质的分界面上的电磁场矢量满足的关系，是在不同媒质分界面上电磁场的基本属性。对于静磁场，边界条件就是磁感应强度和磁场强度在不同媒质分界面上满足的关系。

研究静磁场的边界条件出发点是静磁场基本方程。与静电场的边界条件相似，静磁场的边界条件也由其基本方程的积分形式导出。

为了使导出的边界条件不受所采用的坐标系限制，将场矢量在分界面上分解为垂直分界面的法向场矢量和平行于分界面的切向场矢量两部分。在静磁场基本方程中，分界面处磁感应强度的通量垂直于分界面，因此由它可导出其在分界面上法向的边界条件；磁场强度的环量平行于分界面，因此由它可导出其在分界面上切向的边界条件。

5.5.1　磁感应强度的法向边界条件

在两种磁介质(μ_1，μ_2)交界面上任取一点 P，作一个包围点 P 的圆柱闭合曲面 S，圆柱体上、下底面分别在分界面的两边，并与分界面平行，且为 ΔS。圆柱体的高度为 Δh(无限小量)，分界面的法向方向为 $\boldsymbol{e}_\mathrm{n}$(单位矢量)，如图 5.5-1 所示。分界面上的面电流密度为 $\boldsymbol{J}_\mathrm{S}$。

在圆柱闭合曲面上应用磁场的高斯定理 $\oint_S\boldsymbol{B}\cdot\mathrm{d}\boldsymbol{S}=0$，则

$$\oint_S\boldsymbol{B}\cdot\mathrm{d}\boldsymbol{S}=\int_{\text{上底面}}\boldsymbol{B}\cdot\mathrm{d}\boldsymbol{S}+\int_{\text{下底面}}\boldsymbol{B}\cdot\mathrm{d}\boldsymbol{S}+\int_{\text{侧面}}\boldsymbol{B}\cdot\mathrm{d}\boldsymbol{S}=0$$

当圆柱体的高度为 $\Delta h\to 0$ 时，磁感应强度 $\boldsymbol{B}$ 在圆柱侧面的积分趋于 0，这样有

$$\oint_S \boldsymbol{B} \cdot \mathrm{d}\boldsymbol{S} = \int_{\text{上底面}} \boldsymbol{B}_1 \cdot \boldsymbol{e}_\mathrm{n} \mathrm{d}S - \int_{\text{下底面}} \boldsymbol{B}_2 \cdot \boldsymbol{e}_\mathrm{n} \mathrm{d}S = 0 \tag{5.5-1}$$

因圆柱体的上、下底面积与所取分界面的面积都相等，则由式(5.5-1)可以得到

$$(\boldsymbol{B}_1 - \boldsymbol{B}_2) \cdot \boldsymbol{e}_\mathrm{n} = 0 \quad 或 \quad \boldsymbol{B}_{1\mathrm{n}} = \boldsymbol{B}_{2\mathrm{n}} \tag{5.5-2}$$

$\boldsymbol{B}_{1\mathrm{n}}$、$\boldsymbol{B}_{2\mathrm{n}}$分别表示介质1与介质2中在分界面法向方向的磁感应强度$\boldsymbol{B}$的分量。

式(5.5-2)称为磁感应强度的边界条件。它表明，分界面上磁感应强度的法向分量连续。

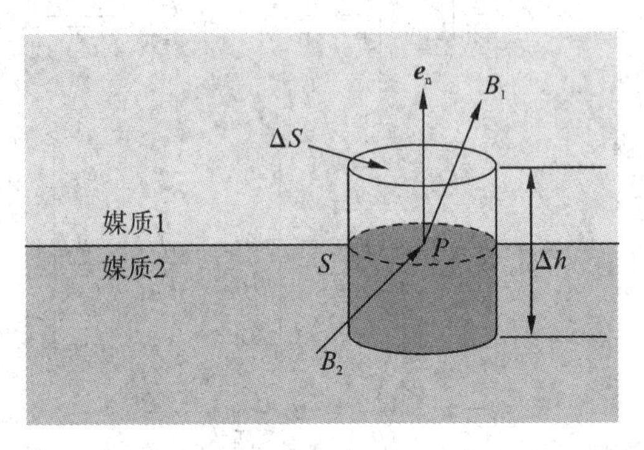

图 5.5-1 磁感应强度的法向边界条件

如果一个介质(假设介质2)是理想导体，由于理想导体内部不存在电磁场，则$\boldsymbol{B}_2=0$，磁感应强度在理想导体表面的边界条件为

$$\boldsymbol{B}_1 \cdot \boldsymbol{e}_\mathrm{n} = 0 \quad 或 \quad \boldsymbol{B}_{1\mathrm{n}} = 0 \tag{5.5-3}$$

表明在介质与理想导体的分界面上，磁感应强度的法向分量为0。

5.5.2 磁场强度的切向边界条件

在两种磁介质(μ_1，μ_2)交界面上任取一点，作一个包围该点的小环路，处于两介质内的长度为Δl_1，并与分界面平行，介于两介质之间的长度为Δl_2(无限小量)，分界面左边曲线段的切向方向为$\boldsymbol{e}_\mathrm{t}$(单位矢量)，如图5.5-2所示。

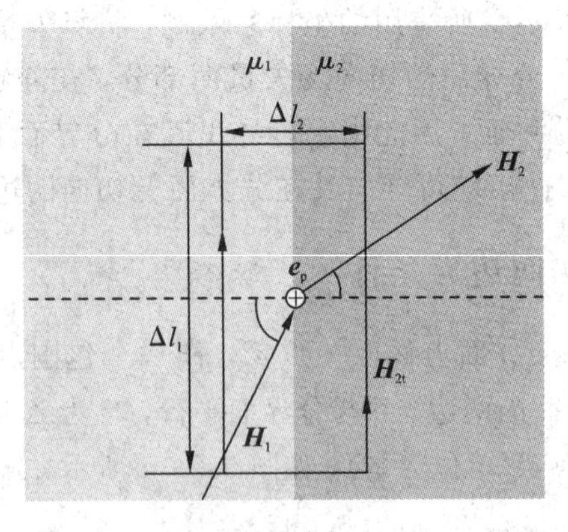

图 5.5-2 磁场强度的切向边界条件

在闭合小环路上应用磁场的安培环路定理$\oint_l \boldsymbol{H} \cdot \mathrm{d}\boldsymbol{l} = \int_S \boldsymbol{J} \cdot \mathrm{d}\boldsymbol{S} = I$，则

$$\oint_l \boldsymbol{H}\cdot \mathrm{d}\boldsymbol{l}=\int_{上边}\boldsymbol{H}\cdot \mathrm{d}\boldsymbol{l}+\int_{下边}\boldsymbol{H}\cdot \mathrm{d}\boldsymbol{l}+\int_{左边}\boldsymbol{H}\cdot \mathrm{d}\boldsymbol{l}+\int_{右边}\boldsymbol{H}\cdot \mathrm{d}\boldsymbol{l}=\int_S \boldsymbol{J}\cdot \mathrm{d}\boldsymbol{S}$$

当 $\Delta l_2\to 0$ 时，磁场强度在小环路上、下两边的积分趋于0，又有 $\mathrm{d}\boldsymbol{l}=\boldsymbol{e}_t\mathrm{d}l$，这样有

$$\begin{aligned}\int_{左边}\boldsymbol{H}\cdot \mathrm{d}\boldsymbol{l}+\int_{右边}\boldsymbol{H}\cdot \mathrm{d}\boldsymbol{l}&=\int_{\Delta l_1}\boldsymbol{H}_1\cdot \boldsymbol{e}_t\mathrm{d}l-\int_{\Delta l_1}\boldsymbol{H}_2\cdot \boldsymbol{e}_t\mathrm{d}l\\&=\int_{\Delta l_1}(\boldsymbol{H}_1-\boldsymbol{H}_2)\cdot \boldsymbol{e}_t\mathrm{d}l=\int_S \boldsymbol{J}\cdot \mathrm{d}\boldsymbol{S}\end{aligned}\tag{5.5-4}$$

由于

$$\int_S \boldsymbol{J}\cdot \mathrm{d}\boldsymbol{S}=\int_{\Delta l_1}\boldsymbol{J}_S\cdot \boldsymbol{e}_p\mathrm{d}l\tag{5.5-5}$$

式中：$\boldsymbol{J}_S$ 为分界面上的面电流密度；$\boldsymbol{e}_p$ 为面电流密度的方向单位矢量，在图5.5-2中的⊕处，表示垂直向内。

由式(5.5-4)与式(5.5-5)可以得到

$$(\boldsymbol{H}_1-\boldsymbol{H}_2)\cdot \boldsymbol{e}_t=\boldsymbol{J}_S\cdot \boldsymbol{e}_p$$

由于 $\boldsymbol{e}_t=\boldsymbol{e}_p\times \boldsymbol{e}_n$，则

$$(\boldsymbol{H}_1-\boldsymbol{H}_2)\cdot (\boldsymbol{e}_p\times \boldsymbol{e}_n)=\boldsymbol{J}_S\cdot \boldsymbol{e}_p\tag{5.5-6}$$

根据矢量等式 $\boldsymbol{A}\cdot(\boldsymbol{B}\times\boldsymbol{C})=\boldsymbol{B}\cdot(\boldsymbol{C}\times\boldsymbol{A})$，可以将式(5.5-6)变为

$$\boldsymbol{e}_p\cdot[\boldsymbol{e}_n\times(\boldsymbol{H}_1-\boldsymbol{H}_2)]=\boldsymbol{J}_S\cdot \boldsymbol{e}_p\tag{5.5-7}$$

从而可以得到

$$\boldsymbol{e}_n\times(\boldsymbol{H}_1-\boldsymbol{H}_2)=\boldsymbol{J}_S\quad 或\quad H_{1t}-H_{2t}=J_S\tag{5.5-8}$$

当分界面上有自由电荷存在时，磁场强度切向分量不连续且产生突变，其突变量等于分界面上的面电流密度。如果分界面上的面电流密度为0，则磁场强度的边界条件变为

$$\boldsymbol{e}_n\times(\boldsymbol{H}_1-\boldsymbol{H}_2)=0\quad 或\quad H_{1t}-H_{2t}=0\tag{5.5-9}$$

表明分界面上无面电流时，磁场强度的切向分量连续，不发生突变。

如果一个介质(假设介质2)是理想导体，由于理想导体内部不存在磁场，即 $\boldsymbol{H}_2=0$，则磁场强度在理想导体表面的边界条件为

$$\boldsymbol{e}_n\times\boldsymbol{H}_1=\boldsymbol{J}_S\quad 或\quad H_{1t}=J_S\tag{5.5-10}$$

表明在介质与理想导体的分界面上，磁场强度的切向分量等于面电流密度 $\boldsymbol{J}_S$。

5.5.3 磁力线在分界面上的折射

磁力线的折射现象

由静磁场的边界条件可知，磁力线在通过介质分界面后其方向发生改变。假设分界面上无面电流存在，借助本构关系 $\boldsymbol{B}=\mu\boldsymbol{H}$，静磁场的边界条件可变为

$$\begin{cases}\mu_1 H_1\cos\theta_1=\mu_2 H_2\cos\theta_2\\ H_1\sin\theta_1=H_2\sin\theta_2\end{cases}\tag{5.5-11}$$

式中，μ_1、μ_2 分别为介质1与介质2中的磁导率，$\boldsymbol{H}_1$、$\boldsymbol{H}_2$ 分别为介质1与介质2中的磁场强度，θ_1、θ_2 分别为 $\boldsymbol{H}_1$、$\boldsymbol{H}_2$ 与分界面法向矢量的夹角。

由式(5.5-11)可得到无面电流界面两侧磁场的方向关系，即

$$\frac{\tan\theta_1}{\tan\theta_2}=\frac{\mu_1}{\mu_2}\tag{5.5-12}$$

一般情况下，$\mu_1 \neq \mu_2$，所以 $\theta_1 \neq \theta_2$，可见磁力线在分界面上发生了折射现象。

5.5.4　磁矢位和磁标位在分界面上的边界条件

我们知道，磁场强度 $\boldsymbol{H}$ 或磁感应强度 $\boldsymbol{B}$ 与磁矢位 $\boldsymbol{A}$ 或磁标位 φ_m 有关系，即 $\boldsymbol{B}=\nabla\times\boldsymbol{A}$，$\boldsymbol{H}=-\nabla\varphi_m$。既然静磁场(磁场强度和磁感应强度)存在边界条件，那么磁矢位或磁标位必定也存在边界条件。磁矢位或磁标位的边界条件对于求解静磁场的泊松方程和拉普拉斯方程非常有用。

1. 磁矢位的边界条件

因为静磁场在不同媒质分界面上的边界条件为

$$\begin{cases}\boldsymbol{e}_n\times(\boldsymbol{H}_1-\boldsymbol{H}_2)=\boldsymbol{J}_S\\ \boldsymbol{e}_n\cdot(\boldsymbol{B}_1-\boldsymbol{B}_2)=0\end{cases}$$

根据磁介质的本构关系 $\boldsymbol{B}=\mu\boldsymbol{H}$ 和 $\boldsymbol{B}=\nabla\times\boldsymbol{A}$ 可以得到

$$\begin{cases}\boldsymbol{e}_n\times\left(\dfrac{1}{\mu_1}\nabla\times\boldsymbol{A}_1-\dfrac{1}{\mu_2}\nabla\times\boldsymbol{A}_2\right)=\boldsymbol{J}_S\\ \boldsymbol{A}_1=\boldsymbol{A}_2\end{cases}\tag{5.5-13}$$

此为不同媒质分界面上磁矢位 $\boldsymbol{A}$ 的边界条件，表明磁矢位 $\boldsymbol{A}$ 在边界上是连续的。

2. 磁标位的边界条件

我们知道，磁标位是在假设分界面上无面电流情况下引入的参数，这种情况下的磁场边界条件为

$$\begin{cases}\boldsymbol{e}_n\times(\boldsymbol{H}_1-\boldsymbol{H}_2)=0\\ \boldsymbol{e}_n\cdot(\boldsymbol{B}_1-\boldsymbol{B}_2)=0\end{cases}$$

根据磁介质的本构关系 $\boldsymbol{B}=\mu\boldsymbol{H}$ 和 $\boldsymbol{H}=-\nabla\varphi_m$ 可以得到

$$\begin{cases}\boldsymbol{e}_n\times(-\nabla\varphi_{m1}+\nabla\varphi_{m2})=0\\ \boldsymbol{e}_n\cdot(-\mu_1\nabla\varphi_{m1}+\mu_2\nabla\varphi_{m2})=0\end{cases}$$

类似静电场中获得电位边界条件的方法，将上式化简后可以得到

$$\begin{cases}\varphi_{m1}=\varphi_{m2}\\ \mu_1\dfrac{\partial\varphi_{m1}}{\partial n}=\mu_2\dfrac{\partial\varphi_{m2}}{\partial n}\end{cases}\tag{5.5-14}$$

此为不同媒质分界面上磁标位 φ_m 的边界条件，表明两介质分界面上的磁标位相等，说明磁标位是连续的，磁标位的法向导数满足一定的关系。

【例题 5-8】 设在自由空间有一个半径为 10 cm、相对磁导率为 5 的圆柱体理想介质，圆柱体内的磁感应强度按 $(0.2/\rho)\boldsymbol{e}_\phi$ 变化。求圆柱体外表面的磁感应强度。

解 选用圆柱坐标系。根据题意，在圆柱体的内表面的磁感应强度为

$$\boldsymbol{B}_1=\frac{0.2}{0.1}\boldsymbol{e}_\phi=2\boldsymbol{e}_\phi$$

与之对应的磁场强度为

$$\boldsymbol{H}_1=\frac{\boldsymbol{B}_1}{\mu}=\frac{2}{5\times4\pi\times10^{-7}}\boldsymbol{e}_\phi=3.1831\times10^5\boldsymbol{e}_\phi$$

由于圆柱体内表面的磁场强度与分界面 $\rho=0.1$ m 相切，且圆柱体为理想介质，即 $\boldsymbol{J}_S=0$。根据边界条件，在圆柱体外表面的磁场强度切向分量应与内表面的磁场强度切向分量相

等，即

$$\boldsymbol{H}_2 = \boldsymbol{H}_1 = 3.1831 \times 10^5 \boldsymbol{e}_\phi$$

则圆柱体外表面的磁感应强度为

$$\boldsymbol{B}_2 = \mu_0 \boldsymbol{H}_2 = 4\pi \times 10^{-7} \times 3.1831 \times 10^5 \boldsymbol{e}_\phi = 0.4 \boldsymbol{e}_\phi$$

5.6　电　　感

由毕奥—萨伐尔定律可知，电流回路在空间任意一点产生的磁感应强度 $\boldsymbol{B}$ 与电流 I 成正比。由式(5.2-6)可知，穿过以任意闭合回路为周界的任意曲面的磁通量 Φ 与磁感应强度 $\boldsymbol{B}$ 成正比。因此，磁通量 Φ 与电流 I 成正比。如果回路由 N 匝组成，则总磁通量是穿过各匝回路的磁通总和，称为磁链 Ψ。单匝线圈形成的回路的磁链定义为穿过该回路的磁通量，即 $\Psi=\Phi$；多匝线圈形成的导线回路的磁链定义为所有线圈的磁通总和，即 $\Psi=\sum_i \Phi_i$；如果是粗导线构成的回路，则磁链分为两部分，即 $\Psi=\Psi_o+\Psi_i$。其中，Ψ_o为粗导线包围的、磁力线不穿过导体的外磁通量形成的磁链，称为外磁链；Ψ_i为磁力线穿过导体、只有粗导线的一部分包围的内磁通量形成的磁链，称为内磁链，如图 5.6-1 所示。

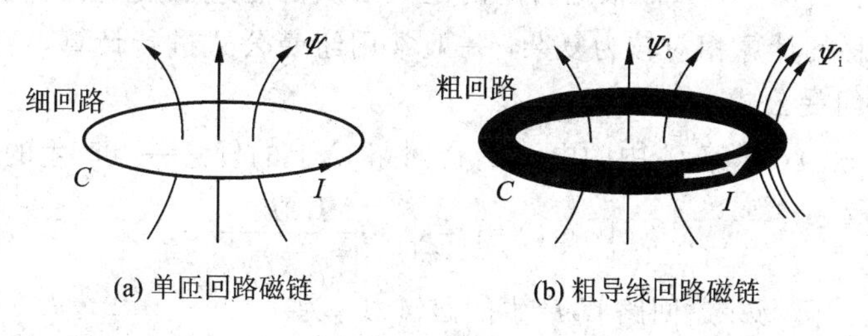

图 5.6-1　磁链

在静磁场中，定义穿过回路的磁链 Ψ 与回路中电流 I 的比值为电感系数，简称电感。电感可分为自感与互感两种。

5.6.1　自感

定义自感 L 为穿过以电流回路为周界的任意曲面的磁链 Ψ 与回路电流 I 之比，即

$$L = \frac{\Psi}{I} \tag{5.6-1}$$

自感 L 的单位为 H(亨利)。

粗导线回路的自感为

$$L = L_o + L_i = \frac{\Psi_o}{I} + \frac{\Psi_i}{I} \tag{5.6-2}$$

式中，L_i、L_o分别称为内自感和外自感，分别由内磁链和外磁链产生。

由于磁链由磁感应强度形成的磁通量产生，而磁感应强度与电流成正比，则可以看出，自感只与回路的几何形状、尺寸以及周围磁介质有关，而与电流无关。

5.6.2　互感

自感只有一个回路，而有两个回路才可产生互感，如图 5.6-2 所示。互感 M 定义为：

由载电流 I_1 的回路 C_1 产生的、穿过以回路 C_2 为周界的曲面的磁链 Ψ_{12} 与电流 I_1 之比。也就是说，有两个彼此邻近的闭合回路 C_1 和 C_2，其中，回路 C_1 通过的电流 I_1 产生的磁场，除了与本身交链产生自感外，还与回路 C_2 相交链，此交链的磁链 Ψ_{12} 与电流 I_1 之比称为回路 C_1 与回路 C_2 间的互感，以 M_{12} 表示，即

$$M_{12}=\frac{\Psi_{12}}{I_1} \tag{5.6-3}$$

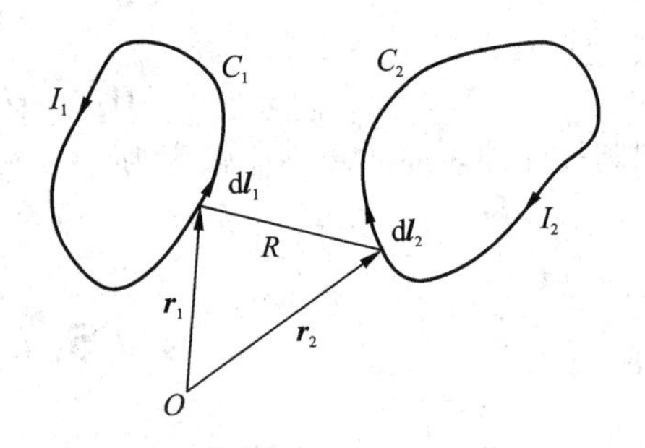

图 5.6-2　两回路间的互感

互感的单位与自感相同，即为 H(亨利)。

同理，回路 C_2 与回路 C_1 间的互感以 M_{21} 表示，即

$$M_{21}=\frac{\Psi_{21}}{I_2} \tag{5.6-4}$$

式中，Ψ_{21} 为回路 C_2 产生的、穿过以回路 C_1 为周界的曲面的磁链。

电感是回路自身几何参数的函数，因此电感的计算只是用回路自身的几何参数来表征。自感的计算非常简单，只需根据自感的定义以及磁感应强度的计算公式就可得到，这里不再叙述。互感的计算相对较为复杂，一般常用纽曼公式进行计算，利用磁矢位可以推导出计算互感的纽曼公式。

根据式(5.4-5)，回路 C_1 中的电流 I_1 在回路 C_2 上的任意一点产生的磁矢位为

$$\boldsymbol{A}_{12}(r_2)=\frac{\mu}{4\pi}\oint_{C_1}\frac{I_1\,\mathrm{d}\boldsymbol{l}_1}{|\boldsymbol{r}_2-\boldsymbol{r}_1|} \tag{5.6-5}$$

则由电流 I_1 产生的磁场穿过回路 C_2 产生的磁链 Ψ_{12} 为

$$\begin{aligned}\Psi_{12}&=\oint_{C_2}\boldsymbol{A}_{12}(r_2)\cdot\mathrm{d}\boldsymbol{l}_2=\oint_{C_2}\left[\frac{\mu I_1}{4\pi}\oint_{C_1}\frac{\mathrm{d}\boldsymbol{l}_1}{|\boldsymbol{r}_2-\boldsymbol{r}_1|}\right]\cdot\mathrm{d}\boldsymbol{l}_2\\&=\frac{\mu I_1}{4\pi}\oint_{C_2}\oint_{C_1}\frac{\mathrm{d}\boldsymbol{l}_1\cdot\mathrm{d}\boldsymbol{l}_2}{|\boldsymbol{r}_2-\boldsymbol{r}_1|}\end{aligned} \tag{5.6-6}$$

这样，根据互感的定义可以得到回路 C_1 与 C_2 间的互感 M_{12} 为

$$M_{12}=\frac{\Psi_{12}}{I_1}=\frac{\mu}{4\pi}\oint_{C_2}\oint_{C_1}\frac{\mathrm{d}\boldsymbol{l}_1\cdot\mathrm{d}\boldsymbol{l}_2}{|\boldsymbol{r}_2-\boldsymbol{r}_1|} \tag{5.6-7}$$

同理，可以得到回路 C_2 与 C_1 间的互感 M_{21} 为

$$M_{21}=\frac{\Psi_{21}}{I_2}=\frac{\mu}{4\pi}\oint_{C_1}\oint_{C_2}\frac{\mathrm{d}\boldsymbol{l}_2\cdot\mathrm{d}\boldsymbol{l}_1}{|\boldsymbol{r}_1-\boldsymbol{r}_2|} \tag{5.6-8}$$

式(5.6-7)和式(5.6-8)称为纽曼公式，它是计算互感的一般公式。

比较式(5.6-7)和式(5.6-8)可以得到

$$M_{12}=M_{21} \tag{5.6-9}$$

可见，回路 C_1 与 C_2 间的互感 M_{12} 与回路 C_2 与 C_1 间的互感 M_{21} 相等，说明两个导线之间只有一个互感值。

【例题 5-9】 如图 5.6-3 所示，设有两个半径均为 a 的无限长粗铜导线平行放置，两导线的间距为 D，导线及周围媒质的磁导率为 μ_0。计算平行双导线单位长度的自感。

解 设两个导线流过幅度相等、方向相反的电流为 I。由于为粗导线，则每个导线产生

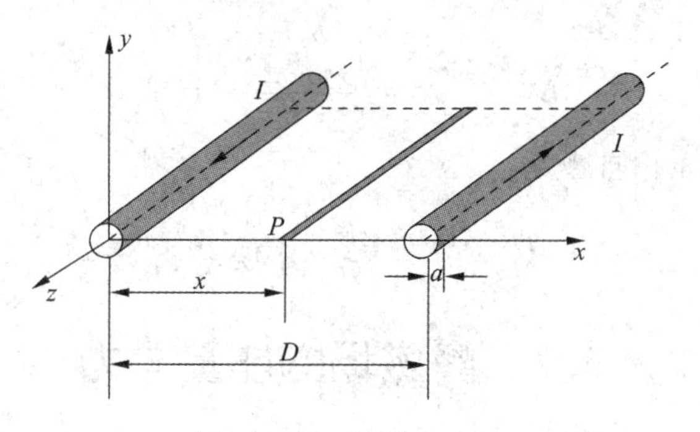

图 5.6-3　例题 5-9 图

的自感由内自感 L_i、外自感 L_o组成。

对于第一个导线，假设只考虑本身通过电流 I 时，根据安培环路定理 $\oint_C \boldsymbol{B}\cdot\mathrm{d}\boldsymbol{l}=\mu_0 I'$，则有

$$\boldsymbol{B}_{i1}2\pi\rho=\mu_0\frac{\pi\rho^2}{\pi a^2}I,\ \boldsymbol{B}_{o1}2\pi\rho=\mu_0 I$$

这样，第一个导线的内、外磁感应强度分别为

$$\boldsymbol{B}_{i1}(\rho)=\boldsymbol{e}_\phi\frac{\mu_0 I\rho}{2\pi a^2},\ \boldsymbol{B}_{01}(\rho)=\boldsymbol{e}_\phi\frac{\mu_0 I}{2\pi\rho}$$

同理，第二个导线的外磁感应强度为

$$\boldsymbol{B}_{o2}(\rho)=\boldsymbol{e}_\phi\frac{\mu_0 I}{2\pi(D-\rho)}$$

由于为铜导线，第二个导线的磁力线不会穿过第一个导线，则它对第一个导线的贡献为 0，即 $\boldsymbol{B}_{i21}(\rho)=0$。总外自链 Ψ_0 为

$$\begin{aligned}\Psi_0&=\int_a^{D-a}(\boldsymbol{B}_{o1}+\boldsymbol{B}_{o2})\cdot\boldsymbol{e}_y\mathrm{d}\rho=\frac{\mu_0 I}{2\pi}\int_a^{D-a}\left(\frac{1}{\rho}+\frac{1}{D-\rho}\right)\mathrm{d}\rho\\&=\frac{\mu_0 I}{\pi}\ln\frac{D-a}{a}\end{aligned}$$

平行双导线单位长度的外自感为

$$L_o=\frac{\Psi_o}{I}=\frac{\dfrac{\mu_0 I}{\pi}\ln\dfrac{D-a}{a}}{I}=\frac{\mu_0}{\pi}\ln\frac{D-a}{a}$$

对于内磁通，穿过沿轴线单位长度的矩形面积元 $\mathrm{d}S=\mathrm{d}\rho$ 的磁通为

$$\boldsymbol{B}_{i1}(\rho)\cdot\mathrm{d}\boldsymbol{S}=\frac{\mu_0 I\rho}{2\pi a^2}\mathrm{d}\rho$$

与该磁通交链的电流为

$$I'=\frac{\pi\rho^2}{\pi a^2}I=\frac{\rho^2}{a^2}I$$

则相应的磁链为

$$\frac{I'}{I}\boldsymbol{B}_{i1}(\rho)\cdot\mathrm{d}\boldsymbol{S}=\frac{\mu_0 I\rho^3}{2\pi a^4}\mathrm{d}\rho$$

从而可得第一个导线的内自感为

$$L_{i1}=\frac{\Psi_{i1}}{I}=\frac{\int_0^a \frac{\mu_0 I\rho^3}{2\pi a^4}\mathrm{d}\rho}{I}=\frac{\mu_0}{8\pi}$$

平行双导线单位长度的内自感为

$$L_i=2L_{i1}=\frac{\mu_0}{4\pi}$$

5.7　静磁场的能量与力

磁场是一种特殊形式的物质，能量是物质的属性之一。安培定律表明，一个载流回路通过磁场会对另一个回路施加作用，说明有磁场力的存在。电流回路在静磁场中会受到磁场力的作用而运动，表明静磁场具有能量。

5.7.1　静磁场的能量

磁场能量是在建立电流的过程中，由电源供给的。当电流从零开始增加时，回路中的感应电动势要阻止电流的增加，因而必须有外加电压克服回路中的感应电动势。

假定建立并维持恒定电流时，没有热损耗，且在恒定电流建立过程中，电流的变化足够缓慢，没有辐射损耗。这样在静磁场建立过程中，电源克服感应电动势做功所供给的能量将全部转化为磁场能量，称为静磁能。

1. 静磁能

设在真空中有一个细导线回路 C_1，在 $t=0$ 时刻，回路中的电流为零，之后逐渐通过电流的中间值 i_1 连续增加，直到电流达到最终值 I_1。相应地，空间各点的磁场也由零逐渐连续地增加到最终值。显然，回路中电流的建立是外电源做功的结果。根据能量守恒定律，外电源所做的功等于磁场的能量。同样，对于多导体系统，外电源所做的功等于全部磁场能量。

设任意回路 j 从零开始充电，最终的电流为 I_j、交链的磁链为 Ψ_j。在时刻 t 的电流为 $i_j=\alpha I_j$，磁链为 $\psi_j=\alpha\Psi_j(0\leqslant\alpha\leqslant1)$。

根据法拉第电磁感应定律，回路中的电动势等于与回路交链的磁链的时间变化率。因此，在 $\mathrm{d}t$ 时间内，当 α 增加到 $\alpha+\mathrm{d}\alpha$ 时，此过程使得回路 j 中的感应电动势 ξ_j 为

$$\xi_j=-\frac{\mathrm{d}\Psi_j}{\mathrm{d}t}\tag{5.7-1}$$

而外加电压 u_j 为

$$u_j=-\xi_j=\frac{\mathrm{d}\Psi_j}{\mathrm{d}t}\tag{5.7-2}$$

在 $\mathrm{d}t$ 时间内，与回路 j 相连接的外电源所做的功 $\mathrm{d}W_j$ 为

$$\mathrm{d}W_j=u_j\mathrm{d}q_j=\frac{\mathrm{d}\Psi_j}{\mathrm{d}t}i_j\mathrm{d}t=i_j\mathrm{d}\Psi_j\tag{5.7-3}$$

如果整个系统包括 N 个电流回路，则在 $\mathrm{d}t$ 时间内外电源所做的总功 $\mathrm{d}W$ 为

$$\mathrm{d}W=\sum_{j=1}^{N}i_j\mathrm{d}\Psi_j\tag{5.7-4}$$

根据能量守恒定理，建立系统过程中，外力所做的功等于总的静磁场能，即系统在 dt 时间内的静磁能 dW_m 为

$$dW_m = dW = \sum_{j=1}^{N} i_j d\Psi_j \tag{5.7-5}$$

由于回路 j 的总磁链 Ψ_j 为

$$\Psi_j = \sum_{k=1}^{N} M_{kj} i_k \tag{5.7-6}$$

式中，M_{kj} 为互感系数，当 $k=j$ 时，$M_{jj}=L_j$ 为回路 j 的自感系数。

将式(5.7-6)代入式(5.7-5)，可得到

$$dW_m = \sum_{j=1}^{N}\sum_{k=1}^{N} i_j M_{kj} di_k \tag{5.7-7}$$

当各回路中的电流同时从 0 开始，通过 $i_j=\alpha I_j$ 均匀增加，直到最终的电流为 I_j 时，则 $di_k=I_k d\alpha$，于是有

$$dW_m = \sum_{j=1}^{N}\sum_{k=1}^{N} i_j M_{kj} I_k d\alpha \tag{5.7-8}$$

则系统的总静磁场能 W_m 为

$$W_m = \sum_{j=1}^{N}\sum_{k=1}^{N} I_j M_{kj} I_k \int_0^1 \alpha d\alpha = \frac{1}{2}\sum_{j=1}^{N}\sum_{k=1}^{N} I_j I_k M_{kj} \tag{5.7-9}$$

当 $N=1$ 时，$M_{11}=L_1$，则系统的静磁场能 W_m 为

$$W_m = \frac{1}{2} I_1^2 L_1 \tag{5.7-10}$$

说明：单个回路的磁场能只与回路通过的电流和回路的自感有关。

当 $N=2$ 时，由于 $M_{11}=L_1$，$M_{22}=L_2$，$M_{12}=M_{21}=M$，则系统的静磁场能 W_m 为

$$W_m = \frac{1}{2} I_1^2 L_1 + \frac{1}{2} I_2^2 L_2 + I_1 I_2 M \tag{5.7-11}$$

式(5.7-11)中右边的第一项为回路 C_1 的自有磁场能，第二项为回路 C_2 的自有磁场能，第三项为回路 C_1 和回路 C_2 的互有磁场能，说明两个回路的磁场能除了包括各自的自有磁场能外，还包括两个回路的互有磁场能。可见总磁场能不仅与两个回路通过的电流和各自的自感有关外，也与互感有关。

将式(5.7-11)变形可写为

$$\begin{aligned} W_m &= \frac{1}{2} I_1 (I_1 L_1 + I_2 M) + \frac{1}{2} I_2 (I_2 L_2 + I_1 M) \\ &= \frac{1}{2} I_1 (\Psi_{11} + \Psi_{21}) + \frac{1}{2} I_2 (\Psi_{22} + \Psi_{12}) \\ &= \frac{1}{2} I_1 \Psi_1 + \frac{1}{2} I_2 \Psi_2 = \frac{1}{2}\sum_{i=1}^{2} I_i \Psi_i \end{aligned} \tag{5.7-12}$$

式中，Ψ_1、Ψ_2 分别为穿过回路 C_1 和 C_2 的磁链(包括自感磁链和互感磁链)。

如果由 N 个回路组成的系统的磁场能为

$$W_m = \frac{1}{2}\sum_{i=1}^{N} I_i \Psi_i \tag{5.7-13}$$

由于磁链用磁矢位 $\boldsymbol{A}$ 来表征为 $\Psi_i=\oint_{C_i}\boldsymbol{A}_i\cdot \mathrm{d}\boldsymbol{l}_i$，则用磁矢位表征的磁场能量为

$$W_{\mathrm{m}}=\frac{1}{2}\sum_{i=1}^{N}\oint_{i}\boldsymbol{A}_i\cdot I_i\mathrm{d}\boldsymbol{l}_i \tag{5.7-14}$$

式中，I_i为常数。

对于分布电流的情形，因为 $I\mathrm{d}\boldsymbol{l}=\boldsymbol{J}\mathrm{d}V$，$\boldsymbol{J}$ 为体电流密度，$\mathrm{d}V$ 为体电流密度分布区域内的体积元，因此有

$$W_{\mathrm{m}}=\frac{1}{2}\int_{V}\boldsymbol{J}\cdot\boldsymbol{A}\mathrm{d}V \tag{5.7-15}$$

类似可以写出面电流 $\boldsymbol{J}_{\mathrm{S}}$ 分布的区域内的磁场能为

$$W_{\mathrm{m}}=\frac{1}{2}\int_{S}\boldsymbol{J}_{\mathrm{S}}\cdot\boldsymbol{A}\mathrm{d}S \tag{5.7-16}$$

2. 静磁场能量密度

前面的磁场能量的公式是将电流作为能量载体时磁能的表达式，从这些公式看，磁能似乎存在于有电流的导体中。实际上，从场的观点来看，磁能的载体是磁场，磁能存在于整个磁场存在的空间内。为此，引入静磁场能量密度(简称磁能密度)的概念。

将 $\boldsymbol{J}=\nabla\times\boldsymbol{H}$ 代入式(5.7-15)可以得到

$$W_{\mathrm{m}}=\frac{1}{2}\int_{V}\nabla\times\boldsymbol{H}\cdot\boldsymbol{A}\mathrm{d}V \tag{5.7-17}$$

利用矢量恒等式$\nabla\cdot(\boldsymbol{A}\times\boldsymbol{H})\equiv\boldsymbol{H}\cdot\nabla\times\boldsymbol{A}-\boldsymbol{A}\cdot\nabla\times\boldsymbol{H}$，式(5.7-17)可变为

$$\begin{aligned}W_{\mathrm{m}}&=\frac{1}{2}\int_{V}\boldsymbol{H}\cdot\nabla\times\boldsymbol{A}\mathrm{d}V-\frac{1}{2}\int_{V}\nabla\cdot(\boldsymbol{A}\times\boldsymbol{H})\mathrm{d}V\\&=\frac{1}{2}\int_{V}\boldsymbol{H}\cdot\boldsymbol{B}\mathrm{d}V-\frac{1}{2}\oint_{S}(\boldsymbol{A}\times\boldsymbol{H})\cdot\mathrm{d}\boldsymbol{S}\end{aligned} \tag{5.7-18}$$

我们知道，磁能存在于有磁场的整个空间，则空间区域的体积 V 无限大，对应的区域半径 R 也为无限大。因为 $A\propto\frac{1}{R}$、$H\propto\frac{1}{R^2}$，则 $\boldsymbol{A}\times\boldsymbol{H}\propto\frac{1}{R^3}$，而面积 $S\propto R^2$。这样，$\oint_{s}(\boldsymbol{A}\times\boldsymbol{H})\cdot\mathrm{d}\boldsymbol{S}\propto\frac{1}{R}$，当区域半径 R 无限大时，$\oint_{S}(\boldsymbol{A}\times\boldsymbol{H})\cdot\mathrm{d}\boldsymbol{S}\rightarrow 0$，导致式(5.7-18)右边第二项变为0。因此有

$$W_{\mathrm{m}}=\frac{1}{2}\int_{V}\boldsymbol{H}\cdot\boldsymbol{B}\mathrm{d}V \tag{5.7-19}$$

式(5.7-19)的积分是整个磁场存在空间区域，当然，只有磁场不等于0的空间才对积分有贡献，它表明磁场能量存在于整个场空间。从数学形式上看，被积函数的物理意义是单位体积内的储存磁能，被称为磁场能量密度，简称磁能密度 w_{m}。这样磁能密度可以写为

$$w_{\mathrm{m}}=\frac{1}{2}\boldsymbol{H}\cdot\boldsymbol{B} \tag{5.7-20}$$

磁能密度 w_{m}的单位为 $\mathrm{J/m^3}$(焦耳/立方米)。

5.7.2 静磁场的力

在静磁场中，各个导体回路都要受到其它回路产生的磁场力作用。若已知各个导体的

电流分布，则原则上可根据安培定律计算导体回路之间的磁场力。但是在实际运用中，用安培定律计算磁场力往往是非常困难的，有时甚至无法求积。因此类似静电场中计算静电力一样，通常采用虚位移法来计算磁场力。

假设受力回路在磁场力 $\boldsymbol{F}$ 的作用下产生一个虚位移 $\mathrm{d}\boldsymbol{r}$，此时，磁场力做功 $\mathrm{d}A=\boldsymbol{F}\cdot\mathrm{d}\boldsymbol{r}$，同时，位移 $\mathrm{d}\boldsymbol{r}$ 会引起磁场强度的变化，从而引起系统磁场能量的变化 $\mathrm{d}W_\mathrm{m}$。引起这两种能量变化都是外电源做功 $\mathrm{d}W_\mathrm{b}$ 的结果。根据能量守恒定理可以得到

$$\mathrm{d}W_\mathrm{b}=\boldsymbol{F}\cdot\mathrm{d}\boldsymbol{r}+\mathrm{d}W_\mathrm{m} \tag{5.7-21}$$

外电源对受力回路做功可使受力回路上的电流增加 $\mathrm{d}I$，也可使受力回路的磁链增加 $\mathrm{d}\Psi$，因此在具体计算静磁力时，可假定受力回路上的电流不变或假定受力回路中的磁链不变两种情况。

1. 受力回路中电流不变下的磁场力

若假定各回路中的电流不改变，则回路中的磁链必定发生改变，因此回路都有感应电动势存在。此时，外接电源必然要做功来克服感应电动势以保持各回路中的电流不变。此时，外电源所提供的能量 $\mathrm{d}W_\mathrm{b}$ 为

$$\mathrm{d}W_\mathrm{b}=\sum_{i=1}^{N}\mathrm{d}(I_i\Psi_i)=\sum_{i=1}^{N}I_i\mathrm{d}\Psi_i \tag{5.7-22}$$

参照式(5.7-13)，系统增加的磁能 $\mathrm{d}W_\mathrm{m}$ 为

$$\mathrm{d}W_\mathrm{m}=\frac{1}{2}\sum_{i=1}^{N}I_i\mathrm{d}\Psi_i \tag{5.7-23}$$

可见外电源所提供的能量 $\mathrm{d}W_\mathrm{b}$ 一般用于系统增加的磁能 $\mathrm{d}W_\mathrm{m}$。将式(5.7-22)与式(5.7-23)代入式(5.7-21)可以得到

$$\mathrm{d}W_\mathrm{b}=2\mathrm{d}W_\mathrm{m}=\boldsymbol{F}\cdot\mathrm{d}\boldsymbol{r}+\mathrm{d}W_\mathrm{m}$$

即

$$\boldsymbol{F}=\left.\frac{\partial W_\mathrm{m}}{\partial\boldsymbol{r}}\right|_{I=\text{常数}} \tag{5.7-24}$$

可见，外电源对系统所提供的能量一部分用于磁场能的增加 $\mathrm{d}W_\mathrm{m}$（外电源提供能量的一半），另一部分用于使回路产生位移。

2. 受力回路中磁链不变下的磁场力

若假定各回路的磁通不变，则回路中就没有感应电动势存在，故与回路相连接的电源不对回路输入能量，即 $\mathrm{d}W_\mathrm{b}=0$。此时，回路发生位移需要的能量只能靠磁场能的释放来提供。根据式(5.7-21)可以得到

$$\boldsymbol{F}\cdot\mathrm{d}\boldsymbol{r}+\mathrm{d}W_\mathrm{m}=0$$

即

$$\boldsymbol{F}=-\left.\frac{\partial W_\mathrm{m}}{\partial\boldsymbol{r}}\right|_{\Psi=\text{常数}} \tag{5.7-25}$$

【例题 5-10】 同轴电缆的内导体半径为 a，外导体的内、外半径分别为 b 和 c，如图 5.7-1 所示。导体中通有电流 I，试求同轴电缆中单位长度储存的磁场能量与自感。

解 选用圆柱坐标系。由安培环路定律可得

$$\boldsymbol{H}=\begin{cases}\boldsymbol{e}_\phi\dfrac{\rho I}{2\pi a^2} & 0<\rho<a\\ \boldsymbol{e}_\phi\dfrac{I}{2\pi\rho} & a<\rho<b\\ \boldsymbol{e}_\phi\dfrac{I}{2\pi\rho}\dfrac{c^2-\rho^2}{c^2-b^2} & b<\rho<c\\ 0 & \rho>c\end{cases}$$

根据磁场能量公式 $W_\mathrm{m}=\dfrac{1}{2}\int_V\boldsymbol{H}\cdot\boldsymbol{B}\mathrm{d}V=\dfrac{\mu_0}{2}\int_V H^2\mathrm{d}V$，三个区域单位长度内的磁场能量分别为

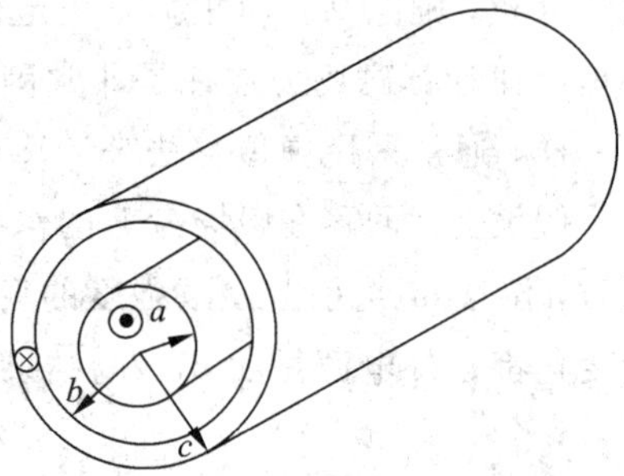

图 5.7-1 例题 5-10 图

$$\begin{cases}W_\mathrm{m1}=\dfrac{\mu_0}{2}\displaystyle\int_0^a\left(\frac{\rho I}{2\pi a^2}\right)^2\cdot 2\pi\rho\mathrm{d}\rho=\frac{\mu_0 I^2}{16\pi}\\ W_\mathrm{m2}=\dfrac{\mu_0}{2}\displaystyle\int_a^b\left(\frac{I}{2\pi\rho}\right)^2\cdot 2\pi\rho\mathrm{d}\rho=\frac{\mu_0 I^2}{4\pi}\ln\frac{b}{a}\\ W_\mathrm{m3}=\dfrac{\mu_0}{2}\displaystyle\int_b^c\left(\frac{I}{2\pi\rho}\frac{c^2-\rho^2}{c^2-b^2}\right)^2\cdot 2\pi\rho\mathrm{d}\rho=\frac{\mu_0 I^2}{4\pi}\left[\frac{c^4}{(c^2-b^2)^2}\ln\frac{c}{b}-\frac{3c^2-b^2}{4(c^2-b^2)}\right]\end{cases}$$

这样，单位长度内总的磁场能量为

$$W_\mathrm{m}=W_\mathrm{m1}+W_\mathrm{m2}+W_\mathrm{m3}=\frac{\mu_0 I^2}{16\pi}+\frac{\mu_0 I^2}{4\pi}\ln\frac{b}{a}+\frac{\mu_0 I^2}{4\pi}\left[\frac{c^4}{(c^2-b^2)^2}\ln\frac{c}{b}-\frac{3c^2-b^2}{4(c^2-b^2)}\right]$$

由 $W_\mathrm{m}=\dfrac{1}{2}I^2L$，可以得到单位长度的总自感为

$$L=\frac{2W_\mathrm{m}}{I^2}=\frac{\mu_0}{16\pi}+\frac{\mu_0}{4\pi}\ln\frac{b}{a}+\frac{\mu_0}{4\pi}\left[\frac{c^4}{(c^2-b^2)^2}\ln\frac{c}{b}-\frac{3c^2-b^2}{4(c^2-b^2)}\right]$$

式中的第一项为内导体的内自感，第二项为内外导体间的外自感，第三项为外导体的内自感。

【例题 5-11】 两根半径为 a、距离为 d 的无限长平行细导线，其中 $a\ll d$。当平行细导线通有大小相等、方向相反的电流 I 时，求两导线的相互作用力。

解 根据安培环路定理 $\oint_C\boldsymbol{B}\cdot\mathrm{d}\boldsymbol{l}=\mu_0 I$，可以得到穿过单位长度双导线构成平面的磁感应强度为

$$\boldsymbol{B}(\rho)=\boldsymbol{e}_\phi\frac{\mu_0 I}{2\pi\rho}\left(\frac{1}{\rho}+\frac{1}{d-\rho}\right)$$

则穿过单位长度双导线构成平面的磁通量为

$$\Phi=\int_a^{d-a}B(\rho)\cdot\mathrm{d}\rho=\frac{\mu_0 I}{2\pi}\int_a^{d-a}\left(\frac{1}{\rho}+\frac{1}{d-\rho}\right)\mathrm{d}\rho=\frac{\mu_0 I}{\pi}\ln\frac{d-a}{a}$$

由于 $d\gg a$，则平行双导线单位长度的自感为

$$L=\frac{\Phi}{I}=\frac{\dfrac{\mu I}{\pi}\ln\dfrac{d-a}{a}}{I}=\frac{\mu_0}{\pi}\ln\frac{d-a}{a}$$

磁场能量为

$$W_\mathrm{m}=\frac{1}{2}I^2L=\frac{\mu_0 I^2}{2\pi}\ln\frac{d-a}{a}$$

由于导线上的电流不变，则两导线线间的作用力为

$$\boldsymbol{F}(d)=\left.\frac{\partial W_{\mathrm{m}}}{\partial d}\right|_{I=\text{常数}}=\frac{\partial}{\partial d}\left(\frac{\mu_0 I^2}{2\pi}\ln\frac{d-a}{a}\right)=\frac{\mu_0 I^2}{2\pi(d-a)}\quad(\mathrm{N})$$

5.8 典型应用

5.8.1 钢丝绳缺陷检测

目前，由铁磁材料制成的钢丝绳已成为矿山、港口、建筑、交通、石油、旅游等领域不可或缺的重要使用工具。随着各领域因钢丝绳断裂引起的多起安全事故而造成的人员和财产的巨大损失，钢丝绳的运行安全受到了人们的极大重视，进而使得钢丝绳无损检测成为相关领域的研究热点。

钢丝绳的损伤可分为两种：一种是局部损伤(Localized Flaw，LF)，它是因疲劳、锈蚀、断丝、剪切和过载等引起的钢丝绳断丝类型；另一种是金属截面积损伤(Loss of Metallic Cross Sectional Area，LMA)，它是因疲劳磨损、腐蚀、挤压、划伤等原因造成钢丝绳的钢丝截面积缩小的类型。相比较而言，钢丝绳的断丝是一种较常见的钢丝绳损伤，国标 GB8707—1988 规定了钢丝绳的报废标准，它以单位绳长(一个捻距)的断丝数作为依据。

到目前为止，在众多的无损检测方法中，只有电磁无损检测方法在钢丝绳损伤检测中得到了较好的实际应用。其基本原理是首先利用不同的磁化装置使得钢丝绳饱和磁化，这样当钢丝绳中存在损伤时会引起磁路参数的变化；然后采用磁敏感元件(如霍耳器件)测量磁场变化，并将其转换成相应的电信号；最后通过对该电信号进行一定方法的处理和分析，检测和判断出钢丝绳的损伤情况。

钢丝绳饱和磁化一般可以采用永久磁铁磁化实现，磁场的微小变化可以通过按一定分布排列的集成霍耳器件实现。由于钢丝绳检测信号的复杂性和较低的信噪比，使得准确判定断丝位置和程度尤为艰难，这就需要对复杂的检测信号进行有效的处理，获得信号的有效特征量，从而达到对钢丝绳断丝状况进行准确判定的目的。

1. 钢丝绳断丝的检测

钢丝绳是一种经过多重捻制的铁磁性材料，利用钢丝绳对磁场的敏感性，其断丝采用基于集成霍耳传感器的电磁无损检测方法。首先通过采用永久磁铁作为励磁源对钢丝绳进行饱和励磁，然后根据钢丝绳有无断丝时其磁场不同的原理，利用基于霍耳传感器的漏磁检测技术进行钢丝绳漏磁信号的检测。也就是说，当钢丝绳发生断丝时，由于空气的磁阻比钢丝绳的磁阻大得多，一部分磁场将从钢丝绳中外泄出来，可以采用集成霍耳传感器来检测因钢丝绳断丝而产生的损伤信号。因为钢丝绳周向直径较大(通常为 20～40 mm)，而集成霍耳传感器的覆盖长度大约为 8 mm，为了使损伤信号不产生漏检，这就需要在其周向上安放 10 个以上集成霍耳传感器。另外，由于提离效应和检测环境的噪声等影响使检测到的信号相对于背景磁场和噪声信号来说比较微弱，信噪比 SNR 较低，特别是损伤较轻的信号难以被识别，因此需要采用聚磁环技术来增加信号的强度。聚磁环的结构示意图如图 5.8-1 所示。

聚磁环主要起到信号采集、平均、传向集成霍耳传感器的作用。聚磁环由四个集成霍耳传感器构成，即在待检测钢丝绳上下、左右对称各放一个集成霍耳传感器。这样，聚磁

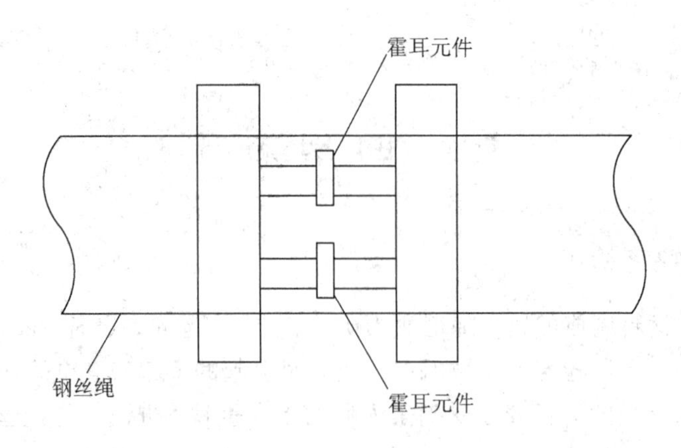

图 5.8-1　聚磁环结构示意图

环将检测到的漏磁场信号引入集成霍耳传感器的检测通路中，再将检测到的信号进行差分处理，从而可以较好地消除环境的共模干扰影响和背景磁场的干扰。

2. 钢丝绳断丝信号特征量

基于漏磁检测的钢丝绳漏磁信号严格来说是一种非平稳的随机信号，再加上钢丝绳剩磁和钢丝绳晃动的影响，信号的背景电平呈现波动性。如果钢丝绳出现断丝，则信号会出现较大的波动；断丝的数量和位置不同，信号波动的峰值和宽度也不同。因此，钢丝绳断丝信号一般可用描述信号幅度及其波动的特征量(如峰值、峰峰值、差分超限数等)、描述信号空间分布的特征量(如波宽、峰峰波宽比等)、描述空间内漏磁波动能量的特征量(如波动面积、波动能量等)等来表征。而钢丝绳的断丝状况一般可以用峰峰值、差分超限数、波宽、峰峰值波宽比等四个特征量来较好地表征。图 5.8-2 为钢丝绳检测信号示意图。

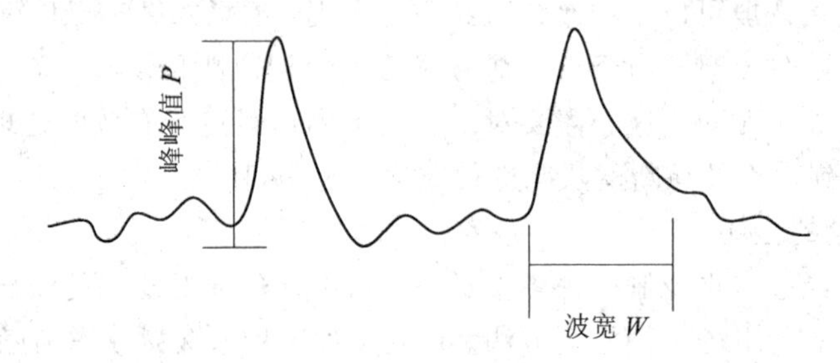

图 5.8-2　钢丝绳检测信号示意图

5.8.2　矿物分选

矿物的分选也被称为选矿，主要有重选、浮选、电选、磁选等方法。重选即重力选矿，利用被分选矿物颗粒间相对密度、粒度、形状的差异及其在介质(水、空气或其它相对密度较大的液体)中运动速率和方向的不同，使之彼此分离的选矿方法。浮选即漂浮选矿，它是根据矿物颗粒表面物理化学性质的不同，从矿石中分离有用矿物的技术方法。电选即电力选矿法，它是根据矿石矿物和脉石矿物颗粒导电率的不同，在高压电场中进行分选的方法。磁选是利用磁力清除物料中磁性金属杂质的方法。磁选的应用则是利用各种矿石或物料的磁性差异，在磁力及其它力作用下进行选别的过程。

磁选的原理是待选别的物料注入磁选机的分选空间后，受到磁力和其它机械力(如重力、离心力、摩擦力、介质阻力等)的共同作用。磁性矿物颗粒所受磁力的大小与矿物本身磁性有关，非磁性矿物颗粒主要受机械力的作用。这样，磁性颗粒和非磁性颗粒就会沿着不同的路径运动，进而使得物料得到分选。一般来说，磁性颗粒在磁场中所受比磁力的大小与磁场强度和梯度成正比。磁分离器是磁选的一种简单装置，如图 5.8－3 所示。

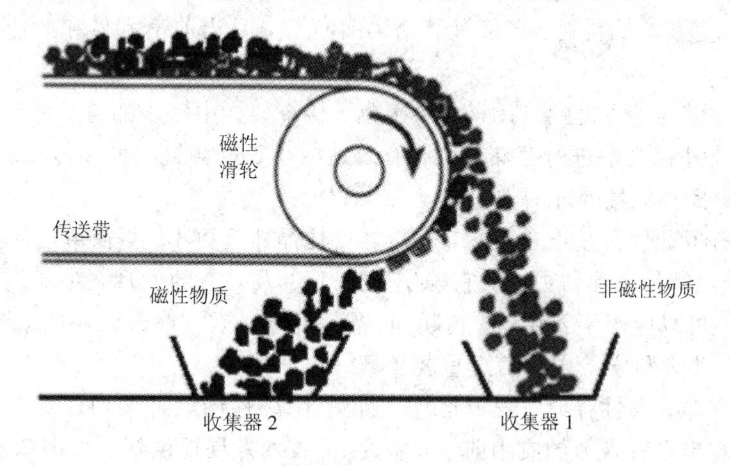

图 5.8－3　磁分离器的工作原理

磁分离器主要用于分离磁性物质和非磁性物质。磁性物质和非磁性物质的混合物在传输带上匀速传输，传输带绕过磁性滑轮，后者由铁壳和激励线圈组成，可以产生磁场，非磁性物质立刻落入第一个仓室内，而磁性物质被滑轮吸住直到传送带离开滑轮才落下来，因此磁性物质绕着滑轮往前传送然后落入第二个仓室内。

磁选是一种应用广泛的选矿方法，不仅为细粒级和微细粒级弱磁性矿物选矿提供了有效手段，而且使磁选法逐渐摆脱了原有的局限性，在更多的领域中得到了应用。磁选也可用于赤铁矿选别、煤粉脱硫、非金属除杂、污水处理等方面。

5.8.3　忆阻器

忆阻器是一种有记忆功能的非线性电阻，是继电阻、电容、电感后的第四种无源基本电路元件。

电学的四个基本变量(四个电量)U、I、q、ϕ(电压、电流、电荷、磁通量)之间两两组合成六种关系，如图 5.8－4 所示。

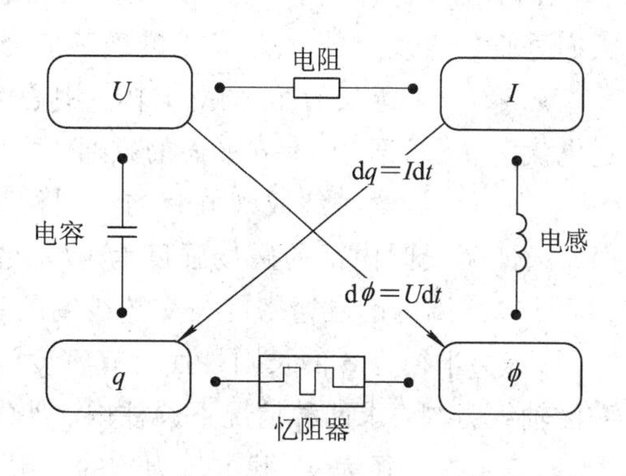

图 5.8－4　四个电量的关系及对应转换元件

在四个基本变量中，只有 ϕ、q 之间的关系在电学中无定义。美国加州大学伯克利分校蔡少棠教授据此从理论上论证了忆阻器存在的可能性和原理，其数学表达式如下：

$$d\phi = M(q)dq \qquad (5.8-1)$$

其中，$M(q)$为忆阻值，具有电阻的量纲。它与曾流过的电荷量相关，故为非易失性、非线性的。这就是未列入传统无源基本电路元件的“失落的第四种元件”。由于补足了缺失的最后一种电量关系，从而可以认为四种基本元件从理论上具备了“完备性”。

直到2008年，具有典型特征的忆阻器才被HP公司发明。忆阻器的出现，为其相关的电路结构、应用方式和领域、设计理论和工具等提供了新的广阔的变革空间。

现在，忆阻器被认为是新原理纳米信息器件中具有重大发展前景的一种，它具备高集成密度、高读写速度、低功耗、多值计算潜力等优势，是当前学术界和产业界的研究前沿与重点之一。

忆阻器的存储与计算“融合”的模式，避免了传统架构中每步都需要将计算结果通过总线传输到内存或外存之中进行存储，从而有效地减小数据频繁存取和传输的负荷，降低信息处理的功耗，提高信息处理的效率。

蒂米斯·普罗德罗马基斯曾表示，忆阻器要比晶体管更小、更简单，而且还能通过“记住”通过它们的电荷量来保留数据。它确实是一个令人兴奋的发现，对现代电子学具有潜在的巨大影响，可以应用于云存储、物联网、消费电子、航空航天、地球资源信息、科学计算、医学影像与生命科学等电子信息重要领域。

忆阻器已在非易失性存储、逻辑运算、新型计算/存储融合架构计算和新型神经形态计算等方面呈现出极有潜力的应用前景，将为IT技术发展提供新的物理基础。

尽管对于忆阻器的实际应用目前还有许多技术问题有待研究，但这也正意味着一个历史机遇的出现，它让我国研究者能够在这一领域未来的广阔空间内大有作为。

习　题

5.1　两平行放置的无限长直导线分别通有电流 I_1 和 I_2，它们之间距离为 d。分别求两导线单位长所受的力。

5.2　半径为 $r=a$ 的圆柱区域内部有沿轴向的电流，其电流密度为 $\boldsymbol{J}=\boldsymbol{e}_z J_0 r/a$，求柱内、外的磁感应强度。

5.3　求电流面密度为 $\boldsymbol{J}_S=J_{S0}\boldsymbol{e}_z$ 的无限大电流薄板产生的磁感应强度。

5.4　宽度为 b 的无限长平面薄板，通过电流为 I，电流沿板宽度方向均匀分布，求：(1) 在薄板平面内，离板的一边距离为 b 的 M 点处的磁感应强度；(2) 通过板的中线并与板面垂直的直线上的一点 N 处的磁感应强度，N 点到板面的距离为 x。

5.5　一个边长为 $2b$ 的立方体，中心为原点。一根沿 z 轴放置的无限长直线，其上通过电流为 I，求通过 $x=b$ 平面的磁通。

5.6　细线紧密绕成螺旋状的线圈称为螺线管。若线圈的内半径为 b，螺线管无限长。(1) 试证明线圈内部的磁场强度为 nI，此处 I 为线圈内的电流，n 为单位长度的线匝数；(2) 计算线圈内的磁通密度与交链线圈的总磁通。

5.7　半径为 a 的长圆柱面上有密度为 J_{S0} 的面电流，假设电流方向分别为沿圆周方向和沿轴线方向，求两种情况下圆柱内、外的磁感应强度。

5.8　求半径为 a、载电流为 I 的无限长直导线内、外磁感应强度。

5.9　球心在原点，半径为 a 的磁化介质球中，$\boldsymbol{M}=\boldsymbol{e}_z M_0 z^2/a^2$（$M_0$ 为常数），求磁化电流密度和面密度。

5.10　已知在磁导率为 μ，内、外半径分别为 a 和 b 的无限长磁介质圆柱壳的轴线上

有恒定的线电流 I，求磁感应强度和磁化电流分布。

5.11　求长度为 L，流过恒定电流 I 的直导线产生的矢量磁位 A，以及当 $L\to\infty$ 时该电流产生的磁感应强度 B。

5.12　设有一根无限长均匀金属管，其横截面呈圆环形状，内外半径分别为 a 和 b，导体中流有轴向的恒定电流 I，当选定 $\varphi=0$ 处为零标量磁位的参考点时，试求空间各处的标量磁位。

5.13　一旋转电机，设转子和定子的轴向长度比转子半径大得多，气隙为 a，定、转子表面为光滑圆柱面，定子绕组的电流为沿定子内表面周界做正弦分布的面电流，电流线密度为 $K=k_{\mathrm{m}}\sin\left(\frac{2\pi}{b}x\right)$，$b$ 为极距，求气隙中的磁场分布。

5.14　试判断下列矢量能否表示为一个恒定磁场：

(1) $\boldsymbol{F}_1=ax\boldsymbol{e}_y+by\boldsymbol{e}_x$；(2) $\boldsymbol{F}_2=a\rho\boldsymbol{e}_\rho$

5.15　将一个半径为 a、高度为 d 的铁质(铁的磁导率为 μ)圆柱体放置在磁感应强度为 $\boldsymbol{B}_0$ 的磁场中，并使它的轴线与 $\boldsymbol{B}_0$ 平行。分别求出 $a\ll d$ 和 $a\gg d$ 时，圆柱体内的 $\boldsymbol{B}$ 和 $\boldsymbol{H}$；若已知 $\boldsymbol{B}_0=1\mathrm{T}$，$\mu=3000\mu_0$，求磁化强度 $\boldsymbol{M}$。

5.16　已知两种媒质的磁导率分别为 $\mu_1=5\mu_0$ 和 $\mu_2=3\mu_0$，其分界面上的面电流密度为 $\boldsymbol{J}=-4\boldsymbol{e}_z(\mathrm{A/m})$，如果 $\boldsymbol{H}_1=6\boldsymbol{e}_x+8\boldsymbol{e}_y(\mathrm{A/m})$，求 $\boldsymbol{B}_1$、$\boldsymbol{B}_2$ 和 $\boldsymbol{H}_2$ 的分布。

5.17　已知无限大区域内，在 $x<0$ 区域内填充有磁导率为 μ 的均匀电介质，$x>0$ 区域为真空。分界面上有电流 I 沿 z 轴方向，计算空间中的磁感应强度和磁场强度。

5.18　同轴线的内导体是半径为 a 的圆柱，外导体是半径为 b 的薄圆柱面，其厚度可忽略不计。内、外导体间填充有磁导率分别为 μ_1 和 μ_2 两种不同的磁介质，如图 5-1 所示。设同轴线中通过的电流为 I，试求：(1) 同轴线中单位长度所储存的磁场能量；(2) 单位长度的自感。

5.19　有一内导体半径为 a，外导体的内半径为 b 的无限长同轴线，其内由磁导率分别为 μ_1 和 μ_2 两种磁介质进行填充，如图 5-2 所示。如若给该同轴线通恒定电流 I，试求：(1) 内、外导体间的磁场强度 $\boldsymbol{H}$；(2) 两种磁介质面上的磁化面电流密度 $\boldsymbol{J}_{\mathrm{mS}}$；(3) 内外导体间的磁能密度 w_{m}。

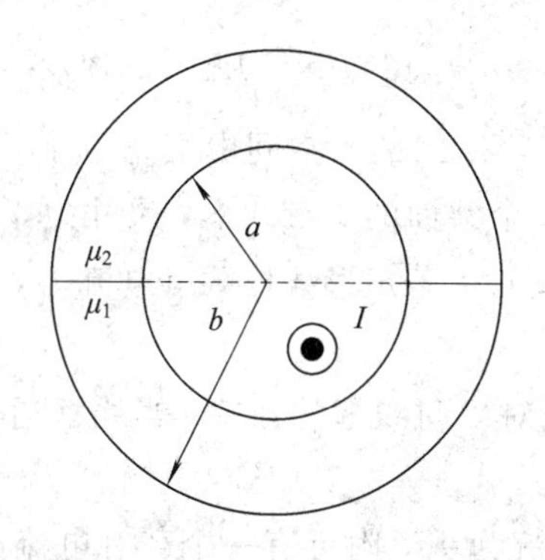

图 5-1　习题 5.18 图

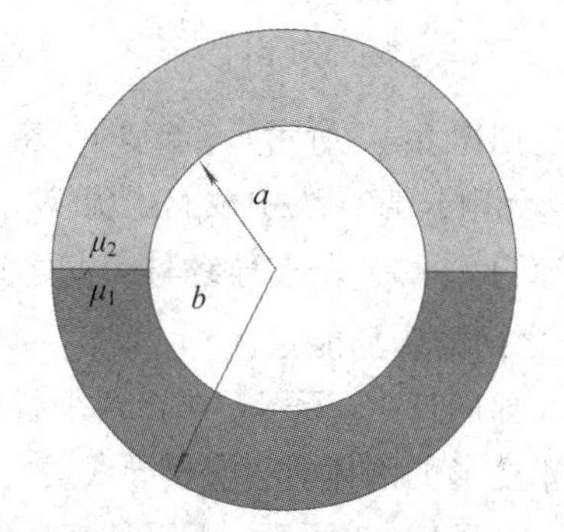

图 5-2　习题 5.19 图

5.20　一根半径为 a 的长圆柱形介质棒放入均匀磁场 $\boldsymbol{B}=\boldsymbol{B}_0\boldsymbol{e}_z$ 中与 z 轴平行。设棒以角速度绕轴做等速旋转，求介质内的极化强度、体积内和表面上单位长度的极化电荷。

5.21　一个长直导线和一个圆环(半径为 a)在同一平面内，圆心与导线的距离是 d，证明它们之间互感为 $M=\mu_0(d-\sqrt{d^2-a^2})$。

5.22　两个平行且共轴的单匝圆线圈，一个半径为 a，另一个半径为 b，求两个线圈间的互感。

5.23　一个圆环上绕 N 匝线圈，圆环的内、外半径分别为 a 和 b，环的厚度为 d。若线圈中通的电流为 I，求：(1) 圆环内的磁场强度；(2) 圆环内的总磁通；(3) 圆环内存储的磁场能。

5.24　一个无限长直导线与一个矩形导线框共面，如图 5-3 所示。求：(1) 导线框受到的作用力；(2) 直导线与线框之间的互感；(3) 若线框平面绕直导线旋转 θ 角，试说明直导线与线框之间的互感有无变化；(4) 若线框绕自身的中心轴线旋转 θ 角，试说明直导线与线框之间的互感有无变化。

5.25　如图 5-4 所示，$x>0$ 的半空间为空气，$x<0$ 的半空间中填充磁导率为 μ 的均匀磁介质，沿 z 轴的无限长直导线中载有电流 I。(1) 求磁感应强度；(2) 设在空气中有一个与直导线共面，尺寸为 $a\times b$ 的矩形回路，以速度 v_0 沿 x 轴方向运动，当 $t=0$ 时，回路与直导线相距为 c，求回路中的感应电动势。

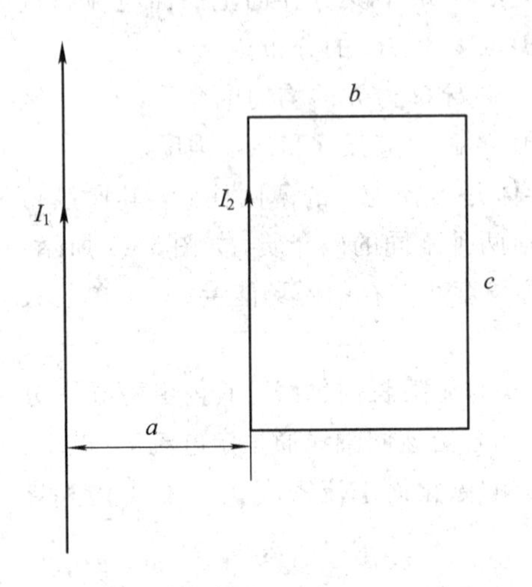

图 5-3　习题 5.24 图

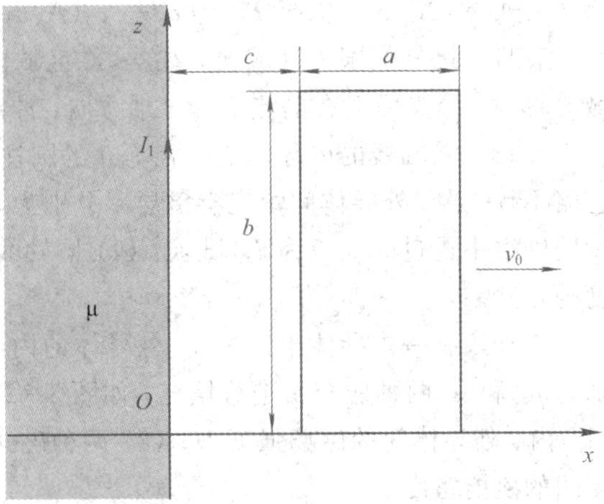

图 5-4　习题 5.25 图

5.26　如图 5-5 所示，$z>0$ 的半空间为空气，$z<0$ 的半空间中填充磁导率为 μ 的均匀磁介质，无限长直导线中载有电流 I_1，附近有一个共面的矩形线框，尺寸为 $a\times b$，与直导线的距离为 c。(1) 求直导线与线框之间的互感；(2) 若矩形线框载有电流 I_2，求电流 I_1 与电流 I_2 之间的磁场能量。

5.27　如图 5-6 所示，计算两平行长直导线对中间线框的互感；当线框通有电流 I，且线框为不变形的刚体时，求长导线对它的作用力。

5.28　如图 5-7 所示，无限长直导线中的电流为 I_1，附近有一个载有电流 I_2 的正方形回路，此回路与直导线不共面。试求：(1) 直导线与矩形回路间的互感 M；(2) 矩形回路受到的磁场力 $\boldsymbol{F}_m$，并证明 $\boldsymbol{F}_m=-\boldsymbol{e}_y\dfrac{\mu_0 I_1 I_2}{2\sqrt{3}\pi}$。

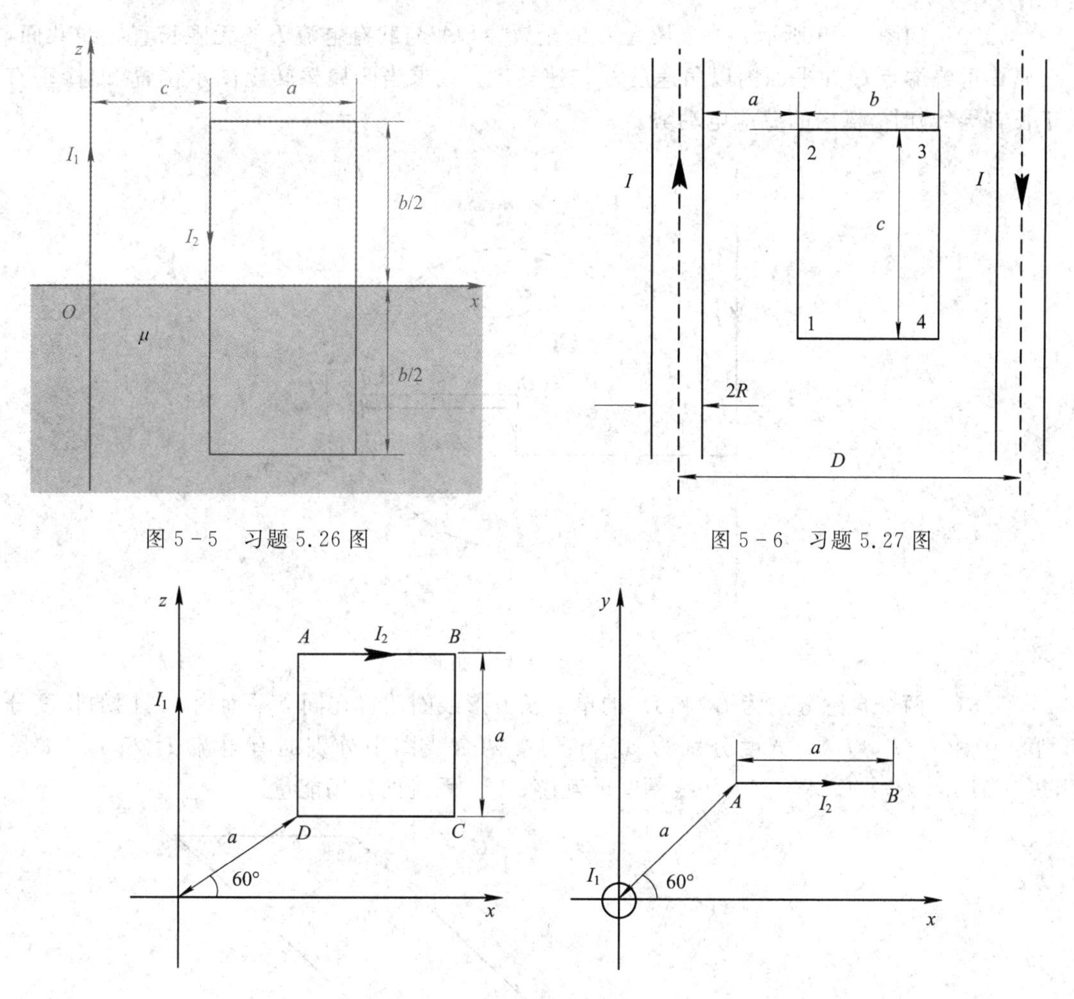

图5-5 习题5.26图

图5-6 习题5.27图

图5-7 习题5.28图

5.29 无限长细导线中载有电流I_1，附近有一共面的矩形线框，载有电流I_2，如图5-8(a)所示。(1) 求系统的互感；(2) 当矩形线框绕其对称轴转动到图5-8(b)所示位置时，系统能量的改变量为多少？(3) 定性分析在图5-8(b)所示位置时，矩形线框各边的受力情况，由此说明矩形线框的运动趋势。

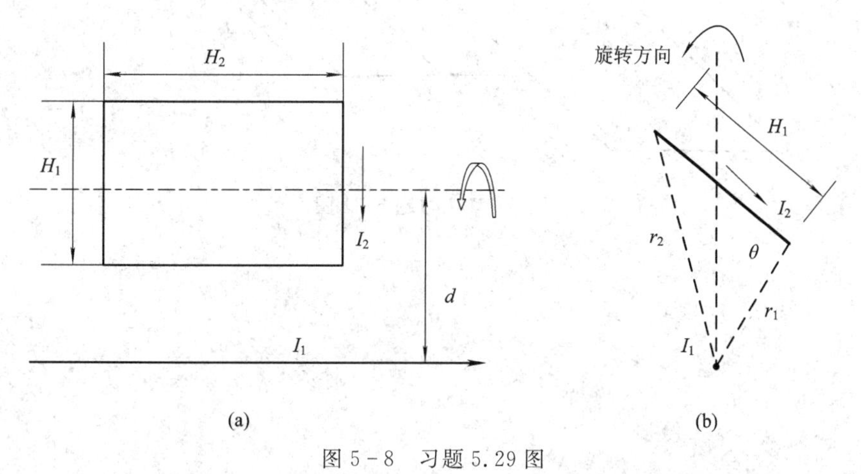

图5-8 习题5.29图

5.30　如图 5-9 所示，一个长为 L 的金属棒 OA 与载有电流 I 的无限长直导线共面，金属棒可绕端点 O 在平面内以角速度 ω 匀速转动。试求当金属棒转至图示位置(即棒垂直于长直导线)时，棒内的感应电动势。

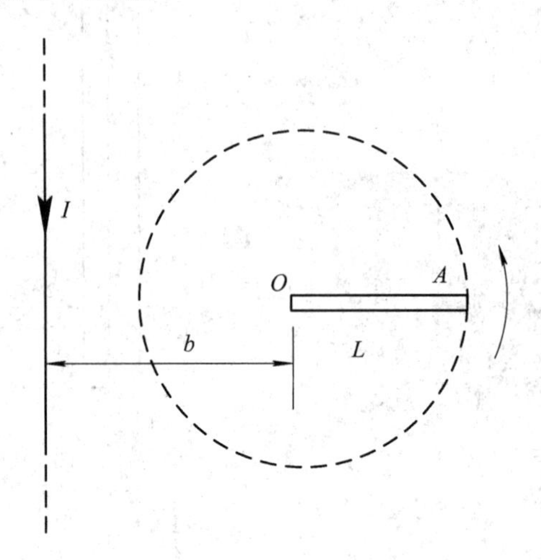

图 5-9　习题 5.30 图

5.31　两个自感分别为 L_1 和 L_2 的单匝长方形线圈放置在同一平面内，线圈的长度分别为 l_1 和 l_2 ($l_1 \gg l_2$)，宽度分别为 w_1 和 w_2，两个线圈中分别通有电流 I_1 和 I_2，如图 5-10 所示($d \ll l_1$)。求：(1) 两线圈间的互感；(2) 系统的磁场能量。

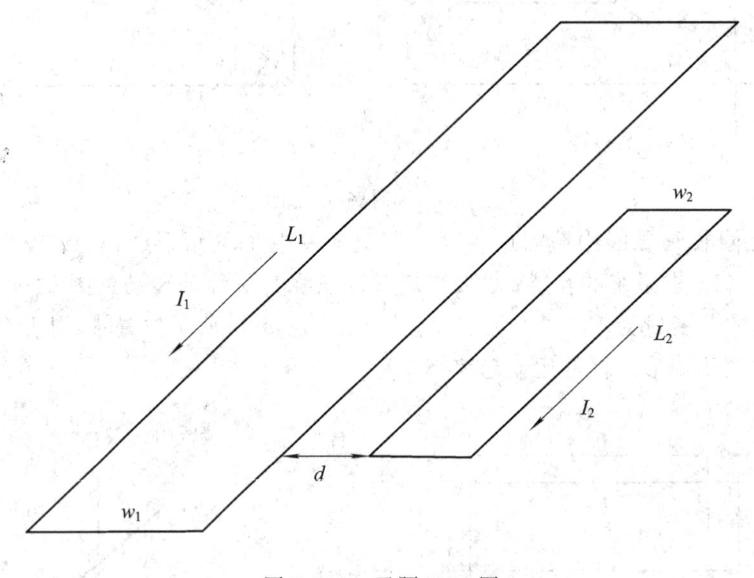

图 5-10　习题 5.31 图

第 6 章　静态场的计算

静电场、静磁场和恒定电场都不随时间变化，因此称为静态场或稳态场。在静态场情况下，电场和磁场由各自的源激发，且相互独立，因此在进行求解时也应根据源的性质(电荷或电流分布)来分别求解电场或磁场。从前面的讨论中知道，当已知电荷分布或电流分布时，可以通过静态场方程的积分形式来计算电场或磁场。当已知空间场求解场源的分布时应采用静态场方程的微分形式来计算电荷或电流源的分布。事实上，常将静态场问题分为分布型和边值型两种类型。分布型问题是指已知场源(电荷、电流)分布，直接利用有关的积分公式计算空间各点的场强或位函数，这类问题求解简单。边值型问题是指已知空间某给定的区域边界上的位函数或其法向导数来求解该区域内的场分布，这类问题的求解相对复杂，可以化为求解给定边界条件下位函数的泊松方程或拉普拉斯方程，即求解边值问题。

静态场边值问题的求解一般可分为解析方法和数值方法，当然也有实验模拟和图解法等。解析法得到的结果是场量的解析表达式，也是最精确的方法，如镜像法、分离变量法等；数值法是通过数值计算得到场量的一组离散结果，它是场量的近似计算，也是解决复杂或不规则空间场域场量计算的有效方法，如有限差分法、有限元法、矩量法、格林函数法、复变函数法等。本章只对常用静态场边值问题的常用求解方法进行介绍，其它方法请有兴趣的读者参阅有关的书籍和文献。

6.1　静态场的边值

6.1.1　边值问题

静态场的基本方程表明，在静态条件下，静态场都可用辅助位函数来描述，如静电场可用标量电位来描述，静磁场可用矢量磁位来描述。在电流密度为 0 的无源区域，静磁场也可用标量磁位来描述。只要得到了静态场的位函数，则对应的电场强度、电位移矢量、磁场强度、磁感应强度等都可根据有关的公式得到。在均匀、线性、各向同性的有界媒质中，位函数(电位、磁矢位、磁标位)都满足泊松方程或拉普拉斯方程。同时，在场的边界上，位函数还应满足一定的边界条件。这样，位函数方程和位函数的边界条件就构成了位函数的边值问题。

泊松方程或拉普拉斯方程是一个二阶偏微分方程，是数学物理方程。我们知道，数学物理方程可描述物理量随空间和时间的变化规律。对于某一特定的区域和时刻，方程的解取决于物理量的初始值与边界值，这些初始值和边界值分别称为初始条件和边界条件，两者又统称为该方程的定解条件。静态场的场量与时间无关，因此位函数所满足的泊松方程及拉普拉斯方程的解仅取决于边界条件。由于位函数的边界条件限定了偏微分方程解的唯一性，因此，从本质上讲，静态场位函数的边值问题就变成了所对应的泊松方程及拉普拉斯方程的定解问题。也就是说根据给定的边界条件求解空间任一点的位函数就是静态场的边值问题。

6.1.2 边值问题类型

在场域 V 的边界 S 上给定的边界条件有三种类型，因此对应的边值问题也分为三类：

第一类边值问题：边界条件是已知场域 V 的整个边界 S 上的位函数的值，即

$$\varphi|_S = f_1(S) \tag{6.1-1}$$

第一类边值问题也称为狄里赫利问题。

第二类边值问题：边界条件是已知场域 V 的整个边界 S 上的位函数的法向导数值，即

$$\left.\frac{\partial\varphi}{\partial n}\right|_S = f_2(S) \tag{6.1-2}$$

第二类边值问题也称为纽曼问题。

第三类边值问题：边界条件是已知场域 V 的部分边界 S_1 上的位函数值和其余部分边界 S_2 上的法向导数值，即

$$\varphi|_{S_1} = f_1(S_1) \quad \text{和} \quad \left.\frac{\partial\varphi}{\partial n}\right|_{S_2} = f_2(S_2) \tag{6.1-3}$$

第三类边值问题也称为混合边值问题，这里 $S = S_1 + S_2$ 。

如果场域无穷大，即无界区域，则对于源分布在有限区域情况下，无穷远处的位函数应为有限值，即

$$\lim_{r\to\infty} r\varphi = \text{有限值} \tag{6.1-4}$$

称为自然边界条件。

如果在整个场域内同时存在几种不同的媒质，则位函数还应满足不同分界面上的边界条件。

6.2 镜　像　法

镜像法是求解静电场问题的一种特殊的间接方法，它主要用于求解分布在导体附近的电荷产生的场。我们知道，在导体附近，如果有电荷(称为原电荷)存在，则在导体的表面会产生感应电荷。如果电荷存在的附近不是导体，而是介质，则会在介质表面产生极化电荷。感应电荷或极化电荷都会影响空间的电场分布。这样，整个系统在空间产生的电场就是原电荷在空间产生的电场与感应电荷或极化电荷在空间产生电场的矢量和。一般情况下感应电荷或极化电荷是未知量，不易确定，直接求解这类问题非常困难。然而，如果原电荷是特殊形状分布的电荷(如点电荷、线电荷)，且导体形状也是规则形状(如平面、球、圆柱等简单均匀形状)时，就可以采用镜像法进行间接求解此类问题。如在实际工程应用中，水平架设在地面附近的双导线上的原电荷就会在地面上产生感应电荷，这样地面就可以视为无限大的导体平面，地面上空的电位、电场就可认为由原电荷和感应电荷产生，可用镜像法进行求解。

6.2.1 镜像法的基本思想

镜像法的基本思想是，用位于场域边界外虚设的较简单的镜像电荷分布，等效替代该

边界上未知的较为复杂的电荷分布(感应电荷或极化电荷)，从而将原含该边界的非均匀媒质空间变换成无限大单一均匀媒质的空间，把原来的边值问题的求解转换成均匀无界空间中的问题来求解。

实质上，镜像法是以一个或几个等效电荷代替边界的影响，将原来具有边界的非均匀空间变成无限大的均匀自由空间，从而使分析计算过程得以明显简化。

镜像法的理论基础或依据是解的唯一性定理。在导体形状、几何尺寸、带电状况和媒质几何结构、特性不变的前提条件下，根据唯一性定理，只要找出的解满足在同一泛定方程下问题所给定的边界条件，得到的解即为该问题的解，并且是唯一的解。镜像法正是巧妙地应用了这一基本原理、面向多种典型结构的工程电磁场问题所构成的一种有效的解析求解法。但要注意，等效电荷的引入必须维持原来的边界条件不变，从而保证原来区域中静电场没有改变。这些等效电荷通常处于镜像位置，因此称为镜像电荷，而这种方法称为镜像法。

镜像法应用的关键点主要有两个：其一是镜像电荷的个数、位置及其电量大小(三要素)的确定，它们应根据满足所求解的场区域的边界条件来确定；其二是等效求解的“有效场域”，镜像电荷必须位于所求解的场区域以外的空间中，只有这样，它才不会改变实际的场量。

镜像法也有一定的局限性。只有某些特殊的边界以及特殊分布的电荷才有可能确定其镜像电荷。镜像法不仅可用于解决存在于导体附近点电荷、线电荷的静电场问题，也可用于解决不同介质分界面的情形以及静磁场问题。本节只对典型的导体平面、球、圆柱以及不同介质分界面的镜像问题进行讨论。

6.2.2　导体平面镜像法

1. 点电荷对无限大接地导体平面的镜像

设有一点电荷 q 位于无限大接地导体平面上方，导体平面上方空间的介电常数为 ε，点电荷 q 与平面的距离为 h，求平面上方空间的电场分布，如图 6.2-1 所示。

点电荷在无限大接地导体平面上方的电场线和等势线

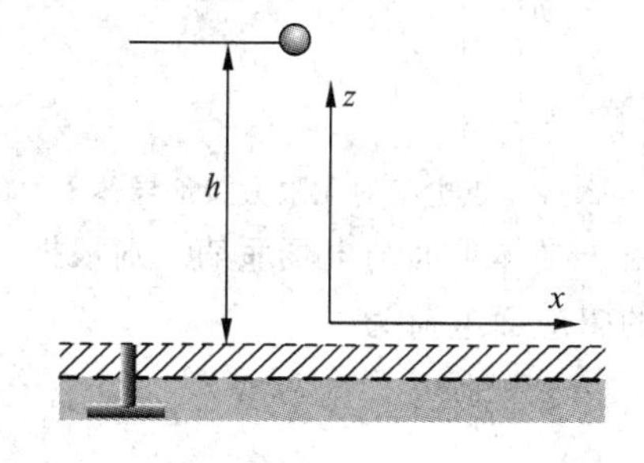

图 6.2-1　点电荷与接地无限大导体平面

由于点电荷 q 的存在，使得导体面上出现不均匀分布的感应电荷。导体平面上方空间内的电场应是点电荷 q 与导体面上感应电荷产生的电场的矢量和。求解此类问题的困难是无法得到导体面上感应电荷的分布。

我们知道，除了点电荷 q 所在位置$(0, 0, h)$外，在无限大接地导体平面上方空间，由于没有电荷存在，因此在该空间的电位满足拉普拉斯方程，即$\nabla^2\varphi=0$。由于无限大导体接地，在边界(导体面)上的电位为 0，即在 $z=0$ 处，$\varphi=0$，因此该类问题属于第一类边值问题。根据唯一性定理，可采用各种方法进行求解，只要满足给定的边界条件($z=0$ 处，

$\varphi=0$)，其解就是唯一的。

怎样来等效导体平面上的感应电荷呢？假设去掉导体平面，使得整个空间都充满与电荷 q 所在空间一样的同种介质 ε，并在原导体平面的下方与点电荷 q 对称的位置 $(0, 0, -h)$ 放置一点电荷 q'（称为镜像电荷）。实际上就是用镜像电荷 q' 代替导体平面上的感应电荷。但要注意，此时建立的系统已改变了原来的实际系统。如果镜像电荷 $q'=-q$，则此时整个上方空间（除点电荷 q 所在位置外）仍然满足拉普拉斯方程 $\nabla^2\varphi=0$。根据对称性原理，建立的新系统也满足原来的边界条件（$z=0$ 处，$\varphi=0$），如图 6.2-2 所示。根据唯一性定理，用这样的镜像电荷 $q'=-q$ 代替接地导体平面上的感应电荷对导体上方空间的电场的贡献，其导体上方空间的电场不变。

这样，接地导体平面上方空间任意一点（除了点电荷 q 所在位置）的电位 φ 可以写为

$$\begin{aligned}\varphi(x, y, z) &= \frac{1}{4\pi\varepsilon}\left(\frac{q}{r}+\frac{q'}{r'}\right)\\ &= \frac{1}{4\pi\varepsilon}\left(\frac{q}{\sqrt{x^2+y^2+(z-h)^2}}-\frac{q}{\sqrt{x^2+y^2+(z+h)^2}}\right)\end{aligned} \tag{6.2-1}$$

可见，一个点电荷相对于无限大接地导体平面的镜像电荷的大小和位置为

$$\begin{cases} q' = -q \\ h' = h \end{cases} \tag{6.2-2}$$

点电荷与无限大接地导体平面共同形成的电场线 $\boldsymbol{E}$ 与等位面 φ 的分布如图 6.2-3 所示。

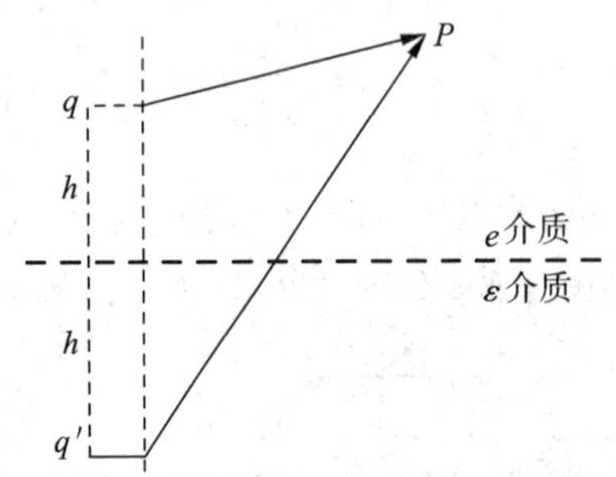

图 6.2-2　点电荷对无限大接地导体平面的镜像

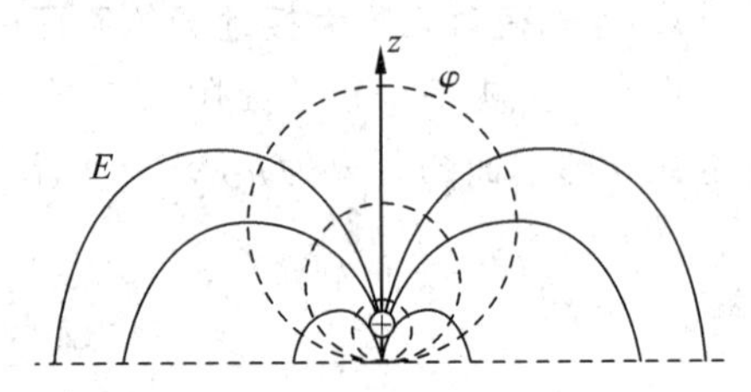

图 6.2-3　电场线与等位面分布

由于导体平面与电场垂直，则根据导体与介质分界面上的边界条件，可以得到导体平面上的感应面电荷为

$$\rho_S = \varepsilon\boldsymbol{E}\cdot\boldsymbol{e}_n = -\varepsilon\nabla\varphi\cdot\boldsymbol{e}_n = -\varepsilon\frac{\partial\varphi}{\partial n}\bigg|_{z=0} = -\frac{1}{2\pi}\frac{qh}{(x^2+y^2+h^2)^{3/2}} \tag{6.2-3}$$

则导体平面上的总感应电荷 q_{in} 为

$$q_{in} = \int_S \rho_S \mathrm{d}S = -\frac{qh}{2\pi}\int_{-\infty}^{\infty}\int_{-\infty}^{\infty}\frac{\mathrm{d}x\mathrm{d}y}{(x^2+y^2+h^2)^{3/2}} \tag{6.2-4}$$

为了更清晰，将直角坐标系变换到平面极坐标系，即 $\rho^2=x^2+y^2$，$\mathrm{d}x\mathrm{d}y=\rho\mathrm{d}\rho\mathrm{d}\phi$，则式 (6.2-4) 可变为

$$q_{in} = -\frac{qh}{2\pi}\int_0^{\infty}\int_0^{2\pi}\frac{\rho\mathrm{d}\rho\mathrm{d}\phi}{(\rho^2+h^2)^{3/2}} = -q \tag{6.2-5}$$

可见，导体平面上的总感应电荷与所设置的镜像电荷相等，说明所设置的镜像电荷是正确的。在引入镜像电荷的情况下，由于无平面导体存在，也就没有了感应电荷，感应电

荷对上半空间的贡献用镜像电荷来代替，且整个空间为同一介质，此时电力线从原电荷出发而终止于镜像电荷，如图 6.2-4 所示。当然，下半空间中的电力线是假想的。

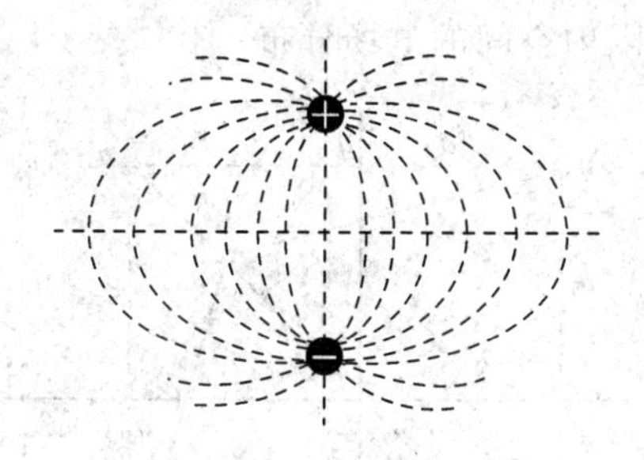

图 6.2-4 原电荷与镜像电荷形成的电力线

2. 线电荷对无限大接地导体平面的镜像

如图 6.2-5 所示，设有一线电荷密度为 ρ_1 的无限长线，它沿 y 轴方向位于无限大接地导体平面上方，导体平面上方空间的介电常数为 ε，线电荷 ρ_1 与导体平面的距离为 h，求平面上方空间的电场分布。

同点电荷在无限大接地导体平面上方设置镜像电荷的方法类似，可以确定镜像电荷仍然是无限长线电荷，如图 6.2-6 所示。镜像线电荷的大小 ρ_1' 等于原线电荷的负值，位置 h' 仍以导体平面对称。根据对称性原理，在无限大接地导体平面上满足电位 $\varphi=0$ 的边界条件。根据唯一性定理，用这样的镜像线电荷 $\rho_1'=-\rho_1$ 代替接地导体平面上的感应电荷对导体上方空间的电场的贡献，其导体上方空间的电场不变。

$$\begin{cases}\rho_1'=-\rho_1\\ h'=h\end{cases} \tag{6.2-6}$$

这样，接地导体平面上方空间任意一点(除了线电荷 q 所在位置外)的电位 φ 可以写为

$$\begin{aligned}\varphi(x,\ y,\ z)&=\frac{1}{4\pi\varepsilon}\left(\int_l\frac{\rho_1}{r}\mathrm{d}l+\int_{l'}\frac{\rho_{1'}}{r'}\mathrm{d}l'\right)\\&=\frac{\rho_1}{4\pi\varepsilon}\ln\frac{\sqrt{x^2+(z-h)^2}}{\sqrt{x^2+(z+h)^2}}\end{aligned} \tag{6.2-7}$$

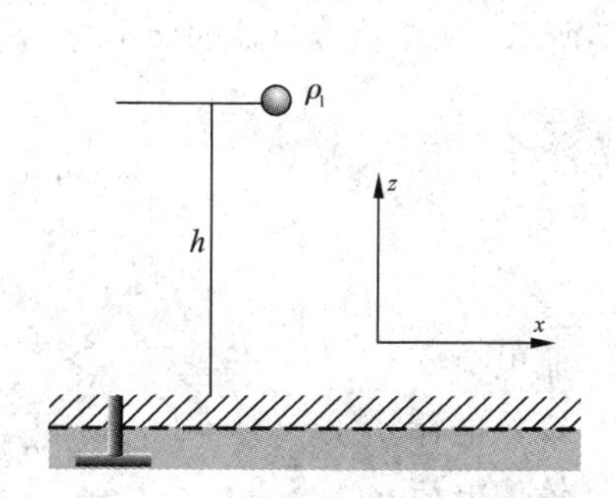

图 6.2-5 线电荷与接地无限大导体平面

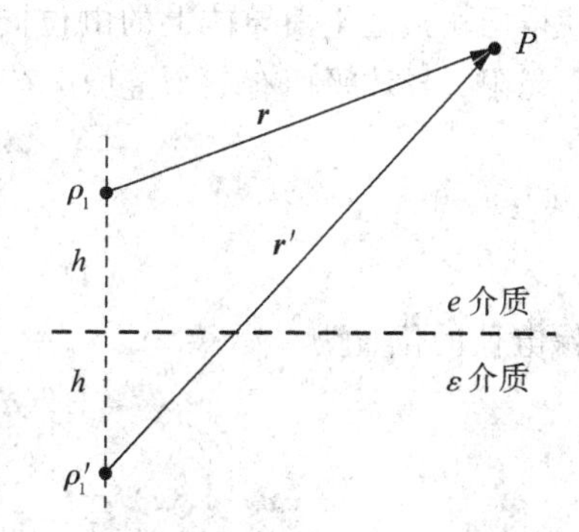

图 6.2-6 线电荷对无限大接地导体平面的镜像

3. 点电荷对正交半无限大接地导体平面的镜像

如图 6.2-7 所示，设有一点电荷 q 在相互正交的半无限大接地导体附近(如在第一象

限内)，导体平面沿 x、y 轴正方向，沿 z 轴的长度远远大于点电荷到两个导体平面的距离。假设点电荷 q 与 y 轴导体平面的距离为 d_1，与 x 轴导体平面的距离为 d_2，则点电荷 q 的位置为(d_1，d_2，0)。求第一象限内空间的电场分布。

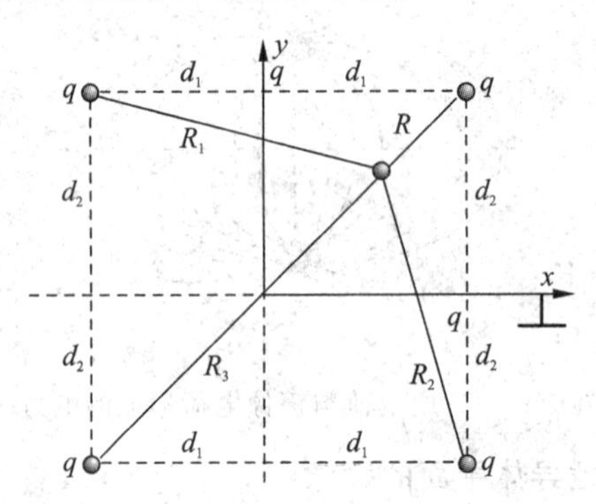

图 6.2-7　点电荷与接地正交平面的镜像

由于接地的正交半无限大平面是由两块接地半无限大平面组成的，点电荷 q 使得两个导体平面上都出现不均匀分布的感应电荷。在点电荷 q 所在的第一象限内的电场应是点电荷 q 与两个导体平面上感应电荷产生的电场的叠加。解该类问题就不能用一块接地无限大平面情况设置镜像电荷。但无论怎样设置镜像电荷都需要使得设置镜像电荷后满足给定的边界条件，即在 x、y 轴平面上的电位为 0(接地)。

假设去掉两块导体平面，使得整个空间都充满与电荷 q 所在空间一样的同种介质 ε，并在点电荷 q 在 y 轴平面对称点(第二象限中)设置一镜像电荷 q_1，使得 $q_1=-q$，q_1 的位置为($-d_1$，d_2，0)。这样，镜像电荷 q_1 的加入可使得 y 轴平面上的电位为 0，但是此时 x 轴平面上的电位不等于 0。再在点电荷 q 在 x 轴平面对称点(第四象限中)设置一镜像电荷 q_2，使得 $q_2=-q$，q_2 的位置为(d_1，$-d_2$，0)。这样，镜像电荷 q_2 的加入可使得 x 轴平面上的电位为 0，但是此时 y 轴平面上的电位又不等于 0 了。显然，q_1 对平面 x 以及 q_2 对平面 y 均不能满足边界条件。为了保证设置的镜像电荷使得在两块平面上的电位同时为 0，再在第三象限中设置一个镜像电荷 q_3，镜像电荷 q_3 在 x 轴平面与 q_1 对称，在 y 轴平面与 q_2 对称，使得镜像电荷 $q_3=q$，q_3 的位置为($-d_1$，$-d_2$，0)。根据对称性，这三个镜像电荷与原电荷一起才能使得两块接地平面导体上的电位同时为 0，从而满足给定的边界条件。说明相互正交的接地半无限大导体平面有三个镜像电荷，如图 6.2-7 所示。三个镜像电荷的大小为

$$\begin{cases} q_1=-q \\ q_2=-q \\ q_3=q \end{cases} \tag{6.2-8}$$

三个镜像电荷的位置为

$$(x,\ y,\ z)=\begin{cases} (d_1,\ d_2,\ 0) & \text{原电荷 } q \\ (-d_1,\ d_2,\ 0) & \text{镜像电荷 } q_1 \\ (d_1,\ -d_2,\ 0) & \text{镜像电荷 } q_2 \\ (-d_1,\ -d_2,\ 0) & \text{镜像电荷 } q_3 \end{cases} \tag{6.2-9}$$

假设在第一象限空间所求的电场位置与原电荷及三个镜像电荷的距离分别为 R、R_1、R_2、R_3，且空间的介电常数为 ε，则这四个电荷在第一象限空间(除了点电荷 q 所在位置

外)的电位函数 φ 为

$$\varphi(x,y,z)=\frac{q}{4\pi\varepsilon}\left(\frac{1}{R}-\frac{1}{R_1}-\frac{1}{R_2}+\frac{1}{R_3}\right)$$

$$=\frac{q}{4\pi\varepsilon}\left(\frac{1}{\sqrt{(x-d_1)^2+(y-d_2)^2+z^2}}-\frac{1}{\sqrt{(x+d_1)^2+(y-d_2)^2+z^2}}\right)+$$

$$\frac{q}{4\pi\varepsilon}\left(-\frac{1}{\sqrt{(x-d_1)^2+(y+d_2)^2+z^2}}+\frac{1}{\sqrt{(x+d_1)^2+(y+d_2)^2+z^2}}\right)$$

(6.2-10)

如果良导体平面不是相互正交，而是相交成 α 角，只要 $\alpha=\pi/n$(n 为整数)，那么也可以采用镜像法进行求解，但其镜像电荷数为有限的 $2n-1$ 个，有兴趣的读者可以自行证明。

【例题 6-1】 试求空气中点电荷 q 在地面引起的感应电荷分布。

解 根据镜像法，假设点电荷 q 与镜像电荷 $q'=-q$ 位于 xz 平面，它们距地面的距离分别为 $z=h$ 和 $z'=-h$，则这两个电荷在它们连线的地面上的电场强度为

$$E_z=-\boldsymbol{e}_z\frac{1}{4\pi\varepsilon_0}\frac{q\cos\theta}{h^2+x^2}+\boldsymbol{e}_z\frac{1}{4\pi\varepsilon_0}\frac{-q\cos\theta}{h^2+x^2}=-\boldsymbol{e}_z\frac{1}{2\pi\varepsilon_0}\frac{q}{h^2+x^2}\frac{h}{\sqrt{h^2+x^2}}$$

$$=-\boldsymbol{e}_z\frac{1}{2\pi\varepsilon_0}\frac{qh}{(h^2+x^2)^{3/2}}$$

地面上的面电荷密度为

$$\rho_S=\varepsilon_0 E_z\cdot\boldsymbol{e}_n=-\frac{qh}{2\pi(h^2+x^2)^{3/2}}$$

点电荷 q 在地面引起的总感应电荷为

$$Q=\int_S\rho_S\mathrm{d}S=-\int_0^{\infty}\frac{qh}{2\pi(h^2+x^2)^{3/2}}\cdot 2\pi x\mathrm{d}x=-q$$

【例题 6-2】 假设有一与地面平行的无限长导线，导线的半径为 a，离地高度为 h，$h\gg a$。求无限长导线对地形成的电容 C。

解 由于 $h\gg a$，则可近似认为导线均匀分布线电荷密度 ρ_l。利用镜像法，将地面取消后，其与地面对称有线电荷为 $-\rho_l$ 的镜像无限长导线。这样，地面上空任意点的电位应是原导线与镜像导线共同作用的结果。

假设原导线和镜像导线到地面上方场点的距离分别为 r_+、r_-，则电荷密度为 $\pm\rho_l$ 的两个平行无限长导体在地面上空任意点的电位为

$$\varphi=\frac{\rho_l}{2\pi\varepsilon_0}\ln\frac{r_-}{r_+}$$

与两个平行无限长导体都垂直的连线在原导体表面点上有 $r_+=a$，$r_-=2h-a$，则其点的电位 $\varphi_M=\dfrac{\rho_l}{2\pi\varepsilon_0}\ln\dfrac{2h-a}{a}$。由于地面的电位 $\varphi_0=0$，则原导体表面与地面的电位差为

$$U=\varphi_M-\varphi_0=\frac{\rho_l}{2\pi\varepsilon_0}\ln\frac{2h-a}{a}$$

则导线对地的电容为

$$C=\frac{\rho_l}{U}=\frac{\rho_l}{\frac{\rho_l}{2\pi\varepsilon_0}\ln\frac{2h-a}{a}}=\frac{2\pi\varepsilon_0}{ln\frac{2h-a}{a}}\approx\frac{2\pi\varepsilon_0}{ln\frac{2h}{a}}$$

6.2.3　导体球面镜像法

点电荷在接地导体球外时的电位分布

1. 点电荷对接地导体球面的镜像

如图 6.2-8(a)所示，设有一点电荷 q 位于接地导体球面外，导体球面外空间的介电常数为 ε，点电荷 q 与球面中心的距离为 d，导体球的半径为 a，求球面外空间的电场分布。

由于点电荷 q 的存在，使得导体球面上出现不均匀分布的感应电荷，如图 6.2-8(b)所示。导体球外空间的电场应是点电荷 q 与导体球面上感应电荷产生的电场的叠加。解该类问题的困难是无法得到导体球面上感应电荷的分布，此类问题可用镜像法进行求解。

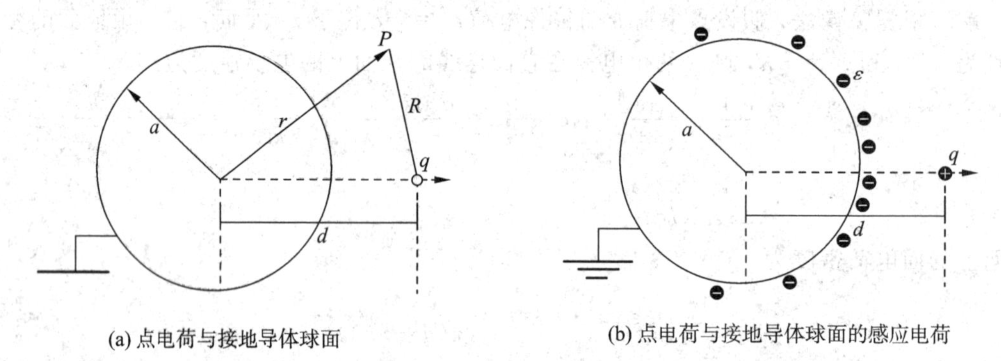

图 6.2-8　点电荷与接地导体球

采用镜像法时，将导体球面移去，用一镜像电荷来等效球面上的感应电荷。为了不影响球面外空间的真实电场分布，镜像电荷必须设置在球面内。由于导体球接地，导体球的电位为零。为了等效导体球边界的影响，令镜像点电荷 q' 位于球心与点电荷 q 的连线上，且在球面内，距离球心的距离为 d'，如图 6.2-9 所示。那么，原电荷 q 与镜像电荷 q' 在球面外空间任一点电位为

$$\begin{aligned}\varphi&=\frac{1}{4\pi\varepsilon}\left(\frac{q}{R}+\frac{q'}{R'}\right)\\&=\frac{1}{4\pi\varepsilon}\left(\frac{q}{\sqrt{r^2+d^2-2rd\cos\theta}}+\frac{q'}{\sqrt{r^2+d'^2-2rd'\cos\theta}}\right)\end{aligned}\tag{6.2-11}$$

图 6.2-9　外点电荷与接地导体球面的镜像

由于导体球面接地，则在导体球面上 $r=a$ 时，电位 $\varphi=0$。这样有

$$\varphi=\frac{1}{4\pi\varepsilon}\left(\frac{q}{\sqrt{a^2+d^2-2ad\cos\theta}}+\frac{q'}{\sqrt{a^2+d'^2-2ad'\cos\theta}}\right)=0 \tag{6.2-12}$$

解式(6.2-12)可以得到

$$(a^2+d^2)q'^2-(a^2+d'^2)q^2-2a\cos\theta(dq'^2-d'q^2)=0 \tag{6.2-13}$$

式(6.2-12)对任意的角度 θ 都成立，因此有

$$\begin{cases}(a^2+d^2)q'^2-(a^2+d'^2)q^2=0\\2a\cos\theta(dq'^2-d'q^2)=0\end{cases} \tag{6.2-14}$$

解式(6.2-14)可以得到镜像电荷的大小和位置为

$$\begin{cases}q'=-\dfrac{a}{d}q\\d'=\dfrac{a^2}{d}\end{cases} \tag{6.2-15a}$$

和

$$\begin{cases}q'=-q\\d'=d\end{cases} \tag{6.2-15b}$$

由于式(6.2-15b)无意义，因此舍去，则式(6.2-15a)就是点电荷对接地导体球面的镜像电荷的大小和位置。由于 $d>a$，因此镜像电荷的绝对值小于原电荷的绝对值。

也可以这样来确定镜像电荷的大小和位置。由于原点电荷和镜像电荷连线与球面的交点上电位等于 0，以及在连线的延长线与球面的交点上电位也等于 0，因此可以建立方程组：

$$\begin{cases}\dfrac{q}{d-a}+\dfrac{q'}{a-d'}=0\\\dfrac{q}{d+a}+\dfrac{q'}{a+d'}=0\end{cases} \tag{6.2-16}$$

解式(6.2-16)可以得到镜像电荷的大小和位置也为式(6.2-15a)的结果。

根据唯一性定理，接地导体球外的电位函数为

$$\varphi=\frac{q}{4\pi\varepsilon}\left[\frac{1}{\sqrt{r^2+d^2-2rd\cos\theta}}-\frac{a}{d\sqrt{r^2+\left(\dfrac{a^2}{d}\right)^2-2r\left(\dfrac{a^2}{d}\right)\cos\theta}}\right] \tag{6.2-17}$$

球面上的感应电荷面密度为

$$\rho_S=-\varepsilon\frac{\partial\varphi}{\partial r}\bigg|_{r=a}=-\frac{q(d^2-a^2)}{4\pi a(a^2+d^2-2ad\cos\theta)^{3/2}} \tag{6.2-18}$$

导体球面上的总感应电荷为

$$q_{\text{in}}=\int_S\rho_S\,\mathrm{d}S=-\frac{q(d^2-a^2)}{4\pi a}\int_0^{2\pi}\int_0^{\pi}\frac{a^2\sin\theta\,\mathrm{d}\theta\,\mathrm{d}\varphi}{(a^2+d^2-2ad\cos\theta)^{3/2}}=-\frac{a}{d}q \tag{6.2-19}$$

可见，导体球面上的总感应电荷也与所设置的镜像电荷相等。

如果原电荷在接地导体球面内，则接地导体球面内的电场分布同样可以用镜像法进行求解。但是，此时的镜像电荷应在导体球外。同样假设镜像电荷 q' 和它到球心的距离为 d'，注意此时的 $d'\leqslant a$，如图 6.2-10 所示。

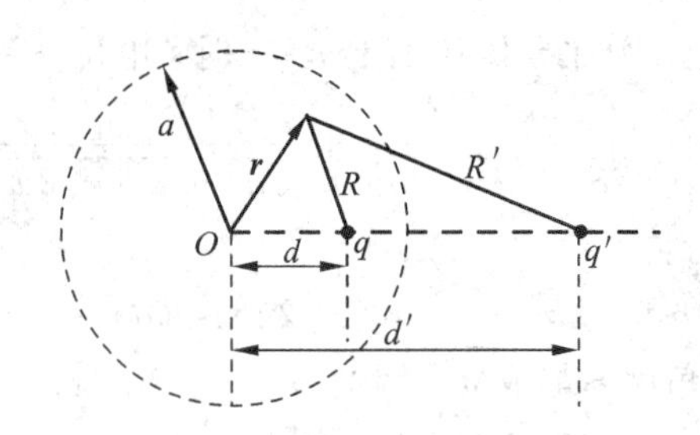

图 6.2-10 内点电荷与接地导体球面的镜像

类似原电荷在球外的方法可以得到镜像电荷的大小和位置为

$$\begin{cases} q' = -\dfrac{a}{d}q \\ d' = \dfrac{a^2}{d} \end{cases} \tag{6.2-20}$$

可见原电荷在接地导体球面内、外时，镜像电荷的大小和位置的公式相同，当然，其原电荷在导体球内、外的电位函数的计算公式也相同，即为式(6.2-17)。只是由于原电荷在接地导体球面内时，因为 $d' \leqslant a$，则镜像电荷的绝对值要大于原电荷的绝对值。但要注意，原电荷在接地导体球内时，式(6.2-16)计算的是球内的电位函数，而原电荷在接地导体球外时，式(6.2-17)计算的是球外的电位函数。

由式(6.2-17)也可以计算出原电荷在接地导体球内时，球面上的感应电荷密度为

$$\rho_S = -\varepsilon \frac{\partial \varphi}{\partial r}\bigg|_{r=a} = -\frac{q(a^2 - d^2)}{4\pi a(a^2 + d^2 - 2ad\cos\theta)^{3/2}} \tag{6.2-21}$$

导体球面上的总感应电荷为

$$q_{in} = \int_S \rho_S \mathrm{d}S = -\frac{q(a^2 - d^2)}{4\pi a} \int_0^{2\pi} \int_0^{\pi} \frac{a^2 \sin\theta \, \mathrm{d}\theta \mathrm{d}\phi}{(a^2 + d^2 - 2ad\cos\theta)^{3/2}} = -q \tag{6.2-22}$$

可见，原电荷在接地导体球内时，导体球面上的总感应电荷也与所设置的镜像电荷不相等。

点电荷在不接地导体球外时的电位分布

2. 点电荷对不接地导体球面的镜像

如图 6.2-11 所示，设有一点电荷 q 位于不接地导体球面外，导体球面外空间的介电常数为 ε，点电荷 q 与球面中心的距离为 d，导体球的半径为 a，求球面外空间的电场分布。

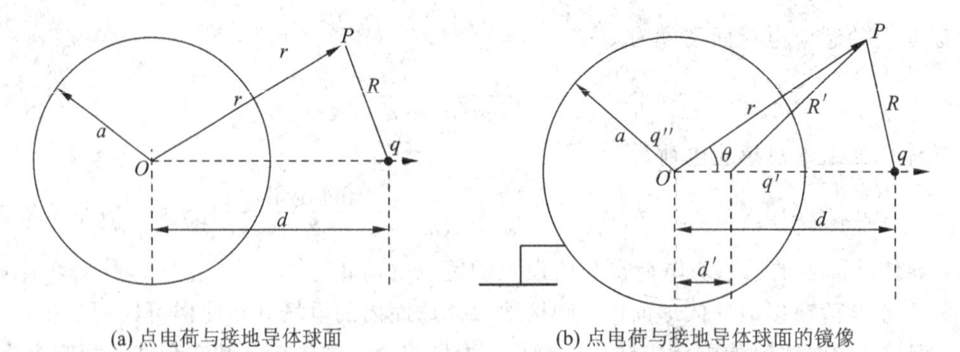

(a) 点电荷与接地导体球面 (b) 点电荷与接地导体球面的镜像

图 6.2-11 点电荷与接地导体球面的镜像

由于导体球不接地，则导体球面是一个电位不为 0 的等位面，在点电荷 q 的作用下，

球面上既有感应负电荷分布也有感应正电荷分布，但球面上总的感应电荷为 0，这样也可用镜像法进行求解。

采用叠加原理来确定镜像电荷。先设想导体球是接地的，球面上只有总电荷量为 q' 的感应电荷分布，则镜像电荷的大小和位置可采用式(6.2-15a)来确定，即 $q'=-\dfrac{a}{d}q$，$d'=\dfrac{a^2}{d}$。这种情况下，原电荷 q 与镜像电荷 q' 使得球面上的电位为 0，不符合实际的电位不为 0 的条件，并且此时球面上的总感应电荷不为 0，这也不符合实际上的总感应电荷为 0 的条件。

要使得满足导体球面上的电位不为 0，且总感应电荷为 0 的边界条件，在上面的条件下，再在球心处设置一镜像电荷 q''，使得 $q''=-q'$。镜像电荷 q'' 的加入，使得边界条件(球面上是一电位不为 0 的等位面，且总感应电荷为 0)得到满足。此时球面外空间的电位为

$$\begin{aligned}\varphi&=\frac{1}{4\pi\varepsilon}\left(\frac{q}{R}+\frac{q'}{R'}+\frac{q''}{r}\right)\\&=\frac{1}{4\pi\varepsilon}\left(\frac{q}{\sqrt{r^2+d^2-2rd\cos\theta}}+\frac{q'}{\sqrt{r^2+d'^2-2rd'\cos\theta}}+\frac{q''}{r}\right)\end{aligned}\tag{6.2-23}$$

式中，

$$\begin{cases}q'=-\dfrac{a}{d}q,\ d'=\dfrac{a^2}{d}\\[2mm] q''=-q'=\dfrac{a}{d}q,\ d''=0\end{cases}\tag{6.2-24}$$

【例题 6-3】 如图 6.2-12 所示，在无限大接地导体平面上放置一个半径为 a 的半导体球。在半导体球的上方，距地面 h 的位置放置一个点电荷 q，其中 $h>a$。求点电荷 q 受的力。

解　点电荷 q 的存在，使得接地导体平面和半导体球面都产生感应电荷。点电荷 q 所受的力是这些感应电荷对它的作用。由于直接求得感应电荷很困难，因此采用镜像法来等效接地导体平面和半导体球面上的感应电荷，即镜像电荷。这样，点电荷 q 所受的力就是这些镜像电荷对它的作用力的矢量和。

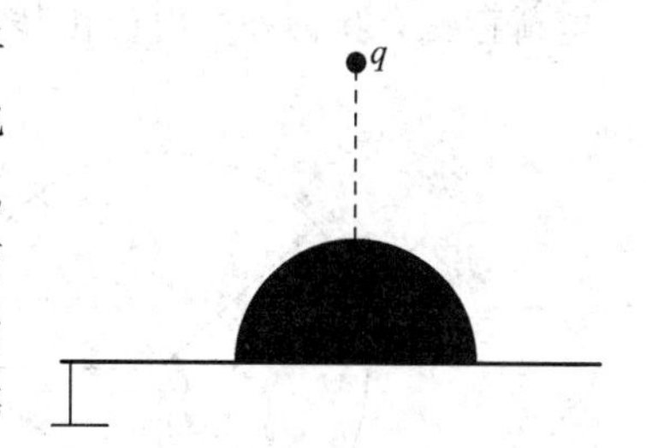

图 6.2-12　例题 6-3 图(1)

假设半导体球为一个整体球，则导体球的镜像电荷为 $q'=-\dfrac{a}{h}q$，它距地面的位置为 $d'=\dfrac{a^2}{h}$。

导体球的镜像电荷 q' 使得半导体球面的电位等于 0，但是导体平面的电位不等于 0，这不符合接地导体电位为 0 的条件。

为了使导体平面的电位为 0，再分别取两个镜像电荷 q''、q'''，这两个镜像电荷的带电量和位置分别为(如图 6.2-13 所示)

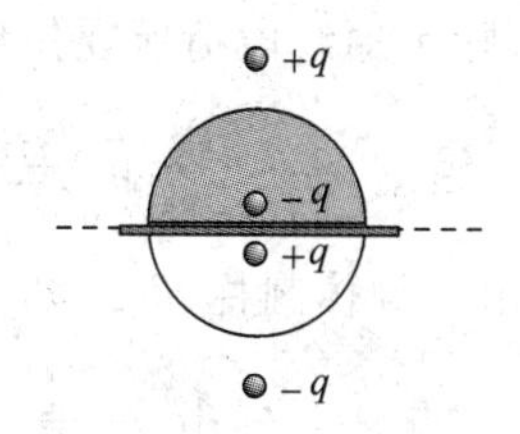

图 6.2-13　例题 6-3 图(2)

$$\begin{cases} q''=-q'=\dfrac{a}{h}q,\ d''=-d'=-\dfrac{a^2}{h} \\ q'''=-q,\ d'''=-h \end{cases}$$

镜像电荷 q''、q''' 的加入使得地平面导体上的电位为 0。但是它们是否破坏了半导体球面电位等于 0 的条件了呢?

相对于半导体球面，由于 q''、q''' 正好是与 q'、q 互为镜像，保证了半导体球面电位等于 0 的条件。这样，点电荷 q 所受的力是这三个镜像电荷的共同作用力，即

$$\begin{aligned} F &= \sum_{i=1}^{3} \frac{q_i q}{4\pi\varepsilon_0 d_i^2} = \frac{q}{4\pi\varepsilon_0}\left[\frac{q'}{(h-d')^2}+\frac{q''}{(h-d'')^2}+\frac{q'''}{(h-d''')^2}\right] \\ &= \frac{q}{4\pi\varepsilon_0}\left[\frac{-aq/h}{(h-a^2/h)^2}+\frac{aq/h}{(h+a^2/h)^2}+\frac{-q}{(h+h)^2}\right] \\ &= -\frac{q^2}{4\pi\varepsilon_0}\left[\frac{4a^3h^3}{(h^4-a^4)^2}+\frac{1}{4h^2}\right] \end{aligned}$$

6.2.4　导体圆柱面镜像法

在传输线系统中，导线之间的静电感应作用使导线表面的电荷分布不均匀，直接求解电场分布很困难，此种情况可用镜像法进行求解。

1. 线电荷对接地导体圆柱面的镜像

假设一根电荷线密度为 ρ_1 的无限长导线位于半径为 a 的无限长接地导体圆柱面外，并与圆柱的轴线平行且到轴线的距离为 d，如图 6.2-14 所示。此时，在导体圆柱面上有感应电荷存在，圆轴外的电位由线电荷与感应电荷共同产生。

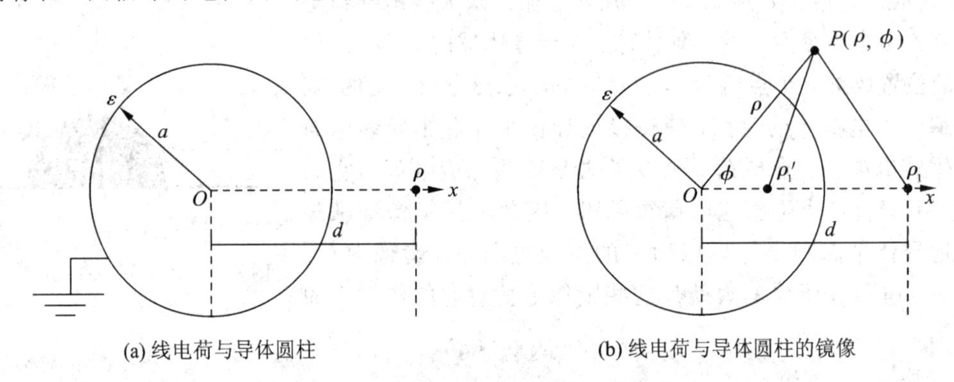

图 6.2-14　线电荷与导体圆柱的镜像

为使接地的圆柱面上的电位为 0，镜像电荷应是在圆柱面内部，且与圆柱的轴线平行的无限长线电荷。设镜像线电荷密度为 ρ_1'，它距离圆柱轴线的距离为 d'，则接地圆柱面外空间(除了原线电荷所在位置)任意一点的电位函数为

$$\varphi = \frac{\rho_1}{2\pi\varepsilon}\ln\frac{1}{\sqrt{\rho^2+d^2-2\rho d\cos\phi}}+\frac{\rho_1'}{2\pi\varepsilon}\ln\frac{1}{\sqrt{\rho^2+d'^2-2\rho d'\cos\phi}}+C \quad (6.2-25)$$

由于导体圆柱面接地，则在导体圆柱面上 $\rho=a$ 时，电位 $\varphi=0$，这样有

$$\varphi = \frac{\rho_1}{2\pi\varepsilon}\ln\frac{1}{\sqrt{a^2+d^2-2ad\cos\phi}}+\frac{\rho_1'}{2\pi\varepsilon}\ln\frac{1}{\sqrt{a^2+d'^2-2ad'\cos\varphi}}+C=0$$

(6.2-26)

式(6.2－26)对任意的角度 ϕ 都成立，因此解式(6.2－26)后可以得到

$$\begin{cases}(a^2+d'^2)\rho_l d+(a^2+d^2)\rho_l' d'=0\\ \rho_l+\rho_l'=0\end{cases} \tag{6.2-27}$$

解式(6.2－27)可以得到镜像线电荷密度的大小和位置为

$$\begin{cases}\rho_l'=-\rho_l\\ d'=\dfrac{a^2}{d}\end{cases} \tag{6.2-28a}$$

和

$$\begin{cases}\rho_l'=-\rho_l\\ d'=d\end{cases} \tag{6.2-28b}$$

由于式(6.2－28b)无意义，因此舍去，则式(6.2－28a)就是线电荷对接地导体圆柱面的镜像线电荷的大小和位置。可见镜像线电荷密度的绝对值等于原线电荷密度的绝对值。

根据唯一性定理，接地导体圆柱面外的电位函数为

$$\varphi=\frac{\rho_l}{2\pi\varepsilon}\ln\frac{\sqrt{d^2\rho^2+d^4-2\rho d a^2\cos\phi}}{d\sqrt{\rho^2+d^2-2\rho d\cos\phi}}+C \tag{6.2-29}$$

由于在接地圆柱面上 $\rho=a$ 时，电位 $\varphi=0$，则

$$C=\frac{\rho_l}{2\pi\varepsilon}\ln\frac{d}{a} \tag{6.2-30}$$

将式(6.2－30)代入式(6.2－29)，可以得到

$$\varphi=\frac{\rho_l}{2\pi\varepsilon}\ln\frac{\sqrt{d^2\rho^2+d^4-2\rho d a^2\cos\phi}}{a\sqrt{\rho^2+d^2-2\rho d\cos\phi}} \tag{6.2-31}$$

圆柱面上的感应电荷面密度为

$$\rho_S=-\varepsilon\frac{\partial\varphi}{\partial\rho}\bigg|_{\rho=a}=-\frac{\rho_l(d^2-a^2)}{2\pi a(a^2+d^2-2ad\cos\phi)^{3/2}} \tag{6.2-32}$$

导体圆柱面上的总感应电荷为

$$q_{in}=\int_S\rho_S\mathrm{d}S=-\frac{\rho_l(d^2-a^2)}{2\pi a}\int_0^{2\pi}\frac{a\mathrm{d}\phi}{(a^2+d^2-2ad\cos\phi)^{3/2}}=-\rho_l \tag{6.2-33}$$

可见，导体圆柱面上的总感应电荷也与所设置的镜像线电荷相等。

如果原线电荷在接地导体圆柱面内，则接地导体圆柱面内的电场分布同样可以用镜像法进行求解。但是，此时的镜像线电荷应在导体圆柱面外。同样假设镜像线电荷密度为 ρ_l' 和它到圆柱轴线的距离为 d'，注意此时的 $d'\leqslant a$。

类似原线电荷在圆柱外的方法可以得到镜像线电荷的大小和位置为

$$\begin{cases}\rho_l'=-\rho_l\\ d'=\dfrac{a^2}{d}\end{cases} \tag{6.2-34}$$

可见原线电荷在接地导体圆柱面内、外时，镜像线电荷的大小和位置的公式相同。当然，其原线电荷在导体圆柱内、外的电位函数的计算公式也相同，即为式(6.2－31)。但要注意，原线电荷在接地导体圆柱内时，式(6.2－31)计算的是圆柱内的电位函数，而线电荷在接地导体圆柱外时，式(6.2－31)计算的是圆柱外的电位函数。

两相同的平行导电圆柱体产生的电位分布

2. 两平行圆柱导体的电轴

假设两平行导体圆柱的半径均为 a，两导体轴线间距为 $2h$，单位长度分别带电荷 ρ_1 和 $-\rho_1$，如图 6.2-15 所示。此时，在两导体圆柱面上均有感应电荷存在。由于两圆柱带电导体的电场互相影响，使导体表面的电荷分布不均匀，相对的一侧电荷密度较大，相背的一侧电荷密度较小。根据细线的线密度对导体圆柱的镜像法，可将两个圆柱导体面上的感应电荷分别用两个带电荷为 ρ_1 和 $-\rho_1$ 的细导线来作为镜像，且两个镜像相距 $2b$。由于带电细导线所在的位置称为圆柱导体的电轴，因而这种方法又称为电轴法。

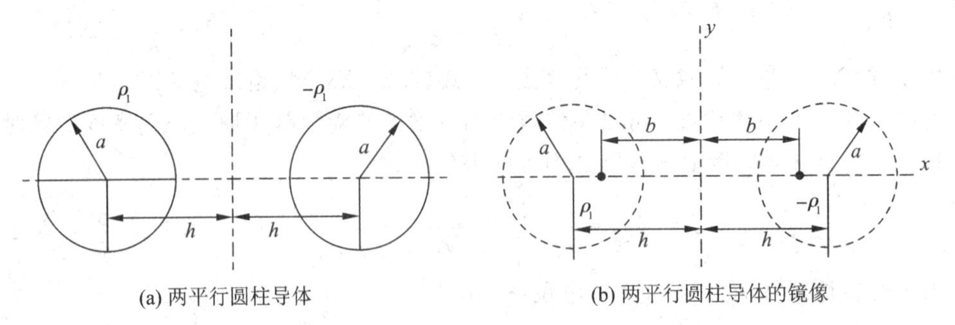

(a) 两平行圆柱导体　　(b) 两平行圆柱导体的镜像

图 6.2-15　两平行圆柱导体的镜像

电轴的位置由式(6.2-28a)确定，在式(6.2-28a)中，由于 $d'=h-b$，$d=h+b$，则有

$$(h-b)(h+b)=a^2 \tag{6.2-35}$$

从而可得到电轴的位置为

$$b=\sqrt{h^2-a^2} \tag{6.2-36}$$

这样，两个圆柱导体外空间的电位函数就可由两个互为镜像的线电荷 ρ_1 和 $-\rho_1$ 共同产生，即

$$\varphi=\frac{\rho_1}{2\pi\varepsilon}\ln\frac{r_1}{r_2}=\frac{\rho_1}{4\pi\varepsilon}\ln\frac{(x+b)^2+y^2}{(x-b)^2+y^2} \tag{6.2-37}$$

读者可以思考一下，能否用电轴法求解半径不同的两平行圆柱导体问题呢？

【例题 6-4】 已知平行传输线之间电压为 U_0，试求电位分布。

解　设两平行传输线带有等量异号线电流密度 τ，半径为 a，轴线间的距离为 d。采用电轴法求解，两电轴之间的距离为 $2b$，以电轴的中心为坐标原点，如图 6.2-16 所示。

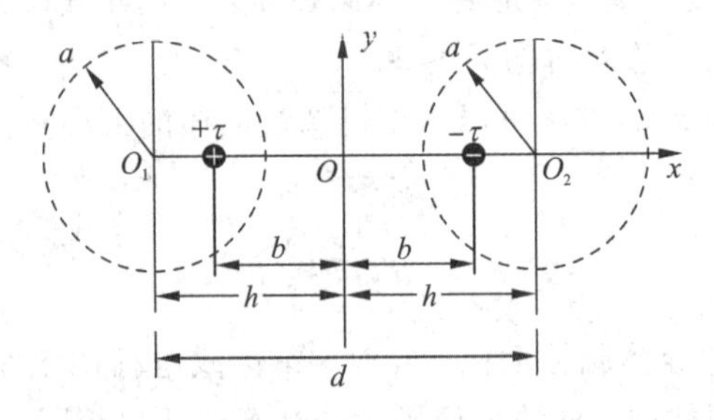

图 6.2-16　例题 6-4 图

根据电轴位置公式建立方程组：

$$\begin{cases} b^2=h^2-a^2 \\ d=2h \end{cases}$$

解该方程组可以得到

$$b=\sqrt{\left(\frac{d}{2}\right)^2-a^2}$$

电轴线上任一点的电位为

$$\varphi=\frac{\tau}{2\pi\varepsilon_0}\ln\frac{\rho_1}{\rho_2}$$

则两线间的电位差为

$$U_0=\frac{\tau}{2\pi\varepsilon_0}\left[\ln\frac{b-(h-a)}{b+(h-a)}-\ln\frac{b+(h-a)}{b-(h-a)}\right]=\frac{\tau}{2\pi\varepsilon_0}\ln\frac{[b-(h_1-a_1)][b-(h_2-a_2)]}{[b+(h_1-a_1)][b+(h_2-a_2)]}$$

从而可得到

$$\tau=\frac{2\pi\varepsilon_0 U_0}{\ln\dfrac{[b-(h_1-a_1)][b-(h_2-a_2)]}{[b+(h_1-a_1)][b+(h_2-a_2)]}}$$

则空间任意点的电位为

$$\varphi=\frac{U_0}{\ln\dfrac{[b-(h_1-a_1)][b-(h_2-a_2)]}{[b+(h_1-a_1)][b+(h_2-a_2)]}}\ln\frac{\rho_1}{\rho_2}$$

【例题 6-5】 如图 6.2-17 所示，带有等量异号线电流密度为 τ 的两平行长圆柱直导线，其半径分别为 a_1、a_2，轴线间的距离为 d。求单位长度的电容。

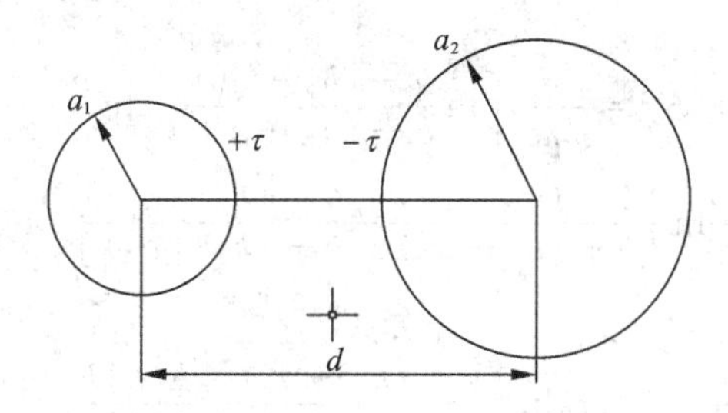

图 6.2-17　例题 6-5 图(1)

解　采用电轴法求解，设两电轴之间的距离为 $2b$，以电轴的中心为坐标原点，如图 6.2-18 所示。

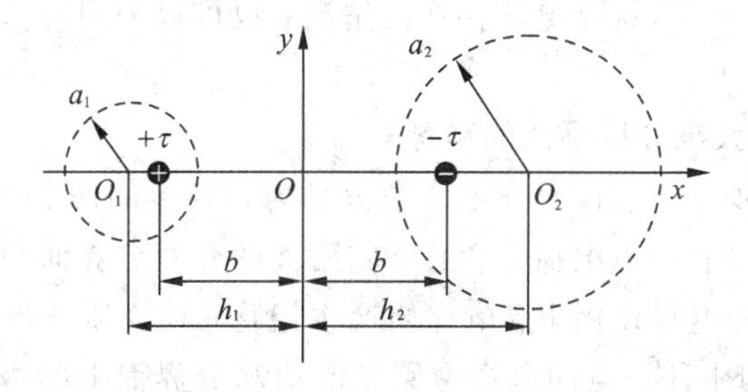

图 6.2-18　例题 6-5 图(2)

根据电轴位置公式建立方程组：

$$\begin{cases} h_1^2 = a_1^2 + b^2 \\ h_2^2 = a_2^2 + b^2 \\ h_2 + h_1 = d \end{cases}$$

解该方程组可以得到

$$\begin{cases} h_1 = \dfrac{d^2 + a_1^2 - a_2^2}{2d} \\ h_2 = \dfrac{d^2 + a_2^2 - a_1^2}{2d} \\ b = \sqrt{h_1^2 - a_1^2} \end{cases}$$

空间任意点的电位为

$$\varphi_P = \frac{\tau}{2\pi\varepsilon_0}\ln\frac{\rho_1}{\rho_2} + C$$

在含$+\tau$的圆柱直导线面上，与两圆柱轴心连线相交于点 A，$\rho_1 = b-(h_1 - a_1)$，$\rho_2 = b+(h_1 - a_1)$，则 A 点的电位为

$$\varphi_A = \frac{\tau}{2\pi\varepsilon_0}\ln\frac{b-(h_1 - a_1)}{b+(h_1 - a_1)}$$

在含$-\tau$的圆柱直导线面上，与两圆柱轴心连线相交于点 B，$\rho_1 = b+(h_2 - a_2)$，$\rho_2 = b-(h_2 - a_2)$，则 B 点的电位为

$$\varphi_B = -\frac{\tau}{2\pi\varepsilon_0}\ln\frac{b+(h_2 - a_2)}{b-(h_2 - a_2)}$$

则两导线间的电压为

$$\begin{aligned} U = \varphi_A - \varphi_B &= \frac{\tau}{2\pi\varepsilon_0}\left[\ln\frac{b-(h_1 - a_1)}{b+(h_1 - a_1)} - \ln\frac{b+(h_2 - a_2)}{b-(h_2 - a_2)}\right] \\ &= \frac{\tau}{2\pi\varepsilon_0}\ln\frac{[b-(h_1 - a_1)][b-(h_2 - a_2)]}{[b+(h_1 - a_1)][b+(h_2 - a_2)]} \end{aligned}$$

单位长度的电容为

$$C = \frac{\tau}{U} = 2\pi\varepsilon_0\ln\frac{[b+(h_1 - a_1)][b+(h_2 - a_2)]}{[b-(h_1 - a_1)][b-(h_2 - a_2)]}$$

6.2.5 介质平面镜像法

对于无限大介质平面附近有电荷存在的情况，也可以采用镜像法进行介质平面附近电位的求解。

1. 点电荷与无限大电介质平面的镜像

如图 6.2-19(a)所示，假设有介电常数分别为 ε_1 与 ε_2 的两个无限大介质平面，其中上半空间(介电常数为 ε_1)有一点电荷 q 存在，它距离两介质分界面为 h，求空间电场的分布。

在点电荷 q 产生的电场作用下，电介质产生极化，在介质分界面上形成分布不均匀的极化电荷。此时，空间中任一点的电场由原点电荷与分界面上的极化电荷共同产生。求解此类问题的困难是无法得到介质平面上极化电荷的分布，通常可用镜像法进行求解。

采用镜像法进行求解时，计算上半空间(介质 1)的电位时，首先把整个空间看作充满介电常数为 ε_1 的均匀介质，然后用位于下半空间(介质 2)中的镜像电荷 q' 来代替分界面上

的极化电荷，如图 6.2－19(b)所示；计算下半空间(介质 2)的电位时，首先把整个空间看作充满介电常数为 ε_2 的均匀介质，然后用位于上半空间(介质 1)中的镜像电荷 q'' 来代替分界面上的极化电荷，如图 6.2－19(c)所示。最后根据原点电荷与对应的镜像电荷分别计算上、下半空间的电位分布。

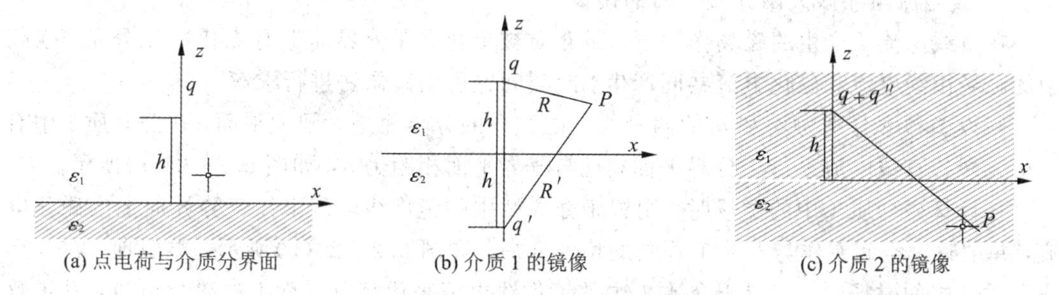

图 6.2－19　点电荷与介质分界面的镜像

根据两个空间的原点电荷与对应的镜像电荷可分别得到上、下半空间的电位 φ_1 与 φ_2 为

$$\begin{cases}\varphi_1(x,\ y,\ z)=\dfrac{1}{4\pi\varepsilon_1}\left(\dfrac{q}{R}+\dfrac{q'}{R'}\right)=\dfrac{1}{4\pi\varepsilon_1}\left(\dfrac{q}{\sqrt{x^2+y^2+(z-h)^2}}+\dfrac{q'}{\sqrt{x^2+y^2+(z+h)^2}}\right) & z\geqslant 0\\ \varphi_2(x,\ y,\ z)=\dfrac{1}{4\pi\varepsilon_2}\left(\dfrac{q}{R}+\dfrac{q''}{R}\right)=\dfrac{1}{4\pi\varepsilon_2}\dfrac{q+q''}{\sqrt{x^2+y^2+(z-h)^2}} & z<0\end{cases} \tag{6.2-38}$$

由于在上、下半空间分界面 $z=0$ 上的边界条件为

$$\begin{cases}\varphi_1=\varphi_2\\ \varepsilon_1\dfrac{\partial\varphi_1}{\partial z}=\varepsilon_2\dfrac{\partial\varphi_2}{\partial z}\end{cases} \tag{6.2-39}$$

将式(6.2－38)代入式(6.2－39)，可以得到

$$\begin{cases}\dfrac{1}{\varepsilon_1}(q+q')=\dfrac{1}{\varepsilon_2}(q+q'')\\ q-q'=q+q''\end{cases} \tag{6.2-40}$$

解式(6.2－40)可以得到镜像电荷 q' 和 q'' 为

$$\begin{cases}q'=\dfrac{\varepsilon_1-\varepsilon_2}{\varepsilon_1+\varepsilon_2}q\\ q''=-q'=\dfrac{\varepsilon_2-\varepsilon_1}{\varepsilon_1+\varepsilon_2}q\end{cases} \tag{6.2-41}$$

这样，在上、下半空间的电位函数为

$$\begin{cases}\varphi_1(x,\ y,\ z)=\dfrac{q}{4\pi\varepsilon_1}\left(\dfrac{1}{\sqrt{x^2+y^2+(z-h)^2}}+\dfrac{\varepsilon_1-\varepsilon_2}{\varepsilon_1+\varepsilon_2}\dfrac{1}{\sqrt{x^2+y^2+(z+h)^2}}\right) & z\geqslant 0\\ \varphi_2(x,\ y,\ z)=\dfrac{q}{2\pi}\dfrac{1}{\varepsilon_1+\varepsilon_2}\dfrac{1}{\sqrt{x^2+y^2+(z-h)^2}} & z<0\end{cases} \tag{6.2-42}$$

2. 线电荷与无限大电介质平面的镜像

类似点电荷与无限大电介质平面的镜像，如果是位于无限大平面介质分界面附近且平行于分界面的无限长线电荷，则其镜像线电荷密度为

$$\begin{cases} \rho_1' = \dfrac{\varepsilon_1 - \varepsilon_2}{\varepsilon_1 + \varepsilon_2}\rho_1 \\ \rho_1'' = -\rho_1' = \dfrac{\varepsilon_2 - \varepsilon_1}{\varepsilon_1 + \varepsilon_2}\rho_1 \end{cases} \tag{6.2-43}$$

3. 线电流与无限大磁介质平面的镜像

在直线电流 I 产生的磁场作用下，磁介质被磁化，在分界面上有磁化电流分布，空间中的磁场由线电流和磁化电流共同产生。此类问题可用镜像法进行求解。

假设磁导率分别为 μ_1 和 μ_2 的两种均匀磁介质的分界面是无限大平面，在磁介质 1 中有一根无限长直线电流平行于分界平面，且与分界平面相距为 h，如图 6.2-20(a)所示。

在计算磁介质 1 中的磁场时，用置于介质 2 中的镜像线电流来代替分界面上的磁化电流，并把整个空间看作与介质 1 等同的均匀介质，如图 6.2-20(b)所示。类似地，在计算磁介质 2 中的磁场时，用置于介质 1 中的镜像线电流来代替分界面上的磁化电流，并把整个空间看作与介质 2 等同的均匀介质，如图 6.2-20(c)所示。

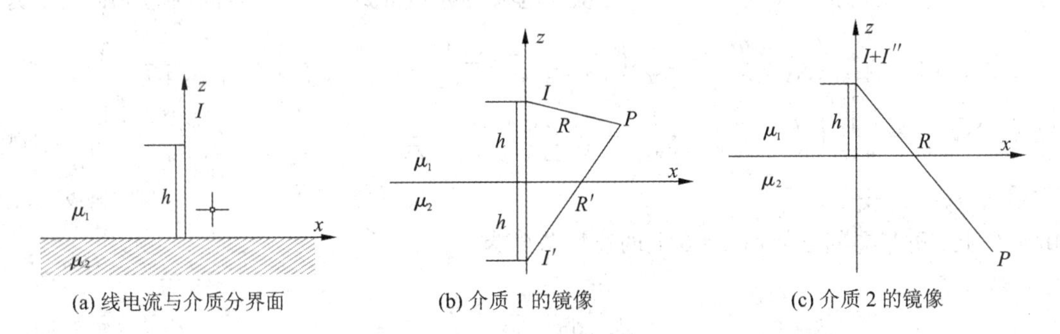

(a) 线电流与介质分界面　(b) 介质 1 的镜像　(c) 介质 2 的镜像

图 6.2-20　线电流与介质分界面的镜像

由于电流沿轴方向流动，这样，矢量磁位只有 y 分量，则磁介质 1 和磁介质 2 中任一点的矢量磁位分别为

$$\begin{aligned} A_1 &= \boldsymbol{e}_y \frac{\mu_1 I}{2\pi}\ln\frac{1}{r} + \boldsymbol{e}_y \frac{\mu_1 I'}{2\pi}\ln\frac{1}{r'} \\ &= \boldsymbol{e}_y \frac{\mu_1 I}{2\pi}\ln\frac{1}{\sqrt{x^2+(z-h)^2}} + \boldsymbol{e}_y \frac{\mu_1 I'}{2\pi}\ln\frac{1}{\sqrt{x^2+(z+h)^2}} \end{aligned} \tag{6.2-44}$$

$$A_2 = \boldsymbol{e}_y \frac{\mu_2 I}{2\pi}\ln\frac{1}{r} + \boldsymbol{e}_y \frac{\mu_2 I''}{2\pi}\ln\frac{1}{r''} = \boldsymbol{e}_y \frac{\mu_2 (I+I'')}{2\pi}\ln\frac{1}{\sqrt{x^2+(z-h)^2}} \tag{6.2-45}$$

由于在 $z=0$ 平面上磁矢位满足的边界条件为

$$\begin{cases} \dfrac{1}{\mu_1}\dfrac{\partial \boldsymbol{A}_1}{\partial z} = \dfrac{1}{\mu_2}\dfrac{\partial \boldsymbol{A}_2}{\partial z} \\ \boldsymbol{A}_1 = \boldsymbol{A}_2 \end{cases} \tag{6.2-46}$$

将式(6.2-44)与式(6.2-45)代入式(6.2-46)，可以得到

$$\begin{cases} \mu_1(I+I') = \mu_2(I+I'') \\ I+I' = I+I'' \end{cases}$$

解上式可以得到镜像电流为

$$\begin{cases} I' = \dfrac{\mu_2 - \mu_1}{\mu_2 + \mu_1} I \\ I'' = -\dfrac{\mu_2 - \mu_1}{\mu_2 + \mu_1} I \end{cases} \tag{6.2-47}$$

将式(6.2-47)代入式(6.2-44)与式(6.2-45)可得

$$\begin{cases} \boldsymbol{A}_1 = \boldsymbol{e}_y \dfrac{\mu_1 I}{2\pi} \ln \dfrac{1}{\sqrt{x^2 + (z-h)^2}} + \boldsymbol{e}_y \dfrac{\mu_1 I}{2\pi} \dfrac{\mu_2 - \mu_1}{\mu_2 + \mu_1} \ln \dfrac{1}{\sqrt{x^2 + (z+h)^2}} & z \geqslant 0 \\ \boldsymbol{A}_2 = \boldsymbol{e}_y \dfrac{I}{\pi} \dfrac{\mu_1 \mu_2}{\mu_2 + \mu_1} \ln \dfrac{1}{\sqrt{x^2 + (z-h)^2}} & z < 0 \end{cases}$$

6.3 分离变量法

一般来说，静态场的边值问题与空间三个坐标变量有关，特殊情况下可与两个坐标变量有关。为了求解二维或三维拉普拉斯方程，一种有效的方法就是采用分离变量法，它是数学物理方法中应用最广的方法之一。分离变量法是求解边值问题的一种经典解析方法，它的理论依据也是唯一性定理。采用分离变量法时，边界面应是简单的几何面(包括平面、圆柱面和球面)。

分离变量法解题的基本思路是，将拉普拉斯方程这一偏微分方程中含有的 n 个自变量的待求函数表示成 n 个各自只含一个变量的函数的乘积，这样就可把偏微分方程分解成 n 个常微分方程。求出各常微分方程的通解后，将它们叠加起来，从而得到级数形式解。最后利用给定的边界条件确定待定常数。注意，只有符合待求函数可表示成 n 个各自只含一个变量函数的乘积的情况才能采用分离变量法，它对各种坐标系都有效。分离变量法可使拉普拉斯方程求解过程变得简便，唯一性定理保证了这种方法求出解的唯一性。

6.3.1 直角坐标系下的三维场分离变量法

无源区中位函数 φ 满足的拉普拉斯方程 $\nabla^2\varphi=0$ 在直角坐标系中的展开式为

$$\frac{\partial^2 \varphi}{\partial x^2} + \frac{\partial^2 \varphi}{\partial y^2} + \frac{\partial^2 \varphi}{\partial z^2} = 0 \tag{6.3-1}$$

假设位函数 φ 可以表示成三个函数的乘积，且每个函数只是一个自变量的函数，即

$$\varphi(x, y, z) = X(x)Y(y)Z(z) \tag{6.3-2}$$

将式(6.3-2)代入式(6.3-1)，可以得到

$$Y(y)Z(z) \frac{\partial^2 X(x)}{\partial x^2} + X(x)Z(z) \frac{\partial^2 Y(y)}{\partial y^2} + X(x)Y(y) \frac{\partial^2 Z(z)}{\partial z^2} = 0 \tag{6.3-3}$$

将式(6.3-3)的两边都除以 $X(x)Y(y)Z(z)$，则式(6.3-3)变为

$$\frac{1}{X(x)} \frac{\partial^2 X(x)}{\partial x^2} + \frac{1}{Y(y)} \frac{\partial^2 Y(y)}{\partial y^2} + \frac{1}{Z(z)} \frac{\partial^2 Z(z)}{\partial z^2} = 0 \tag{6.3-4}$$

这样，式(6.3-4)中的各个项只与一个对应的自变量有关，即第一项只是自变量 x 的函数，第二项只是自变量 y 的函数，第三项只是自变量 z 的函数。由于自变量 x、y、z 是任意函数，这种情况下要使式(6.3-4)成立，式中的三个项必须分别为常数。假设这三个常数分别为 $-k_x^2$、$-k_y^2$、$-k_z^2$，即

$$\begin{cases} \dfrac{1}{X(x)}\dfrac{\partial^2 X(x)}{\partial x^2} = -k_x^2 \\ \dfrac{1}{Y(y)}\dfrac{\partial^2 Y(y)}{\partial y^2} = -k_y^2 \\ \dfrac{1}{Z(z)}\dfrac{\partial^2 Z(z)}{\partial z^2} = -k_z^2 \end{cases} \tag{6.3-5}$$

则式(6.3-4)可以变成三个常微分方程，即

$$\begin{cases} \dfrac{\mathrm{d}^2 X(x)}{\mathrm{d}x^2} + k_x^2 X(x) = 0 \\ \dfrac{\mathrm{d}^2 Y(y)}{\mathrm{d}y^2} + k_y^2 Y(y) = 0 \\ \dfrac{\mathrm{d}^2 Z(z)}{\mathrm{d}z^2} + k_z^2 Z(z) = 0 \end{cases} \tag{6.3-6}$$

这样，就把位函数的偏微分方程转变为三个常微分方程，其中的 k_x、k_y 和 k_z 称为分离常数，都是待定系数，与边界条件有关。

根据式(6.3-4)，三个分离常数必定有

$$k_x^2 + k_y^2 + k_z^2 = 0 \tag{6.3-7}$$

这说明三个分离常数 k_x、k_y 和 k_z 中，有的是实数，有的是虚数，或者都为复数，只有这样才能满足式(6.3-7)。如果是二维场，假设分离常数 k_x、k_y 和 k_z 其中一个为 0，如 $k_x=0$，则 k_y 和 k_z 中必定是一个为实数，一个为虚数，或者两者皆为复数。

由于式(6.3-6)中三个常微分方程的形式相同，因此它们解的形式也相同。现以第一个常微分方程为例来说明求解的过程。根据数学中的常微分方程求解方法，可以得到

当 $k_x^2=0$ 时，常微分方程的解为

$$X(x) = A_0 x + B_0 \tag{6.3-8}$$

当 $k_x^2>0$（即 k_x 为实数）时，常微分方程的解为

$$X(x) = A_1 \sin k_x x + B_1 \cos k_x x \tag{6.3-9}$$

当 $k_x^2<0$（即 k_x 为虚数）时，令 $k_x=\mathrm{j}\alpha_x$，$k_x^2=-\alpha_x^2$，常微分方程的解为

$$X(x) = A_2 \sinh \alpha_x x + B_2 \cosh \alpha_x x \tag{6.3-10}$$

或

$$X(x) = A'_2 \mathrm{e}^{\alpha_x x} + B'_2 \mathrm{e}^{-\alpha_x x} \tag{6.3-11}$$

这样，第一个常微分方程的通解为

(1) 当 $k_x^2>0$（即 k_x 为实数）时，

$$X(x) = (A_0 x + B_0) + (A_1 \sin k_x x + B_1 \cos k_x x) \tag{6.3-12}$$

(2) 当 $k_x^2<0$（即 k_x 为虚数）时，

$$X(x) = (A_0 x + B_0) + (A_2 \sinh \alpha_x x + B_2 \cosh \alpha_x x) \tag{6.3-13a}$$

或

$$X(x) = (A_0 x + B_0) + (A'_2 \mathrm{e}^{\alpha_x x} + B'_2 \mathrm{e}^{-\alpha_x x}) \tag{6.3-13b}$$

通解中的 A_0、A_1、A_2、A'_2 和 B_0、B_1、B_2、B'_2 为待定系数，由边界条件确定。采用相同的方法可以得到 $Y(y)$、$Z(z)$ 的通解，它们解的形式与 $X(x)$ 解的形式相同。由于方程(6.3-1)是线性的，因此各个解的线性组合也是方程(6.3-1)的解。这样，只要能够获得 $X(x)$、

$Y(y)$、$Z(z)$的解，则通过式(6.3-2)就可以得到位函数的最终解。

在实际应用中，式(6.3-13a)与式(6.3-13b)的选择需要根据边界条件来确定。如果 $x=0$，位函数 $\varphi=0$，则一般采用双曲函数(sinh, cosh)形式；如果 $x=\infty$，位函数 $\varphi=0$，则一般采用指数函数($e^{\alpha_x x}$，$e^{-\alpha_x x}$)形式。

实际上，指数形式与双曲函数可相互转换，即

$$\begin{cases} \sinh x = \dfrac{e^x - e^{-x}}{2} \\ \cosh x = \dfrac{e^x + e^{-x}}{2} \end{cases} \tag{6.3-14}$$

6.3.2 直角坐标系下的二维场分离变量法

在实际应用中，一般通过适当选定直角坐标系，使得静态场变成二维坐标。这样，就可将静态场变成求二维拉普拉斯方程的边值问题。

假设位函数 φ 只是 x、y 的函数，沿 z 方向无变化，这样位函数 φ 可以表示成两个函数的乘积，且每个函数只是一个自变量的函数，即 $\varphi(x, y)=X(x)Y(y)$。

利用分离变量法可建立两个常微分方程，即

$$\begin{cases} \dfrac{d^2 X(x)}{dx^2} + k_x^2 X(x) = 0 \\ \dfrac{d^2 Y(y)}{dy^2} + k_y^2 Y(y) = 0 \end{cases} \tag{6.3-15}$$

由于 $k_x^2+k_y^2=0$，如果 k_x 为实数($k_x^2>0$)，则 k_y 一定是虚数($k_y^2<0$)。为了满足拉普拉斯方程 $\nabla^2\varphi=0$ 的条件，必定有 $k_y=jk_x$。为了简化，令 $k_x=k$，则 $k_y=jk$。

当 $k^2=0$ 时，$X(x)$和 $Y(y)$的通解分别为

$$X(x)=A_0 x+B_0,\ Y(y)=C_0 y+D_0$$

则位函数 φ 的通解为

$$\varphi(x, y) = X(x)Y(y) = (A_0 x + B_0)(C_0 y + D_0) \tag{6.3-16}$$

当 $k^2>0$(即 k 为实数)时，$X(x)$的通解为

$$X(x)=A_1 \sin kx+B_1 \cos kx$$

由于 $k_y^2=(jk)^2=-k^2<0$，则 $Y(y)$的通解为

$$Y(y)=C_1 \sinh ky+D_1 \cosh ky$$

或

$$Y(y)=C_1' e^{ky}+D_1' e^{-ky}$$

则位函数 φ 的通解为

$$\varphi(x, y) = X(x)Y(y) = (A_1 \sin kx + B_1 \cos kx)(C_1 \sinh ky + D_1 \cosh ky) \tag{6.3-17a}$$

或

$$\varphi(x, y) = X(x)Y(y) = (A_1 \sin kx + B_1 \cos kx)(C_1' e^{ky} + D_1' e^{-ky}) \tag{6.3-17b}$$

当 $k^2<0$(即 k 为虚数)时，$X(x)$的通解为

$$X(x) = A_2 \sinh kx + B_2 \cosh kx$$

或

$$X(x) = A'_2 e^{kx} + B'_2 e^{-kx}$$

$Y(y)$的通解为

$$Y(y) = C_2 \sin ky + D_2 \cos ky$$

则位函数 φ 的通解为

$$\varphi(x, y) = X(x)Y(y) = (A_2 \sinh kx + B_2 \cosh kx)(C_2 \sin ky + D_2 \cos ky) \tag{6.3-18a}$$

或

$$\varphi(x, y) = X(x)Y(y) = (A'_2 e^{kx} + B'_2 e^{-kx})(C_2 \sin ky + D_2 \cos ky) \tag{6.3-18b}$$

为了满足给定的边界条件，分离常数常取一系列的特定值 $k_n(n=1, 2, 3, \cdots)$，则待求位函数是由所有可能的解的线性组合，称为位函数的通解，即

$$\varphi(x, y)=X(x)Y(y)$$

$$= (A_0 x + B_0)(C_0 y + D_0) + \sum_{n=1}^{\infty}(A_n \sin k_n x + B_n \cos k_n x)(C_n \sinh k_n y + D_n \cosh k_n y) \tag{6.3-19a}$$

或

$$\varphi(x, y)= X(x)Y(y)$$

$$= (A_0 x + B_0)(C_0 y + D_0) + \sum_{n=1}^{\infty}(A_n \sin k_n x + B_n \cos k_n x)(C'_n e^{k_n y} + D'_n e^{-k_n y}) \tag{6.3-19b}$$

如果将前面假设的 k^2 变为 $-k^2$，则位函数的通解变为

$$\varphi(x, y)= X(x)Y(y)$$

$$= (A_0 x + B_0)(C_0 y + D_0) + \sum_{n=1}^{\infty}(A_n \sinh k_n x + B_n \cosh k_n x)(C_n \sin k_n y + D_n \cos k_n y) \tag{6.3-20a}$$

或

$$\varphi(x, y)= X(x)Y(y) = (A_0 x + B_0)(C_0 y + D_0) + \sum_{n=1}^{\infty}(A'_n e^{k_n x} + B'_n e^{-k_n x})(C_n \sin k_n y + D_n \cos k_n y) \tag{6.3-20b}$$

在实际应用分离变量法进行具体问题求解时，根据边界条件确定积分常数的常用方法一般有三种：比较系数法、傅里叶级数展开法和混合法(前两种方法的综合)。其中，比较系数法就是根据边界条件对通解的系数进行比较，从而得到待定系数。傅里叶级数展开法就是将不与通解中形式一样的已知边界条件，通过傅里叶级数展开，将已知边界条件变换成与通解一样的形式，最后得到待定系数。混合法就是为了简化，在不同的地方采用不同的方法。

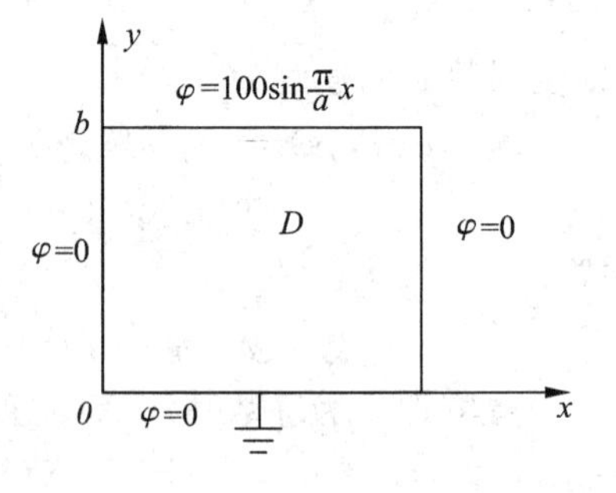

图 6.3-1　例题 6-6 图

【例题 6-6】　如图 6.3-1 所示，求无限长接地金属槽内电位的分布。当只变换一个边界条件 $\varphi(x, b)=100\sin(\pi/a)x$ 时，求金属槽内电位的分布。

解　采用直角坐标系。设矩形金属槽在 z 方向为无

限长。由于金属槽内无自由电荷存在，因此，槽内电位满足二维拉普拉斯方程，即$\nabla^2\varphi=\frac{\partial^2\varphi}{\partial x^2}+\frac{\partial^2\varphi}{\partial y^2}=0$，并且满足的边界条件为

$$\begin{cases}\varphi(0,\ y)=0\\ \varphi(a,\ y)=0\\ \varphi(x,\ 0)=0\\ \varphi(x,\ b)=100\sin\dfrac{\pi}{a}x\end{cases}$$

由于$\varphi(0,\ y)=0$和$\varphi(a,\ y)=0$，说明在y方向电位φ呈正弦变化，因此其二维拉普拉斯方程的通解选用式(6.3-19a)。

将边界条件$\varphi(0,\ y)=0$代入通解，则有

$$B_0(C_0y+D_0)+\sum_{n=1}^{\infty}B_n(C_n\sinh k_ny+D_n\cosh k_ny)=0$$

由于y是$0\sim b$之间的任意值，要使上式成立，则必须有$B_0=B_n=0$。这样通解变为

$$\varphi(x,\ y)=(A_0x)(C_0y+D_0)+\sum_{n=1}^{\infty}(A_n\sin k_nx)(C_n\sinh k_ny+D_n\cosh k_ny)$$

再将边界条件$\varphi(a,\ y)=0$代入简化后的通解，则有

$$(A_0a)(C_0y+D_0)+\sum_{n=1}^{\infty}(A_n\sin k_na)(C_n\sinh k_ny+D_n\cosh k_ny)=0$$

对于取值在$0\sim b$之间任意的y，则必须有$A_0=0$和$A_n\sin k_na=0$。如果$A_n=0$会导致$\varphi(x,\ y)\equiv 0$，这显然不符合实际情况，因此$A_n\neq 0$。这样，必须有$\sin k_na=0$，即$k_n=\frac{n\pi}{a}$，其中$n=1,\ 2,\ 3,\ \cdots$。这样，通解变为

$$\varphi(x,\ y)=\sum_{n=1}^{\infty}\left(A_n\sin\frac{n\pi}{a}x\right)\left(C_n\sinh\frac{n\pi}{a}y+D_n\cosh\frac{n\pi}{a}y\right)$$

再将边界条件$\varphi(x,\ 0)=0$代入简化后的通解，则有

$$\sum_{n=1}^{\infty}A_nD_n\sin\frac{n\pi}{a}x=0$$

对于取值在$0\sim a$之间任意的x，要使上式成立，由于$A_n\neq 0$，则必须有$D_n=0$。这样，通解变为

$$\varphi(x,\ y)=\sum_{n=1}^{\infty}A_nC_n\sin\left(\frac{n\pi}{a}x\right)\sinh\left(\frac{n\pi}{a}y\right)=\sum_{n=1}^{\infty}A'_n\sin\left(\frac{n\pi}{a}x\right)\sinh\left(\frac{n\pi}{a}y\right)$$

式中，$A'_n=A_nC_n$。

再将边界条件$\varphi(x,\ b)=100\sin\frac{\pi}{a}x$代入简化后的通解，则有

$$\sum_{n=1}^{\infty}A'_n\sin\left(\frac{n\pi}{a}x\right)\sinh\left(\frac{n\pi}{a}b\right)=100\sin\frac{\pi}{a}x$$

比较系数：当$n=1$时，$A'_n\sinh\left(\frac{\pi}{a}b\right)=100$，则$A'_n=\dfrac{100}{\sinh\left(\frac{\pi}{a}b\right)}$；当$n\neq 1$时，$A'_n=0$。最后，可得金属槽内电位的分布为

$$\varphi(x, y) = \frac{100}{\sinh\left(\frac{\pi}{a}b\right)}\sin\left(\frac{\pi x}{a}\right)\sinh\left(\frac{\pi y}{a}\right)$$

利用前三个边界条件可以得到电位的通解为

$$\varphi(x, y) = \sum_{n=1}^{\infty} A'_n \sin\left(\frac{n\pi}{a}x\right)\sinh\left(\frac{n\pi}{a}y\right)$$

再将边界条件 $\varphi(x, b)=U_0$ 代入简化后的通解，则有

$$\sum_{n=1}^{\infty} A'_n \sin\left(\frac{n\pi}{a}x\right)\sinh\left(\frac{n\pi}{a}b\right) = U_0$$

为了确定系数 A'_n，就应使上式左、右边的形式一样。利用傅里叶级数可将 U_0 按照 $\sin\left(\frac{n\pi}{a}x\right)$ 展开为

$$U_0 = \sum_{n=1}^{\infty} E_n \sin\left(\frac{n\pi}{a}x\right)$$

这里

$$E_n = \frac{2}{a}\int_0^a U_0 \sin\frac{n\pi}{a}x\,\mathrm{d}x = \begin{cases} \dfrac{4U_0}{n\pi} & n = 1, 3, 5, \cdots \\ 0 & n = 2, 4, 6, \cdots \end{cases}$$

通过比较，则有

$$A'_n = \frac{E_n}{\sinh\left(\frac{n\pi b}{a}\right)} = \begin{cases} \dfrac{4U_0}{n\pi\sinh\left(\frac{n\pi b}{a}\right)} & n = 1, 3, 5, \cdots \\ 0 & n = 2, 4, 6, \cdots \end{cases}$$

最后得到金属槽内电位的分布为

$$\varphi(x, y) = \sum_{n=1, 3, 5, \cdots}^{\infty} \frac{4U_0}{n\pi\sinh\left(\frac{n\pi b}{a}\right)}\sin\left(\frac{n\pi}{a}x\right)\sinh\left(\frac{n\pi}{a}y\right)$$

6.4 有限差分法

镜像法和分离变量法都是解析方法，利用这类方法可以得到电磁场问题的准确解，但是它的适用范围较小，只能求解具有规则边界的简单问题。这类方法对于不规则形状或者任意形状边界电磁场问题来讲，求解非常繁杂，有时甚至无法求得解析解。20 世纪 60 年代以来，随着电子计算机技术的发展，一些电磁场的数值计算方法逐步得到发展，并获得了广泛应用。相对于经典电磁理论而言，数值方法受边界形状的约束大为减少，可以解决各种类型的复杂问题。因此当计算场域的边界几何形状复杂，应用解析法分析较困难时，可以采用数值计算的方法。目前，尽管数值计算的方法较多，但它们都有各自的优缺点和适用范围。事实上，一个复杂的问题往往难以依靠一种单一方法解决，常需要将多种方法结合起来，互相取长补短，因此混合方法日益受到人们的重视。

数值计算方法的基本思路是：将所求场域空间中连续分布的场转变为各个离散点上场的集合。当然，如果离散点越多，则对整个场的描述就越精确。但是，离散点越多，其计算

量也越大。这就要求在实际工程应用中根据精度要求综合选择离散点的数目。

常用的数值方法有：基于电磁场方程微分形式的有限差分法、有限元法等，基于电磁场方程积分形式的矩量法、边界元法等。

在电磁场数值计算方法中，有限差分法是一种应用较广的数值计算方法之一。有限差分法的基本思路是：将电磁场连续域内的问题变换为离散系统的问题求解，这样就可把求连续函数的偏微分方程转换为求解离散点上的代数方程组。然后再用离散点的数值解逼近连续域内的真实解。

6.4.1 有限差分方程

采用有限差分法时，首先选取所求区域的有限个离散点，然后用差分方程代替各个点的偏微分方程。任意一点的差分方程就是将该点的位函数与其周围几个点的位函数相联系的代数方程。这样对于全部的待求点就可得到一个线性方程组，解此线性方程组即可得到待求区域内各点的位函数。本节以二维泊松方程的第一类边值问题为例来说明有限差分法，其它各类问题可参阅有关书籍。

我们知道，在 xOy 平面的一个边界为 L 的二维区域 S 内，电位函数 $\varphi(x, y)$满足的泊松方程和第一类边界条件为

$$\begin{cases}\dfrac{\partial^2\varphi}{\partial x^2}+\dfrac{\partial^2\varphi}{\partial y^2}=-\dfrac{\rho}{\varepsilon}=F\\ \varphi\big|_L=f(x, y)\end{cases}\tag{6.4-1}$$

设在 xOy 平面将一个边界为 L 的二维区域 S 分成正方形网格，每个网格的边长为 h，称为步长(或步距)，网格的交点称为节点，如图 6.4-1 所示。这样各个节点就是离散化的场点，步长 h 越小，节点就多，计算结果越精确，对场的描述就越精准。当然，根据实际问题的需要，也可采用矩形或正三角形网格，对于圆形边界可采用极坐标网格。但要注意，不同的离散方式得到的差分方程不同。

我们知道，微分可以写成差分的极限形式，即

$$\left(\frac{\mathrm{d}t}{\mathrm{d}x}\right)_i=\lim_{\Delta x\to 0}\frac{t_{i+1}-t_i}{\Delta x}=\lim_{\Delta x\to 0}\frac{\Delta t_i}{\Delta x}\tag{6.4-2}$$

当 Δx 很小时，其微分可用差分近似代替，即

$$\frac{\mathrm{d}t}{\mathrm{d}x}\approx\frac{\Delta t}{\Delta x}\tag{6.4-3}$$

式中，Δt、Δx 都称为差分，$\dfrac{\Delta t}{\Delta x}$称为差商(两个差分之比)。利用差商可以近似表达微分。

一般差分方式有三种，即前差分、后差分和中心差分，如图 6.4-2 所示。

前差分、后差分和中心差分的差商分别为

$$\begin{cases}\left.\dfrac{\Delta t}{\Delta x}\right|_{x=i}\approx\dfrac{t_{i+1}-t_i}{\Delta x} & \text{前差商}\\ \left.\dfrac{\Delta t}{\Delta x}\right|_{x=i}\approx\dfrac{t_i-t_{i-1}}{\Delta x} & \text{后差商}\\ \left.\dfrac{\Delta^2 t}{\Delta x^2}\right|_{x=i}\approx\dfrac{1}{\Delta x}\left(\dfrac{t_{i+1}-t_i}{\Delta x}-\dfrac{t_i-t_{i-1}}{\Delta x}\right)=\dfrac{t_{i+1}-2t_i+t_{i-1}}{(\Delta x)^2} & \text{中心差商}\end{cases}\tag{6.4-4}$$

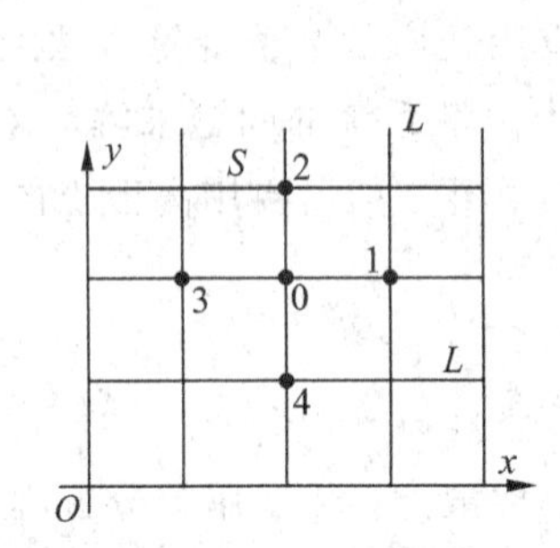

图 6.4-1 有限差分的网格分割

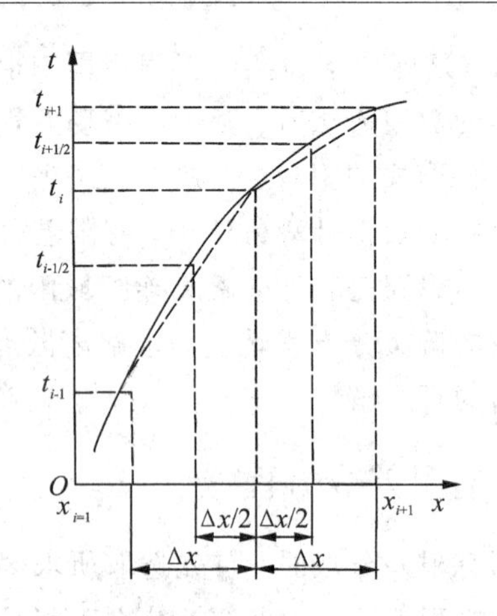

图 6.4-2 差分方式

前差分和后差分比中心差分的精度较差，但是中心差分较复杂，在实际应用中可根据情况选取。

假设将二维区域 S 分成正方形网格的某节点(x_i, y_j)处的电位为 $\varphi_{i,j}$，将节点(x_i, y_j)周围四个节点的电位用泰勒级数展开，就可以得到

$$\begin{cases}\varphi_{i-1,j}=\varphi(x_i-h, y_j)=\varphi_{i,j}-h\left(\dfrac{\partial\varphi}{\partial x}\right)_{i,j}+\dfrac{h^2}{2!}\left(\dfrac{\partial^2\varphi}{\partial x^2}\right)_{i,j}-\dfrac{h^3}{3!}\left(\dfrac{\partial^3\varphi}{\partial x^3}\right)_{i,j}+\cdots\\ \varphi_{i+1,j}=\varphi(x_i+h, y_j)=\varphi_{i,j}+h\left(\dfrac{\partial\varphi}{\partial x}\right)_{i,j}+\dfrac{h^2}{2!}\left(\dfrac{\partial^2\varphi}{\partial x^2}\right)_{i,j}+\dfrac{h^3}{3!}\left(\dfrac{\partial^3\varphi}{\partial x^3}\right)_{i,j}+\cdots\\ \varphi_{i,j-1}=\varphi(x_i, y_j-h)=\varphi_{i,j}-h\left(\dfrac{\partial\varphi}{\partial y}\right)_{i,j}+\dfrac{h^2}{2!}\left(\dfrac{\partial^2\varphi}{\partial y^2}\right)_{i,j}-\dfrac{h^3}{3!}\left(\dfrac{\partial^3\varphi}{\partial y^3}\right)_{i,j}+\cdots\\ \varphi_{i,j+1}=\varphi(x_i, y_j+h)=\varphi_{i,j}+h\left(\dfrac{\partial\varphi}{\partial y}\right)_{i,j}+\dfrac{h^2}{2!}\left(\dfrac{\partial^2\varphi}{\partial y^2}\right)_{i,j}+\dfrac{h^3}{3!}\left(\dfrac{\partial^3\varphi}{\partial y^3}\right)_{i,j}+\cdots\end{cases}\tag{6.4-5}$$

当 h 很小时，忽略四阶以上的高次项，再将式(6.4-5)中的四个方程相加后有

$$\varphi_{i-1,j}+\varphi_{i+1,j}+\varphi_{i,j-1}+\varphi_{i,j+1}=4\varphi_{i,j}+h^2\left(\frac{\partial^2\varphi}{\partial x^2}+\frac{\partial^2\varphi}{\partial y^2}\right)_{i,j}\tag{6.4-6}$$

联合式(6.4-1)和式(6.4-6)可以得到

$$\varphi_{i,j}=\frac{\varphi_{i-1,j}+\varphi_{i+1,j}+\varphi_{i,j-1}+\varphi_{i,j+1}-Fh^2}{4}\tag{6.4-7a}$$

如果区域 V 空间无源，则电位函数 $\varphi(x, y)$满足拉普拉斯方程，即式(6.4-7a)中的 $F=0$，则有

$$\varphi_{i,j}=\frac{\varphi_{i-1,j}+\varphi_{i+1,j}+\varphi_{i,j-1}+\varphi_{i,j+1}}{4}\tag{6.4-7b}$$

式(6.4-7a)就是二维泊松方程的差分方程，式(6.4-7b)就是二维拉普拉斯方程的差分方程。其中，二维拉普拉斯方程的差分方程在实际工程中常用。式(6.4-7b)表明：任意一点的电位函数等于它周围四个点电位的平均值，这一关系对于场域内的每一节点都成立。

一般情况下，场域的边界不一定正好落在网格节点上，因此在用有限差分法进行计算时应采用逼近方法，即将最靠近边界的节点作为边界节点，并将电位函数的边界值赋予这

些节点，然后进行迭代逼近，以求得电位近似值。

6.4.2　有限差分方程求解方法

在有限差分方程求解时，如果需要求得 N 个点的电位，就需要解 N 个方程组成的线性方程组。在解决实际问题时，有时为了使得利用有限差分法得到的空间场电位有足够的精度，就需要将网格划得很小，这样节点的数目较多，建立的联立差分方程数目较大，计算需要的时间也较长。因此一般应根据所要求的精度、计算机的容量、计算时间等来确定合适的步距 h。利用计算机求解差分方程组时，一般采用迭代法更为方便。常用的迭代法有三种，即简单迭代法、塞德尔(Seidel)迭代法和超松弛迭代法，它们都有各自的特点。

1. 简单迭代法

采用迭代算法必须有两个条件：一个是已知函数满足的方程，另一个是给定初值。用迭代法解满足拉普拉斯方程二维电位分布时，必须先要对网格各节点的电位赋予初值。边界上各节点的初值可由边界条件给出，它是一个确定值。边界内各节点的初值需要根据给定的边界条件来估计。初值可以是任意的，但初值取得准确时可以减少迭代的次数，加快计算速度。

迭代计算开始前首先对各个节点(i, j)赋予初值。当然，边界上的初值就是边界条件给定值，它是准确值，在各次迭代中都不变。其它节点的初值可任意给定，这样各个节点都有了初值。对所有的节点依次按差分方程(6.4-7b)进行第一次计算，这样就可获得第一次各内节点的运算结果 $\varphi_{i,j}^{(1)}$，称为第一次近似值。把所有节点的第一次近似值作为各内节点新的电位值，再次按差分方程(6.4-7b)进行第二次计算，这样就可获得第二次各内节点的运算结果 $\varphi_{i,j}^{(2)}$，称为第二次近似值。这里用电位符号的上标表示第 n 次迭代。依次类推，这样由各内节点第 n 次近似值经过迭代计算出的第 $n+1$ 次近似值为

$$\varphi_{i,j}^{(n+1)}=\frac{\varphi_{i-1,j}^{(n)}+\varphi_{i+1,j}^{(n)}+\varphi_{i,j-1}^{(n)}+\varphi_{i,j+1}^{(n)}}{4} \tag{6.4-8}$$

当第 $n+1$ 次迭代后，所有节点的相邻两次近似值之间的最大误差不超过允许的误差 δ，即

$$\left|\varphi_{i,j}^{(n+1)}-\varphi_{i,j}^{(n)}\right|<\delta \tag{6.4-9}$$

此时，迭代结束，并将第 $n+1$ 次迭代后得到的各节点的近似值作为各节点上电位的最终数值解。

当然，允许的误差范围也可以用相对误差 $\delta_{相对}$ 或平均误差 $\delta_{平均}$ 来描述，此时对应的迭代结束的条件为

$$\left|\frac{\varphi_{i,j}^{(n+1)}-\varphi_{i,j}^{(n)}}{\varphi_{i,j}^{(n+1)}}\right|<\delta_{相对} \tag{6.4-10}$$

或

$$\frac{1}{N}\sum_{i,j}\left|\varphi_{i,j}^{(n+1)}-\varphi_{i,j}^{(n)}\right|<\delta_{平均} \tag{6.4-11}$$

式中，N 为节点总数。

式(6.4-8)称为简单迭代法，也称为同步迭代法。其特点是迭代计算简单，但用计算机解时需要两套存储单元，分别存储全部节点的第 n 次和第 $n+1$ 次的近似值，并且迭代运

算的收敛速度较慢。

2. 塞德尔迭代法

为节约计算时间，通常对简单迭代法进行改进。从简单迭代法可知，假设迭代计算时从左下角到右上角进行计算，当计算 $\varphi_{i,j}^{(n+1)}$ 时，由于 $\varphi_{i-1,j}^{(n+1)}$ 和 $\varphi_{i,j-1}^{(n+1)}$ 已经得到，因此计算 $\varphi_{i,j}^{(n+1)}$ 时，可用 $\varphi_{i-1,j}^{(n+1)}$ 和 $\varphi_{i,j-1}^{(n+1)}$ 代替式(6.4-7b)中的 $\varphi_{i-1,j}^{(n)}$ 和 $\varphi_{i,j-1}^{(n)}$，即每当算出一个节点的高一次的近似值时，就立即用它参与其它节点的差分方程迭代，则

$$\varphi_{i,j}^{(n+1)}=\frac{\varphi_{i-1,j}^{(n+1)}+\varphi_{i+1,j}^{(n)}+\varphi_{i,j-1}^{(n+1)}+\varphi_{i,j+1}^{(n)}}{4} \tag{6.4-12}$$

这种迭代法称为塞德尔迭代法，也称为异步迭代法。由于更新值的提前使用，塞德尔迭代法比简单迭代法收敛速度加快一倍左右，且用计算机解时只需要一套存储单元。

3. 超松弛迭代法

为了进一步加快迭代的收敛速度，引入加速收敛因子 α。因为节点(i, j)第 n 次的迭代值为 $\varphi_{i,j}^{(n)}$，经利用式(6.4-12)计算后的第 $n+1$ 次近似值为 $\tilde{\varphi}_{i,j}^{(n+1)}$，即

$$\tilde{\varphi}_{i,j}^{(n+1)}=\frac{\varphi_{i-1,j}^{(n+1)}+\varphi_{i+1,j}^{(n)}+\varphi_{i,j-1}^{(n+1)}+\varphi_{i,j+1}^{(n)}}{4} \tag{6.4-13}$$

则节点(i, j)在第 $n+1$ 次近似值和第 n 次近似值的余数 $R_{i,j}^{(n)}$ 为

$$R_{i,j}^{(n)}=\varphi_{i,j}^{(n+1)}-\varphi_{i,j}^{(n)} \tag{6.4-14}$$

引入加速收敛因子 α，节点(i, j)第 $n+1$ 次近似值为

$$\varphi_{i,j}^{(n+1)}=\varphi_{i,j}^{(n)}+\alpha R_{i,j}^{(n)} \tag{6.4-15}$$

式中，α 称为加速收敛因子，也称为松弛因子，其值介于1和2之间。可见，由式(6.4-15)计算得到的第 $n+1$ 次的迭代值 $\varphi_{i,j}^{(n+1)}$ 是加速收敛后的迭代值，已不是原来的迭代值 $\tilde{\varphi}_{i,j}^{(n+1)}$ 了。

将式(6.4-13)～式(6.4-15)联合，可以得到

$$\varphi_{i,j}^{(n+1)}=\varphi_{i,j}^{(n)}+\frac{\alpha}{4}\left[\varphi_{i-1,j}^{(n+1)}+\varphi_{i+1,j}^{(n)}+\varphi_{i,j-1}^{(n+1)}+\varphi_{i,j+1}^{(n)}-4\varphi_{i,j}^{(n)}\right] \tag{6.4-16}$$

这种迭代法称为超松弛迭代法，其实质就是加权迭代方法。

超松弛迭代法不仅具有塞德尔迭代法的优点(更新值的提前使用)，也具有加速收敛的效果，从而使得迭代加速和计算存储量减少，减少计算时间及存储容量。

一般情况下，松弛因子 α 的范围为 $1\leqslant\alpha\leqslant 2$。当 $\alpha=1$ 时，超松弛迭代法就蜕变为塞德尔迭代法；当 $\alpha>2$ 时，迭代运算不收敛。正确选择 α 可减少迭代次数，提高计算速度。

松弛因子的最佳值一般采用下式计算：

$$\alpha=\frac{2}{1+\sqrt{1-\left[\dfrac{\cos(\pi/M)+\cos(\pi/N)}{2}\right]^2}} \tag{6.4-17}$$

式中，M、N 分别为在 x、y 方向的网格数目。

松弛因子 α 常依经验进行选取。对于第一类边值问题，当场域为矩形区域，且采用正方形进行网格划分时，如果在 x、y 方向的网格数都很大，则最佳松弛因子 α 为

$$\alpha=2-\pi\sqrt{\frac{2}{M^2}+\frac{2}{N^2}} \tag{6.4-18}$$

当场域为正方形区域，且采用正方形进行网格划分时，在 x、y 方向的网格数都为 M，最佳

松弛因子 α 为

$$\alpha=\frac{2}{1+\sin\frac{\pi}{M}} \tag{6.4-19}$$

【例题 6-9】 如图 6.4-3 所示，设有一矩形截面的长导体槽，顶板与两侧绝缘，顶板的电位为 10 V，其余的电位为零，求 $a=16$，$b=10$ 时槽内各点的电位。

有限差分法求矩形金属槽场分布

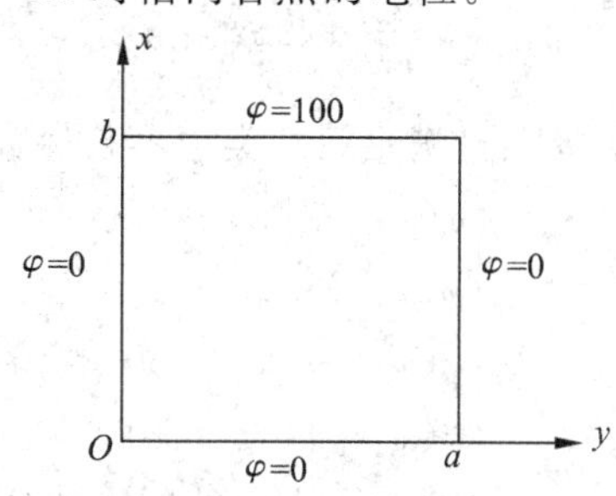

图 6.4-3　例题 6-9 图

解　在直角坐标系中，矩形槽中的电位函数 $\varphi(x, y)$ 满足拉普拉斯方程，即

$$\frac{\partial^2\varphi}{\partial x^2}+\frac{\partial^2\varphi}{\partial y^2}=0$$

根据题意，边界条件满足第一类边界条件，即

$$\begin{cases}\varphi(x,\ y)\big|_{x=0}=0\\ \varphi(x,\ y)\big|_{x=a}=0\\ \varphi(x,\ y)\big|_{y=0}=0\\ \varphi(x,\ y)\big|_{y=b}=100\end{cases}$$

取步长 $h=1$，则 x、y 方向的网格数分别为 16 与 10，共有 $16\times10=160$ 个网格，$17\times11=187$ 个节点，其中槽内待求的电位节点有 $15\times9=135$ 个，已知的电位节点为 $187-135=52$ 个。假设迭代的精度为 10^{-6}，利用式(6.4-8)和式(6.4-9)编程计算，得到的最终结果如表 6.4-1 所示，其迭代次数为 222 次。

表 6.4-1　场域网格点电位计算结果

	1	2	3	4	5	6	7	8	9	10	11	12	13	14	15	16	17
1	0	0	0	0	0	0	0	0	0	0	0	0	0	0	0	0	0
2	0	1.50	2.91	4.16	5.21	6.02	6.59	6.94	7.05	6.94	6.59	6.02	5.21	4.16	2.91	1.50	0
3	0	3.09	5.99	8.53	10.64	12.27	13.42	14.10	14.32	14.10	13.42	12.27	10.64	8.53	5.99	3.09	0
4	0	4.87	9.41	13.35	16.56	19.01	20.72	21.72	22.05	21.72	20.72	19.01	16.56	13.35	9.41	4.87	0
5	0	7.00	13.42	18.88	23.24	26.49	28.72	30.01	30.43	30.01	28.72	26.49	23.24	18.88	13.42	7.00	0
6	0	9.71	18.40	25.53	31.02	34.99	37.65	39.17	39.67	39.17	37.65	34.99	31.02	25.53	18.40	9.71	0
7	0	13.44	24.92	33.82	40.31	44.81	47.73	49.36	49.88	49.36	47.73	44.81	40.31	33.82	24.92	13.44	0
8	0	19.12	30.03	44.52	51.59	56.21	59.09	60.66	61.15	60.66	59.09	56.21	51.59	44.52	30.03	19.12	0
9	0	29.02	47.56	58.66	65.32	69.35	71.75	73.02	73.42	73.02	71.75	69.35	65.32	58.66	47.56	29.02	0
10	0	49.39	68.54	77.22	81.67	84.14	85.54	86.26	86.49	86.26	85.54	84.14	81.67	77.22	68.54	49.39	0
11	0	100	100	100	100	100	100	100	100	100	100	100	100	100	100	100	0

【例题 6-10】 设有一矩形截面的长导体槽，其边界条件如图 6.4-4 所示，用超松弛迭代法求 $a=10$，$b=10$ 时槽内各点的电位。

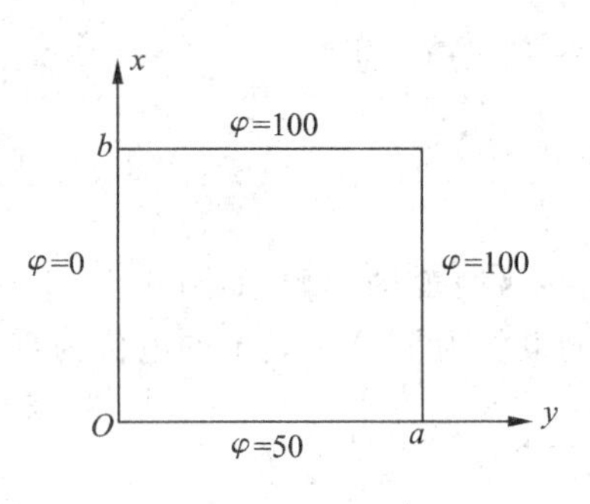

图 6.4-4　例题 6-10 图

解　在直角坐标系中，矩形槽中的电位函数 $\varphi(x, y)$满足拉普拉斯方程，即

$$\frac{\partial^2\varphi}{\partial x^2}+\frac{\partial^2\varphi}{\partial y^2}=0$$

根据题意，边界条件满足第一类边界条件，即

$$\begin{cases}\varphi(x,\ y)\big|_{x=0}=0\\ \varphi(x,\ y)\big|_{x=a}=100\\ \varphi(x,\ y)\big|_{y=0}=50\\ \varphi(x,\ y)\big|_{y=b}=100\end{cases}$$

取步长 $h=1$，则 x、y 方向的网格数分别为 10 与 10，共有 $10\times10=100$ 个网格，$11\times11=121$ 个节点，其中槽内待求的电位节点有 $9\times9=81$ 个，已知的电位节点为 $121-81=40$ 个。假设迭代的精度为 10^{-6}，利用式(6.4-16)和式(6.4-9)编程计算，其中松弛因子由式(6.4-17)计算得到为 $\alpha=1.5279$，得到的最终结果如表 6.4-2 所示，其迭代次数为 38 次。可见采用了松弛因子后，其收敛速度大大加快了。

表 6.4-2　利用超松弛迭代法的场域网格点电位计算结果

	1	2	3	4	5	6	7	8	9	10	11
1	0	50	50	50	50	50	50	50	50	50	100
2	0	26.66	38.17	44.40	48.52	51.77	54.85	58.48	63.93	74.45	100
3	0	18.48	31.62	40.90	47.91	53.71	59.16	65.13	72.79	83.86	100
4	0	15.62	28.92	39.70	48.49	56.00	62.95	70.10	78.26	88.18	100
5	0	15.09	28.76	40.47	50.35	58.85	66.55	74.06	81.95	90.61	100
6	0	15.97	30.55	43.08	53.60	62.50	70.33	77.64	84.87	92.32	100
7	0	18.26	34.39	47.70	58.45	67.22	74.65	81.29	87.58	93.78	100
8	0	22.66	41004	54.90	65.28	73.28	79.75	85.30	90.37	95.22	100
9	0	31.36	52.21	65.57	74.50	80.87	85.76	89.80	93.38	96.74	100
10	0	50.55	70.86	80.68	86.28	89.94	92.61	94.76	96.62	98.34	100
11	0	100	100	100	100	100	100	100	100	100	100

习　　题

6.1　有一无限长同轴电缆，已知其缆芯截面是一边长为 $2a$ 的正方形的导体，外层是半径为 b 的铅皮，内外层的电介质的介电常数是 ε，如果在两导体间的电压为 U_0，试写出该电缆中静电场的边值问题。

6.2　河面上方 h 处，有一输电线经过(导线半径 $R\ll h$)，其电荷线密度为 τ，河水的介电常数为 $80\varepsilon_0$。求镜像电荷的值。

6.3　画出图 6-1 中所示的各种情况下的镜像电流，注明电流的方向、量值及有效的计算区域。

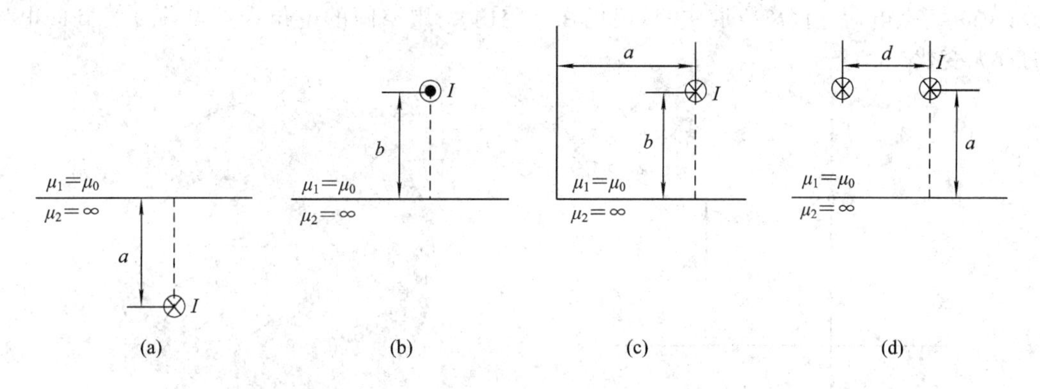

图 6-1　习题 6.3 图

6.4　求置于无限大接地平面导体上方，距导体面为 h 处的点电荷 q 的电位。

6.5　半径为 R 的导体半球，置于一无限大接地平面上，点电荷 q 位于导体平面上方，与导体平面的距离是 d，求：(1) q 受的力；(2) 导体上方的电位。

6.6　一个点电荷 q 位于一无限宽和厚的导电板上方，如图 6-2 所示。(1) 计算任意一点 $P(x, y, z)$的电位；(2) 写出 $z=0$ 的边界上电位的边界条件。

6.7　一接地导电球半径为 a，一点电荷 q 置于距球心距离 d 处，计算导体球的表面电荷密度。

6.8　两个点电荷 $\pm q$ 位于半径为 a 的导体球直径延长线上，分别距球心 $\pm d(d>a)$，如图 6-3 所示。(1) 求空间的电位分布；(2) 求两个点电荷分别所受到的静电力；(3) 求两个点电荷的镜像电荷所构成的中心位于球心的电偶极子的电偶极矩；(4) 如果导体球接地，上面三个问题的结果如何改变，为什么？

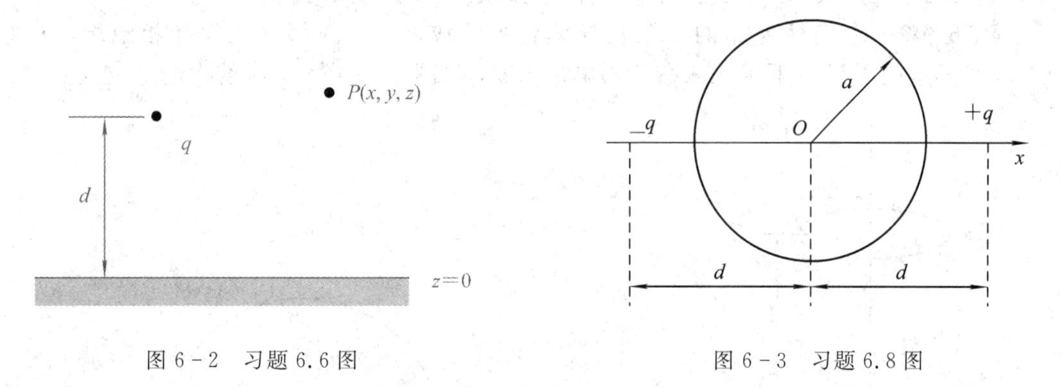

图 6-2　习题 6.6 图　　　　图 6-3　习题 6.8 图

6.9　如图 6-4 所示，在均匀外电场 $\boldsymbol{E}_0=E_0\boldsymbol{e}_x$ 中，一个点电荷 $q(q>0)$与接地导体平面相距为 x。(1) 求点电荷 q 所受电场力为零时的位置 x_0；(2) 设点电荷 q 最初位于 $x_0/2$ 处，以初速度 ν_0 向正 x 方向运动，若要使点电荷 q 始终保持向正 x 方向运动，则所需最小初速度为多大？(设点电荷的质量为 m)

6.10　空气中有两个半径相同(均等于 a)的导体球相切，试用球面镜像法求该孤立导体系统的电容。

6.11　如图 6-5 所示，一个半径为 a 的不接地导体球内有一个半径为 b 的偏心球形空腔，在空腔中心 O' 处有一点电荷 q。(1) 求空间任意点的电位；(2) 求点电荷 q 受到的电场力；(3) 若点电荷 q 偏离空腔中心(但仍在空腔内)，则空间的电位和点电荷 q 受到的电场力有无变化？

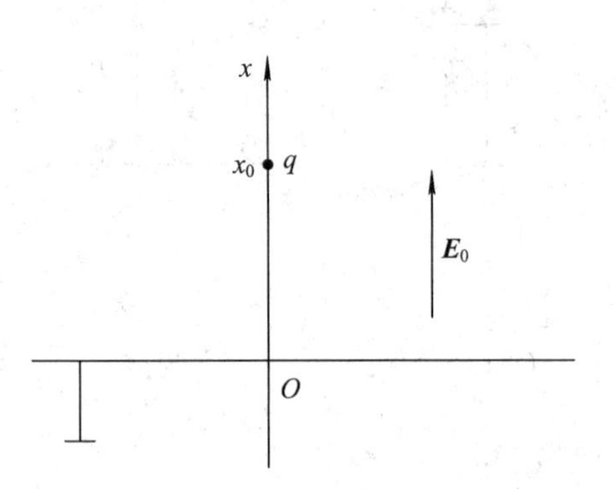

图 6-4　习题 6.9 图

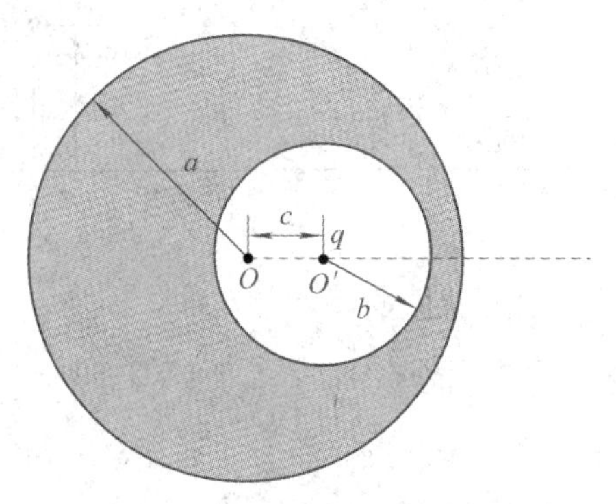

图 6-5　习题 6.11 图

6.12　电荷线密度为 ρ_l 的无限长线平行置于接地无限大导体平面前，二者相距 d，求电位及等位面方程。

6.13　设在无限大接地导体平面上方有两根平行导线，两根平行导线与导体平面之间的距离为 d，两根线之间的距离为 D，导线的半径为 r，它远小于 d 和 D，因此导线上的电荷可近似视为线电荷分布，其线密度分布分别为 ρ_{l1} 和 ρ_{l2}，试求两导线表面上的电位。

6.14　如图 6-6 所示，一个半径为 a、电量为 q 的均匀带电细圆环，圆环面与接地无限大导体平板平行且距导体平板为 h。(1) 求圆环轴线(z 轴)上的电场强度和电位；(2) 当 $h \gg a$ 时，求带电细圆环所受到的电场力。

6.15　真空中有一半径为 a、介电常数为 ε 的无限长圆柱体，其上均匀分布着电荷，设单位长度的电荷为 Q，求它在空间各处所产生的电位和电场强度。

6.16　将一个半径为 a 的无限长导体管平分成两半，两部分之间互相绝缘，上半($0<\phi<\pi$)接电压 U_0，下半($\pi<\phi<2\pi$)电位为零，如图 6-7 所示，求管内的电位。

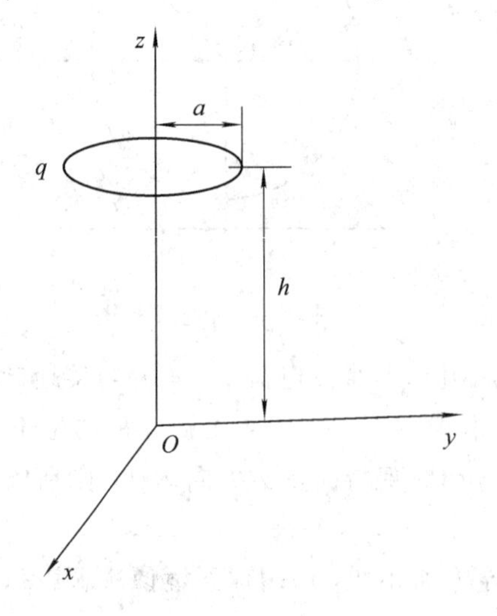

图 6-6　习题 6.14 图

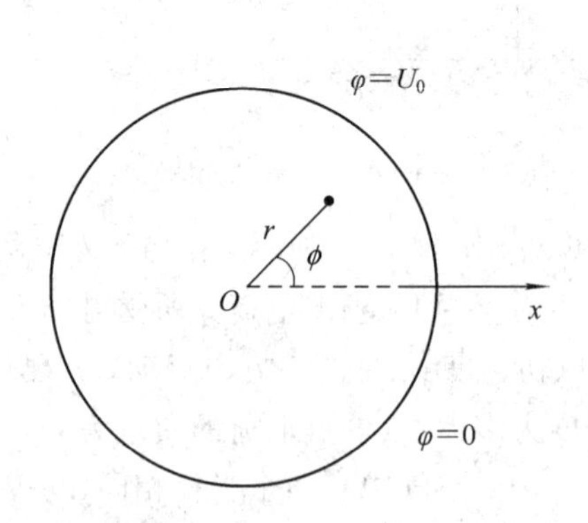

图 6-7　习题 6.16 图

6.17　已知球面($r=a$)上的电位为 $\varphi=U_0\cos\theta$，求球外的电位。

6.18　将半径为 a、介电常数为 ε 的无限长介质圆柱放置于均匀电场 $\boldsymbol{E}_0$ 中，设 $\boldsymbol{E}_0$ 沿 x 方向，柱的轴沿 z 轴，柱外为空气，如图 6-8 所示，求任意点的电位和电场。

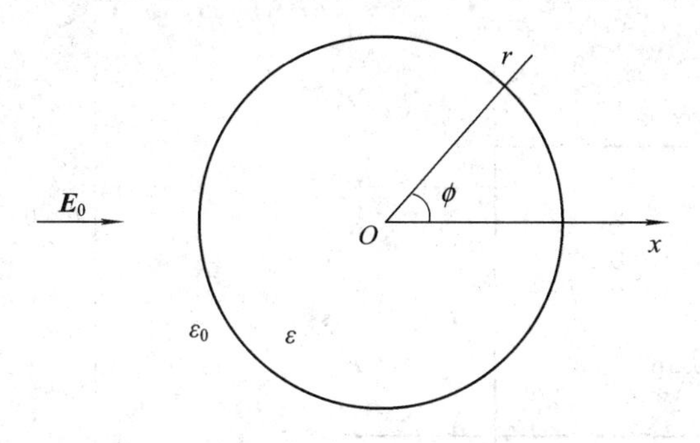

图 6-8　习题 6.18 图

6.19　在均匀电场中，设置一个半径为 a 的介质球，若电场的方向沿 z 轴，求介质球内、外的电位和电场(介质球的介电常数为 ε，球外为空气)。

6.20　一根半径为 a、介电常数为 ε 的无限长介质圆柱体置于均匀外电场 E_0 中，且与 $\boldsymbol{E}_0$ 相垂直。设外电场方向为 x 轴方向，圆柱轴与 z 轴相合，求圆柱内、外的电位函数。

6.21　一个沿 z 轴方向的长且中空的金属管，管子的边界条件如图 6-9 所示。求管内的电位分布。

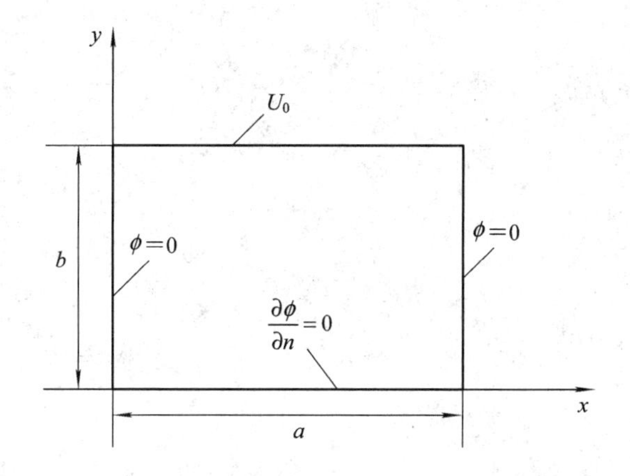

图 6-9　习题 6.21 图

6.22　一个沿 z 轴方向的长且中空的金属管，其横截面积为矩形，管子的三边保持零电位，而第四边的电位为 U，如图 6-10 所示，求：(1) 当 $U=U_0$ 时，管内的电位分布；(2) 当 $U=U_0\sin\left(\frac{\pi y}{b}\right)$时，管内的电位分布。

6.23　半径为 a 的均匀介质球放入恒定磁场 $\boldsymbol{B}=B_0\boldsymbol{e}_z$ 中，球内、外介质的介电常数相同，磁导率常数分别为 μ 和 μ_0。求介质球内、外的磁场分布。

6.24　如图 6-11 所示，一个长槽沿 y 轴方向无限延伸，两侧的电位为零，且在槽内当 $y\to\infty$时电位 $\varphi\to 0$，而槽底部的电位为 $\varphi(x, 0)=V_0$，试求槽内的电位分布 $\varphi(x, y)$。

6.25　在接地方形导体管中有一圆形导线(很细)，电压为 100 V，求管线间的电位分布。

6.26　设有一边长为 b 的正六边形二维场域内无电荷分布，六条边上的电位分别为 1 V、−1 V、1 V、−1 V、1 V、−1 V，求场域内的电位分布。

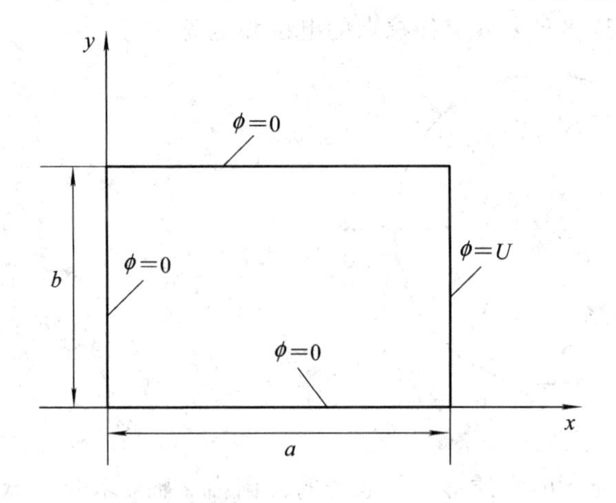

图 6 - 10　习题 6.22 图

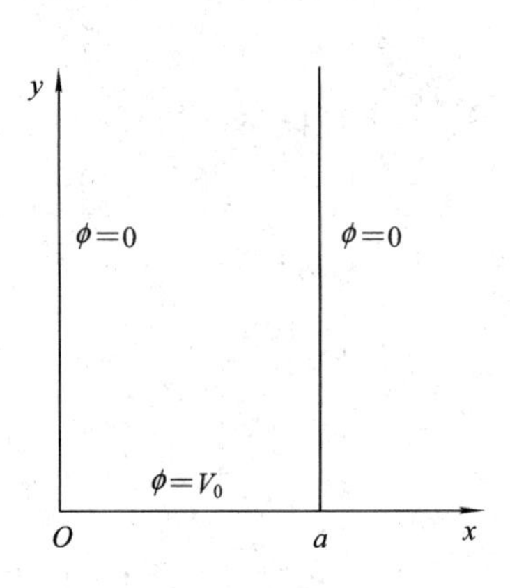

图 6 - 11　习题 6.24 图

第 7 章　时变电磁场及其特性

在前面几章中，分别讨论了由静电场、恒定电场和静磁场组成的静态场问题。在静态场中，电场和磁场是相互独立存在的，电场与磁场之间没有相互关系。电场由电荷产生，磁场由电流产生。然而，当电荷和电流随时间变化时(称为时变场)，它们产生的电场和磁场也随时间变化。变化的电场会在其周围空间激发变化的磁场，变化的磁场也会在其周围空间激发变化的电场。这样，电场和磁场就不再相互独立，两者之间相互激励、相互转化，构成了一个不可分割的统一整体，称为电磁场，或称为时变电磁场。在时变情况下，电场与磁场相互激励，在空间形成电磁波。时变电磁场的能量以电磁波的形式进行传播。

本章首先通过对法拉第电磁感应定律和麦克斯韦关于位移电流与涡旋电场的假设，结合静态场的性质引入了描述静态场和时变场的麦克斯韦方程组。然后讨论时变电磁场的边界条件、电磁场的能量关系和能流密度概念，以及电磁场的波动方程和位函数；最后讨论随时间按正弦函数变化的时变电磁场，这种时变电磁场称为时谐电磁场或正弦电磁场。

7.1　法拉第电磁感应定律

自 1820 年奥斯特发现电流的磁效应之后，根据自然界的对称原理，人们开始研究磁场能否产生电流的问题。经过 10 年的艰苦探索，1831 年英国科学家法拉第最早发现，当穿过导体回路的磁通量发生变化时，回路中就会出现感应电流和感应电动势，且感应电动势与磁通量的变化有密切关系，由此总结出了著名的法拉第电磁感应定律。

法拉第电磁感应定律表述为：通过导体回路所围面积的磁通量 ψ 发生变化时，回路中产生的感应电动势 ε 为

$$\varepsilon_i = -\frac{\mathrm{d}\psi}{\mathrm{d}t} = -\frac{\mathrm{d}}{\mathrm{d}t}\int_S \boldsymbol{B} \cdot \mathrm{d}\boldsymbol{S} = -\frac{\mathrm{d}}{\mathrm{d}t}\int_S \boldsymbol{B} \cdot \boldsymbol{e}_{\mathrm{n}} \mathrm{d}S \qquad (7.1-1)$$

式中，ε_i 为一个导体回路上的感应电动势，ψ 为导体回路所围面积 S 的磁通量，$\boldsymbol{B}$ 为导体回路所围面积 S 中的磁感应强度，$\boldsymbol{e}_{\mathrm{n}}$ 为导体回路所围面积 S 的单位法向矢量。

导体回路中既然有感应电动势存在，则导体回路必有感应电流产生。电动势 ε_i 的大小等于导体回路中磁通量的时间变化率的负值，其方向服从楞次定律，即感应电动势在导体回路中引起的感应电流的方向是由它产生的磁场阻止回路中磁通量的改变，如图 7.1 - 1 所示。可见当导体回路中的磁通量增加时，感应电动势的实际方向与磁通量方向构成左旋关系(感应电流产生的磁场阻止原磁通量的增加)；反之，当磁通量减少时，感应电动势的实际方向与磁通量方向构成右旋关系(感应电流产生的磁场阻止原磁通量的减少)。

法拉第定律和楞次定律的结合就是法拉第电磁感应定律，法拉第电磁感应定律是时变

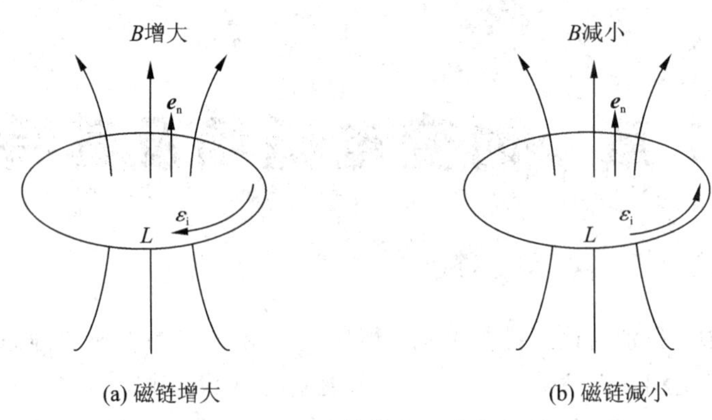

图 7.1-1 法拉第电磁感应定律

电磁场的基本定律之一。

如果形成回路的导体不止一匝，则导体回路所围面积中的磁通量 ψ 可看成全磁通量，称为磁链 Ψ。设一个由 N 匝线圈组成的导体回路，则磁链 Ψ 可视为由 N 个单匝线圈的磁通量串联而成，即 $\Psi=\sum\limits_{j=1}^{N}\psi_j$，此时的感应电动势为

$$\varepsilon=-\frac{\mathrm{d}\Psi}{\mathrm{d}t}=-\frac{\mathrm{d}}{\mathrm{d}t}\left(\sum_{j=1}^{N}\psi_j\right) \tag{7.1-2}$$

导体回路中感应电流的产生意味着导体回路中存在电场，这种电场称为感应电场 $\boldsymbol{E}_\mathrm{i}$，它是一种沿导体回路的涡旋电场。因此，感应电场强度 $\boldsymbol{E}_\mathrm{i}$ 沿线圈回路 C 的闭合线积分应等于线圈中的感应电动势，即

$$\varepsilon=\oint_C \boldsymbol{E}_\mathrm{i}\cdot \mathrm{d}\boldsymbol{l} \tag{7.1-3}$$

由式(7.1-1)和式(7.1-3)可以得到，导体回路中感应电场与穿过回路所围面积中的磁感应强度的关系为

$$\oint_C \boldsymbol{E}_\mathrm{i}\cdot \mathrm{d}\boldsymbol{l}=-\frac{\mathrm{d}}{\mathrm{d}t}\int_S \boldsymbol{B}\cdot \mathrm{d}\boldsymbol{S} \tag{7.1-4}$$

可见，只要与回路交链的磁通发生变化，回路中就有感应电动势和感应电场存在。感应电动势和感应电场与构成回路的材料性质无关，回路的材料仅决定感应电流的大小。因此，感应电动势和感应电场不仅存在于导体回路中，也存在于导体回路之外的空间。对于空间中的任意回路(不一定是导体回路)，电磁感应定律都成立，也就是说，式(7.1-4)适应于任意回路。

一般情况下，在空间不仅有时变磁场产生的感应电场(涡旋电场) $\boldsymbol{E}_\mathrm{i}$，还可能同时存在静止电荷产生的静电场 $\boldsymbol{E}_\mathrm{C}$(称为库仑电场)，这样，空间的总电场 $\boldsymbol{E}$ 就是这两个电场的矢量和，即 $\boldsymbol{E}=\boldsymbol{E}_\mathrm{C}+\boldsymbol{E}_\mathrm{i}$。此时有

$$\oint_C \boldsymbol{E}\cdot \mathrm{d}\boldsymbol{l}=\oint_C \boldsymbol{E}_\mathrm{C}\cdot \mathrm{d}\boldsymbol{l}+\oint_C \boldsymbol{E}_\mathrm{i}\cdot \mathrm{d}\boldsymbol{l} \tag{7.1-5}$$

从静电场中的基本方程可知，$\oint_C \boldsymbol{E}_\mathrm{C}\cdot \mathrm{d}\boldsymbol{l}=0$，则有

$$\oint_C \boldsymbol{E}\cdot \mathrm{d}\boldsymbol{l}=\oint_C \boldsymbol{E}_\mathrm{i}\cdot \mathrm{d}\boldsymbol{l}=-\frac{\mathrm{d}}{\mathrm{d}t}\int_S \boldsymbol{B}\cdot \mathrm{d}\boldsymbol{S} \tag{7.1-6}$$

式(7.1-6)为推广了的法拉第电磁感应定律，它是用场量表示的法拉第电磁感应定律的积分形式，适用于所有情况。它表明，穿过回路所围面积的磁链变化是产生感应电动势的唯一条件。

当然，有三种情况可以使得穿过回路所围面积的磁链发生变化：其一是磁感应强度 $\boldsymbol{B}$ 随时间变化；其二是回路运动(大小、形状、位置的变化)使得磁链发生变化；其三是不仅磁感应强度 $\boldsymbol{B}$ 随时间变化，同时回路也运动。下面对这三种情况分别讨论。

(1) 回路静止(相对于磁场回路没有机械运动)，只有磁感应强度 $\boldsymbol{B}$ 随时间变化的情形。

由于回路没变化，则它所围的面积也不变化，这样式(7.1-6)右边的求导应是只对变化的磁感应强度 $\boldsymbol{B}$ 的求导，这样有

$$\oint_C \boldsymbol{E} \cdot \mathrm{d}\boldsymbol{l} = -\int_S \frac{\partial \boldsymbol{B}}{\partial t} \cdot \mathrm{d}\boldsymbol{S} \tag{7.1-7}$$

此为回路不变、磁感应强度随时间变化情形下电磁感应定律的积分形式。利用斯托克斯定理可以得到

$$\int_S (\nabla \times \boldsymbol{E}) \cdot \mathrm{d}\boldsymbol{S} = -\int_S \frac{\partial \boldsymbol{B}}{\partial t} \cdot \mathrm{d}\boldsymbol{S} \tag{7.1-8}$$

由于上式对于任意回路所围面积都成立，因此有

$$\nabla \times \boldsymbol{E} = -\frac{\partial \boldsymbol{B}}{\partial t} \tag{7.1-9}$$

此为回路不变、磁感应强度随时间变化情形下电磁感应定律的微分形式。它表明变化的磁场将激发电场。时变电场是一有旋场，它的源就是时变磁场。该电场通常称为感应电场，它是一种涡旋场，不同于静止电荷产生的库仑电场。回路不变、磁感应强度随时间变化情形下产生的感应电动势称为感生电动势，它是由感应场力而产生的非静电力，电动机就是根据这一原理制成的。

(2) 导体回路在恒定磁场 $\boldsymbol{B}$ 中运动的情形。

在导体回路中，如果组成导体回路的一个导体棒以速度 v 在恒定磁场 $\boldsymbol{B}$ 中运动时，由于导体回路的磁链发生变化，则必定有感应电场存在。磁场力(也称为洛伦兹力) $\boldsymbol{F}_\mathrm{m} = q\boldsymbol{v} \times \boldsymbol{B}$ 将使导体棒中的自由电荷朝一端移动，使得导体棒一端带正电荷，另一端带负电荷，这两端的正负电荷又形成了库仑力 $\boldsymbol{F}_\mathrm{i} = \boldsymbol{E}_\mathrm{i} q$，如图 7.1-2 所示。当导体棒中的库仑力与磁场力达到平衡时，使得运动导体棒中自由电荷的净受力为零。此时，有 $\boldsymbol{F}_\mathrm{m} = \boldsymbol{F}_\mathrm{i}$，从而可以得到

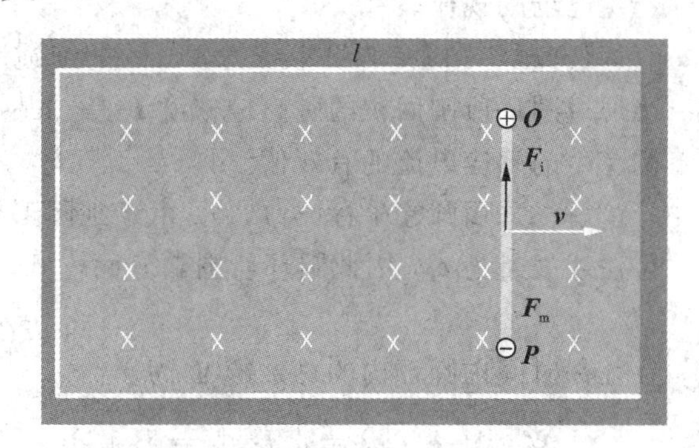

图 7.1-2　导体回路在恒定磁场中运动

$$\boldsymbol{E}_\mathrm{i} = \boldsymbol{v} \times \boldsymbol{B} \tag{7.1-10}$$

由于导体棒是导体回路的一部分，则导体回路在恒定磁场中运动引起的感应电动势为

$$\oint_C \boldsymbol{E} \cdot \mathrm{d}\boldsymbol{l} = \oint_C (\boldsymbol{v} \times \boldsymbol{B}) \cdot \mathrm{d}\boldsymbol{l} \tag{7.1-11}$$

此为导体回路在恒定磁场中运动情形下电磁感应定律的积分形式。

根据式(7.1-10)，利用斯托克斯定理可得

$$\nabla\times\boldsymbol{E}=\nabla\times(\boldsymbol{v}\times\boldsymbol{B})\tag{7.1-12}$$

此为导体回路在恒定磁场中运动情形下电磁感应定律的微分形式。它表明即使磁感应强度$\boldsymbol{B}$不随时间变化，只要导体回路在恒定磁场中运动也将激发电场。该感应电场通常称为动生电场，它不同于静止电荷产生的库仑电场。导体回路在恒定磁场中运动情形下产生的感应电动势称为动生电动势，它是由洛伦兹力产生的非静电力，发电机就是根据这一原理制成的。

(3) 导体回路在时变磁场$\boldsymbol{B}$中运动的情形。

当导体回路在时变磁场中运动时，随时间变化的磁感应强度$\boldsymbol{B}$和导体回路的运动都会使导体回路所围面积中的磁链发生变化，因此产生的感应电动势应是这两种情况各产生感应电动势的叠加，即

$$\oint_C\boldsymbol{E}\cdot\mathrm{d}\boldsymbol{l}=-\int_S\frac{\partial\boldsymbol{B}}{\partial t}\cdot\mathrm{d}\boldsymbol{S}+\oint_C(\boldsymbol{v}\times\boldsymbol{B})\cdot\mathrm{d}\boldsymbol{l}\tag{7.1-13}$$

此为导体回路在时变磁场$\boldsymbol{B}$中运动情形下电磁感应定律的积分形式。利用斯托克斯定理可以得到

$$\nabla\times\boldsymbol{E}=-\frac{\partial\boldsymbol{B}}{\partial t}+\nabla\times(\boldsymbol{v}\times\boldsymbol{B})\tag{7.1-14}$$

此为导体回路在时变磁场$\boldsymbol{B}$中运动情形下电磁感应定律的微分形式。它表明导体回路在时变磁场$\boldsymbol{B}$中运动时产生的感应电动势由两部分组成：一是由时变磁场引起的感生电动势，二是由回路运动引起的动生电动势。这两种电磁感应现象是两种物理性质不同的现象，但都服从统一的法拉第电磁感应定律。

至此，我们知道，产生电场的源不仅有静止电荷，变化的磁场也能产生电场，电场与磁场紧密相连。电场的源有两种，即静止电荷和时变磁场。电磁感应定律揭示了时变磁场产生电场的规律。

【例题 7-1】 假设半径为 30 cm 的细圆形导电环位于xOy平面，圆环的电阻为 10 Ω。当通过圆环所围面积的磁感应密度$\boldsymbol{B}=\boldsymbol{e}_x3\cos300t+\boldsymbol{e}_y4\sin500t+\boldsymbol{e}_z5\sin314t$(T)时，求圆环内产生的感应电流的有效值。

解　采用圆柱坐标(ρ,ϕ,z)。由于细圆形导电环位于xOy平面，则圆环所围面积的单位法线矢量为$\boldsymbol{e}_z$，因此圆环所围微分面积$\mathrm{d}s$为

$$\mathrm{d}s=\rho\mathrm{d}\rho\mathrm{d}\phi$$

在任一时间内圆环内的总磁链Ψ为

$$\Psi=\int_S\boldsymbol{B}\cdot\mathrm{d}s=\int_S B_z\mathrm{d}s=B_z\int_S\mathrm{d}s=5\sin(\omega t)\int_0^{0.3}\rho\mathrm{d}\rho\int_0^{2\pi}\mathrm{d}\phi=0.45\pi\sin(\omega t)$$

因总磁链变化的角频率ω变化，故产生的感应电动势为

$$\varepsilon=-\frac{\mathrm{d}\psi}{\mathrm{d}t}=-0.45\pi\omega\cos(\omega t)$$

则感应电动势的最大值为$\varepsilon_\mathrm{M}=0.45\pi\omega$，其有效值为

$$\varepsilon_\mathrm{p}=\frac{\varepsilon_\mathrm{M}}{\sqrt{2}}=\frac{0.45\pi\omega}{\sqrt{2}}$$

这样，圆环内产生的感应电流的有效值为

$$I=\frac{\varepsilon_p}{R}=\frac{\varepsilon_p}{10}=\frac{0.45\pi\omega}{10\sqrt{2}}=\frac{0.45\times 3.14\times 314}{10\sqrt{2}}\approx 31.378\ \text{A}$$

7.2　位移电流

我们知道，静态情况下的电场基本方程之一为$\nabla\times\boldsymbol{E}=0$，非静态(时变)情况下的电场基本方程之一为$\nabla\times\boldsymbol{E}=-\frac{\partial\boldsymbol{B}}{\partial t}$，可见静态情况下的电场基本方程在非静态时发生了变化。这不仅是方程形式的变化，而且是一个本质的变化。其中包含了重要的物理事实，也就是法拉第提出的电磁感应定律，即时变磁场可以激发电场。根据对称性原理，随时间变化的磁场要产生电场，那么随时间变化的电场(时变电场)是否会产生磁场呢？回答是肯定的。英国物理学家麦克斯韦根据将恒定磁场中的安培环路定理用于时变电磁场时出现的矛盾，提出了位移电流的假说。麦克斯韦利用位移电流这一假设，通过对安培环路定理的修正，揭示了随时间变化的电场也要激发磁场。

从第 4 章我们知道，静磁场中的安培环路定理的微分方程为

$$\nabla\times\boldsymbol{H}=\boldsymbol{J} \tag{7.2-1}$$

式中，$\boldsymbol{H}$ 为磁场强度，$\boldsymbol{J}$ 为环路的传导电流密度。

对式(7.2-1)两面取散度，则有

$$\nabla\cdot(\nabla\times\boldsymbol{H})=\nabla\cdot\boldsymbol{J} \tag{7.2-2}$$

由矢量恒等式$\nabla\cdot(\nabla\times\boldsymbol{H})\equiv 0$可知

$$\nabla\cdot\boldsymbol{J}=0 \tag{7.2-3}$$

此式为静磁场的安培环路定理，也称为恒定电流的连续性方程。

对于时变电磁场，因电荷随时间变化，不可能根据电荷守恒原理推出电流连续性方程。根据电荷守恒定律，电荷密度 ρ 与电流密度 $\boldsymbol{J}$ 之间的关系为

$$\nabla\cdot\boldsymbol{J}=-\frac{\partial\rho}{\partial t} \tag{7.2-4}$$

由式(7.2-3)与式(7.2-4)可见，静态场与时变场情况下所得到的电流密度的散度不相等，也就是说两者之间产生了矛盾。因此，静态场情况下的安培环路定理对时变电磁场不成立。

可以用串联到电路中的一个电容器来说明这种矛盾现象，如图 7.2-1 所示。假设电路中有随时间变化的传导电流 $i(t)$，则可相应地建立时变磁场。选取以一个以闭合路径 C 为边界的开放曲面 S_1，闭合路径 C 包围导线。根据静磁场中的安培环路定理可得$\oint_C \boldsymbol{H}\cdot d\boldsymbol{l}=i(t)$。由于$\oint_C \boldsymbol{H}\cdot d\boldsymbol{l}=i(t)$对环路 C 没有限制，它可以是任意包围电流 $i(t)$的任意环路，因此再选定一个以闭合路径 C 为边界的开放曲面 S_2，它的曲面包围了电容器的一个极板，由于穿过 S_2 曲面的传导电流等于 0，则 $\oint_C \boldsymbol{H}\cdot d\boldsymbol{l}=0$。可见对于同一个磁场强度 $\boldsymbol{H}$ 在闭合路径 C 上的环量得到了互相矛盾的结果，这是电容器破坏了电路中传导电流连续性的缘故。这说明静磁场中的安培环路定理不

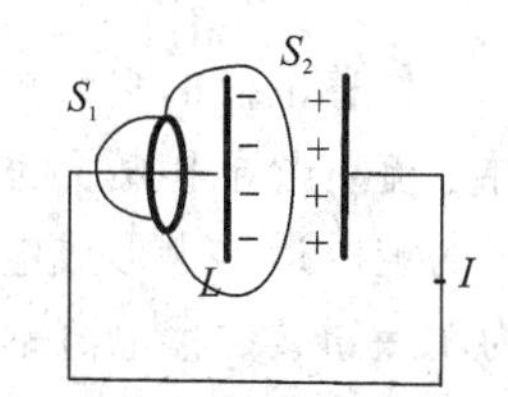

图 7.2-1　含有一个电容器的电路

适用于时变电磁场，也就是说安培环路定理的应用受到了限制。也可以说安培环路定律和电荷与电流连续性定理只有在恒定情况下是一致的，在时变情况下是矛盾的。

麦克斯韦(Maxwell)通过对产生这一矛盾结果的深入研究，于1862年提出了位移电流的假说。他认为在电容器的两个极板间必定有另一种形式的电流存在，其量值与传导电流$i(t)$相等。事实上，电容器极板上的电荷分布式随外接时变电压源而变化。极板上的时变电荷形成了电容器极板间的时变电场。电容器两个极板间存在的另一种形式的电流就是由两极板之间的时变电场产生的，称为位移电流。

假设静电场中的高斯定理$\nabla\cdot\boldsymbol{D}=\rho$对时变场仍然成立，将其代入电荷守恒定律后有

$$\nabla\cdot\boldsymbol{J}=-\frac{\partial\rho}{\partial t}=-\frac{\partial}{\partial t}(\nabla\cdot\boldsymbol{D})=-\nabla\cdot\frac{\partial\boldsymbol{D}}{\partial t}\tag{7.2-5}$$

这样可以得到

$$\nabla\cdot\left(\boldsymbol{J}+\frac{\partial\boldsymbol{D}}{\partial t}\right)=0\tag{7.2-6}$$

此式称为时变电磁场中电流的连续性方程。式中的$\frac{\partial\boldsymbol{D}}{\partial t}$是电位移矢量$\boldsymbol{D}$随时间的变化率，单位为$A/m^2$(安培/米^2)，它与传导电流密度的单位相同，麦克斯韦将它称为位移电流密度$\boldsymbol{J}_d$，即

$$\boldsymbol{J}_d=\frac{\partial\boldsymbol{D}}{\partial t}\tag{7.2-7}$$

式(7.2-6)也称为时变条件下的电流连续性方程。位移电流的引入解除了安培环路定理不适用于时变电磁场的限制，也解决了含有电容器的电路在同一个磁场强度$\boldsymbol{H}$在闭合路径C上的环量产生矛盾的问题。与静态场的电流的连续性方程$\nabla\cdot\boldsymbol{J}=0$相比，时变电磁场中的电流的连续性方程$\nabla\cdot\left(\boldsymbol{J}+\frac{\partial\boldsymbol{D}}{\partial t}\right)=0$只是增加了位移电流密度一项。这样就对安培环路定理的微分形式进行了修正，即

$$\nabla\times\boldsymbol{H}=\boldsymbol{J}+\frac{\partial\boldsymbol{D}}{\partial t}\tag{7.2-8}$$

对安培环路定理积分形式修正为

$$\oint_C\boldsymbol{H}\cdot d\boldsymbol{l}=\int_S\left(\boldsymbol{J}+\frac{\partial\boldsymbol{D}}{\partial t}\right)\cdot d\boldsymbol{S}\tag{7.2-9}$$

位移电流的引入扩大了电流的概念。在导体中自由电子的定向运动形成的电流称为传导电流，当导电媒质的电导率为σ时，传导电流的密度为$\boldsymbol{J}=\sigma\boldsymbol{E}$。在真空或气体中，带电粒子的定向运动也形成电流，称为运流电流，当带电粒子以速度v运动时，运流电流的密度为$\boldsymbol{J}_v=q\boldsymbol{v}$。位移电流不代表电荷运动，只是在产生磁的效应方面与传导电流等效，这与传导电流和运流电流不同。

如果将传导电流、运流电流和位移电流之和称为全电流，则全电流无论是对于静态场还是时变场，安培环路定理都成立。因此，式(7.2-8)和式(7.2-9)称为全电流定律，也称为全电流连续性方程，或称为推广的安培环路定理。由于在实际应用中，绝大多数情况都是针对固体导电媒质的，它只有传导电流而没有运流电流，因此在今后的讨论中除非有特别说明，所有的电流都不涉及运流电流这一项。

从式(7.2-8)和式(7.2-9)的全电流定律可以看出，位移电流(电位移矢量随时间的

变化率的积分)能像传导电流一样能够产生磁场。在时变场中，单纯的传导电流是不连续的，传导电流加位移电流才是连续的。位移电流的引入是建立麦克斯韦方程组的至关重要的一步，它揭示了时变电场产生磁场这一重要的物理概念。但是位移电流只表示电场的变化率，与传导电流不同，它不产生热效应。

在绝缘介质中，无传导电流但有位移电流；在理想导体中，无位移电流但有传导电流；在一般介质中，既有传导电流又有位移电流。

全电流定律揭示的不仅是传导电流可以激发磁场，而且也揭示了变化的电场也可以激发磁场。它与变化的磁场激发电场形成了自然界的一个对偶关系。全电流定律适用于时变场也适用于恒定场。全电流定律反映了电场和磁场作为一个统一体相互制约、相互依赖的另一个方面，它和法拉第电磁感应定律处于同一地位。

【例题 7-2】 假设铜中的电场为 $\boldsymbol{E}=E_0\sin\omega t$，铜的电导率为 $\sigma=5.8\times10^7$ S/m，介电常数为 ε_0。求铜中的最大位移电流密度和最大传导电流密度之比。

解　铜中的传导电流密度大小为

$$J_c=\sigma E=\sigma E_0\sin\omega t$$

铜中的位移电流密度大小为

$$J_d=\frac{\partial D}{\partial t}=\varepsilon_0\frac{\partial E}{\partial t}=\varepsilon_0\omega E_0\cos\omega t$$

则铜中的位移电流密度和传导电流密度的最大值之比为

$$\frac{J_d\big|_{\max}}{J_c\big|_{\max}}=\frac{\varepsilon_0\omega}{\sigma}=\frac{2\pi f(1/36\pi)\times10^{-9}}{5.8\times10^7}=9.6\times10^{-19}f$$

【例题 7-3】 在无源的自由空间中，已知磁场强度为 $\boldsymbol{H}=\boldsymbol{e}_y4\times10^{-5}\cos(5\times10^9t-30z)$ (A/m)，求位移电流密度 $\boldsymbol{J}_d$。

解　由于在无源自由空间中的传导电流密度 $J=0$，则麦克斯韦方程的第一式变为

$$\nabla\times\boldsymbol{H}=\frac{\partial\boldsymbol{D}}{\partial t}=\boldsymbol{J}_d$$

这样，位移电流密度 $\boldsymbol{J}_d$ 为

$$\boldsymbol{J}_d=\nabla\times\boldsymbol{H}=\begin{vmatrix}\boldsymbol{e}_x & \boldsymbol{e}_y & \boldsymbol{e}_z\\ \dfrac{\partial}{\partial x} & \dfrac{\partial}{\partial y} & \dfrac{\partial}{\partial z}\\ 0 & 4\times10^{-5}\cos(5\times10^9t-30z) & 0\end{vmatrix}$$

$$=-\boldsymbol{e}_x1.2\times10^{-3}\sin(5\times10^9t-30z)\ (\mathrm{A/m^2})$$

7.3　麦克斯韦方程组与辅助方程

库仑定律、安培定律和法拉第电磁感应定律是电磁学的三大实验定律。由于它们分别在各自的特定条件下总结出来，因此只适用在静态场或缓变电磁场中应用。1864 年，麦克斯韦根据他提出的位移电流、涡旋电场等假设，在对前人得到的实验结果的基础上，总结出了适合静态场和时变场的著名的麦克斯韦方程组。

麦克斯韦方程组描述了宏观电磁现象所遵循的基本规律，是电磁场理论的基本方程。它揭示了电场与磁场、电场与电荷、磁场与电流之间的相互关系，是自然界电磁运动规律

最简洁的数学描述，是分析研究电磁问题的基本出发点。

麦克斯韦方程组是表示场结构的定律，说明了带电体电场与磁场之间相互联系和相互制约的规律。然而电磁理论被建立后并没有马上被公认，因为电磁理论太深邃了，仅用几个数字符号组成的方程就包罗电荷、带电体、电流、磁场、光等许多现象中的众多规律，太不可思议了。同时代的人都用“科学不是游戏”表示对方程组的怀疑。就连法拉第也是忧心忡忡，担心所有的物理意义都丧失了。

新的理论违背了过去的传统，必将遭到习惯势力的阻挠。然而，真正的科学理论必将被实践证实。1886—1888 年，赫兹用一系列的实验证实了光的电磁本质，证实了麦克斯韦方程组，从此将光学与电磁学统一起来。1899 年列别捷夫完成了光压测定实验，从另一方面证实了麦克斯韦理论。至此，麦克斯韦的电磁理论得到了全面的证实。

7.3.1 麦克斯韦方程组的积分形式

麦克斯韦方程组的积分形式描述了任意闭合曲面或闭合曲线所占空间范围内场与场源(电荷、电流、时变的电场与磁场)相互之间的关系。静态场中的高斯定理及磁通连续性原理对于时变电磁场仍然成立。对于时变电磁场，麦克斯韦归纳为四个方程，其积分形式为

$$\oint_C \boldsymbol{H}\cdot \mathrm{d}\boldsymbol{l}=\int_S\left(\boldsymbol{J}+\frac{\partial \boldsymbol{D}}{\partial t}\right)\cdot \mathrm{d}\boldsymbol{S} \tag{7.3-1}$$

$$\oint_C \boldsymbol{E}\cdot \mathrm{d}\boldsymbol{l}=-\int_S \frac{\partial \boldsymbol{B}}{\partial t}\cdot \mathrm{d}\boldsymbol{S} \tag{7.3-2}$$

$$\oint_S \boldsymbol{B}\cdot \mathrm{d}\boldsymbol{S}=0 \tag{7.3-3}$$

$$\oint_S \boldsymbol{D}\cdot \mathrm{d}\boldsymbol{S}=\int_V \rho \mathrm{d}V \tag{7.3-4}$$

麦克斯韦积分方程组中的第一方程即式(7.3-1)事实上就是全电流定律，它表明磁场强度沿任意闭合曲线的环量，等于穿过以该闭合曲线为周界的任意曲面的传导电流与位移电流之和，它是麦克斯韦积分方程组的核心方程之一。

麦克斯韦积分方程组中的第二方程即式(7.3-2)事实上就是推广的法拉第电磁感应定律，它表明电场强度沿任意闭合曲线的环量，等于穿过以该闭合曲线为周界的任意曲面的磁通量变化率的负值，它也是麦克斯韦积分方程组的核心方程之一。

麦克斯韦积分方程组中的第三方程即式(7.3-3)事实上就是磁通连续性原理，它表明穿过任意闭合曲面的磁感应强度的通量恒等于 0。

麦克斯韦积分方程组中的第四方程即式(7.3-4)事实上就是高斯定律，它表明穿过任意闭合曲面的电位移矢量的通量等于该闭合面所围体积内自由电荷的代数和。

7.3.2 麦克斯韦方程组的微分形式

麦克斯韦方程组的微分形式描述了空间任意一点场的变化规律。麦克斯韦方程组的微分形式为

$$\nabla\times\boldsymbol{H}=\boldsymbol{J}+\frac{\partial \boldsymbol{D}}{\partial t} \tag{7.3-5}$$

$$\nabla\times\boldsymbol{E}=-\frac{\partial \boldsymbol{B}}{\partial t} \tag{7.3-6}$$

$$\nabla \cdot \boldsymbol{B} = 0 \tag{7.3-7}$$

$$\nabla \cdot \boldsymbol{D} = \rho \tag{7.3-8}$$

麦克斯韦微分方程组中的第一方程即式(7.3-5)表明，传导电流和变化的电场都能产生磁场，时变磁场的激发源除了传导电流以外，还有变化的电场。时变磁场是有旋场，时变电场能够产生磁场，它是麦克斯韦微分方程组的核心方程之一。

麦克斯韦微分方程组中的第二方程即式(7.3-6)表明，变化的磁场能够产生电场，该电场的激发源是变化的磁场，时变电场是有旋场，它也是麦克斯韦微分方程组的核心方程之一。

麦克斯韦微分方程组中的第三方程即式(7.3-7)表明，磁场是无源场，磁力线总是闭合曲线，时变磁场是无散场。

麦克斯韦微分方程组中的第四方程即式(7.3-8)表明，电荷可以产生电场，电荷也是电场的激发源，时变电场是有散场。

从麦克斯韦方程组中的四个方程联合来看，时变电场是有旋有散场，时变磁场是有旋无散场。由于时变电磁场中的电场与磁场是不可分割的，因此时变电磁场是有旋有散场。在电荷及电流均不存在的无源区中，时变电磁场是有旋无散场。

电场的激发源除了电荷以外，还有变化的磁场；磁场的激发源除了传导电流以外，还有变化的电场。电场和磁场互为激发源，相互激发。时变电磁场的电场和磁场不再相互独立，而是相互关联，构成一个整体——电磁场，电场和磁场分别是电磁场的两个分量。

麦克斯韦方程组的四个方程并不都是独立的。麦克斯韦方程组的第一、二方程是独立方程，三、四方程可以借助一、二方程和电流连续性方程推导得出。

如将第一方程即式(7.3-5)两边取散度，则

$$\nabla \cdot (\nabla \times \boldsymbol{H}) = \nabla \cdot \left(\boldsymbol{J} + \frac{\partial \boldsymbol{D}}{\partial t}\right) = \nabla \cdot \boldsymbol{J} + \nabla \cdot \frac{\partial \boldsymbol{D}}{\partial t} = \nabla \cdot \boldsymbol{J} + \frac{\partial}{\partial t}\nabla \cdot \boldsymbol{D}$$

根据矢量恒等式$\nabla \cdot (\nabla \times \boldsymbol{H}) \equiv 0$和电流连续性方程$\nabla \cdot \boldsymbol{J} = -\frac{\partial \rho}{\partial t}$可以得到

$$\frac{\partial}{\partial t}\nabla \cdot \boldsymbol{D} = -\nabla \cdot \boldsymbol{J} = \frac{\partial \rho}{\partial t}$$

化简上式，可以得到麦克斯韦方程组的第四个方程，即

$$\nabla \cdot \boldsymbol{D} = \rho$$

可见，麦克斯韦方程组的第四个方程可由第一个方程与电流连续性方程导出。

同理，将第二方程即式(7.3-6)两边取散度，则

$$\nabla \cdot (\nabla \times \boldsymbol{E}) = \nabla \cdot \left(-\frac{\partial \boldsymbol{B}}{\partial t}\right) = -\frac{\partial}{\partial t}(\nabla \cdot \boldsymbol{B})$$

根据矢量恒等式$\nabla \cdot (\nabla \times \boldsymbol{E}) \equiv 0$可以得到

$$\frac{\partial}{\partial t}(\nabla \cdot \boldsymbol{B}) = 0$$

如果某一时刻在空间任一点处$\nabla \cdot \boldsymbol{B} = 0$，则在整个空间区域中任意时刻任意点处处为零，则可以得到麦克斯韦方程组的第三个方程，即

$$\nabla \cdot \boldsymbol{B} = 0$$

总之，麦克斯韦方程组中只有三个方程是独立的，其中第一、二方程是独立的，它们与第三或第四方程可以组成独立方程，另一个方程可由这三个方程得到。由于第一、二方

程是矢量方程，每个方程都可以等价为三个标量方程，第三或第四方程是标量方程，因此，麦克斯韦方程组可以说是由七个独立的标量方程组成的。

7.3.3 麦克斯韦方程组的辅助方程——本构关系

在电磁场理论中，描述场量的参数有四个，即电场强度 $\boldsymbol{E}$、电位移矢量 $\boldsymbol{D}$、磁场强度 $\boldsymbol{H}$ 和磁感应强度 $\boldsymbol{B}$。前述的麦克斯韦方程组没有限定这四个量的相互关系，因此称为麦克斯韦方程组的非限定形式。在麦克斯韦方程组的非限定形式中共有电场强度 $\boldsymbol{E}$、电位移矢量 $\boldsymbol{D}$、磁场强度 $\boldsymbol{H}$、磁感应强度 $\boldsymbol{B}$、电流密度 $\boldsymbol{J}$ 等五个矢量和电荷密度 ρ 这一个标量。由于一个矢量在常用坐标系中可以分解为三个标量，因此麦克斯韦方程组的非限定形式中共有 16 个标量。由麦克斯韦方程组可以建立七个独立的标量方程。为了求解麦克斯韦方程组，还需要另外提供九个独立的标量方程。这九个方程就是对麦克斯韦方程组进行限定的辅助方程，也是描述电磁媒质与场矢量之间关系的本构关系。

一般情况下，表征电磁媒质与场矢量之间关系的本构关系为

$$\begin{cases} \boldsymbol{D} = \varepsilon_0 \boldsymbol{E} + \boldsymbol{P} \\ \boldsymbol{B} = \mu_0 (\boldsymbol{H} + \boldsymbol{M}) \\ \boldsymbol{J} = \sigma \boldsymbol{E} \end{cases} \tag{7.3-9}$$

对于各向同性的线性媒质(常用，除非特殊说明，今后只讨论此种情况)，式(7.3－9)变为

$$\begin{cases} \boldsymbol{D} = \varepsilon \boldsymbol{E} \\ \boldsymbol{B} = \mu \boldsymbol{H} \\ \boldsymbol{J} = \sigma \boldsymbol{E} \end{cases} \tag{7.3-10}$$

式中，ε、μ、σ 为电磁媒质的介电常数、磁导率和电导率，ε_0、μ_0 表示真空中的介电常数和磁导率，$\boldsymbol{P}$、$\boldsymbol{M}$ 为电磁媒质的极化强度和磁化强度。

将电磁媒质的本构关系代入麦克斯韦方程组中，可以得到仅用电场强度 $\boldsymbol{E}$ 和磁场强度 $\boldsymbol{H}$ 表示的麦克斯韦方程组微分形式，即

$$\begin{cases} \nabla \times \boldsymbol{H} = \sigma \boldsymbol{E} + \varepsilon \dfrac{\partial \boldsymbol{E}}{\partial t} \\ \nabla \times \boldsymbol{E} = -\mu \dfrac{\partial \boldsymbol{H}}{\partial t} \\ \nabla \cdot \boldsymbol{H} = 0 \\ \nabla \cdot \boldsymbol{E} = \dfrac{\rho}{\varepsilon} \end{cases} \tag{7.3-11}$$

对应的麦克斯韦方程组积分形式为

$$\begin{cases} \oint_C \boldsymbol{H} \cdot \mathrm{d}\boldsymbol{l} = \int_S \left(\sigma \boldsymbol{E} + \varepsilon \dfrac{\partial \boldsymbol{E}}{\partial t} \right) \cdot \mathrm{d}\boldsymbol{S} \\ \oint_C \boldsymbol{E} \cdot \mathrm{d}\boldsymbol{l} = -\int_S \mu \dfrac{\partial \boldsymbol{H}}{\partial t} \cdot \mathrm{d}\boldsymbol{S} \\ \oint_S \boldsymbol{H} \cdot \mathrm{d}\boldsymbol{S} = 0 \\ \oint_S \boldsymbol{E} \cdot \mathrm{d}\boldsymbol{S} = \dfrac{1}{\varepsilon} \int_V \rho \mathrm{d}V \end{cases} \tag{7.3-12}$$

式(7.3－11)和式(7.3－12)称为麦克斯韦方程组的限定形式，它适用于线性、均匀和各向同性的电磁媒质。

7.3.4 洛伦兹力

静止电荷可以激发电场，电荷运动形成的电流可以激发磁场，因此可以说电荷激发电磁场。而存在的电磁场反过来又会对电荷产生作用力(电场力和磁场力)。当空间同时存在电场和磁场时，以速度 v 运动的点电荷 q 所受的电磁场力 $\boldsymbol{F}$ 为

$$\boldsymbol{F} = q\boldsymbol{E} + q\boldsymbol{v} \times \boldsymbol{B} \tag{7.3-13}$$

式中，右边第一项为点电荷 q 所受的电场力，右边第二项为点电荷 q 所受的磁场力。

当电荷以密度 ρ 连续分布时，电荷系统所受的电磁场力的密度 $\boldsymbol{f}$ 为

$$\boldsymbol{f} = \rho\boldsymbol{E} + \rho\boldsymbol{v} \times \boldsymbol{B} \tag{7.3-14}$$

式(7.3－13)和式(7.3－14)称为洛伦兹力公式。近代物理学实验证实，任意运动的带电粒子所受的电磁场力都满足洛伦兹力公式。麦克斯韦方程组和洛伦兹力公式反映了电磁场的运动规律以及场与带电物质之间的相互作用，构成了经典电磁理论的基础。

7.3.5 麦克斯韦方程组的讨论

在离开辐射源(如天线)的无源空间中，电荷密度和电流密度矢量为零，电场和磁场仍然可以相互激发。在无源空间中，麦克斯韦方程组的两个旋度方程为

$$\begin{cases} \nabla \times \boldsymbol{H} = \dfrac{\partial \boldsymbol{D}}{\partial t} \\ \nabla \times \boldsymbol{E} = -\dfrac{\partial \boldsymbol{B}}{\partial t} \end{cases} \tag{7.3-15}$$

从式(7.3－15)可见，这两个方程左边物理量为磁(或电)，而右边物理量则为电(或磁)。两个方程的右边相差一个负号，而正是这个负号使得电场和磁场构成一个相互激励又相互制约的关系。当磁场减小时，电场的漩涡源为正，电场将增大；而当电场增大时，使磁场增大，磁场增大反过来又使电场减小。这就使得电场和磁场相互激发，电场线与磁场线相互交链，自行闭合，时变电场的方向与时变磁场的方向处处相互垂直，从而在空间形成电磁振荡并传播，即在空间形成传播的电磁波。也就是说，方程(7.3－15)中间的等号深刻揭示了电与磁的相互转化、相互依赖、相互对立，共存于统一的电磁波中。正是由于电不断转换为磁，而磁又不断转成为电，才会发生电与磁能量的交换和贮存。

从式(7.3－15)两边运算来看，它反映的是一种作用。方程的左边是空间的运算(旋度)，方程的右边是时间的运算(导数)，中间用等号相连接。它深刻揭示了电(或磁)场任一地点的变化会转化成磁(或电)场时间的变化；反过来，场的时间变化也会转化成空间(地点)的变化。正是这种空间和时间的相互变化构成了波动的外在形式，即一个地点出现过的事物，过了一段时间又会在另一地点出现。

在麦克斯韦方程(7.3－5)和(7.3－6)中还存在另一对矛盾对抗，即式(7.3－5)右边有传导电流密度和电位移矢量随时间变化两项，而式(7.3－6)右边只有磁感应强度随时间变化这一项，这就构成了麦克斯韦方程本质的不对称性。尽管人们为了找其对称性而一直在探索磁流的存在，但到目前为止始终未果。

在静态场中，电场和磁场都不随时间变化，即$\frac{\partial \boldsymbol{D}}{\partial t}=0$，$\frac{\partial \boldsymbol{B}}{\partial t}=0$，将此条件代入时变情况下的麦克斯韦方程组后可以得到

静电场：
$$\begin{cases}\oint_C \boldsymbol{E}\cdot \mathrm{d}\boldsymbol{l}=0\\ \oint_S \boldsymbol{D}\cdot \mathrm{d}\boldsymbol{S}=\int_V \rho \mathrm{d}V\end{cases} \quad 和 \quad \begin{cases}\nabla\times\boldsymbol{E}=0\\ \nabla\cdot\boldsymbol{D}=\rho\end{cases}$$

静磁场：
$$\begin{cases}\oint_C \boldsymbol{H}\cdot \mathrm{d}\boldsymbol{l}=\int_S \boldsymbol{J}\cdot \mathrm{d}\boldsymbol{S}\\ \oint_S \boldsymbol{B}\cdot \mathrm{d}\boldsymbol{S}=0\end{cases} \quad 和 \quad \begin{cases}\nabla\times\boldsymbol{H}=\boldsymbol{J}\\ \nabla\cdot\boldsymbol{B}=0\end{cases}$$

这正是静态场的基本方程，电场与磁场不再相关，彼此独立。可见麦克斯韦方程组不仅适用于时变场，也同样适用于静态场。

麦克斯韦方程组是电磁场的基本方程，其在电磁学中的地位等同于力学中的牛顿定律。爱因斯坦(1879—1955年)在他所著的《物理学演变》一书中有一段关于麦克斯韦方程的评述："这个方程的提出是牛顿时代以来物理学上的一个重要事件，它是关于场的定量数学描述，方程所包含的意义比我们指出的要丰富得多。在简单的形式下隐藏着深奥的内容，这些内容只有仔细地研究才能显示出来，方程是表示场的结构的定律。它不像牛顿定律那样，把此处发生的事件与彼处的条件联系起来，而是把此处的现在的场只与最邻近的刚过去的场发生联系。假使我们已知此处的现在所发生的事件，借助这些方程便可预测在空间稍为远一些，在时间上稍为迟一些所发生的事件。"

麦克斯韦方程除了对于科学技术的发展具有重大意义外，对于人类历史的进程也起了重要作用。正如美国著名的物理学家费恩曼在他所著的"费恩曼物理学讲义"中写道："从人类历史的漫长远景来看，即使过一万年之后回头来看，毫无疑问，在19世纪中发生的最有意义的事件将判定是麦克斯韦对于电磁定律的发现，与这一重大科学事件相比之下，同一个十年中发生的美国内战(1861—1865年)将会降低为一个地区性琐事而黯然失色。"

7.4　时变电磁场的边界条件

适合静态场的各种边界条件原则上可以直接推广到时变电磁场。时变电磁场中媒质分界面上的边界条件的推导方式与静态场推导方法类同。研究时变电磁场的边界条件出发点是麦克斯韦方程。由于媒质分界面两边的媒质特性不同导致某些场分量发生突变，使得麦克斯韦方程的微分形式失去意义，因此只能应用麦克斯韦方程积分形式来推导。

为了使导出的边界条件不受所采用的坐标系限制，将场矢量在分界面上分解为垂直分界面的法向场矢量和平行于分界面的切向场矢量两部分。从时变电磁场方程中可见，电位移矢量和磁感应强度的通量垂直于分界面，由它可导出这两场矢量在分界面上法向方向的边界条件；电场强度和磁场强度的环量平行于分界面，由它可导出这两场矢量在分界面上切向方向的边界条件。

7.4.1　时变电磁场的法向边界条件

时变电磁场的法向边界条件由时变场的麦克斯韦方程的第三、四个方程推导得到。由

于这两个方程与静态场的相对应方程形式上完全一样，因此得到的法向方向上的边界条件形式完全一样。它们的差别只是这里的电位移矢量与磁感应强度表示的是时变矢量，而静态场中的相应矢量表示的是稳态场矢量(不随时间变化)，因此这里可直接写出时变电磁场的法向分量边界条件，即

$$(\boldsymbol{D}_1-\boldsymbol{D}_2)\cdot\boldsymbol{e}_n=\rho_S \quad 或 \quad \boldsymbol{D}_{1n}-\boldsymbol{D}_{2n}=\rho_S \tag{7.4-1}$$

和

$$(\boldsymbol{B}_1-\boldsymbol{B}_2)\cdot\boldsymbol{e}_n=0 \quad 或 \quad \boldsymbol{B}_{1n}-\boldsymbol{B}_{2n}=0 \tag{7.4-2}$$

式中，$\boldsymbol{D}_{1n}$、$\boldsymbol{D}_{2n}$分别表示介质 1 与介质 2 中在分界面法向方向的电位移分量，$\boldsymbol{B}_{1n}$、$\boldsymbol{B}_{2n}$分别表示介质 1 与介质 2 中在分界面法向方向的磁感应强度分量。

式(7.4-1)称为电位移矢量的边界条件。它表明，当分界面上有自由电荷存在时，电位移矢量的法向分量不连续而产生突变，其突变量等于分界面上的自由面电荷密度。

式(7.4-2)称为磁感应强度的边界条件。它表明，磁感应强度的法向分量在边界两边连续。

如果分界面上的自由面电荷密度为 0，则电位移矢量的边界条件变为

$$(\boldsymbol{D}_1-\boldsymbol{D}_2)\cdot\boldsymbol{e}_n=0 \quad 或 \quad \boldsymbol{D}_{1n}-\boldsymbol{D}_{2n}=0 \tag{7.4-3}$$

这表明，分界面上无自由面电荷时，电位移矢量的法向分量连续，不发生突变。

7.4.2 时变电磁场的切向边界条件

时变电磁场的切向边界条件由时变场的麦克斯韦方程的第一、二个方程推导得到。这两个方程与静态场的相对应方程形式上相似，只是第一个方程的右边为全电流，比静电场对应方程多了位移电流$\int_S \frac{\partial \boldsymbol{D}}{\partial t}\cdot d\boldsymbol{S}$；第二个方程的右边比静电场对应方程多了一项感应电动势$-\int_S \frac{\partial \boldsymbol{B}}{\partial t}\cdot d\boldsymbol{S}$。其余形式上则完全一样。

由于电位移矢量随时间的变化$\frac{\partial \boldsymbol{D}}{\partial t}$以及磁感应强度随时间的变化$\frac{\partial \boldsymbol{B}}{\partial t}$均为有限值，因此在分界面相邻两边 Δl 有

$$\lim_{\Delta l\to 0}\int_S \frac{\partial \boldsymbol{D}}{\partial t}\cdot d\boldsymbol{S}=0 \tag{7.4-4}$$

$$\lim_{\Delta l\to 0}\int_S \frac{\partial \boldsymbol{B}}{\partial t}\cdot d\boldsymbol{S}=0 \tag{7.4-5}$$

这样，时变场的麦克斯韦方程的第一、二个方程就变得与静态场的相对应方程形式上完全相同，只是电场强度与磁场强度表达的意义不同。因此，这两个场矢量的边界条件完全等同于静态场的边界条件，于是这里可直接写出时变电磁场的切向分量边界条件，即

$$\boldsymbol{e}_n\times(\boldsymbol{H}_1-\boldsymbol{H}_2)=\boldsymbol{J}_S \quad 或 \quad \boldsymbol{H}_{1t}-\boldsymbol{H}_{2t}=\boldsymbol{J}_S \tag{7.4-6}$$

和

$$\boldsymbol{e}_n\times(\boldsymbol{E}_1-\boldsymbol{E}_2)=0 \quad 或 \quad \boldsymbol{E}_{1t}=\boldsymbol{E}_{2t} \tag{7.4-7}$$

式中，$\boldsymbol{H}_{1t}$、$\boldsymbol{H}_{2t}$分别表示介质 1 与介质 2 中在分界面切向方向的磁场强度，$\boldsymbol{E}_{1t}$、$\boldsymbol{E}_{2t}$分别表示介质 1 与介质 2 中在分界面切向方向的电场强度。

式(7.4-6)称为磁场强度的边界条件。它表明，当分界面上有自由面电流存在时，磁

场强度切向分量不连续且产生突变，其突变量等于分界面上的面电流密度。

式(7.4-7)称为电场强度的边界条件。它表明分界面上电场强度的切向分量连续。

如果分界面上的面电流密度为0，则磁场强度的边界条件变为

$$\boldsymbol{e}_{\mathrm{n}} \times (\boldsymbol{H}_1 - \boldsymbol{H}_2) = 0 \quad 或 \quad \boldsymbol{H}_{1\mathrm{t}} - \boldsymbol{H}_{2\mathrm{t}} = 0 \tag{7.4-8}$$

表明分界面上无面电流时，磁场强度的切向分量连续，不发生突变。

7.4.3 典型情况下的边界条件

同静态场一样，如果一个介质(假设介质2)是理想导体，则其边界条件为

$$\begin{cases} \boldsymbol{e}_{\mathrm{n}} \times \boldsymbol{H}_1 = \boldsymbol{J}_{\mathrm{S}} \\ \boldsymbol{e}_{\mathrm{n}} \times \boldsymbol{E}_1 = 0 \\ \boldsymbol{e}_{\mathrm{n}} \cdot \boldsymbol{B}_1 = 0 \\ \boldsymbol{e}_{\mathrm{n}} \cdot \boldsymbol{D}_1 = \rho_{\mathrm{S}} \end{cases} \quad 或 \quad \begin{cases} \boldsymbol{H}_{1\mathrm{t}} = \boldsymbol{J}_{\mathrm{S}} \\ \boldsymbol{E}_{1\mathrm{t}} = 0 \\ \boldsymbol{B}_{1\mathrm{n}} = 0 \\ \boldsymbol{D}_{1\mathrm{n}} = \rho_{\mathrm{S}} \end{cases} \tag{7.4-9}$$

表明电力线垂直于理想导体表面，磁力线平行于理想导体表面。

如果两个媒质都是理想介质，即 $\rho_{\mathrm{S}}=0$，$\boldsymbol{J}_{\mathrm{S}}=0$，则其边界条件为

$$\begin{cases} \boldsymbol{e}_{\mathrm{n}} \times (\boldsymbol{H}_1 - \boldsymbol{H}_2) = 0 \\ \boldsymbol{e}_{\mathrm{n}} \times (\boldsymbol{E}_1 - \boldsymbol{E}_2) = 0 \\ \boldsymbol{e}_{\mathrm{n}} \cdot (\boldsymbol{B}_1 - \boldsymbol{B}_2) = 0 \\ \boldsymbol{e}_{\mathrm{n}} \cdot (\boldsymbol{D}_1 - \boldsymbol{D}_2) = 0 \end{cases} \quad 或 \quad \begin{cases} \boldsymbol{H}_{1\mathrm{t}} - \boldsymbol{H}_{2\mathrm{t}} = 0 \\ \boldsymbol{E}_{1\mathrm{t}} - \boldsymbol{E}_{2\mathrm{t}} = 0 \\ \boldsymbol{B}_{1\mathrm{n}} - \boldsymbol{B}_{2\mathrm{n}} = 0 \\ \boldsymbol{D}_{1\mathrm{n}} - \boldsymbol{D}_{2\mathrm{n}} = 0 \end{cases} \tag{7.4-10}$$

表明在两理想介质分界面上，电场强度和磁场强度的切向分量连续，电位移矢量和磁感应强度的法向分量连续。

对电磁场的边界条件进行总结后可以得出结论：时变电磁场的边界条件与静态场的边界条件完全相同。

(1) 在两种媒质分界面上，如果存在面电流，则磁场强度的切向分量不连续，两磁场强度切向分量之差等于面电流密度；如果不存在面电流，则磁场强度的切向分量连续。

(2) 在两种媒质分界面上，电场强度的切向分量连续。

(3) 在两种媒质分界面上，磁感应强度的法向分量连续。

(4) 在两种媒质分界面上，如果存在自由面电荷，则电位移矢量的法向分量不连续，两电位移矢量法向分量之差等于面电荷密度；如果不存在面电荷，则电位移矢量的法向分量连续。

【例题7-4】 假设在分界面 xOy 平面的上方($z>0$)和下方($z<0$)有两个区域。在 $z>0$ 的区域中的电磁参数 $\varepsilon_1=\varepsilon_0$，$\mu_1=\mu_0$，$\sigma_1=0$，在 $z<0$ 区域中的电磁参数 $\varepsilon_2=5\varepsilon_0$，$\mu_2=20\mu_0$，$\sigma_2=0$。$z>0$ 的区域中的电场强度为 $\boldsymbol{E}_1=\boldsymbol{e}_x[60\cos(\omega t-5z)+20\cos(\omega t+5z)]$ (V/m)，$z<0$ 的区域中的电场强度为 $\boldsymbol{E}_2=\boldsymbol{e}_x A\cos(\omega t-50z)$ (V/m)。(1) 求常数 A；(2) 求磁场强度 $\boldsymbol{H}_1$ 和 $\boldsymbol{H}_2$；(3) 证明在 $z=0$ 处 $\boldsymbol{H}_1$ 和 $\boldsymbol{H}_2$ 满足边界条件。

解 (1) 根据边界条件，在分界面上电场强度的切线分量连续，即 $E_{1\mathrm{t}}=E_{2\mathrm{t}}$。由于分界面的切线方向为 x、y 方向，而两区域中的电场强度都只有 x 分量(切线分量)，因此在分界面 $z=0$ 处有

$$60\cos(\omega t)+20\cos(\omega t)=A\cos(\omega t)$$

从而可以得到 $A=80$。

(2) 根据麦克斯韦方程第二式$\nabla\times\boldsymbol{E}=-\dfrac{\partial \boldsymbol{B}}{\partial t}$和本构关系$\boldsymbol{B}=\mu\boldsymbol{H}$可以得到

$$\frac{\partial \boldsymbol{H}}{\partial t}=-\frac{1}{\mu}\nabla\times\boldsymbol{E}=-\frac{1}{\mu}\begin{vmatrix}\boldsymbol{e}_x & \boldsymbol{e}_y & \boldsymbol{e}_z\\ \dfrac{\partial}{\partial x} & \dfrac{\partial}{\partial y} & \dfrac{\partial}{\partial z}\\ A_x & 0 & 0\end{vmatrix}=-\frac{1}{\mu}\boldsymbol{e}_y\frac{\partial A_x}{\partial z}+\frac{1}{\mu}\boldsymbol{e}_z\frac{\partial A_x}{\partial y}$$

由于

$$\begin{cases}A_{x1}=60\cos(\omega t-5z)+20\cos(\omega t+5z)\\ A_{x2}=80\cos(\omega t-50z)\end{cases}$$

因此

$$\begin{cases}\dfrac{\partial A_{x1}}{\partial z}=300\sin(\omega t-5z)-100\sin(\omega t+5z)\\ \dfrac{\partial A_{x1}}{\partial y}=0\end{cases}$$

$$\begin{cases}\dfrac{\partial A_{x2}}{\partial z}=4000\sin(\omega t-50z)\\ \dfrac{\partial A_{x2}}{\partial y}=0\end{cases}$$

从而可求得

$$\frac{\partial \boldsymbol{H}_1}{\partial t}=-\frac{1}{\mu_0}\boldsymbol{e}_y[300\sin(\omega t-5z)-100\sin(\omega t+5z)]$$

$$\frac{\partial \boldsymbol{H}_2}{\partial t}==-\frac{1}{20\mu_0}\boldsymbol{e}_y4000\sin(\omega t-50z)$$

这样，有

$$\boldsymbol{H}_1=\frac{1}{\omega\mu_0}\boldsymbol{e}_y[300\cos(\omega t-5z)-100\cos(\omega t+5z)]$$

$$\boldsymbol{H}_2=\frac{1}{20\omega\mu_0}\boldsymbol{e}_y[4000\cos(\omega t-50z)]$$

(3) 在分界面上，将 $z=0$ 代入 $\boldsymbol{H}_1$ 和 $\boldsymbol{H}_2$ 中，则有

$$\boldsymbol{H}_1=\frac{1}{\omega\mu_0}\boldsymbol{e}_y[200\cos\omega t]$$

$$\boldsymbol{H}_2=\frac{1}{\omega\mu_0}\boldsymbol{e}_y[200\cos\omega t]$$

可见，由于分界面两边的介质为理想介质，其分界面上没有面电流存在，因此分界面两边的磁场强度的切向分量 $\boldsymbol{e}_y$ 相等，即 $\boldsymbol{H}_1=\boldsymbol{H}_2$。

7.5　场量与位函数的波动方程

麦克斯韦方程是一阶矢量微分方程组，描述电场与磁场间的相互作用关系。时变电磁场中，电场与磁场相互激励，在空间形成电磁波。时变电磁场的能量以电磁波的形式进行传播，说明电磁场具有波动性。描述电磁场的波动性需要利用电磁场的波动方程。波动方程是二阶矢量微分方程，揭示了电磁场的波动性。同静态场中引入位函数一样，为了使复

杂的问题求解得到简化，在时变电磁场中也需引入位函数。

7.5.1　场量波动方程

电磁场的波动方程表明了时变电磁场的运动规律，可通过麦克斯韦方程来建立。针对常用的条件或环境，这里给出建立无源空间的波动方程的一般方法。

在无源空间（$\rho=0$，$\boldsymbol{J}=0$）中，设媒质是线性、各向同性且无损耗的均匀媒质，则只用电场强度 $\boldsymbol{E}$ 和磁场强度 $\boldsymbol{H}$ 两个矢量场来描述的麦克斯韦方程微分形式为

$$\begin{cases}\nabla\times\boldsymbol{H}=\varepsilon\dfrac{\partial\boldsymbol{E}}{\partial t}\\[2mm]\nabla\times\boldsymbol{E}=-\mu\dfrac{\partial\boldsymbol{H}}{\partial t}\\[2mm]\nabla\cdot\boldsymbol{H}=0\\\nabla\cdot\boldsymbol{E}=0\end{cases}\tag{7.5-1}$$

将式(7.5-1)的第二个方程两边取旋度，则有

$$\nabla\times\nabla\times\boldsymbol{E}=\nabla\times\left(-\mu\frac{\partial\boldsymbol{H}}{\partial t}\right)=-\mu\frac{\partial}{\partial t}(\nabla\times\boldsymbol{H})$$

将式(7.5-1)的第一个方程代入上式，有

$$\nabla\times\nabla\times\boldsymbol{E}=-\varepsilon\mu\frac{\partial^2\boldsymbol{E}}{\partial t^2}$$

利用矢量等式$\nabla\times\nabla\times\boldsymbol{E}=\nabla(\nabla\cdot\boldsymbol{E})-\nabla^2\boldsymbol{E}$以及式(7.5-1)的第四个方程，上式可变为

$$\nabla\times\nabla\times\boldsymbol{E}=\nabla(\nabla\cdot\boldsymbol{E})-\nabla^2\boldsymbol{E}=-\nabla^2\boldsymbol{E}=-\varepsilon\mu\frac{\partial^2\boldsymbol{E}}{\partial t^2}$$

即

$$\nabla^2\boldsymbol{E}-\varepsilon\mu\frac{\partial^2\boldsymbol{E}}{\partial t^2}=0\tag{7.5-2}$$

式(7.5-2)为无源区中电场强度矢量 $\boldsymbol{E}$ 满足的齐次波动方程，∇^2为矢量拉普拉斯算符。

类似地，可以得到无源区中磁场强度矢量 $\boldsymbol{H}$ 满足的齐次波动方程，即

$$\nabla^2\boldsymbol{H}-\varepsilon\mu\frac{\partial^2\boldsymbol{H}}{\partial t^2}=0\tag{7.5-3}$$

这样，无源区中的电场强度 $\boldsymbol{E}$ 和磁场强度 $\boldsymbol{H}$ 可以通过解式(7.5-2)和式(7.5-3)的波动方程获得。当然，在求解这两个波动方程时，可以直接求解矢量方程，但这种方法在实际运算中较为复杂或困难，因此一般是将矢量方程转变为标量方程来进行求解的。

在直角坐标系中，由于电场强度 $\boldsymbol{E}$ 可以分解为三个标量，即 $\boldsymbol{E}=\boldsymbol{e}_xE_x+\boldsymbol{e}_yE_y+\boldsymbol{e}_zE_z$，因此可将其矢量波动方程转变为三个标量波动方程，即

$$\begin{cases}\dfrac{\partial^2E_x}{\partial x^2}+\dfrac{\partial^2E_x}{\partial y^2}+\dfrac{\partial^2E_x}{\partial z^2}-\varepsilon\mu\dfrac{\partial^2E_x}{\partial t^2}=0\\[2mm]\dfrac{\partial^2E_y}{\partial x^2}+\dfrac{\partial^2E_y}{\partial y^2}+\dfrac{\partial^2E_y}{\partial z^2}-\varepsilon\mu\dfrac{\partial^2E_y}{\partial t^2}=0\\[2mm]\dfrac{\partial^2E_z}{\partial x^2}+\dfrac{\partial^2E_z}{\partial y^2}+\dfrac{\partial^2E_z}{\partial z^2}-\varepsilon\mu\dfrac{\partial^2E_z}{\partial t^2}=0\end{cases}$$

同理，磁场强度 $\boldsymbol{H}$ 的矢量波动方程也可以转变为相应的三个标量波动方程，即

$$\begin{cases}\dfrac{\partial^2 H_x}{\partial x^2}+\dfrac{\partial^2 H_x}{\partial y^2}+\dfrac{\partial^2 H_x}{\partial z^2}-\varepsilon\mu\dfrac{\partial^2 H_x}{\partial t^2}=0\\ \dfrac{\partial^2 H_y}{\partial x^2}+\dfrac{\partial^2 H_y}{\partial y^2}+\dfrac{\partial^2 H_y}{\partial z^2}-\varepsilon\mu\dfrac{\partial^2 H_y}{\partial t^2}=0\\ \dfrac{\partial^2 H_z}{\partial x^2}+\dfrac{\partial^2 H_z}{\partial y^2}+\dfrac{\partial^2 H_z}{\partial z^2}-\varepsilon\mu\dfrac{\partial^2 H_z}{\partial t^2}=0\end{cases}$$

当然，也可将矢量波动方程转换为其它坐标系下的标量波动方程，但是转换的结果形式非常复杂。波动方程的解是在空间中沿某一特定方向传播的电磁波。事实上，电磁波的传播问题都可归结为给定边界条件和初始条件下解波动方程。

式(7.5－2)和式(7.5－3)是无源理想介质中的波动方程。如果媒质是线性、各向同性的均匀导电媒质，则其波动方程又如何呢？

我们知道，在线性、各向同性的均匀导电媒质中，麦克斯韦方程(7.5－1)中的第一个方程右边应加上电流密度 $\boldsymbol{J}=\sigma\boldsymbol{E}$(它是导电媒质中的传导电流密度)，即 $\nabla\times\boldsymbol{H}=\varepsilon\dfrac{\partial\boldsymbol{E}}{\partial t}+\sigma\boldsymbol{E}$，其它三个方程则不变。同无源理想介质空间推导波动方程一样，将式(7.5－1)的第二个方程两边取旋度后，再将 $\nabla\times\boldsymbol{H}=\varepsilon\dfrac{\partial\boldsymbol{E}}{\partial t}+\sigma\boldsymbol{E}$ 代入，则有

$$\nabla\times\nabla\times\boldsymbol{E}=-\mu\frac{\partial}{\partial t}(\nabla\times\boldsymbol{H})=-\varepsilon\mu\frac{\partial^2\boldsymbol{E}}{\partial t^2}-\mu\sigma\frac{\partial\boldsymbol{E}}{\partial t}$$

利用矢量等式 $\nabla\times\nabla\times\boldsymbol{E}=\nabla(\nabla\cdot\boldsymbol{E})-\nabla^2\boldsymbol{E}$ 以及式(7.5－1)的第四个方程，则可得到

$$\nabla^2\boldsymbol{E}-\mu\sigma\frac{\partial\boldsymbol{E}}{\partial t}-\varepsilon\mu\frac{\partial^2\boldsymbol{E}}{\partial t^2}=0 \tag{7.5-4}$$

式(7.5－4)即为导电媒质中电场强度矢量 $\boldsymbol{E}$ 满足的波动方程。

类似地，可以得到导电媒质中磁场强度矢量 $\boldsymbol{H}$ 满足的波动方程，即

$$\nabla^2\boldsymbol{H}-\mu\sigma\frac{\partial\boldsymbol{H}}{\partial t}-\varepsilon\mu\frac{\partial^2\boldsymbol{H}}{\partial t^2}=0 \tag{7.5-5}$$

这样，导电媒质中的电场强度 $\boldsymbol{E}$ 和磁场强度 $\boldsymbol{H}$ 可以通过解式(7.5－4)和式(7.5－5)的波动方程获得。同解无源区矢量波动方程一样，导电媒质中矢量方程也可以变换为标量波动方程进行求解，只是它要相对复杂一些。

式(7.5－2)和式(7.5－3)是无源理想介质空间中的波动方程，式(7.5－4)和式(7.5－5)是导电媒质中的波动方程。思考一下，如果在有源空间中，其波动方程是怎样的形式呢？这里只给出结果，有兴趣的读者可以自行证明。

在有源、导电媒质中($\rho\neq0$，$\boldsymbol{J}\neq0$)，电场强度 $\boldsymbol{E}$ 和磁场强度 $\boldsymbol{H}$ 满足的矢量波动方程为

$$\begin{cases}\nabla^2\boldsymbol{E}-\varepsilon\mu\dfrac{\partial^2\boldsymbol{E}}{\partial t^2}=\mu\dfrac{\partial\boldsymbol{J}}{\partial t}+\dfrac{\nabla\rho}{\varepsilon}\\ \nabla^2\boldsymbol{H}-\varepsilon\mu\dfrac{\partial^2\boldsymbol{H}}{\partial t^2}=-\nabla\times\boldsymbol{J}\end{cases} \tag{7.5-6}$$

式(7.5－6)称为有源区的非齐次矢量波动方程。

7.5.2　位函数波动方程

为了使对静电场、静磁场问题的分析和求解得以简化，在静电场中引入了电位函数，

在静磁场中引入了矢量磁位和标量磁位辅助函数。类似地，在时变电磁场中也可以引入位函数来使得电磁场问题的分析和求解得以简化，这里引入了矢量位和标量位这一辅助函数。

1. 矢量位函数与标量位函数

在麦克斯韦方程组中，$\nabla \cdot \boldsymbol{B}=0$，根据矢量恒等式$\nabla \cdot \nabla \times \boldsymbol{A} \equiv 0$，可令

$$\boldsymbol{B}=\nabla \times \boldsymbol{A} \tag{7.5-7}$$

式中，$\boldsymbol{A}$称为电磁场的矢量位函数，简称矢量位，单位为T·m(特斯拉·米)。

将式(7.5-7)代入无源区麦克斯韦方程组的第二个方程$\nabla \times \boldsymbol{E}=-\dfrac{\partial \boldsymbol{B}}{\partial t}$中可得

$$\nabla \times \boldsymbol{E}=-\frac{\partial}{\partial t}(\nabla \times \boldsymbol{A}) \quad 即 \quad \nabla \times\left(\boldsymbol{E}+\frac{\partial \boldsymbol{A}}{\partial t}\right)=0$$

根据矢量恒等式$\nabla \times(\nabla \varphi) \equiv 0$，可令

$$\boldsymbol{E}+\frac{\partial \boldsymbol{A}}{\partial t}=-\nabla \varphi \tag{7.5-8}$$

式中，φ称为电磁场的标量位函数，简称标量位，单位为V(伏)。

这样，用位函数(矢量位和标量位)表示的电场强度为

$$\boldsymbol{E}=-\frac{\partial \boldsymbol{A}}{\partial t}-\nabla \varphi \tag{7.5-9}$$

注意，这里的矢量位$\boldsymbol{A}$及标量位φ均是时间及空间函数，故也称为动态位。当它们与时间无关时，矢量位$\boldsymbol{A}$及标量位φ与场量的关系和静态场完全相同。矢量位$\boldsymbol{A}$及标量位φ相互联系，结合在一起才能确定电磁场。在时变场中如果求得矢量位$\boldsymbol{A}$及标量位φ，就可以通过位函数求得电场强度$\boldsymbol{E}$和磁感应强度$\boldsymbol{B}$，进而利用本构关系求得电位移矢量$\boldsymbol{D}$和磁场强度$\boldsymbol{H}$。

2. 洛伦兹规范

从引入位函数的过程看，对矢量位$\boldsymbol{A}$只是规定其旋度，而没有规定其散度。根据亥姆霍兹定理，由式(7.5-7)得到的式(7.5-8)和式(7.5-9)的矢量位$\boldsymbol{A}$不是唯一的。

假设矢量位$\boldsymbol{A}'=\boldsymbol{A}+\nabla \phi$，标量位$\varphi'=\varphi-\dfrac{\partial \phi}{\partial t}$，$\phi$为任意可微标量函数，则根据式(7.5-9)有$\boldsymbol{E}'=-\dfrac{\partial \boldsymbol{A}'}{\partial t}-\nabla \varphi'=-\dfrac{\partial(\boldsymbol{A}+\nabla \phi)}{\partial t}-\nabla\left(\varphi-\dfrac{\partial \phi}{\partial t}\right)$。利用矢量恒等式$\nabla \times(\nabla \phi) \equiv 0$可得

$$\nabla \times \boldsymbol{A}'=\nabla \times(\boldsymbol{A}+\nabla \phi)=\nabla \times \boldsymbol{A}+\nabla \times(\nabla \phi)=\nabla \times \boldsymbol{A}$$

$$-\frac{\partial \boldsymbol{A}'}{\partial t}-\nabla \varphi'=-\frac{\partial}{\partial t}(\boldsymbol{A}+\nabla \phi)-\nabla\left(\varphi-\frac{\partial \phi}{\partial t}\right)=-\frac{\partial \boldsymbol{A}}{\partial t}-\nabla \varphi=\boldsymbol{E}$$

由于ϕ为任意可取值，因此位函数$(\boldsymbol{A}', \varphi')$能有无穷多组。也就是说对一给定的电磁场可用不同的位函数来描述，这是未规定矢量位$\boldsymbol{A}$的散度所致。

为了使引入的位函数$\boldsymbol{A}$、φ能够唯一，必须对矢量位$\boldsymbol{A}$加一散度条件(称为规范)。在电磁理论中，通常采用洛伦兹规范(也称为洛伦兹条件)来规范矢量位$\boldsymbol{A}$的散度，即

$$\nabla \cdot \boldsymbol{A}=-\varepsilon \mu \frac{\partial \varphi}{\partial t} \tag{7.5-10}$$

这样，通过式(7.5-7)、式(7.5-8)和式(7.5-10)可以唯一确定电磁场的场量。如果标量位函数不随时间变化，则式(7.5-10)就变为库仑规范，正好与静态场的情况相同。

3. 达朗贝尔方程

我们知道，电磁场的场量满足波动方程，那么，引入的位函数也必定满足波动方程。在线性、各向同性的均匀媒质中，将本构关系 $\boldsymbol{D}=\varepsilon\boldsymbol{E}$ 和 $\boldsymbol{B}=\mu\boldsymbol{H}$ 代入麦克斯韦方程组中的第一个方程 $\nabla\times\boldsymbol{H}=\boldsymbol{J}+\varepsilon\dfrac{\partial\boldsymbol{E}}{\partial t}$，可以得到

$$\nabla\times\boldsymbol{B}=\mu\boldsymbol{J}+\varepsilon\mu\frac{\partial\boldsymbol{E}}{\partial t}\tag{7.5-11}$$

再将 $\boldsymbol{B}=\nabla\times\boldsymbol{A}$ 和 $\boldsymbol{E}=-\dfrac{\partial\boldsymbol{A}}{\partial t}-\nabla\varphi$ 代入式(7.5-11)，则有

$$\nabla\times\nabla\times\boldsymbol{A}=\mu\boldsymbol{J}-\varepsilon\mu\frac{\partial^2\boldsymbol{A}}{\partial t^2}-\varepsilon\mu\nabla\left(\frac{\partial\varphi}{\partial t}\right)\tag{7.5-12}$$

利用矢量等式 $\nabla\times\nabla\times\boldsymbol{A}=\nabla(\nabla\cdot\boldsymbol{A})-\nabla^2\boldsymbol{A}$ 可以得到

$$\nabla^2\boldsymbol{A}-\varepsilon\mu\frac{\partial^2\boldsymbol{A}}{\partial t^2}=-\mu\boldsymbol{J}+\nabla\left(\nabla\cdot\boldsymbol{A}+\varepsilon\mu\frac{\partial\varphi}{\partial t}\right)\tag{7.5-13}$$

将洛伦兹规范 $\nabla\cdot\boldsymbol{A}=-\varepsilon\mu\dfrac{\partial\varphi}{\partial t}$ 代入上式，可得

$$\nabla^2\boldsymbol{A}-\varepsilon\mu\frac{\partial^2\boldsymbol{A}}{\partial t^2}=-\mu\boldsymbol{J}\tag{7.5-14}$$

式(7.5-14)称为在洛伦兹规范下矢量位 $\boldsymbol{A}$ 满足的微分方程。

同理，将 $\boldsymbol{D}=\varepsilon\boldsymbol{E}$、$\boldsymbol{E}=-\dfrac{\partial\boldsymbol{A}}{\partial t}-\nabla\varphi$、$\nabla\cdot\boldsymbol{A}=-\varepsilon\mu\dfrac{\partial\varphi}{\partial t}$ 代入麦克斯韦方程组中的第四个方程 $\nabla\cdot\boldsymbol{D}=\rho$，可以得到

$$\nabla^2\varphi-\varepsilon\mu\frac{\partial^2\varphi}{\partial t^2}=-\frac{\rho}{\varepsilon}\tag{7.5-15}$$

式(7.5-15)称为洛伦兹规范下标量位 φ 满足的微分方程。

式(7.5-14)和式(7.5-15)就是电磁场中矢量位和标量位的波动方程，也称为达朗贝尔方程。达朗贝尔方程适用于各向同性、线性的媒质。

洛伦兹规范的特殊性质是使得矢量位 $\boldsymbol{A}$ 及标量位 φ 具有相同形式的微分方程，$\boldsymbol{A}$ 和 φ 完全分开，简化了动态位与场源之间的关系，且比较简单，易求解。应用洛伦兹规范，使得矢量位只取决于自由电流密度 $\boldsymbol{J}$，标量位只取决于自由电荷密度 ρ，这对求解方程特别有利。只需解出矢量位 $\boldsymbol{A}$，无须解出标量位 φ 就可得到待求的电场和磁场。

试想一下，如果应用库仑条件，则位函数满足什么样的方程？具有什么特点？注意，电磁场的位函数只是简化时变电磁场分析求解的一种辅助函数，应用不同的规范条件，矢量位 $\boldsymbol{A}$ 及标量位 φ 的解也不相同，但最终得到的电磁场矢量是相同的。

假如电磁场的场量不随时间变化，达朗贝尔方程就蜕变为泊松方程，即

$$\begin{cases}\nabla^2\boldsymbol{A}=-\mu\boldsymbol{J}\\[2mm]\nabla^2\varphi=-\dfrac{\rho}{\varepsilon}\end{cases}\tag{7.5-16}$$

4. 达朗贝尔方程的解

根据洛伦兹规范下标量位 φ 满足的微分方程(7.5-15)，以位于坐标原点的时变点电荷为例来求解达朗贝尔方程。

除点电荷所在位置外的空间，标量位 φ 满足

$$\nabla^2\varphi-\varepsilon\mu\frac{\partial^2\varphi}{\partial t^2}=0 \tag{7.5-17}$$

取球坐标系(r,θ,ϕ)，根据球的对称性，标量位 φ 只与 r、t 有关，而与 θ、ϕ 无关。这样式(7.5-17)可以简化为

$$\frac{1}{r^2}\frac{\partial}{\partial r}\left(r^2\frac{\partial\varphi}{\partial r}\right)-\varepsilon\mu\frac{\partial^2\varphi}{\partial t^2}=0 \tag{7.5-18}$$

设该方程的解为 $\varphi(r,t)=\dfrac{U(r,t)}{r}$，并令 $v=\dfrac{1}{\sqrt{\varepsilon\mu}}$，称为电磁波的传播速度，则式(7.5-18)变为

$$\frac{\partial^2U(r,t)}{\partial r^2}-\frac{1}{v^2}\frac{\partial^2U(r,t)}{\partial t^2}=0 \tag{7.5-19}$$

式(7.5-19)的通解为

$$\varphi(r,t)=\frac{1}{r}f_1\left(t-\frac{r}{v}\right)+\frac{1}{r}f_2\left(t+\frac{r}{v}\right) \tag{7.5-20}$$

式中，f_1、f_2为具有二阶连续偏导数的函数，其具体形式与点电荷的变化情况及空间媒质情况有关。

分别讨论通解中的两项。对于通解中的第一项 $f_1\left(t-\dfrac{r}{v}\right)$，当时间延后一段后，$t\to t+\Delta t$，由于有传播速度，则距离也产生了变化，$r\to r+v\Delta t$，表示距离沿正 r 方向增加。这样，当时间延后一段后有 $f_1\left(t+\Delta t-\dfrac{r+v\Delta t}{v}\right)$。

由于

$$f_1\left(t+\Delta t-\frac{r+v\Delta t}{v}\right)=f_1\left(t-\frac{r}{v}\right) \tag{7.5-21}$$

因此说明，在一给定时间和位置发生的某一物理现象在下一时间和位置重复发生，且延迟的时间与离开前一位置的距离成比例，$\Delta r=v\Delta t$，这种现象称为波。由于 f_1以有限速度 v 向正 r 方向传播，表示向外辐射出去的波，因此对于空间来讲将此波称为入射波。

对于通解中的第二项 $f_2\left(t+\dfrac{r}{v}\right)$，当时间延后一段后，$t\to t+\Delta t$，同样，距离变为 $r\to r-v\Delta t$，表示距离沿正 r 方向缩短(或沿 $-r$ 方向增加)。这样，当时间延后一段后有 $f_2\left(t+\Delta t+\dfrac{r-v\Delta t}{v}\right)$。

由于

$$f_2\left(t+\Delta t+\frac{r-v\Delta t}{v}\right)=f_2\left(t+\frac{r}{v}\right) \tag{7.5-22}$$

因此说明，在一给定时间和位置发生的某一物理现象在下一时间和位置重复发生，且延迟的时间与离开前一位置的距离成比例，$\Delta r=-v\Delta t$。由于 f_2以有限速度 v 向 $-r$ 方向传播，表示向内汇集来的波，因此称之为反射波。我们知道，在无限大均匀媒质中没有反射波，即 $f_2=0$。

由于一般讨论电磁波的传播问题时，大都关心从发射源到无界空间中的传播，因此这

里只考虑没有反射波，即 $f_2=0$ 的情况。此时，电磁场中的标量位 φ 的通解为

$$\varphi(r,t)=\frac{1}{r}f_1\left(t-\frac{r}{v}\right) \tag{7.5-23}$$

我们知道，位于坐标原点的静止点电荷 q，在静态场的无源空间中的电位函数的解为 $\varphi=\dfrac{q}{4\pi\varepsilon r}$，则时变电磁场的标量位 φ 的解可推论为

$$\varphi(r,t)=\frac{1}{r}f_1\left(t-\frac{r}{v}\right)=\frac{q\left(t-\dfrac{r}{v}\right)}{4\pi\varepsilon r} \tag{7.5-24}$$

如果在一个小区域 V' 内存在连续分布时变电荷，其密度为 $\rho(r',t)$，根据叠加原理，在不含小区域 V' 的空间中的位函数为

$$\varphi(r,t)=\frac{1}{4\pi\varepsilon}\int_{V'}\frac{\rho\left(r',t-\dfrac{|r-r'|}{v}\right)}{|r-r'|}\mathrm{d}V' \tag{7.5-25}$$

由于洛伦兹规范下，矢量位 $\boldsymbol{A}$ 与标量位 φ 满足的微分方程形式相同，因此类似地可由式(7.5-24)直接写出矢量位 $\boldsymbol{A}$ 解的表达式，即

$$\boldsymbol{A}(r,t)=\frac{\mu}{4\pi}\int_{V'}\frac{\boldsymbol{J}\left(r',t-\dfrac{|r-r'|}{v}\right)}{|r-r'|}\mathrm{d}V' \tag{7.5-26}$$

式(7.5-25)和式(7.5-26)表明，在 t 时刻空间任意一点 r 处的位函数并不取决于该时刻的电荷或电流，而是取决于比 t 较早的时刻 $t-\dfrac{|r-r'|}{v}$ 的电荷或电流分布。换言之，观察点处位函数随时间的变化总是滞后于源随时间的变化，即动态位随时间的变化落后于源的变化，故称为滞后位。

场量变化比场源变化滞后的时间 $\dfrac{|r-r'|}{v}$ 正好是电磁波以速度 $v=\dfrac{1}{\sqrt{\varepsilon\mu}}$ 从源点 r' 传到场点 r 所需的时间。电磁波是以有限速度以波的形式传播的，光也是一种电磁波。如日光是一种电磁波，在某处某时刻见到的日光并不是该时刻太阳所发出的，而是在大约8分20秒前太阳发出的，8分20秒内光传播的距离正好是太阳到地球的平均距离。

7.6　时变电磁场的能量与能流

电磁场是一种具有能量的物质。在静态场中，电场能量储存在电场中，磁场能量储存在磁场中。在时变电磁场中，由于电场和磁场都随时间变化，相应地空间各点的电场能量和磁场能量也随时间变化。这样，电磁能量按一定的形式存储于空间，并随着电磁场的运动变化在空间传输，形成电磁能流。同静态场一样，一般用能量密度来描述电磁场能量。

根据各向同性的线性媒质中静态场的电场能量密度和磁场能量密度公式，可以直接写出时变电磁场中电场能量密度 $w_{\mathrm{e}}(r,t)$ 和磁场能量密度 $w_{\mathrm{m}}(r,t)$ 分别为

$$\begin{cases} w_{\mathrm{e}}(r,t)=\dfrac{1}{2}\boldsymbol{D}(r,t)\cdot\boldsymbol{E}(r,t)=\dfrac{1}{2}\varepsilon\boldsymbol{E}^2(r,t) \\ w_{\mathrm{m}}(r,t)=\dfrac{1}{2}\boldsymbol{B}(r,t)\cdot\boldsymbol{H}(r,t)=\dfrac{1}{2}\mu\boldsymbol{H}^2(r,t) \end{cases} \tag{7.6-1}$$

根据能量守恒定理，时变电磁场中的能量密度 w 应等于时变电场能量密度 w_e 与时变磁场能量密度 w_m 之和，即

$$w(r,t)=\frac{1}{2}\boldsymbol{D}(r,t)\cdot\boldsymbol{E}(r,t)+\frac{1}{2}\boldsymbol{B}(r,t)\cdot\boldsymbol{H}(r,t)$$

$$=\frac{1}{2}[\varepsilon\boldsymbol{E}^2(r,t)+\mu\boldsymbol{H}^2(r,t)] \tag{7.6-2}$$

但要注意，静态场的能量密度公式中的电、磁场的场矢量 $\boldsymbol{D}$、$\boldsymbol{E}$、$\boldsymbol{B}$、$\boldsymbol{H}$ 是不随时间变化的，而时变电磁场的能量密度式(7.6-1)和式(7.6-2)中的电磁场量 $\boldsymbol{D}$、$\boldsymbol{E}$、$\boldsymbol{B}$、$\boldsymbol{H}$ 是随时间变化的。因此，静态场的能量密度只是空间的函数，而时变电磁场的能量密度 w 是时间和空间的函数。时变电磁场的相互作用导致电磁波动，电磁波动伴随电磁能量在空间的流动(传播)。

7.6.1　坡印廷定理

为了描述时变电磁场的能量守恒与转换关系，1884 年英国物理学家坡印廷提出了著名的坡印廷定理，它可由麦克斯韦方程推导出来。

设在闭合面 S 包围的无源区域 V 中，存在线性、各向同性的媒质，且媒质参数不随时间变化，如图 7.6-1 所示。

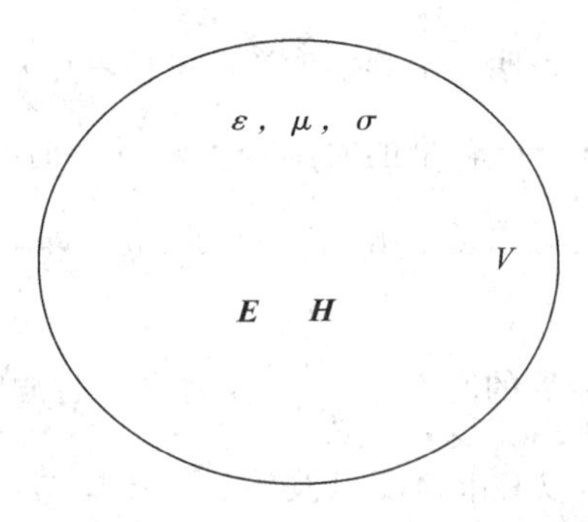

图 7.6-1　无源区域

在此区域 V 中，分别用电场强度 $\boldsymbol{E}$ 和磁场强度 $\boldsymbol{H}$ 点乘麦克斯韦方程组中的第一、二式的两边，可以得到

$$\boldsymbol{E}\cdot\nabla\times\boldsymbol{H}=\boldsymbol{E}\cdot\boldsymbol{J}+\boldsymbol{E}\cdot\frac{\partial\boldsymbol{D}}{\partial t}$$

$$\boldsymbol{H}\cdot\nabla\times\boldsymbol{E}=-\boldsymbol{H}\cdot\frac{\partial\boldsymbol{B}}{\partial t}$$

将以上两式相减，则可得

$$\boldsymbol{E}\cdot(\nabla\times\boldsymbol{H})-\boldsymbol{H}\cdot(\nabla\times\boldsymbol{E})=\boldsymbol{E}\cdot\boldsymbol{J}+\boldsymbol{E}\cdot\frac{\partial\boldsymbol{D}}{\partial t}+\boldsymbol{H}\cdot\frac{\partial\boldsymbol{B}}{\partial t} \tag{7.6-3}$$

根据电磁场的本构关系 $\boldsymbol{D}=\varepsilon\boldsymbol{E}$ 和 $\boldsymbol{B}=\mu\boldsymbol{H}$，有

$$\begin{cases}\boldsymbol{E}\cdot\dfrac{\partial\boldsymbol{D}}{\partial t}=\boldsymbol{E}\cdot\dfrac{\partial(\varepsilon\boldsymbol{E})}{\partial t}=\dfrac{1}{2}\dfrac{\partial(\varepsilon\boldsymbol{E}\cdot\boldsymbol{E})}{\partial t}=\dfrac{\partial}{\partial t}\left(\dfrac{1}{2}\boldsymbol{D}\cdot\boldsymbol{E}\right)\\[2ex]\boldsymbol{H}\cdot\dfrac{\partial\boldsymbol{B}}{\partial t}=\boldsymbol{H}\cdot\dfrac{\partial(\mu\boldsymbol{H})}{\partial t}=\dfrac{1}{2}\dfrac{\partial(\mu\boldsymbol{H}\cdot\boldsymbol{H})}{\partial t}=\dfrac{\partial}{\partial t}\left(\dfrac{1}{2}\boldsymbol{B}\cdot\boldsymbol{H}\right)\end{cases} \tag{7.6-4}$$

将式(7.6-4)代入式(7.6-3)，则有

$$\boldsymbol{E}\cdot(\nabla\times\boldsymbol{H})-\boldsymbol{H}\cdot(\nabla\times\boldsymbol{E})=\boldsymbol{E}\cdot\boldsymbol{J}+\frac{\partial}{\partial t}\left(\frac{1}{2}\boldsymbol{D}\cdot\boldsymbol{E}\right)+\frac{\partial}{\partial t}\left(\frac{1}{2}\boldsymbol{B}\cdot\boldsymbol{H}\right) \tag{7.6-5}$$

利用矢量等式$\nabla\cdot(\boldsymbol{E}\times\boldsymbol{H})=\boldsymbol{H}\cdot(\nabla\times\boldsymbol{E})-\boldsymbol{E}\cdot(\nabla\times\boldsymbol{H})$和式(7.6-5)可以得到

$$-\nabla\cdot(\boldsymbol{E}\times\boldsymbol{H})=\boldsymbol{E}\cdot\boldsymbol{J}+\frac{\partial}{\partial t}\left(\frac{1}{2}\boldsymbol{D}\cdot\boldsymbol{E}\right)+\frac{\partial}{\partial t}\left(\frac{1}{2}\boldsymbol{B}\cdot\boldsymbol{H}\right) \tag{7.6-6}$$

在区域 V 内对式(7.6-6)积分，并利用散度定理，可以得到

$$\begin{aligned}-\oint_S(\boldsymbol{E}\times\boldsymbol{H})\cdot\mathrm{d}\boldsymbol{S}&=\frac{\mathrm{d}}{\mathrm{d}t}\int_V\left(\frac{1}{2}\boldsymbol{D}\cdot\boldsymbol{E}+\frac{1}{2}\boldsymbol{B}\cdot\boldsymbol{H}\right)\mathrm{d}V+\int_V\boldsymbol{E}\cdot\boldsymbol{J}\mathrm{d}V\\&=\frac{\mathrm{d}}{\mathrm{d}t}\int_V\left(\frac{1}{2}\varepsilon\boldsymbol{E}^2+\frac{1}{2}\mu\boldsymbol{H}^2\right)\mathrm{d}V+\int_V\boldsymbol{E}\cdot\boldsymbol{J}\mathrm{d}V\end{aligned} \tag{7.6-7}$$

式(7.6-7)就是表征称为电磁能量守恒与转换关系的坡印廷定理。式中右边第一项是单位时间区域 V 内电磁能量的增加量；第二项为单位时间内电场对区域 V 内的电流所做的功，如果区域 V 内的媒质为导电媒质，则 $\int_V\boldsymbol{E}\cdot\boldsymbol{J}\mathrm{d}V=\int_V\sigma\boldsymbol{E}^2\mathrm{d}V$，即为区域 V 内的总损耗。式中左边项为单位时间内穿过闭合曲面 S 进入区域 V 中的电磁能量，也可以说是外电源提供给区域 V 内的功率(总能量)，等于区域 V 内电阻消耗的热功率和电磁能量的增加率。

坡印廷定理是电磁场的能量守恒表达式，反映了电磁能量符合自然界物质运动过程中的能量守恒和转化定律，是宏观电磁现象的一个普遍定理。坡印廷定理适用于时变场，也适用于恒定场。

7.6.2　坡印廷矢量

坡印廷矢量是描述时变电磁场中电磁能量传输的一个重要物理量。我们知道，坡印廷定理只是描述了电磁能量守恒与转换关系。在时变电磁场中，电磁能量随时间变化，并以电磁波的形式使电磁能量在空间流动。为了衡量这种能量流动的方向及强度，引入能量流动密度矢量，称为坡印廷矢量，用 $\boldsymbol{S}$ 表示，单位为 $\mathrm{W/m^2}$(瓦/米^2)。坡印廷矢量 $\boldsymbol{S}$ 的方向表示能量流动方向(也是波传播的方向)，大小表示单位时间内垂直穿过单位面积的能量，或者说是垂直穿过单位面积的功率，所以又称为功率流动密度矢量。

坡印廷定理式(7.6-7)的左边为单位时间内穿入到闭合曲面 S 内的电磁能量，它是 $\boldsymbol{E}\times\boldsymbol{H}$ 矢量的面积分。可见 $\boldsymbol{E}\times\boldsymbol{H}$ 就相当于能量流动密度矢量，因此坡印廷矢量 $\boldsymbol{S}$ 与电场和磁场的关系为

$$\boldsymbol{S}=\boldsymbol{E}\times\boldsymbol{H} \tag{7.6-8}$$

式(7.6-8)表明，坡印廷矢量 $\boldsymbol{S}$、电场强度 $\boldsymbol{E}$、磁场强度 $\boldsymbol{H}$ 在空间相互垂直，三者构成右手螺旋关系。因为时变电磁场中的电场强度 $\boldsymbol{E}$ 和磁场强度 $\boldsymbol{H}$ 是随时间和空间变化的，因此坡印廷矢量 $\boldsymbol{S}$ 也随时间和空间变化。这样，在空间任意一点和任意时刻的坡印廷矢量应是坡印廷矢量的瞬时值 $\boldsymbol{S}(r,t)$，即

$$\boldsymbol{S}(r,t)=\boldsymbol{E}(r,t)\times\boldsymbol{H}(r,t) \tag{7.6-9}$$

可见，坡印廷矢量的瞬时值等于电场强度和磁场强度的瞬时值的乘积，方向与这两个瞬时场矢量满足右手螺旋关系，大小取决于该时刻的电场强度和磁场强度的瞬时值。若某一时刻电场强度或磁场强度为零，则在该时刻坡印廷矢量为零。

如果电场强度 $\boldsymbol{E}$ 和磁场强度 $\boldsymbol{H}$ 在空间各用三维坐标的标量表示，则坡印廷矢量 $\boldsymbol{S}$ 可直接由这六个标量进行计算，即

$$\boldsymbol{S}=\boldsymbol{E}\times\boldsymbol{H}=\begin{vmatrix}\boldsymbol{e}_x & \boldsymbol{e}_y & \boldsymbol{e}_z\\ E_x & E_y & E_z\\ H_x & H_y & H_z\end{vmatrix} \tag{7.6-10}$$

【例题 7-5】 如图 7.6-2 所示，设有一内、外半径分别为 a、b 的同轴线，内外导体间填充均匀理想介质。内外导体间的电压为 U，导体中流过的电流为 I。(1) 假设导体为理想导体时，求同轴线中传输的功率；(2) 假设导体的电导率 σ 为有限值时，求通过内导体表面进入每单位长度内导体的功率。

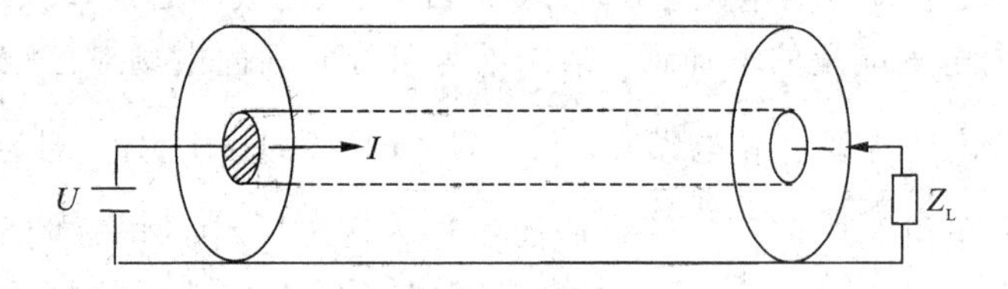

图 7.6-2　例题 7.5 图(1)

解　(1) 由于同轴线的内外导体均为理想导体，则理想导体内没有电场和磁场，即 $\boldsymbol{E}_{内}=\boldsymbol{H}_{内}=0$。这样电场和磁场只能存在于内外导体之间的理想介质中。根据边界条件 $\boldsymbol{E}_{内t}=\boldsymbol{E}_{外t}=0$，则分界面的内外导体表面的电场无切向分量，理想介质中只有电场的径向分量 $\boldsymbol{E}_{外n}$。

采用圆柱坐标系，假设理想介质中的电场径向分量为 $E_\rho(a<\rho<b)$，同轴线单位长度为 $\mathrm{d}z$，内导体的单位线电荷密度为 ρ_l。根据高斯定理有

$$\oint_S \boldsymbol{E}\cdot \mathrm{d}\boldsymbol{S}=E_\rho\cdot 2\pi\rho\mathrm{d}z=\frac{\rho_l\mathrm{d}z}{\varepsilon}$$

因此

$$E_\rho=\frac{\rho_l}{2\pi\rho\varepsilon}$$

由于内外导体之间的电压为 U，因此

$$U=\int_a^b \boldsymbol{E}\cdot\mathrm{d}\boldsymbol{l}=\int_a^b E_\rho\cdot\mathrm{d}\rho=\frac{\rho_l}{2\pi\varepsilon}\int_a^b\frac{1}{\rho}\mathrm{d}\rho=\frac{\rho_l}{2\pi\varepsilon}\ln\frac{b}{a}$$

则

$$\rho_l=\frac{2\pi\varepsilon U}{\ln\dfrac{b}{a}}$$

从而可以得到

$$\boldsymbol{E}_\rho=\boldsymbol{e}_\rho\frac{U}{\rho\ln\left(\dfrac{b}{a}\right)}$$

根据安培环路定理有

$$\oint_l \boldsymbol{H} \cdot d\boldsymbol{l} = H_\phi \cdot 2\pi\rho = I$$

则绕轴线的磁场强度为

$$H_\phi = \frac{I}{2\pi\rho}$$

内外导体之间任意截面上的坡印廷矢量为

$$\boldsymbol{S} = \boldsymbol{E} \times \boldsymbol{H} = E_\rho H_\phi \boldsymbol{e}_\rho \times \boldsymbol{e}_\phi = \boldsymbol{e}_z \frac{UI}{2\pi\rho^2 \ln\left(\frac{b}{a}\right)}$$

可见，电磁能量在内外导体之间的介质中沿轴方向流动，即由电源流向负载，如图 7.6-3 所示。

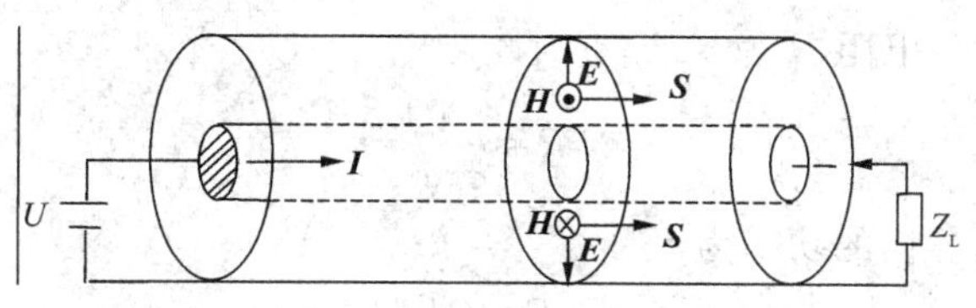

图 7.6-3　例题 7.5 图(2)

这样，穿过任意横截面的功率为

$$P = \int_S \boldsymbol{S} \cdot d\boldsymbol{S} = \int_a^b \frac{UI}{2\pi\rho_2 \ln\left(\frac{b}{a}\right)} \cdot 2\pi\rho d\rho = UI$$

可见，它与电路中的功率结果一致。但要注意：在同轴线传输电磁能量时，是在内外导体之间介质中传输，而不是在导体中传输，导体仅起着定向引导电磁能流的作用，这个概念非常重要。

(2) 当导体的电导率 σ 为有限值时，说明导体不是理想导体，则导体内部一定有电场存在。内导体表面沿电流方向的切向电场 $\boldsymbol{E}_{内t}$ 为

$$\boldsymbol{E}_{内t}\big|_{\rho=a} = \frac{\boldsymbol{J}}{\sigma} = \boldsymbol{e}_z \frac{1}{\sigma} \frac{I}{\pi a^2}$$

根据边界条件，内导体外表面沿电流方向的切向电场 $\boldsymbol{E}_{外t}$ 为

$$\boldsymbol{E}_{外t}\big|_{\rho=a} = \boldsymbol{E}_{内t}\big|_{\rho=a} = \boldsymbol{e}_z \frac{I}{\pi\sigma a^2}$$

则在内导体外表面介质中的电场强度 $\boldsymbol{E}$ 为

$$\boldsymbol{E} = \boldsymbol{e}_\rho \frac{U}{a \ln(b/a)} + \boldsymbol{e}_z \frac{I}{\pi\sigma a^2}$$

由于该情况下的磁场强度同理想导体情况下一样，仍为 $H_\phi\big|_{\rho=a} = \boldsymbol{e}_\phi \frac{I}{2\pi a}$，因此，在内导体外表面介质中的坡印廷矢量为

$$\boldsymbol{S}\big|_{\rho=a} = \boldsymbol{E} \times \boldsymbol{H} = \left(\boldsymbol{e}_\rho \frac{U}{a \ln\left(\frac{b}{a}\right)} + \boldsymbol{e}_z \frac{I}{\pi\sigma a^2}\right) \times \boldsymbol{e}_\phi \frac{I}{2\pi a} = \boldsymbol{e}_z \frac{UI}{2\pi a^2 \ln\left(\frac{b}{a}\right)} - \boldsymbol{e}_\rho \frac{I^2}{2\pi^2 \sigma a^3}$$

可见，内导体表面外侧的坡印廷矢量既有轴向分量，也有径向分量，如图 7.6－4 所示。

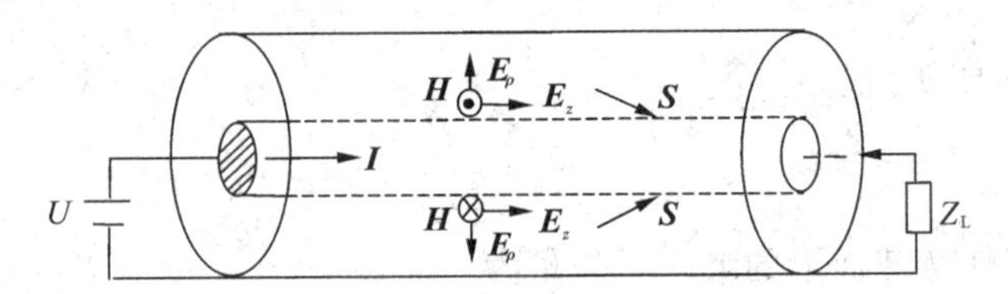

图 7.6－4　例题 7.5 图(3)

进入每单位长度内导体的功率为

$$P=\int_S \boldsymbol{S}\cdot \mathrm{d}\boldsymbol{S}=\int_S \boldsymbol{S}\big|_{\rho=0}\cdot(-\boldsymbol{e}_\rho)\mathrm{d}S=\int_0^1 \frac{I^2}{2\pi^2\sigma a^3}\cdot 2\pi a\mathrm{d}z=\frac{I^2}{\pi\sigma a^2}$$

因为导体中单位长度的电阻 R 为

$$R=\frac{1}{\sigma\pi a^2}$$

则进入每单位长度内导体的功率为

$$P=RI^2$$

可见，它与电路中电阻焦耳损耗功率结果一致。说明当导体的电导率为有限值时，进入导体中的功率全部被导体所吸收，成为导体中的焦耳热损耗功率。

7.7　时谐电磁场

如果场源以一定的角频率随时间呈时谐(正弦或余弦)变化，则所产生的电磁场也以同样的角频率随时间呈时谐(正弦或余弦)变化，这种以一定角频率作时谐变化的电磁场，称为时谐电磁场或正弦电磁场。时谐电磁场是由随时间按正弦变化的时变电荷与时变电流产生的。虽然场的变化落后于源，但是场与源随时间的变化规律是相同的，所以时谐电磁场的场和源具有相同的频率。

在工程上，应用最多的就是时谐电磁场，如广播、电视和通信的载波等都是时谐电磁场。另外，由傅里叶变换可知，任一周期性或非周期性的时间函数在一定条件下均可分解为许多正弦函数之和，因此讨论时谐电磁场具有重要的实际意义。

7.7.1　时谐电磁场的复数形式

时谐电磁场是一种特殊的时变电磁场，其场强的方向与时间无关，但其大小随时间的变化规律为正弦函数。时谐电磁场可用复数方法来表示，使得大多数时谐电磁场问题的分析得以简化。

设 $u(r,t)$是一个以角频率 ω 随时间 t 作正弦变化的标量函数，它可以是电场和磁场的任意一个分量，也可以是电荷或电流等变量，它与时间的关系可以表示成

$$u(r,t)=u_{\mathrm{m}}(r)\cos[\omega t+\phi(r)] \tag{7.7-1}$$

式中，$u_{\mathrm{m}}(r)$为振幅，$\phi(r)$为与空间坐标有关的相位因子，ω 为角频率。$u_{\mathrm{m}}(r)$、$\phi(r)$只是空间坐标的函数，而与时间无关。

采用复数取实部的方法，可以将式(7.7-1)写成用复数形式表示的瞬时量，即

$$u(r,t)=\mathrm{Re}[u_{\mathrm{m}}(r)\mathrm{e}^{\mathrm{j}\phi(r)}\mathrm{e}^{\mathrm{j}\omega t}]=\mathrm{Re}[\dot{u}_{\mathrm{m}}(r)\mathrm{e}^{\mathrm{j}\omega t}] \tag{7.7-2}$$

式中

$$\dot{u}_{\mathrm{m}}(r)=u_{\mathrm{m}}(r)\mathrm{e}^{\mathrm{j}\phi(r)} \tag{7.7-3}$$

式中：$\dot{u}_{\mathrm{m}}(r)$称为复振幅，或称为$u(r,t)$的复数振幅表示形式；$u_{\mathrm{m}}(r)$为实数形式的振幅；$\phi(r)$为空间相位因子；$\mathrm{e}^{\mathrm{j}\omega t}$为时间因子。为了区别振幅的复数形式与实数形式，以符号上面带“.”代表复数形式。由于时间因子是默认的，有时它可以不用写出来，只用与坐标有关的部分就可表示复矢量。这样，瞬时量可用一个与时间无关的复数式来表示，见式(7.7-3)。

当然，矢量函数也可用复矢量来表示，即

$$\boldsymbol{A}(r,t)=\mathrm{Re}[\dot{\boldsymbol{A}}_{\mathrm{m}}(r)\mathrm{e}^{\mathrm{j}\omega t}] \tag{7.7-4}$$

$$\dot{\boldsymbol{A}}_{\mathrm{m}}(r)=\boldsymbol{A}_{\mathrm{m}}(r)\mathrm{e}^{\mathrm{j}\phi(r)} \tag{7.7-5}$$

但要特别注意，复数量仅为空间函数，与时间无关，只有频率相同的正弦量之间才能使用复数量的方法进行运算。另外，复数式只是数学表示方式，不代表真实的场，真实场是复数式与时间因子相结合的实部，即瞬时表达式。

为了简化起见，一般将任意时谐函数分解为三个坐标分量，每一个坐标分量都是时谐标量函数。如直角坐标系中的电场强度$\boldsymbol{E}(x,y,z,t)$可分为三个坐标的标量分量，即

$$\boldsymbol{E}(x,y,z,t)=\boldsymbol{e}_xE_x(x,y,z,t)+\boldsymbol{e}_yE_y(x,y,z,t)+\boldsymbol{e}_zE_z(x,y,z,t) \tag{7.7-6}$$

其中，每一个坐标分量的瞬时量为

$$\begin{cases}E_x(x,y,z,t)=E_{x\mathrm{m}}(x,y,z)\cos[\omega t+\varphi_x(x,y,z)]\\E_y(x,y,z,t)=E_{y\mathrm{m}}(x,y,z)\cos[\omega t+\varphi_y(x,y,z)]\\E_z(x,y,z,t)=E_{z\mathrm{m}}(x,y,z)\cos[\omega t+\varphi_z(x,y,z)]\end{cases} \tag{7.7-7}$$

式中，$E_{x\mathrm{m}}(x,y,z)$、$E_{y\mathrm{m}}(x,y,z)$、$E_{z\mathrm{m}}(x,y,z)$分别为各坐标分量的振幅，$\phi_x(x,y,z)$、$\phi_y(x,y,z)$、$\phi_z(x,y,z)$分别为各坐标分量的初相位，ω为角频率。

电场强度的复数表示形式$\dot{\boldsymbol{E}}(x,y,z)$为

$$\dot{\boldsymbol{E}}_{\mathrm{m}}(x,y,z)=\boldsymbol{e}_x\dot{E}_{x\mathrm{m}}(x,y,z)+\boldsymbol{e}_y\dot{E}_{y\mathrm{m}}(x,y,z)+\boldsymbol{e}_z\dot{E}_{z\mathrm{m}}(x,y,z) \tag{7.7-8}$$

其中，三个坐标分量复数形式为

$$\begin{cases}\dot{E}_{x\mathrm{m}}(x,y,z)=E_{x\mathrm{m}}(x,y,z)\mathrm{e}^{\mathrm{j}\phi_x(x,y,z)}\\\dot{E}_{y\mathrm{m}}(x,y,z)=E_{y\mathrm{m}}(x,y,z)\mathrm{e}^{\mathrm{j}\phi_y(x,y,z)}\\\dot{E}_{z\mathrm{m}}(x,y,z)=E_{z\mathrm{m}}(x,y,z)\mathrm{e}^{\mathrm{j}\phi_z(x,y,z)}\end{cases} \tag{7.7-9}$$

可见，复数形式只与振幅和初相位有关，而与时间无关。由复数形式可以写出瞬时量，即

$$\begin{aligned}\boldsymbol{E}(x,y,z,t)&=\mathrm{Re}[\dot{\boldsymbol{E}}_{\mathrm{m}}(x,y,z)\mathrm{e}^{\mathrm{j}\omega t}]\\&=\mathrm{Re}\{[\boldsymbol{e}_x\dot{E}_{x\mathrm{m}}(x,y,z)+\boldsymbol{e}_y\dot{E}_{y\mathrm{m}}(x,y,z)+\boldsymbol{e}_z\dot{E}_{z\mathrm{m}}(x,y,z)]\mathrm{e}^{\mathrm{j}\omega t}\}\\&=\boldsymbol{e}_x\mathrm{Re}[\dot{E}_{x\mathrm{m}}(x,y,z)\mathrm{e}^{\mathrm{j}\omega t}]+\boldsymbol{e}_y\mathrm{Re}[\dot{E}_{y\mathrm{m}}(x,y,z)\mathrm{e}^{\mathrm{j}\omega t}]+\boldsymbol{e}_z\mathrm{Re}[\dot{E}_{z\mathrm{m}}(x,y,z)\mathrm{e}^{\mathrm{j}\omega t}]\\&=\boldsymbol{e}_xE_x(x,y,z,t)+\boldsymbol{e}_yE_y(x,y,z,t)+\boldsymbol{e}_zE_z(x,y,z,t)\end{aligned} \tag{7.7-10}$$

其中

$$\begin{cases} E_x(x,y,z,t)=\mathrm{Re}[\dot{E}_{xm}(x,y,z)\mathrm{e}^{\mathrm{j}\omega t}] \\ E_y(x,y,z,t)=\mathrm{Re}[\dot{E}_{ym}(x,y,z)\mathrm{e}^{\mathrm{j}\omega t}] \\ E_z(x,y,z,t)=\mathrm{Re}[\dot{E}_{zm}(x,y,z)\mathrm{e}^{\mathrm{j}\omega t}] \end{cases} \tag{7.7-11}$$

可见，直接表示的瞬时量式(7.7-7)与用复数形式表示的瞬时量式(7.7-11)所得结果相同。给定一个瞬时量，可用式(7.7-8)得到复数形式；同理，给定一个复数形式，可以用式(7.7-10)得到瞬时量。

7.7.2　复数形式的麦克斯韦方程

时变电磁场中，麦克斯韦方程组微分形式中有对时间求导的量，那么麦克斯韦方程组中的各量能否用复数表示呢？假设有一时变矢量 $\boldsymbol{F}(r,t)$，它的复数形式为 $\dot{\boldsymbol{F}}(r)=\boldsymbol{F}_{\mathrm{m}}(r)\mathrm{e}^{\mathrm{j}\phi(r)}$，用复数表示的瞬时量则为 $\boldsymbol{F}(r,t)=\mathrm{Re}[\dot{\boldsymbol{F}}(r)\mathrm{e}^{\mathrm{j}\omega t}]$。

由于

$$\frac{\partial \boldsymbol{F}(r,t)}{\partial t}=\frac{\partial}{\partial t}\mathrm{Re}[\dot{\boldsymbol{F}}(r)\mathrm{e}^{\mathrm{j}\omega t}]=\mathrm{Re}\left\{\frac{\partial}{\partial t}[\dot{\boldsymbol{F}}(r)\mathrm{e}^{\mathrm{j}\omega t}]\right\}=\mathrm{Re}[\mathrm{j}\omega\dot{\boldsymbol{F}}(r)\mathrm{e}^{\mathrm{j}\omega t}]$$

根据这种运算规律，麦克斯韦方程组微分形式中各个方程可变为

$$\begin{cases} \nabla\times\mathrm{Re}(\dot{\boldsymbol{H}}(r)\mathrm{e}^{\mathrm{j}\omega t})=\mathrm{Re}(\dot{\boldsymbol{J}}(r)\mathrm{e}^{\mathrm{j}\omega t})+\mathrm{Re}(j\omega\dot{\boldsymbol{D}}(r)\mathrm{e}^{\mathrm{j}\omega t}) \\ \nabla\times\mathrm{Re}(\dot{\boldsymbol{E}}(r)\mathrm{e}^{\mathrm{j}\omega t})=-\mathrm{Re}(\mathrm{j}\omega\dot{\boldsymbol{B}}(r)\mathrm{e}^{\mathrm{j}\omega t}) \\ \nabla\cdot\mathrm{Re}(\dot{\boldsymbol{B}}(r)\mathrm{e}^{\mathrm{j}\omega t})=0 \\ \nabla\cdot\mathrm{Re}(\dot{\boldsymbol{D}}(r)\mathrm{e}^{\mathrm{j}\omega t})=\mathrm{Re}(\dot{\rho}(r)\mathrm{e}^{\mathrm{j}\omega t}) \end{cases}$$

将上式中的微分算子∇与实部符号 Re 互换顺序，则有

$$\begin{cases} \mathrm{Re}(\nabla\times\dot{\boldsymbol{H}}(r)\mathrm{e}^{\mathrm{j}\omega t})=\mathrm{Re}(\dot{\boldsymbol{J}}(r)\mathrm{e}^{\mathrm{j}\omega t}+\mathrm{j}\omega\dot{\boldsymbol{D}}(r)\mathrm{e}^{\mathrm{j}\omega t}) \\ \mathrm{Re}(\nabla\times\dot{\boldsymbol{E}}(r)\mathrm{e}^{\mathrm{j}\omega t})=-\mathrm{Re}(\mathrm{j}\omega\dot{\boldsymbol{B}}(r)\mathrm{e}^{\mathrm{j}\omega t}) \\ \mathrm{Re}(\nabla\cdot\dot{\boldsymbol{B}}(r)\mathrm{e}^{\mathrm{j}\omega t})=0 \\ \mathrm{Re}(\nabla\cdot\dot{\boldsymbol{D}}(r)\mathrm{e}^{\mathrm{j}\omega t})=\mathrm{Re}(\dot{\rho}(r)\mathrm{e}^{\mathrm{j}\omega t}) \end{cases}$$

由于上式对任意 t 均成立，故方程两边相对应的实部符号可以消去，再令 $t=0$，可得

$$\begin{cases} \nabla\times\dot{\boldsymbol{H}}(r)=\dot{\boldsymbol{J}}(r)+\mathrm{j}\omega\dot{\boldsymbol{D}}(r) \\ \nabla\times\dot{\boldsymbol{E}}(r)=-\mathrm{j}\omega\dot{\boldsymbol{B}}(r) \\ \nabla\cdot\dot{\boldsymbol{B}}(r)=0 \\ \nabla\cdot\dot{\boldsymbol{D}}(r)=\dot{\rho}(r) \end{cases} \tag{7.7-12}$$

式(7.7-12)为时谐电磁场的复矢量所满足的麦克斯韦方程，也称为麦克斯韦方程的复数形式。

从形式上讲，只要把麦克斯韦方程中的微分算子$\dfrac{\partial}{\partial t}$用 j$\omega$ 代替，把各个参量用复数表示的参量代替，就可以把时谐电磁场的场量之间的关系转换为复矢量之间的关系，从而得到复矢量的麦克斯韦方程。但要注意，时谐电磁场的麦克斯韦方程中的场量与场源是包含空间和时间的四维函数，而复矢量麦克斯韦方程中的场量与场源只是空间的三维函数。维数

的减少，使得利用复矢量麦克斯韦方程更容易求解有关电磁场问题。

由于复矢量的麦克斯韦方程(存在 $\mathrm{j}\omega$)与时谐电磁场的麦克斯韦方程(存在$\partial/\partial t$)有明显的区别，因此为了方便起见，在今后一般都把复矢量的麦克斯韦方程中各个量的上标“.”去掉，这样也不容易引起混淆。也就是说，只要麦克斯韦方程中有 $\mathrm{j}\omega$，而没有$\dfrac{\partial}{\partial t}$，方程中的所有参量就表示是复参量。

为了便于比较，表 7.7－1 列出了时谐电磁场的麦克斯韦方程和复矢量麦克斯韦方程。类似地，可以得到复数形式表示的电流连续性方程和本构关系(有兴趣的读者可自行证明)，它也一起放入到此表中。

表 7.7－1　瞬时和复矢量麦克斯韦方程

瞬时形式 (r, t)	复数形式 (r)	去掉“.”的复数形式 (r)
$\nabla\times\boldsymbol{H}=\boldsymbol{J}+\dfrac{\partial\boldsymbol{D}}{\partial t}$	$\nabla\times\dot{\boldsymbol{H}}=\dot{\boldsymbol{J}}+\mathrm{j}\omega\dot{\boldsymbol{D}}$	$\nabla\times\boldsymbol{H}=\boldsymbol{J}+\mathrm{j}\omega\boldsymbol{D}$
$\nabla\times\boldsymbol{E}=-\dfrac{\partial\boldsymbol{B}}{\partial t}$	$\nabla\times\dot{\boldsymbol{E}}=-\mathrm{j}\omega\dot{\boldsymbol{B}}$	$\nabla\times\boldsymbol{E}=-\mathrm{j}\omega\boldsymbol{B}$
$\nabla\cdot\boldsymbol{B}=0$	$\nabla\cdot\dot{\boldsymbol{B}}=0$	$\nabla\cdot\boldsymbol{B}=0$
$\nabla\cdot\boldsymbol{D}=\rho$	$\nabla\cdot\dot{\boldsymbol{D}}=\dot{\rho}$	$\nabla\cdot\boldsymbol{D}=\rho$
$\nabla\cdot\boldsymbol{J}=-\dfrac{\partial\rho}{\partial t}$	$\nabla\cdot\dot{\boldsymbol{J}}=-\mathrm{j}\omega\dot{\rho}$	$\nabla\cdot\boldsymbol{J}=-\mathrm{j}\omega\rho$
$\boldsymbol{D}=\varepsilon\boldsymbol{E}$	$\dot{\boldsymbol{D}}=\varepsilon\dot{\boldsymbol{E}}$	$\boldsymbol{D}=\varepsilon\boldsymbol{E}$
$\boldsymbol{B}=\mu\boldsymbol{H}$	$\dot{\boldsymbol{B}}=\mu\dot{\boldsymbol{H}}$	$\boldsymbol{B}=\mu\boldsymbol{H}$
$\boldsymbol{J}=\sigma\boldsymbol{E}$	$\dot{\boldsymbol{J}}=\sigma\dot{\boldsymbol{E}}$	$\boldsymbol{J}=\sigma\boldsymbol{E}$
各个参量均为瞬时值	各个参量均为复数形式	各个参量均为复数形式

7.7.3　复介电常数与复磁导率

我们知道，在电磁场的作用下，媒质存在三种状态，即极化、磁化和传导，相应的媒质参数一般用介电常数、磁导率和电导率来表征。在静态场中这三个参数都是实常数。但是在时变电磁场中，这些参数与场的时间变化率有关，在时谐电磁场中则与频率有关。

自然界中的媒质都不是理想介质，因此都存在一定程度的损耗。例如，当电导率有限时，导电媒质存在欧姆损耗，电介质受到极化时存在电极化损耗，磁介质受到磁化时存在磁化损耗。损耗的大小与媒质性质、随时间变化的频率有关。一些媒质的损耗在低频时可以忽略，但在高频时就不能忽略。

在时谐电磁场中，对于介电常数为 ε、电导率为 σ 的导电媒质，根据时谐场的麦克斯韦方程有

$$\nabla\times\boldsymbol{H}=\boldsymbol{J}+\mathrm{j}\omega\boldsymbol{D}=\sigma\boldsymbol{E}+\mathrm{j}\omega\varepsilon\boldsymbol{E}=\mathrm{j}\omega\left(\varepsilon-\mathrm{j}\,\frac{\sigma}{\omega}\right)\boldsymbol{E}=\mathrm{j}\omega\varepsilon_{\mathrm{c}}\boldsymbol{E}$$

式中

$$\varepsilon_c = \varepsilon - j\frac{\sigma}{\omega} \tag{7.7-13}$$

式中，ε_c称为等效复介电常数，有时也称为复电容率。它表明，导电媒质的欧姆损耗存在于等效介电常数的虚部中，是一个大于零的数。

类似地，对于存在电极化损耗的电介质，表征电极化损耗的介电常数为

$$\varepsilon_c = \varepsilon' - j\varepsilon'' \tag{7.7-14}$$

式中，ε_c称为复介电常数或复电容率。其虚部为大于零的数，表示电介质的电极化损耗。在高频情况下，实部和虚部都是频率的函数。

对于同时存在电极化损耗和欧姆损耗的电介质，复介电常数为

$$\varepsilon_c = \varepsilon' - j\left(\varepsilon'' + \frac{\sigma}{\omega}\right) \tag{7.7-15}$$

同理，在时谐电磁场中，对于存在磁化损耗的磁性介质，表征磁化损耗的磁导率为

$$\mu_c = \mu' - j\mu'' \tag{7.7-16}$$

式中，μ_c称为复磁导率。它表明，磁介质的磁化损耗存在于复磁导率的虚部中，是一个大于零的数。

工程上常用损耗角正切来表示介质的损耗特性，其定义为复介电常数或复磁导率的虚部与实部之比，即有

$$\begin{cases} \tan\delta_\sigma = \dfrac{\sigma}{\omega\varepsilon} & \text{导电媒质} \\ \tan\delta_\varepsilon = \dfrac{\varepsilon''}{\varepsilon'} & \text{电介质} \\ \tan\delta_\mu = \dfrac{\mu''}{\mu'} & \text{磁介质} \end{cases} \tag{7.7-17}$$

导电媒质的导电性能具有相对性，在不同频率情况下，导电媒质具有不同的导电性能。$\dfrac{\sigma}{\omega\varepsilon}$描述了导电媒质中传导电流与位移电流的振幅比值。一般根据$\dfrac{\sigma}{\omega\varepsilon}$可判断导电媒质的导电性能，一般情况下有

$$\begin{cases} \dfrac{\sigma}{\omega\varepsilon} \gg 1 & \text{良导体} \\ \dfrac{\sigma}{\omega\varepsilon} \ll 1 & \text{绝缘体} \\ \text{其它} & \text{一般导体} \end{cases} \tag{7.7-18}$$

7.7.4 时谐电磁场的波动方程

电磁场的波动方程表明了时变电磁场的运动规律，对于时谐电磁场也可通过麦克斯韦方程复数形式来建立。在无源空间，设媒质是线性、各向同性且无损耗的均匀媒质，即 $\boldsymbol{J}=\sigma\boldsymbol{E}=0$，$\rho=0$，则只用复电场强度 $\boldsymbol{E}$ 和复磁场强度 $\boldsymbol{H}$ 两个矢量场来描述的麦克斯韦方程复数形式为

$$\begin{cases} \nabla\times\boldsymbol{H} = j\omega\varepsilon\boldsymbol{E} \\ \nabla\times\boldsymbol{E} = -j\omega\mu\boldsymbol{H} \\ \nabla\cdot\boldsymbol{H} = 0 \\ \nabla\cdot\boldsymbol{E} = 0 \end{cases} \tag{7.7-19}$$

将式(7.7-19)的第二个方程两边取旋度，则有

$$\nabla\times\nabla\times\boldsymbol{E}=\nabla\times(-\mathrm{j}\omega\mu\boldsymbol{H})=-\mathrm{j}\omega\mu(\nabla\times\boldsymbol{H})$$

将式(7.7-19)的第一个方程代入上式，有

$$\nabla\times\nabla\times\boldsymbol{E}=\omega^2\varepsilon\mu\boldsymbol{E}$$

利用矢量等式$\nabla\times\nabla\times\boldsymbol{E}=\nabla(\nabla\cdot\boldsymbol{E})-\nabla^2\boldsymbol{E}$以及式(7.7-19)的第四个方程，上式可变为

$$\nabla\times\nabla\times\boldsymbol{E}=\nabla(\nabla\cdot\boldsymbol{E})-\nabla^2\boldsymbol{E}=-\nabla^2\boldsymbol{E}=\omega^2\varepsilon\mu\boldsymbol{E}$$

即

$$\nabla^2\boldsymbol{E}+\omega^2\varepsilon\mu\boldsymbol{E}=0$$

令 $k=\omega\sqrt{\varepsilon\mu}$，则上式变为

$$\nabla^2\boldsymbol{E}+k^2\boldsymbol{E}=0 \tag{7.7-20}$$

式(7.7-20)为无源区中复电场强度矢量 $\boldsymbol{E}$ 满足的复矢量齐次波动方程，也称为复矢量齐次亥姆霍兹方程，∇^2为矢量拉普拉斯算符。

类似地，可以得到无源区中复磁场强度矢量 $\boldsymbol{H}$ 满足的复矢量齐次波动方程，即

$$\nabla^2\boldsymbol{H}+k^2\boldsymbol{H}=0 \tag{7.7-21}$$

如果媒质是有耗媒质，说明媒质为导电媒质，电磁波在其中传播时 $\boldsymbol{J}=\sigma\boldsymbol{E}\neq0$，$\rho=0$，则只用复电场强度 $\boldsymbol{E}$ 和复磁场强度 $\boldsymbol{H}$ 两个矢量场来描述的麦克斯韦方程复数形式为

$$\begin{cases}\nabla\times\boldsymbol{H}=\sigma\boldsymbol{E}+\mathrm{j}\omega\varepsilon\boldsymbol{E}=\mathrm{j}\omega\left(\varepsilon-\mathrm{j}\dfrac{\sigma}{\omega}\right)\boldsymbol{E}=\mathrm{j}\omega\varepsilon_c\boldsymbol{E}\\ \nabla\times\boldsymbol{E}=-\mathrm{j}\omega\mu\boldsymbol{H}\\ \nabla\cdot\boldsymbol{H}=0\\ \nabla\cdot\boldsymbol{E}=0\end{cases} \tag{7.7-22}$$

式中，$\varepsilon_c=\varepsilon-\mathrm{j}\dfrac{\sigma}{\omega}$为等效复介电常数，它是一个复数。

式(7.7-22)与式(7.7-19)在形式上完全一样，只是将 k 变为 k_c 即可。这样，用推导无损耗媒质的方法可以类似得到导电媒质中的波动方程，即

$$\nabla^2\boldsymbol{E}+k_c^2\boldsymbol{E}=0 \tag{7.7-23}$$

$$\nabla^2\boldsymbol{H}+k_c^2\boldsymbol{H}=0 \tag{7.7-24}$$

为了便于比较，表 7.7-2 列出了时变电磁场的波动方程和时谐电磁场的复矢量的波动方程。

表 7.7-2　时变电磁场波动方程和时谐电磁场复矢量波动方程比较

媒　质	瞬时矢量波动方程	复矢量波动方程	备　注
理想介质	$\nabla^2\boldsymbol{E}-\varepsilon\mu\dfrac{\partial^2\boldsymbol{E}}{\partial t^2}=0$	$\nabla^2\boldsymbol{E}+k^2\boldsymbol{E}=0$	$k=\omega\sqrt{\varepsilon\mu}$
	$\nabla^2\boldsymbol{H}-\varepsilon\mu\dfrac{\partial^2\boldsymbol{H}}{\partial t^2}=0$	$\nabla^2\boldsymbol{H}+k^2\boldsymbol{H}=0$	
导电媒质	$\nabla^2\boldsymbol{E}-\mu\sigma\dfrac{\partial\boldsymbol{E}}{\partial t}-\varepsilon\mu\dfrac{\partial^2\boldsymbol{E}}{\partial t^2}=0$	$\nabla^2\boldsymbol{E}+k_c^2\boldsymbol{E}=0$	$k_c=\omega\sqrt{\varepsilon_c\mu_c}$
	$\nabla^2\boldsymbol{H}-\mu\sigma\dfrac{\partial\boldsymbol{H}}{\partial t}-\varepsilon\mu\dfrac{\partial^2\boldsymbol{H}}{\partial t^2}=0$	$\nabla^2\boldsymbol{H}+k_c^2\boldsymbol{H}=0$	

7.7.5 时谐电磁场的位函数

在时谐电磁场中，矢量位和标量位以及它们满足的方程都可以利用$\frac{\partial}{\partial t}\to \mathrm{j}\omega$表示成复数形式，如表7.7-3所示。

表7.7-3 矢量位和标量位以及它们满足的方程在时变电磁场与时谐电磁场中的对比

比较项目	瞬时矢量表示	复矢量表示
矢量位	$\boldsymbol{B}=\nabla\times\boldsymbol{A}$	$\boldsymbol{B}=\nabla\times\boldsymbol{A}$
标量位	$\boldsymbol{E}=-\frac{\partial\boldsymbol{A}}{\partial t}-\nabla\varphi$	$\boldsymbol{E}=-\mathrm{j}\omega\boldsymbol{A}-\nabla\varphi$
洛伦兹规范	$\nabla\cdot\boldsymbol{A}=-\varepsilon\mu\frac{\partial\varphi}{\partial t}$	$\nabla\cdot\boldsymbol{A}=-\mathrm{j}\omega\varepsilon\mu\varphi$
达朗贝尔方程	$\nabla^2\boldsymbol{A}-\varepsilon\mu\frac{\partial\boldsymbol{A}^2}{\partial t^2}=-\mu\boldsymbol{J}$	$\nabla^2\boldsymbol{A}+k^2\boldsymbol{A}=-\mu\boldsymbol{J}$
	$\nabla^2\varphi-\varepsilon\mu\frac{\partial\varphi^2}{\partial t^2}=-\frac{\rho}{\varepsilon}$	$\nabla^2\varphi+k^2\varphi=-\frac{\rho}{\varepsilon}$

7.7.6 时谐电磁场的平均能量密度与平均能流密度矢量

在一般时变电磁场中，坡印廷矢量是瞬时矢量，表示瞬时能流密度，在其表达式中包含了场量的平方关系，这种关系式称为二次式。二次式本身不能用复数形式表示，其中的场量必须是实数形式，不能将复数形式的场量直接代入，因此，对于时谐电磁场，不能将其场矢量的复数形式直接代入求解坡印廷矢量。

设某时谐电磁场的电场强度和磁场强度分别为

$$\begin{cases}\boldsymbol{E}(r,t)=\boldsymbol{E}_\mathrm{m}(r)\cos[\omega t+\phi(r)]\\ \boldsymbol{H}(r,t)=\boldsymbol{H}_\mathrm{m}(r)\cos[\omega t+\phi(r)]\end{cases}\tag{7.7-25}$$

则瞬时坡印廷矢量$\boldsymbol{S}(r,t)$为

$$\boldsymbol{S}(r,t)=\boldsymbol{E}(r,t)\times\boldsymbol{H}(r,t)=\boldsymbol{E}_\mathrm{m}(r)\times\boldsymbol{H}_\mathrm{m}(r)\cos^2[\omega t+\phi(r)]\tag{7.7-26}$$

将电场强度和磁场强度用复数表示，即有$\boldsymbol{E}(r)=\boldsymbol{E}_\mathrm{m}(r)\mathrm{e}^{\mathrm{j}\phi(r)}$，$\boldsymbol{H}(r)=\boldsymbol{H}_\mathrm{m}(r)\mathrm{e}^{\mathrm{j}\phi(r)}$。如果直接用复数形式的电场强度和磁场强度来求解坡印廷矢量$\boldsymbol{S}(r,t)$，即为

$$\begin{aligned}\boldsymbol{S}(r,t)&=\mathrm{Re}[\boldsymbol{E}(r)\mathrm{e}^{\mathrm{j}\omega t}\times\boldsymbol{H}(r)\mathrm{e}^{\mathrm{j}\omega t}]\\&=\mathrm{Re}[\boldsymbol{E}_\mathrm{m}(r)\mathrm{e}^{\mathrm{j}[\omega t+\phi(r)]}\times\boldsymbol{H}_\mathrm{m}(r)\mathrm{e}^{\mathrm{j}[\omega t+\phi(r)]}]\\&=\boldsymbol{E}_\mathrm{m}(r)\times\boldsymbol{H}_\mathrm{m}(r)\mathrm{Re}[\mathrm{e}^{\mathrm{j}2[\omega t+\phi(r)]}]\\&=\boldsymbol{E}_\mathrm{m}(r)\times\boldsymbol{H}_\mathrm{m}(r)\cos[2\omega t+2\phi(r)]\end{aligned}\tag{7.7-27}$$

比较式(7.7-23)和式(7.7-24)可见，直接用复数形式的电场强度和磁场强度来求解坡印廷矢量$\boldsymbol{S}(r,t)$显然是错误的。

那么，如何用复数形式的电场强度和磁场强度来求解坡印廷矢量 $\boldsymbol{S}(r,t)$呢？如果先根据复数形式的电场强度和磁场强度求出其对应的瞬时矢量，然后再求出坡印廷矢量 $\boldsymbol{S}(r,t)$，则结果如何呢？

$$\begin{aligned}\boldsymbol{S}(r,t)&=\mathrm{Re}[\boldsymbol{E}(r)\mathrm{e}^{\mathrm{j}\omega t}]\times\mathrm{Re}[\boldsymbol{H}(r)\mathrm{e}^{\mathrm{j}\omega t}]\\&=\mathrm{Re}[\boldsymbol{E}_{\mathrm{m}}(r)\mathrm{e}^{\mathrm{j}[\omega t+\phi(r)]}]\times\mathrm{Re}[\boldsymbol{H}_{\mathrm{m}}(r)\mathrm{e}^{\mathrm{j}[\omega t+\phi(r)]}]\\&=\boldsymbol{E}_{\mathrm{m}}(r)\cos[\omega t+\phi(r)]\times\boldsymbol{H}_{\mathrm{m}}(r)\cos[\omega t+\phi(r)]\\&=\boldsymbol{E}_{\mathrm{m}}(r)\times\boldsymbol{H}_{\mathrm{m}}(r)\cos^2[\omega t+\phi(r)]\end{aligned}\tag{7.7-28}$$

可见，式(7.7－26)和式(7.7－28)的结果相同，也说明这种方法是可行的，此思想符合坡印廷矢量的定义。使用这种方法时应注意：二次式只有实数形式，没有复数形式；场量是实数形式时，直接代入二次式即可；场量是复数形式时，应先取实部再代入，即“先取实后相乘”；如果复数形式的场量中没有时间因子，则取实前应先补充时间因子。

在时谐电磁场中，更有意义的是一个周期内的平均能流密度，即平均坡印廷矢量 $S_{\mathrm{av}}(r)$，也就是坡印廷矢量在一个时间周期 T 中的平均值，即

$$S_{\mathrm{av}}(r)=\frac{1}{T}\int_0^T\boldsymbol{S}(r,t)\mathrm{d}t=\frac{\omega}{2\pi}\int_0^{2\pi/\omega}\boldsymbol{S}(r,t)\mathrm{d}t\tag{7.7-29}$$

根据由复数电场强度和磁场强度求瞬时坡印廷矢量的方法，对于一般情况有

$$\begin{aligned}\boldsymbol{S}(r,t)&=\mathrm{Re}[\boldsymbol{E}(r)\mathrm{e}^{\mathrm{j}\omega t}]\times\mathrm{Re}[\boldsymbol{H}(r)\mathrm{e}^{\mathrm{j}\omega t}]\\&=\frac{1}{2}[\boldsymbol{E}(r)\mathrm{e}^{\mathrm{j}\omega t}+(\boldsymbol{E}(r)\mathrm{e}^{\mathrm{j}\omega t})^*]\times\frac{1}{2}[\boldsymbol{H}(r)\mathrm{e}^{\mathrm{j}\omega t}+(\boldsymbol{H}(r)\mathrm{e}^{\mathrm{j}\omega t})^*]\\&=\frac{1}{4}[\boldsymbol{E}(r)\times\boldsymbol{H}(r)\mathrm{e}^{\mathrm{j}2\omega t}+\boldsymbol{E}^*(r)\times\boldsymbol{H}^*(r)\mathrm{e}^{-\mathrm{j}2\omega t}]+\frac{1}{4}[\boldsymbol{E}(r)\times\boldsymbol{H}^*(r)+\boldsymbol{E}^*(r)\times\boldsymbol{H}(r)]\\&=\frac{1}{4}[(\boldsymbol{E}(r)\times\boldsymbol{H}(r)\mathrm{e}^{\mathrm{j}2\omega t})+(\boldsymbol{E}(r)\times\boldsymbol{H}(r)\mathrm{e}^{\mathrm{j}2\omega t})^*]+\frac{1}{4}[(\boldsymbol{E}(r)\times\boldsymbol{H}^*(r))+(\boldsymbol{E}(r)\times\boldsymbol{H}^*(r))^*]\\&=\frac{1}{2}\mathrm{Re}[\boldsymbol{E}(r)\times\boldsymbol{H}(r)\mathrm{e}^{\mathrm{j}2\omega t}]+\frac{1}{2}\mathrm{Re}[\boldsymbol{E}(r)\times\boldsymbol{H}^*(r)]\end{aligned}\tag{7.7-30}$$

式中的“ * ”表示取共轭复数。

将式(7.7－30)代入式(7.7－29)，可得

$$\begin{aligned}S_{\mathrm{av}}(r)&=\frac{\omega}{2\pi}\int_0^{2\pi/\omega}\left\{\frac{1}{2}\mathrm{Re}[\boldsymbol{E}(r)\times\boldsymbol{H}(r)\mathrm{e}^{\mathrm{j}2\omega t}]+\frac{1}{2}\mathrm{Re}[\boldsymbol{E}(r)\times\boldsymbol{H}^*(r)]\right\}\mathrm{d}t\\&=\frac{1}{2}\mathrm{Re}[\boldsymbol{E}(r)\times\boldsymbol{H}^*(r)]\end{aligned}\tag{7.7-31}$$

式中：$S_{\mathrm{av}}(r)$称为平均坡印廷矢量或平均能流密度，它是与时间无关的量；$\boldsymbol{E}(r)$、$\boldsymbol{H}(r)$都是复振幅，$\boldsymbol{E}^*(r)$、$\boldsymbol{H}^*(r)$是共轭复矢量，它们也都与时间无关。

类似地，时谐电磁场中的电场能量密度和磁场能量密度也可用复矢量表述为

$$\left\{\begin{aligned}w_{\mathrm{e}}(r,t)&=\frac{1}{2}\mathrm{Re}[\boldsymbol{D}(r)\mathrm{e}^{\mathrm{j}\omega t}]\cdot\mathrm{Re}[\boldsymbol{E}(r)\mathrm{e}^{\mathrm{j}\omega t}]\\&=\frac{1}{4}\mathrm{Re}[\boldsymbol{D}(r)\cdot\boldsymbol{E}(r)\mathrm{e}^{\mathrm{j}2\omega t}]+\frac{1}{4}\mathrm{Re}[\boldsymbol{D}(r)\cdot\boldsymbol{E}^*(r)]\\w_{\mathrm{m}}(r,t)&=\frac{1}{2}\mathrm{Re}[\boldsymbol{B}(r)\mathrm{e}^{\mathrm{j}\omega t}]\cdot\mathrm{Re}[\boldsymbol{H}(r)\mathrm{e}^{\mathrm{j}\omega t}]\\&=\frac{1}{4}\mathrm{Re}[\boldsymbol{B}(r)\cdot\boldsymbol{H}(r)\mathrm{e}^{\mathrm{j}2\omega t}]+\frac{1}{4}\mathrm{Re}[\boldsymbol{B}(r)\cdot\boldsymbol{H}^*(r)]\end{aligned}\right.\tag{7.7-32}$$

从而可以得到用复矢量表述的电场能量密度和磁场能量密度的时间平均值，即

$$\begin{cases} w_{\text{eav}}(r,t)=\dfrac{1}{T}\displaystyle\int_0^T w_{\text{e}}(r,t)\,\mathrm{d}t=\dfrac{1}{4}\mathrm{Re}[\boldsymbol{D}(r)\cdot\boldsymbol{E}^*(r)] \\ w_{\text{mav}}(r,t)=\dfrac{1}{T}\displaystyle\int_0^T w_{\text{m}}(r,t)\,\mathrm{d}t=\dfrac{1}{4}\mathrm{Re}[\boldsymbol{B}(r)\cdot\boldsymbol{H}^*(r)] \end{cases} \tag{7.7-33}$$

【例题 7-6】 设有两个相距为 d 的无限大理想导体平板，在平行板间存在时谐电磁场，假设平板平行于 yOz 平面放置，其中一个平面在 yOz 平面上，x 轴垂直于平板，k 为常数。平板间的电场强度为

$$\boldsymbol{E}(x,t)=\boldsymbol{e}_y E_0\sin\frac{\pi x}{d}\cos(\omega t-kz)$$

试求：(1) 平板间的磁场强度 $\boldsymbol{H}(x,t)$；(2) 坡印廷矢量 $\boldsymbol{S}(x,t)$ 及平均能流密度 S_{av}；(3) 平板导体表面的面电流分布。

解　(1) 根据已知条件，复数形式的电场强度为

$$\boldsymbol{E}(x,y,z)=\boldsymbol{e}_y E_0\sin\frac{\pi x}{d}\mathrm{e}^{-\mathrm{j}kz}$$

根据复数形式的麦克斯韦方程有

$$\boldsymbol{H}(x,y,z)=-\frac{1}{\mathrm{j}\omega\mu}\nabla\times\boldsymbol{E}(x,y,z)=\frac{\mathrm{j}}{\omega\mu}\begin{vmatrix}\boldsymbol{e}_x & \boldsymbol{e}_y & \boldsymbol{e}_z \\ \dfrac{\partial}{\partial x} & \dfrac{\partial}{\partial y} & \dfrac{\partial}{\partial z} \\ 0 & E_0\sin\dfrac{\pi x}{d}\mathrm{e}^{-\mathrm{j}kz} & 0\end{vmatrix}$$

$$=\frac{\mathrm{j}E_0}{\omega\mu}\left[\boldsymbol{e}_x\mathrm{j}k\sin\frac{\pi x}{d}+\boldsymbol{e}_z\frac{\pi}{d}\cos\frac{\pi x}{d}\right]\mathrm{e}^{-\mathrm{j}kz}$$

$$=-\boldsymbol{e}_x\frac{kE_0}{\omega\mu}\sin\frac{\pi x}{d}\mathrm{e}^{-\mathrm{j}kz}+\boldsymbol{e}_z\frac{\mathrm{j}\pi E_0}{\omega\mu d}\cos\frac{\pi x}{d}\mathrm{e}^{-\mathrm{j}kz}$$

则平板间的磁场强度 $\boldsymbol{H}(x,y,z,t)$ 为

$$\boldsymbol{H}(x,y,z,t)=\mathrm{Re}\{\boldsymbol{H}(x,y,z)\mathrm{e}^{\mathrm{j}\omega t}\}=\mathrm{Re}\left\{\frac{\mathrm{j}E_0}{\omega\mu}\left[\boldsymbol{e}_x\mathrm{j}k\sin\frac{\pi x}{d}+\boldsymbol{e}_z\frac{\pi}{d}\cos\frac{\pi x}{d}\right]\mathrm{e}^{-\mathrm{j}kz}\mathrm{e}^{\mathrm{j}\omega t}\right\}$$

$$=-\boldsymbol{e}_x\frac{kE_0}{\omega\mu}\sin\frac{\pi x}{d}\cos(\omega t-kz)-\boldsymbol{e}_z\frac{\pi E_0}{\omega\mu d}\cos\frac{\pi x}{d}\sin(\omega t-kz)$$

当然，也可以用瞬时形式的麦克斯韦方程 $\nabla\times\boldsymbol{E}(x,y,z,t)=-\mu\dfrac{\partial\boldsymbol{H}(x,y,z,t)}{\partial t}$ 直接求出平板间的磁场强度 $\boldsymbol{H}(x,y,z,t)$，即

$$\boldsymbol{H}(x,y,z,t)=-\frac{1}{\mu}\int\nabla\times\boldsymbol{E}(x,y,z,t)\,\mathrm{d}t=-\frac{1}{\mu}\int\begin{vmatrix}\boldsymbol{e}_x & \boldsymbol{e}_y & \boldsymbol{e}_z \\ \dfrac{\partial}{\partial x} & \dfrac{\partial}{\partial y} & \dfrac{\partial}{\partial z} \\ 0 & E_0\sin\dfrac{\pi x}{d}\cos(\omega t-kz) & 0\end{vmatrix}\mathrm{d}t$$

$$=-\boldsymbol{e}_x\frac{kE_0}{\omega\mu}\sin\frac{\pi x}{d}\cos(\omega t-kz)-\boldsymbol{e}_z\frac{\pi E_0}{\omega\mu d}\cos\frac{\pi x}{d}\sin(\omega t-kz)$$

(2) 根据定义，坡印廷矢量 $\boldsymbol{S}(x,y,z,t)$ 为

$$
\begin{aligned}
\boldsymbol{S}(x,y,z,t)&=\boldsymbol{E}(x,y,z,t)\times\boldsymbol{H}(x,y,z,t)\\
&=\begin{vmatrix} \boldsymbol{e}_x & \boldsymbol{e}_y & \boldsymbol{e}_z \\ 0 & E_0\sin\dfrac{\pi x}{d}\cos(\omega t-kz) & 0 \\ -\dfrac{kE_0}{\omega\mu}\sin\dfrac{\pi x}{d}\cos(\omega t-kz) & 0 & -\dfrac{\pi E_0}{\omega\mu d}\cos\dfrac{\pi x}{d}\sin(\omega t-kz) \end{vmatrix}\\
&=-\boldsymbol{e}_x\frac{\pi E_0^2}{4\omega\mu d}\sin\frac{2\pi x}{d}\cos 2(\omega t-kz)+\boldsymbol{e}_z\frac{kE_0^2}{\omega\mu}\sin^2\frac{\pi x}{d}\cos^2(\omega t-kz)
\end{aligned}
$$

平均功率流密度 S_{av} 为

$$
\begin{aligned}
S_{av}(x,y,z)&=\frac{1}{2}\mathrm{Re}\{\boldsymbol{E}(x,y,z)\times\boldsymbol{H}^*(x,y,z)\}\\
&=\frac{1}{2}\mathrm{Re}\begin{vmatrix} \boldsymbol{e}_x & \boldsymbol{e}_y & \boldsymbol{e}_z \\ 0 & E_0\sin\dfrac{\pi x}{d}\mathrm{e}^{-\mathrm{j}kz} & 0 \\ -\dfrac{kE_0}{\omega\mu}\sin\dfrac{\pi x}{d}\mathrm{e}^{\mathrm{j}kz} & 0 & \dfrac{\mathrm{j}\pi E_0}{\omega\mu d}\cos\dfrac{\pi x}{d}\mathrm{e}^{\mathrm{j}kz} \end{vmatrix}\\
&=\boldsymbol{e}_z\frac{kE_0^2}{2\omega\mu}\sin^2\frac{\pi x}{d}
\end{aligned}
$$

(3) 根据导体表面的边界条件可得

$x=0$ 平板上的面电流 $\boldsymbol{J}_S|_{x=0}$ 为

$$
\boldsymbol{J}_S(t)|_{x=0}=\boldsymbol{e}_x\times\boldsymbol{H}(x,y,z,t)|_{x=0}=\boldsymbol{e}_y\frac{\pi E_0}{\omega\mu d}\sin(\omega t-kz)
$$

$x=d$ 平板上的面电流 $\boldsymbol{J}_S|_{x=d}$ 为

$$
\boldsymbol{J}_S(t)|_{x=d}=-\boldsymbol{e}_x\times\boldsymbol{H}(x,y,z,t)|_{x=d}=\boldsymbol{e}_y\frac{\pi E_0}{\omega\mu d}\sin(\omega t-kz)
$$

7.8 典型应用

7.8.1 原油输油管道加热

石油是我国能源供应的重要组成部分，由于我国地处北半球，绝大多数地区在冬天都有结冰期。石油未开采出来之前，埋在地下几千米深处，因地球内部温度较高，故呈液态，可以流动。一旦开采出地面，因石油中的高分子成分，如沥青、石蜡等，在－20℃以下将凝结成固体而停止流动。为了将开采的大量原油输送到储油站，一般将采出地面的原油采用不同的方法加热到几十度后通过管道输送到炼油厂进行深加工。

目前采用的原油管道加热系统主要采用燃烧原油、天然气、锅炉烧热水等来加热原油管道，比较现代化的是用电热管来加热管道。在这些加热的手段中，燃烧原油和天然气的方法成本高、劳动强度大、污染环境，同时也要燃烧掉部分原油和天然气，这些方法会直接影响经济效益，并且容易引起火灾；优点是燃料可就地取材。用锅炉烧热水加热原油的投资成本更高，但它的安全性、防火性和防爆性比前两者强。

电热管加热方法主要存在的问题是：

(1) 在加热过程中电热管始终处在原油中，原油中所含的沥青、石蜡等杂质会在电热管上形成“油垢”，从而降低热量传输，时间长了以后甚至会完全失去加热功能。

(2) 电热管主要加热系统件是电炉丝，虽然电炉丝相对较便宜，但需经常更换，从而增加设备成本和维修成本。

(3) 原油管道加热系统都是在野外工作，一旦失效，输油管道会很快凝固，从而造成输油管道的堵塞。

现代化的加热方法是采用电加热方式。电加热方式主要有以下三种：

(1) 电阻加热。它是利用电流通过具有电阻率的发热体产生焦耳热来进行加热。

(2) 高频电磁感应加热。首先把工频电能转变为高频交变磁场能，交变磁场穿越铁磁材料时会产生涡流，当涡流在具有一定电阻率的铁磁材料中流动时，因涡流损耗而产生焦耳热。

(3) 微波介质加热。某些介质处于电场中时将产生极化现象，当电场以超高频速度交变时，因介质的极化方向反复取向而产生介质损耗发热。

电阻加热最大的缺点是会“结垢”，以致影响热效率。微波加热需用到产生高频振荡的磁控管，而磁控管的寿命一般在1000个小时左右，因此不经济。高频电磁感应加热不存在这两个缺点，因此高频电磁感应加热方式是目前原油管道加热传输系统的较好选择。

高频电磁感应加热方式突出的优点是寿命长、效率高。因为它全部采用半导体固态元器件，在设计电路时，采用降额使用原理，一般情况下连续工作三年不会出现故障，此方法能够将电能的70%以上的能量转换成热能。

高频原油管道加热系统的理论根据主要有以下两个：

(1) 极性分子在高频电场中，随着外电场的改变而改变，在其改变的过程中，分子间发生相互碰撞而产生热量。在我国各大油田中，开采的原油中都含有一定数量的水(极性分子)，因此可利用高频来加热原油中的水，而被加热的水又以热传导和热对流的方式将热量传递给原油。

(2) 铁磁物质在高频磁场作用下要产生涡流，从而使铁磁物质在涡流作用下产生高热。在加热原油管道中放入一段钢管，当原油经过钢管时，由涡流产生的高热就同样以热传导和热对流的方式将热量传递给原油，从而达到加热原油的目的。

为实现高频加热，加热系统应由电源、高频能量产生电路、能量转换(将高频电能转换成热能)电路、温度检测电路、控制电路等部分组成，如图7.8-1所示。

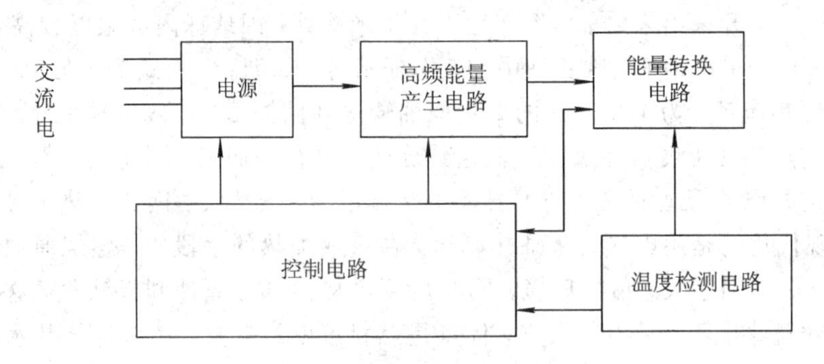

图7.8-1 原油高频加热组成

能量转换电路主要是把产生的高频能量转换成热能，如图7.8-2所示。铁磁性物质圆筒在高频线磁场的作用下，在圆筒内产生涡流，当原油流过时，涡流将对原油加热，从而使原油的温度升高，从而达到加热原油的目的。

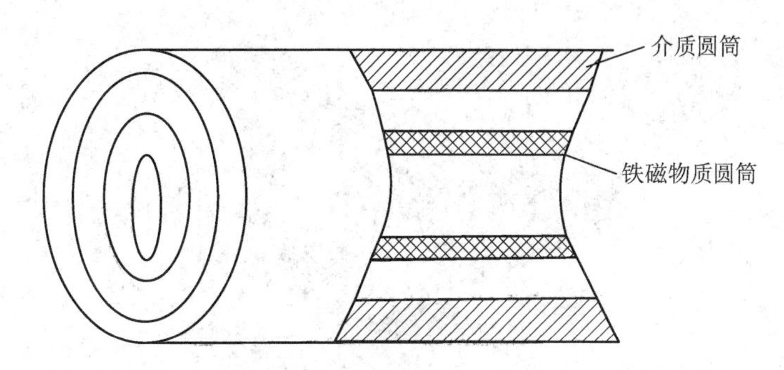

图7.8-2　能量转换电路

（1）温度的检测与控制。温度是指加热后原油的温度，管道中的原油必须在一定的温度下才能顺利流动，最终到达储油站。但温度太高会引起火灾，因此必须对原油加热的温度进行检测和控制，以确保加热后的原油温度始终在额定温度范围之内。

（2）检测原油温度的方法。常用热敏电阻作为传感器，将温度信号转换成电信号，并进行适当的放大，再去控制有关的电路，最终达到控制输入电压的目的。

7.8.2　电磁传感器

电磁传感器以磁场为媒介，通过被测物理量的变化改变传感器周围磁场的分布，将被测的非电物理量转换为感应电动势，可用于应力应变、温度、速度、光强等物理量的测量。由于电磁传感器具有灵敏度高、响应速度快、容易实现高频特性等优点，因此在工业测量、医学仪器、航空航天等领域有着广泛的应用。

电磁传感器测量系统一般由激励产生单元、电磁传感器和信号处理系统组成。激励源的作用是施加激励在电磁传感器上产生磁场；信号处理系统的作用是完成对感应电信号的采集、转换、处理显示等流程。由于电磁传感器输出信号微弱，且在实际工况环境下会夹杂噪声和电磁干扰，使信噪比低而难以拾取。因此，如何根据传感器的输出信号特征设计相应的信号处理系统来实现物理量的准确测量成为关键。

1. 电磁流量计

电磁流量计是一种基于法拉第电磁感应定律来测量导电液体体积流量的仪表。电磁流量计由一次传感器和二次转换器组成，一次传感器将流体流速转换为感应电压信号，二次转换器实现励磁电流产生，完成流量信号调理和数字信号处理控制与通信等。一次传感器主要包括表壳、励磁线圈、法兰、衬里和电极等部分，其中衬里和电极的材料根据所测量的流体种类不同而选择，以达到抗腐蚀、抗氧化的要求。针对工况下对不同流量计量的需求，一次传感器的口径也可自由选择，小到数厘米，大到数米的口径，可适应于不同场合的流量计量，因此电磁流量计的应用非常广泛。励磁线圈的绕制方式决定了磁场的强度和磁场分布，也决定了信号的输出特性。外壳具有包装和屏蔽的作用。二次转换器采集两个电极之间的感应电动势，完成对流量信号的采集、转换、处理显示等流程。

电磁流量计的工作原理如图7.8-3所示，当励磁线圈通以交变的电流时，将会在管道内部产生交变的磁场。根据电磁感应原理，导体在磁场中做切割磁感线运动时，导体两端就会产生感应电动势。在电磁流量计中，当导电的流体流经测量管道时，会切割磁感线，在两个电极端产生感应电动势，大小与流速成线性关系。

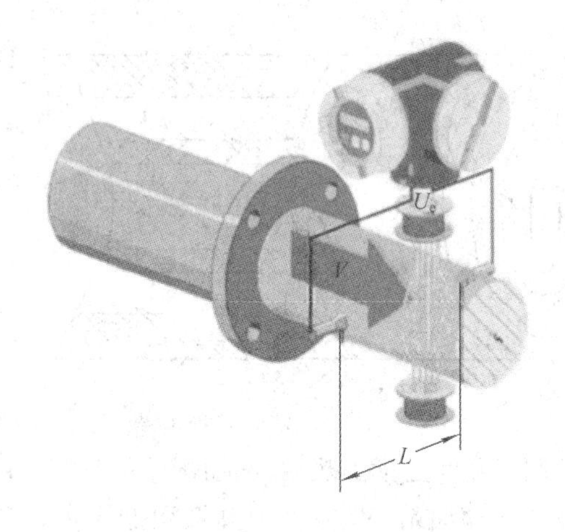

图 7.8-3 电磁流量计工作原理图

电动势 E 的大小可表示为

$$E = BDv \tag{7.8-1}$$

式中，B 表示磁场强度，D 表示管道直径，v 表示流体流速。显然，管道直径 D 是个常量，当磁场强度 B 保持恒定时，感应电动势的大小与流体流速成线性关系。

流体的瞬时流量可表示为

$$V = \pi\left(\frac{D}{2}\right)^2 v \tag{7.8-2}$$

式中，V 表示流体的体积流量。可见，电极两端产生的感应电动势与流体流速和流量均成线性关系，通过测量电动势的大小可以实现流量的计量。

电磁流量计相较于其他流量计优势较为明显，应用广泛。电磁流量计具有以下特点：

(1) 电磁流量计因不受流体浓度、黏度、密度的影响，可应用于大部分的流体测量；

(2) 电磁流量计结构简单可靠，管道内部无阻碍流体流动部件，无压损，上下直管段长度要求较低；

(3) 可采用多种励磁方式，具有功耗低、零点稳定、精确度高、量程比宽、耐腐蚀等优点。

2. 平面电磁传感器

平面电磁传感器是基于涡流检测原理进行检测的，广泛应用于医疗、生态环境监测、航空航天等领域。传统的涡流传感器一般是由线圈绕制而成的，占用空间大，不方便检测狭小区域。平面电磁传感器作为一种新型的涡流传感器，它将传感器的激励线圈和感应线圈制作在同一薄的柔性基底上，适用于对导电材料近表面和亚表面缺陷的无损检测。使用平面电磁传感器进行检测可以克服传统的涡流检测技术的局限性，能够测量结构复杂的部件上难以接触的部位的情况；可以永久地安装在设备的关键部件上，实现实时监测；还可以同时测量被测材料的提离和电导率或磁导率等物理属性；能够快速、稳定、大面积地扫描被测材料的表面，得到关于材料表面属性的信息数据，且测量结果的一致性和重复性好。平面电磁传感器由于其结构在同一平面，且具有高灵敏度特性，在检测物件表面缺陷和探伤成像等方面均具有较大优势。

平面电磁传感器的测量原理如图 7.8-4 所示。传感器由激励线圈、感应线圈和基底三部分组成，激励线圈是按空间周期性分布的阵列，它一般分布在激励线圈的两侧。当激励线圈两端施加一定频率的交变电流 I 时，线圈周围会产生交变的磁场 H_1；当传感器靠近被测的导电材料时，在交变磁场 H_1 的作用下，材料内部会产生感应涡流，感应涡流进而会产生一个与主磁场方向相反的二次磁场 H_2，在两个磁场的相互作用下，感应线圈会产生感应电压 U，在已知激励电流 I 和感应电压 U 的情况下，它们的比值记作阻抗 Z。由于平面电磁传感器的线圈一般采用单层结构，所以可以将传感器的激励线圈和检测线圈制作在柔性基底上，极大地增加了传感器使用的灵活性和适应性。

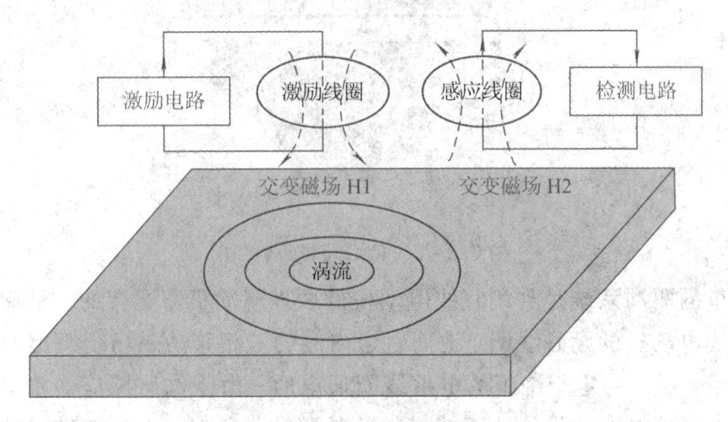

图 7.8-4　平面电磁传感器测量原理图

平面电磁测量系统相较于传统涡流检测系统具有检测速度快、可大面积进行扫描成像、使检测可视化、结果更加直观准确的特点。平面电磁传感器为柔性基底，可适应不同被测对象的复杂表面，灵活性更强，在金属材料无损检测领域应用越来越广泛。

7.8.3　磁悬浮列车

磁悬浮列车的运行依靠磁力(磁吸力或磁斥力)推动，是一种没有车轮的无接触式悬浮、导向及驱动的陆上新型轨道交通工具，因彻底摆脱了轮轨关系的束缚，其速度、运量、功率、载重、舒适性和安全性等均有更好的表现。

磁悬浮技术是指利用磁力克服重力使物体悬浮的一种技术，属典型的机电一体化技术，它整合了电力电子、电磁学、机械学、动力学、控制工程和信号处理等技术，并集成运用于磁悬浮列车上。

磁悬浮列车主要包括三大系统：悬浮系统、驱动系统和导向系统。其原理是利用电磁间的相互吸引力或排斥力实现列车的悬浮、导向和驱动。悬浮系统根据悬浮方式可将磁悬浮列车分为两类：一种是常导型磁悬浮列车系统，即 EMS(电磁吸引式悬浮)；另一种是超导型磁悬浮列车系统，即 EDS(电动排斥式悬浮)。

常导电磁悬浮技术基于铁磁原理，依靠车载电磁铁与铁磁性轨道之间的磁吸力平衡重力，使车体悬浮。其原理如图 7.8-5 所示。安装于车上的常规电磁铁既用于悬浮和导向，也作为同步直线电机的激磁绕组。安装于 T 型导轨(轨道梁)上的长定子铁芯和导向铁轨与电磁铁相互作用产生悬浮力和导向力。在长定子铁芯槽内沿线连续铺设的三相电枢绕组中的电流与电磁铁相互作用产生驱动力。供电采用万千瓦级电力电子变频电源，实时切换到列车所在区段，根据车速变频调节。列车的位置与速度信息须实时传输到控制室，还须采用最先进的地面控制系统，即常导磁悬浮系统对控制的要求非常高，依靠车载直流电磁铁产生的吸力吸引轨道下方的磁回路，从而使车体悬浮。

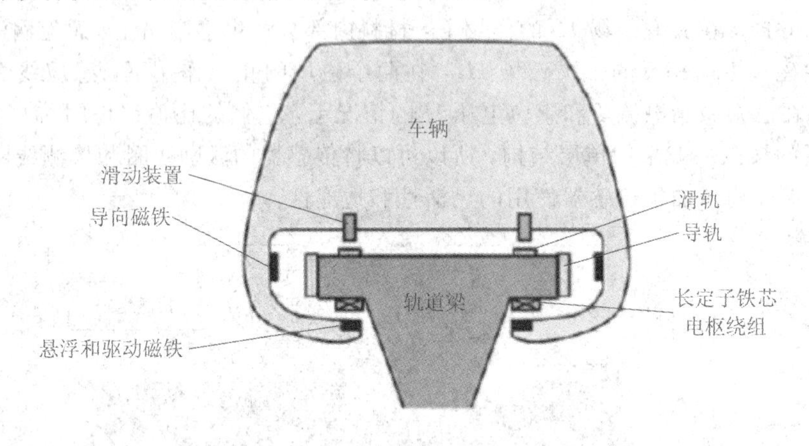

图 7.8-5　EMS 原理示意图

磁悬浮列车的驱动系统是利用直线电动机的原理驱动机车运行的。车辆下部电磁线圈类似于同步直线电动机的励磁线圈，地面轨道内侧的三相移动磁场绕组类似于同步直线电动机长定子绕组。当作为定子绕组的电枢线圈通电时，由于电磁感应而推动转子转动。因此，当三相调频调幅电力被供给地面轨道内侧的驱动绕组时，由于电磁感应原理作用于车辆下部的电磁线圈上，产生的感应磁场推动列车做直线运动。这种将定子线圈安装在轨道上，转子线圈安装在车辆上的驱动类型称为长定子短转子的同步直线电动机驱动，由于地面直接给固定的轨道供电，可适用于高速运行。另一种是将定子安装在车辆的底部，转子线圈安装在轨道上的驱动方式称为长转子短定子异步直线电机驱动，由于需要列车给定子绕组供电，受列车供电功率的限制，它仅适用于低速运行。

左右两侧安装的导向电磁体与导向轨侧面之间保持一定的间隙，当车辆发生横向偏移时，导向电磁体与导向轨相互作用，两侧导向电磁体吸引力的合力使车辆恢复到中心位置。当车辆的运行状态发生变化，例如在曲线或坡道上运行时，控制系统将调节导向磁体中的电流，以保持这一间隙来控制列车运行方向。

习　题

7.1　证明通过任意封闭曲面的传导电流和位移电流总量为零。

7.2　设有一个断开的矩形线圈与一根长直导线位于同一平面内，如图 7-1 所示。假设：(1) 长直导线中通过的电流为 $i=I\cos\omega t$，线圈不动；(2) 长直导线中通过的电流为不随时间变化的直流电流 $i=I$，线圈以角速度 ω 旋转；(3) 长直导线中通过的电流为 $i=I\cos\omega t$，线圈以角速度 ω 旋转。在上述三种情况下，分别求线圈中的感应电动势。

7.3　无源真空中有一磁场强度 $\boldsymbol{H}(r,t)=\boldsymbol{e}_x 100\sin(5x)\cos(\omega t-\beta y)+\boldsymbol{e}_y 50\cos(5x)\sin(\omega t-\beta y)$，

求位移电流密度。

7.4　一圆柱形电容器，内、外导体半径分别为 a 和 b，长为 l。假设该电容器外加电压为 $U_0\sin\omega t$，试计算电容器极板间的总位移电流，并证明它等于电容器的传导电流。

7.5　在 $z=3$ m 的平面内，长度 $l=0.5$ m 的导线沿 x 轴方向排列。当该导线以速度 $\boldsymbol{V}=2\boldsymbol{e}_x+4\boldsymbol{e}_y$(m/s)在磁感应强度 $\boldsymbol{B}=\boldsymbol{e}_x3x^2z+\boldsymbol{e}_y6+\boldsymbol{e}_z3xz^2$(T)的磁场中移动时，求感应电动势。

7.6　电子感应加速器中的磁场在直径为 0.5 m 的圆柱形区域内是均匀的，若磁场的变化率为 0.01 T/s，试计算离开中心距离为 0.1 m、0.5 m、1.0 m 处各点的感生电场。

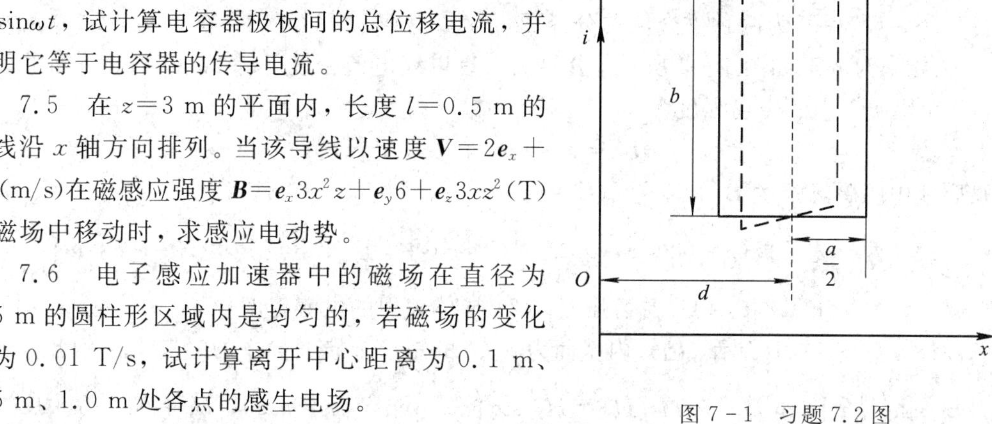

图 7-1　习题 7.2 图

7.7　在坐标原点附近区域内，传导电流密度为 $\boldsymbol{J}=\boldsymbol{e}_r10r^{1.5}$(A/m²)，求：(1) 通过半径 $r=1$ mm 的球面的电流值；(2) 在 $r=1$ mm 的球面上电荷密度的增加率；(3) 在 $r=1$ mm 的球内总电荷的增加率。

7.8　海水的电导率为 4 S/m，相对介电常数为 81，求频率为 1 MHz 时位移电流振幅与传导电流振幅的比值。

7.9　自由空间的磁场强度为 $\boldsymbol{H}=\boldsymbol{e}_x\boldsymbol{H}_m\cos(\omega t-kz)$(A/m)($k$ 为常数)，求位移电流密度和电场强度。

7.10　正弦交流电压源 $u=u_m\sin(\omega t)$ 连接到平行板电容器的两个极板上。(1) 证明电容器两极板间的位移电流与连接导线中的传导电流相等；(2) 求导线附近距离连接导线为 r 处的磁场强度。

7.11　在无源的电介质中，若已知电场强度矢量为 $\boldsymbol{E}=\boldsymbol{e}_xE_m\sin(\omega t-kz)$(V/m)，式中的 E_m 为振幅，ω 为角频率，k 为相位常数。试确定 k 与 ω 之间所满足的关系，并求出与 $\boldsymbol{E}$ 相应的其它场矢量。

7.12　证明均匀导电媒质内部不会有永久的自由电荷分布。

7.13　一平板电容器的极板为圆盘状，其半径为 a，极板间距离为 $d(d\ll a)$，如图 7-2 所示。(1) 假设极板上电荷均匀分布，且 $\rho_S=\pm\rho_m\cos\omega t$，忽略边缘效应，求极板间的电场和磁场；(2) 证明这样的场不满足电磁场基本方程。

7.14　设 $z=0$ 的平面为空气与理想导体的分界面，$z<0$ 一侧为理想导体，分界面处的磁场强度为 $\boldsymbol{H}(x, y, 0, t)=\boldsymbol{e}_xH_0\sin ax\cos(\omega t-ay)$，求理想导体表面上的电流分布、电荷分布以及分界面处的电场强度。

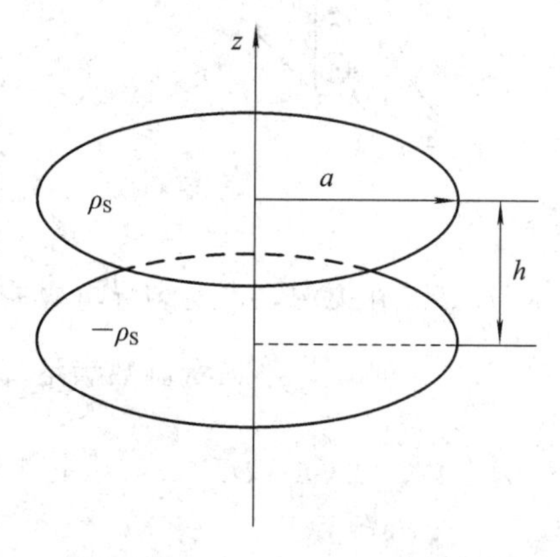

图 7-2　习题 7.13 图

7.15　证明在无初值的时变场条件下，法向分量的边界条件已含于切向分量的边界条件之中，即只有两个切向分量的边界条件是独立的。因此，在解电磁场边值问题中只需代入两个切向分量的边界条件即可。

7.16　设 $y=0$ 为两种磁介质的分界面，$y<0$ 为媒质 1，其磁导率为 μ_1，$y>0$ 为媒质 2，其磁导率为 μ_2，如图 7－3 所示。分界面上有以线电流密度 $\boldsymbol{J}_S=2\boldsymbol{e}_x$(A/m)分布的面电流，已知媒质 1 中的磁场强度为

$$\boldsymbol{H}_1=\boldsymbol{e}_x+2\boldsymbol{e}_y+3\boldsymbol{e}_z\text{(A/m)}$$

求媒质 2 中的磁场强度 $\boldsymbol{H}_2$。

7.17　两导体平板($z=0$ 和 $z=d$)之间的空气中，已知电场强度 $\boldsymbol{E}=\boldsymbol{e}_yE_0\sin\left(\frac{\pi}{d}z\right)\cdot\cos(\omega t-kx)$(V/m)，求：(1) 磁场强度；(2) 导体表面的电流密度。

7.18　如图 7－4 所示，已知内截面为 $a\times b$ 的矩形金属波导中的时变电磁场各分量为 $E_y=E_{y0}\sin\left(\frac{\pi}{a}x\right)\cos(\omega t-k_zz)$，$H_x=H_{x0}\sin\left(\frac{\pi}{a}x\right)\cos(\omega t-k_zz)$，$H_z=H_{z0}\cos\left(\frac{\pi}{a}x\right)\cdot\sin(\omega t-k_zz)$，求波导内部为真空时，波导中的位移电流分布和波导内壁上的电荷及电流分布。

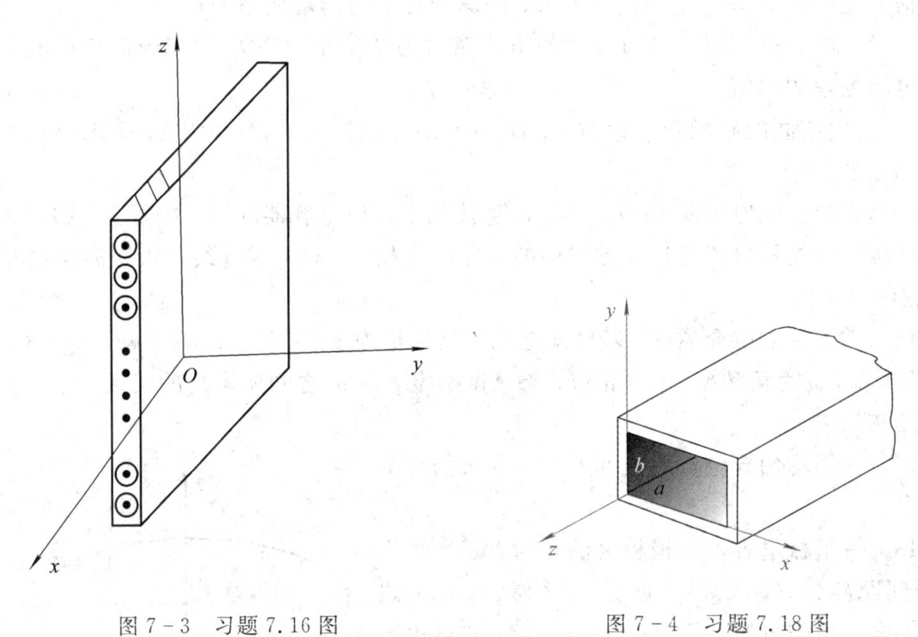

图 7－3　习题 7.16 图　　　　图 7－4　习题 7.18 图

7.19　在无源区求均匀导电媒质中电场强度和磁场强度满足的波动方程。

7.20　证明以下矢量函数满足真空中的无源波动方程 $\nabla^2\boldsymbol{E}-\frac{1}{c^2}\frac{\partial^2\boldsymbol{E}}{\partial t^2}=0$，其中 $c^2=\frac{1}{\mu_0\varepsilon_0}$，$E_0$ 为常数。(1) $\boldsymbol{E}=\boldsymbol{e}_xE_0\cos\left(\omega t-\frac{\omega}{c}z\right)$；(2) $\boldsymbol{E}=\boldsymbol{e}_xE_0\sin\left(\frac{\omega}{c}z\right)\cos(\omega t)$；(3) $\boldsymbol{E}=\boldsymbol{e}_yE_0\cdot\cos\left(\omega t+\frac{\omega}{c}z\right)$。

7.21　证明：矢量函数 $\boldsymbol{E}=\boldsymbol{e}_xE_0\cos\left(\omega t-\frac{\omega}{c}x\right)$满足真空中的无源波动方程

$$\nabla^2 \boldsymbol{E} - \frac{1}{c^2}\frac{\partial^2 \boldsymbol{E}}{\partial t^2} = 0$$

但不满足麦克斯韦方程。

7.22　在无损耗的线性、各向同性媒质中，电场强度 $\boldsymbol{E}(\boldsymbol{r})$ 的波动方程为

$$\nabla^2 \boldsymbol{E}(\boldsymbol{r}) + \omega^2 \mu\varepsilon \boldsymbol{E}(\boldsymbol{r}) = 0$$

已知矢量函数 $\boldsymbol{E}(\boldsymbol{r}) = \boldsymbol{E}_0 e^{-j\boldsymbol{k}\cdot\boldsymbol{r}}$，其中 $\boldsymbol{E}_0$ 和 $\boldsymbol{k}$ 是常矢量。试证明 $\boldsymbol{E}(\boldsymbol{r})$ 满足波动方程的条件是 $k^2 = \omega^2\mu\varepsilon$，这里 $k = |\boldsymbol{k}|$。

7.23　真空中同时存在两个正弦电磁场，电场强度分别为

$$\boldsymbol{E}_1 = \boldsymbol{e}_x E_{10} \mathrm{e}^{-\mathrm{j}k_1 z},\ \boldsymbol{E}_2 = \boldsymbol{e}_y E_{20} \mathrm{e}^{-\mathrm{j}k_2 z}$$

试证明总的平均功率流密度等于两个正弦电磁场的平均功率流密度之和。

7.24　已知无源、自由空间中的电场强度矢量 $\boldsymbol{E} = E_m \sin(\omega t - kz)\boldsymbol{e}_y$。(1) 由麦克斯韦方程组求磁场强度；(2) 证明 ω/k 等于光速；(3) 求波印廷矢量的时间平均值。

7.25　已知时变电磁场中矢量位 $\boldsymbol{A} = \boldsymbol{e}_x A_m \sin(\omega t - kz)$，其中 A_m、k 是常数，求电场强度、磁场强度和坡印廷矢量。

7.26　设电场强度和磁场强度分别为 $\boldsymbol{E} = \boldsymbol{E}_0 \cos(\omega t + \psi_e)$，$\boldsymbol{H} = \boldsymbol{H}_0 \cos(\omega t + \psi_m)$，证明其坡印廷矢量的平均值为 $\boldsymbol{S}_{av} = \frac{1}{2}\boldsymbol{E}_0 \times \boldsymbol{H}_0 \cos(\psi_e - \psi_m)$。

7.27　已知正弦电磁场的电场瞬时值为

$$\boldsymbol{E}(z, t) = \boldsymbol{e}_x 0.03\sin(10^8 \pi t - kz) + \boldsymbol{e}_x 0.04\sin(10^8 \pi t - kz - \pi/3)$$

求：(1) 电场的复矢量；(2) 磁场的复矢量和瞬时值。

7.28　一个真空中存在的电磁场为 $\boldsymbol{E} = \boldsymbol{e}_x \mathrm{j}E_0 \sin kz$，$\boldsymbol{H} = \boldsymbol{e}_y \sqrt{\frac{\varepsilon_0}{\mu_0}} E_0 \cos kz$，其中 $k = \frac{2\pi}{\lambda} = \frac{\omega}{c}$。求 $z = 0$，$\frac{\lambda}{8}$，$\frac{\lambda}{4}$ 各点的坡印廷矢量的瞬时值和平均值。

7.29　已知空气(介电常数为 ε_0、磁导率为 μ_0)中传播的均匀平面波的磁场强度表示式为

$$\boldsymbol{H}(x, t) = \boldsymbol{e}_y 4\cos(\omega t - \pi x)\ (\mathrm{A/m})$$

试确定：(1) 波的传播方向；(2) 波长和频率；(3) 与 $\boldsymbol{H}(x, t)$ 相伴的电场强度 $\boldsymbol{E}(x, t)$；(4) 平均坡印廷矢量。

7.30　由半径为 a 的两圆形导体平板构成一平行板电容器，间距为 d，两板间充满介电常数为 ε、电导率为 σ 的媒质，如图 7-5 所示。设两板间外加缓变电压 $u = U_m \cos\omega t$，略去边缘效应。(1) 求电容器内的瞬时坡印廷矢量和平均坡印廷矢量；(2) 证明进入电容器的平均功率等于电容器内损耗的平均功率。

7.31　已知无源的自由空间中，时变电磁场的电场强度复矢量 $\boldsymbol{E}(z) = \boldsymbol{e}_y E_0 \mathrm{e}^{-\mathrm{j}kz}$ (V/m)，式中 k、E_0 为常数。求：(1) 磁场强度复矢量；(2) 坡印廷矢量的瞬时值；(3) 平均坡印廷矢量。

7.32　已知某真空区域中的时变电磁场的电场瞬时值为 $\boldsymbol{E}(r, t) = \boldsymbol{e}_y \sqrt{2}\sin(10\pi x) \cdot \sin(\omega t - k_z z)$，求：(1) 其磁场强度的复数形式；(2) 其能流密度矢量的平均值。

7.33　若真空中正弦电磁场的电场复矢量为 $\boldsymbol{E}(r) = (-\mathrm{j}\boldsymbol{e}_x - 2\boldsymbol{e}_y + \mathrm{j}\sqrt{3}\boldsymbol{e}_z)\mathrm{e}^{-\mathrm{j}0.05\pi(\sqrt{3}x + z)}$，

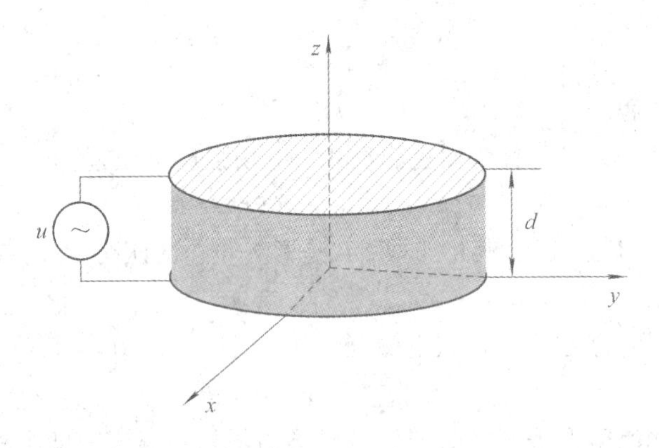

图 7-5　习题 7.30 图

求：(1) 电场强度的瞬时值 $\boldsymbol{E}(r, t)$；(2) 磁感应强度的复矢量 $B(r)$；(3) 复能流密度矢量 $\boldsymbol{S}_{\mathrm{av}}(r)$。

7.34　频率 $f=10^{8}$ Hz 的均匀平面电磁波在 $\mu_{\mathrm{r}}=1$ 的理想介质中传播，其电场强度矢量 $\boldsymbol{E}(\boldsymbol{r})=a_{x}\mathrm{e}^{-\mathrm{j}\left(2\pi z-\frac{\pi}{5}\right)}$ (V/m)，试求：(1) 该理想介质的相对介电常数 ε_{r}；(2) 平面电磁波在该理想介质中传播的相速度 v_{p}；(3) 平面电磁波坡印廷矢量的平均值 $\boldsymbol{S}_{\mathrm{av}}$。

7.35　如图 7-6 所示，同轴线的内导体半径为 a、外导体的内半径为 b，其间填充均匀的理想介质。设内外导体间外加缓变电压为 $u=U_{\mathrm{m}}\cos\omega t$，导体中流过缓变电流为 $i=I_{\mathrm{m}}\cos\omega t$。(1)在导体为理想导体的情况下，计算同轴线中的平均坡印廷矢量 $\boldsymbol{S}_{\mathrm{av}}$ 和传输的平均功率 P_{av}；(2) 当导体的电导率 σ 为有限值时，定性分析对传输功率的影响。

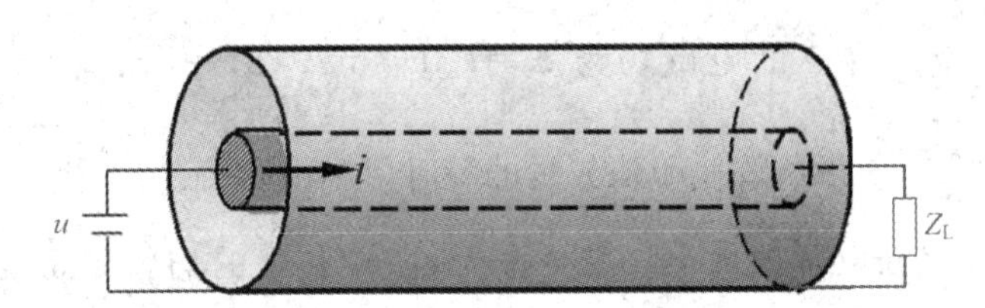

图 7-6　习题 7.35 图

第三篇　电磁波的传播、传输与辐射

第 8 章　均匀平面波在无界媒质中传播

我们知道，麦克斯韦方程包含了描述媒质中任意点电磁场特性的全部信息。电磁波是电磁场在给定条件下的空间分布和随时间的变化规律，是脱离场源后在空间传播的电磁场，也就是电磁场波动方程在一定的边界条件和初始条件下的解。

电磁波是自然界许多波动现象中的一种，不仅具有波动的一般规律，而且也有其特殊的传播规律与特点。研究电磁波的传播规律和特点，对于信息的传输、电磁能量的传输以及电磁波在实际工程中的应用具有特别重要的现实意义。

本章主要介绍均匀平面电磁波的传播规律和特点。首先介绍均匀平面电磁波的概念，然后分别介绍理想介质、导电媒质中均匀平面电磁波的传播规律和特点，最后介绍电磁波的几个重要特性。

8.1　均匀平面电磁波

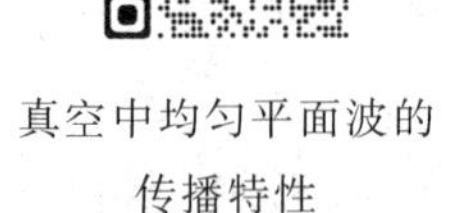

真空中均匀平面波的传播特性

将空间相位相同的点相连而构成的曲面称为等相位面，也称为波阵面。电磁波根据其空间等相位面的形状一般可分为平面电磁波、柱面电磁波和球面电磁波。在实际工程中应用最多的是平面电磁波，它是指电磁波场矢量的等相位面与电磁波传播方向相垂直的无限大平面，它是波动方程的一个特解。事实上，并没有平面电磁波存在，这是因为要达到平面电磁波存在的条件，场源必须为无限大。但如果场点离场源足够远，则空间曲面很小一部分就十分接近平面，此时的电磁波就可近似视为平面电磁波，这一特点也是重点研究平面电磁波传播规律和特点的理由。

如果电磁波传播的媒质是线性、各向同性的均匀媒质，那么平面电磁波就变成均匀平面电磁波，它是最简单的电磁波，也是研究电磁波的基础。

等相位面是平面，等相位面上电场和磁场的方向、振幅都保持不变的平面波称为均匀平面电磁波，简称均匀平面波。也就是说沿某一方向传播的均匀平面波，其场量除了随时间变化外，只与传播方向上的坐标(空间位置)有关。由于时谐电磁场是最常用的电磁场，因此，除非特别说明，以后的均匀平面波均为时谐均匀平面波。根据电磁场与电磁波的特点，电磁波在空间的电场强度 $\boldsymbol{E}$、磁场强度 $\boldsymbol{H}$ 和传播方向(坡印廷矢量)$\boldsymbol{S}$ 相互垂直，如图 8.1－1 所示。

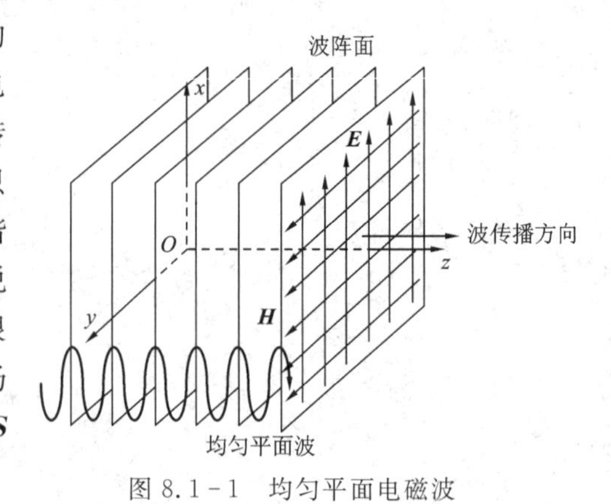

图 8.1－1　均匀平面电磁波

由第7章的讨论知道，在线性、各向同性的均匀理想介质的无限大的无源空间中，表征均匀平面波的波动方程为

$$\begin{cases}\nabla^2 \boldsymbol{E}-\varepsilon\mu\dfrac{\partial^2 \boldsymbol{E}}{\partial t^2}=0\\ \nabla^2 \boldsymbol{H}-\varepsilon\mu\dfrac{\partial^2 \boldsymbol{H}}{\partial t^2}=0\end{cases} \tag{8.1-1}$$

对应的用复矢量表示的均匀平面波的波动方程为

$$\begin{cases}\nabla^2 \boldsymbol{E}+k^2\boldsymbol{E}=0\\ \nabla^2 \boldsymbol{H}+k^2\boldsymbol{H}=0\end{cases} \tag{8.1-2}$$

式中，$k=\omega\sqrt{\varepsilon\mu}$。

在线性、各向同性的均匀导电媒质中，由于有电导率σ存在，因此相应的均匀平面波的波动方程为

$$\begin{cases}\nabla^2 \boldsymbol{E}-\mu\sigma\dfrac{\partial \boldsymbol{E}}{\partial t}-\varepsilon\mu\dfrac{\partial^2 \boldsymbol{E}}{\partial t^2}=0\\ \nabla^2 \boldsymbol{H}-\mu\sigma\dfrac{\partial \boldsymbol{H}}{\partial t}-\varepsilon\mu\dfrac{\partial^2 \boldsymbol{H}}{\partial t^2}=0\end{cases} \tag{8.1-3}$$

对应的用复矢量表示的均匀平面波的波动方程为

$$\begin{cases}\nabla^2 \boldsymbol{E}+k_c^2\boldsymbol{E}=0\\ \nabla^2 \boldsymbol{H}+k_c^2\boldsymbol{H}=0\end{cases} \tag{8.1-4}$$

式中，$k_c=\omega\sqrt{\varepsilon_c\mu_c}$。

实际存在的球面电磁波、柱面电磁波都可根据傅里叶变换分解为许多均匀平面波。均匀平面电磁波是麦克斯韦方程最简单的解，也是许多实际电磁波传播问题的近似。它是电磁波的一种理想情况，其分析方法简单，但又表征了电磁波的重要特性，因此具有十分重要的研究意义。

8.2　理想介质中的均匀平面波传播

均匀平面电磁波传播特性

8.2.1　理想介质中的均匀平面波

在充满线性、各向同性的均匀理想介质的无限大的无源空间中，均匀平面波的波动方程为式(8.1-2)。再假设均匀平面波沿直角坐标系的z轴传播，因场矢量在xy平面(等相位面)无变化，故电场强度和磁场强度均不是x和y的函数，只是z和时间的函数，则有

$$\frac{\partial \boldsymbol{E}}{\partial x}=\frac{\partial \boldsymbol{E}}{\partial y}=0 \quad 和 \quad \frac{\partial \boldsymbol{H}}{\partial x}=\frac{\partial \boldsymbol{H}}{\partial y}=0$$

由于电场强度能用三个坐标的标量表示，即$\boldsymbol{E}=\boldsymbol{e}_xE_x+\boldsymbol{e}_yE_y+\boldsymbol{e}_zE_z$。同理，磁场强度也可以用三个坐标的标量表示，即$\boldsymbol{H}=\boldsymbol{e}_xH_x+\boldsymbol{e}_yH_y+\boldsymbol{e}_zH_z$，则均匀平面波的波动方程可化简为

$$\begin{cases} \dfrac{\partial^2 \boldsymbol{E}}{\partial z^2} + k^2 \boldsymbol{E} = 0 \\ \dfrac{\partial^2 \boldsymbol{H}}{\partial z^2} + k^2 \boldsymbol{H} = 0 \end{cases} \tag{8.2-1}$$

我们知道，在直角坐标系中有

$$\begin{cases} \nabla \cdot \boldsymbol{E} = \dfrac{\partial E_x}{\partial x} + \dfrac{\partial E_y}{\partial y} + \dfrac{\partial E_z}{\partial z} \\ \nabla \cdot \boldsymbol{H} = \dfrac{\partial H_x}{\partial x} + \dfrac{\partial H_y}{\partial y} + \dfrac{\partial H_z}{\partial z} \end{cases}$$

在无源空间中($\rho=0$，$J=0$)，由麦克斯韦方程可知，$\nabla \cdot \boldsymbol{E} = \nabla \cdot \boldsymbol{D}/\varepsilon = 0$，$\nabla \cdot \boldsymbol{H} = \nabla \cdot \boldsymbol{B}/\mu = 0$。这样，可以得到

$$\frac{\partial E_z}{\partial z} = 0, \ \frac{\partial H_z}{\partial z} = 0$$

将上式代入式(8.2-1)，可以得到

$$E_z = 0, \ H_z = 0$$

可见，在传播方向 z 上，没有电场强度和磁场强度分量，只有垂直于传播方向的分量。也就是说，均匀平面波的电场强度和磁场强度都垂直于波的传播方向，这种波称为横电磁波(TEM 波)。

假设电场只有 x 分量，即 $\boldsymbol{E}(z) = \boldsymbol{e}_x E_x(z)$，由式(8.2-1)可得到

$$\frac{\mathrm{d}^2 E_x}{\mathrm{d}z^2} + k^2 E_x = 0 \tag{8.2-2}$$

式(8.2-2)的通解为

$$E_x(z) = A_1 \mathrm{e}^{-\mathrm{j}kz} + A_2 \mathrm{e}^{\mathrm{j}kz} \tag{8.2-3}$$

在式(8.2-3)中，右边第一项和第二项分别为

$$\begin{cases} A_1 \mathrm{e}^{-\mathrm{j}kz} = E_{1x}(z) = E_{1x\mathrm{m}} \mathrm{e}^{\mathrm{j}\phi_1} \mathrm{e}^{-\mathrm{j}kz} \\ A_2 \mathrm{e}^{\mathrm{j}kz} = E_{2x}(z) = E_{2x\mathrm{m}} \mathrm{e}^{\mathrm{j}\phi_2} \mathrm{e}^{\mathrm{j}kz} \end{cases} \tag{8.2-4}$$

式中，$E_{1x\mathrm{m}}$、$E_{2x\mathrm{m}}$ 为幅度，ϕ_1、ϕ_2 为对应的初相位。

式(8.2-4)对应的瞬时值为

$$\begin{cases} E_{1x}(z,t) = \mathrm{Re}[E_{1x\mathrm{m}} \mathrm{e}^{\mathrm{j}\phi_1} \mathrm{e}^{-\mathrm{j}kz} \mathrm{e}^{\mathrm{j}\omega t}] = E_{1x\mathrm{m}} \cos[\omega t - kz + \phi_1] \\ E_{2x}(z,t) = \mathrm{Re}[E_{2x\mathrm{m}} \mathrm{e}^{\mathrm{j}\phi_2} \mathrm{e}^{\mathrm{j}kz} \mathrm{e}^{\mathrm{j}\omega t}] = E_{2x\mathrm{m}} \cos[\omega t + kz + \phi_2] \end{cases} \tag{8.2-5}$$

由于 $k = \omega\sqrt{\varepsilon\mu} = \dfrac{\omega}{v}$，则 $kz = \omega\dfrac{z}{v} = \omega\dfrac{v\Delta t}{v} = \omega\Delta t$，$\Delta t$ 为经过 z 距离所用的时间，则式(8.2-5)变为

$$\begin{cases} E_{1x}(z,t) = E_{1x\mathrm{m}} \cos[\omega(t - \Delta t) + \phi_1] \\ E_{2x}(z,t) = E_{2x\mathrm{m}} \cos[\omega(t + \Delta t) + \phi_2] \end{cases} \tag{8.2-6}$$

对于式(8.2-6)的第一个式子，经过 Δt 时间后，其电场强度向 $+z$ 方向移动了一段距离，说明电磁波向 $+z$ 方向传播，称为入射波。对于式(8.2-6)的第二个式子，经过 Δt 时间后，其电场强度向 $-z$ 方向移动了一段距离，说明电磁波向 $-z$ 方向传播，称为反射波，如图 8.2-1 所示。

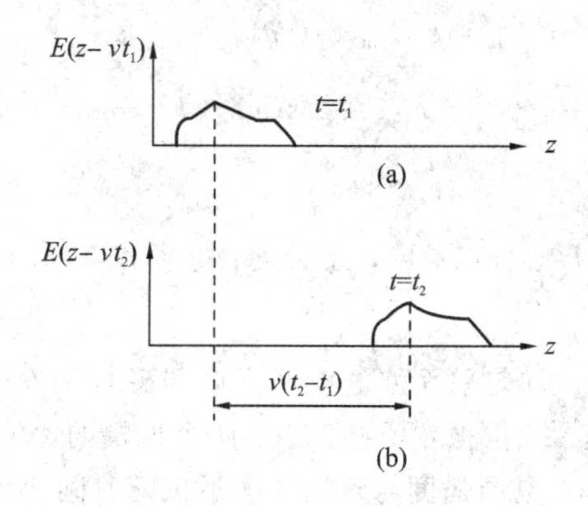

图 8.2-1　沿 $+z$ 方向传播的波

对于无限大的均匀空间，一般反射波不存在。因此在充满线性、各向同性的均匀理想介质的无限大的无源空间中，只有 x 分量的电场为

$$\boldsymbol{E}(z)=\boldsymbol{e}_x E_x(z)=\boldsymbol{e}_x E_{1x}(z) \tag{8.2-7}$$

根据麦克斯韦方程组的第二个方程 $\nabla\times\boldsymbol{E}=-\mathrm{j}\omega\mu\boldsymbol{H}$，可以得到与它相伴的磁场 $\boldsymbol{H}(z)$ 为

$$\begin{aligned}\boldsymbol{H}(z)&=\frac{\mathrm{j}}{\omega\mu}\nabla\times\boldsymbol{E}(z)=\frac{\mathrm{j}}{\omega\mu}\begin{vmatrix}\boldsymbol{e}_x & \boldsymbol{e}_y & \boldsymbol{e}_z\\ \dfrac{\partial}{\partial x} & \dfrac{\partial}{\partial y} & \dfrac{\partial}{\partial z}\\ E_x(z) & 0 & 0\end{vmatrix}=\boldsymbol{e}_y\frac{\mathrm{j}}{\omega\mu}\frac{\partial E_x(z)}{\partial z}\\ &=\boldsymbol{e}_y\frac{k}{\omega\mu}A_1\mathrm{e}^{-\mathrm{j}kz}=\boldsymbol{e}_y\frac{k}{\omega\mu}E_x(z)=\sqrt{\frac{\varepsilon}{\mu}}\boldsymbol{e}_z\times\boldsymbol{e}_xE_x(z)\\ &=\sqrt{\frac{\varepsilon}{\mu}}\boldsymbol{e}_z\times\boldsymbol{E}(z)=\frac{1}{\eta}\boldsymbol{e}_z\times\boldsymbol{E}(z)\end{aligned} \tag{8.2-8a}$$

同理，如果只有 x 分量的磁场，根据麦克斯韦方程组的第一个方程 $\nabla\times\boldsymbol{H}=\mathrm{j}\omega\varepsilon\boldsymbol{E}$，也可以得到与它相伴的电场 $\boldsymbol{E}(z)$ 为

$$\boldsymbol{E}(z)=\eta\boldsymbol{H}(z)\times\boldsymbol{e}_z \tag{8.2-8b}$$

式中，$\eta=\dfrac{E(z)}{H(z)}=\sqrt{\dfrac{\mu}{\varepsilon}}$ 称为媒质的本征阻抗(或特性阻抗)，也称为波阻抗，它是电场强度与磁场强度之比。它是具有阻抗的量纲，单位为 Ω(欧姆)。

可见，如果电场强度只有 x 方向分量，则与其相伴的磁场强度只有 y 方向分量。同理，如果电场强度只有 y 方向分量，则与其相伴的磁场强度只有 x 方向分量。

8.2.2　理想介质中均匀平面波的传播特性

1. 均匀平面波的传播参数

在理想介质中，假设均匀平面波沿 $+z$ 方向传播，电场只有 x 分量，磁场只有 y 分量，则有

$$\begin{cases}\boldsymbol{E}(z)=\boldsymbol{e}_xE_x(z)=\boldsymbol{e}_xE_{xm}\mathrm{e}^{\mathrm{j}\phi_0}\,\mathrm{e}^{-\mathrm{j}kz}\\ \boldsymbol{H}(z)=\dfrac{1}{\eta}\boldsymbol{e}_z\times\boldsymbol{E}(z)=\boldsymbol{e}_y\dfrac{E_x(z)}{\eta}=\boldsymbol{e}_y\dfrac{E_{xm}\mathrm{e}^{\mathrm{j}\phi_0}}{\eta}\mathrm{e}^{-\mathrm{j}kz}\end{cases} \tag{8.2-9}$$

对应的瞬时量为

$$\begin{cases}\boldsymbol{E}(z,t)=\mathrm{Re}[\boldsymbol{e}_xE_x(z)\mathrm{e}^{\mathrm{j}\omega t}]=\boldsymbol{e}_xE_{xm}\cos(\omega t-kz+\phi_0)\\ \boldsymbol{H}(z,t)=\mathrm{Re}\left[\boldsymbol{e}_y\dfrac{E_x(z)}{\eta}\mathrm{e}^{\mathrm{j}\omega t}\right]=\boldsymbol{e}_y\dfrac{E_{xm}}{\eta}\cos(\omega t-kz+\phi_0)=\boldsymbol{e}_yH_{ym}\cos(\omega t-kz+\phi_0)\end{cases}$$

(8.2-10)

式中：$H_{ym}=\dfrac{E_{xm}}{\eta}$，$E_{xm}$和$H_{ym}$为实常数，分别表示电场和磁场的幅度；$\omega t$ 称为时间相位；kz 称为空间相位；ϕ_0为初相位。

可见，在理想介质中，均匀平面波的电场强度与磁场强度相互垂直，相位相同，且两者空间相位均与变量 z 有关，但振幅不会改变。两个振幅的比值为实常数 η，它的值取决于媒质的介电常数与磁导率。电场强度与磁场强度不仅随时间变化，而且也随空间变化。

1）角频率、周期和频率

设初相位 $\phi_0=0$，在 z 为常数的平面上，$\boldsymbol{E}(z,t)$、$\boldsymbol{H}(z,t)$随时间做周期变化。假设 $z=0$，则 $\boldsymbol{E}(z,t)$随时间做周期变化，如图 8.2-2 所示。

均匀平面波电场随时间的周期变化

图 8.2-2　$\boldsymbol{E}(0,t)=E_{xm}\cos\omega t$ 的曲线

表示时间相位 ωt 中的 ω 称为角频率，它表示单位时间内的相位变化，单位为 rad/s(弧度/秒)。由 $\omega T=2\pi$ 可以得到场量随时间变化的周期 T 为

$$T=\frac{2\pi}{\omega}\tag{8.2-11}$$

它描述在给定的位置上，时间相位变化 2π 的时间间隔，单位为 s(秒)。

由场量随时间变化的周期 T 可得电磁波的频率 f 为

$$f=\frac{1}{T}=\frac{\omega}{2\pi}\tag{8.2-12}$$

它描述相位随时间的变化特性，其单位为 Hz(赫兹)。

2）波长和相位常数

设初相位 $\phi_0=0$，在固定时刻(t 为常数)，$\boldsymbol{E}(z,t)$、$\boldsymbol{H}(z,t)$随空间坐标 z 做周期变化。假设 $t=0$，则 $\boldsymbol{E}(z,t)$随空间 z 做周期变化，如图 8.2-3 所示。

均匀平面波电场随空间 z 的周期变化

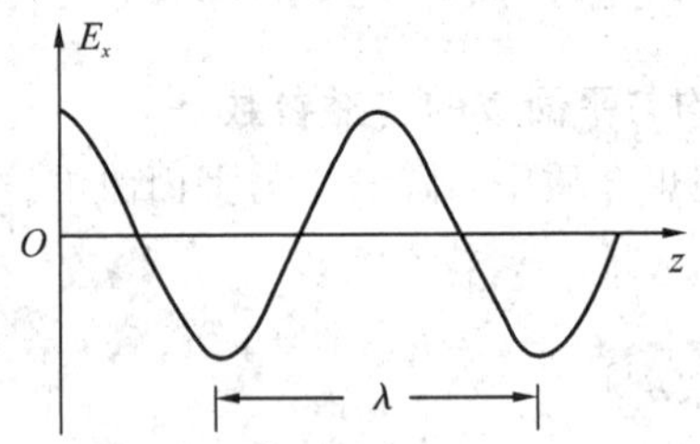

图 8.2-3　$\boldsymbol{E}(z,0)=E_{xm}\cos kz$ 的曲线

表示空间相位 kz 中的 k 称为相位常数，它表示波传播单位距离的相位变化，单位为 rad/m(弧度/米)。波的等相位面就是 z 为常数的平面，故称为平面波。空间相位 kz 变化 2π 所经过的距离称为波长 λ，由 $k\lambda=2\pi$ 可以得到场量随空间变化的波长 λ 为

$$\lambda=\frac{2\pi}{k} \tag{8.2-13}$$

它描述空间相位差为 2π 的两个波阵面的间距，单位为 m(米)。

由于 $k=\omega\sqrt{\varepsilon\mu}=2\pi f\sqrt{\varepsilon\mu}$，则波长 λ 也可写为

$$\lambda=\frac{1}{f\sqrt{\varepsilon\mu}} \tag{8.2-14}$$

可见，波长不仅与电磁波的频率有关，也与媒质的特性有关。

由式(8.2-13)可以得到相位常数 k 为

$$k=\frac{2\pi}{\lambda} \tag{8.2-15}$$

k 的大小等于空间距离 2π 内所包含的波长数目。因空间相位变化 2π 相当于一个全波，k 的大小又可衡量单位长度内具有的全波数目，所以 k 又称为波数，它表示在传播方向上波传播 2π 距离后相位变化的大小。

3）相速(波速)

电磁波的等相位面在空间中的移动速度称为相速，也称为波速，单位为 m/s(米/秒)。因正弦均匀平面电磁波的等相位面方程为 $\omega t-kz=\text{const.}$(常数)，则相速 v_{p} 为

$$v_{\mathrm{p}}=\frac{\mathrm{d}z}{\mathrm{d}t}=\frac{\omega}{k}=\frac{\omega}{\omega\sqrt{\varepsilon\mu}}=\frac{1}{\sqrt{\varepsilon\mu}} \tag{8.2-16}$$

在自由空间中，媒质的介电常数 $\varepsilon_0=\frac{1}{36\pi}\times10^{-9}$，磁导率 $\mu_0=4\pi\times10^{-7}$，则自由空间中电磁波的传播速度 $c=\frac{1}{\sqrt{\varepsilon_0\mu_0}}=3\times10^{8}$ (m/s)，可见它正是我们常说的光速，也证实了光波与无线电波在真空中的传播速度相同。

在理想介质中，电磁波的相速 v_{p} 为

$$v_{\mathrm{p}}=\frac{1}{\sqrt{\varepsilon\mu}}=\frac{1}{\sqrt{\varepsilon_0\mu_0}\sqrt{\varepsilon_r\mu_r}}=\frac{c}{\sqrt{\varepsilon_{\mathrm{r}}\mu_{\mathrm{r}}}} \tag{8.2-17}$$

可见，在理想介质中，均匀平面波的相速与媒质特性有关。考虑到一般情况下媒质相对介电常数 $\varepsilon_{\mathrm{r}}>1$，通常相对磁导率 $\mu_{\mathrm{r}}\approx1$，因此，理想介质中均匀平面波的相速通常小于真空中的光速。但要注意，电磁波的相速有时可以超过光速，因此，相速不一定代表能量传播速度。

2. 波阻抗 η

在理想介质中，介电常数 ε 和磁导率 μ 为实常数，因此波阻抗(本征阻抗) η 也是一个实常数。在真空中，

$$\eta=\eta_0=\sqrt{\frac{\mu_0}{\varepsilon_0}}=\sqrt{\frac{4\pi\times10^{-7}}{\frac{1}{36\pi}\times10^{-9}}}=120\pi\approx377\ \Omega \tag{8.2-18}$$

这样，电场强度和磁场强度的关系用矢量形式表示为

$$\boldsymbol{H}(z)=\frac{1}{\eta}\boldsymbol{e}_z\times\boldsymbol{E}(z)\quad 或\quad \boldsymbol{E}(z)=\eta\boldsymbol{H}(z)\times\boldsymbol{e}_z \tag{8.2-19}$$

可见，电场强度、磁场强度与传播方向(z 方向)三者之间相互垂直，且遵循右手螺旋关系，如图 8.2-4 所示。

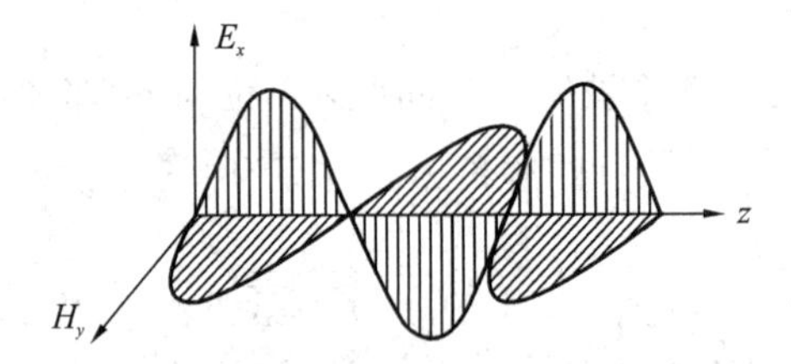

图 8.2-4　理想介质中均匀平面波的关系

3. 瞬时坡印廷矢量和平均坡印廷矢量

在理想介质中，电场能量密度 w_e 和磁场能量密度 w_m 的瞬时值为

$$\begin{cases}w_e(z,t)=\dfrac{1}{2}\boldsymbol{D}(z,t)\cdot\boldsymbol{E}(z,t)=\dfrac{1}{2}\varepsilon E^2(z,t)=\dfrac{1}{2}\varepsilon E_m^2\cos^2(\omega t-kz+\phi_0)\\ w_m(z,t)=\dfrac{1}{2}\boldsymbol{B}(z,t)\cdot\boldsymbol{H}(z,t)=\dfrac{1}{2}\mu H^2(z,t)=\dfrac{1}{2}\mu H_m^2\cos^2(\omega t-kz+\phi_0)\end{cases} \tag{8.2-20}$$

利用式(8.2-19)可以得到

$$\begin{aligned}w_m(z,t)&=\frac{1}{2}\mu H_m^2\cos^2(\omega t-kz+\phi_0)=\frac{1}{2}\mu\frac{E_m^2}{\eta^2}\cos^2(\omega t-kz+\phi_0)\\&=\frac{1}{2}\mu\frac{E_m^2}{u/\varepsilon}\cos^2(\omega t-kz+\phi_0)=\frac{1}{2}\varepsilon E_m^2\cos^2(\omega t-kz+\phi_0)\\&=w_e(z,t)\end{aligned} \tag{8.2-21}$$

可见，电场能量密度 w_e 和磁场能量密度 w_m 相等。这样，电磁场的总能量密度 w 为

$$\begin{aligned}w(r,t)&=w_e(z,t)+w_m(z,t)=\frac{1}{2}\varepsilon E^2(z,t)+\frac{1}{2}\mu H^2(z,t)\\&=\varepsilon E^2(z,t)=\mu H^2(z,t)\end{aligned} \tag{8.2-22}$$

则电磁场平均能量密度为

$$w_{av}=\frac{1}{2}\varepsilon E_m^2=\frac{1}{2}\mu H_m^2 \tag{8.2-23}$$

可见，任一时刻电场能量密度和磁场能量密度相等，各为总电磁能量的一半。电磁场平均能量密度等于电场能量密度或磁场能量密度的最大值。

在理想介质中，瞬时坡印廷矢量 $\boldsymbol{S}(z,t)$ 为

$$\boldsymbol{S}(z,t)=\boldsymbol{E}(z,t)\times\boldsymbol{H}(z,t)=\frac{1}{\eta}\boldsymbol{E}(z,t)\times[\boldsymbol{e}_z\times\boldsymbol{E}(z,t)]=\boldsymbol{e}_z\frac{1}{\eta}E^2(z,t) \tag{8.2-24}$$

平均坡印廷矢量 $\boldsymbol{S}_{av}(z)$ 为

$$\boldsymbol{S}_{av}(z)=\frac{1}{2}\mathrm{Re}[\boldsymbol{E}(z)\times\boldsymbol{H}^*(z)]=\frac{1}{2\eta}\boldsymbol{e}_zE_m^2=\frac{1}{2}\varepsilon E_m^2\frac{1}{\sqrt{\varepsilon\mu}}=w_{av}\boldsymbol{v}_p \tag{8.2-25}$$

平均坡印廷矢量(平均功率密度)为常数，它等于平均能量密度与传播相速的乘积，表明与传播方向垂直的所有平面上，每单位面积通过的平均功率都相同，电磁波在传播过程中没有能量损失(沿传播方向电磁波无衰减)。因此，理想媒质中的均匀平面电磁波是等振

幅波，能量的传输速度等于相速。

根据前面的分析，可总结出理想介质中的均匀平面波的传播特点如下：

(1) 电场、磁场与传播方向之间相互垂直，是横电磁波(TEM 波)；

(2) 无衰减，电场与磁场的振幅不变；

(3) 波阻抗为实数，电场与磁场同相位；

(4) 电磁波的相速与频率无关，无色散；

(5) 电场能量密度等于磁场能量密度，能量的传输速度等于相速。

8.2.3　理想介质中沿任意方向的均匀平面波

理想介质中，假设电磁波按任意方向传播，其传播的方向为 $\boldsymbol{e}_n$(单位矢量)，则在直角坐标系中波矢量 $\boldsymbol{k}$ 为

$$\boldsymbol{k} = \boldsymbol{e}_n k = \boldsymbol{e}_x k_x + \boldsymbol{e}_y k_y + \boldsymbol{e}_z k_z \tag{8.2-26}$$

式中，k_x、k_y、k_z 分别为波矢量 $\boldsymbol{k}$ 的三个坐标分量。空间任意一点的矢径 $\boldsymbol{r}$ 也可用三个坐标分量表示为

$$\boldsymbol{r} = \boldsymbol{e}_n r = \boldsymbol{e}_x x + \boldsymbol{e}_y y + \boldsymbol{e}_z z \tag{8.2-27}$$

沿 $\boldsymbol{e}_n$ 方向传播的均匀平面波的等相位面位则为 $\boldsymbol{e}_n \cdot \boldsymbol{r}$=常数。根据均匀平面波沿 z 方向传播的情况可以类似得到，沿 e_n 方向传播的均匀平面波的电场矢量可表示为

$$\boldsymbol{E}(r) = \boldsymbol{E}_m e^{-j\boldsymbol{k}\cdot\boldsymbol{r}} = \boldsymbol{E}_m e^{-j(k_x x + k_y y + k_z z)} \tag{8.2-28}$$

与之相伴的磁场矢量为

$$\boldsymbol{H}(r) = \frac{1}{\eta}\boldsymbol{e}_n \times \boldsymbol{E}(r) = \frac{1}{\eta}\boldsymbol{e}_n \times \boldsymbol{E}_m e^{-j\boldsymbol{k}\cdot\boldsymbol{r}} = \frac{1}{\eta}\boldsymbol{e}_n \times \boldsymbol{E}_m e^{-j(k_x x + k_y y + k_z z)} \tag{8.2-29}$$

【例题 8-1】 假设在自由空间中有 $\boldsymbol{B}=10^{-6}\cos(3\pi\times10^8 t-\pi z)(\boldsymbol{e}_x+\boldsymbol{e}_y)$，求电磁波的频率、相速和波长，以及电场和波印廷矢量。

解　根据题意知 $B_m=10^{-6}$，$\omega=3\pi\times10^8$，$k=\pi$，则根据有关计算公式有

电磁波的频率 f 为

$$f = \frac{\omega}{2\pi} = \frac{3\pi\times10^8}{2\pi} = 1.5\times10^8\ \text{Hz}$$

相速 v_p 为

$$v_p = \frac{\omega}{k} = \frac{3\pi\times10^8}{\pi} = 3\times10^8\ \text{m/s}$$

波长 λ 为

$$\lambda = \frac{2\pi}{k} = \frac{2\pi}{\pi} = 2\ \text{m}$$

由于磁感应强度的瞬时值为

$$\boldsymbol{B}=10^{-6}\cos(3\pi\times10^8 t-\pi z)(\boldsymbol{e}_x+\boldsymbol{e}_y)$$

则瞬时磁场强度为

$$\boldsymbol{H}(z,t)=\frac{\boldsymbol{B}}{\mu_0}=\frac{10^{-6}}{\mu_0}\cos(3\pi\times10^8 t-\pi z)(\boldsymbol{e}_x+\boldsymbol{e}_y)$$

相应地，以复数表示的磁场强度为

$$\boldsymbol{H}(z) = \frac{10^{-6}}{\mu_0}e^{-\pi z}(\boldsymbol{e}_x+\boldsymbol{e}_y)$$

在自由空间中的波阻抗为

$$\eta = \eta_0 = \sqrt{\frac{\mu_0}{\varepsilon_0}} = \sqrt{\frac{4\pi \times 10^{-7}}{\frac{1}{36\pi} \times 10^{-9}}} = 120\pi \approx 377\ \Omega$$

则复数形式的电场强度为

$$\boldsymbol{E}(z) = \eta \boldsymbol{H}(z) \times \boldsymbol{e}_z = \eta \frac{10^{-6}}{\mu_0} \mathrm{e}^{-\pi z}(\boldsymbol{e}_x + \boldsymbol{e}_y) \times \boldsymbol{e}_z = \eta \frac{10^{-6}}{\mu_0} \mathrm{e}^{-\pi z}(\boldsymbol{e}_x - \boldsymbol{e}_y)$$

对应的电场强度的瞬时值为

$$\begin{aligned}\boldsymbol{E}(z,t) &= \mathrm{Re}\{\boldsymbol{E}(z)\mathrm{e}^{\mathrm{j}\omega t}\} = \eta \frac{10^{-6}}{\mu_0}\mathrm{Re}\{\mathrm{e}^{\mathrm{j}(\omega t - \pi z)}(\boldsymbol{e}_x - \boldsymbol{e}_y)\} \\ &= \eta \frac{10^{-6}}{\mu_0}\cos(3\pi \times 10^8 t - \pi z)(\boldsymbol{e}_x - \boldsymbol{e}_y) \\ &= \frac{120\pi \times 10^{-6}}{4\pi \times 10^{-7}}\cos(3\pi \times 10^8 t - \pi z)(\boldsymbol{e}_x - \boldsymbol{e}_y) \\ &= 300\cos(3\pi \times 10^8 t - \pi z)(\boldsymbol{e}_x - \boldsymbol{e}_y)\end{aligned}$$

则波印廷矢量为

$$\begin{aligned}\boldsymbol{S}(z,t) &= \boldsymbol{E}(z,t) \times \boldsymbol{H}(z,t) \\ &= [300\cos(3\pi \times 10^8 t - \pi z)(\boldsymbol{e}_x - \boldsymbol{e}_y)] \times \left[\frac{10^{-6}}{\mu_0}\cos(3\pi \times 10^8 t - \pi z)(\boldsymbol{e}_x + \boldsymbol{e}_y)\right] \\ &= \frac{300 \times 10^{-6}}{4\pi \times 10^{-7}}\cos^2(3\pi \times 10^8 t - \pi z)(\boldsymbol{e}_x - \boldsymbol{e}_y) \times (\boldsymbol{e}_x + \boldsymbol{e}_y) \\ &= 477.46\cos^2(3\pi \times 10^8 t - \pi z)(\boldsymbol{e}_x - \boldsymbol{e}_y) \times (\boldsymbol{e}_x + \boldsymbol{e}_y)\end{aligned}$$

【例题 8－2】 已知某一均匀平面波的电场强度 $\boldsymbol{E}$ 的振幅为 40 V/m，以相位常数 30 rad/m 在空气中沿 $-z$ 方向传播。当 $t=0$ 和 $z=0$ 时，若 $\boldsymbol{E}$ 的取向为 $\boldsymbol{e}_x$，试写出 $\boldsymbol{E}$ 和 $\boldsymbol{H}$ 的瞬时表示式，并求出波的频率和波长。

解　以余弦为基准，按题意可写出电场强度的表示式为

$$\boldsymbol{E}(z,t) = \boldsymbol{e}_x 40\cos(\omega t + 30z)$$

与之相伴的磁场为

$$\boldsymbol{H}(z,t) = \frac{1}{\eta}(-\boldsymbol{e}_z) \times \boldsymbol{E}(z,t) = \frac{1}{377}(-\boldsymbol{e}_z) \times \boldsymbol{e}_x 40\cos(\omega t + 30z) = -\frac{40}{377}\boldsymbol{e}_y\cos(\omega t + 30z)$$

由于 $\lambda = \frac{2\pi}{k} = \frac{2\pi}{30}$ m，且波在空气中的传播速度 $v_p = c = 3 \times 10^8$ m/s，则角频率

$$\omega = 2\pi f = 2\pi \frac{v_p}{\lambda} = \frac{2\pi \times 3 \times 10^8}{2\pi/30} = 9 \times 10^9\ \mathrm{rad/m}$$

则电场和磁场分别为

$$\boldsymbol{E}(z,t) = \boldsymbol{e}_x 40\cos(9 \times 10^9 t + 30z)$$

$$\boldsymbol{H}(z,t) = -\frac{40}{377}\boldsymbol{e}_y\cos(9 \times 10^9 t + 30z)$$

【例题 8－3】 在空气中传播的均匀平面波的磁场强度的复数表示式为

$$\boldsymbol{H} = (-\boldsymbol{e}_x A + \boldsymbol{e}_y 2 + \boldsymbol{e}_y 4)\mathrm{e}^{-\mathrm{j}(4\pi x + 3\pi z)}$$

求：(1) 波矢量 $\boldsymbol{k}$；(2) 波长和频率；(3) 常数 A 的值；(4) 相伴电场的复数形式；(5) 平均坡印廷矢量。

解　(1) 由题意和磁场强度的复数表示式可以看出，电磁波沿 x 和 z 方向传播。因为磁场强度为

$$\boldsymbol{H}=(-\boldsymbol{e}_x A+\boldsymbol{e}_y 2+\boldsymbol{e}_z 4)\mathrm{e}^{-\mathrm{j}(4\pi x+3\pi z)}=\boldsymbol{H}_{\mathrm{m}}\mathrm{e}^{-\mathrm{j}\boldsymbol{k}\cdot\boldsymbol{r}}$$

可见

$$\boldsymbol{H}_{\mathrm{m}}=-\boldsymbol{e}_x A+\boldsymbol{e}_y 2+\boldsymbol{e}_z 4,\ \boldsymbol{k}=\boldsymbol{e}_x 4\pi+\boldsymbol{e}_z 3\pi,\ \boldsymbol{r}=\boldsymbol{e}_x x+\boldsymbol{e}_y y+\boldsymbol{e}_z z$$

这里，$k=|\boldsymbol{k}|=\sqrt{(4\pi)^2+(3\pi)^2}=5\pi$，$\boldsymbol{e}_k=\dfrac{\boldsymbol{e}_x 4\pi+\boldsymbol{e}_z 3\pi}{k}=\boldsymbol{e}_x 0.8+\boldsymbol{e}_z 0.6$

(2) 由于空气中的速度 $v_{\mathrm{p}}=c=3\times10^8$ m/s，因此波长

$$\lambda=\frac{2\pi}{k}=\frac{2\pi}{5\pi}=0.4\ \mathrm{m}$$

频率

$$f=\frac{v_{\mathrm{p}}}{\lambda}=\frac{3\times10^8}{0.4}=7.5\times10^8\ \mathrm{Hz}$$

(3) 因为均匀平面电磁波为横电磁波，它的电场和磁场在传播方向上无分量，即 $\boldsymbol{k}\cdot\boldsymbol{H}=0$，则

$$\boldsymbol{k}\cdot\boldsymbol{H}=(\boldsymbol{e}_x 4\pi+\boldsymbol{e}_z 3\pi)\cdot(-\boldsymbol{e}_x A+\boldsymbol{e}_y 2+\boldsymbol{e}_z 4)=0$$

从而可以得到 $-4\pi A+12\pi=0$，即 $A=3$。

(4) 与 $\boldsymbol{H}$ 相伴电场的复数形式为

$$\begin{aligned}\boldsymbol{E}&=\eta\boldsymbol{H}\times\boldsymbol{e}_k=120\pi(-\boldsymbol{e}_x 3+\boldsymbol{e}_y 2+\boldsymbol{e}_z 4)\mathrm{e}^{-\mathrm{j}(4\pi x+3\pi z)}\times(\boldsymbol{e}_x 0.8+\boldsymbol{e}_z 0.6)\\&=120\pi(\boldsymbol{e}_x 1.2+\boldsymbol{e}_y 5-\boldsymbol{e}_z 1.6)\mathrm{e}^{-\mathrm{j}(4\pi x+3\pi z)}\end{aligned}$$

(5) 平均坡印廷矢量为

$$\begin{aligned}S_{\mathrm{av}}&=\frac{1}{2}\mathrm{Re}\{\boldsymbol{E}\times\boldsymbol{H}^*\}=\frac{1}{2}\mathrm{Re}\{(120\pi(\boldsymbol{e}_x 1.2+\boldsymbol{e}_y 5-\boldsymbol{e}_z 1.6))\times(-\boldsymbol{e}_x 3+\boldsymbol{e}_y 2+\boldsymbol{e}_z 4)\}\\&=1392\pi\boldsymbol{e}_x+1044\pi\boldsymbol{e}_z\end{aligned}$$

8.3　导电媒质中的均匀平面波传播

在理想介质中，电导率 $\sigma=0$，场域空间平面波传播时无自由电流存在，即 $\boldsymbol{J}=0$。但是在导电媒质中，电导率 $\sigma\neq0$，场域空间平面波传播时必有自由电流存在，即 $\boldsymbol{J}=\sigma\boldsymbol{E}\neq0$，从而必有电磁能量的损耗。这样，导电媒质中电磁波的传播特性与非导电媒质中的传播特性就有所不同。

8.3.1　导电媒质中的均匀平面波

根据第 7 章的推导可知，在导电媒质中，电磁波的波动方程为

$$\begin{cases}\nabla^2\boldsymbol{E}-\mu\sigma\dfrac{\partial\boldsymbol{E}}{\partial t}-\varepsilon\mu\dfrac{\partial^2\boldsymbol{E}}{\partial t^2}=0\\[2ex]\nabla^2\boldsymbol{H}-\mu\sigma\dfrac{\partial\boldsymbol{H}}{\partial t}-\varepsilon\mu\dfrac{\partial^2\boldsymbol{H}}{\partial t^2}=0\end{cases}\tag{8.3-1}$$

在导电媒质中，当电场与磁场只用复数形式时，时谐均匀平面波的波动方程为

$$\begin{cases}\nabla^2\boldsymbol{E}+k_{\mathrm{c}}^2\boldsymbol{E}=0\\\nabla^2\boldsymbol{H}+k_{\mathrm{c}}^2\boldsymbol{H}=0\end{cases}\tag{8.3-2}$$

这里，$k_c=\omega\sqrt{\mu\varepsilon_c}$，由于复介电常数 ε_c 为复数，因此它也为复数。假设 $\gamma=\mathrm{j}k_c=\alpha+\mathrm{j}\beta$，则式(8.3-2)变为

$$\begin{cases}\nabla^2\boldsymbol{E}-\gamma^2\boldsymbol{E}=0\\ \nabla^2\boldsymbol{H}-\gamma^2\boldsymbol{H}=0\end{cases} \tag{8.3-3}$$

这里，γ 称为电磁波的传播常数，单位为 1/m(1/米)。其中，α 称为衰减常数，表示平面波每传播一个单位长度时其振幅的衰减量，单位为 Np/m(奈培/米)；β 称为相位常数，表示平面波每传播一个单位长度时其相位落后的量，单位为 rad/m(弧度/米)。

对比理想介质与导电媒质中的波动方程可见，两者的形式完全一样，因此可以参照理想介质中波动方程的解来求解导电媒质中的波动方程。仍假设均匀平面电磁波沿 z 轴传播，且不考虑反射波，电场强度矢量只有 x 分量。这样，在无界空间中，式(8.3-3)中第一个方程的通解为

$$\boldsymbol{E}(z)=\boldsymbol{e}_xE_x(z)=\boldsymbol{e}_xE_\mathrm{m}\mathrm{e}^{-\gamma z}=\boldsymbol{e}_xE_\mathrm{m}\mathrm{e}^{-\mathrm{j}k_cz}=\boldsymbol{e}_xE_\mathrm{m}\mathrm{e}^{-\alpha z}\mathrm{e}^{-\mathrm{j}\beta z} \tag{8.3-4}$$

式中，$\mathrm{e}^{-\alpha z}$ 称为衰减因子，$\mathrm{e}^{-\mathrm{j}\beta z}$ 称为相位因子。

电场强度的瞬时值为

$$\boldsymbol{E}(z,t)=\mathrm{Re}[\boldsymbol{E}(z)\mathrm{e}^{\mathrm{j}\omega t}]=e_xE_\mathrm{m}\mathrm{e}^{-\alpha z}\cos(\omega t-\beta z) \tag{8.3-5}$$

可见，电场强度的幅度为 $E_\mathrm{m}\mathrm{e}^{-\alpha z}$，它随 z 的增加而衰减。

根据麦克斯韦方程 $\nabla\times\boldsymbol{E}=-\mathrm{j}\omega\mu\boldsymbol{H}$，可以得到与电场强度相伴的磁场强度为

$$\boldsymbol{H}(z)=\frac{\mathrm{j}}{\omega\mu}\nabla\times\boldsymbol{E}(z)=\frac{1}{\eta_c}\boldsymbol{e}_z\times E(z)=\boldsymbol{e}_y\frac{E_\mathrm{m}\mathrm{e}^{-\alpha z}}{\eta_c}\mathrm{e}^{-\mathrm{j}\beta z} \tag{8.3-6}$$

$$\boldsymbol{H}(z,t)=\frac{1}{\eta_c}\boldsymbol{e}_z\times E(z,t)=\boldsymbol{e}_y\frac{E_\mathrm{m}\mathrm{e}^{-\alpha z}}{\eta_c}\cos(\omega t-\beta z) \tag{8.3-7}$$

式中，$\eta_c=\sqrt{\dfrac{\mu}{\varepsilon_c}}$ 为导电媒质中的波阻抗，它也是一个复数。

可见，电场强度、磁场强度与波的传播方向相互垂直，是横电磁波(TEM 波)；在波的传播过程中，电场与磁场的振幅呈指数衰减。同样，已知磁场强度 $\boldsymbol{H}(z)$ 或 $\boldsymbol{H}(z,t)$，也可以得到相伴的电场强度，即

$$\begin{cases}\boldsymbol{E}(z)=\eta_c\boldsymbol{H}(z)\times\boldsymbol{e}_z\\ \boldsymbol{E}(z,t)=\eta_c\boldsymbol{H}(z,t)\times\boldsymbol{e}_z\end{cases} \tag{8.3-8}$$

8.3.2 导电媒质中的均匀平面波的传播特性

1. 传播常数

由于导电媒质中的复介电常数 $\varepsilon_c=\varepsilon-\mathrm{j}\dfrac{\sigma}{\omega}$，而传播常数 $\gamma=\mathrm{j}k_c=\alpha+\mathrm{j}\beta$，$k_c=\omega\sqrt{\mu\varepsilon_c}$，因此可以得到

$$\gamma^2=-k_c^2=\alpha^2-\beta^2+\mathrm{j}2\alpha\beta=-\omega^2\mu\left(\varepsilon-\mathrm{j}\frac{\sigma}{\omega}\right)=-\omega^2\varepsilon\mu+\mathrm{j}\omega\sigma\mu$$

从而可建立方程

$$\begin{cases}\alpha^2-\beta^2=-\omega^2\varepsilon\mu\\ 2\alpha\beta=\omega\sigma\mu\end{cases}$$

解该方程组可以得到

$$\begin{cases} \alpha = \omega \sqrt{\dfrac{\varepsilon\mu}{2}\left[\sqrt{1+\left(\dfrac{\sigma}{\omega\varepsilon}\right)^2}-1\right]} \\ \beta = \omega \sqrt{\dfrac{\varepsilon\mu}{2}\left[\sqrt{1+\left(\dfrac{\sigma}{\omega\varepsilon}\right)^2}+1\right]} \end{cases} \tag{8.3-9}$$

可见，在导电媒质中，电磁波传播的衰减常数和相位常数不仅与介质参数有关，而且也与电磁波的频率有关。

2. 波阻抗

在导电媒质中的波阻抗 η_c 为

$$\eta_c = \frac{\boldsymbol{E}(z)}{\boldsymbol{H}(z)} = \sqrt{\frac{\mu}{\varepsilon_c}} = \sqrt{\frac{\mu}{\varepsilon - \mathrm{j}\dfrac{\sigma}{\omega}}} = \frac{\eta}{\sqrt{1-\mathrm{j}\dfrac{\sigma}{\omega\varepsilon}}} = \eta\left(1-\mathrm{j}\frac{\sigma}{\omega\varepsilon}\right)^{-1/2} = |\eta_c|\,\mathrm{e}^{\mathrm{j}\theta} \tag{8.3-10}$$

其中

$$\begin{cases} |\eta_c| = \eta\left[1+\left(\dfrac{\sigma}{\omega\varepsilon}\right)^2\right]^{-1/4} < \eta \\ \theta = \dfrac{1}{2}\arctan\left(\dfrac{\sigma}{\omega\varepsilon}\right) \end{cases} \tag{8.3-11}$$

可见，导电媒质的本征阻抗为复数，其模小于理想介质的本征阻抗，说明电场与磁场尽管在空间上仍然相互垂直，但在时间上有相位差，电场强度与磁场强度有不同的相位，电场超前磁场 θ 角，如图 8.3-1 所示。

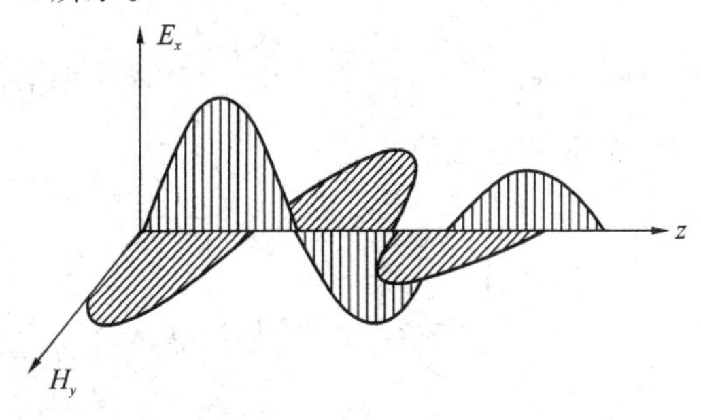

图 8.3-1 导电媒质中均匀平面波的传播

导电媒质中的均匀平面波的传播特性

导电媒质中的电场与磁场

非导电媒质中的电场与磁场

3. 相速度与波长

导电媒质中均匀平面波的相速为

$$v_p = \frac{\mathrm{d}z}{\mathrm{d}t} = \frac{\omega}{\beta} = \sqrt{\frac{2}{\varepsilon\mu}}\left[\sqrt{1+\left(\frac{\sigma}{\omega\varepsilon}\right)^2}+1\right]^{-1/2} < \frac{1}{\sqrt{\varepsilon\mu}} \tag{8.3-12}$$

导电媒质中均匀平面波的波长为

$$\lambda = \frac{2\pi}{\beta} = \frac{1}{f}\sqrt{\frac{2}{\varepsilon\mu}}\left[\sqrt{1+\left(\frac{\sigma}{\omega\varepsilon}\right)^2}+1\right]^{-1/2} \tag{8.3-13}$$

可见，波的传播速度(相速)和波长不仅与媒质参数有关，而且与频率有关，与频率的关系是非线性的。各个频率分量的电磁波以不同的相速传播，经过一段距离后，各个频率分量之间的相位关系将发生变化，导致信号失真，这种现象称为色散。所以导电媒质又称为色散媒质。

4. 瞬时坡印廷矢量和平均坡印廷矢量

在导电媒质中，瞬时坡印廷矢量 $\boldsymbol{S}(z,t)$ 为

$$\boldsymbol{S}(z,t)=\boldsymbol{E}(z,t)\times\boldsymbol{H}(z,t)=\boldsymbol{e}_z\frac{E_{\mathrm{m}}^2}{|\eta_{\mathrm{c}}|}\mathrm{e}^{-2\alpha z}\cos(\omega t-\beta z)\cos(\omega t-\beta z-\theta) \tag{8.3-14}$$

在导电媒质中，平均坡印廷矢量 $\boldsymbol{S}_{\mathrm{av}}(z)$ 为

$$\boldsymbol{S}_{\mathrm{av}}(z)=\frac{1}{2}\mathrm{Re}[\boldsymbol{E}(z)\times\boldsymbol{H}^*(z)]=\boldsymbol{e}_z\frac{E_{\mathrm{m}}^2}{2|\eta_{\mathrm{c}}|}\mathrm{e}^{-2\alpha z}\cos\theta=w_{\mathrm{av}}\boldsymbol{v}_{\mathrm{p}} \tag{8.3-15}$$

可见，导电媒质中的均匀平面电磁波不是等振幅波，但能量的传输速度仍等于相速。

8.3.3 弱导电媒质中的均匀平面波

当 $\frac{\sigma}{\omega\varepsilon}\ll 1$ 时，导电媒质中的位移电流起主要导电作用，而传导电流很小，可以忽略不计，这种媒质称为弱导电媒质，它是导电媒质中的一种特殊情况。

在弱导电媒质中，传播常数可以近似认为

$$\gamma=\mathrm{j}k_{\mathrm{c}}=\mathrm{j}\omega\sqrt{\mu\varepsilon_{\mathrm{c}}}=\mathrm{j}\omega\sqrt{\mu\varepsilon\left(1-\mathrm{j}\frac{\sigma}{\omega\varepsilon}\right)}\approx\mathrm{j}\omega\sqrt{\varepsilon\mu}\left(1-\mathrm{j}\frac{\sigma}{2\omega\varepsilon}\right)$$

由此可得衰减常数和相位常数的近似值为

$$\begin{cases}\alpha\approx\dfrac{\sigma}{2}\sqrt{\dfrac{\mu}{\varepsilon}} & (\mathrm{Np/m})\\[2ex] \beta\approx\omega\sqrt{\varepsilon\mu} & (\mathrm{rad/m})\end{cases} \tag{8.3-16}$$

本征阻抗的近似值为

$$\eta_{\mathrm{c}}=\sqrt{\frac{\mu}{\varepsilon_{\mathrm{c}}}}=\sqrt{\frac{\mu}{\varepsilon-\mathrm{j}\dfrac{\sigma}{\omega}}}\approx\sqrt{\frac{\mu}{\varepsilon}}\left(1+\mathrm{j}\frac{\sigma}{2\omega\varepsilon}\right)\approx\sqrt{\frac{\mu}{\varepsilon}} \tag{8.3-17}$$

可见，在弱导电媒质中，均匀平面波传播的相位常数和本征阻抗与非导电媒质中的相位常数和本征阻抗近似相等，说明电场和磁场存在很小的相位差，或认为电场强度与磁场强度同相。由于电导率较小，则说明振幅的衰减较小。但是随着电导率 σ 增大，振幅衰减也相应增大。总之，可以说，在弱导电媒质中，除了有一定的衰减外，其传播特性与理想介质中的传播特性基本相同。

8.3.4 强导电媒质中的均匀平面波

当 $\frac{\sigma}{\omega\varepsilon}\gg 1$ 时，导电媒质中的传导电流起主要导电作用，而位移电流很小，可以忽略不计，这种媒质称为强导电媒质，或称为良导体，它是导电媒质中的另一种特殊情况，如金、银、铜、铁、铝等金属对于无线电波均是良导体。

在强导电媒质中，传播常数可以近似认为

$$\gamma = \mathrm{j}k_c = \mathrm{j}\omega\sqrt{\mu\varepsilon_c} = \mathrm{j}\omega\sqrt{\mu\varepsilon\left(1-\mathrm{j}\frac{\sigma}{\omega\varepsilon}\right)}$$

$$\approx \sqrt{\mathrm{j}\omega\mu\sigma} = \frac{1+\mathrm{j}}{\sqrt{2}}\sqrt{\omega\mu\sigma} = \sqrt{\omega\mu\sigma}\,\mathrm{e}^{\mathrm{j}\frac{\pi}{4}}$$

由此可得衰减常数和相位常数的近似值为

$$\alpha \approx \beta \approx \sqrt{\frac{\omega\mu\sigma}{2}} = \sqrt{\pi f\mu\sigma} \tag{8.3-18}$$

强导电媒质中本征阻抗的近似值为

$$\eta_c = \sqrt{\frac{\mu}{\varepsilon_c}} = \sqrt{\frac{\mu}{\varepsilon - \mathrm{j}\frac{\sigma}{\omega}}} \approx \sqrt{\frac{\mathrm{j}\omega\mu}{\sigma}} = (1+\mathrm{j})\sqrt{\frac{\pi f\mu}{\sigma}} = \sqrt{\frac{2\pi f\mu}{\sigma}}\,\mathrm{e}^{\mathrm{j}\frac{\pi}{4}} \tag{8.3-19}$$

强导电媒质中均匀平面波的相速和波长的近似值分别为

$$v_p = \frac{\mathrm{d}z}{\mathrm{d}t} = \frac{\omega}{\beta} \approx \sqrt{\frac{2\omega}{\sigma\mu}} \tag{8.3-20}$$

$$\lambda = \frac{2\pi}{\beta} \approx \frac{2\pi}{\sqrt{\pi f\mu\sigma}} = 2\sqrt{\frac{\pi}{f\mu\sigma}} \tag{8.3-21}$$

可见，强导电媒质中均匀平面波的各种传播特性均不同于在理想介质的传播特性，强导电媒质中均匀平面波的各种传播特性均与频率有关。电场强度与磁场强度不同相，磁场强度的相位滞后于电场强度 45°；由于电导率 σ 较大，电场强度与磁场强度的振幅都发生急剧衰减，以至于电磁波无法进入强导电媒质的深处。电磁波的频率越高，衰减系数越大。

8.3.5　趋肤深度和表面电阻

电磁波的集肤效应

当高频率电磁波传入良导体后，由于良导体的电导率一般在 10^7 S/m 量级，所以电磁波在良导体中衰减极快。电磁波往往在微米量级的距离内就可衰减到接近于零，因此高频电磁场只能存在于良导体表面内，这种现象称为集肤效应，如图 8.3-2 所示。

为了描述一定频率的电磁波在导体中的穿入深度，引入了趋肤深度 δ 的概念，也称穿透深度。所谓趋肤深度 δ，是指电磁波进入导体后，其电场强度的振幅下降到其表面处振幅的 1/e 时所传播的距离，即 $E_m e^{-\alpha\delta} = E_m/e$，其单位为 m(米)，如图 8.3-3 所示。

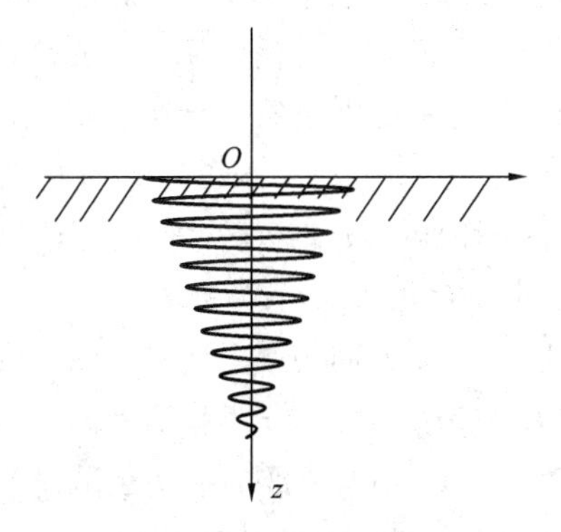

图 8.3-2　电磁波的集肤效应

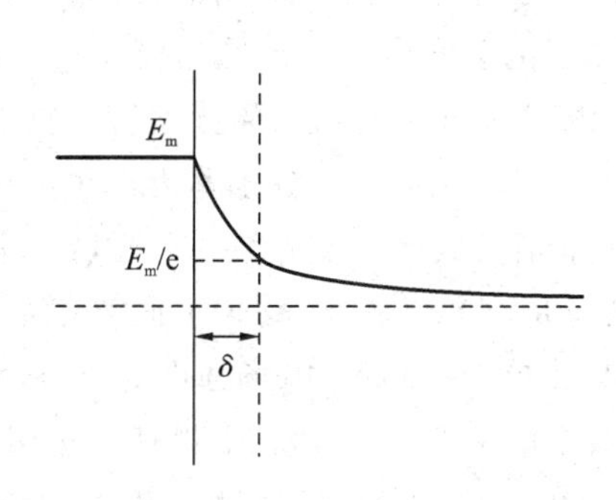

图 8.3-3　趋肤深度

从上面的分析可以得到趋肤深度的计算公式为

$$\delta=\frac{1}{\alpha}=\sqrt{\frac{2}{\omega\mu\sigma}}=\frac{1}{\sqrt{\pi f\mu\sigma}} \tag{8.3-22}$$

可见，趋肤深度与频率 f 及电导率 σ 成反比。导体的导电性能越好(电导率越大)，工作频率越高，则趋肤深度越小。

高频时，良导体的趋肤深度很小，以至于在实际工程中可近似认为电流只分布在良导体表面一薄层内，它与恒定电流和低频电流均匀分布于导体横截面上的情况不同。由于在高频时，电流传导的实际面积减小了，因此导体的高频电阻远大于直流或低频电阻。

在良导体中，本征阻抗(波阻抗)为

$$\eta_c=\sqrt{\frac{\mu}{\varepsilon_c}}\approx(1+j)\sqrt{\frac{\pi f\mu}{\sigma}}=R_s+jX_s$$

可见，电阻分量 R_s 和电抗分量 X_s 相等，即

$$R_s=X_s=\sqrt{\frac{\pi f\mu}{\sigma}}=\frac{1}{\sigma\delta} \tag{8.3-23}$$

将 $R_s=\dfrac{1}{\sigma\delta}$ 称为导体的表面电阻率，简称表面电阻，它表示厚度为 δ 的导体每平方米的电阻，相应的 X_s 称为表面电抗。$Z_s=R_s+jX_s$ 称为表面阻抗。它们都与电导率和趋肤深度有关。

如果用 J_0 表示导体表面的电流密度，则穿入导体 z 内的电流密度为 $J_z=J_0e^{-\gamma z}$，这样导体内每单位宽度内的总电流 J_s(从 0 到∞)为

$$J_s=\int_0^{\infty}J_z\mathrm{d}S=\int_0^{\infty}J_0e^{-\gamma z}\mathrm{d}z=\frac{J_0}{\gamma} \tag{8.3-24}$$

由于高频时良导体中电流主要分布在导体表面，因此 J_s 可认为是导体的表面电流。由 $J=\sigma E$ 可以得到导体表面的电场强度为

$$E_0=\frac{J_0}{\sigma}=\frac{J_s\gamma}{\sigma}=\frac{J_s}{\sigma}(1+j)\sqrt{\frac{\omega\mu\sigma}{2}}=(1+j)\frac{J_s}{\sigma\delta}=J_sZ_s \tag{8.3-25}$$

式(8.3-25)说明，良导体的表面电场强度等于表面电流密度与表面阻抗之积。这样，表面电流通过表面电阻所损耗的单位平均功率为

$$P_{av}=\frac{1}{2}|J_s|^2R_s=\frac{1}{2}\frac{\sigma\delta}{2}|E_0|^2 \tag{8.3-26}$$

平面波在导电媒质中传播时，振幅不断衰减的物理原因是电导率 σ 引起的热损耗，所以导电媒质又称为有耗媒质，而电导率为零的理想介质又称为无耗媒质。一般来说，媒质的损耗除了由于电导率引起的热损失以外，媒质的极化和磁化现象也会产生损耗。对于这类损耗，媒质的介电常数及磁导率皆为复数，即 $\varepsilon_c=\varepsilon'-j\varepsilon''$，$\mu_c=\mu'-j\mu''$。复介电常数和复磁导率的虚部代表损耗，分别称为极化损耗和磁化损耗。一般情况下，非铁磁性物质可以不计磁化损耗。波长大于微波的电磁波，媒质的极化损耗也可不计。

【例题 8-4】 设一个均匀平面波在非磁性媒质中沿 z 方向传播。其中电磁波的频率为 $f=3$ GHz，在 $z=0$ 时，电场强度为 $\boldsymbol{E}(0,t)=\boldsymbol{e}_y50\sin(6\pi\times10^9t+\pi/3)$ (V/m)。非磁性媒质的相对介电常数为 $\varepsilon_r=2.5$，损耗角正切为 $\tan\delta=0.01$。(1) 求波的振幅衰减一半时的传播距离；(2) 求媒质的本征阻抗、波的波长和相速；(3) 写出 $\boldsymbol{H}(z,t)$ 的表示式。

解　(1) 根据题意，由于该媒质在 $f=3$ GHz 时的损耗角正切为 $\tan\delta=\dfrac{\sigma}{\omega\varepsilon}=0.01$，则 $\dfrac{\sigma}{\omega\varepsilon}\ll 1$，因此该媒质可视为弱导电媒质。由于 $\omega=2\pi f=6\pi\times10^{9}$，$\varepsilon=\varepsilon_0\varepsilon_r=\dfrac{2.5\times10^{-9}}{36\pi}$，根据 $\tan\delta=\dfrac{\sigma}{\omega\varepsilon}=0.01$ 可以得到电导率为

$$\sigma=0.01\omega\varepsilon=\frac{6\pi\times10^{9}\times2.5\times10^{-9}}{36\pi}\times10^{-2}\approx4.17\times10^{-3}\ \text{S/m}$$

根据弱导电媒质中的衰减常数计算公式可以得到

$$\alpha\approx\frac{\sigma}{2}\sqrt{\frac{\mu}{\varepsilon}}=\frac{\sigma}{2}\sqrt{\frac{\mu_0}{\varepsilon}}=\frac{4.17\times10^{-3}}{2}\sqrt{\frac{4\pi\times10^{-7}}{2.5\times10^{-9}/36\pi}}\approx0.497\ \text{NP/m}$$

由 $e^{-\alpha z}=0.5$ 可以得到，波的振幅衰减一半时的传播距离为

$$z=\frac{1}{\alpha}\ln2=1.395\ \text{m}$$

(2) 媒质的本征阻抗为

$$\eta_c=\sqrt{\frac{\mu}{\varepsilon_c}}=\sqrt{\frac{\mu}{\varepsilon-\text{j}\dfrac{\sigma}{\omega}}}=\sqrt{\frac{4\pi\times10^{-7}}{2.5\times10^{-9}/36\pi-\text{j}4.17\times10^{-3}/(6\pi\times10^{9})}}$$

$$\approx238.44(1+\text{j}0.005)$$

相位常数为

$$\beta=\omega\sqrt{\mu\varepsilon}=6\pi\times10^{9}\sqrt{4\pi\times10^{-7}\times\frac{2.5\times10^{-9}}{36\pi}}=31.6\pi\ \text{rad/m}$$

故波长和相速分别为

$$\lambda=\frac{2\pi}{\beta}=\frac{2\pi}{31.6\pi}\approx0.063\ \text{m}$$

$$v_p=\frac{\omega}{\beta}=\frac{6\pi\times10^{9}}{31.6\pi}\approx1.89\times10^{8}\ \text{m/s}$$

(3) 由于在 $z=0$ 时，电场强度为 $\boldsymbol{E}(0,t)=\boldsymbol{e}_y50\sin(6\pi\times10^{9}t+\pi/3)$ (V/m)，因此可以写出

$$\boldsymbol{E}(z,t)=\boldsymbol{e}_y50e^{-0.497z}\sin(6\pi\times10^{9}t-31.6\pi z+\pi/3)\ \text{(V/m)}$$

$$\boldsymbol{E}(z)=\boldsymbol{e}_ye^{-0.497z}50e^{-\text{j}(3.16\pi z-\pi/3+\pi/2)}\ \text{(V/m)}$$

则

$$\boldsymbol{H}(z)=\frac{1}{|\eta_c|}\boldsymbol{e}_z\times\boldsymbol{E}(z)=\frac{1}{238.44}\boldsymbol{e}_z\times\boldsymbol{e}_ye^{-0.497z}50e^{-\text{j}(3.16\pi z-\pi/3+\pi/2)}e^{-\text{j}0.0016\pi}$$

$$=-\boldsymbol{e}_x0.21e^{-0.497z}e^{-\text{j}(3.16\pi z-\pi/3+\pi/2)}e^{-\text{j}0.0016\pi}$$

$$\boldsymbol{H}(z,t)=\text{Re}\{\boldsymbol{H}(z)e^{\text{j}\omega t}\}$$

$$=-\boldsymbol{e}_x0.21e^{-0.497z}\sin(6\pi\times10^{9}t-3.16\pi z+\pi/3-0.0016\pi)$$

【例题 8-5】　设在自由空间中，某一均匀平面波的波长为 12 cm。当该平面波进入某无损耗媒质时，波长变为 8 cm，且已知此时的 $|E|=50$ V/m，$|H|=0.1$ A/m。求该均匀平面波的频率以及无损耗媒质的 μ_r、ε_r。

解　在自由空间中平面波的相速 $v_p=c=3\times10^{8}$ m/s，故波的频率为

$$f=\frac{v_p}{\lambda_0}=\frac{3\times10^8}{0.12}=2.5\times10^9\ \text{Hz}$$

在无损耗媒质中，波的相速为

$$v_p=f\lambda=2.5\times10^9\times0.08=2\times10^8\ \text{m/s}$$

故有

$$v_p=\frac{1}{\sqrt{\mu_0\mu_r\varepsilon_0\varepsilon_r}}=2\times10^8$$

又因为无损耗媒质中的波阻抗为

$$\eta=\frac{|E|}{|H|}=\sqrt{\frac{\mu_0\mu_r}{\varepsilon_0\varepsilon_r}}=\frac{50}{0.1}=500$$

解这两个方程可以得到

$$\mu_r=1.99,\ \varepsilon_r=1.13$$

8.4 电磁波的特性

在前面的讨论中，都是假设传播方向沿$+z$方向传播，而电场强度只有x分量，也就是说只有$\boldsymbol{E}_x$存在。由于在无限空间中，均匀平面电磁波是TEM波，除了有$\boldsymbol{E}_x$分量外，也可能有频率和传播方向均与$\boldsymbol{E}_x$相同的y分量，即有$\boldsymbol{E}_y$存在。这样，在垂直于传播方向上的电场强度就由$\boldsymbol{E}_x$和$\boldsymbol{E}_y$两个分量合成。当然，其相伴的磁场强度也由两个分量合成。我们知道，当只有$\boldsymbol{E}_x$或$\boldsymbol{E}_y$时，在垂直于传播方向的等相位面上，电场强度矢量随时间变化的矢端轨迹是一条直线；如果$\boldsymbol{E}_x$和$\boldsymbol{E}_y$同时存在，在垂直于传播方向的等相位面上，两者的合成电场强度矢量随时间变化的矢端轨迹不一定是一条直线。为了描述合成电场强度矢量在空间任意点上随时间变化的规律，需要引入电磁波的极化概念。

另外，电磁波在媒质中传播时，由于媒质的不同可能会使传播的速度不同，其传播速度可能与频率有关，因此需引入色散的概念。我们知道，单一频率的电磁波无法传播任何信息，传播信息需要多个频率的电磁波，携带信息的多个频率的电磁波就不能以相速传播，因此需引入群速的概念。

8.4.1 电磁波的极化

1. 极化的概念

我们知道，在无界媒质中，电磁波的电场强度、磁场强度和传播方向相互垂直，遵循右手螺旋规律，因此一般用电场强度的矢端在空间任意点上随时间变化所描绘的轨迹来表征电磁波的极化。

假设在垂直于传播方向$+z$的横截面上有频率相同的电场强度分量$\boldsymbol{E}_x$和$\boldsymbol{E}_y$同时存在，它们的振幅和相位均不相同，表示为

$$\begin{cases}E_x(z,t)=\boldsymbol{e}_xE_{xm}(z)\cos(\omega t-kz+\phi_x(z))\\E_y(z,t)=\boldsymbol{e}_yE_{ym}(z)\cos(\omega t-kz+\phi_y(z))\end{cases}\tag{8.4-1}$$

合成电场强度为

$$\boldsymbol{E}(z,t)=\boldsymbol{e}_xE_x(z,t)+\boldsymbol{e}_yE_y(z,t)\tag{8.4-2}$$

由于 E_x 和 E_y 的振幅和相位均不相同，因此在空间任意点上合成电场强度的大小和方向都随时间变化，这种现象称为电磁波的极化。电场强度的方向随时间变化的规律称为电磁波的极化特性，它用电场强度矢量的端点随时间变化的轨迹来描述。电磁波的极化是电磁场与电磁波理论中的一个重要概念。

电场强度矢量的端点随时间变化的轨迹如果是直线，则称为线极化；如果是圆，则称为圆极化；如果是椭圆，就称为椭圆极化。

对于均匀平面电磁波，由于电场强度的两个分量的空间相位 kz 都相同，因此空间所有点上的电磁波的极化方式都相同。为了简化起见，这里用 $z=0$ 的定点位置来进行讨论。这种条件下，式(8.4-1)变为

$$\begin{cases} E_x = E_x(0,t) = \boldsymbol{e}_x E_{xm}\cos(\omega t + \phi_x) \\ E_y = E_y(0,t) = \boldsymbol{e}_y E_{ym}\cos(\omega t + \phi_y) \end{cases} \tag{8.4-3}$$

2. 线极化波

电磁波的线极化

假设电场强度的两个分量 E_x 和 E_y 的相位相等，即 $\phi_x = \phi_y = \phi_0$，则合成电场强度 $\boldsymbol{E}=\boldsymbol{E}(0,t)$ 的模 E_m 为

$$E_m = \sqrt{E_x^2 + E_y^2} = \sqrt{E_{xm}^2 + E_{ym}^2}\cos(\omega t + \phi_0) \tag{8.4-4}$$

合成电场强度与 x 轴的夹角 α 为

$$\alpha = \arctan\left(\frac{E_y}{E_x}\right) = \arctan\left(\frac{E_{ym}}{E_{xm}}\right) = 常数 \tag{8.4-5}$$

假设电场强度的两个分量 E_x 和 E_y 的相位相差 180°，即 $\phi_y - \phi_x = \pm\pi$，则合成电场强度的模为

$$\begin{aligned} E_m &= \sqrt{E_x^2 + E_y^2} = \sqrt{E_{xm}^2\cos^2(\omega t + \phi_x) + E_{ym}^2\cos^2(\omega t + \phi_x \pm \pi)} \\ &= \sqrt{E_{xm}^2 + E_{ym}^2}\cos(\omega t + \phi_x) \end{aligned} \tag{8.4-6}$$

合成电场强度与 x 轴的夹角 α 为

$$\alpha = \arctan\left(\frac{E_y}{E_x}\right) = -\arctan\left(\frac{E_{ym}}{E_{xm}}\right) = 常数 \tag{8.4-7}$$

它表明，当电场强度的两个分量 $\boldsymbol{E}_x$ 和 $\boldsymbol{E}_y$ 的相位相等或相差 $\pm\pi$ 时，合成波电场的大小随时间作正弦(或余弦)变化，但其矢端轨迹与 x 轴的夹角始终保持不变，其轨迹为一条直线，故称为线极化。两个分量 E_x 和 E_y 的相位相等时，线极化的轨迹是位于直角坐标第一、三象限的直线，相位相差 $\pm\pi$ 时，线极化的轨迹是位于直角坐标的第二、四象限的直线，如图 8.4-1 所示。

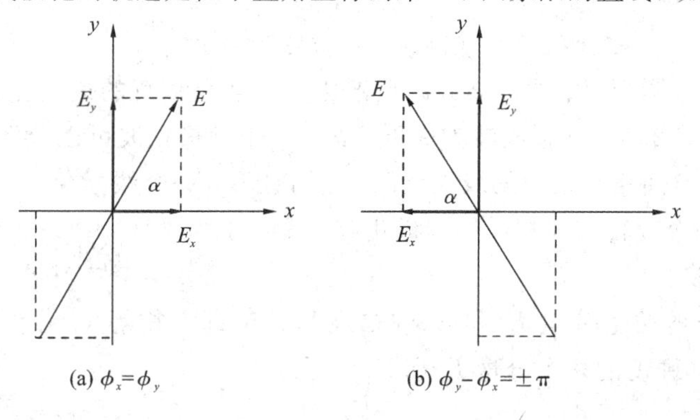

图 8.4-1　线极化波

总之，任何两个同频率、同传播方向且极化方向互相垂直的线极化波，当它们的相位相同或相差$\pm\pi$时，其合成波为线极化波；反之，任一线极化波可以分解为两个相位相同或相差$\pm\pi$的空间相互正交的线极化波。

电磁波的圆极化

3. 圆极化波

假设电场强度的两个分量E_x和E_y的幅度相等，即$E_{xm}=E_{ym}$，相位相差$\pm\pi/2$，即$\phi_y-\phi_x=\pm\pi/2$，则电场强度的两个分量E_x和E_y可写成

$$\begin{cases}E_x=E_x(0,t)=\boldsymbol{e}_xE_{xm}\cos(\omega t+\phi_x)\\ E_y=E_y(0,t)=\boldsymbol{e}_yE_{ym}\cos\left(\omega t+\phi_x\pm\dfrac{\pi}{2}\right)=\mp\boldsymbol{e}_yE_{ym}\sin(\omega t+\phi_x)\end{cases}\tag{8.4-8}$$

则合成电场强度的模E为

$$E=\sqrt{E_x^2+E_y^2}=\sqrt{E_{xm}^2+E_{ym}^2}\tag{8.4-9}$$

合成电场强度与x轴的夹角α为

$$\alpha=\arctan\left(\frac{E_y}{E_x}\right)=\mp(\omega t+\phi_x)\tag{8.4-10}$$

它表明，当电场强度的两个分量E_x和E_y的幅度相等、相位相差$\pi/2$时，合成波电场的大小不随时间改变，但其矢端轨迹与x轴的夹角α却随时间变化，其轨迹为以角速度ω旋转的圆，故称为圆极化。若两个电场分量的相位$\phi_y-\phi_x=\pi/2$，当t增加时，夹角α不断地减小，合成波矢量端点沿顺时针方向旋转，其旋转方向与传播方向构成左旋关系，则称这种圆极化波为左旋圆极化波。若两个电场分量的相位$\phi_y-\phi_x=-\pi/2$，当t增加时，夹角α不断地增大，合成波矢量端点沿逆时针方向旋转，其旋转方向与传播方向构成右旋关系，则称这种圆极化波为右旋圆极化波，如图8.4-2所示。

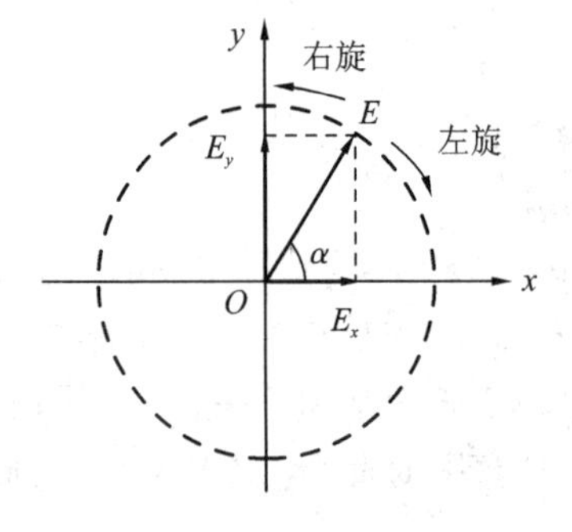

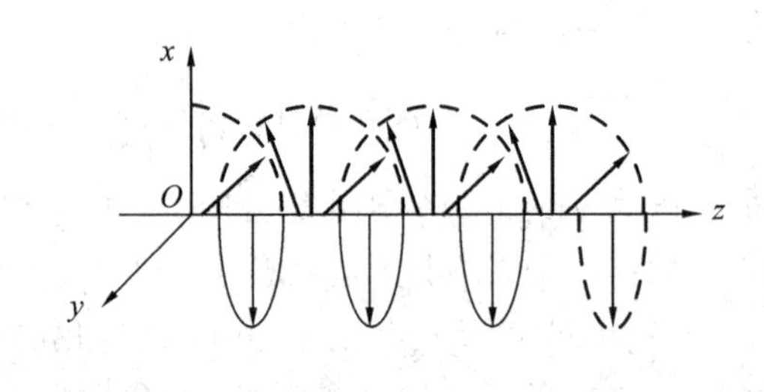

图8.4-2　圆极化波

总之，任何两个同频率、同传播方向且极化方向互相垂直的线极化波，当它们的振幅相同、相位差为$\pm\pi/2$时，其合成波为圆极化波。一个圆极化波可以分解为两个振幅相等、相位相差$\pm\pi/2$的空间相互正交的线极化波。还可证明，一个线极化波也可以分解为两个旋转方向相反的圆极化波。反之亦然。

电磁波的椭圆极化

4. 椭圆极化波

假设电场强度的两个分量E_x和E_y的幅度和相位都不相等，令$\phi_y-\phi_x=\phi$，则电场强度的两个分量E_x和E_y可写成

$$\begin{cases} E_x = E_x(0,t) = \boldsymbol{e}_x E_{xm}\cos(\omega t + \phi_x) \\ E_y = E_y(0,t) = \boldsymbol{e}_y E_{ym}\cos(\omega t + \phi_x + \phi) \end{cases} \tag{8.4-11}$$

将式(8.4－11)中两个方程的 t 消去，可以得到合成电场强度满足的方程为

$$\left(\frac{E_x}{E_{xm}}\right)^2 - 2\frac{E_x}{E_{xm}}\frac{E_y}{E_{ym}}\cos\phi + \left(\frac{E_y}{E_{ym}}\right)^2 = \sin^2\phi \tag{8.4-12}$$

这是一个椭圆方程，它表示合成波矢量的端点轨迹是一个椭圆，因此，这种平面波称为椭圆极化波。

合成电场强度与 x 轴的夹角 α 为

$$\alpha = \arctan\left(\frac{E_y}{E_x}\right) = \arctan\frac{E_{ym}\cos(\omega t + \phi_x + \phi)}{E_{xm}\cos(\omega t + \phi_x)} \tag{8.4-13}$$

它表明，合成波电场的大小和方向都随时间改变，其端点在一个椭圆上旋转。当两个电场分量的相位差 $0<\phi<\pi$ 时，E_y 分量比 E_x 分量超前，合成场的矢量沿顺时针旋转，它与传播方向 $+z$ 形成左旋关系，故称为左旋椭圆极化波。当两个电场分量的相位差 $-\pi<\phi<0$ 时，E_y 分量比 E_x 分量滞后，合成场的矢量沿逆时针方向旋转，它与传播方向 $+z$ 形成右旋关系，故称为右旋椭圆极化波，如图 8.4－3 所示。

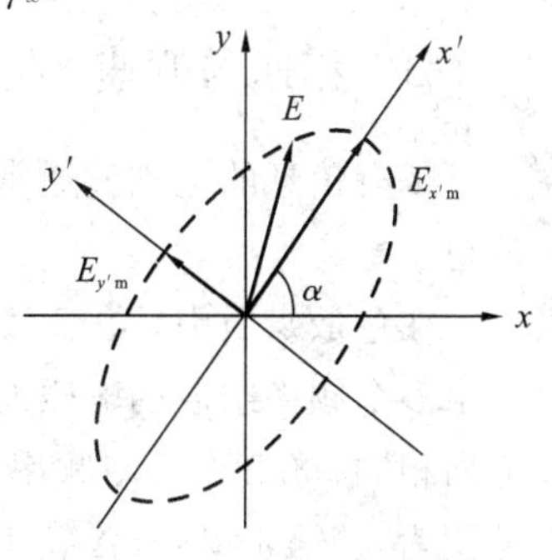

图 8.4－3　椭圆极化波

总之，任何两个同频率、同传播方向且极化方向互相垂直的线极化波，当它们的振幅和相位均不相同时，其合成波为椭圆极化波。一个椭圆极化波也可以分解为两个振幅、相位均不相同的空间相互正交的线极化波。也可证明，一个线极化波可以分解为两个旋转方向相反的椭圆极化波，反之亦然。线极化波、圆极化波均可看作椭圆极化波的特殊情况。

电磁波的极化特性在实际工程中具有非常广泛的应用。例如：由于圆极化波穿过雨区时受到的吸收衰减较小，全天候雷达一般宜采用圆极化波；在雷达目标探测中，利用目标对电磁波散射过程中可改变极化特性这一性质可实现目标的识别；在无线通信中，为了有效地接收电磁波的能量，接收天线的极化特性必须与被接收电磁波的极化特性一致；在卫星通信和卫星导航定位系统中，由于卫星姿态随时变更，应该使用圆极化电磁波。在微波设备中，有些器件的功能就是利用了电磁波的极化特性获得的，如铁氧体环行器及隔离器等。在光学工程中可利用材料对于不同极化波的传播特性设计光学偏振片等。

8.4.2　电磁波的色散

电磁波的色散

我们知道，单一频率的电磁波无法传播任何信息，只有多个频率组成的电磁波才能传播有用信息。每一个频率的电磁波都以一个相速进行传播，其相速是电磁波等相位面的传播速度。在媒质中，单一频率电磁波沿 z 方向传播的相速 v_{p} 为

$$v_{\mathrm{p}} = \frac{\mathrm{d}z}{\mathrm{d}t} = \frac{\omega}{\beta}$$

可见相速是否与频率有关取决于相位常数 β，而它又取决于媒质参数(ε、μ 和 σ)和频率。由前文可知，导电媒质中的传播常数 $\gamma = \mathrm{j}k_{\mathrm{c}} = \alpha + \mathrm{j}\beta$。其中

$$\alpha=\omega\sqrt{\frac{\varepsilon\mu}{2}\left[\sqrt{1+\left(\frac{\sigma}{\omega\varepsilon}\right)^{2}}-1\right]},\ \beta=\omega\sqrt{\frac{\varepsilon\mu}{2}\left[\sqrt{1+\left(\frac{\sigma}{\omega\varepsilon}\right)^{2}}+1\right]}$$

在理想介质中，$\sigma=0$，则相位常数 $\beta=\omega\sqrt{\varepsilon\mu}$，它与角频率 ω 成线性关系，使得相速 $v_p=\frac{1}{\sqrt{\varepsilon\mu}}$。由于在理想介质中 ε、μ 是实常数，因此相速与频率无关，此时的媒质称为非色散介质。

在导电媒质中，$\sigma\neq0$，则相位常数 β 不再与角频率 ω 成线性关系。相速 v_p 则与频率有关，此时电磁波的相速随频率改变。这种电磁波的相速随频率改变的现象称为色散现象，此时的导电媒质称为色散介质。

8.4.3　相速与群速

载有信息的电磁波通常是由一个高频载波和以载频为中心向两侧扩展的频带所构成的波包。

在色散媒质中，由于每个频率的电磁波都有一个相速，频率不同，其相速也不同。那么由多个频率组成的电磁波将以何种速度传播呢？假设在色散媒质中，同时存在电场强度方向相同、幅度相等、频率不同、向 $+z$ 方向传播的两个正弦线极化电磁波，它们的角频率分别为 $\omega+\Delta\omega$ 和 $\omega-\Delta\omega$，其中 $\Delta\omega\ll\omega$，相位常数分别为 $\beta+\Delta\beta$ 和 $\beta-\Delta\beta$，其中 $\Delta\beta\ll\beta$。这两个电场可表示为

$$\begin{cases}\boldsymbol{E}_1(z,t)=\boldsymbol{e}_xE_m\cos[(\omega+\Delta\omega)t-(\beta+\Delta\beta)z]\\ \boldsymbol{E}_2(z,t)=\boldsymbol{e}_xE_m\cos[(\omega-\Delta\omega)t-(\beta-\Delta\beta)z]\end{cases}\tag{8.4-14}$$

合成的电场强度为

$$\begin{aligned}\boldsymbol{E}(z,t)&=\boldsymbol{E}_1(z,t)+\boldsymbol{E}_2(z,t)\\&=\boldsymbol{e}_xE_m\cos[(\omega+\Delta\omega)t-(\beta+\Delta\beta)z]+\boldsymbol{e}_xE_m\cos[(\omega-\Delta\omega)t-(\beta-\Delta\beta)z]\\&=\boldsymbol{e}_x2E_m\cos(\Delta\omega t-\Delta\beta z)\cos(\omega t-\beta z)\end{aligned}\tag{8.4-15}$$

可见，式(8.4-15)等号右边的 $\cos(\omega t-\beta z)$ 是常见电磁波的传播因子，代表沿 z 轴传播的行波，$2E_m\cos(\Delta\omega t-\Delta\beta z)$ 是行波的振幅，它是受调制的一包络波，以角频率 $\Delta\omega$ 缓慢变化，如图 8.4-4 所示。

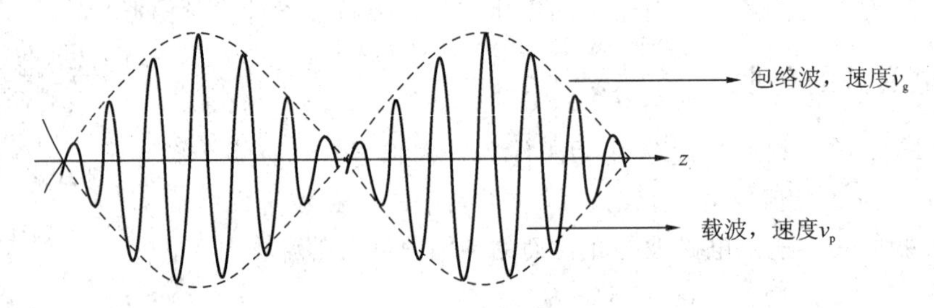

图 8.4-4　相速与群速

由于每一频率电磁波的相速是恒定相位面的传播速度，那么，定义多个频率形成电磁波的包络波上恒定相位面的传播速度为群速。由 $\Delta\omega t-\Delta\beta z=$ 常数，可得到群速 v_g 为

$$v_g = \frac{dz}{dt} = \frac{\Delta\omega}{\Delta\beta} \tag{8.4-16}$$

由于 $\Delta\omega \ll \omega$，$\Delta\beta \ll \beta$，则式(8.4-16)可变为

$$v_g = \frac{\Delta\omega}{\Delta\beta} = \frac{d\omega}{d\beta} \tag{8.4-17}$$

根据相速公式 $v_p = \omega/\beta$ 可以得到相速与群速的关系，即

$$v_g = \frac{d(v_p\beta)}{d\beta} = v_p + \beta\frac{dv_p}{d\beta} = v_p + \frac{\omega}{v_p}\frac{dv_p}{d\omega}v_g$$

从而可得

$$v_g = \frac{v_p}{1 - \dfrac{\omega}{v_p}\dfrac{dv_p}{d\omega}} \tag{8.4-18}$$

可见，一般情况下，相速与群速是不相等的。但存在三种可能情形：

(1) 若 $\dfrac{dv_p}{d\omega} = 0$，说明相速与频率无关，此时群速与相速相等，即 $v_g = v_p$，称为无色散；

(2) 若 $\dfrac{dv_p}{d\omega} < 0$，说明相速随频率升高而减小，此时群速小于相速，即 $v_g < v_p$，称为正常色散；

(3) 若 $\dfrac{dv_p}{d\omega} > 0$，说明相速随频率升高而增大，此时群速大于相速，即 $v_g > v_p$，称为非正常色散。

【例题 8-6】 已知自由空间的均匀平面波的电场为 $\boldsymbol{E}(r) = (\boldsymbol{e}_x + \boldsymbol{e}_y 2 + \boldsymbol{e}_z \mathrm{j}\sqrt{5}) \cdot \mathrm{e}^{-\mathrm{j}(2x+by+cz)}$ (V/m)。求该平面波的传播方向、波长、极化状态以及与该电场相伴的磁场。

解 设 $\boldsymbol{k} = \boldsymbol{e}_x k_x + \boldsymbol{e}_y k_y + \boldsymbol{e}_z k_z$，$\boldsymbol{r} = \boldsymbol{e}_x x + \boldsymbol{e}_y y + \boldsymbol{e}_z z$，则根据已知复数形式的电场表达式可得

$$\boldsymbol{k} \cdot \boldsymbol{r} = k_x x + k_y y + k_z z = 2x + by + cz$$

则

$$k_x = 2,\ k_y = b,\ k_z = c$$

由于均匀平面波的传播方向与电场矢量相垂直，则有 $\boldsymbol{k} \cdot \boldsymbol{E}(r) = 0$，即

$$\boldsymbol{k} \cdot \boldsymbol{E}(r) = (\boldsymbol{e}_x 2 + \boldsymbol{e}_y b + \boldsymbol{e}_z c) \cdot (\boldsymbol{e}_x + \boldsymbol{e}_y 2 + \boldsymbol{e}_z \mathrm{j}\sqrt{5}) = 2 + 2b + \mathrm{j}c\sqrt{5} = 0$$

从而可得到 $b = -1$，$c = 0$，则波矢量 $\boldsymbol{k} = \boldsymbol{e}_x 2 - \boldsymbol{e}_y$。波传播的单位矢量为

$$\boldsymbol{e}_k = \frac{\boldsymbol{k}}{k} = \frac{\boldsymbol{e}_x 2 - \boldsymbol{e}_y}{\sqrt{2^2+1}} = \frac{1}{\sqrt{5}}(\boldsymbol{e}_x 2 - \boldsymbol{e}_y)$$

该平面波的波长为

$$\lambda = \frac{2\pi}{k} = \frac{2\pi}{\sqrt{5}} = 2.81\ \mathrm{m}$$

电场的复振幅可写为

$$\boldsymbol{E}_m(r) = \boldsymbol{e}_x + \boldsymbol{e}_y 2 + \boldsymbol{e}_z \mathrm{j}\sqrt{5} = \boldsymbol{E}_{mR} + \mathrm{j}\boldsymbol{E}_{mI}$$

其中，$\boldsymbol{E}_{mR}(r) = \sqrt{1^2+2^2} = \sqrt{5}$，$\boldsymbol{E}_{mI} = \sqrt{5}$。可见电场复振幅的实部与虚部大小相等。

将电场复振幅的实部与虚部归一化可以得到相应的单位矢量。再将这两个单位矢量进行“叉乘”和“点乘”，则有

$$\begin{cases}\dfrac{\boldsymbol{E}_{mR}}{\sqrt{5}}\times\dfrac{\boldsymbol{E}_{mI}}{\sqrt{5}}=\dfrac{\boldsymbol{e}_x+\boldsymbol{e}_y2}{\sqrt{5}}\times\dfrac{\boldsymbol{e}_z\sqrt{5}}{\sqrt{5}}=\dfrac{2\boldsymbol{e}_x-\boldsymbol{e}_y}{\sqrt{5}}=\boldsymbol{e}_k\\ \dfrac{\boldsymbol{E}_{mR}}{\sqrt{5}}\cdot\dfrac{\boldsymbol{E}_{mI}}{\sqrt{5}}=\dfrac{\boldsymbol{e}_x+\boldsymbol{e}_y2}{\sqrt{5}}\cdot\dfrac{\boldsymbol{e}_z\sqrt{5}}{\sqrt{5}}=0\end{cases}$$

可见，电场复振幅的实部与虚部相差 90°。再结合电场复振幅的实部与虚部大小相等的结论，可以证实该平面波为一个左旋圆极化波。

这样，电场强度的表达式为

$$\boldsymbol{E}(r)=(\boldsymbol{e}_x+\boldsymbol{e}_y2+\boldsymbol{e}_z\mathrm{j}\sqrt{5})\mathrm{e}^{-\mathrm{j}(2x-y)}\ (\mathrm{V/m})$$

与电场强度相伴的磁场强度的表达式为

$$\begin{aligned}\boldsymbol{H}(r)&=\frac{1}{\eta_0}\boldsymbol{e}_k\times\boldsymbol{E}(r)=\frac{1}{120\pi}\boldsymbol{e}_k\times(\boldsymbol{e}_x+\boldsymbol{e}_y2+\boldsymbol{e}_z\mathrm{j}\sqrt{5})\mathrm{e}^{-\mathrm{j}(2x-y)}\\&=\frac{1}{120\pi}\frac{1}{\sqrt{5}}(\boldsymbol{e}_x2-\boldsymbol{e}_y)\times(\boldsymbol{e}_x+\boldsymbol{e}_y2+\boldsymbol{e}_z\mathrm{j}\sqrt{5})\mathrm{e}^{-\mathrm{j}(2x-y)}\\&=\frac{1}{120\pi}(-\boldsymbol{e}_x\mathrm{j}-\boldsymbol{e}_y\mathrm{j}2+\boldsymbol{e}_z\sqrt{5})\mathrm{e}^{-\mathrm{j}(2x-y)}\ (\mathrm{A/m})\end{aligned}$$

【例题 8-7】 假设海水的电导率 $\sigma=4$ s/m，相对介电常数 $\varepsilon_r=81$，相对磁导率 $\mu_r=0$。如果有一载频为 $f=100$ kHz 的窄频带信号在海水中传播，试求其相速和群速。

解 由于 $\dfrac{\sigma}{\omega\varepsilon}\approx\dfrac{4}{2\pi\times10^5\times\dfrac{1}{36\pi}\times10^{-9}\times81}\approx8.9\times10^3\gg1$，说明海水是良导体。

利用良导体中的传播常数公式，可以得到相位常数 β 为

$$\beta\approx\sqrt{\pi f\mu\sigma}=\sqrt{\pi\times10^5\times4\pi\times10^{-7}\times4}\approx1.256\ \mathrm{rad/m}$$

根据相速的公式可以得到

$$v_p=\frac{\omega}{\beta}=\frac{2\pi\times10^5}{1.256}\approx5\times10^5\ \mathrm{m/s}$$

因为

$$v_p(\omega)=\frac{\omega}{\beta}=\frac{\omega}{\sqrt{\pi f\mu\sigma}}\approx\frac{\omega}{\sqrt{(1/2)\omega\times4\pi\times10^{-7}\times4}}\approx631\sqrt{\omega}$$

所以

$$\frac{\mathrm{d}v_p(\omega)}{\mathrm{d}\omega}=\frac{315.5}{\sqrt{\omega}}$$

根据群速与相速的关系可以得到

$$v_g=\frac{v_p}{1-\dfrac{\omega}{v_p}\dfrac{\mathrm{d}v_p}{\mathrm{d}\omega}}=\frac{5\times10^5}{1-\dfrac{2\pi\times10^5}{5\times10^5}\times\dfrac{315.5}{\sqrt{2\pi\times10^5}}}=1\times10^6\ \mathrm{m/s}$$

可见，相速小于群速，即 $v_g>v_p$，说明此种情况属于非正常色散。

8.5　典型应用

8.5.1　RFID 系统

射频识别(Radio Frequency Identification，RFID)是一种非接触式的自动识别技术，它通过射频信号自动识别目标对象，可快速地进行物品追踪和数据交换。RFID 技术可识别高速运动的物体并可同时识别多个标签，操作快捷方便。短距离射频产品不怕油渍、灰尘污染等恶劣的环境，可在这样的环境中替代条码，例如用在工厂的流水线上跟踪物体。长距射频产品多用于交通上，识别距离可达几十米，如自动收费或识别车辆身份等。

1. 系统组成

RFID 系统在具体的应用过程中，根据不同的应用目的和应用环境，RFID 系统的组成会有所不同，通常其基本组成如图 8.5－1 所示。

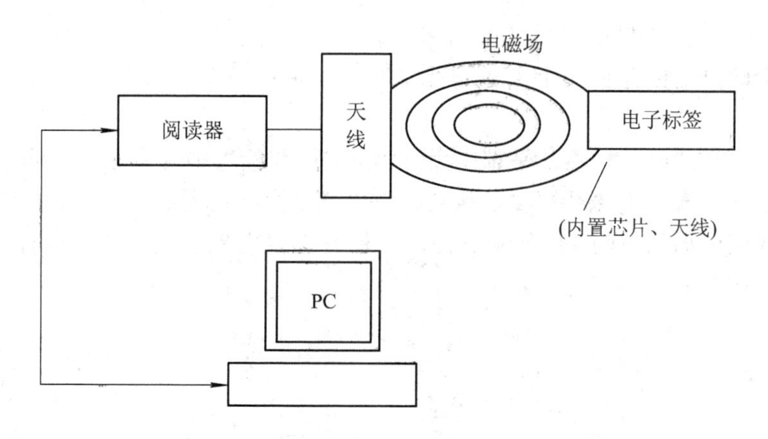

图 8.5－1　RFID 基本组成图

在 RFID 系统中，信号发射机为了不同的应用目的会以不同的形式存在，典型的形式是标签(Tag)。标签相当于条码技术中的条码符号，用来存储需要识别传输的信息。与条码不同的是，标签能够在外力的作用下，把存储的信息主动发射出去。标签一般是带有线圈、天线、存储器与控制系统的低电集成电路。

信号接收机在 RFID 系统中一般叫做阅读器。根据支持的标签类型不同与完成的功能不同，阅读器的复杂程度是显著不同的。阅读器基本的功能就是提供与标签进行数据传输的途径。另外，阅读器还提供相当复杂的信号状态控制、奇偶错误校验与更正功能等。标签中除了存储需要传输的信息外，还必须含有一定的附加信息，如错误校验信息等。识别数据信息和附加信息按照一定的结构编制在一起，并按照特定的顺序向外发送。阅读器通过接收到的附加信息来控制数据流的发送。阅读器的信息被正确地接收和译码后，可通过特定的算法决定是否需要发射机对发送的信号重发一次，或者指导发射器停止发信号，这就是“命令响应协议”。使用这种协议，即便在很短的时间、很小的空间阅读多个标签，也可以有效地防止“欺骗问题”的产生。

天线是标签与阅读器之间传输数据的发射、接收装置。在实际应用中，除了系统功率，天线的形状和相对位置也会影响数据的发射和接收，需要专业人员对系统的天线进行设计和安装。

2. 基本原理

阅读器通过发射天线发送一定频率的射频信号，当射频卡进入发射天线工作区域时产生感应电流，射频卡获得能量被激活；射频卡将自身编码等信息通过卡内置发送天线发送出去；系统接收天线接收到从射频卡发送来的载波信号，经天线调节器传送到阅读器，阅读器对接收的信号进行解调和解码后送到后台主系统进行相关处理；主系统根据逻辑运算判断该卡的合法性，针对不同的设定做出相应的处理和控制，发出指令信号控制执行机构动作。

从电子标签到阅读器之间的通信及能量感应方式来看，系统一般可以分成两类，即电感耦合系统和电磁反向散射耦合系统。电感耦合通过空间高频交变磁场实现耦合，依据的是电磁感应定律；电磁反向散射耦合是发射出去的电磁波碰到目标后反射，同时携带回目标信息，依据的是电磁波散射传播规律。

1）电感耦合型 RFID 系统

电感耦合的电子标签是一个电子数据载体，通常由单个微芯片和用做天线的线圈等组成。

电感耦合方式的电子标签几乎都是无源工作的，在标签中的微芯片工作所需的全部能量由阅读器发送的感应电磁能提供。高频的强电磁场由阅读器的天线线圈产生，并穿越线圈横截面和线圈的周围空间，以使附近的电子标签产生电磁感应。电感耦合型 RFID 系统的工作原理如图 8.5－2 所示。

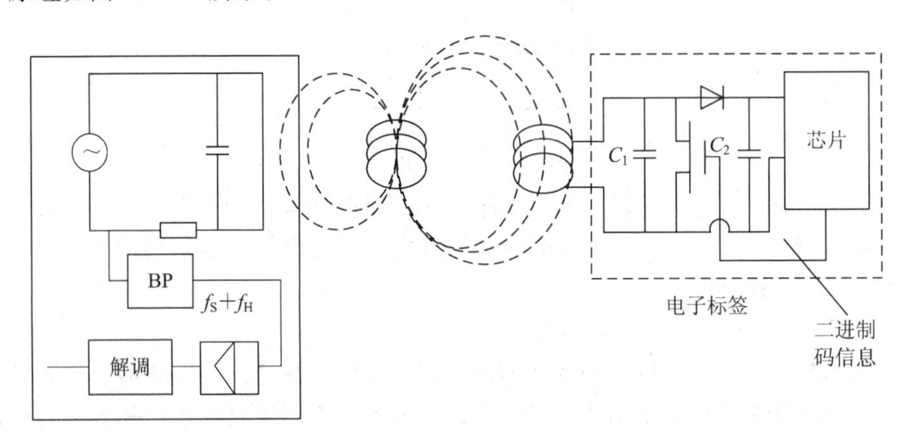

图 8.5－2　电感耦合型 RFID 系统的工作原理图

2）电磁反向散射 RFID 系统

（1）反向散射调制。

雷达技术为 RFID 的反向散射耦合方式提供了理论和应用基础。当电磁波遇到空间目标时，其能量的一部分被目标吸收，另一部分以不同的强度散射到各个方向。在散射的能量中，一小部分反射回发射天线，并被天线接收（因此发射天线也是接收天线），对接收信号进行放大和处理，即可获得目标的有关信息。

当电磁波从天线向周围空间发射时，会遇到不同的目标。到达目标的电磁波能量的一部分(自由空间衰减)被目标吸收，另一部分以不同的强度散射到各个方向上。反射能量的一部分最终会返回发射天线，称之为回波。在雷达技术中，可用这种反射波测量目标的距离和方位。

对RFID系统来说，可以采用电磁反向散射耦合工作方式，利用电磁波反射完成从电子标签到阅读器的数据传输。这种工作方式主要应用在915 MHz、2.45 GHz或更高频率的系统中。

(2) RFID反向散射耦合方式。

一个目标反射电磁波的频率由反射横截面来确定。反射横截面的大小与一系列参数有关，如目标的大小、形状和材料以及电磁波的波长和极化方向等。由于目标的反射性能通常随频率的升高而增强，所以RFID反向散射耦合方式采用特高频和超高频，应答器和读写器的距离大于1 m。读写器、应答器(电子标签)和天线构成了一个收发通信系统。RFID反向散射耦合方式的工作原理如图8.5-3所示。

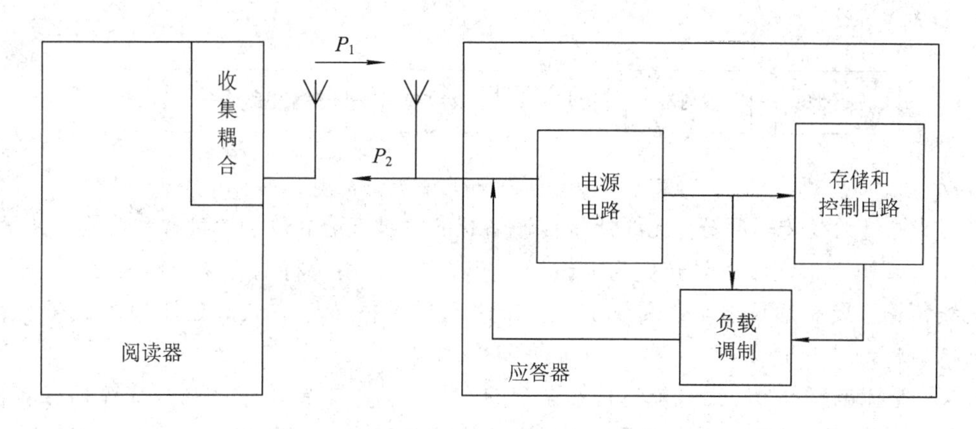

图8.5-3　RFID反向散射耦合方式的工作原理图

(3) 应用。

RFID技术具有抗干扰性强以及无需人工识别的特点，所以常常被应用在一些需要采集或追踪信息的领域中，主要应用如下：

① 仓库/运输/物资：给货品嵌入RFID芯片，存放在仓库、商场等货品以及物流过程中，货品相关信息被读写器自动采集，管理人员就可以在系统迅速查询货品信息，降低丢弃或者被盗的风险，可以提高货品交接速度，提高准确率。

② 门禁/考勤：一些公司或者一些大型会议通过提前录入身份或者指纹信息，就可以通过门口识别系统自行识别签到，省去很多时间，方便又省力。

③ 固定资产管理：如图书馆、艺术馆及博物馆等资产庞大或者存放有贵重物品的场所，就需要有完整的管理程序和严谨的保护措施，当贵重物品的存放信息有异常变动时，系统会第一时间提醒管理员，从而处理相关情况。

④ 火车/汽车识别/行李安检：我国铁路的车辆调度系统就是一个典型的案例，该系统可自动识别车辆号码、信息输入等，省去了大量人工统计的时间，并提高了精准度。

⑤ 医疗信息追踪：病例追踪、废弃物品追踪、药品追踪等都是提高医院服务水平和效率的好方法。

⑥ 军事/国防/国家安全：一些重要军事药品、枪支、弹药或者军事车辆的动态都需要

实时跟踪。

8.5.2　无线传能技术

无线能量传输(Wireless Power Transmission，WPT)是指采用非物理接触的方式，实现电能的无线隔空传输，如通过微波、电磁共振、超声波、电磁感应、激光等非接触的方式实现能量传输，也称无线输能或无线电力传输。

无线能量传输技术在物联网射频识别、航空航天、武器和侦察系统、油田矿井、工业机器人恶劣环境下作业、无线传感网络、电动汽车、家用电器、人体植入器件等领域具有广泛的应用前景。电磁感应耦合式、磁谐振耦合式和微波辐射式是目前应用最为广泛的三种无线能量传输方式。

1. 无线能量传输系统的组成

无线能量传输系统主要包括能量无线传输、整流电路和能量储存三大部分，如图8.5－4所示。

图8.5－4　无线能量传输系统示意图

(1) 能量无线传输部分：无线能量传输系统的关键部分，包括发射端和接收端两部分。发射端主要用于将交流信号转换为电磁场，接收端主要用于将电磁场转换为交流信号。能量无线传输主要有远距离辐射传输方式、中距离磁谐振传输方式和近距离电磁耦合传输方式。

(2) 整流电路部分：无线能量传输系统的常见部分，主要用于将高频交流信号转换为直流信号，甚至可以提升输出电压。它通常使用高频整流二极管来实现。为了稳定电压输出，还可以加入直流稳压芯片等。

(3) 能量储存部分：无线能量传输系统的可选部分。对于非持续性供电系统，比如隔一段时间发射一次信号的传感器节点等，接收到的能量暂时不使用，可以存储在充电电池或大容量电容器等储能器件中，待需要使用时再从储能器件中释放能量。

2. 无线能量传输方式

1) 电磁感应耦合式

电磁感应耦合式无线能量传输是利用电磁感应耦合来实现的。这种方式下，系统的传输效率主要取决于可分离变压器的耦合性能，而可分离变压器的耦合性能直接受传输距离的影响。随着传输距离变大，耦合系数越来越小，系统传输效率也就随之下降。所以，电磁感应耦合式无线能量传输技术的特点是传输距离短(1 mm～20 cm)，传输功率大。电磁感应耦合式无线能量传输技术是目前最成熟的一种无线能量传输方式，但是该技术传输距离太近，制约了其发展。

电磁感应供电系统主要由发射端和接收端两部分组成，系统构成如图8.5－5所示。系统工作时，首先将发射端电源提供的交/直流电通过谐振变换器或高频调制模块转换为高频交流信号，然后驱动发射线圈，使发射线圈在周围一定距离的空间范围内产生磁场强度很小但高频变化的电磁场。接收线圈位于这个电磁场中，发射线圈磁通量的高频变化在接收线圈中产生一定幅值的高频感应电动势。通过加在接收线圈两端上的桥式整流或电容滤波电路，就可以为负载提供直流供电输出。本系统的一个发射端可以驱动多个接收端，工作时相对位置关系允许动态变化，只要保持在一定距离范围内，就可以实现稳定的能量传输。

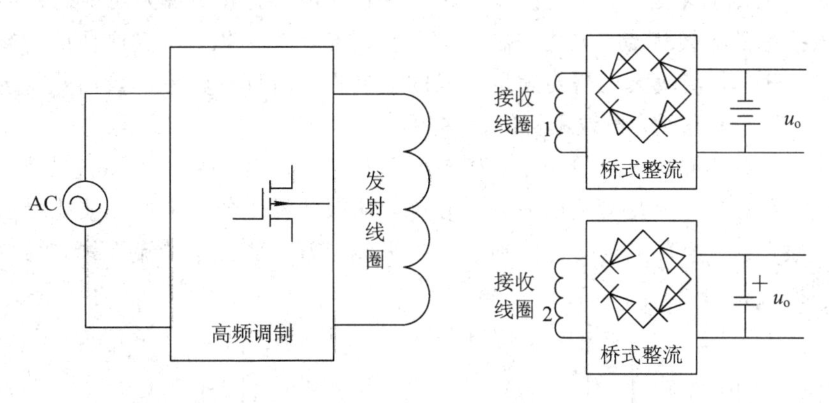

图 8.5－5　电磁感应供电系统构成

2）磁谐振耦合式

磁谐振耦合式无线能量传输技术以耦合模理论为基础，利用具有相同谐振频率的两个谐振体产生互耦合，这种磁耦合是非辐射性的，类似于常见的共振现象。就安全性而言，磁场耦合谐振更为安全可靠，可以达到几十厘米到几米的有效传输距离，在中等距离的无线能量传输领域中有着广阔的应用前景。

在谐振耦合无线输电系统中，用于谐振耦合能量无线传输的两个线圈发生自谐振，即线圈本身高频等效电路发生自谐振，使线圈回路阻抗达到最小值。谐振耦合电能无线传输装置如图 8.5－6 所示。

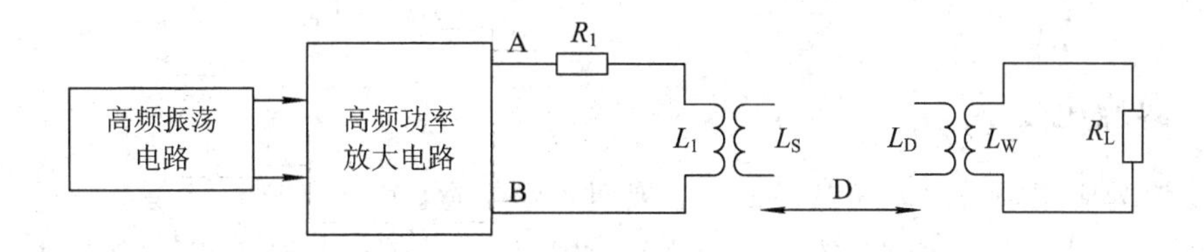

图 8.5－6　谐振耦合电能无线传输装置

一个完整的谐振耦合无线输电系统，除两个发生自谐振的开路线圈外，还必须有发射功率源和接收功率设备。

在谐振耦合无线输电系统中，高频振荡电路和高频功率放大电路用于产生高频功率源；隔空传递能量的两空心线圈分别是 L_S 和 L_D（S、D 分别表示发射和接收线圈）。空心线圈 L_1 将能量感应到与它相邻的发射线圈 L_S 上；电阻 R_1 用于测量电流；L_W、R_L 为负载回路，为减少负载回路电抗对接收线圈 L_D 自谐振频率的影响，L_W 做成单匝线圈，这样负载回路感抗极小，也不存在高频线圈匝与匝之间的杂散电容，容抗可忽略为 0，故可认为负载回路为纯电阻回路，它反射到线圈 L_D 的阻抗即为纯电阻，单匝线圈 L_W 从线圈 L_D 上感应到的能量给负载 R_L 供电，从而完成整个能量的无线传输。

3）微波辐射式

微波辐射式无线能量传输技术就是利用微波把能量从发射端传送到接收端。先用电能—微波转换装置将直流电转换成微波，然后通过天线发射出去；携带能量的微波被接收天线接收后，再通过微波—电能转换装置转换成直流电。能够实现大功率远距离的无线能量传输是该技术的主要优点。电磁波在空间传播时会迅速衰减，所以这种传输方式的传输效率比较低，发送与接收天线需要满足极强的方向性，而且不能跨越障碍物。该技术主要用于卫星、太阳能发电站、微波飞机等特殊领域。

微波输能系统主要由三部分组成，如图 8.5－7 所示。第一部分是微波功率发生器，将直流变成微波。第二部分是微波的发射和传播，从微波发生器出来的微波能量由发射天线聚焦后高效地发射，经自由空间传播到达接收天线。第三部分是整流天线，将微波能量接收并且转换为直流功率。

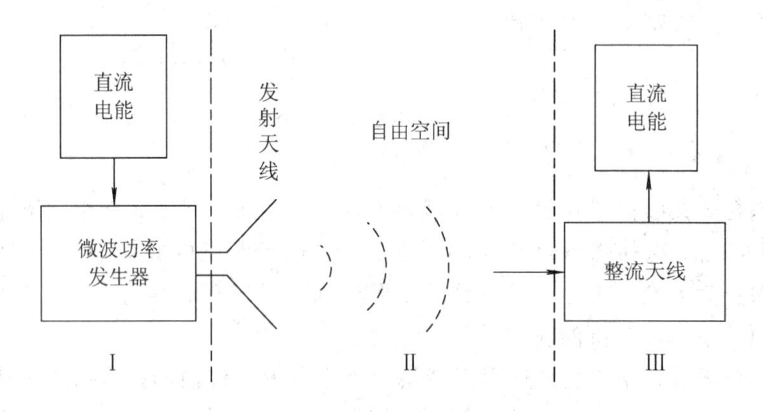

图 8.5－7　微波输能系统组成

除以上三种主要方式外，无线能量传输方式还包括电场耦合式、超声波式和激光式等。

8.5.3　涡旋电磁波

电磁波的应用频谱因无线电技术的发展而不断拓宽。由于频谱资源是有限的，增多的无线信号间互相干扰给无线电技术更广泛的应用带来了不便，因此使得不可再生的频谱资源日益紧缺，通信速率也已趋于香农定理的极限。

涡旋电磁波是一种具有特殊波前结构的电磁波，它是一种携带自旋角动量和轨道角动量的电磁波，它的相位波前不再是平面，而是绕着传播方向旋转，具有扭曲的结构。由于涡旋电磁波携带有轨道角动量，因此可用平面波添加相位因子 $e^{iL\varphi}$ 表示。其中，L 在理论上可取任意值，表征涡旋波的模态（或称模式），具有不同 L 值的涡旋波相互正交，体现出不同于频率、极化等自由度的新自由度，为解决无线电技术面临的问题提供了新思路。

产生涡旋电磁波的方法主要有环形天线阵列、高次模辐射结构螺旋透射结构、螺旋反射结构等。

环形天线阵列是目前研究最为广泛的一种，也是最为经典的产生涡旋电磁波的方法。环形天线阵列中每个天线单元之间有恒定的馈电相位差，这个馈电相位差与产生涡旋电磁波的拓扑电荷数和组成环形天线阵列的天线单元数有关。通过调整环阵列每个单元之间的相位差可以产生具有不同拓扑电荷数的涡旋电磁波。但是该方法需要相对复杂的移相和馈电网络，具有较高的系统复杂度。

利用传统微带天线的高次模辐射是更为简单的涡旋电磁波的产生方法。根据微带天线的腔模理论可知，微带天线高次模场分布在周向满足 $\cos(n\varphi)/\sin(n\varphi)$，则当一对幅度相同、相位相差90°的高次简并模被同时激励起来时，微带天线可以辐射具有螺旋状波前的涡旋电磁波波束。与之类似的，柱形介质棒天线的高次模场分布与微带天线相近，因此高次模辐射的介质棒天线也可以用来产生涡旋电磁波。另外，金属谐振腔、环形 SIW (Substrate Integrated Waveguide，基片集成波导)腔等腔体结构的高次模均具有上述场结构，因此基于这种腔体结构的漏波天线也可以用来辐射涡旋电磁波，这种方法结构简单，易于实现，但是带宽通常较小，且难以改变辐射的涡旋波拓扑电荷数。

螺旋透射结构和反射结构是一种对电磁波波前进行空间调制的方法。当入射波照射到螺旋透射结构或反射结构上时，入射波波前将被添加上一个相位因子 $e^{iL\varphi}$，其中 L 是所希望得到的涡旋电磁波拓扑电荷数，φ 为方位角。添加相位因子的方法主要有两种：一是利用螺旋相位板(SPP)引入波程差，相位变化通常是连续的；二是利用超表面结构引入相位突变，相位变化是离散的。这种方法对电磁波波前的调控更为灵活，但是辐射结构的体积一般较大。

目前，基于涡旋波的系统应用研究主要在通信系统和雷达系统两个方面。在通信系统方面，涡旋波应用于通信系统可能提升频谱利用率与通信容量。此外，即使信号被拦截，接收孔径太小、天线未对准等问题将导致信号不易被检测，增加了信息传递的安全性。目前，基于涡旋波的通信系统，主要从将不同的 OAM(Orbital Angular Momentum，轨道角动量)模态作为编码手段和将不同正交模态的涡旋波作为调制载波这两方面进行研究。在雷达系统方面，主要用于雷达成像系统。在雷达成像领域，可利用加宽频带提升距离分辨率，利用增大孔径提升方位分辨率。其中的合成孔径等技术依赖于雷达与目标间的相对运动。基于涡旋波的雷达成像可利用多种模态的涡旋波，无需相对运动实现方位角成像。2013年，有人提出基于涡旋波的雷达成像，利用涡旋波相位分布体现的成像潜力，由 UCA(Uniform Circular Array，均匀圆阵列)产生涡旋波，建立了理想点散射目标的回波模型，得到涡旋波拓扑荷与方位角间的近似对偶关系，并利用逆投影与滤波—傅里叶变换算法实现雷达成像。

8.5.4 流星余迹通信

流星现象发生时产生的电离气体柱称为流星余迹。流星余迹通信(Meteor Burst Communication，MBC)是一种利用地球上空上百公里高空天然发生的带电流星余迹对无线电波的发射和散射作用进行突发通信的无线通信模式。

由于流星余迹的出现是随机的，余迹信号是间断的，因此流星余迹通信是一种突发通信模式。通信时，必须发送探测信号，当有可用强度的流星余迹出现时，对端通信站接收到探测信号并应答，双方建立通信链路。随即通信进入数据传输状态，两端以分组数据形式进行信息交换，直至余迹信号降低到门限电平以下。通信中断后，系统重新开始探测，以等待下一个有效的流星余迹出现。流星余迹突发通信的基本模式就是探测、建链、通信、中断、再探测的状态循环。

流星余迹通信具有以下突出的特点：

（1）通信距离远，单跳最远可达 2000 km。由于余迹发生在 80～120 km 的高空，因此可以支持超远距离通信。

（2）覆盖范围大，易于实现组网通信。由于余迹信道自身具有空分和时分多址的特点，结合远距离、大范围覆盖的特点，流星余迹通信系统可以在大范围内实现多节点组网通信。

（3）信道可靠，适用地域广。流星余迹的发生是一种自然现象，且电波传播不受电离层扰动、磁暴、极光等自然因素的影响，因此应用地域不受限制。

（4）随机突发通信，信息保密能力强。流星余迹通信持续时间短，且信道具有“热区”“足迹”等空间选择特性，因此信息传输保密性强。

（5）通信非实时，传信率低。由于信道原因，流星余迹通信是非实时的，通信有间断，且传信率较低，平均每分钟可传输几十至几百个字符。

流星余迹通信有着很大的应用潜力。我国幅员辽阔，地形复杂，高山、湖海、沙漠及人烟稀少的地方很多，这些地区缺乏通信基础设施，流星余迹通信可以提供一种廉价而有效的通信手段。随着我国经济建设的发展，各种特种通信需求不断被提出，流星余迹通信可以成为一种不错的选择。

1. 原理与方法

每天有两类流星进入大气层，一类是流星雨，一类是偶发流星。流星雨是指一些按照同样的轨道和同样的速度围绕太阳运行的聚集在一起的彗星和小行星残余物，其运行轨道每年在同样的时间与地球运行的轨道相交，形成流星雨。流星雨的发生季节性很强，出现时会对流星余迹通信性能造成明显的增强，但它们的作用时间很短，并且其发生数量只占进入地球的总流星数量很小的一部分，因此对于通信的研究意义不大。流星余迹通信主要依靠偶发流星，偶发流星在分散的轨道上运行，约有 2/3 的偶发流星在一定轨道上按相同方向围绕太阳运行，与地球等行星的轨道相同。

如图 8.5－8 所示，流星余迹通信在一定程度上与卫星通信很相似，该通信系统所利用的“反射体”就好像是一颗“自然卫星”一样。

图 8.5－8 流星余迹

卫星通信是指从一个地面站发出无线电信号，这个微弱的信号被卫星通信天线接收后，在通信转发器中进行放大和变频，再由卫星的通信天线把无线电波重新发向另一个地面站，从而实现两个地面站或多个地面站的远距离通信。与卫星通信不同的是，流星余迹通信不是利用通信卫星为中继进行信号传输，而是利用流星体在离地面 80～120 km 的高空形成的流星余迹为媒介进行通信，流星余迹的高度决定了流星余迹通信双方的距离。流星余迹通信机制如图 8.5－9 所示。

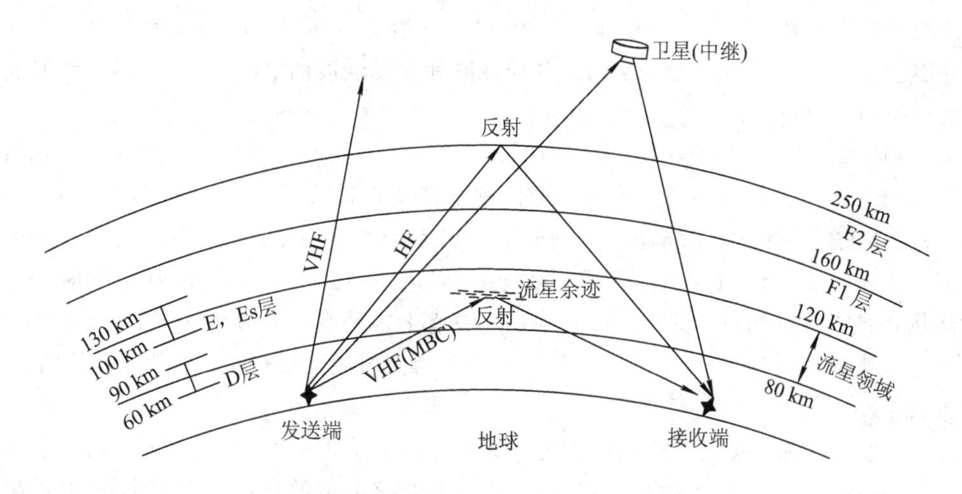

图 8.5－9　流星余迹通信机制

虽然流星进入地球大气层是不均匀的，但每天都有足够大密度的电离余迹来保证地球上每一点一年 365 天都能够在路径方向图范围内进行通信。这并不是说通信是“实时”的，因为在某个位置能提供一个足够合适的通信路径的流星余迹不会总是连续存在的。一个流星的电离余迹消失之后，到下一个适用的流星出现，通常要等待几秒到几分钟的时间，有时甚至十几分钟。显然，这种通信方式只能是间断的、突发的。因此，流星余迹通信仅适用于小容量且无实时要求的场合，而不适用于大容量的实时通信。

2. 应用

目前，国内外现有的应急通信手段主要有短波通信、卫星通信和中长波通信等。流星余迹通信突发、间断的性质，决定了这种通信方式只适用于小容量(kb/s 量级，典型的为 16 kb/s 以下)和无实时要求的场合，而不适用于大容量的实时通信。但是由于流星余迹通信的大跨距、抗干扰、低截获概率特性和抗毁性特点以及核爆炸时快速恢复通信的特性，使得这种通信方式可应用于解决特殊环境条件下指挥控制通信系统受到物理和电子攻击时的生存能力问题，成为最低限度应急通信保障的一种重要手段。同时，由于流星余迹通信系统一次性投资和运营费较低，可广泛应用于民用领域，如气象数据采集、水文监测、灾情报告以及突发事件时的应急通信等。

习　题

8.1　已知在空气中 $\boldsymbol{E}=\boldsymbol{e}_y 0.1\sin(10\pi x)\cos(6\pi\times10^9 t-\beta z)$，求 $\boldsymbol{H}$ 和 β。

8.2　空气中传播的均匀平面波电场为 $\boldsymbol{E}=\boldsymbol{e}_x E_0 \mathrm{e}^{-\mathrm{j}kz}$，已知电磁波沿 z 轴传播，频率为 f。求：(1) 磁场 $\boldsymbol{H}$；(2) 波长 λ；(3) 能流密度 $\boldsymbol{S}$ 和平均能流密度 S_{av}；(4) 能量密度 w。

8.3 已知自由空间中电磁波的电场强度表达式为 $\boldsymbol{E}=\boldsymbol{e}_y 50\cos(6\pi\times10^8 t-\beta x)$(V/m)。(1) 此波是否为均匀平面波？如果是则求出该波的频率、波长、波速和相位常数，并指出波的传播方向；(2) 写出磁场强度表达式；(3) 若在 $x=x_0$ 处水平放置一半径 $R=2.5$ m 的圆环，求垂直穿过圆环的平均电磁功率。

8.4 频率为 100 MHz 的正弦均匀平面波在各向同性的均匀理想介质中沿 $+z$ 方向传播，介质的特性参数为 $\varepsilon_r=4$，$\mu_r=1$，$\sigma=0$。设电场沿 x 方向，当 $t=0$，$z=0.125$ m 时，电场等于其振幅值 10^{-4} V/m。试求：(1) 电场强度和磁场强度的瞬时值；(2) 波的传播速度；(3) 平均波印廷矢量。

8.5 如果要求电子仪器的铝外壳($\sigma=3.54\times10^7$ S/m，$\mu_r=1$)至少为 5 个趋肤深度，为防止 20 kHz ～ 200 MHz 的无线电干扰，则铝外壳应取多厚？

8.6 微波炉利用磁控管输出的 2.45 GHz 频率的微波加热食品，在该频率上，牛排的等效复介电常数 $\boldsymbol{\varepsilon}_r=40(1-j0.3)$。求：(1) 微波传入牛排的穿透深度 δ，在牛排内 8 mm 处的微波场强是表面处的百分之几？(2) 微波炉中盛牛排的盘子是发泡聚苯乙烯制成的，其等效复介电常数 $\boldsymbol{\varepsilon}_r=1.03(1-j0.3\times10^{-4})$，说明为何用微波加热时，牛排被烧熟而盘子并没有被毁。

8.7 为了抑制无线电干扰室内的电子设备，通常采用厚度为 5 个集肤深度的一层铜皮($\varepsilon_r=1$，$\mu_r=1$，$\sigma=5.8\times10^7$ s/m)包裹该室。若要求屏蔽的频率是 10 kHz～100 MHz，则铜皮的厚度应该是多少？

8.8 有一均匀平面波在自由空间中传播，已知其电场强度的复矢量形式为 $\boldsymbol{E}=\boldsymbol{e}_x 10^{-4}e^{-j20\pi z}+\boldsymbol{e}_y 10^{-4}e^{-j(20\pi z-\pi/2)}$(V/m)。求：(1) 平面波的传播方向；(2) 频率；(3) 波的极化方式；(4) 磁场强度；(5) 电磁波的平均坡印廷矢量 $\boldsymbol{S}_{av}$。

8.9 证明任何一个椭圆极化波可以分解为两个旋转方向相反的圆极化波。

8.10 已知平面波的电场强度为

$$\boldsymbol{E}=[\boldsymbol{e}_x(2+j3)+\boldsymbol{e}_y 4+\boldsymbol{e}_z 3]e^{j(1.8y-2.4z)}\ (\text{V/m})$$

(1) 试确定其传播方向和极化状态；(2) 该平面波是否为横电磁波？

8.11 证明两个传播方向及频率相同的圆极化波叠加时，若它们的旋向相同，则合成波仍是同一旋向的圆极化波；若它们的旋向相反，则合成波是椭圆极化波，其旋向与振幅大的圆极化波相同。

8.12 证明一个在理想介质中传播的圆极化波，其瞬时坡印廷矢量是与时间和距离都无关的常数。

8.13 试计算由两个同频率、同方向传播的直线极化波合成的平面电磁波的能量密度的平均值。

8.14 证明理想媒质中平面电磁波的电能密度等于磁能密度，而且能流密度的平均值等于总能量密度的平均值与传播速度的乘积。

8.15 在自由空间中，某电磁波的波长为 0.2 m。当该波进入理想电介质后，波长变为 0.09 m。设 $\mu_r=1$，求 ε_r 及在该电介质中的波速。

8.16 某工作频率为 1.8 GHz 的均匀平面波在 $\varepsilon_r=25$，$\mu_r=1.6$，$\sigma=2.5$ s/m 的媒质中传播。设该区域中电场强度为 $\boldsymbol{E}=\boldsymbol{e}_x e^{-\alpha z}\cos(\omega t-\beta z)$(V/m)，求：(1) 传播常数；(2) 衰减常数；(3) 波阻抗；(4) 相速；(5) 平均坡印廷矢量。

8.17　空气中有一正弦均匀平面波，其电场强度的复数形式为 $\boldsymbol{E}(x, z)=E_0 \mathrm{e}^{-\mathrm{j}(k_x x+k_z z)} \boldsymbol{e}_y$。(1) 求此波的频率 f 和波长 λ；(2) 求磁场强度 $\boldsymbol{H}$；(3) 求能流密度 $\boldsymbol{S}$ 和平均能流密度 $\boldsymbol{S}_{\mathrm{av}}$；(4) 当此波入射到位于 $z=0$ 平面上的理想导体板上时，求理想导体表面上的电流面密度 $\boldsymbol{J}_{\mathrm{S}}(x)$。

8.18　一均匀平面电磁波从海水表面($x=0$)向海水中($+x$ 方向)传播。在 $x=0$ 处，电场强度为 $\boldsymbol{E}=\boldsymbol{e}_y 100\cos(10^7 \pi t)$(V/m)，若海水的 $\varepsilon_{\mathrm{r}}=80$，$\mu_{\mathrm{r}}=1$，$\sigma=4$ s/m。(1) 求衰减常数、相位常数、波阻抗、相位速度、波长和透入深度；(2) 求写出海水中的电场强度表达式；(3) 求电场强度的振幅衰减至表面值的 1%时波传播的距离；(4) 求 $x=0.8$ m 时电场与磁场的表达式；(5) 如果电磁波的频率变为 $f=50$ kHz，重复(3)的计算，并比较两个结果，从中会得到什么结论？

8.19　已知自由空间电磁场的电场分量表示式为 $\boldsymbol{E}=37.7\cos(6\pi\times 10^8 t+2\pi z)\boldsymbol{e}_y$ (V/m)。这是一种什么性质的场？试求出其频率、波长、速度、相位常数、传播方向以及磁场分量 $\boldsymbol{H}$ 的表达式。

8.20　某电台发射 600 kHz 的电磁波，在离电台足够远处可以认为是平面波。设在某一点 a，某瞬间的电场强度为 10×10^{-3} V/m，求该点瞬间的磁场强度。若沿电磁波的传播方向前行 100 m，到达另一点 b，则该点要推迟多长时间，才具有 10×10^{-3} V/m 的电场强度？

8.21　若媒质的电导率为 4 S/m，相对介电常数为 81，相对磁导率为 1，试分别计算将其看作低损耗介质、良导体的频率范围。

8.22　电场强度为 $\boldsymbol{E}(z)=(\boldsymbol{e}_x+\mathrm{j}\boldsymbol{e}_y)E_{\mathrm{m}}\mathrm{e}^{-\mathrm{j}\beta z}$(V/m)的均匀平面波从空气中垂直入射到 $z=0$ 处的理想介质(相对介电常数 $\varepsilon_{\mathrm{r}}=4$、相对磁导率 $\mu_{\mathrm{r}}=4$)平面上，式中的 β_0 和 E_{m} 均为已知。(1) 说明入射波的极化状态；(2) 求反射波的电场强度，并说明反射波的极化状态；(3) 求透射波的电场强度，并说明透射波的极化状态。

8.23　有一均匀平面波在 $\mu=\mu_0$、$\varepsilon=4\varepsilon_0$、$\sigma=0$ 的媒质中传播，其电场强度 $\boldsymbol{E}=E_{\mathrm{m}}\sin\left(\omega t-kz+\dfrac{\pi}{3}\right)$。若已知平面波的频率 $f=150$ MHz，平均功率密度为 $0.265\ \mu\mathrm{W/m^2}$。试求：(1) 电磁波的波数、相速、波长和波阻抗；(2) $t=0$、$z=0$ 时的电场 $E(0, 0)$值。

8.24　判断下面表示的平面波的极化形式：

(1) $\boldsymbol{E}=\boldsymbol{e}_x\cos(\omega t-\beta z)+\boldsymbol{e}_y 2\sin(\omega t-\beta z)$

(2) $\boldsymbol{E}=\boldsymbol{e}_x\sin(\omega t-\beta z)+\boldsymbol{e}_y\cos(\omega t-\beta z)$

(3) $\boldsymbol{E}=\boldsymbol{e}_x\sin(\omega t-\beta z)+\boldsymbol{e}_y 5\sin(\omega t-\beta z)$

8.25　写出在自由空间传播的正弦时变均匀平面波的电场强度表达式，并具有以下特性：(1) $f=100$ MHz；(2) 波向 $+z$ 方向传播；(3) 右旋极化波，并且电场在 $z=0$ 面上，在 $t=0$ 时有一个 x 分量等于 E_0，一个 y 分量等于 $0.75E_0$。

8.26　假设海水的电导率 $\sigma=4$ s/m，相对介电常数 $\varepsilon_{\mathrm{r}}=81$，相对磁导率 $\mu_{\mathrm{r}}=1$。如果有一载频为 $f=100$ kHz 的窄频带信号在海水中传播，试求其相速度和群速。

8.27　若均匀平面波在一种色散媒质中传播，该媒质的参量为 $\varepsilon_{\mathrm{r}}=1+\dfrac{A^2}{B^2-\omega^2}$，$\mu_{\mathrm{r}}=1$，$\sigma=0$，式中 A、B 是角频率量纲的常数，试求电磁波在该媒质中传播的相速度和群速度。

8.28　一个 $f=3$ GHz，电场沿 y 方向极化的均匀平面波在 $\varepsilon_r=2.5$，损耗角正切为 0.02 的非磁性媒质中，沿 $+x$ 方向传播。(1) 求波的振幅衰减一半时，传播了多少距离；(2) 求媒质的本征阻抗、波的波长及波速；(3) 设在 $x=0$ 处有 $\boldsymbol{E}=\boldsymbol{e}_y 50\sin(6\pi\times10^9 t+\pi/3)$(V/m)，写出磁场强度的瞬时表达方式。

8.29　设平面电磁波从空气($z<0$)垂直入射到相对介电常数等于 2.25 的非磁性理想介质($z>0$)上，若入射波的电场为 $\boldsymbol{E}=E_m\cos(\omega t-2\pi z)\boldsymbol{e}_x+2E_m\sin(\omega t-2\pi z)\boldsymbol{e}_y$。求：(1) 电磁波的频率，并分别指出入射波、反射波的极化状态；(2) 介质中及空气中的电场强度和磁场强度；(3) 介质中的能流密度矢量的时间平均值。

8.30　有一电场强度矢量 $\boldsymbol{E}(\boldsymbol{r})=10(\boldsymbol{e}_x-\mathrm{j}\boldsymbol{e}_y)\mathrm{e}^{-\mathrm{j}2\pi z}$(V/m)的均匀平面电磁波由空气垂直射向相对介电常数 $\varepsilon_r=2.25$，相对磁导率 $\mu_r=1$ 的理想介质，其界面为 $z=0$ 的无限大平面。试求：(1) 反射面的极化状态；(2) 反射波的磁场振幅 H_{rm}；(3) 透射波的磁场振幅 H_{tm}。

第 9 章　电磁波的反射与折射

第 8 章主要讨论了均匀平面波在充满均匀媒质的无限大空间的传播规律，这对自由空间的通信、雷达探测等系统中的电波传播的研究非常有用。事实上，真正均匀的媒质是很少的，自然界中的绝对均匀的媒质也是不存在的。当电磁波从一种媒质传播到另一种媒质时，由于两种媒质分界面两边的媒质特性不连续，使得电磁波的传播特性会发生改变，如电磁波在媒质分界面上会发生反射和折射(透射)现象。因此，电磁波入射到不同媒质分界面上时，入射波的一部分被分界面反射，在原媒质中形成反射波，它与入射波一起构成了原媒质中的电磁波；入射波的另一部分将透过分界面，在第二个媒质中传播。由于两种媒质的特性不同，这一部分波将会形成折射波(也称为透射波)。根据能量守恒定律，在不考虑媒质分界面上的能量损耗时，入射波的能量应等于反射波和折射波的能量之和。很显然，入射波、反射波和折射波在媒质的分界面上必须满足两媒质分界面上的边界条件。

研究电磁波通过不同媒质的传播，就是要寻找满足媒质分界面上边界条件的电磁场分布。可见，边界条件是处理这类问题的基础。电磁波在媒质中的传播方式一般是电磁波斜入射到分界面上，特殊情况时可能会垂直入射到分界面上。由于电磁波垂直入射在实际工程上常遇到，因此本章不仅介绍电磁波斜入射的情形，而且也介绍电磁波垂直入射的情形。针对一般实际应用情况，电磁波传播需要媒质的类型主要有三种，即理想导体、理想介质和导电媒质，因此本章主要介绍这三种媒质中平面波在分界面上的斜入射和垂直入射情况下的传播规律。由于平面波在边界上的反射和透射规律与媒质特性及边界形状有关，因此本章仅讨论平面波在无限大的平面边界上的反射和折射特性。

9.1　平面电磁波在媒质界面上的反射和折射

9.1.1　平面波的电场与磁场

由第 8 章可知，沿任意方向的平面波，若其传播的方向为 $\boldsymbol{e}_n$(单位矢量)，$\boldsymbol{e}_n$垂直于等相位面(波阵面)，如图 9.1-1 所示，则在直角坐标系中的波矢量 $\boldsymbol{k}$ 为

$$\boldsymbol{k}=\boldsymbol{e}_n k=\boldsymbol{e}_x k_x+\boldsymbol{e}_y k_y+\boldsymbol{e}_z k_z$$

这里，k_x、k_y、k_z分别为波矢量 $\boldsymbol{k}$ 的三个坐标分量。

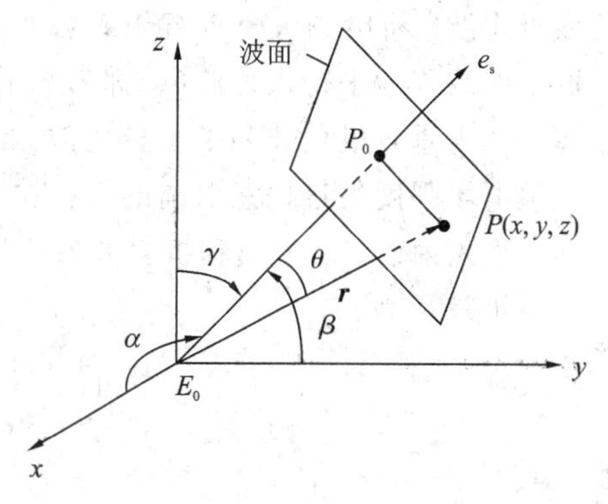

图 9.1-1　沿任意方向的平面波

空间任意一点的矢径 $\boldsymbol{r}$ 可用三个坐标分量表示为$\boldsymbol{r}=\boldsymbol{e}_x x+\boldsymbol{e}_y y+\boldsymbol{e}_z z$。这样，沿 $\boldsymbol{e}_n$方向传播的平面波的电场矢量可表示为

$$E(r)=E_m e^{-jk\cdot r}=E_m e^{-j(k_x x+k_y y+k_z z)}$$

与它相伴的磁场矢量为

$$H(r)=\frac{1}{\eta}e_n\times E(r)=\frac{1}{\eta}e_n\times E_m e^{-jk\cdot r}=\frac{1}{\eta}e_n\times E_m e^{-j(k_x x+k_y y+k_z z)}$$

假设传播方向 e_n 与坐标轴 x、y、z 的夹角分别为 α、β、γ，则传播方向 e_n 可表示为

$$e_n=e_x\cos\alpha+e_y\cos\beta+e_z\cos\gamma$$

传播矢量可表示为

$$k=e_n k=e_x k\cos\alpha+e_y k\cos\beta+e_z k\cos\gamma$$

这里，$\cos^2\alpha+\cos^2\beta+\cos^2\gamma=1$，$k=|k|$。

这样，平面波的电场矢量和磁场矢量也可表示为

$$\begin{cases}E(r)=E_m e^{-jk\cdot r}=E_m e^{-jk(x\cos\alpha+y\cos\beta+z\cos\gamma)}\\ H(r)=e_n\times\dfrac{E_m}{\eta}e^{-jk\cdot r}=e_n\times\dfrac{E_m}{\eta}e^{-jk(x\cos\alpha+y\cos\beta+z\cos\gamma)}\end{cases}$$

9.1.2　平面电磁波的反射和折射

假设电磁波以任意角度从一种媒质传播到另一种媒质，这种情况称为斜入射。因分界面两边媒质特性的不同，造成了两种媒质中电磁波传播特性的改变。入射波的一部分被分界面反射，在原媒质中形成反射波，另一部分将透过分界面，在另一个媒质中形成透射波。通常透射波的方向会发生偏折，因此，这种透射波称为折射波，如图 9.1－2 所示。

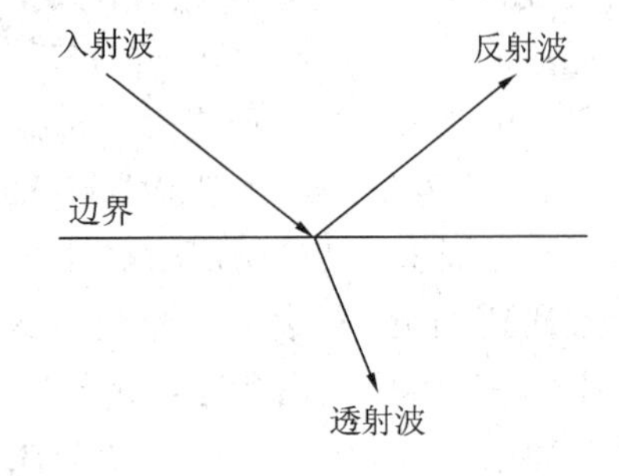

图 9.1－2　入射波、反射波和透射波(折射波)

假设有充满介质分别为(ε_1，μ_1)和(ε_2，μ_2)的两个无限大平面，其分界面为 $z=0$ 的无限大平面。电磁波从介质 1 斜入射到分界面上，入射波、反射波和透射波都不垂直于分界面。将入射线、反射线、折射线与边界面法线各构成的平面分别称为入射面、反射面和折射面。可以证明，入射线、反射线及折射线位于同一平面，因此可以说入射线、反射线及折射线都位于入射面内。

我们知道，任何一个均匀平面电磁波，不论何种极化方式，都可以分解为两个正交的线极化波。将电场矢量垂直于入射面的平面波称为垂直极化波；将电场矢量平行于入射面的平面波称为平行极化波(或称为水平极化波)。这样，斜入射到分界面的均匀平面电磁波可分解为垂直极化波和平行极化波。因此，只要分别求得这两个分量，通过叠加，就可以获得电场强度矢量任意取向的入射波、反射波和透射波。

设入射波、反射波和折射波各场量的下标分别以 i、r、t 表示，则电磁波的电场矢量瞬时值可表示为

$$\begin{cases}E_i(r,t)=\mathrm{Re}[E_{i0}e^{j(\omega_i t-k_i\cdot r)}]\\ E_r(r,t)=\mathrm{Re}[E_{r0}e^{j(\omega_r t-k_r\cdot r)}]\\ E_t(r,t)=\mathrm{Re}[E_{t0}e^{j(\omega_t t-k_t\cdot r)}]\end{cases}\qquad(9.1-1)$$

式中，ω_i、ω_r、ω_t 分别为入射波、反射波和折射波的角频率，t 为时间，k_i、k_r、k_t 分别为入

射波、反射波和折射波的波矢量，即

$$\begin{cases} \boldsymbol{k}_i = \boldsymbol{e}_i k_i = \boldsymbol{e}_i \omega_i \sqrt{\varepsilon_1 \mu_1} \\ \boldsymbol{k}_r = \boldsymbol{e}_r k_r = \boldsymbol{e}_r \omega_r \sqrt{\varepsilon_1 \mu_1} \\ \boldsymbol{k}_t = \boldsymbol{e}_t k_t = \boldsymbol{e}_t \omega_t \sqrt{\varepsilon_2 \mu_2} \end{cases} \tag{9.1-2}$$

式中，$\boldsymbol{e}_i$、$\boldsymbol{e}_r$、$\boldsymbol{e}_t$分别为入射波、反射波和折射波的方向单位矢量。

假设媒质 1、2 的总电场分别为 $\boldsymbol{E}_1(r, t)$和 $\boldsymbol{E}_2(r, t)$，则

$$\begin{cases} \boldsymbol{E}_1(r, t) = \boldsymbol{E}_i(r, t) + \boldsymbol{E}_r(r, t) \\ \boldsymbol{E}_2(r, t) = \boldsymbol{E}_t(r, t) \end{cases} \tag{9.1-3}$$

同理，媒质 1、2 的总磁场 $\boldsymbol{H}_1(r, t)$和 $\boldsymbol{H}_2(r, t)$分别为

$$\begin{cases} \boldsymbol{H}_1(r, t) = \boldsymbol{H}_i(r, t) + \boldsymbol{H}_r(r, t) \\ \boldsymbol{H}_2(r, t) = \boldsymbol{H}_t(r, t) \end{cases} \tag{9.1-4}$$

根据两媒质的分界面($z=0$)上的边界条件，在分界面上媒质 1、2 的电场矢量的切向分量连续。将分界面上任意一点 A 的矢径 r_A 代入式(9.1-3)，再根据边界条件，则有

$$\boldsymbol{e}_n \times \boldsymbol{E}_{i0} e^{-j(\omega_i t - \boldsymbol{k}_i \cdot r_A)} + \boldsymbol{e}_n \times \boldsymbol{E}_{r0} e^{-j(\omega_r t - \boldsymbol{k}_r \cdot r_A)} = \boldsymbol{e}_n \times \boldsymbol{E}_{t0} e^{-j(\omega_t t - \boldsymbol{k}_t \cdot r_A)}$$

要使上式成立，式中各项的相位因子必须相等。因为时间 t 和矢径 r_A是两个独立变量，因而有

$$\omega_i = \omega_r = \omega_t = \omega$$

可见，入射波、反射波和折射波的频率相同。这样式(9.1-2)变为

$$\begin{cases} k_i = k_r = \omega \sqrt{\varepsilon_1 \mu_1} = k_1 \\ k_t = \omega \sqrt{\varepsilon_2 \mu_2} = k_2 \end{cases} \tag{9.1-5}$$

于是，用复数形式表示的电场强度矢量为

$$\begin{cases} \boldsymbol{E}_i(r) = \boldsymbol{E}_{i0} e^{-j\boldsymbol{k}_1 \cdot \boldsymbol{r}} \\ \boldsymbol{E}_r(r) = \boldsymbol{E}_{r0} e^{-j\boldsymbol{k}_1 \cdot \boldsymbol{r}} \\ \boldsymbol{E}_t(r) = \boldsymbol{E}_{t0} e^{-j\boldsymbol{k}_2 \cdot \boldsymbol{r}} \end{cases} \tag{9.1-6}$$

由于在介质 1、2 中的波阻抗分别为

$$\begin{cases} \eta_1 = \sqrt{\dfrac{\mu_1}{\varepsilon_1}} \\ \eta_2 = \sqrt{\dfrac{\mu_2}{\varepsilon_2}} \end{cases} \tag{9.1-7}$$

因此，与电场相伴的用复数表示的磁场强度矢量为

$$\begin{cases} \boldsymbol{H}_i(r) = \boldsymbol{e}_i \times \dfrac{\boldsymbol{E}_{i0}}{\eta_1} e^{-j\boldsymbol{k}_1 \cdot \boldsymbol{r}} \\ \boldsymbol{H}_r(r) = \boldsymbol{e}_r \times \dfrac{\boldsymbol{E}_{r0}}{\eta_1} e^{-j\boldsymbol{k}_1 \cdot \boldsymbol{r}} \\ \boldsymbol{H}_t(r) = \boldsymbol{e}_t \times \dfrac{\boldsymbol{E}_{t0}}{\eta_2} e^{-j\boldsymbol{k}_2 \cdot \boldsymbol{r}} \end{cases} \tag{9.1-8}$$

9.2　平面电磁波对媒质分界面的垂直入射

导电媒质为一般情形，理想导体和理想介质为特殊情形。事实上，良导体可认为是理

想导体，弱导电媒质可认为是理想介质。因此，这里主要介绍均匀平面电磁波在这三种媒质形成分界面的垂直入射情形。

9.2.1　对导电媒质分界面的垂直入射

首先建立坐标系，这里采用直角坐标系，当然也可用其它坐标系。假设 $z=0$ 的无限大平面为分界面，无限大均匀导电媒质 1 的媒质电磁参数为(ε_1，μ_1，σ_1)，无限大均匀导电媒质 2 的媒质电磁参数为(ε_2，μ_2，σ_2)。为简化又不失一般性，设均匀平面电磁波沿 z 方向传播，入射波电场是沿 x 方向的线极化波，反射波与折射波的电场与入射波电场同向。根据坡印廷矢量 $\boldsymbol{S}=\boldsymbol{E}\times\boldsymbol{H}$ 可知，磁场矢量只有垂直于入射面的 y 分量，如图 9.2-1 所示。均匀平面波由媒质 1 向边界面垂直投射时，在边界上发生反射和折射，在媒质 1 中产生反射波，在媒质 2 中产生折射波。

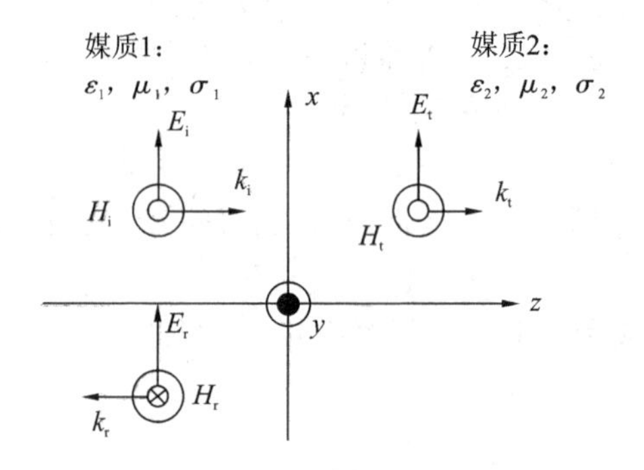

图 9.2-1　均匀平面波垂直入射到导电媒质分界面

根据边界条件，当反射波为零时，入射波电场的切向分量等于折射波电场的切向分量；当折射波为零时，反射波的电场的切向分量等于入射波电场的切向分量。可见，反射波及折射波仅可与入射波具有相同的分量。因此，发生反射与折射时，平面波的极化特性不会发生改变。

设入射波、反射波和折射波各场量下标分别以 i、r、t 表示，则用复数表示的导电媒质中电磁波的电场矢量为

$$\begin{cases}\boldsymbol{E}_{\mathrm{i}}(z)=\boldsymbol{e}_x E_{\mathrm{im}}\mathrm{e}^{-\gamma_1 z}\\ \boldsymbol{E}_{\mathrm{r}}(z)=\boldsymbol{e}_x E_{\mathrm{rm}}\mathrm{e}^{\gamma_1 z}\\ \boldsymbol{E}_{\mathrm{t}}(z)=\boldsymbol{e}_x E_{\mathrm{tm}}\mathrm{e}^{-\gamma_2 z}\end{cases}\tag{9.2-1}$$

与电场相伴的磁场强度矢量为

$$\begin{cases}\boldsymbol{H}_{\mathrm{i}}(z)=\boldsymbol{e}_z\times\dfrac{\boldsymbol{E}_{\mathrm{i}}(z)}{\eta_{1\mathrm{c}}}=\boldsymbol{e}_y\dfrac{E_{\mathrm{im}}}{\eta_{1\mathrm{c}}}\mathrm{e}^{-\gamma_1 z}\\ \boldsymbol{H}_{\mathrm{r}}(z)=-\boldsymbol{e}_z\times\dfrac{\boldsymbol{E}_{\mathrm{r}}(z)}{\eta_{1\mathrm{c}}}=-\boldsymbol{e}_y\dfrac{E_{\mathrm{rm}}}{\eta_{1\mathrm{c}}}\mathrm{e}^{\gamma_1 z}\\ \boldsymbol{H}_{\mathrm{t}}(z)=\boldsymbol{e}_z\times\dfrac{\boldsymbol{E}_{\mathrm{t}}(z)}{\eta_{2\mathrm{c}}}=\boldsymbol{e}_y\dfrac{E_{\mathrm{tm}}}{\eta_{2\mathrm{c}}}\mathrm{e}^{-\gamma_2 z}\end{cases}\tag{9.2-2}$$

这里

$$\begin{cases}\gamma_1 = j\omega\sqrt{\mu_1\varepsilon_{1c}} = j\omega\sqrt{\mu_1\varepsilon_1\left(1 - j\dfrac{\sigma_1}{\omega\varepsilon_1}\right)} \\ \gamma_2 = j\omega\sqrt{\mu_2\varepsilon_{2c}} = j\omega\sqrt{\mu_2\varepsilon_2\left(1 - j\dfrac{\sigma_2}{\omega\varepsilon_2}\right)}\end{cases} \tag{9.2-3}$$

$$\begin{cases}\eta_{1c} = \sqrt{\dfrac{\mu_1}{\varepsilon_{1c}}} = \sqrt{\dfrac{\mu_1}{\varepsilon_1}}\left(1 - j\dfrac{\sigma_1}{\omega\varepsilon_1}\right)^{-1/2} \\ \eta_{2c} = \sqrt{\dfrac{\mu_2}{\varepsilon_{2c}}} = \sqrt{\dfrac{\mu_2}{\varepsilon_2}}\left(1 - j\dfrac{\sigma_2}{\omega\varepsilon_2}\right)^{-1/2}\end{cases} \tag{9.2-4}$$

媒质 1 中的合成电磁场为

$$\begin{cases}\boldsymbol{E}_1(z) = \boldsymbol{E}_i(z) + \boldsymbol{E}_r(z) = \boldsymbol{e}_x(E_{im}e^{-\gamma_1 z} + E_{rm}e^{\gamma_1 z}) \\ \boldsymbol{H}_1(z) = \boldsymbol{H}_i(z) + \boldsymbol{H}_r(z) = \boldsymbol{e}_y\dfrac{1}{\eta_{1c}}(E_{im}e^{-\gamma_1 z} - E_{rm}e^{\gamma_1 z})\end{cases} \tag{9.2-5}$$

媒质 2 中的合成电磁场为

$$\begin{cases}\boldsymbol{E}_2(z) = \boldsymbol{E}_t(z) = \boldsymbol{e}_x E_{tm}e^{-\gamma_2 z} \\ \boldsymbol{H}_2(z) = \boldsymbol{H}_t(z) = \boldsymbol{e}_y\dfrac{1}{\eta_{2c}}E_{tm}e^{-\gamma_2 z}\end{cases} \tag{9.2-6}$$

根据两媒质分界面($z=0$)上的边界条件，有 $\boldsymbol{e}_z\times\boldsymbol{E}_1(z)=\boldsymbol{e}_z\times\boldsymbol{E}_2(z)$，$\boldsymbol{e}_z\times\boldsymbol{H}_1(z)=\boldsymbol{e}_z\times\boldsymbol{H}_2(z)$(其导电性能已隐含在 η_c 中)，将式(9.2-5)和式(9.2-6)代入边界条件，可得到

$$\begin{cases}E_{im} + E_{rm} = E_{tm} \\ \dfrac{E_{im}}{\eta_{1c}} - \dfrac{E_{rm}}{\eta_{1c}} = \dfrac{E_{tm}}{\eta_{2c}}\end{cases} \tag{9.2-7}$$

解式(9.2-7)可得

$$\begin{cases}E_{rm} = \dfrac{\eta_{2c} - \eta_{1c}}{\eta_{2c} + \eta_{1c}}E_{im} \\ E_{tm} = \dfrac{2\eta_{2c}}{\eta_{2c} + \eta_{1c}}E_{im}\end{cases} \tag{9.2-8}$$

将反射波电场的振幅与入射波电场振幅之比定义为分界面上的反射系数 Γ，将透射波电场的振幅与入射波电场振幅之比定义为分界面上的透射系数 τ，则有

$$\begin{cases}\Gamma = \dfrac{E_{rm}}{E_{im}} = \dfrac{\eta_{2c} - \eta_{1c}}{\eta_{2c} + \eta_{1c}} \\ \tau = \dfrac{E_{tm}}{E_{im}} = \dfrac{2\eta_{2c}}{\eta_{2c} + \eta_{1c}}\end{cases} \tag{9.2-9}$$

由式(9.2-9)可得到反射系数 Γ 与透射系数 τ 的关系为

$$1 + \Gamma = \tau \tag{9.2-10}$$

一般情况下，反射系数 Γ 与透射系数 τ 都是复数，表明反射波和透射波的振幅及相位与入射波都不同。

借助反射系数 Γ 与透射系数 τ，可将媒质中的电磁场写成以入射波电场振幅表示的表达式，即

$$\begin{cases} \boldsymbol{E}_1(z) = \boldsymbol{e}_x E_{\mathrm{im}}(\mathrm{e}^{-\gamma_1 z} + \Gamma \mathrm{e}^{\gamma_1 z}) \\ \boldsymbol{H}_1(z) = \boldsymbol{e}_y \dfrac{E_{\mathrm{im}}}{\eta_{1\mathrm{c}}}(\mathrm{e}^{-\gamma_1 z} - \Gamma \mathrm{e}^{\gamma_1 z}) \\ \boldsymbol{E}_2(z) = \boldsymbol{e}_x \tau E_{\mathrm{im}} \mathrm{e}^{-\gamma_2 z} \\ \boldsymbol{H}_2(z) = \boldsymbol{e}_y \tau \dfrac{E_{\mathrm{im}}}{\eta_{2\mathrm{c}}} \mathrm{e}^{-\gamma_2 z} \end{cases} \tag{9.2-11}$$

9.2.2　理想导体分界面的垂直入射

仍然设 $z=0$ 无限大平面为分界面，无限大均匀媒质 1 为理想介质，其媒质参数为 (ε_1, μ_1)，电导率 $\sigma_1=0$，无限大均匀媒质 2 为理想导体，其媒质参数为 (ε_2, μ_2)，电导率 $\sigma_2=\infty$，如图 9.2-2 所示。

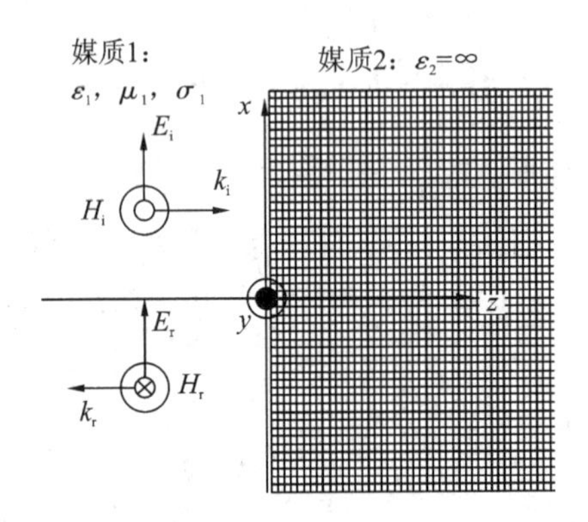

图 9.2-2　均匀平面波垂直入射到理想导体分界面

由于 $\sigma_1=0$，$\sigma_2=\infty$，则由式(9.2-4)可见，$\eta_{2\mathrm{c}}=0$，$\eta_{1\mathrm{c}}=\sqrt{\dfrac{\mu_1}{\varepsilon_1}}=\eta_1$。将它们代入式(9.2-9)，可以得到

$$\begin{cases} \Gamma = -1 \\ \tau = 0 \end{cases} \tag{9.2-12}$$

$\Gamma=-1$ 表明边界上反射波电场与入射波电场等值反相，入射波电场与反射波电场的相位差为 π，因此边界上合成电场为零。也就是说，入射波在分界面上全部反射，$E_{\mathrm{rm}}=-E_{\mathrm{im}}$。$\tau=0$ 表示入射波的全部电磁能量被边界反射，无任何能量进入媒质 2 中。它说明理想导体的内部电磁场为零，也就是说在理想导体中没有电磁波透过来，因此没有透射波存在。这种情况称为全反射。显然，这些完全符合理想导电体应具有的边界条件。

由于媒质 1 为理想介质，由式(9.2-3)和式(9.2-4)可得到，$\gamma_1=\mathrm{j}\omega\sqrt{\varepsilon_1\mu_1}=\mathrm{j}\beta_1$，$\eta_{1\mathrm{c}}=\sqrt{\dfrac{\mu_1}{\varepsilon_1}}=\eta_1$，这样，在媒质 1 中的入射波为

$$\begin{cases} \boldsymbol{E}_{\mathrm{i}}(z) = \boldsymbol{e}_x E_{\mathrm{im}} \mathrm{e}^{-\mathrm{j}\beta_1 z} \\ \boldsymbol{H}_{\mathrm{i}}(z) = \boldsymbol{e}_y \dfrac{1}{\eta_1} E_{\mathrm{im}} \mathrm{e}^{-\mathrm{j}\beta_1 z} \end{cases} \tag{9.2-13}$$

在媒质 1 中的反射波为

$$\begin{cases}\boldsymbol{E}_{\mathrm{r}}(z)=-\boldsymbol{e}_x E_{\mathrm{im}}\mathrm{e}^{\mathrm{j}\beta_1 z}\\ \boldsymbol{H}_{\mathrm{r}}(z)=\boldsymbol{e}_y\dfrac{1}{\eta_1}E_{\mathrm{im}}\mathrm{e}^{\mathrm{j}\beta_1 z}\end{cases}\tag{9.2-14}$$

媒质 1 中的合成电磁场为

$$\begin{cases}\boldsymbol{E}_1(z)=\boldsymbol{E}_{\mathrm{i}}(z)+\boldsymbol{E}_{\mathrm{r}}(z)=\boldsymbol{e}_x E_{\mathrm{im}}(\mathrm{e}^{-\mathrm{j}\beta_1 z}-\mathrm{e}^{\mathrm{j}\beta_1 z})=-\boldsymbol{e}_x\mathrm{j}2E_{\mathrm{im}}\sin\beta_1 z\\ \boldsymbol{H}_1(z)=\boldsymbol{H}_{\mathrm{i}}(z)+\boldsymbol{H}_{\mathrm{r}}(z)=\boldsymbol{e}_y\dfrac{E_{\mathrm{im}}}{\eta_1}(\mathrm{e}^{-\mathrm{j}\beta_1 z}+\mathrm{e}^{\mathrm{j}\beta_1 z})=\boldsymbol{e}_y\dfrac{2E_{\mathrm{im}}}{\eta_1}\cos\beta_1 z\end{cases}\tag{9.2-15}$$

对应的电磁场的瞬时值为

$$\begin{cases}\boldsymbol{E}_1(z,\ t)=\mathrm{Re}[\boldsymbol{E}_1(z)\mathrm{e}^{\mathrm{j}\omega t}]=\boldsymbol{e}_x 2E_{\mathrm{im}}\sin\beta_1 z\sin\omega t\\ \boldsymbol{H}_1(z,\ t)=\mathrm{Re}[\boldsymbol{H}_1(z)\mathrm{e}^{\mathrm{j}\omega t}]=\boldsymbol{e}_y\dfrac{2E_{\mathrm{im}}}{\eta_1}\cos\beta_1 z\cos\omega t\end{cases}\tag{9.2-16}$$

可见，媒质 1 中合成波的相位仅与时间有关，空间各点合成波的相位相同。

在空间各点电场的振幅随 z 的变化为正弦函数，如图 9.2-3 所示。

由图 9.2-3 可见，空间各点电场合成波的相位相同，同时达到最大值或最小值。平面波在空间没有移动，只是在原位置上下波动，具有这种特点的电磁波称为驻波。将振幅始终为零的地方称为驻波的波节点，振幅始终为最大值的地方称为驻波的波腹点。两相邻波节点之间任意两点的电场同相，同一波节点两侧的电场反相。

电场的振幅 $|\boldsymbol{E}_1(z)|$ 为

$$|\boldsymbol{E}_1(z)|=2E_{\mathrm{im}}|\sin\beta_1 z|\tag{9.2-17}$$

可见，在 $z=-\dfrac{n\lambda_1}{2}(n=0,\ 1,\ 2,\ 3,\ \cdots)$ 处，任何时刻的电场振幅等于零，达到最小值，这些点为电场的波节点；在 $z=-\dfrac{(2n+1)\lambda_1}{4}(n=0,\ 1,\ 2,\ 3,\ \cdots)$ 处，任何时刻的电场振幅等于 $2E_{\mathrm{im}}$，达到最大值，这些点为电场的波腹点。

在空间各点磁场的振幅随 z 的变化为余弦函数，如图 9.2-4 所示。

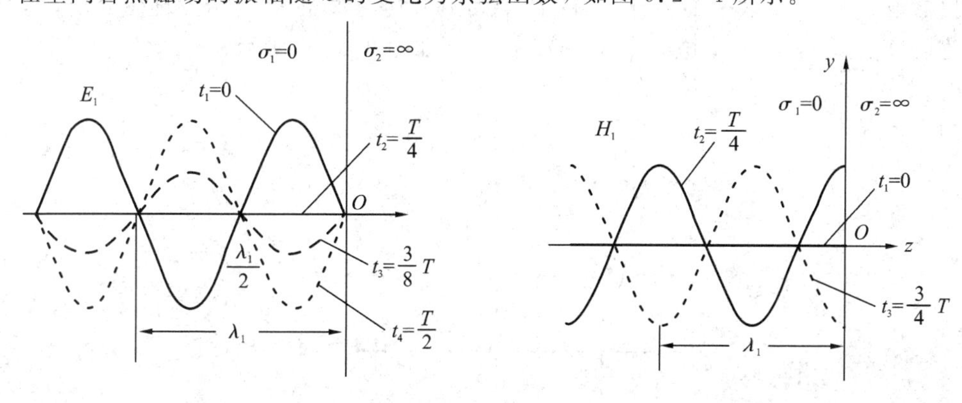

图 9.2-3　空间各点电场的振幅随 z 的变化　　　图 9.2-4　空间各点磁场的振幅随 z 的变化

由图 9.2-4 可见，空间各点磁场合成波的相位相同，也同时达到最大值或最小值，媒质 1 中的合成磁场也形成驻波。两相邻波节点之间任意两点的磁场同相，同一波节点两侧的磁场反相。

磁场的振幅为

$$|\boldsymbol{H}_1(z)| = 2\frac{E_{\mathrm{im}}}{\eta_1}|\cos\beta_1 z| \tag{9.2-18}$$

可见，在 $z=-\frac{n\lambda_1}{2}(n=0, 1, 2, 3, \cdots)$处，任何时刻的磁场振幅等于 $2\frac{E_{\mathrm{im}}}{\eta_1}$，达到最大值，这些点为磁场的波腹点。在 $z=-\frac{(2n+1)\lambda_1}{4}(n=0, 1, 2, 3, \cdots)$处，任何时刻的磁场振幅等于零，达到最小值，这些点为磁场的波节点。

比较电场和磁场两种驻波分布可见，电场与磁场的驻波不仅在空间上错开 $\lambda/4$，在时间上也有 $\pi/2$ 的相位差。也就是说，媒质 1 中的合成磁场也形成驻波，但其零值及最大值位置与电场驻波的分布情况恰好相反。磁场驻波的波腹恰是电场驻波的波节，而磁场驻波的波节恰是电场驻波的波腹。

媒质 1 中合成波的平均能流密度矢量为

$$\boldsymbol{S}_{\mathrm{av}} = \frac{1}{2}\mathrm{Re}[\boldsymbol{E}_1(z)\times\boldsymbol{H}_1^*(z)] = \frac{1}{2}\mathrm{Re}\left[-\boldsymbol{e}_z\mathrm{j}\frac{4E_{\mathrm{im}}^2}{\eta_1}\sin\beta_1 z\cos\beta_1 z\right] = 0 \tag{9.2-19}$$

由平均坡印廷矢量为零可见，驻波不发生电磁能量传输过程，仅在两个波节间进行电场能量和磁场能量的转换。也就是说，媒质 1 中没有能量单向流动，能量仅在电场与磁场之间不断进行交换。

在 $z=0$ 的边界上，媒质 1 中的合成磁场分量为 $\boldsymbol{H}_1(0)=\boldsymbol{e}_y\frac{2E_{\mathrm{im}}}{\eta_1}$，媒质 2 中的磁场为 0，所以在边界上发生磁场强度的切向分量不连续，因此理想导体表面上的感应电流密度 $\boldsymbol{J}_{\mathrm{S}}$ 为

$$\boldsymbol{J}_{\mathrm{S}} = \boldsymbol{e}_{\mathrm{n}}\times\boldsymbol{H}_1(z)\big|_{z=0} = (-\boldsymbol{e}_z)\times\boldsymbol{e}_y\frac{2E_{\mathrm{im}}}{\eta_1}\cos\beta_1 z\Big|_{z=0} = \boldsymbol{e}_x\frac{2E_{\mathrm{im}}}{\eta_1} \tag{9.2-20}$$

9.2.3　理想介质分界面的垂直入射

仍然设 $z=0$ 无限大平面为分界面，两个无限大均匀媒质 1、2 均为理想介质，其媒质参数为(ε_1, μ_1)、(ε_2, μ_2)，电导率 $\sigma_1=0$，$\sigma_2=0$，如图 9.2-5 所示。

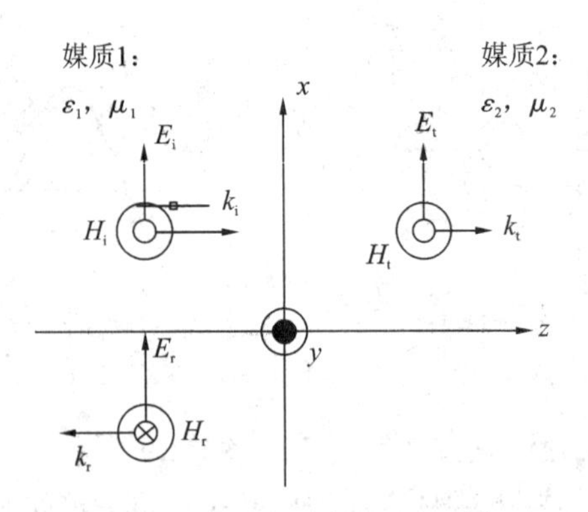

图 9.2-5　均匀平面波垂直入射到理想介质分界面

由于 $\sigma_1=0$，$\sigma_2=0$，则由式(9.2-4)可见

$$\begin{cases}\eta_{1c}=\sqrt{\dfrac{\mu_1}{\varepsilon_1}}=\eta_1\\ \eta_{2c}=\sqrt{\dfrac{\mu_2}{\varepsilon_2}}=\eta_2\end{cases}\tag{9.2-21}$$

可见，两种媒质中的波阻抗 η_1 和 η_2 皆为实数。将式(9.2-21)代入式(9.2-3)可以得到

$$\begin{cases}\gamma_1=j\omega\sqrt{\varepsilon_1\mu_1}=j\beta_1\\ \gamma_2=j\omega\sqrt{\varepsilon_2\mu_2}=j\beta_2\end{cases}\tag{9.2-22}$$

将式(9.2-21)代入式(9.2-9)可以得到

$$\begin{cases}\Gamma=\dfrac{\eta_2-\eta_1}{\eta_2+\eta_1}\\ \tau=\dfrac{2\eta_2}{\eta_2+\eta_1}\end{cases}\tag{9.2-23}$$

它表明此种情况下反射系数 Γ 与透射系数 τ 都是实数。透射波的相位与入射波的相位相同。当 $\eta_1<\eta_2$ 时，反射系数 $\Gamma>0$，说明反射波电场与入射波电场同相位；当 $\eta_1>\eta_2$ 时，反射系数 $\Gamma<0$，说明反射波电场与入射波电场反相位，相位差为 π。

这样，在媒质 1 中的入射波为

$$\begin{cases}\boldsymbol{E}_i(z)=\boldsymbol{e}_xE_{im}e^{-j\beta_1z}\\ \boldsymbol{H}_i(z)=\boldsymbol{e}_y\dfrac{1}{\eta_1}E_{im}e^{-j\beta_1z}\end{cases}\tag{9.2-24}$$

在媒质 1 中的反射波为

$$\begin{cases}\boldsymbol{E}_r(z)=\boldsymbol{e}_x\Gamma E_{im}e^{j\beta_1z}\\ \boldsymbol{H}_r(z)=-\boldsymbol{e}_y\dfrac{1}{\eta_1}\Gamma E_{im}e^{j\beta_1z}\end{cases}\tag{9.2-25}$$

媒质 1 中的合成电磁场为

$$\begin{cases}\boldsymbol{E}_1(z)=\boldsymbol{E}_i(z)+\boldsymbol{E}_r(z)=\boldsymbol{e}_xE_{im}(e^{-j\beta_1z}+\Gamma e^{j\beta_1z})\\ \qquad=\boldsymbol{e}_xE_{im}[(1+\Gamma)e^{-j\beta_1z}+j2\Gamma\sin\beta_1z]\\ \boldsymbol{H}_1(z)=\boldsymbol{H}_i(z)+\boldsymbol{H}_r(z)\\ \qquad=\boldsymbol{e}_y\dfrac{E_{im}}{\eta_1}(e^{-j\beta_1z}-\Gamma e^{j\beta_1z})=\boldsymbol{e}_y\dfrac{E_{im}}{\eta_1}[(1+\Gamma)e^{-j\beta_1z}-2\Gamma\cos\beta_1z]\end{cases}\tag{9.2-26}$$

在媒质 2 中的透射波的合成电磁场为

$$\begin{cases}\boldsymbol{E}_2(z)=\boldsymbol{E}_t(z)=\boldsymbol{e}_x\tau E_{im}e^{-j\beta_2z}\\ \boldsymbol{H}_2(z)=\boldsymbol{H}_t(z)=\boldsymbol{e}_y\dfrac{1}{\eta_2}\tau E_{im}e^{-j\beta_2z}\end{cases}\tag{9.2-27}$$

实际电磁波从媒质 1 到媒质 2 传播时，入射波、反射波和透射波的传播情形如图 9.2-6 所示。

由式(9.2-26)可见，媒质 1 中合成波电场是由行波和纯驻波组成的混合波，称为行驻波。它包含两部分：其一是含有 $e^{-j\beta_1z}$ 传播因子、振幅为 $(1+\Gamma)E_{im}$、沿 z 方向传播的行波；其二是振幅为 $2\Gamma E_{im}$ 的驻波。其合成波的传播情形如图 9.2-7 所示。

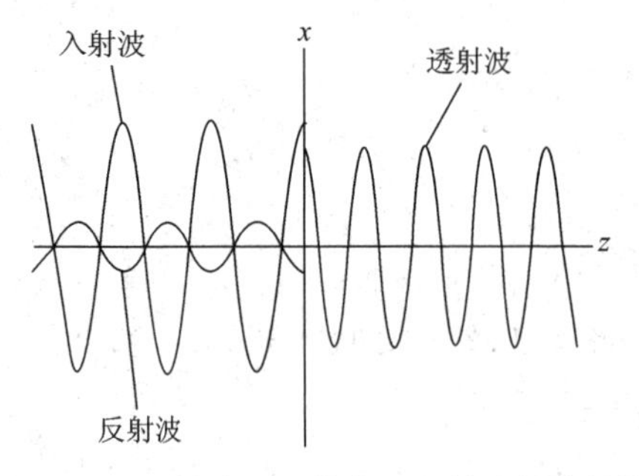

图 9.2-6 入射波、反射波和透射波的传播情形

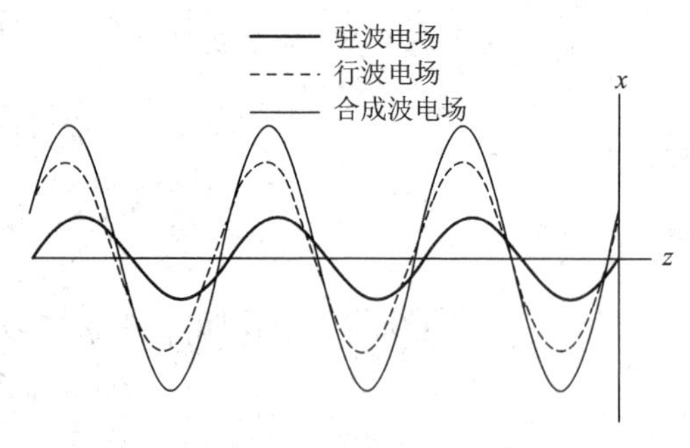

图 9.2-7 媒质 1 中合成波电场传播情形

理想介质分界面上入射波、反射波和透射波的传播

媒质中合成波的电场传输

合成波电场振幅与反射系数之间的关系

媒质 1 中合成波电场和磁场的振幅为

$$\begin{cases} |\boldsymbol{E}_1(z)| = E_{\text{im}}\left|\mathrm{e}^{-\mathrm{j}\beta_1 z} + \Gamma \mathrm{e}^{\mathrm{j}\beta_1 z}\right| = E_{\text{im}}\left|1+\Gamma \mathrm{e}^{\mathrm{j}2\beta_1 z}\right| \\ \qquad = E_{\text{im}}\left|1+\Gamma\cos(2\beta_1 z)+\mathrm{j}\Gamma\sin(2\beta_1 z)\right| \\ \qquad = E_{\text{im}}\sqrt{1+\Gamma^2+2\Gamma\cos(2\beta_1 z)} \\ |\boldsymbol{H}_1(z)| = \dfrac{E_{\text{im}}}{\eta_1}\left|\mathrm{e}^{-\mathrm{j}\beta_1 z} - \Gamma \mathrm{e}^{\mathrm{j}\beta_1 z}\right| = \dfrac{E_{\text{im}}}{\eta_1}\left|1-\Gamma \mathrm{e}^{\mathrm{j}2\beta_1 z}\right| \\ \qquad = \dfrac{E_{\text{im}}}{\eta_1}\left|1-\Gamma\cos(2\beta_1 z)-\mathrm{j}\Gamma\sin(2\beta_1 z)\right| \\ \qquad = \dfrac{E_{\text{im}}}{\eta_1}\sqrt{1+\Gamma^2-2\Gamma\cos(2\beta_1 z)} \end{cases} \tag{9.2-28}$$

(1) 当 $\Gamma>0$，即 $\eta_1<\eta_2$ 时，在 $z=-\dfrac{n\pi}{\beta_1}=-\dfrac{n\lambda_1}{2}(n=0, 1, 2, 3, \cdots)$处，合成波电场振幅取得最大值，合成波磁场振幅取得最小值，即

$$\begin{cases} |\boldsymbol{E}_1(z)|_{\max} = E_{\text{im}}(1+\Gamma) \\ |\boldsymbol{H}_1(z)|_{\min} = \dfrac{E_{\text{im}}}{\eta_1}(1-\Gamma) \end{cases} \tag{9.2-29}$$

在 $z=-\dfrac{(2n+1)\pi}{2\beta_1}=-\dfrac{(2n+1)\lambda_1}{4}(n=0, 1, 2, 3, \cdots)$处，合成波电场振幅取得最小值，合成波磁场振幅取得最大值，即

$$\begin{cases} |\boldsymbol{E}_1(z)|_{\min} = E_{\text{im}}(1-\Gamma) \\ |\boldsymbol{H}_1(z)|_{\max} = E_{\text{im}}(1+\Gamma) \end{cases} \tag{9.2-30}$$

(2) 当 $\Gamma<0$，即 $\eta_1>\eta_2$时，在 $z=-\dfrac{(2n+1)\pi}{2\beta_1}=-\dfrac{(2n+1)\lambda_1}{4}(n=0, 1, 2, 3, \cdots)$处，合成波电场振幅取得最大值，合成波磁场振幅取得最小值，即

$$\begin{cases}|\boldsymbol{E}_1(z)|_{\max}=E_{\text{im}}(1-\Gamma)\\|\boldsymbol{H}_1(z)|_{\min}=\dfrac{E_{\text{im}}}{\eta_1}(1+\Gamma)\end{cases}\tag{9.2-31}$$

在 $z=-\dfrac{n\pi}{\beta_1}=-\dfrac{n\lambda_1}{2}(n=0,1,2,3,\cdots)$处，合成波电场振幅取得最小值，合成波磁场振幅取得最大值，即

$$\begin{cases}|\boldsymbol{E}_1(z)|_{\min}=E_{\text{im}}(1+\Gamma)\\|\boldsymbol{H}_1(z)|_{\max}=E_{\text{im}}(1-\Gamma)\end{cases}\tag{9.2-32}$$

比较媒质 1 中的合成波振幅可见，在某一点处，当电场振幅为最大值时，磁场振幅则为最小值。反之，当电场振幅为最小值时，磁场振幅为最大值。电磁振幅与磁场振幅最大值和最小值出现的位置正好互换。两个相邻振幅最大值或最小值之间的距离为半波长。

工程上，常用驻波系数(或称为驻波比)来描述合成波的特性。定义合成波的电场振幅的最大值与最小值之比称为驻波比(或称驻波系数)S，即

$$S=\frac{|E_1(z)|_{\max}}{|E_1(z)|_{\min}}=\frac{1+|\Gamma|}{1-|\Gamma|}\tag{9.2-33}$$

驻波比 S 的单位为 dB(分贝)，其分贝数为 $20\lg S$。因为反射系数的模$|\Gamma|$不可能大于 1(等于 1 时为全反射)，所以驻波比的范围为 $1\sim\infty$。

反射系数模值与驻波比

由式(9.2-33)可得到用驻波比表示的反射系数，即

$$|\Gamma|=\frac{S-1}{S+1}\tag{9.2-34}$$

媒质 1 中合成波的平均能流密度矢量为

$$\begin{aligned}\boldsymbol{S}_{1\text{av}}&=\frac{1}{2}\text{Re}[\boldsymbol{E}_1(z)\times\boldsymbol{H}_1^*(z)]\\&=\frac{1}{2}\text{Re}\left[\boldsymbol{e}_xE_{\text{im}}(\text{e}^{-\text{j}\beta_1z}+\Gamma\text{e}^{\text{j}\beta_1z})\times\boldsymbol{e}_y\frac{E_{\text{im}}}{\eta_1}(\text{e}^{\text{j}\beta_1z}-\Gamma\text{e}^{-\text{j}\beta_1z})\right]\\&=\boldsymbol{e}_z\frac{E_{\text{im}}^2}{2\eta_1}(1-\Gamma^2)\end{aligned}\tag{9.2-35}$$

媒质 2 中透射波的平均能流密度矢量为

$$\begin{aligned}\boldsymbol{S}_{2\text{av}}&=\frac{1}{2}\text{Re}[\boldsymbol{E}_2(z)\times\boldsymbol{H}_2^*(z)]=\frac{1}{2}\text{Re}\left[\boldsymbol{e}_x\tau E_{\text{im}}\text{e}^{-\text{j}\beta_2z}\times\boldsymbol{e}_y\frac{1}{\eta_2}\tau E_{\text{im}}\text{e}^{\text{j}\beta_2z}\right]\\&=\boldsymbol{e}_z\frac{E_{\text{im}}^2\tau^2}{2\eta_1}\end{aligned}\tag{9.2-36}$$

由于 $1-\Gamma^2=(1+\Gamma)(1-\Gamma)=\left(1+\dfrac{\eta_2-\eta_1}{\eta_2+\eta_1}\right)\tau=\dfrac{2\eta_2}{\eta_2+\eta_1}\tau=\tau^2$，可见 $\boldsymbol{S}_{1\text{av}}=\boldsymbol{S}_{2\text{av}}$，表明在媒质 1 中合成波的平均能流密度等于入射波与反射波的平均能流密度之差，而该差值正好等于媒质 2 中透射波的平均能流密度，符合能量守恒定理。

【例题 9-1】 设一均匀平面波沿 $+z$ 方向传播，在传播方向上 $z=0$ 处放置一无限大的理想导体平板。其中，$z<0$ 处的自由空间内的入射波电场强度为 $\boldsymbol{E}_{\text{i}}=\boldsymbol{e}_x30\pi\cos(\omega t-\beta z)+\boldsymbol{e}_y40\pi\sin(\omega t-\beta z)$。求：(1) 区域 $z<0$ 中的电场强度和磁场强度的复数表达式；(2) 理想导体板表面的电流密度。

解　在 $z<0$ 区域内，入射波电场强度的瞬时值为 $\boldsymbol{E}_{\mathrm{i}}(z,t)=\boldsymbol{e}_x30\pi\cos(\omega t-\beta z)+\boldsymbol{e}_y40\pi\sin(\omega t-\beta z)$，写成复数形式则为

$$\boldsymbol{E}_{\mathrm{i}}(z)=\boldsymbol{e}_x30\pi\mathrm{e}^{-\mathrm{j}\beta z}+\boldsymbol{e}_y40\pi\mathrm{e}^{-\mathrm{j}(\beta z+\pi/2)}$$

与它相伴的磁场强度为

$$\begin{aligned}\boldsymbol{H}_i(z)&=\frac{1}{\eta_0}\boldsymbol{e}_z\times\boldsymbol{E}_{\mathrm{i}}(z)=\frac{1}{\eta_0}\boldsymbol{e}_z\times(\boldsymbol{e}_x30\pi\mathrm{e}^{-\mathrm{j}\beta z}+\boldsymbol{e}_y40\pi\mathrm{e}^{-\mathrm{j}(\beta z+\pi/2)})\\&=\frac{1}{120\pi}(\boldsymbol{e}_y30\pi\mathrm{e}^{-\mathrm{j}\beta z}-\boldsymbol{e}_x40\pi\mathrm{e}^{-\mathrm{j}(\beta z+\pi/2)})\\&=\boldsymbol{e}_y\frac{1}{4}\mathrm{e}^{-\mathrm{j}\beta z}-\boldsymbol{e}_x\frac{1}{3}\mathrm{e}^{-\mathrm{j}(\beta z+\pi/2)}\end{aligned}$$

(1) 由于 $z=0$ 处放置了一无限大的理想导体平板，则反射系数 $\Gamma=-1$。这样区域中反射波的电场和磁场分别为

$$\boldsymbol{E}_{\mathrm{r}}(z)=-\boldsymbol{e}_x30\pi\mathrm{e}^{\mathrm{j}\beta z}-\boldsymbol{e}_y40\pi\mathrm{e}^{\mathrm{j}(\beta z-\pi/2)}$$

$$\begin{aligned}\boldsymbol{H}_{\mathrm{r}}(z)&=\frac{1}{\eta_0}(-\boldsymbol{e}_z)\times(-\boldsymbol{e}_x30\pi\mathrm{e}^{\mathrm{j}\beta z}-\boldsymbol{e}_y40\pi\mathrm{e}^{\mathrm{j}(\beta z-\pi/2)})\\&=\boldsymbol{e}_y\frac{1}{4}\mathrm{e}^{\mathrm{j}\beta z}-\boldsymbol{e}_x\frac{1}{3}\mathrm{e}^{\mathrm{j}(\beta z-\pi/2)}\end{aligned}$$

这样，区域中的电场和磁场分别为

$$\begin{aligned}\boldsymbol{E}_1(z)&=\boldsymbol{E}_{\mathrm{i}}(z)+\boldsymbol{E}_{\mathrm{r}}(z)\\&=\boldsymbol{e}_x30\pi\mathrm{e}^{-\mathrm{j}\beta z}+\boldsymbol{e}_y40\pi\mathrm{e}^{-\mathrm{j}(\beta z+\pi/2)}-\boldsymbol{e}_x30\pi\mathrm{e}^{\mathrm{j}\beta z}-\boldsymbol{e}_y40\pi\mathrm{e}^{\mathrm{j}(\beta z-\pi/2)}\\&=-\boldsymbol{e}_x\mathrm{j}60\pi\sin\beta z-\boldsymbol{e}_y80\pi\sin\beta z\end{aligned}$$

$$\begin{aligned}\boldsymbol{H}_1(z)&=\boldsymbol{H}_{\mathrm{i}}(z)+\boldsymbol{H}_{\mathrm{r}}(z)\\&=\boldsymbol{e}_y\frac{1}{4}\mathrm{e}^{-\mathrm{j}\beta z}-\boldsymbol{e}_x\frac{1}{3}\mathrm{e}^{-\mathrm{j}(\beta z+\pi/2)}+\boldsymbol{e}_y\frac{1}{4}\mathrm{e}^{\mathrm{j}\beta z}-\boldsymbol{e}_x\frac{1}{3}\mathrm{e}^{\mathrm{j}(\beta z-\pi/2)}\\&=\boldsymbol{e}_y\frac{1}{2}\cos\beta z+\boldsymbol{e}_x\frac{2\mathrm{j}}{3}\sin\beta z\end{aligned}$$

(2) 理想导体表面电流密度为

$$\boldsymbol{J}_{\mathrm{S}}=(-\boldsymbol{e}_z)\times\boldsymbol{H}_1(z)\big|_{z=0}=(-\boldsymbol{e}_z)\times\left(\boldsymbol{e}_y\frac{1}{2}\cos\beta z+\boldsymbol{e}_x\frac{2\mathrm{j}}{3}\sin\beta z\right)\bigg|_{z=0}=\boldsymbol{e}_x\frac{1}{2}$$

【例题 9-2】　某一角频率为 $\omega=5\times10^8$ rad/s 的均匀平面波沿 z 方向从媒质 1 垂直入射到媒质 2。其中媒质 1 的电磁参数为 $\varepsilon_{\mathrm{r1}}=4$，$\mu_{\mathrm{r1}}=1$，$\sigma_1=0$；媒质 2 的电磁参数为 $\varepsilon_{\mathrm{r2}}=10$，$\mu_{\mathrm{r2}}=4$，$\sigma_2=0$。设入射波是沿 x 轴方向的线极化波，在 $t=0$、$z=0$ 时，入射波电场的振幅为 2.4 V/m。求：(1) 这两种媒质中的传播常数 β_1、β_2；(2) 反射系数 Γ 和透射系数 τ；(3) 两种媒质中复数形式的合成电场和磁场。

解　由于 $\sigma_1=\sigma_2=0$，说明这两个媒质为理想介质，这样其中的传播常数和波阻抗均为实数。

(1) 根据传播常数的公式 $\beta=\omega\sqrt{\varepsilon\mu}=\omega\sqrt{\varepsilon_0\mu_0}\sqrt{\varepsilon_{\mathrm{r}}\mu_{\mathrm{r}}}=\omega\sqrt{\varepsilon_{\mathrm{r}}\mu_{\mathrm{r}}}/c$ 可以得到

$$\beta_1=\omega\sqrt{\varepsilon_1\mu_1}=\omega\frac{\sqrt{\varepsilon_{\mathrm{r1}}\mu_{\mathrm{r1}}}}{c}=\frac{5\times10^8}{3\times10^8}\sqrt{1\times4}\approx3.33\ \mathrm{rad/m}$$

$$\beta_2=\omega\sqrt{\varepsilon_2\mu_2}=\omega\frac{\sqrt{\varepsilon_{\mathrm{r2}}\mu_{\mathrm{r2}}}}{c}=\frac{5\times10^8}{3\times10^8}\sqrt{10\times4}\approx10.54\ \mathrm{rad/m}$$

(2) 根据波阻抗的公式 $\eta=\sqrt{\dfrac{\mu}{\varepsilon}}=\sqrt{\dfrac{\mu_0}{\varepsilon_0}}\sqrt{\dfrac{\mu_r}{\varepsilon_r}}=120\pi\sqrt{\dfrac{\mu_r}{\varepsilon_r}}$ 可以得到

$$\eta_1=120\pi\sqrt{\frac{\mu_{r1}}{\varepsilon_{r1}}}=120\pi\sqrt{\frac{1}{4}}=60\pi\ \Omega$$

$$\eta_2=120\pi\sqrt{\frac{\mu_{r2}}{\varepsilon_{r2}}}=120\pi\sqrt{\frac{4}{10}}\approx75.9\pi\ \Omega$$

根据反射系数和透射系数公式可以得到

$$\Gamma=\frac{\eta_2-\eta_1}{\eta_2+\eta_1}=\frac{75.9\pi-60\pi}{75.9\pi+60\pi}=0.117$$

$$\tau=\frac{2\eta_2}{\eta_2+\eta_1}=\frac{2\times75.9\pi}{75.9\pi+60\pi}=1.117$$

(3) 1 区的电场和磁场分别为

$$\begin{aligned}\boldsymbol{E}_1(z)&=\boldsymbol{E}_i(z)+\boldsymbol{E}_r(z)=\boldsymbol{e}_xE_{im}(e^{-j\beta_1z}+\Gamma e^{j\beta_1z})\\&=\boldsymbol{e}_xE_{im}\{(1+\Gamma)e^{-j\beta_1z}+\Gamma(e^{j\beta_1z}-e^{-j\beta_1z})]\}\\&=\boldsymbol{e}_xE_{im}[(1+\Gamma)e^{-j\beta_1z}+j2\Gamma\sin\beta_1z]\\&=\boldsymbol{e}_x2.4[(1+0.117)e^{-j3.33z}+j0.234\sin3.33z]\end{aligned}$$

$$\begin{aligned}\boldsymbol{H}_1(z)&=\frac{1}{\eta_1}\boldsymbol{e}_z\times\boldsymbol{E}_1(z)=\frac{1}{60\pi}\boldsymbol{e}_z\times\boldsymbol{e}_x2.4[(1+0.117)e^{-j3.33z}+j0.234\sin3.33z]\\&=\frac{0.06}{\pi}\boldsymbol{e}_y[(1+0.117)e^{-j3.33z}+j0.234\sin3.33z]\end{aligned}$$

2 区的电场和磁场分别为

$$\begin{aligned}\boldsymbol{E}_2(z)&=\boldsymbol{e}_xE_{tm}e^{-j\beta_2z}=\boldsymbol{e}_x\tau E_{im}e^{-j\beta_2z}\\&=\boldsymbol{e}_x1.117\times2.4\boldsymbol{e}^{-j10.54z}=\boldsymbol{e}_x2.68\boldsymbol{e}^{-j10.54z}\end{aligned}$$

$$\boldsymbol{H}_2(z)=\frac{1}{\eta_2}\boldsymbol{e}_z\times\boldsymbol{E}_2(z)=\frac{1}{75.9\pi}\boldsymbol{e}_z\times\boldsymbol{e}_x2.68\boldsymbol{e}^{-j10.54z}=0.0112\boldsymbol{e}_ye^{-j10.54z}$$

【例题 9-3】 某一平面波从空气($z<0$)中正入射到 $z=0$ 的无限大平边界面，其中入射波电场强度为 $\boldsymbol{E}_i=\boldsymbol{e}_x100\cos(3\pi10^9t-10\pi z)$(V/m)。$z>0$ 区域，$\varepsilon_{r1}=4$，$\mu_{r1}=1$，$\sigma_1=0$。求区域 $z>0$ 的电场和磁场的复数形式和瞬时形式。

解　由于 $\eta_1=\eta_0=120\pi$，$\eta_2=120\pi\sqrt{\dfrac{\mu_{r2}}{\varepsilon_{r2}}}=120\pi\sqrt{\dfrac{1}{4}}=60\pi$，则透射系数为

$$\tau=\frac{2\eta_2}{\eta_2+\eta_1}=\frac{2\times60\pi}{120\pi+60\pi}=0.667$$

区域 $z>0$ 的相位常数为

$$\beta_2=\omega\sqrt{\mu_2\varepsilon_2}=\omega\sqrt{\mu_0\varepsilon_0}\sqrt{\varepsilon_{r2}}=\frac{3\pi\times10^9}{3\times10^8}\times2=20\pi\ (\text{rad/m})$$

则区域 $z>0$ 的电场和磁场分别为

$$\boldsymbol{E}_2(z)=\boldsymbol{e}_xE_{tm}e^{-j\beta_2z}=\boldsymbol{e}_x\tau E_{im}e^{-j\beta_2z}=\boldsymbol{e}_x66.7e^{-j20\pi z}$$

$$\boldsymbol{H}_2(z)=\frac{1}{\eta_2}\boldsymbol{e}_z\times\boldsymbol{E}_2(z)=\frac{1}{60\pi}\boldsymbol{e}_z\times\boldsymbol{e}_x66.7e^{-j20\pi z}=0.354\boldsymbol{e}_ye^{-j20\pi z}$$

$$\boldsymbol{E}_2(z,t)=\text{Re}[\boldsymbol{E}_2(z)e^{j\omega t}]=\text{Re}[\boldsymbol{e}_x66.7e^{-j20\pi z}e^{j\omega t}]=\boldsymbol{e}_x66.7\cos(3\pi\times10^9t-20\pi z)\ (\text{V/m})$$

$$\boldsymbol{H}_2(z,t)=\text{Re}[\boldsymbol{H}_2(z)e^{j\omega t}]=\text{Re}[\boldsymbol{e}_y0.354e^{-j20\pi z}e^{j\omega t}]=\boldsymbol{e}_y0.354\cos(3\pi\times10^9t-20\pi z)\ (\text{A/m})$$

9.3 平面电磁波对多层媒质分界面的垂直入射

电磁波在多层介质中的传播具有普遍的实际意义。这里以三种介质形成的多层媒质为例，说明平面波在多层媒质中的传播特性。

假设有三层不同参数的无限大无耗媒质形成两个分界面，媒质 1、2、3 的参数分别为 (ε_1, μ_1)、(ε_2, μ_2)和(ε_3, μ_3)，媒质 1 与 2 的分界面位于 $z=0$ 的无限大平面，媒质 2 的厚度为 d，媒质 2 与 3 的分界面位于 $z=d$ 的无限大平面。电磁波沿 z 方向从媒质 1 开始向媒质 2、3 传播，如图 9.3-1 所示。当均匀平面波自媒质 1 向分界面垂直入射时，在媒质 1 和 2 之间的分界面 $z=0$ 上发生反射和透射。当透射波到达媒质 2 和 3 的分界面 $z=d$ 时，又发生反射与透射，而且此分界面上的反射波回到媒质 1 和 2 的分界面上时再次发生反射与透射。由此可见，在两个分界面上发生多次反射与透射现象。为了分析方便，这里只分析分界面上的一次反射和透射情形，对多重反射和透射有兴趣的读者可参阅有关书籍。

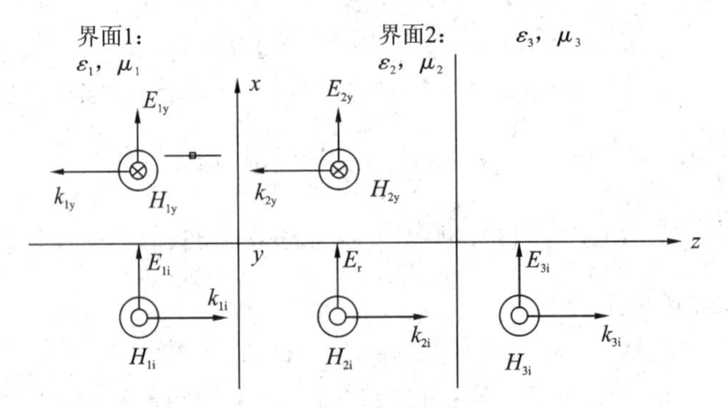

图 9.3-1　三层不同无耗媒质的垂直入射

根据一维波动方程解的特性，可以认为媒质 1 和 2 中仅存在两种平面波，其一是向 $+z$ 方向传播的入射波，其二是向 $-z$ 方向传播的反射波。在媒质 3 中仅存在一种向 $+z$ 方向传播的透射波。其中在媒质 2 中沿 $+z$ 的方向传播的入射波就是从媒质 1 传播到媒质 2 的透射波。

设媒质 1 中的入射波为

$$\begin{cases} \boldsymbol{E}_{1\mathrm{i}}(z) = \boldsymbol{e}_x E_{1\mathrm{im}} \mathrm{e}^{-\mathrm{j}\beta_1 z} \\ \boldsymbol{H}_{1\mathrm{i}}(z) = \boldsymbol{e}_y \dfrac{1}{\eta_1} E_{1\mathrm{im}} \mathrm{e}^{-\mathrm{j}\beta_1 z} \end{cases} \tag{9.3-1}$$

媒质 1 中的入射波经过分界面 $z=0$ 的反射，在媒质 1 中形成的反射波为

$$\begin{cases} \boldsymbol{E}_{1\mathrm{r}}(z) = \boldsymbol{e}_x E_{1\mathrm{rm}} \mathrm{e}^{\mathrm{j}\beta_1 z} = \boldsymbol{e}_x \Gamma_1 E_{1\mathrm{im}} \mathrm{e}^{\mathrm{j}\beta_1 z} \\ \boldsymbol{H}_{1\mathrm{r}}(z) = -\boldsymbol{e}_y \dfrac{E_{1\mathrm{rm}}}{\eta_1} \mathrm{e}^{\mathrm{j}\beta_1 z} = -\boldsymbol{e}_y \dfrac{1}{\eta_1} \Gamma_1 E_{1\mathrm{im}} \mathrm{e}^{\mathrm{j}\beta_1 z} \end{cases} \tag{9.3-2}$$

媒质 1 中的合成电磁场为

$$\begin{cases} \boldsymbol{E}_1(z) = \boldsymbol{E}_{1\mathrm{i}}(z) + \boldsymbol{E}_{1\mathrm{r}}(z) = \boldsymbol{e}_x E_{1\mathrm{im}} (\mathrm{e}^{-\mathrm{j}\beta_1 z} + \Gamma_1 \mathrm{e}^{\mathrm{j}\beta_1 z}) \\ \boldsymbol{H}_1(z) = \boldsymbol{H}_{1\mathrm{i}}(z) + \boldsymbol{H}_{1\mathrm{r}}(z) = \boldsymbol{e}_y \dfrac{E_{1\mathrm{im}}}{\eta_1} (\mathrm{e}^{-\mathrm{j}\beta_1 z} - \Gamma_1 \mathrm{e}^{\mathrm{j}\beta_1 z}) \end{cases} \tag{9.3-3}$$

媒质 2 中对 $z=d$ 面上的入射波为

$$\begin{cases} \boldsymbol{E}_{2i}(z) = \boldsymbol{e}_x E_{2im} e^{-j\beta_2(z-d)} \\ \boldsymbol{H}_{2i}(z) = \boldsymbol{e}_y \dfrac{1}{\eta_2} E_{2im} e^{-j\beta_{21}(z-d)} \end{cases} \tag{9.3-4}$$

由于媒质 2 中的入射波应是从媒质 1 传播到媒质 2 中的透射波，则在 $z=d$ 分界面上有

$$\begin{cases} \boldsymbol{E}_{2i}(z) = \boldsymbol{e}_x \tau_1 \boldsymbol{E}_{1i}(z) = \boldsymbol{e}_x \tau_1 E_{1im} e^{-j\beta_2(z-d)} \\ \boldsymbol{H}_{2i}(z) = \boldsymbol{e}_y \tau_1 \boldsymbol{H}_{1i}(z) = \boldsymbol{e}_y \dfrac{\tau_1 E_{1im}}{\eta_2} e^{-j\beta_2(z-d)} \end{cases} \tag{9.3-5}$$

媒质 2 中的入射波经过分界面 $z=d$ 的反射，在媒质 2 中形成的反射波为

$$\begin{cases} \boldsymbol{E}_{2r}(z) = \boldsymbol{e}_x \Gamma_2 E_{2im} e^{j\beta_2(z-d)} = \boldsymbol{e}_x \Gamma_2 \tau_1 E_{1im} e^{j\beta_2(z-d)} \\ \boldsymbol{H}_{2r}(z) = -\boldsymbol{e}_y \Gamma_2 \dfrac{E_{2im}}{\eta_2} e^{j\beta_{21}(z-d)} = -\boldsymbol{e}_y \dfrac{1}{\eta_2} \Gamma_2 \tau_1 E_{2im} e^{j\beta_2(z-d)} \end{cases} \tag{9.3-6}$$

则在媒质 2 中的合成电磁场为

$$\begin{cases} \boldsymbol{E}_2(z) = \boldsymbol{E}_{2i}(z) + \boldsymbol{E}_{2r}(z) = \boldsymbol{e}_x \tau_1 E_{1im} (e^{-j\beta_2(z-d)} + \Gamma_2 e^{j\beta_2(z-d)}) \\ \boldsymbol{H}_2(z) = \boldsymbol{H}_{2i}(z) + \boldsymbol{H}_{2r}(z) = \boldsymbol{e}_y \dfrac{\tau_1 E_{1im}}{\eta_2} (e^{-j\beta_2(z-d)} - \Gamma_2 e^{j\beta_2(z-d)}) \end{cases} \tag{9.3-7}$$

媒质 3 中的电磁场实际上就是媒质 2 到媒质 3 的透射波，即

$$\begin{cases} \boldsymbol{E}_3(z) = \boldsymbol{e}_x E_{3tmt}(z) e^{-j\beta_3(z-d)} = \boldsymbol{e}_x \tau_1 \tau_2 E_{1im} e^{-j\beta_3(z-d)} \\ \boldsymbol{H}_3(z) = \boldsymbol{e}_y \dfrac{1}{\eta_3} E_{3tm} e^{-j\beta_3(z-d)} = \boldsymbol{e}_y \dfrac{1}{\eta_3} \tau_1 \tau_2 E_{1im} e^{-j\beta_3(z-d)} \end{cases} \tag{9.3-8}$$

以上式中，$\Gamma_1 = E_{1rm}/E_{1im}$ 为分界面 $z=0$ 处的反射系数，$\Gamma_2 = E_{2rm}/E_{2im}$ 为分界面 $z=d$ 处的反射系数；$\tau_1 = E_{2tm}/E_{1im}$ 为分界面 $z=0$ 处的透射系数，$\tau_2 = E_{3tm}/E_{2im}$ 为分界面 $z=d$ 处的透射系数。

在式(9.3-1)～式(9.3-8)中，媒质 1 的入射波振幅 $E_{1im}(z)$ 为已知量，三个媒质中的波矢量 η_1、η_2、η_3(实常数)和相位常数 β_1、β_2、β_3 可以通过媒质的参数求得，而在两个分界面上的反射系数 Γ_1、Γ_2 和透射系数 τ_1、τ_2 为未知量。要想获得各个媒质中电磁场的分布就需要首先求出这四个未知量。它们可根据边界条件获得。

根据边界条件，在分界面 $z=d$ 上电场与磁场的切向分量连续，即 $\boldsymbol{e}_z \times \boldsymbol{E}_2(d) = \boldsymbol{e}_z \times \boldsymbol{E}_3(d)$ 和 $\boldsymbol{e}_z \times \boldsymbol{H}_2(d) = \boldsymbol{e}_z \times \boldsymbol{H}_3(d)$，代入式(9.3-7)和式(9.3-8)后则有

$$\begin{cases} 1 + \Gamma_2 = \tau_2 \\ \dfrac{1 - \Gamma_2}{\eta_2} = \dfrac{\tau_2}{\eta_3} \end{cases} \tag{9.3-9}$$

由式(9.3-9)可得

$$\begin{cases} \Gamma_2 = \dfrac{\eta_3 - \eta_2}{\eta_3 + \eta_2} \\ \tau_2 = \dfrac{2\eta_3}{\eta_3 + \eta_2} \end{cases} \tag{9.3-10}$$

根据边界条件，在分界面 $z=0$ 上电场与磁场的切向分量连续，即 $\boldsymbol{e}_z \times \boldsymbol{E}_1(0) = \boldsymbol{e}_z \times \boldsymbol{E}_2(0)$ 和 $\boldsymbol{e}_z \times \boldsymbol{H}_1(0) = \boldsymbol{e}_z \times \boldsymbol{H}_2(0)$，代入式(9.3-3)和式(9.3-7)后则有

$$\begin{cases} 1 + \Gamma_1 = \tau_1 (e^{j\beta_2 d} + \Gamma_2 e^{-j\beta_2 d}) \\ \dfrac{1 - \Gamma_1}{\eta_1} = \dfrac{\tau_1}{\eta_2} (e^{j\beta_2 d} - \Gamma_2 e^{-j\beta_2 d}) \end{cases} \tag{9.3-11}$$

由式(9.3－11)可得

$$\eta_1\frac{1+\Gamma_1}{1-\Gamma_1}=\eta_2\frac{\mathrm{e}^{\mathrm{j}\beta_2 d}+\Gamma_2\mathrm{e}^{-\mathrm{j}\beta_2 d}}{\mathrm{e}^{\mathrm{j}\beta_2 d}-\Gamma_2\mathrm{e}^{-\mathrm{j}\beta_2 d}}$$

令

$$\eta_{\mathrm{ef}}=\eta_2\frac{\mathrm{e}^{\mathrm{j}\beta_2 d}+\Gamma_2\mathrm{e}^{-\mathrm{j}\beta_2 d}}{\mathrm{e}^{\mathrm{j}\beta_2 d}-\Gamma_2\mathrm{e}^{-\mathrm{j}\beta_2 d}}\tag{9.3-12}$$

则有

$$\begin{cases}\Gamma_1=\dfrac{\eta_{\mathrm{ef}}-\eta_1}{\eta_{\mathrm{ef}}+\eta_1}\\ \tau_1=\dfrac{1+\Gamma_1}{\mathrm{e}^{\mathrm{j}\beta_2 d}+\Gamma_2\mathrm{e}^{-\mathrm{j}\beta_2 d}}\end{cases}\tag{9.3-13}$$

从式(9.3－12)可见，η_{ef}只与媒质2中的波阻抗η_2、相位常数β_2、反射系数Γ_2以及分界面的位置z(这里$z=d$)有关。也就是说，它只与媒质2中的传播特性和位置有关。那么，η_{ef}的物理意义是什么呢？我们知道媒质2中的合成电磁场为式(9.3－7)。它表示媒质2中($z=0$到$z=d$的区间)的电磁场分布。在媒质2中的$z=0$分界面上有

$$\begin{cases}\boldsymbol{E}_2(0)=\boldsymbol{E}_{2\mathrm{i}}(0)+\boldsymbol{E}_{2\mathrm{r}}(0)=\boldsymbol{e}_x\tau_1E_{1\mathrm{im}}(\mathrm{e}^{\mathrm{j}\beta_2 d}+\Gamma_2\mathrm{e}^{-\mathrm{j}\beta_2 d})\\ \boldsymbol{H}_2(0)=\boldsymbol{H}_{2\mathrm{i}}(0)+\boldsymbol{H}_{2\mathrm{r}}(0)=\boldsymbol{e}_y\dfrac{\tau_1E_{1\mathrm{im}}}{\eta_2}(\mathrm{e}^{\mathrm{j}\beta_2 d}-\Gamma_2\mathrm{e}^{-\mathrm{j}\beta_2 d})\end{cases}$$

$E_{2\mathrm{m}}(0)$除以$H_{2\mathrm{m}}(0)$，则有

$$\frac{E_2(0)}{H_2(0)}=\eta_2\frac{\mathrm{e}^{\mathrm{j}\beta_2 d}+\Gamma_2\mathrm{e}^{-\mathrm{j}\beta_2 d}}{\mathrm{e}^{\mathrm{j}\beta_2 d}-\Gamma_2\mathrm{e}^{-\mathrm{j}\beta_2 d}}=\eta_{\mathrm{ef}}$$

可见，η_{ef}实际上是在媒质2中$z=0$处的电场与磁场之比，即$\eta_{\mathrm{ef}}=E_2(0)/H_2(0)$。由于反射系数$\Gamma_2$反映了媒质2与媒质3中的波阻抗$\eta_2$、$\eta_3$[见式(9.3－10)]，因此$\eta_{\mathrm{ef}}$反映了媒质2与媒质3中总的波阻抗，故称$\eta_{\mathrm{ef}}$为$z=0$处的等效波阻抗，它统一描述了媒质2与媒质3中总的波阻抗。

为了更加适合实际应用，将式(9.3－10)代入式(9.3－12)，并利用欧拉公式可以将η_{ef}写为

$$\eta_{\mathrm{ef}}=\eta_2\frac{\eta_3+\mathrm{j}\eta_2\tan(\beta_2 d)}{\eta_2+\mathrm{j}\eta_3\tan(\beta_2 d)}\tag{9.3-14}$$

引入等效波阻抗概念是为了使多层媒质的计算得以简化。例如，在计算多层媒质的第一个分界面上的反射系数Γ_1时，第二层媒质和第三层媒质可以看作等效波阻抗为η_{ef}的同一种媒质，如图9.3－2所示。该方法实质上是电路中经常采用的网络分析方法，即只需考虑后置媒质的总体影响，不必关心后置媒质的内部结构。

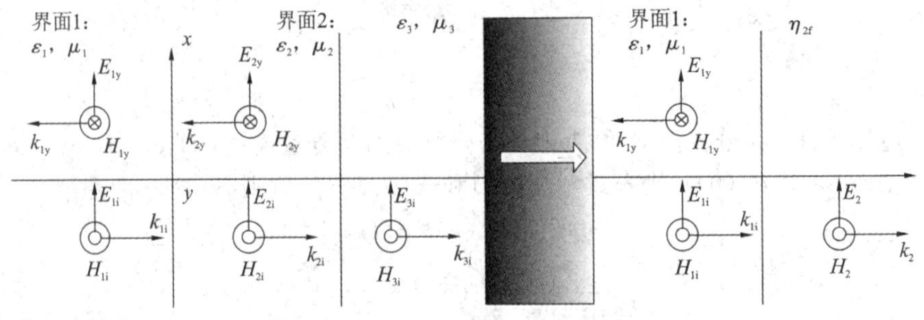

图 9.3－2　等效波阻抗的简化效果

对于 n 层媒质，可用与三层媒质类似的方法进行分析。例如，利用等效波阻抗计算 n 层媒质的第一条边界上的总反射系数时，首先求出第$(n-2)$条分界面处的等效波阻抗 $\eta_{(n-2)\mathrm{ef}}$，然后用波阻抗为 $\eta_{(n-2)\mathrm{ef}}$ 的媒质代替第$(n-1)$层及第 n 层媒质。依此类推，自右向左逐一计算各条分界面处的等效波阻抗，直至求得第一条边界处的等效波阻抗后，即可计算第一条边界上的反射系数，如图 9.3-3 所示。

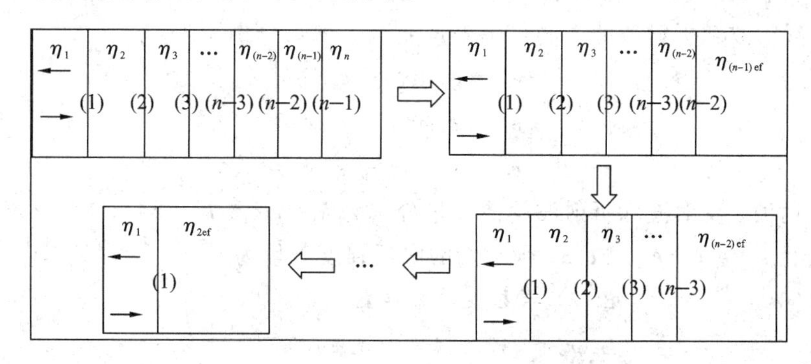

图 9.3-3 n 层媒质垂直入射的等效计算

9.4 平面波对理想介质平面的斜入射

假设有充满理想介质分别为(ε_1, μ_1)和(ε_2, μ_2)的两个无限大平面，其分界面为 $z=0$ 的无限大平面。电磁波从介质 1 斜入射到分界面上。根据坡印廷矢量可知，入射波、反射波和透射波都不垂直于分界面。将入射线、反射线、折射线与边界面法线构成的平面分别称为入射面、反射面和折射面。可以证明，入射线、反射线及折射线位于同一平面，因此可以说入射线、反射线及折射线都位于入射面内，如图 9.4-1 所示。

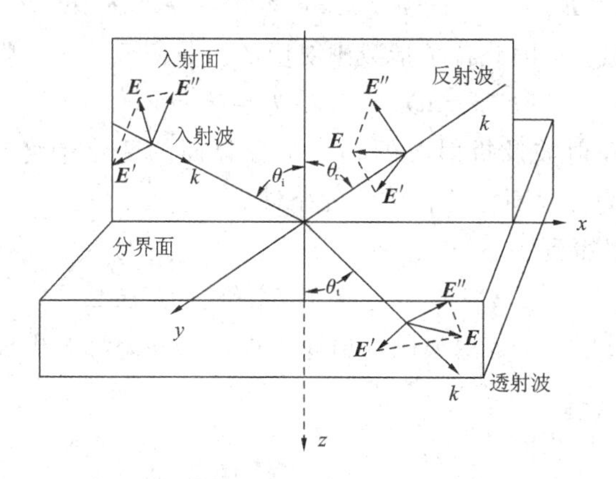

图 9.4-1 均匀平面波的斜入射

我们知道，任何一个均匀平面电磁波，不论何种极化方式，都可以分解为两个正交的线极化波。将电场矢量垂直于入射面的平面波称为垂直极化波；将电场矢量平行于入射面的平面波称为平行极化波(或称为水平极化波)。这样，斜入射到分界面的均匀平面电磁波可分为垂直极化波和平行极化波的组合。因此，只要分别求出反射波和透射波的两个分量，通过叠加，就可以获得反射波和透射波。

9.4.1　反射定律和折射定律

将入射线、反射线、折射线与边界面法线之间的夹角分别称为入射角 θ_i、反射角 θ_r 和折射角 θ_t，如图 9.4-1 所示。分界面为 $z=0$ 的无限大平面，电磁波从介质 1 斜入射到分界面上。取入射平面为 xOz 平面，用 $\boldsymbol{e}_x$、$\boldsymbol{e}_y$、$\boldsymbol{e}_z$ 表示直角坐标系中三个分量的单位矢量，则表示入射波、反射波和折射波的方向单位矢量 $\boldsymbol{e}_i$、$\boldsymbol{e}_r$、$\boldsymbol{e}_t$ 可分别写为

$$\begin{cases} \boldsymbol{e}_i = \boldsymbol{e}_x \sin\theta_i + \boldsymbol{e}_z \cos\theta_i \\ \boldsymbol{e}_r = \boldsymbol{e}_x \sin\theta_r - \boldsymbol{e}_z \cos\theta_r \\ \boldsymbol{e}_t = \boldsymbol{e}_x \sin\theta_t + \boldsymbol{e}_z \cos\theta_t \end{cases} \tag{9.4-1}$$

由于入射波、反射波和折射波的波矢量分别为 $\boldsymbol{k}_i=\boldsymbol{e}_i k_1$、$\boldsymbol{k}_r=\boldsymbol{e}_r k_1$、$\boldsymbol{k}_t=\boldsymbol{e}_t k_2$，而直接坐标系中的矢径 $\boldsymbol{r}=\boldsymbol{e}_x x+\boldsymbol{e}_y y+\boldsymbol{e}_z z$，则它们的电场强度矢量为

$$\begin{cases} \boldsymbol{E}_i(r) = \boldsymbol{E}_{im} e^{-j\boldsymbol{k}_i\cdot\boldsymbol{r}} = \boldsymbol{E}_{im} e^{-jk_1(x\sin\theta_i+z\cos\theta_i)} \\ \boldsymbol{E}_r(r) = \boldsymbol{E}_{rm} e^{-j\boldsymbol{k}_r\cdot\boldsymbol{r}} = \boldsymbol{E}_{rm} e^{-jk_1(x\sin\theta_r-z\cos\theta_r)} \\ \boldsymbol{E}_t(r) = \boldsymbol{E}_{tm} e^{-j\boldsymbol{k}_t\cdot\boldsymbol{r}} = \boldsymbol{E}_{tm} e^{-jk_2(x\sin\theta_t+z\cos\theta_t)} \end{cases} \tag{9.4-2}$$

与电场相伴的磁场强度矢量为

$$\begin{cases} \boldsymbol{H}_i(r) = \boldsymbol{e}_i \times \dfrac{\boldsymbol{E}_{im}}{\eta_1} e^{-j\boldsymbol{k}_i\cdot\boldsymbol{r}} = \boldsymbol{e}_i \times \dfrac{\boldsymbol{E}_{im}}{\eta_1} e^{-jk_1(x\sin\theta_i+z\cos\theta_i)} \\ \boldsymbol{H}_r(r) = \boldsymbol{e}_r \times \dfrac{\boldsymbol{E}_{rm}}{\eta_1} e^{-j\boldsymbol{k}_r\cdot\boldsymbol{r}} = \boldsymbol{e}_r \times \dfrac{\boldsymbol{E}_{rm}}{\eta_1} e^{-jk_1(x\sin\theta_r-z\cos\theta_r)} \\ \boldsymbol{H}_t(r) = \boldsymbol{e}_t \times \dfrac{\boldsymbol{E}_{tm}}{\eta_2} e^{-j\boldsymbol{k}_t\cdot\boldsymbol{r}} = \boldsymbol{e}_t \times \dfrac{\boldsymbol{E}_{tm}}{\eta_2} e^{-jk_2(x\sin\theta_t+z\cos\theta_t)} \end{cases} \tag{9.4-3}$$

根据边界条件，在分界面 $z=0$ 上电场矢量的切向分量连续，则有

$$\boldsymbol{e}_z \times \boldsymbol{E}_{im} e^{-jk_1 x\sin\theta_i} + \boldsymbol{e}_z \times \boldsymbol{E}_{rm} e^{-jk_1 x\sin\theta_r} = \boldsymbol{e}_z \times \boldsymbol{E}_{tm} e^{-jk_2 x\sin\theta_t}$$

上式对于所有的 x 都成立，因此各项指数中对应的系数应该相等，则必有

$$k_1 \sin\theta_i = k_1 \sin\theta_r = k_2 \sin\theta_t \tag{9.4-4}$$

式(9.4-4)表明反射波及折射波的相位沿分界面的变化始终与入射波保持一致(相等)，因此，该式又称为分界面上的相位匹配条件。

由式(9.4-4)可以得到

$$\theta_i = \theta_r \tag{9.4-5}$$

它表明，反射波的反射角等于入射波的入射角。式(9.4-5)称为电磁波的反射定律，也称为斯耐尔反射定律。

由式(9.4-4)还可以得到

$$\frac{\sin\theta_t}{\sin\theta_i} = \frac{k_1}{k_2} = \frac{n_1}{n_2} = \frac{1/n_2}{1/n_1} \tag{9.4-6}$$

这里，n 为折射率，$n=\dfrac{c}{v}=c\sqrt{\varepsilon\mu}=\dfrac{c}{\omega}k$。式中，$n_1$ 为入射波所在的媒质 1 中的折射率，n_2 为折射波所在的媒质 2 中的折射率。由式(9.4-6)可见，折射波的折射角与入射波的入射角的正弦之比等于它们所处媒质中的折射率的倒数之比。式(9.4-6)称为电磁波的折射定律，也称为斯耐尔折射定律。

需要说明的是，前面所讨论的所有结果是在假定媒质为理想介质情况下得到的。如果媒质为导电媒质，则只要把传播常数 $k=\omega\sqrt{\varepsilon\mu}$ 中的所有的介电常数 ε 用复介电常数(等效介电常数) ε_c 替代即可。

9.4.2　菲涅尔公式

均匀平面波斜投射时的反射系数及折射系数(也称透射系数)与平面波的极化特性有关。我们知道，电场方向与入射面垂直的平面波称为垂直极化波，电场方向与入射面平行的平面波称为平行极化波(也称为水平极化波)，任意极化波都可以分成平行极化波与垂直极化波两个分量。

根据边界条件可推知，无论平行极化平面波或者垂直极化平面波在平面边界上被反射和折射时，极化特性都不会发生变化，即反射波及折射波与入射波的极化特性相同。当然，平行极化波入射后，由于反射波和折射波的传播方向偏转，所以其极化方向也随之偏转，但是仍然是平行极化波。因此，只要得到垂直极化波和平行极化波的特性就可以获得任意极化波的特性。

1. 垂直极化波

假设有充满介质分别为(ε_1, μ_1)和(ε_2, μ_2)的两个无限大平面，其分界面为 $z=0$ 的无限大平面，电磁波从介质1斜入射到分界面上。入射波、反射波和折射波的方向单位矢量分别为 $\boldsymbol{e}_i$、$\boldsymbol{e}_r$、$\boldsymbol{e}_t$。取入射平面为 xOz 平面。

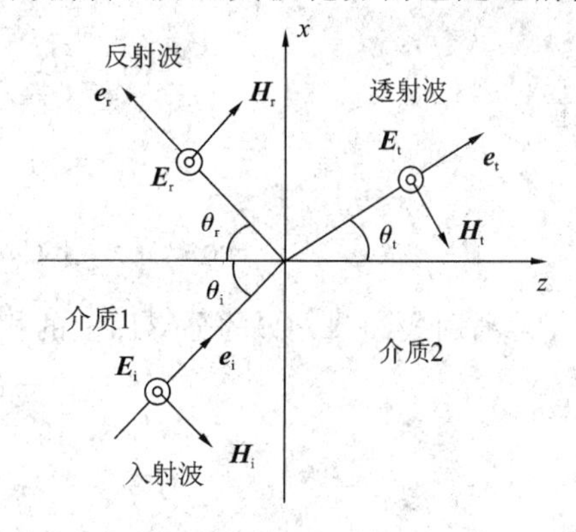

图 9.4-2　垂直极化波的入射、反射和折射波

假设入射波为垂直极化波，则电场矢量只有垂直于入射面的 y 分量，如图 9.4-2 所示。根据电场矢量的边界条件可知，反射波和折射波的电场也都只有 y 分量(反射波、折射波与入射波的极化特性相同)。根据坡印廷矢量 $\boldsymbol{S}=\boldsymbol{E}\times\boldsymbol{H}$ 可知，磁场矢量只有 x、z 两个分量。

根据前面的分析，在媒质1中的入射波电磁场为

$$\begin{cases} E_{iy}(r)=E_{im}\mathrm{e}^{-\mathrm{j}\boldsymbol{k}_i\cdot\boldsymbol{r}}=E_{im}\mathrm{e}^{-\mathrm{j}k_1(x\sin\theta_i+z\cos\theta_i)} \\ H_{ix}(r)=-\dfrac{E_{im}}{\eta_1}\cos\theta_i\mathrm{e}^{-\mathrm{j}\boldsymbol{k}_i\cdot\boldsymbol{r}}=-\dfrac{E_{im}}{\eta_1}\cos\theta_i\mathrm{e}^{-\mathrm{j}k_1(x\sin\theta_i+z\cos\theta_i)} \\ H_{iz}(r)=\dfrac{E_{im}}{\eta_1}\sin\theta_i\mathrm{e}^{-\mathrm{j}\boldsymbol{k}_i\cdot\boldsymbol{r}}=\dfrac{E_{im}}{\eta_1}\sin\theta_i\mathrm{e}^{-\mathrm{j}k_1(x\sin\theta_i+z\cos\theta_i)} \end{cases} \tag{9.4-7}$$

假设垂直极化波的反射系数为 $\Gamma_\perp$，根据反射定律，在媒质1中的反射波电磁场为

$$\begin{cases} E_{ry}(r)=E_{rm}\mathrm{e}^{-\mathrm{j}\boldsymbol{k}_r\cdot\boldsymbol{r}}=\Gamma_\perp E_{im}\mathrm{e}^{-\mathrm{j}k_1(x\sin\theta_i-z\cos\theta_i)} \\ H_{rx}(r)=\dfrac{E_{rm}}{\eta_1}\cos\theta_r\mathrm{e}^{-\mathrm{j}\boldsymbol{k}_r\cdot\boldsymbol{r}}=\Gamma_\perp\dfrac{E_{im}}{\eta_1}\cos\theta_i\mathrm{e}^{-\mathrm{j}k_1(x\sin\theta_i-z\cos\theta_i)} \\ H_{rz}(r)=\dfrac{E_{rm}}{\eta_1}\sin\theta_r\mathrm{e}^{-\mathrm{j}\boldsymbol{k}_r\cdot\boldsymbol{r}}=\Gamma_\perp\dfrac{E_{im}}{\eta_1}\sin\theta_i\mathrm{e}^{-\mathrm{j}k_1(x\sin\theta_i-z\cos\theta_i)} \end{cases} \tag{9.4-8}$$

这样，在媒质1中的合成波电磁场为

$$\begin{cases} E_{1y}(r) = E_{im}(e^{-jk_1 z\cos\theta_i} + \Gamma_\perp e^{jk_1 z\cos\theta_i})e^{-jk_1 x\sin\theta_i} \\ H_{1x}(r) = \dfrac{E_{im}}{\eta_1}\cos\theta_i(-e^{-jk_1 z\cos\theta_i} + \Gamma_\perp e^{jk_1 z\cos\theta_i})e^{-jk_1 x\sin\theta_i} \\ H_{1z}(r) = \dfrac{E_{im}}{\eta_1}\sin\theta_i(e^{-jk_1 z\cos\theta_i} + \Gamma_\perp e^{jk_1 z\cos\theta_i})e^{-jk_1 x\sin\theta_i} \end{cases} \tag{9.4-9}$$

假设垂直极化波的透射系数(折射系数)为 $\tau_\perp$，在媒质 2 中的透射波电磁场为

$$\begin{cases} E_{2y}(r) = E_{ty}(r) = E_{tm}e^{-j\boldsymbol{k}_t\cdot\boldsymbol{r}} = \tau_\perp E_{im}e^{-jk_2(x\sin\theta_t + z\cos\theta_t)} \\ H_{2x}(r) = H_{tx}(r) = -\dfrac{E_{tm}}{\eta_2}\cos\theta_t e^{-j\boldsymbol{k}_t\cdot\boldsymbol{r}} = -\tau_\perp \dfrac{E_{im}}{\eta_2}\cos\theta_t e^{-jk_2(x\sin\theta_t + z\cos\theta_t)} \\ H_{2z}(r) = H_{tz}(r) = \dfrac{E_{tm}}{\eta_2}\sin\theta_t e^{-j\boldsymbol{k}_t\cdot\boldsymbol{r}} = \tau_\perp \dfrac{E_{im}}{\eta_2}\sin\theta_t e^{-jk_2(x\sin\theta_t + z\cos\theta_t)} \end{cases} \tag{9.4-10}$$

根据边界条件，在分界面 $z=0$ 上电场强度和磁场强度的切向分量连续，即

$$\begin{cases} E_{1y}(z=0) = E_{2y}(z=0) \\ H_{1x}(z=0) = H_{2x}(z=0) \end{cases}$$

则有

$$\begin{cases} (1+\Gamma_\perp)e^{-jk_1 x\sin\theta_i} = \tau_\perp e^{-jk_2 x\sin\theta_t} \\ \dfrac{1}{\eta_1}\cos\theta_i(-1+\Gamma_\perp)e^{-jk_1 x\sin\theta_i} = -\dfrac{1}{\eta_2}\tau_\perp\cos\theta_t e^{-jk_2 x\sin\theta_t} \end{cases}$$

再利用式(9.4-4)的分界面上的相位匹配条件 $k_1\sin\theta_i = k_1\sin\theta_r = k_2\sin\theta_t$，可以得到

$$\begin{cases} 1 + \Gamma_\perp = \tau_\perp \\ \dfrac{1-\Gamma_\perp}{\eta_1}\cos\theta_i = \dfrac{\tau_\perp}{\eta_2}\cos\theta_t \end{cases} \tag{9.4-11}$$

解　式(9.4-11)可以得到垂直极化波的反射系数 $\Gamma_\perp$ 和透射系数 $\tau_\perp$ 分别为

$$\begin{cases} \Gamma_\perp = \dfrac{\eta_2\cos\theta_i - \eta_1\cos\theta_t}{\eta_2\cos\theta_i + \eta_1\cos\theta_t} \\ \tau_\perp = \dfrac{2\eta_2\cos\theta_i}{\eta_2\cos\theta_i + \eta_1\cos\theta_t} \end{cases} \tag{9.4-12}$$

式(9.4-12)称为垂直极化波的菲涅尔公式。

对于常见的非磁性介质，$\mu_1 \approx \mu_2 \approx \mu_0$，根据折射定律 $\dfrac{\sin\theta_t}{\sin\theta_i} = \dfrac{k_1}{k_2}$，可以得到

$$\frac{\sin\theta_t}{\sin\theta_i} = \frac{k_1}{k_2} = \frac{\omega\sqrt{\varepsilon_1\mu_0}}{\omega\sqrt{\varepsilon_2\mu_0}} = \sqrt{\frac{\varepsilon_1}{\varepsilon_2}} = \frac{\eta_2}{\eta_1}$$

则

$$\sin\theta_t = \sqrt{\frac{\varepsilon_1}{\varepsilon_2}}\sin\theta_i$$

因此可导出

$$\cos\theta_t = \sqrt{\frac{\varepsilon_1}{\varepsilon_2}}\sqrt{\frac{\varepsilon_2}{\varepsilon_1} - \sin^2\theta_i}$$

将式(9.4-12)中右边的分子与分母都除以 η_1，并将 $\eta_2/\eta_1 = \sqrt{\varepsilon_1/\varepsilon_2}$、$\cos\theta_t =$

$\sqrt{\dfrac{\varepsilon_1}{\varepsilon_2}}\sqrt{\dfrac{\varepsilon_2}{\varepsilon_1}-\sin^2\theta_i}$ 代入，经整理后垂直极化波的菲涅尔公式变为

$$\begin{cases}\Gamma_\perp=\dfrac{\cos\theta_i-\sqrt{\dfrac{\varepsilon_2}{\varepsilon_1}-\sin^2\theta_i}}{\cos\theta_i+\sqrt{\dfrac{\varepsilon_2}{\varepsilon_1}-\sin^2\theta_i}}\\ \tau_\perp=\dfrac{2\cos\theta_i}{\cos\theta_i+\sqrt{\dfrac{\varepsilon_2}{\varepsilon_1}-\sin^2\theta_i}}\end{cases}\tag{9.4-13}$$

应用折射定律，式(9.4-13)还可写成(有兴趣的读者可以自己证明)：

$$\begin{cases}\Gamma_\perp=-\dfrac{\sin(\theta_i-\theta_t)}{\sin(\theta_i+\theta_t)}\\ \tau_\perp=\dfrac{2\sin\theta_i\sin\theta_t}{\sin(\theta_i+\theta_t)}\end{cases}\tag{9.4-14}$$

由垂直极化波的菲涅尔公式可见，垂直极化波的透射系数 $\tau_\perp$ 总是正值，说明透射波与入射波的电场强度的相位相同；而反射系数 $\Gamma_\perp$ 的取值可正可负。当反射系数 $\Gamma_\perp$ 的取值为负值时，反射波与入射波的电场强度的相位相反，这相当于损失了半个波长，故称为半波损失。

2. 平行极化波

与垂直极化波同理，假设入射波为水平极化波，则磁场矢量只有垂直于入射面的 y 分量，如图 9.4-3 所示。根据磁场矢量的边界条件可知，反射波和折射波的磁场也都只有 y 分量(反射波、折射波与入射波的极化特性相同)。根据坡印廷矢量 $\boldsymbol{S}=\boldsymbol{E}\times\boldsymbol{H}$ 可知，电场矢量只有 x、z 两个分量。

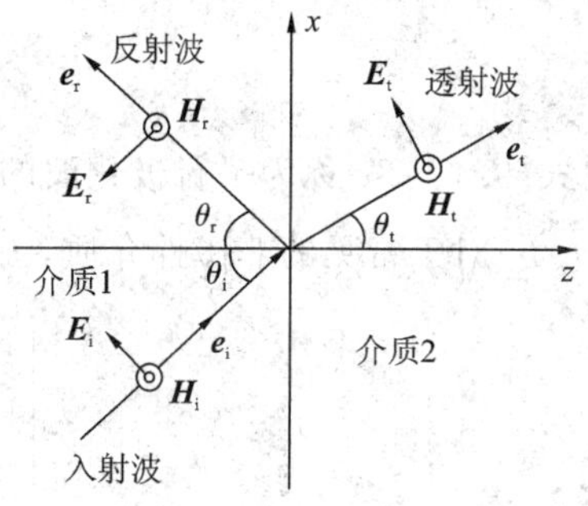

图 9.4-3　平行极化波的入射、反射和折射波

根据前面的分析，在媒质 1 中的入射波电磁场为

$$\begin{cases}E_{ix}(r)=E_{im}\cos\theta_i e^{-j\boldsymbol{k}_i\cdot\boldsymbol{r}}=E_{im}\cos\theta_i e^{-jk_1(x\sin\theta_i+z\cos\theta_i)}\\ E_{iz}(r)=-E_{im}\sin\theta_i e^{-j\boldsymbol{k}_i\cdot\boldsymbol{r}}=-E_{im}\sin\theta_i e^{-jk_1(x\sin\theta_i+z\cos\theta_i)}\\ H_{iy}(r)=\dfrac{E_{im}}{\eta_1}e^{-j\boldsymbol{k}_i\cdot\boldsymbol{r}}=\dfrac{E_{im}}{\eta_1}e^{-jk_1(x\sin\theta_i+z\cos\theta_i)}\end{cases}\tag{9.4-15}$$

假设平行极化波的反射系数为 $\Gamma_{//}$，根据反射定律，在媒质 1 中的反射波电磁场为

$$\begin{cases}E_{rx}(r)=-E_{rm}\cos\theta_r e^{-j\boldsymbol{k}_r\cdot\boldsymbol{r}}=-\Gamma_{//}E_{im}\cos\theta_i e^{-jk_1(x\sin\theta_i-z\cos\theta_i)}\\ E_{rz}(r)=-E_{rm}\sin\theta_r e^{-j\boldsymbol{k}_r\cdot\boldsymbol{r}}=-\Gamma_{//}E_{im}\sin\theta_i e^{-jk_1(x\sin\theta_i-z\cos\theta_i)}\\ H_{ry}(r)=\dfrac{E_{rm}}{\eta_1}e^{-j\boldsymbol{k}_r\cdot\boldsymbol{r}}=\Gamma_{//}\dfrac{E_{im}}{\eta_1}e^{-jk_1(x\sin\theta_i-z\cos\theta_i)}\end{cases}\tag{9.4-16}$$

这样，在媒质 1 中的合成波电磁场为

$$\begin{cases}E_{1x}(r)=E_{im}\cos\theta_i(e^{-jk_1z\cos\theta_i}-\Gamma_{//}e^{jk_1z\cos\theta_i})e^{-jk_1x\sin\theta_i}\\ E_{1z}(r)=E_{im}\sin\theta_i(-e^{-jk_1z\cos\theta_i}-\Gamma_{//}e^{jk_1z\cos\theta_i})e^{-jk_1x\sin\theta_i}\\ H_{1y}(r)=\dfrac{E_{im}}{\eta_1}(e^{-jk_1z\cos\theta_i}+\Gamma_{//}e^{jk_1z\cos\theta_i})e^{-jk_1x\sin\theta_i}\end{cases}\tag{9.4-17}$$

假设平行极化波的透射系数(折射系数)为 $\tau_{//}$，在媒质 2 中的透射波电磁场为

$$\begin{cases} E_{2x}(r)=E_{tx}(r)=E_{tm}\cos\theta_t \mathrm{e}^{-\mathrm{j}\boldsymbol{k}_t\cdot\boldsymbol{r}}=\tau_{//}E_{im}\cos\theta_t \mathrm{e}^{-\mathrm{j}k_2(x\sin\theta_t+z\cos\theta_t)} \\ E_{2z}(r)=E_{tz}(r)=-E_{tm}\sin\theta_t \mathrm{e}^{-\mathrm{j}\boldsymbol{k}_t\cdot\boldsymbol{r}}=-\tau_{//}E_{tm}\sin\theta_t \mathrm{e}^{-\mathrm{j}k_2(x\sin\theta_t+z\cos\theta_t)} \\ H_{2y}(r)=H_{ty}(r)=\dfrac{E_{tm}}{\eta_2}\mathrm{e}^{-\mathrm{j}\boldsymbol{k}_t\cdot\boldsymbol{r}}=\tau_{//}\dfrac{E_{im}}{\eta_2}\mathrm{e}^{-\mathrm{j}k_2(x\sin\theta_t+z\cos\theta_t)} \end{cases} \tag{9.4-18}$$

根据边界条件，在分界面 $z=0$ 上电场强度和磁场强度的切向分量连续，即

$$\begin{cases} E_{1x}(z=0)=E_{2x}(z=0) \\ H_{1y}(z=0)=H_{2y}(z=0) \end{cases}$$

再利用式(9.4-4)的分界面上的相位匹配条件 $k_1\sin\theta_i=k_1\sin\theta_r=k_2\sin\theta_t$，可以得到

$$\begin{cases} (1-\Gamma_{//})\cos\theta_i=\tau_{//}\cos\theta_t \\ \dfrac{1+\Gamma_{//}}{\eta_1}=\dfrac{\tau_{//}}{\eta_2} \end{cases} \tag{9.4-19}$$

解式(9.4-19)可以得到平行极化波的反射系数 $\Gamma_{//}$ 和透射系数 $\tau_{//}$ 分别为

$$\begin{cases} \Gamma_{//}=\dfrac{\eta_1\cos\theta_i-\eta_2\cos\theta_t}{\eta_1\cos\theta_i+\eta_2\cos\theta_t} \\ \tau_{//}=\dfrac{2\eta_2\cos\theta_i}{\eta_1\cos\theta_i+\eta_2\cos\theta_t} \end{cases} \tag{9.4-20}$$

式(9.4-20)称为平行极化波的菲涅尔公式。

对于常见的非磁性介质，$\mu_1\approx\mu_2\approx\mu_0$，由于 $\eta_1/\eta_2=\sqrt{\varepsilon_2/\varepsilon_1}$，式(9.4-20)可变为

$$\begin{cases} \Gamma_{//}=\dfrac{\left(\dfrac{\varepsilon_2}{\varepsilon_1}\right)\cos\theta_i-\sqrt{\dfrac{\varepsilon_2}{\varepsilon_1}-\sin^2\theta_i}}{\left(\dfrac{\varepsilon_2}{\varepsilon_1}\right)\cos\theta_i+\sqrt{\dfrac{\varepsilon_2}{\varepsilon_1}-\sin^2\theta_i}} \\ \tau_{//}=\dfrac{2\sqrt{\dfrac{\varepsilon_2}{\varepsilon_1}}\cos\theta_i}{\left(\dfrac{\varepsilon_2}{\varepsilon_1}\right)\cos\theta_i+\sqrt{\dfrac{\varepsilon_2}{\varepsilon_1}-\sin^2\theta_i}} \end{cases} \tag{9.4-21}$$

应用折射定律，式(9.4-21)还可写成(有兴趣的读者可以自己证明)：

$$\begin{cases} \Gamma_{//}=-\dfrac{\tan(\theta_i-\theta_t)}{\tan(\theta_i+\theta_t)} \\ \tau_{//}=\dfrac{2\cos\theta_i\sin\theta_t}{\sin(\theta_i+\theta_t)\cos(\theta_i-\theta_t)} \end{cases} \tag{9.4-22}$$

由平行极化波的菲涅尔公式可见，平行极化波的透射系数 $\tau_{//}$ 也总是正值，说明透射波与入射波的电场强度的相位相同；而反射系数 $\Gamma_{//}$ 的取值可正可负，因此也可能存在半波损失。

比较垂直极化波和平行极化波可见，反射系数、透射系数与两种媒质性质、入射角大小以及入射波的极化方式有关，它们由菲涅尔公式确定。菲涅尔公式描述了反射波、透射波和入射波的电场强度的振幅与相位关系，并且也说明了垂直极化波和平行极化波的反射系数与透射系数并不相同，它们与对应的极化方向有关。但是，由于垂直极化波或平行极化波的透射系数都是正值，因此，两种极化时的透射波与入射波的电场强度的相位相同。

9.4.3　全反射与全透射

全反射与全透射是均匀平面波斜投射时的特殊情形。

1. 全反射与临界角

我们知道，电磁波在理想导体表面会产生全反射，那么在理想介质表面也会产生全反射吗？对于常见的非磁性媒质，$\mu_1 \approx \mu_2 \approx \mu_0$，根据垂直极化波和平行极化波的反射系数公式(菲涅尔公式)可得

$$\begin{cases} \Gamma_{\perp} = \dfrac{\cos\theta_i - \sqrt{\dfrac{\varepsilon_2}{\varepsilon_1} - \sin^2\theta_i}}{\cos\theta_i + \sqrt{\dfrac{\varepsilon_2}{\varepsilon_1} - \sin^2\theta_i}} \\ \Gamma_{//} = \dfrac{\dfrac{\varepsilon_2}{\varepsilon_1}\cos\theta_i - \sqrt{\dfrac{\varepsilon_2}{\varepsilon_1} - \sin^2\theta_i}}{\dfrac{\varepsilon_2}{\varepsilon_1}\cos\theta_i + \sqrt{\dfrac{\varepsilon_2}{\varepsilon_1} - \sin^2\theta_i}} \end{cases}$$

可见，如果当介质 2 的介电常数大于介质 1 的介电常数，即 $\varepsilon_2 > \varepsilon_1$ 时，无论何种极化波，反射系数和透射系数均为不等于 0 的实数。如果当介质 2 的介电常数小于介质 1 的介电常数，即 $\varepsilon_2 < \varepsilon_1$ 时，则 $\dfrac{\varepsilon_2}{\varepsilon_1} - \sin^2\theta_i \leqslant 0$，即公式中根号内为小于 0 的数，因此该情况下两种极化波的反射系数和透射系数就不是实数，而为虚数。

根据折射定律可以得到 $\sin\theta_t = \sqrt{\dfrac{\varepsilon_1}{\varepsilon_2}}\sin\theta_i$。取极限情形，当 $\dfrac{\varepsilon_2}{\varepsilon_1} - \sin^2\theta_i = 0$ 时，$\sin\theta_t = 1$。此种情况下折射角 $\theta_t = \dfrac{\pi}{2}$，表明折射波完全沿分界面方向传播，没有沿 z 方向传播的功率。根据菲涅尔公式可以得到

$$\Gamma_{\perp} = \Gamma_{//} = 1 \tag{9.4-23}$$

此种现象称为全反射。使电磁波产生全反射时的入射角称为临界角 θ_c，即

$$\theta_c = \arcsin\sqrt{\frac{\varepsilon_2}{\varepsilon_1}} \tag{9.4-24}$$

若入射角大于临界角，即 $\theta_i > \theta_c$，则有

$$\sin\theta_t = \sqrt{\frac{\varepsilon_1}{\varepsilon_2}}\sin\theta_i > 1$$

$$\sqrt{\frac{\varepsilon_2}{\varepsilon_1} - \sin^2\theta_i} = -\mathrm{j}\sqrt{\sin^2\theta_i - \frac{\varepsilon_2}{\varepsilon_1}} = -\mathrm{j}\alpha \tag{9.4-25}$$

为纯虚数。将此式代入菲涅尔公式中可得

$$|\Gamma_{\perp}| = |\Gamma_{//}| = 1 \tag{9.4-26}$$

可见，当入射角大于临界角时，也要发生全反射。

总之，使电磁波产生全反射的条件为：① 电磁波由稠密媒质入射到稀疏媒质中，即 $\varepsilon_1 > \varepsilon_2$；② 电磁波的入射角 θ_i 不小于临界角 θ_c，即 $\theta_i \geqslant \theta_c$。当入射角 θ_i 小于临界角 θ_c 时，电磁波按正常规律传播，如图 9.4-4 所示。

电磁波的全反射

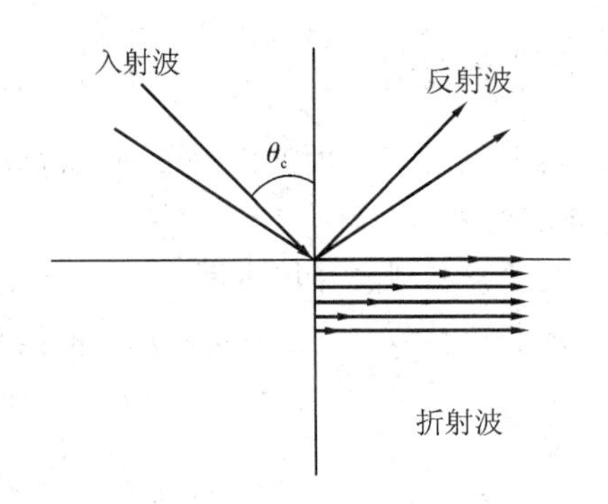

图 9.4-4　全反射现象

由菲涅尔公式可知，由于发生全反射时，透射系数 $\tau_\perp$、$\tau_{//}$ 都不为 0，说明此时媒质 2 中仍然存在透射波。

我们知道，媒质 2 中的透射波电场强度为

$$\boldsymbol{E}_2(r)=\boldsymbol{E}_{\text{tm}}(r)\text{e}^{-\text{j}k_2(x\sin\theta_t+z\cos\theta_t)}=\boldsymbol{E}_{\text{tm}}(r)\text{e}^{-\text{j}k_2 z\cos\theta_t}\text{e}^{-\text{j}k_2 x\sin\theta_t}$$

这里，传播的波数 k_2 可分为沿分界面法向方向 k_{2z} 和切向方向 k_{2x} 两个分量。其中，

$$\begin{cases}k_{2z}=k_2\cos\theta_t\\k_{2x}=k_2\sin\theta_t\end{cases}\tag{9.4-27}$$

由于

$$k_{2z}=k_2\cos\theta_t=k_2\sqrt{1-\sin^2\theta_t}=-\text{j}k_2\sqrt{\left(\frac{\varepsilon_1}{\varepsilon_2}\right)\sin^2\theta_i-1}=-\text{j}\alpha$$

因此媒质 2 中的透射波电场强度为

$$\boldsymbol{E}_2(r)=\boldsymbol{E}_{\text{tm}}(r)\text{e}^{-\text{j}k_2(x\sin\theta_t+z\cos\theta_t)}=\boldsymbol{E}_{\text{tm}}(r)\text{e}^{-\alpha z}\text{e}^{-\text{j}k_{2x}x}\tag{9.4-28}$$

可见，透射波仍然是沿分界面方向传播，但振幅沿垂直于分界面的方向上按指数规律衰减。由于这种波主要存在于分界面附近，因此这种波称为表面波。它的等相位面是 x 为常数的平面，等振幅面是 z 为常数的平面。在等相位面上，波的振幅不均匀，因此此时的透射波又是非均匀平面波。

2. 全透射和布儒斯特角

如果平面波从介质 1 入射到介质 2 时其反射系数等于 0，即 $\Gamma=\Gamma_\perp=\Gamma_{//}=0$。根据能量守恒定理，这种情况下，入射波的电磁功率将全部透射到媒质 2 中，这种现象称为全透射。对于常见的非磁性媒质，$\mu_1\approx\mu_2\approx\mu_0$，产生这种情形需要怎样的条件呢？由于平行极化波与垂直极化波的菲涅尔公式不同，因此，这里也分两种情况进行讨论。

电磁波的全透射

1）平行极化波

根据平行极化波的菲涅尔公式即式(9.4-21)，要使得反射系数 $\Gamma_{//}=0$，则必须有

$$\left(\frac{\varepsilon_2}{\varepsilon_1}\right)\cos\theta_i=\sqrt{\frac{\varepsilon_2}{\varepsilon_1}-\sin^2\theta_i}$$

将上式两边平方后有

$$\left(\frac{\varepsilon_2}{\varepsilon_1}\right)^2\cos^2\theta_i=\frac{\varepsilon_2}{\varepsilon_1}-\sin^2\theta_i$$

整理上式有

$$\left(\frac{\varepsilon_2}{\varepsilon_1}\right)^2=\left(\frac{\varepsilon_2}{\varepsilon_1}\right)\sec^2\theta_i-\tan^2\theta_i=\left(\frac{\varepsilon_2}{\varepsilon_1}\right)(\tan^2\theta_i+1)-\tan^2\theta_i$$

由此可得到

$$\tan\theta_i=\sqrt{\frac{\varepsilon_2}{\varepsilon_1}}$$

如果将使得反射系数 $\Gamma_{//}=0$ 时的入射角用 θ_b 表示，则

$$\theta_b=\arctan\sqrt{\frac{\varepsilon_2}{\varepsilon_1}} \tag{9.4-29}$$

将入射角为 θ_b 的角称为布儒斯特角。可见，只有当入射波以布儒斯特角 θ_b 入射时，平行极化波才会产生全透射现象。

当入射波以布儒斯特角 θ_b 入射时，将式(9.4-29)代入折射定律 $\frac{\sin\theta_t}{\sin\theta_i}=\frac{\sin\theta_t}{\sin\theta_b}=\sqrt{\frac{\varepsilon_1}{\varepsilon_2}}$ 中，可以得到 $\sin^2\theta_t+\cos^2\theta_b=1$，可见，$\theta_t+\theta_b=\pi/2$，即此时的入射波与透射波相互垂直。

2) 垂直极化波

同理，根据垂直极化波的菲涅尔公式即式(9.4-13)，要使反射系数 $\Gamma_\perp=0$，则必须有

$$\cos\theta_i=\sqrt{\frac{\varepsilon_2}{\varepsilon_1}-\sin^2\theta_i}$$

即

$$\varepsilon_2=\varepsilon_1 \tag{9.4-30}$$

可见，只有当 $\varepsilon_2=\varepsilon_1$ 时，才有反射系数 $\Gamma_\perp=0$。而这种情况下两种媒质又是同一种介质，因此垂直极化波不可能发生全透射，或称不可能发生无反射。

我们知道，任意极化的平面波总可以分解为一个平行极化波与一个垂直极化波之和。当一个任意极化的入射波以布儒斯特角向边界斜投射时，由于平行极化波分量产生全透射，也就是说不会被反射。这时的反射波中只有垂直极化波分量存在。这对于实际测量而言实际上起到了一种极化滤波作用。因此，布儒斯特角有时也称为极化角。如采用这种方法可获得具有一定极化特性的偏振光。为了更加容易理解极化波的反射和透射，图 9.4-5 给出了两种极化情况下的反射系数和透射系数示意图。从图上也可更加明显地看出平行极化波可以实现无反射(全透射)，而垂直极化波则不可以实现无反射(全透射)。

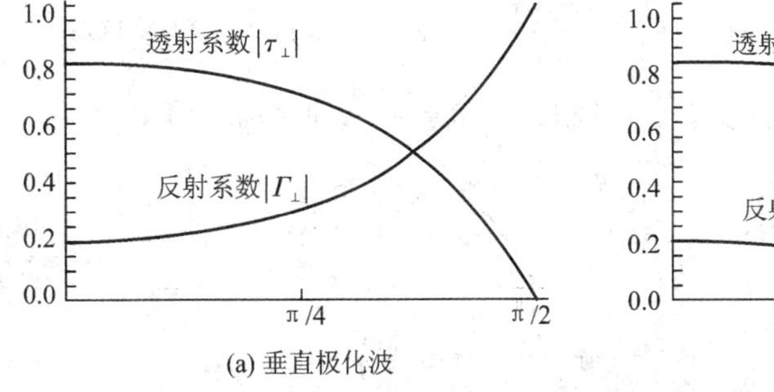

(a) 垂直极化波

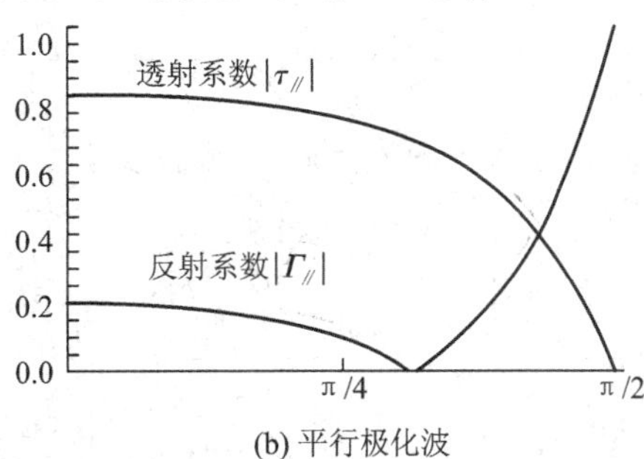

(b) 平行极化波

图 9.4-5　反射系数和透射系数的变化

【例题 9-5】 设在 $z>0$ 区域中理想介质 1 的参数为 $\varepsilon_{r1}=4$，$\mu_{r1}=1$；在 $z<0$ 区域中理想介质 2 的参数为 $\varepsilon_{r2}=9$，$\mu_{r2}=1$。设入射波的电场强度为 $\boldsymbol{E}=(\boldsymbol{e}_x+\boldsymbol{e}_y+\boldsymbol{e}_z\sqrt{3})\mathrm{e}^{-\mathrm{j}6(\sqrt{3}y-z)}$。求：(1) 平面波的频率；(2) 反射角与折射角；(3) 反射波与折射波。

解　我们知道，任意极化的入射波可以分解为垂直极化波与平行极化波两部分之和，即

$$\boldsymbol{E}_\mathrm{i}=\boldsymbol{E}_{\mathrm{i}//}+\boldsymbol{E}_{\mathrm{i}\perp}$$

分析入射波的电场强度为 $\boldsymbol{E}=(\boldsymbol{e}_x+\boldsymbol{e}_y+\boldsymbol{e}_z\sqrt{3})\cdot\mathrm{e}^{-\mathrm{j}6(\sqrt{3}y-z)}$，可知传播常数 $\boldsymbol{k}_1\cdot\boldsymbol{r}=6(\sqrt{3}y-z)$。可见它只与 y、z 有关，说明传播常数在 yOz 平面上，即入射面为 yOz 平面，则电磁强度在 $\boldsymbol{e}_x$ 方向的分量垂直于入射面，而在 $\boldsymbol{e}_y$、$\boldsymbol{e}_z$ 方向的分量平行于入射面，如图 9.4-6 所示。

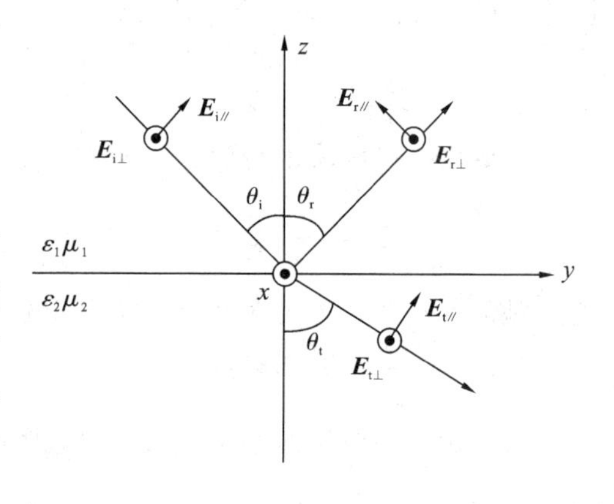

图 9.4-6　例题 9-5 图

由以上分析可得到

$$\begin{cases}\boldsymbol{E}_{\mathrm{i}\perp}=\boldsymbol{e}_x\mathrm{e}^{-\mathrm{j}6(\sqrt{3}y-z)}\\ \boldsymbol{E}_{\mathrm{i}//}=(\boldsymbol{e}_y+\boldsymbol{e}_z\sqrt{3})\mathrm{e}^{-\mathrm{j}6(\sqrt{3}y-z)}\end{cases}$$

(1) 若用 $\boldsymbol{e}_\mathrm{i}$、$\boldsymbol{e}_\mathrm{r}$、$\boldsymbol{e}_\mathrm{t}$ 分别表示入射波、反射波和折射波的方向单位矢量，用 $\boldsymbol{e}_x$、$\boldsymbol{e}_y$、$\boldsymbol{e}_z$ 表示直角坐标系中三个分量的单位矢量，则有

$$\begin{cases}\boldsymbol{e}_\mathrm{i}=\boldsymbol{e}_y\sin\theta_\mathrm{i}-\boldsymbol{e}_z\cos\theta_\mathrm{i}\\ \boldsymbol{e}_\mathrm{r}=\boldsymbol{e}_y\sin\theta_\mathrm{r}+\boldsymbol{e}_z\cos\theta_\mathrm{r}\\ \boldsymbol{e}_\mathrm{t}=\boldsymbol{e}_y\sin\theta_\mathrm{t}-\boldsymbol{e}_z\cos\theta_\mathrm{t}\end{cases}$$

所以 $\boldsymbol{k}_1\cdot\boldsymbol{r}=k_1(y\sin\theta_\mathrm{i}-z\cos\theta_\mathrm{i})=6(\sqrt{3}y-z)$。由于 y、z 皆为任意数，因此必须有

$$\begin{cases}k_1\sin\theta_\mathrm{i}=6\sqrt{3}\\ k_1\cos\theta_\mathrm{i}=6\end{cases}$$

解上式可以得到

$$k_1=12,\ \theta_\mathrm{i}=\frac{\pi}{3}$$

因为相速度 $v=\dfrac{\omega}{k}=\dfrac{2\pi f}{k}=\dfrac{1}{\sqrt{\varepsilon_1\mu_1}}$，则在媒质 1 中传播的平面波的频率 f 为

$$f=\frac{k}{2\pi\sqrt{\varepsilon_1\mu_1}}=\frac{12c}{2\pi\sqrt{\varepsilon_{r1}\mu_{r1}}}=\frac{12\times3\times10^8}{2\pi\sqrt{4}}=2.87\times10^8\ \mathrm{Hz}=287\ \mathrm{MHz}$$

(2) 由于入射角 $\theta_\mathrm{i}=\pi/3$，根据反射定律则有 $\theta_\mathrm{r}=\theta_\mathrm{i}=\pi/3$。根据折射定律

$$\frac{\sin\theta_\mathrm{t}}{\sin\theta_\mathrm{i}}=\frac{k_1}{k_2}=\frac{\omega\sqrt{\varepsilon_1\mu_1}}{\omega\sqrt{\varepsilon_2\mu_2}}=\frac{\sqrt{\varepsilon_{r1}\mu_{r1}}}{\sqrt{\varepsilon_{r2}\mu_{r2}}}=\frac{\sqrt{4}}{\sqrt{9}}=\frac{2}{3}$$

则折射角为

$$\theta_\mathrm{t}=\arcsin\left(\frac{2}{3}\sin\theta_\mathrm{i}\right)=\arcsin\left(\frac{2}{3}\sin\frac{\pi}{3}\right)=35.3^\circ$$

(3) 由于 $\mu_1=\mu_2=\mu_0$，根据垂直极化波和水平极化波的反射和透射公式，可以得到各自的反射系数和透射系数分别为

$$\begin{cases} \Gamma_{\perp}=\dfrac{\cos\theta_i-\sqrt{\dfrac{\varepsilon_2}{\varepsilon_1}-\sin^2\theta_i}}{\cos\theta_i+\sqrt{\dfrac{\varepsilon_2}{\varepsilon_1}-\sin^2\theta_i}}=-0.420 \\ \tau_{\perp}=\dfrac{2\cos\theta_i}{\cos\theta_i+\sqrt{\dfrac{\varepsilon_2}{\varepsilon_1}-\sin^2\theta_i}}=0.580 \end{cases}$$

$$\begin{cases} \Gamma_{//}=\dfrac{\left(\dfrac{\varepsilon_2}{\varepsilon_1}\right)\cos\theta_i-\sqrt{\dfrac{\varepsilon_2}{\varepsilon_1}-\sin^2\theta_i}}{\left(\dfrac{\varepsilon_2}{\varepsilon_1}\right)\cos\theta_i+\sqrt{\dfrac{\varepsilon_2}{\varepsilon_1}-\sin^2\theta_i}}=0.0425 \\ \tau_{//}=\dfrac{2\sqrt{\dfrac{\varepsilon_2}{\varepsilon_1}}\cos\theta_i}{\left(\dfrac{\varepsilon_2}{\varepsilon_1}\right)\cos\theta_i+\sqrt{\dfrac{\varepsilon_2}{\varepsilon_1}-\sin^2\theta_i}}=0.638 \end{cases}$$

因此，反射波的电场强度为

$$\boldsymbol{E}_r=\boldsymbol{E}_{r//}+\boldsymbol{E}_{r\perp}$$

其中

$$\begin{cases} \boldsymbol{E}_{r\perp}=-0.420\boldsymbol{e}_x e^{-j6(\sqrt{3}y-z)} \\ \boldsymbol{E}_{i//}=0.0425(-\boldsymbol{e}_y+\boldsymbol{e}_z\sqrt{3})e^{-j6(\sqrt{3}y-z)} \end{cases}$$

由于 $k_2=\omega\sqrt{\varepsilon_2\mu_2}=\dfrac{2\pi f}{c}\sqrt{\varepsilon_{r2}\mu_{r2}}=\dfrac{2\pi\times 2.87\times 10^8}{3\times 10^8}\sqrt{9}=18$，则折射波的电场强度为

$$\boldsymbol{E}_t=\boldsymbol{E}_{t//}+\boldsymbol{E}_{t\perp}$$

其中

$$\begin{cases} \boldsymbol{E}_{t\perp}=0.580\boldsymbol{e}_x e^{-j18\left(\frac{y}{\sqrt{3}}-\sqrt{\frac{2}{3}}z\right)} \\ \boldsymbol{E}_{t//}=0.638\left(\boldsymbol{e}_y\sqrt{\dfrac{8}{3}}+\boldsymbol{e}_z\sqrt{\dfrac{4}{3}}\right)e^{-j18\left(\frac{y}{\sqrt{3}}-\sqrt{\frac{2}{3}}z\right)} \end{cases}$$

9.5　平面波对理想导体平面的斜入射

由于极化的特性不同，均匀平面波斜入射到理想导体时同样可分为垂直极化波和平行极化波两种情况。假定媒质 1 为理想介质，参数为(ε, μ)，电导率 $\sigma_1=0$，媒质 2 为理想导电体，电导率 $\sigma_2=\infty$。其分界面为 $z=0$ 的无限大平面。电磁波从介质 1 斜入射到分界面。

9.5.1　垂直极化波对理想导体平面的斜入射

我们知道，理想导体中的波阻抗 $\eta_2=0$。根据垂直极化波的菲涅尔公式即式(9.4-12)可以得到

$$\begin{cases} \Gamma_{\perp}=-1 \\ \tau_{\perp}=0 \end{cases} \tag{9.5-1}$$

它表明，当垂直极化平面波向理想导体表面斜投射时，无论入射角如何，均会发生全反射。

也就是说由于电磁波无法进入理想导体内部，入射波必然被全部反射。但反射波的电场与入射波的电场的相位相反，振幅相等，如图 9.5－1 所示。

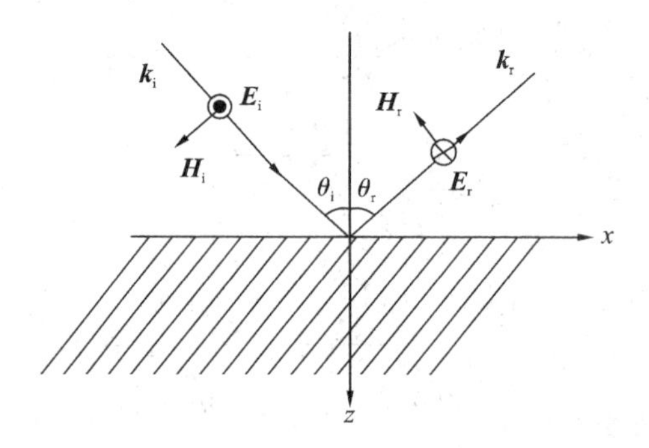

图 9.5－1　垂直极化波对理想导体的斜入射

假设入射平面为 xOz 平面，入射波和反射波的方向单位矢量分别为 $\boldsymbol{e}_{\rm i}$、$\boldsymbol{e}_{\rm r}$。根据前面的分析知，$\boldsymbol{e}_{\rm i}=\boldsymbol{e}_x\sin\theta_{\rm i}+\boldsymbol{e}_z\cos\theta_{\rm i}$，$\boldsymbol{e}_{\rm r}=\boldsymbol{e}_x\sin\theta_{\rm r}-\boldsymbol{e}_z\cos\theta_{\rm r}$。由于入射波为垂直极化波，则电场矢量只有垂直于入射面的 y 分量。由电场矢量的边界条件可知，反射波的电场也只有 y 分量。根据坡印廷矢量 $\boldsymbol{S}=\boldsymbol{E}\times\boldsymbol{H}$ 可知，磁场矢量只有 x、z 两个分量。

入射波的电磁场为

$$\begin{cases} E_{\rm iy}(r)=\boldsymbol{e}_y E_{\rm m}{\rm e}^{-{\rm j}\boldsymbol{k}_{\rm i}\cdot\boldsymbol{r}}=\boldsymbol{e}_y E_{\rm m}{\rm e}^{-{\rm j}k(x\sin\theta_{\rm i}+z\cos\theta_{\rm i})} \\ H_{\rm ix}(r)=-\boldsymbol{e}_x\dfrac{E_{\rm m}}{\eta}\cos\theta_{\rm i}{\rm e}^{-{\rm j}\boldsymbol{k}_{\rm i}\cdot\boldsymbol{r}}=-\boldsymbol{e}_x\dfrac{E_{\rm im}}{\eta}\cos\theta_{\rm i}{\rm e}^{-{\rm j}k(x\sin\theta_{\rm i}+z\cos\theta_{\rm i})} \\ H_{\rm iz}(r)=\boldsymbol{e}_z\dfrac{E_{\rm m}}{\eta}\sin\theta_{\rm i}{\rm e}^{-{\rm j}\boldsymbol{k}_{\rm i}\cdot\boldsymbol{r}}=\boldsymbol{e}_z\dfrac{E_{\rm im}}{\eta}\sin\theta_{\rm i}{\rm e}^{-{\rm j}k(x\sin\theta_{\rm i}+z\cos\theta_{\rm i})} \end{cases} \tag{9.5-2}$$

由于垂直极化波的反射系数为 $\Gamma_\perp=-1$，根据反射定律，$\theta_{\rm i}=\theta_{\rm r}$，则反射波电磁场为

$$\begin{cases} E_{\rm ry}(r)=\Gamma_\perp\ \boldsymbol{e}_y E_{\rm m}{\rm e}^{-{\rm j}\boldsymbol{k}_{\rm r}\cdot\boldsymbol{r}}=-\boldsymbol{e}_y E_{\rm m}{\rm e}^{-{\rm j}k(x\sin\theta_{\rm i}-z\cos\theta_{\rm i})} \\ H_{\rm rx}(r)=\Gamma_\perp\ \boldsymbol{e}_x\dfrac{E_{\rm m}}{\eta}\cos\theta_{\rm r}{\rm e}^{-{\rm j}\boldsymbol{k}_{\rm r}\cdot\boldsymbol{r}}=-\boldsymbol{e}_x\dfrac{E_{\rm m}}{\eta}\cos\theta_{\rm i}{\rm e}^{-{\rm j}k(x\sin\theta_{\rm i}-z\cos\theta_{\rm i})} \\ H_{\rm rz}(r)=\Gamma_\perp\ \boldsymbol{e}_z\dfrac{E_{\rm m}}{\eta}\sin\theta_{\rm r}{\rm e}^{-{\rm j}\boldsymbol{k}_{\rm r}\cdot\boldsymbol{r}}=-\boldsymbol{e}_z\dfrac{E_{\rm m}}{\eta}\sin\theta_{\rm i}{\rm e}^{-{\rm j}k(x\sin\theta_{\rm i}-z\cos\theta_{\rm i})} \end{cases} \tag{9.5-3}$$

这样，合成波电磁场为

$$\begin{cases} E_y(r)=\boldsymbol{e}_y E_{\rm m}({\rm e}^{-{\rm j}kz\cos\theta_{\rm i}}-{\rm e}^{{\rm j}kz\cos\theta_{\rm i}}){\rm e}^{-{\rm j}kx\sin\theta_{\rm i}} \\ \qquad\quad =-\boldsymbol{e}_y{\rm j}2E_{\rm m}\sin(kz\cos\theta_{\rm i}){\rm e}^{-{\rm j}kx\sin\theta_{\rm i}} \\ H_x(r)=-\boldsymbol{e}_x\dfrac{E_{\rm m}}{\eta}\cos\theta_{\rm i}({\rm e}^{-{\rm j}kz\cos\theta_{\rm i}}+{\rm e}^{{\rm j}kz\cos\theta_{\rm i}}){\rm e}^{-{\rm j}kx\sin\theta_{\rm i}} \\ \qquad\quad =-\boldsymbol{e}_x\dfrac{2E_{\rm m}}{\eta}\cos\theta_{\rm i}\cos(kz\cos\theta_{\rm i}){\rm e}^{-{\rm j}kx\sin\theta_{\rm i}} \\ H_z(r)=\boldsymbol{e}_z\dfrac{E_{\rm m}}{\eta}\sin\theta_{\rm i}({\rm e}^{-{\rm j}kz\cos\theta_{\rm i}}-{\rm e}^{{\rm j}kz\cos\theta_{\rm i}}){\rm e}^{-{\rm j}kx\sin\theta_{\rm i}} \\ \qquad\quad =-\boldsymbol{e}_z{\rm j}\dfrac{2E_{\rm m}}{\eta}\sin\theta_{\rm i}\sin(kz\cos\theta_{\rm i}){\rm e}^{-{\rm j}kx\sin\theta_{\rm i}} \end{cases} \tag{9.5-4}$$

可见，垂直极化波斜入射到理想导体平面时，合成波的相位随 x 变化，而振幅与 z 有关。振幅沿 z 方向成驻波分布，合成波为沿 x 方向传播的非均匀平面波。但是电场强度只有垂

直于传播方向的 y 分量，而磁场则存在 x 分量，因此，这种合成场称为横电波或 TE 波。

由于 E_y 及 H_z 的振幅沿 z 方向按正弦函数分布，而 H_x 的振幅沿 z 方向按余弦分布，因此，在 $z=-\dfrac{n\lambda}{2\cos\theta_i}$ 处，合成波 $E_y=0$。如果在此处放置一块无限大的理想导电平面，由于 $E_y=0$，该导电平面不会破坏原来的场分布。这表明，在两块相互平行的无限大的理想导电平面之间可以传播 TE 波。如果再放置两块理想导电平面垂直于 y 轴，由于电场分量与该表面垂直，因此也符合边界条件。这样，在四块理想导电平板形成的矩形空心金属管中可以存在 TE 波。

合成波平行于分界面方向（x 方向）传播的速度为

$$v_{px}=\frac{\omega}{k_x}=\frac{v_p}{\sin\theta_i} \tag{9.5-5}$$

合成波的平均能流密度矢量为

$$\begin{aligned}\boldsymbol{S}_{av}&=\frac{1}{2}\mathrm{Re}[\boldsymbol{E}(r)\times\boldsymbol{H}^*(r)]=\frac{1}{2}\mathrm{Re}[\boldsymbol{e}_xE_y(r)H_z^*(r)-\boldsymbol{e}_zE_y(r)H_x^*(r)]\\&=\boldsymbol{e}_x\frac{4E_m^2}{\eta}\sin\theta_i\sin^2(kz\cos\theta_i)\end{aligned} \tag{9.5-6}$$

理想导电平面（$z=0$ 平面）上的表面电流 $\boldsymbol{J}_S$ 为

$$\begin{aligned}\boldsymbol{J}_S&=\boldsymbol{e}_n\times\boldsymbol{H}(r)=(-\boldsymbol{e}_z)\times H_x(r)\big|_{z=0}\\&=(-\boldsymbol{e}_z)\times\left[-\boldsymbol{e}_x\frac{2E_m}{\eta}\cos\theta_i\cos(kz\cos\theta_i)\mathrm{e}^{-\mathrm{j}kx\sin\theta_i}\right]_{z=0}\\&=\boldsymbol{e}_y\frac{2E_m}{\eta}\cos\theta_i\mathrm{e}^{-\mathrm{j}kx\sin\theta_i}\end{aligned} \tag{9.5-7}$$

9.5.2 平行极化波对理想导体平面的斜入射

我们知道，理想导体中的波阻抗 $\eta_2=0$，根据平行极化波的菲涅尔公式即式（9.4-20）可以得到

$$\begin{cases}\Gamma_{//}=1\\\tau_{//}=0\end{cases} \tag{9.5-8}$$

它表明，当平行极化平面波向理想导体表面斜投射时，无论入射角如何，均会发生全反射。也就是说由于电磁波无法进入理想导体内部，入射波必然被全部反射。但反射波的电场与入射波的电场的相位相同，振幅相等，如图 9.5-2 所示。

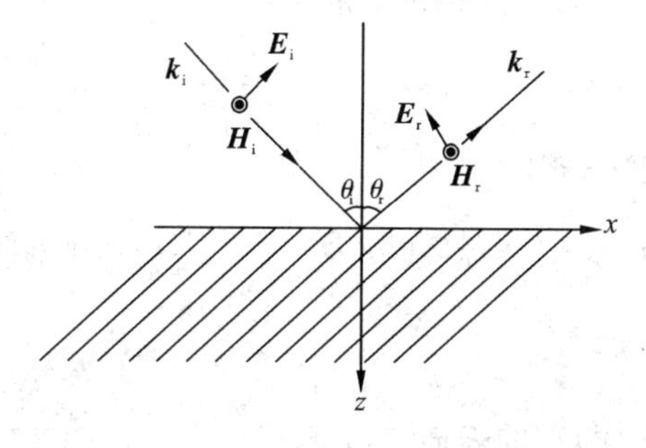

图 9.5-2　平行极化波对理想导体的斜入射

假设入射平面为 xOz 平面，入射波和反射波的方向单位矢量分别为 $\boldsymbol{e}_\mathrm{i}=\boldsymbol{e}_x\sin\theta_\mathrm{i}+\boldsymbol{e}_z\cos\theta_\mathrm{i}$，$\boldsymbol{e}_\mathrm{r}=\boldsymbol{e}_x\sin\theta_\mathrm{r}-\boldsymbol{e}_z\cos\theta_\mathrm{r}$。由于入射波为平行极化波，则磁场矢量只有垂直于入射面的 y 分量。根据磁场矢量的边界条件可知，反射波的磁场也只有 y 分量。根据坡印廷矢量 $\boldsymbol{S}=\boldsymbol{E}\times\boldsymbol{H}$ 可知，电场矢量只有 x、z 两个分量。

入射波的电磁场为

$$\begin{cases}H_{\mathrm{i}y}(r)=\boldsymbol{e}_y\dfrac{E_\mathrm{m}}{\eta}\mathrm{e}^{-\mathrm{j}\boldsymbol{k}_\mathrm{i}\cdot\boldsymbol{r}}=\boldsymbol{e}_y\dfrac{E_\mathrm{m}}{\eta}\mathrm{e}^{-\mathrm{j}k(x\sin\theta_\mathrm{i}+z\cos\theta_\mathrm{i})}\\E_{\mathrm{i}x}(r)=\boldsymbol{e}_xE_\mathrm{m}\cos\theta_\mathrm{i}\mathrm{e}^{-\mathrm{j}\boldsymbol{k}_\mathrm{i}\cdot\boldsymbol{r}}=\boldsymbol{e}_xE_\mathrm{m}\cos\theta_\mathrm{i}\mathrm{e}^{-\mathrm{j}k(x\sin\theta_\mathrm{i}+z\cos\theta_\mathrm{i})}\\E_{\mathrm{i}z}(r)=-\boldsymbol{e}_zE_\mathrm{m}\sin\theta_\mathrm{i}\mathrm{e}^{-\mathrm{j}\boldsymbol{k}_\mathrm{i}\cdot\boldsymbol{r}}=-\boldsymbol{e}_zE_\mathrm{m}\sin\theta_\mathrm{i}\mathrm{e}^{-\mathrm{j}k(x\sin\theta_\mathrm{i}+z\cos\theta_\mathrm{i})}\end{cases}\tag{9.5-9}$$

由于平行极化波的反射系数为 $\Gamma_{//}=1$，根据反射定律，反射波电磁场为

$$\begin{cases}H_{\mathrm{r}y}(r)=\Gamma_{//}\boldsymbol{e}_y\dfrac{E_\mathrm{m}}{\eta}\mathrm{e}^{-\mathrm{j}\boldsymbol{k}_\mathrm{r}\cdot\boldsymbol{r}}=\boldsymbol{e}_y\dfrac{E_\mathrm{m}}{\eta}\mathrm{e}^{-\mathrm{j}k(x\sin\theta_\mathrm{i}-z\cos\theta_\mathrm{i})}\\E_{\mathrm{r}x}(r)=-\Gamma_{//}\boldsymbol{e}_xE_\mathrm{m}\cos\theta_\mathrm{r}\mathrm{e}^{-\mathrm{j}\boldsymbol{k}_\mathrm{r}\cdot\boldsymbol{r}}=-\boldsymbol{e}_xE_\mathrm{m}\cos\theta_\mathrm{i}\mathrm{e}^{-\mathrm{j}k(x\sin\theta_\mathrm{i}-z\cos\theta_\mathrm{i})}\\E_{\mathrm{r}z}(r)=-\Gamma_{//}\boldsymbol{e}_zE_\mathrm{m}\sin\theta_\mathrm{r}\mathrm{e}^{-\mathrm{j}\boldsymbol{k}_\mathrm{r}\cdot\boldsymbol{r}}=-\boldsymbol{e}_zE_\mathrm{m}\sin\theta_\mathrm{i}\mathrm{e}^{-\mathrm{j}k(x\sin\theta_\mathrm{i}-z\cos\theta_\mathrm{i})}\end{cases}\tag{9.5-10}$$

这样，合成波电磁场为

$$\begin{cases}H_y(r)=\boldsymbol{e}_y\dfrac{E_\mathrm{m}}{\eta}(\mathrm{e}^{-\mathrm{j}kz\cos\theta_\mathrm{i}}+\mathrm{e}^{\mathrm{j}kz\cos\theta_\mathrm{i}})\mathrm{e}^{-\mathrm{j}kx\sin\theta_\mathrm{i}}=\boldsymbol{e}_y2\dfrac{E_\mathrm{m}}{\eta}\cos(kz\cos\theta_\mathrm{i})\mathrm{e}^{-\mathrm{j}kx\sin\theta_\mathrm{i}}\\E_x(r)=\boldsymbol{e}_xE_\mathrm{m}\cos\theta_\mathrm{i}(\mathrm{e}^{-\mathrm{j}kz\cos\theta_\mathrm{i}}-\mathrm{e}^{\mathrm{j}kz\cos\theta_\mathrm{i}})\mathrm{e}^{-\mathrm{j}kx\sin\theta_\mathrm{i}}\\\qquad=-\boldsymbol{e}_x\mathrm{j}2E_\mathrm{m}\cos\theta_\mathrm{i}\sin(kz\cos\theta_\mathrm{i})\mathrm{e}^{-\mathrm{j}kx\sin\theta_\mathrm{i}}\\E_z(r)=-\boldsymbol{e}_zE_\mathrm{m}\sin\theta_\mathrm{i}(\mathrm{e}^{-\mathrm{j}kz\cos\theta_\mathrm{i}}+\mathrm{e}^{\mathrm{j}kz\cos\theta_\mathrm{i}})\mathrm{e}^{-\mathrm{j}kx\sin\theta_\mathrm{i}}\\\qquad=-\boldsymbol{e}_zE_\mathrm{m}\sin\theta_\mathrm{i}\cos(kz\cos\theta_\mathrm{i})\mathrm{e}^{-\mathrm{j}kx\sin\theta_\mathrm{i}}\end{cases}\tag{9.5-11}$$

可见，平行极化波斜入射到理想导体平面时，合成波的相位随 x 变化，而振幅与 z 有关。振幅沿 z 方向成驻波分布，合成波为沿 x 方向传播的非均匀平面波。但是磁场强度只有垂直于传播方向的 y 分量，而电场则存在 x 分量，因此，这种合成场称为横磁波或 TM 波。

由于 H_y 及 E_z 的振幅沿 z 方向按余弦函数分布，而 E_x 的振幅沿 z 方向按正弦分布，因此，在 $z=-\dfrac{n\lambda}{2\cos\theta_\mathrm{i}}$ 处，合成波 $E_x=0$。如果在此处放置一块无限大的理想导电平面，由于 $E_x=0$，该导电平面不会破坏原来的场分布。这表明，在两块相互平行的无限大的理想导电平面之间可以传播 TM 波。

合成波平行于分界面方向（x 方向）传播的速度为

$$v_{\mathrm{p}x}=\frac{\omega}{k_x}=\frac{v_\mathrm{p}}{\sin\theta_\mathrm{i}}\tag{9.5-12}$$

合成波的平均能流密度矢量为

$$\begin{aligned}\boldsymbol{S}_\mathrm{av}&=\frac{1}{2}\mathrm{Re}[\boldsymbol{E}(r)\times\boldsymbol{H}^*(r)]=\frac{1}{2}\mathrm{Re}[\boldsymbol{e}_zE_x(r)H_y^*(r)-\boldsymbol{e}_xE_z(r)H_y^*(r)]\\&=\boldsymbol{e}_x\frac{4E_\mathrm{m}^2}{\eta}\sin\theta_\mathrm{i}\cos^2(kz\cos\theta_\mathrm{i})\end{aligned}\tag{9.5-13}$$

理想导电平面（$z=0$ 平面）上的表面电流 $\boldsymbol{J}_\mathrm{S}$ 为

$$\begin{aligned} \boldsymbol{J}_S &= \boldsymbol{e}_n \times \boldsymbol{H}(r) = (-\boldsymbol{e}_z) \times H_y(r) \big|_{z=0} \\ &= (-\boldsymbol{e}_z) \times \left[\boldsymbol{e}_y 2\frac{E_m}{\eta} \cos(kz\cos\theta_i) e^{-jkx\sin\theta_i} \right]_{z=0} \\ &= \boldsymbol{e}_x \frac{2E_m}{\eta} e^{-jkx\sin\theta_i} \end{aligned} \tag{9.5-14}$$

理想导电平面($z=0$ 平面)上的电荷密度 ρ_S 为

$$\begin{aligned} \rho_S &= \boldsymbol{e}_n \cdot \boldsymbol{D}(r) = \varepsilon(-\boldsymbol{e}_z) \cdot E_z(r) \big|_{z=0} \\ &= \varepsilon(-\boldsymbol{e}_z) \cdot [-\boldsymbol{e}_z E_m \sin\theta_i \cos(kz\cos\theta_i) e^{-jkx\sin\theta_i}]_{z=0} \\ &= \varepsilon E_m \sin\theta_i e^{-jkx\sin\theta_i} \end{aligned} \tag{9.5-15}$$

【例题 9-6】 有一正弦均匀电磁波由空气斜入射到位于理想导体的平面上，其电场强度的复数形式为 $\boldsymbol{E}_i(r)=\boldsymbol{e}_y 10e^{-j(6x+8z)}$ (V/m)。求：(1) 入射波的频率与波长；(2) 入射波电磁场与磁场的瞬时表达式；(3) 入射角；(4) 空气中的总电场与磁场的复数表达式；(5) 理想导体面上的感应电流密度。

解 (1) 由于已知电场强度的复数形式为 $E_i(r)=\boldsymbol{e}_y 10e^{-j(6x+8z)}$ (V/m)，则入射波的传播常数(波矢量)为 $\boldsymbol{k}_i=\boldsymbol{e}_x 6+\boldsymbol{e}_z 8$，因此有

$$k_i = \sqrt{6^2+8^2} = 10 \text{ rad/m}$$

这样，入射波的波长为

$$\lambda = \frac{2\pi}{k_i} = \frac{2\pi}{10} = 0.628 \text{ m}$$

入射波的频率为

$$f = \frac{c}{\lambda} = \frac{3\times10^8}{0.628} = 4.78\times10^8 \text{ Hz}$$

(2) 由于角频率 $\omega=2\pi f=2\pi\times4.78\times10^8=3\times10^9$ rad/s，因此入射波的瞬时电场为

$$\begin{aligned} \boldsymbol{E}_i(r,t) &= \text{Re}[\boldsymbol{E}_i(r)e^{j\omega t}] = \text{Re}[\boldsymbol{e}_y 10e^{-j(6x+8z)}e^{j\omega t}] \\ &= \boldsymbol{e}_y 10\cos(\omega t-6x-8z) \\ &= \boldsymbol{e}_y 10\cos(3\times10^9 t-6x-8z) \text{ (V/m)} \end{aligned}$$

由于单位波矢量为 $\boldsymbol{e}_i=\dfrac{\boldsymbol{k}_i}{k_i}=\dfrac{\boldsymbol{e}_x 6+\boldsymbol{e}_z 8}{10}=\boldsymbol{e}_x 0.6+\boldsymbol{e}_z 0.8$，因此入射波的瞬时磁场为

$$\begin{aligned} \boldsymbol{H}_i(r,t) &= \frac{1}{\eta_0}\boldsymbol{e}_i\times\boldsymbol{E}_i(r,t) = \frac{1}{120\pi}(\boldsymbol{e}_x 0.6+\boldsymbol{e}_z 0.8)\times\boldsymbol{e}_y 10\cos(3\times10^9 t-6x-8z) \\ &= \frac{1}{120\pi}(-\boldsymbol{e}_x 8+\boldsymbol{e}_z 6)\cos(3\times10^9 t-6x-8z) \text{ (A/m)} \end{aligned}$$

它的复数形式为

$$\boldsymbol{H}_i(r) = \frac{1}{120\pi}(-\boldsymbol{e}_x 8+\boldsymbol{e}_z 6)e^{-j(6x+8z)} \text{ (A/m)}$$

(3) 由于 $k_{ix}=k_i\sin\theta_i=10\sin\theta_i=6$，因此

$$\theta_i = \theta_r = \arcsin 0.6 = 36.9^\circ$$

(4) 由于反射波的单位矢量为 $\boldsymbol{e}_r=\boldsymbol{e}_x\sin\theta_r-\boldsymbol{e}_z\cos\theta_r=\boldsymbol{e}_x\sin\theta_i-\boldsymbol{e}_z\cos\theta_i=\boldsymbol{e}_x 0.6-\boldsymbol{e}_z 0.8$，而入射波电场为垂直极化波(只有 y 分量)，且 $\Gamma_\perp=-1$，又因为 $k_r=k_i=10$ rad/m，所以反射波的电场为

$$\boldsymbol{E}_{\mathrm{r}}(r)=-\boldsymbol{e}_y 10\mathrm{e}^{-\mathrm{j}(6x-8z)}\ (\mathrm{V/m})$$

与它相伴的磁场为

$$\boldsymbol{H}_{\mathrm{r}}(r)=\frac{1}{\eta_0}\boldsymbol{e}_{\mathrm{r}}\times\boldsymbol{E}_{\mathrm{r}}(r)=\frac{1}{120\pi}(\boldsymbol{e}_x 0.6-\boldsymbol{e}_z 0.8)\times(-\boldsymbol{e}_y 10\mathrm{e}^{-\mathrm{j}(6x-8z)})$$

$$=\frac{1}{120\pi}(-\boldsymbol{e}_x 8-\boldsymbol{e}_z 6)\mathrm{e}^{-\mathrm{j}(6x-8z)}\ (\mathrm{A/m})$$

则总电场为

$$\boldsymbol{E}_1(r)=\boldsymbol{E}_{\mathrm{i}}(r)+\boldsymbol{E}_{\mathrm{r}}(r)=\boldsymbol{e}_y 10(\mathrm{e}^{-\mathrm{j}(6x+8z)}-\mathrm{e}^{-\mathrm{j}(6x-8z)})=-\boldsymbol{e}_y\mathrm{j}20\sin 8z\,\mathrm{e}^{-\mathrm{j}6x}\ (\mathrm{V/m})$$

总磁场为

$$\boldsymbol{H}_1(r)=\boldsymbol{H}_{\mathrm{i}}(r)+\boldsymbol{H}_{\mathrm{r}}(r)=\frac{1}{120\pi}(-\boldsymbol{e}_x 8+\boldsymbol{e}_z 6)\mathrm{e}^{-\mathrm{j}(6x+8z)}+\frac{1}{120\pi}(-\boldsymbol{e}_x 8-\boldsymbol{e}_z 6)\mathrm{e}^{-\mathrm{j}(6x-8z)}$$

$$=-\frac{1}{120\pi}\{[\boldsymbol{e}_x 8\mathrm{e}^{-\mathrm{j}6x}(\mathrm{e}^{-\mathrm{j}8z}+\mathrm{e}^{\mathrm{j}8z})]+[\boldsymbol{e}_x 6\mathrm{e}^{-\mathrm{j}6x}(\mathrm{e}^{\mathrm{j}8z}-\mathrm{e}^{-\mathrm{j}8z})]\}$$

$$=-\frac{1}{120\pi}\{\boldsymbol{e}_x 16\cos(8z)+\boldsymbol{e}_z\mathrm{j}12\sin(8z)\}\mathrm{e}^{-\mathrm{j}6x}\ (\mathrm{A/m})$$

(5) 导体上的感应电流密度为

$$\boldsymbol{J}=\boldsymbol{e}_{\mathrm{n}}\times\boldsymbol{H}_1(r)\big|_{z=0}=(-\boldsymbol{e}_z)\times\left\{-\frac{1}{120\pi}\{\boldsymbol{e}_x 16\cos(8z)+\boldsymbol{e}_z\mathrm{j}12\sin(8z)\}\mathrm{e}^{-\mathrm{j}6x}\right\}\Bigg|_{z=0}$$

$$=\boldsymbol{e}_y\frac{2}{15\pi}\mathrm{e}^{-\mathrm{j}6x}$$

9.6 典型应用

9.6.1 电波折射误差修正

作为探测目标主要手段之一的雷达已在各行各业得到了广泛的应用，尤其在军事领域，各种体制的雷达已成为现代战争中不可或缺的探测设备之一。雷达探测目标的机理是由发射机发射电波到目标，电波经目标散射后回到接收机，接收机根据回波的信息获得目标有关信息，如距离、俯仰角、方位角和径向速度等。

一般雷达发射和接收的电波信道都是空中大气，由于空中大气是折射率不等于1的不均匀媒质，依据折射定理，电波传播的射线必定会产生折射效应，从而使得电波射线产生弯曲、传播速度小于光速、多普勒频率不正比于目标的径向速度，最终导致雷达在对目标的定位和测速中产生折射误差。为了提高雷达对目标的精确定位与测速，高精度的雷达系统必须进行折射误差修正。

由于大气折射率的水平方向变化比垂直高度变化小1～3个数量级，因此可将大气折射率认为在水平方向上是均匀的，雷达的电波在方位上的折射误差很小，完全可以不加考虑，这里只考虑俯仰角、距离和距离变化率测元的电波折射误差修正。

设目标为 T，雷达测量站为 O，地心为 C，测量站 O 点的海拔高度为 h_0，目标的海拔高度为 h_T，OC 与 TC 的夹角为 φ，称为目标的地心张角(rad)，地球平均半径为 $a=6370$ km。雷达测得的视在仰角、视在距离和视在距离变化率分别为 θ_0、R_{e} 和 $\dot{R}_{\mathrm{e}}$，真实仰角、真实距离和真实距离变化率分别为 α_0、R_0、$\dot{R}_0$，如图9.6-1所示。

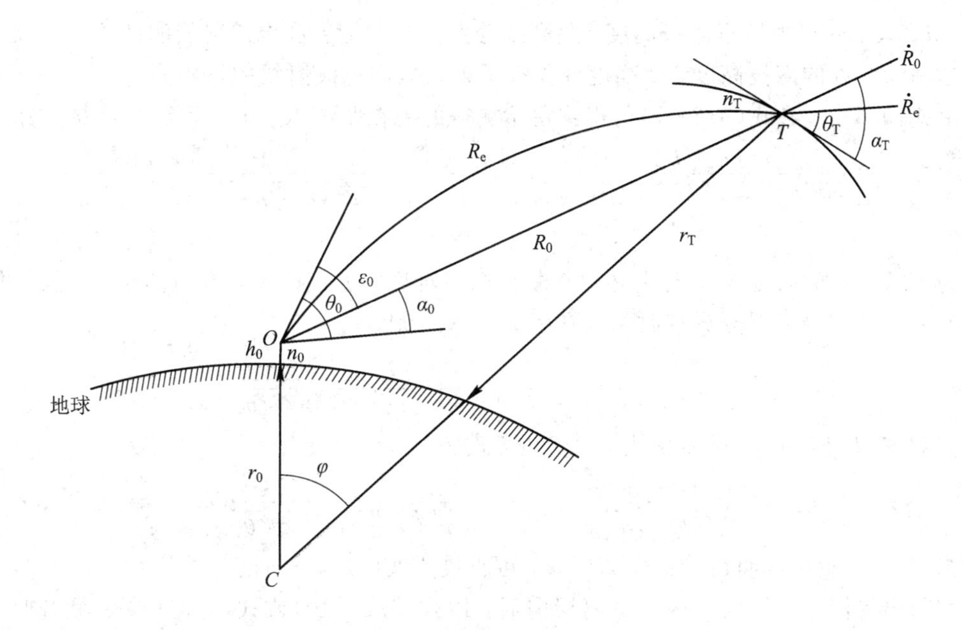

图 9.6-1　电波折射示意图

设雷达电波射线从发射天线中心到目标 T 传播的时间为 t

$$t = t_1 + t_2 \tag{9.6-1}$$

式中 t_1、t_2 分别为电波在对流层大气和电离层中的传播时间。

假设电波在对流层大气和电离层中经过的路径分别为 R_{g1} 和 R_{g2}，则雷达电波射线经过的整个路径为 R_g，即

$$R_g = R_{g1} + R_{g2} \tag{9.6-2}$$

从电波传播理论可知，电波在低层大气中的传播速度为 c/n，在电离层中的传播速度为 nc，则从式(9.6-1)和式(9.6-2)的物理意义可以得到

$$\left.\begin{aligned} t_1 &= \int_{R_{g1}} \frac{dR_g}{\dfrac{c}{n}} = \int_{h_0}^{h_i} \frac{n}{c}\csc\theta \mathrm{d}h \\ t_2 &= \int_{R_{g2}} \frac{\mathrm{d}R_g}{nc} = \int_{h_i}^{h_T} \frac{\csc\theta}{nc}\mathrm{d}h \end{aligned}\right\} \tag{9.6-3}$$

式中：h_i 为对流层大气与电离层的分界点，一般取 $h_t = 60$ km；c 为电波在真空中的传播速度。

根据雷达测量视在距离的定义

$$R_e = c \cdot t \tag{9.6-4}$$

可得

$$R_e = \int_{h_0}^{h_i} n\csc\theta \mathrm{d}h + \int_{h_i}^{h_T} \frac{\csc\theta}{n}\mathrm{d}h \tag{9.6-5}$$

由大气球面分层的 Snell 定理

$$n(a+h)\cos\theta = n_0(a+h_0)\cos\theta_0 \tag{9.6-6}$$

可得

$$\csc\theta = \frac{n(a+h)}{\sqrt{n^2\ (a+h)^2 - n_0^2\ (a+h_0)^2\ \cos^2\theta_0}} \tag{9.6-7}$$

式中，h、n、θ 分别为任意海拔高度、此高度处大气折射指数和电波射线的仰角；h_0、n_0、θ_0 为雷达站天线处的海拔高度、此高度处大气折射指数和电波射线的初始仰角。

由式(9.6-5)和式(9.6-7)可得到雷达测得的视在距离 R_e 与目标高度 h_T 的关系为

$$R_e = \int_{h_0}^{h_T} \frac{n^2(a+h)}{\sqrt{n^2(a+h)^2 - n_0^2(a+h_0)^2\cos^2\theta_0}}\mathrm{d}h + \int_{h_i}^{h_T} \frac{(a+h)}{\sqrt{n^2(a+h)^2 - n_0^2(a+h_0)^2\cos^2\theta_0}}\mathrm{d}h \tag{9.6-8}$$

为了求目标的高度 h_T，首先必须判断目标在对流层大气内还是在电离层内。假设目标在对流层大气与电离层分界点时的视在距离为 R_a，则

$$R_a = \int_{h_0}^{60} \frac{n^2(a+h)}{\sqrt{n^2(a+h)^2 - n_0^2(a+h_0)^2\cos^2\theta_0}}\mathrm{d}h \tag{9.6-9}$$

当 $R_e \leqslant R_a$ 时，说明目标在低层大气内，式(9.6-8)可变为

$$R_e = \int_{h_0}^{h_T} \frac{n^2(a+h)}{\sqrt{n^2(a+h)^2 - n_0^2(a+h_0)^2\cos^2\theta_0}}\mathrm{d}h \tag{9.6-10}$$

当 $R_e > R_a$ 时，说明目标在电离层内，可直接用式(9.6-8)计算。

判断出目标在低层大气内或电离层内后，用式(9.6-10)或式(9.6-8)采用逼近法求出目标的高度 h_T。

从图 9.6-1 中可见，目标地心张角 φ 为

$$\varphi = \int_{h_0}^{h_T} \frac{\cot\theta}{a+h}\mathrm{d}h \tag{9.6-11}$$

根据 Snell 定理，式(9.6-10)可变为

$$\varphi = n_0(a+h_0)\cos\theta_0 \int_{h_0}^{h_T} \frac{\mathrm{d}h}{(a+h)\sqrt{n^2(a+h)^2 - n_0^2(a+h_0)^2\cos^2\theta_0}} \tag{9.6-12}$$

在图 9.6-1 的△OCT 中，采用正弦定理可得

$$\frac{a+h_T}{a+h_0} = \frac{\sin(\pi/2+\alpha_0)}{\sin(\pi-(\pi/2+\alpha_0)-\varphi)} = \frac{\cos\alpha_0}{\cos(\alpha_0+\varphi)} \tag{9.6-13}$$

则

$$\frac{(a+h_0)\cos\alpha_0}{a+h_t} = \cos(\alpha_0+\varphi) = \cos\alpha_0\cos\varphi - \sin\alpha_0\sin\varphi \tag{9.6-14}$$

最后可得真实仰角

$$\alpha_0 = \arctan\left[\frac{(a+h_T)\cos\varphi - (a+h_0)}{(a+h_T)\sin\varphi}\right] \tag{9.6-15}$$

再根据正弦定理可得真实距离

$$R_0 = \frac{(a+h_T)\sin\varphi}{\cos\alpha_0} \tag{9.6-16}$$

最后求得仰角折射误差为

$$\varepsilon = \theta_0 - \alpha_0 \tag{9.6-17}$$

距离折射误差 ΔR 为

$$\Delta R = R_e - R_0 \tag{9.6-18}$$

根据距离变化率的物理意义，视在距离变化率为

$$\dot{R}_e = \frac{\mathrm{d}R_e}{\mathrm{d}t} \tag{9.6-19}$$

真实距离变化率为

$$\dot{R}_0 = \frac{\mathrm{d}R_0}{\mathrm{d}t} \tag{9.6-20}$$

则距离变化率折射误差为

$$\Delta\dot{R} = \dot{R}_e - \dot{R}_0 = \frac{\mathrm{d}(R_e - R_0)}{\mathrm{d}t} = \frac{\mathrm{d}(\Delta R)}{\mathrm{d}t} \approx \frac{\Delta(\Delta R)}{\Delta t} \tag{9.6-21}$$

用式(9.6-21)求解距离变化率误差时，为了保证精度，时间间隔应尽可能小。

9.6.2 雷达超视距定位技术

无线电波在不均匀大气中传播时会产生折射效应，从而使电波射线发生弯曲。当射线曲率超过地球表面曲率时，电波会部分地被陷获在一定厚度的大气薄层内(称为大气波导)。由于电波在大气波导中传播时能量衰减较小，且电波类似于在金属波导管中传播一样，因此可使雷达观测到数倍于正常探测距离外的目标，即实现超视距探测。

大气波导通常分为表面波导、抬升波导和蒸发波导三种类型，不同的气候、天气特征等形成不同的大气波导类型和特征。根据形成大气波导的环境条件，在海洋大气环境中，在海面附近几乎时时都会出现蒸发波导。因此，利用蒸发波导进行超视距探测成为舰船雷达或海岸雷达的研究热点，也是目前舰船雷达最现实的实用方法之一。

1. 射线描迹方法

电波射线描迹法的基本思想就是将从源点发射出的电波看作射线，对射线的传播进行逐点描迹，直到射线到达目的点。

球面分层大气的 Snell 定理为

$$(a + h_i)n_i\cos\varphi_i = (a + h_{i+1})n_{i+1}\cos\varphi_{i+1} \qquad i = 1, 2, \cdots, n \tag{9.6-22}$$

式中：h_i、h_{i+1}分别为离海面的大气高度(m)；φ_i、φ_{i+1}分为别 h_i 和 h_{i+1} 处的射线的仰角(rad)；a 是地球半径(m)；n_i、n_{i+1}分别为 h_i 和 h_{i+1} 处的折射指数。

令修正折射指数 $m(h)=n(h)+h/a$，由于 $h \ll a$，且在 h 较小时 $n \approx 1$，这样式(9.6-22)可以近似为

$$m(h_i)\cos\varphi_i = m(h_{i+1})\cos\varphi_{i+1} \tag{9.6-23}$$

由于实现蒸发波导传播时雷达电波射线与水平面的夹角很小，且近海面修正折射指数 $m(h) \approx 1$，则把式(9.6-23)进行二阶近似，经化简后可得

$$\frac{\mathrm{d}m}{\mathrm{d}h} \times (h_{i+1} - h_i) \approx \frac{\varphi_{i+1}^2 - \varphi_i^2}{2} \tag{9.6-24}$$

在蒸发波导测量时常用修正折射率 M，而修正折射率梯度与修正折射指数的关系为

$$\frac{\mathrm{d}m}{\mathrm{d}h} = \frac{\mathrm{d}M}{\mathrm{d}h} \times 10^{-6} \tag{9.6-25}$$

则由式(9.6-24)、式(9.6-25)可以得到电波射线垂直方向分量方程为

$$h_{i+1} = h_i + \frac{\varphi_{i+1}^2 - \varphi_i^2}{2 \times \mathrm{d}M/\mathrm{d}h} \times 10^6 \tag{9.6-26}$$

式(9.6-26)对应的微分方程为

$$\frac{\mathrm{d}M}{\mathrm{d}h} = \varphi\frac{\mathrm{d}\varphi}{\mathrm{d}h} \times 10^6 \tag{9.6-27}$$

因为雷达电波射线与水平方向的夹角很小，若用 x 表示，那么有

$$\frac{\mathrm{d}h}{\mathrm{d}x}=\tan\varphi\approx\varphi \tag{9.6-28}$$

由式(9.6-27)、式(9.6-28)可得到射线在水平方向的分量方程为

$$x_{i+1}=x_i+\frac{\varphi_{i+1}-\varphi_i}{\mathrm{d}M/\mathrm{d}h}\times10^6 \tag{9.6-29}$$

式(9.6-23)、式(9.6-26)、式(9.6-29)就是蒸发波导内雷达电波射线追踪的基本方程。若已知大气修正折射率的垂直梯度值 $\mathrm{d}M/\mathrm{d}h$、雷达初始发射角 φ_1 和天线高度 h_1，就可以确定出射线的传播轨迹。

2. 雷达定位方法

在蒸发波导传播中实现雷达定位时，因为雷达初始发射角 φ_1、天线高度 h_1 和雷达目标斜距 R_1 是已知参数，且蒸发波导内的大气修正折射率的垂直梯度值 $\mathrm{d}M/\mathrm{d}h$ 可以测量或用预测方法得到，则根据电波射线描迹方法得到的雷达电波射线的垂直高度分量和水平距离分量的微分，可以得到电波射线到达 m 点处时射线经过的距离(路程)R_m 为

$$R_m=\sum_{i=1}^{m}\sqrt{(h_{i+1}-h_i)^2+(x_{i+1}-x_i)^2} \tag{9.6-30}$$

采用迭代方法判断 R_m 的值。当 $R_m\leqslant R_1<R_{m+1}$ 成立时，电波射线到达目标点的距离 R_a 为

$$R_\mathrm{a}=R_m+\Delta R_m \tag{9.6-31}$$

从 m 点开始，减小高度 $h_{i+1}-h_i$ 的步长，再采用迭代方法，使得最终的 $|R_\mathrm{a}-R_1|<\delta$ 时迭代结束，此时可得到 $m+1$ 点的高度 h_{m+1}，由式(9.6-23)可以得到 $m+1$ 的射线仰角 φ_{m+1}，δ 依据雷达的定位精度而定。

最后得到雷达探测到的目标位置为

$$\begin{cases}h_\mathrm{T}=\displaystyle\sum_{i=1}^{m+1}\frac{\varphi_{i+1}^2-\varphi_i^2}{2\times\mathrm{d}M/\mathrm{d}h}\times10^6\\[2ex] x_\mathrm{T}=\displaystyle\sum_{i=1}^{m+1}\frac{\varphi_{i+1}-\varphi_i}{\mathrm{d}M/\mathrm{d}h}\times10^6\end{cases} \tag{9.6-32}$$

习　题

9.1　一电场强度为 $\boldsymbol{E}_\mathrm{i}=\boldsymbol{e}_x100\sin(\omega t-\beta z)+\boldsymbol{e}_y200\cos(\omega t-\beta z)$ (V/m)均匀平面波沿 $+z$ 方向传播。(1) 求相伴的磁场强度；(2) 若在传播方向上 $z=0$ 处放置一无限大的理想导体平板，求区域 $z<0$ 中的电场强度和磁场强度；(3) 求理想导体板表面的电流密度。

9.2　介质($\mu=\mu_0$，$\varepsilon=\varepsilon_r\varepsilon_0$)中沿 y 方向传播的均匀平面波的电场强度为 $\boldsymbol{E}=377\cos(10^9t-5y)\boldsymbol{e}_z$(V/m)。求：(1) 相对电容率；(2) 传播速度；(3) 本征阻抗；(4) 波长；(5) 磁场强度；(6) 波的平均功率密度。

9.3　假设聚苯乙烯的电磁参数为 $\varepsilon_\mathrm{r}=2.3$，$\mu_\mathrm{r}=1$，$\tan\delta=\dfrac{\gamma}{\omega\varepsilon}=2\times10^{-4}$。一频率 $f=100$ MHz 的平面电磁波在它的内部传播。求：(1) 相速度和衰减常数；(2) 电磁波经过传播距离 10 m 后，功率密度下降的分贝数。

9.4　磁场复矢量振幅 $\boldsymbol{H}_{\mathrm{r}}(\boldsymbol{r})=\dfrac{1}{60\pi}(-8\boldsymbol{e}_x+6\boldsymbol{e}_y)\mathrm{e}^{-\mathrm{j}\pi(3x+4z)}$ (mA/m)的均匀平面电磁波由空气斜入射到海平面($z=0$ 的平面)，求：(1) 反射角 θ_{r}；(2) 入射波的电场复矢量振幅 $\boldsymbol{E}_i(\boldsymbol{r})$；(3) 电磁波的频率 f。

9.5　平面电磁波在 $\varepsilon_1=9\varepsilon_0$ 的媒质 1 中沿 $+z$ 方向传播，在 $z=0$ 处垂直入射到 $\varepsilon_2=4\varepsilon_0$ 的媒质 2 中。若来波在分界面处最大值为 0.1 V/m，极化为 $+x$ 方向，角频率为 300 Mrad/s。(1) 求反射系数；(2) 求透射系数；(3) 写出媒质 1 和媒质 2 中的电场表达式。

9.6　均匀平面波从媒质 1 入射到媒质 2 的平面分界面上，已知 $\sigma_1=\sigma_2=0$，$\mu_1=\mu_2=\mu_0$。求使入射波的平均功率的 10%被反射时的 $\varepsilon_{r2}/\varepsilon_{r1}$ 的值。

9.7　一平面波垂直入射至直角等腰三角形棱镜的长边，并经反射而折回，如图 9-1 所示。则棱镜材料 $\varepsilon_{\mathrm{r}}=4$，则反射波功率占入射波功率的百分比是多大？若棱镜置于 $\varepsilon_{\mathrm{r1}}=81$ 的水中，此百分比又如何？

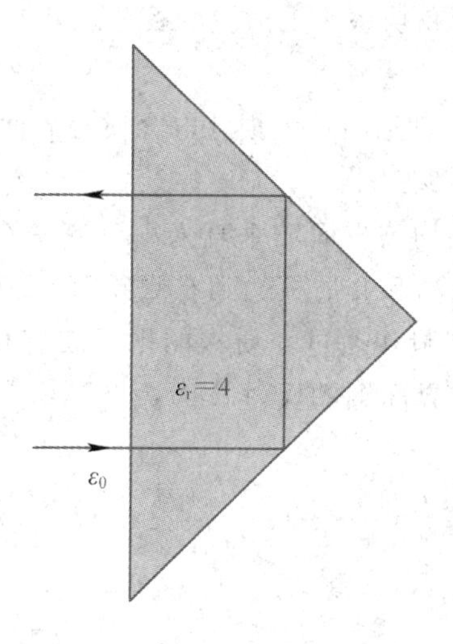

图 9-1　习题 9.7 图

9.8　证明：平面电磁波正入射至两种理想媒质的分界面，若其反射系数与折射系数大小相等，则其驻波比等于 3。

9.9　自由空间中的一均匀平面波垂直入射到半无限大的无耗介质平面上，已知自由空间中合成波的驻波比为 3，介质内传输波的波长是自由空间波长的 1/6，且分界面上为驻波电场的最小点。求介质的相对磁导率和相对介电常数。

9.10　一均匀平面波由空气垂直入射到位于 $x=0$ 的理想介质(μ_0，ε)平面上，已知 $\mu_0=4\pi\times10^{-7}$ H/m，入射电场强度为 $\boldsymbol{E}^+=E_0^+(\boldsymbol{e}_y+\mathrm{j}\boldsymbol{e}_z)\mathrm{e}^{-\mathrm{j}kx}$。(1) 若入射波电场幅度 $E_0^+=1.5\times10^{-3}$ V/m，反射波磁场幅度为 $H_0^-=1.326\times10^{-6}$ A/m，则 ε_{r} 是多少？(2) 求反射波的电场强度 $\boldsymbol{E}^-$；(3) 求折射波的磁场强度 $\boldsymbol{H}^{\mathrm{T}}$。

9.11　频率 $f=10$ GHz 的均匀平面波从空气垂直入射到 $\varepsilon=4\varepsilon_0$，$\mu=\mu_0$ 的理想介质表面上，为了消除反射，在理想介质表面涂上 $\lambda/4$ 的匹配层，试求匹配层的相对介电常数和最小厚度。

9.12　设三层介质，其分界面均为无限大的平面，媒质的波阻抗分别为 η_1、η_2、η_3，媒质 2 的厚度为 d。当平面波由媒质 1 垂直射向分解界面时，入射波的能量全部进入媒质 3，

试求 d 和 η_2。

9.13　如图 9-2 所示，在 $z>0$ 区域的媒质的介电常数为 ε_2，在此媒质前面置有厚度为 d，介电常数为 ε_1 的介质板。对于一个从左面垂直入射来的电磁波，证明当 $\varepsilon_{1r}=\sqrt{\varepsilon_{2r}}$ 和 $d=\dfrac{\lambda_0}{4\sqrt{\varepsilon_{1r}}}$（$\lambda_0$ 为自由空间的波长）时，没有反射。

9.14　海水的 $\varepsilon_r=81$，$\mu_r=1$，$\sigma=4$ S/m，一频率为 300 MHz 的均匀平面电磁波自海面垂直进入海水。设在海面电场强度为 $E=10^{-3}$ V/m（合成波电场幅度）。求：(1) 波在海水中的速度及波长；(2) 海水与空气分界面处的磁场强度；(3) 进入海水每单位面积的电磁能流；(4) 海水中距海面 0.1 m 处的电场强度与磁场强度的振幅；(5) 波进入海水多少距离后其电磁场强度振幅衰减为原来的 1%？

9.15　电子器件以铜箔作电磁屏蔽，其厚度为0.1 mm。当 300 MHz 平面波垂直入射时，透过屏蔽片后的电场强度和功率为入射波的百分之几？衰减了多少（单位为 dB）？（屏蔽片两侧均为空气）

9.16　均匀平面波垂直入射到两种无损耗电介质分界面上，当反射系数与透射系数的大小相等时，其驻波比等于多少？

9.17　频率 $f=3$ GHz 的均匀平面波垂直入射到有一个大孔的聚苯乙烯（$\varepsilon_r=2.7$）介质板上，平面波将分别通过孔洞和介质板达到右侧界面，如图 9-3 所示。试求介质板的厚度 d 为多少时，才能使通过孔洞和通过介质板的平面波有相同的相位。（注：计算此题时不考虑边缘效应，也不考虑在界面上的反射。）

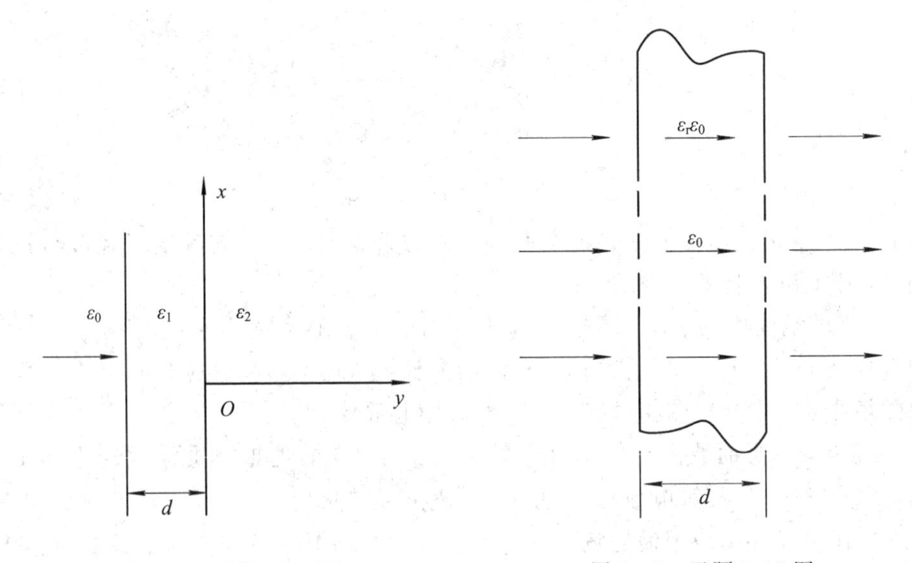

图 9-2　习题 9.13 图　　　　图 9-3　习题 9.17 图

9.18　设有三种不同的均匀无损耗媒质平行放置，媒质参数分别为 ε_1、μ_1、ε_2、μ_2、ε_3、μ_3，媒质 2 的厚度为 d。(1) 若波在媒质 1 中电场振幅为 E_{10}，垂直入射后，求媒质 1 中的反射波和媒质 3 中的折射波，并写出媒质 1 中的反射系数和媒质 3 中的折射系数；(2) 如何选择媒质 2 的参量 ε_2、μ_2 及其厚度 d，才可实现由媒质 1 到媒质 3 的全折射？

9.19　有一电场复矢量振幅为 $\boldsymbol{E}(\boldsymbol{r})=5(\boldsymbol{e}_x+\mathrm{j}\boldsymbol{e}_y)\mathrm{e}^{-\mathrm{j}2\pi z}$（V/m）的均匀平面电磁波由空

气垂直射向相对介电常数 $\varepsilon_r=2.25$，相对磁导率 $\mu_r=1$ 的理想介质，其界面为 $z=0$ 的无限大平面，试求：(1) 反射波的极化状态；(2) 反射波的电场振幅 E_{rm}；(3) 透射波的电场振幅 E_{tm}。

9.20　$z<0$ 的半空间为空气，$z>0$ 的半空间为理想介质($\mu=\mu_0$，$\varepsilon=\varepsilon_r\varepsilon_0$，$\sigma=0$)，当电场振幅为 $E_{im}=10$ V/m 的均匀平面波从空气中垂直入射到介质表面上时，在空气中距介质表面 0.5 m 处测到合成波电场振幅的第一个最大值点，且 $|E_1|_{max}=12$ V/m。求：(1) 电磁波的频率 f 和介质的相对介电常数 ε_r；(2) 空气中的驻波比；(3) 反射波的平均能流密度 $\boldsymbol{S}_{rav}$ 和透射波的平均能流密度 $\boldsymbol{S}_{tav}$。

9.21　雷达天线罩用 $\varepsilon_r=3.78$ 的 SiO_2 的玻璃制成，厚 10 mm。雷达发射的电磁波频率为 9.375 GHz，设其垂直入射至天线罩平面上。试计算其反射系数 R 和反射功率占发射功率的百分比 γ。若要求无反射，则天线罩厚度应取多少？

9.22　真空中波长为 1.5 μm 的远红外电磁波以 75°的入射角从 $\varepsilon_r=2.5$，$\mu_r=1$ 的媒质斜入射到空气中，求空气界面上的电场强度与距空气界面一个波长处的电场强度之比。

9.23　介质 1 为理想介质 $\varepsilon_1=2\varepsilon_0$，$\mu_1=\mu_0$，$\sigma_1=0$；介质 2 为空气。平面电磁波由介质 1 向分界面上斜入射，入射波电场与入射面平行，如图 9-4 所示。当入射角 $\theta_1=\pi/4$ 时，试求：(1) 全反射的临界角；(2) 介质 2 中(空气)折射波的折射角 θ_2；(3) 反射系数 $\Gamma_{//}$；(4) 折射系数 $T_{//}$。当入射角 $\theta_1=\pi/3$ 时：(5) 此种情况是否满足无反射条件？布儒斯特角 θ_B 是多少？(6) 入射波在入射方向的相速度 v；(7) 入射波在 x 方向的相速度 v_x；(8) 入射波在 y 方向的相速度 v_y；(9) 在媒质 2 中，波以什么速度传播以及沿什么方向传播？(10) 在媒质 2 中的平均功率流密度 $\boldsymbol{S}_{av}$。

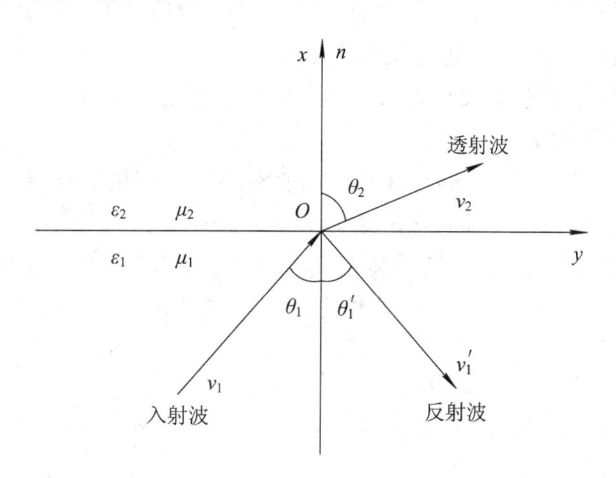

图 9-4　习题 9.23 图

9.24　有一正弦均匀平面波从空气斜入射到位于 $z=0$ 的理想导体平面上，其电场强度的复数形式为

$$\boldsymbol{E}_i(x, z)=\boldsymbol{e}_y 10\mathrm{e}^{-\mathrm{j}(6x+8z)}\ (\mathrm{V/m})$$

试求：(1) 入射波的频率 f 与波长 λ；(2) 入射波电场与磁场的瞬时表达式；(3) 入射角；(4) 反射波电场和磁场的复数形式；(5) 介质 1 中总的电场和磁场的复数形式。

9.25　空气中磁场 $\boldsymbol{H}=-\boldsymbol{e}_y\mathrm{e}^{-\mathrm{j}\sqrt{2}\pi(x+z)}$ (A/m)的均匀平面波向位于 $z=0$ 处的理想导体斜入射。求：(1) 入射角；(2) 入射波电场；(3) 反射波电场和磁场；(4) 合成波的电场和磁

场；(5) 导体表面上的感应电流密度和电荷密度。

9.26　如图 9-5 所示，均匀平面波从 $\mu=\mu_0$，$\varepsilon=4\varepsilon_0$ 的理想介质中斜入射到位于 $z=0$ 处的理想导体表面。已知入射波电场 $\boldsymbol{E}_i=E_0^+(\boldsymbol{e}_x-\sqrt{3}\boldsymbol{e}_z)\pi e^{-j(k_{ix}x+\pi z/3)}$，试求：(1) 入射波的频率 f、波长 λ 和磁场 $\boldsymbol{H}_i$；(2) 理想导体表面上的感应电流密度和电荷密度。

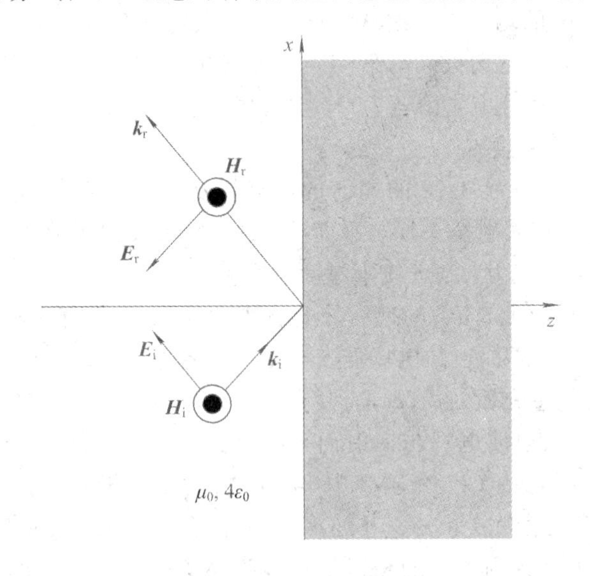

图 9-5　习题 9.26 图

9.27　一个线极化平面波从自由空间入射到 $\varepsilon_r=4$，$\mu_r=1$ 的电介质分界面上，如果入射波电场矢量与入射面的夹角为 45°。求：(1) 入射角为何值时，反射波只有垂直极化波；(2) 此时反射波的平均能流是入射波的百分之几。

9.28　平行极化平面电磁波自折射率为 3 的介质入射到折射率为 1 的介质上，若发生全透射，求入射波的入射角。

9.29　有一介电常数 $\varepsilon>\varepsilon_0$ 的介质棒，欲使电磁波从棒的任一端以任何角度射入，都能使得电磁波限制在该棒内传播，求该棒的相对介电常数 ε_r 的最小值。

9.30　设一均匀平面波在一良导体内传播，其传播速度为光速的 0.1%，且波长为 0.3 mm，若媒质的磁导率为 μ_0，试确定该电磁波的频率和良导体的电导率。

第 10 章　导行电磁波与传输

前面两章主要讨论了电磁波在无界空域中的传播特性，本章主要讨论电磁波在有界区域内的传播特性。为了区别电磁波在有界和无界区域内的传播，这里把电磁波在有界区域内的传播称为电磁波的传输。我们知道，电磁波斜入射到理想介质或理想导体界面时，将形成一个沿界面传播的电磁波，因此介质和导体在一定条件下可以引导或传输电磁波。我们又知道，用来传输电磁能量和信息的线路称为传输线，其中应用于微波波段的传输线称为微波传输线。微波传输线的作用是引导电磁波沿一定方向传输，因此将这种传输线统称为导波系统，将沿导波系统传输的电磁波称为导行电磁波。一般来讲，导波系统从结构上大体可分为三类：第一类是双导体结构的传输线，如平行双导线、同轴线等，它传输的主要是横电磁波(TEM 波)，因此又称为 TEM 波传输线；第二类是均匀填充介质的规则金属波导管和介质传输线，如矩形波导、圆波导、光纤等，它不能传输 TEM 波，只能传输横电波(TE 波)或横磁波(TM 波)，因此称为 TE、TM 波传输线；第三类是表面波传输线，如带状线、微带等，电磁波主要沿表面传播，因此称为表面波导。本章主要简要介绍常用的导波系统以及导行电磁波基本的分析方法，更详细的内容可在“微波技术”课程中学习。

10.1　导行电磁波

常用的导波系统有双导线、同轴线、金属波导、带状线、微带、介质波导等，如图 10.1-1 所示。

图 10.1-1　常用的导波系统

10.1.1　导波系统中的场方程

分析电磁波沿导波系统传输特性的常用方法有两种。一种是精确的“场”分析方法，即从麦克斯韦方程组出发，通过在特定边界条件下求解电磁场的波动方程，从而得到各个场量的时空变化特性。该方法能够对导行电磁波进行完全描述，是分析电磁波沿导波系统传输特性的根本方法。另一种是“路”的方法，即将特殊的导波系统传输线作为分布参数电路来处理，用基尔霍夫定律建立传输线方程，从而求得传输线上的电压和电流的时空变化特性。相比较而言，前一种方法较为严格，但比较烦琐；后一种方法实质是在一定条件下的“化场为路”的方法，它有足够的精度，数学上简单方便，因此被广泛采用，如TEM波传输线一般用这种方法进行处理。

假设导波系统是无限长规则直波导，波导内填充均匀、线性、各向同性无耗媒质，其参数 ε、μ 和 η 均为实常数；波导内无源，即 $\rho=0$，$J=0$，且内壁是理想导体，即 $\sigma=\infty$；波导内的电磁场为时谐场。根据导波系统横截面的形状选取直角坐标系或者圆柱坐标系，设其沿 z 轴放置，且传播方向为 $+z$ 方向，如图10.1-2所示。

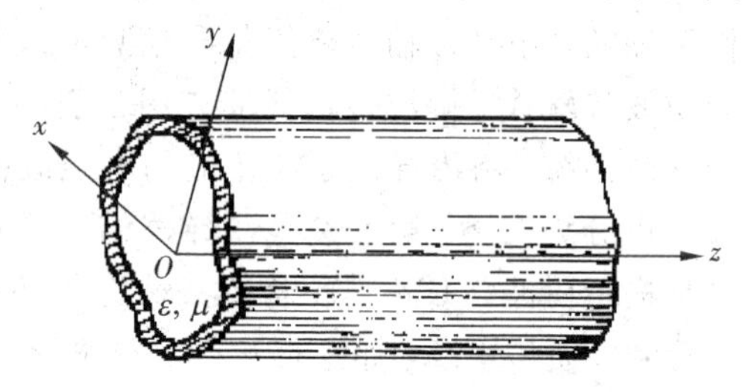

图10.1-2　任意界面的均匀导波系统

假设取直角坐标系，由于波导的横截面沿 z 方向为均匀的，因此该导波系统中的电场与磁场只与坐标 x、y 有关，而与 z 无关，则导波系统中的电磁场可以表示为

$$\begin{cases}\boldsymbol{E}(x,y,z)=\boldsymbol{E}(x,y)\mathrm{e}^{-\gamma z}\\ \boldsymbol{H}(x,y,z)=\boldsymbol{H}(x,y)\mathrm{e}^{-\gamma z}\end{cases}\tag{10.1-1}$$

式中，γ 为传播常数，也称为波数，表征电磁场在导波系统中的传播特性。

将式(10.1-1)写成场分量形式，即

$$\begin{cases}E_x=E_x(x,y,z)=E_x(x,y)\mathrm{e}^{-\gamma z}\\ E_y=E_y(x,y,z)=E_y(x,y)\mathrm{e}^{-\gamma z}\\ E_z=E_z(x,y,z)=E_z(x,y)\mathrm{e}^{-\gamma z}\\ H_x=H_x(x,y,z)=H_x(x,y)\mathrm{e}^{-\gamma z}\\ H_y=H_y(x,y,z)=H_y(x,y)\mathrm{e}^{-\gamma z}\\ H_z=H_z(x,y,z)=H_z(x,y)\mathrm{e}^{-\gamma z}\end{cases}\tag{10.1-2}$$

可见，在这六个标量方程中，$E_x(x,y,z)$、$E_y(x,y,z)$、$H_x(x,y,z)$、$H_y(x,y,z)$ 这四个量为横向分量，$E_z(x,y,z)$、$H_z(x,y,z)$ 这两个量为纵向分量。由于这六个未知量分别满足齐次标量亥姆霍兹方程，因此根据导波系统的边界条件，可利用分离变量法求解这些方程，最终得到这六个分量。由于这六个分量不是完全独立的，事实上并不需要求解这六个坐标分量。

由于波导内无源，且为时谐场，因此波导内电磁场满足的麦克斯韦方程为

$$\begin{cases}\nabla\times\boldsymbol{E}(x,y,z)=-\mathrm{j}\omega\mu\boldsymbol{H}(x,y,z)\\ \nabla\times\boldsymbol{H}(x,y,z)=\mathrm{j}\omega\varepsilon\boldsymbol{E}(x,y,z)\end{cases}\tag{10.1-3}$$

考虑式(10.1-2)，由式(10.1-3)的第一个方程可以得到

$$\begin{bmatrix} \boldsymbol{e}_x & \boldsymbol{e}_y & \boldsymbol{e}_z \\ \dfrac{\partial}{\partial x} & \dfrac{\partial}{\partial y} & \dfrac{\partial}{\partial z} \\ E_x & E_y & E_z \end{bmatrix} = -\mathrm{j}\omega\mu \begin{bmatrix} H_x \\ H_y \\ H_z \end{bmatrix}$$

展开上式，并将横向分量代入后可以得到

$$\begin{cases} \dfrac{\partial E_z}{\partial y} + \gamma E_y = -\mathrm{j}\omega\mu H_x \\ -\dfrac{\partial E_z}{\partial x} - \gamma E_x = -\mathrm{j}\omega\mu H_y \\ \dfrac{\partial E_y}{\partial x} - \dfrac{\partial E_x}{\partial y} = -\mathrm{j}\omega\mu H_z \end{cases} \tag{10.1-4}$$

同理，由式(10.1-3)的第二个方程可以得到

$$\begin{cases} \dfrac{\partial H_z}{\partial y} + \gamma H_y = \mathrm{j}\omega\varepsilon E_x \\ -\dfrac{\partial H_z}{\partial x} - \gamma H_x = \mathrm{j}\omega\varepsilon E_y \\ \dfrac{\partial H_y}{\partial x} - \dfrac{\partial H_x}{\partial y} = \mathrm{j}\omega\varepsilon E_z \end{cases} \tag{10.1-5}$$

式(10.1-4)和式(10.1-5)表示的六个标量方程经过简单的运算可以得到用两个纵向分量 E_z、H_z 表示的四个横向分量 E_x、E_y、H_x、H_y，即

$$\begin{cases} E_x = -\dfrac{1}{k_c^2}\left(\gamma \dfrac{\partial E_z}{\partial x} + \mathrm{j}\omega\mu \dfrac{\partial H_z}{\partial y}\right) \\ E_y = -\dfrac{1}{k_c^2}\left(\gamma \dfrac{\partial E_z}{\partial y} - \mathrm{j}\omega\mu \dfrac{\partial H_z}{\partial x}\right) \\ H_x = -\dfrac{1}{k_c^2}\left(\gamma \dfrac{\partial H_z}{\partial x} - \mathrm{j}\omega\varepsilon \dfrac{\partial E_z}{\partial y}\right) \\ H_y = -\dfrac{1}{k_c^2}\left(\gamma \dfrac{\partial H_z}{\partial y} + \mathrm{j}\omega\varepsilon \dfrac{\partial E_z}{\partial x}\right) \end{cases} \tag{10.1-6}$$

式中，$k_c^2 = \gamma^2 + k^2$，$k = \omega\sqrt{\varepsilon\mu}$。

可见，只要求得纵向分量 E_z、H_z 就可根据式(10.1-5)得到其余四个横向分量 E_x、E_y、H_x、H_y。式(10.1-6)也称为纵向分量与横向分量的关系式。利用这种方法求场分量的方法又称为纵向场法。

根据亥姆霍兹方程 $\nabla^2 \boldsymbol{E} + k^2 \boldsymbol{E} = 0$、$\nabla^2 \boldsymbol{H} + k^2 \boldsymbol{H} = 0$，结合式(10.1-3)，可以得到求解两个纵向分量 E_z、H_z 的方程，即

$$\begin{cases} \left(\dfrac{\partial^2}{\partial x^2} + \dfrac{\partial^2}{\partial y^2} + k_c^2\right) E_z(x, y) = 0 \\ \left(\dfrac{\partial^2}{\partial x^2} + \dfrac{\partial^2}{\partial y^2} + k_c^2\right) H_z(x, y) = 0 \end{cases} \tag{10.1-7}$$

如果将 ∇_t 表示为对横电磁场的微分算符，则式(10.1-7)可表示为

$$\begin{cases} \nabla_t^2 \boldsymbol{E} + k_c^2 \boldsymbol{E} = 0 \\ \nabla_t^2 \boldsymbol{H} + k_c^2 \boldsymbol{H} = 0 \end{cases} \tag{10.1-8}$$

在圆柱坐标系中，同样可用 z 纵向分量来求得 r 分量和 ϕ 分量，其关系式为

$$\begin{cases} E_r = -\dfrac{1}{k_c^2}\left(\gamma\dfrac{\partial E_z}{\partial r} + \mathrm{j}\dfrac{\omega\mu}{r}\dfrac{\partial H_z}{\partial \phi}\right) \\ E_\phi = -\dfrac{1}{k_c^2}\left(\dfrac{\gamma}{r}\dfrac{\partial E_z}{\partial \phi} - \mathrm{j}\omega\mu\dfrac{\partial H_z}{\partial r}\right) \\ H_r = -\dfrac{1}{k_c^2}\left(\gamma\dfrac{\partial H_z}{\partial r} - \mathrm{j}\dfrac{\omega\varepsilon}{r}\dfrac{\partial E_z}{\partial \phi}\right) \\ H_\phi = -\dfrac{1}{k_c^2}\left(\dfrac{\gamma}{r}\dfrac{\partial H_z}{\partial \phi} + \mathrm{j}\omega\varepsilon\dfrac{\partial E_z}{\partial r}\right) \end{cases} \tag{10.1-9}$$

10.1.2 TEM 波、TE 波及 TM 波

如果 $E_z = H_z = 0$，则电场和磁场完全在横截面内，这种波称为横电磁波，也称为 TEM 波，这种波形不能用纵向场法求解，如图 10.1-3(a)所示；如果 $E_z = 0$，$H_z \neq 0$，则传播方向只有磁场分量，电场在横截面内，这种波称为横电波，也称 TE 波或 H 波，如图 10.1-3(b)所示；如果 $E_z \neq 0$，$H_z = 0$，则传播方向只有电场分量，磁场在横截面内，这种波称为横磁波，也称为 TM 波或 E 波，如图 10.1-3(c)所示。

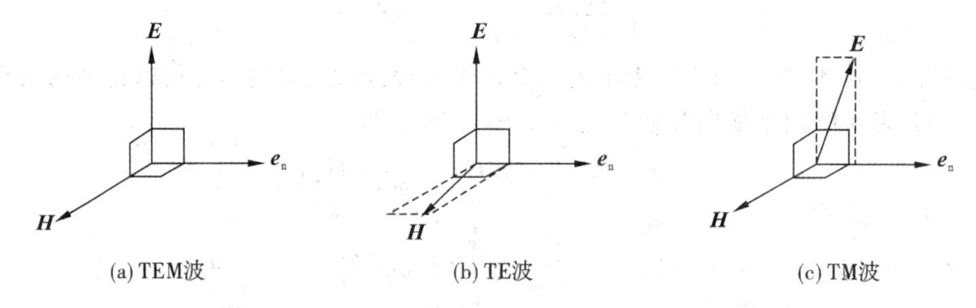

图 10.1-3 TEM 波、TE 波及 TM 波的电场方向及磁场方向与传播方向的关系

对于 TEM 波，由于 $E_z = H_z = 0$，除非 $k_c^2 = \gamma^2 + k^2 = 0$，否则由式(10.1-8)只有 0 解，因此其波动方程变为拉普拉斯方程，即

$$\begin{cases} \nabla_t^2 \boldsymbol{E} = 0 \\ \nabla_t^2 \boldsymbol{H} = 0 \end{cases} \tag{10.1-10}$$

传播常数为

$$\gamma_{\mathrm{TEM}} = \mathrm{j}k = \mathrm{j}\omega\sqrt{\varepsilon\mu} \tag{10.1-11}$$

波阻抗为

$$\eta_{\mathrm{TEM}} = \frac{E_x}{H_y} = \frac{\gamma_{\mathrm{TEM}}}{\mathrm{j}\omega\varepsilon} = \sqrt{\frac{\mu}{\varepsilon}} = \eta \tag{10.1-12}$$

可见，任一时刻，在 xOy 平面上场的分布与稳态场相同。理论上任意频率的波均能在此传输线上传播，表明横电磁波在导波系统横截面上的场分布与相同条件下静止场的分布形式一样，说明只有能建立静态场的导波系统，才能传输 TEM 波。此种情况下的导波场不能用纵向场分析法进行求解，其场的求解可看成二维静态场问题的求解。如将横向电场 E_t 用标量电位 $U(x, y)$ 表示，则求 $U(x, y)$ 的二维拉普拉斯方程的解，就可得到各横向场分量。

对于 TE 波，由于 $E_z = 0$，$H_z \neq 0$，由式(10.1-6)可得 TE 波的纵向分量与横向分量的关系为

$$\begin{cases} E_x = -\dfrac{\mathrm{j}\omega\mu}{k_c^2}\dfrac{\partial H_z}{\partial y} \\ E_y = \dfrac{\mathrm{j}\omega\mu}{k_c^2}\dfrac{\partial H_z}{\partial x} \\ H_x = -\dfrac{\gamma}{k_c^2}\dfrac{\partial H_z}{\partial x} \\ H_y = -\dfrac{\gamma}{k_c^2}\dfrac{\partial H_z}{\partial y} \end{cases} \tag{10.1-13}$$

传播常数为

$$\gamma_{\mathrm{TE}} = \sqrt{k_c^2 - k^2} \tag{10.1-14}$$

式中，k_c为截止波数，它由波导的形状、大小和波形决定。

波阻抗为

$$\eta_{\mathrm{TE}} = \frac{E_x}{H_y} = \frac{\mathrm{j}\omega\mu}{\gamma_{\mathrm{TE}}} \tag{10.1-15}$$

对于 TM 波，由于 $E_z \neq 0$，$H_z = 0$，由式(10.1-6)可得 TM 波的纵向分量与横向分量的关系为

$$\begin{cases} E_x = -\dfrac{\gamma}{k_c^2}\dfrac{\partial E_z}{\partial x} \\ E_y = -\dfrac{\gamma}{k_c^2}\dfrac{\partial E_z}{\partial y} \\ H_x = \dfrac{\mathrm{j}\omega\varepsilon}{k_c^2}\dfrac{\partial E_z}{\partial y} \\ H_y = -\dfrac{\mathrm{j}\omega\varepsilon}{k_c^2}\dfrac{\partial E_z}{\partial x} \end{cases} \tag{10.1-16}$$

传播常数为

$$\gamma_{\mathrm{TM}} = \sqrt{k_c^2 - k^2} \tag{10.1-17}$$

式中，k_c为截止波数，它由波导的形状、大小和波形决定。

波阻抗为

$$\eta_{\mathrm{TM}} = \frac{E_x}{H_y} = \frac{\gamma_{\mathrm{TM}}}{\mathrm{j}\omega\varepsilon} \tag{10.1-18}$$

表 10.1-1 给出了几种常用导波系统的主要特性。

表 10.1-1　几种常用导波系统的主要特性

名　称	波　形	电磁屏蔽	使用波段
双导线	TEM 波	差	>3 m
同轴线	TEM 波	好	>10 cm
带状线	TEM 波	差	厘米波
微带	准 TEM 波	差	厘米波
矩形波导	TE 或 TM 波	好	厘米波、毫米波
圆波导	TE 或 TM 波	好	厘米波、毫米波
光纤	TE 或 TM 波	差	光波

10.1.3　TE 波及 TM 波在波导中的传输特性

我们知道，电磁波在波导中的传播特性取决于传播常数 γ。由 $k_c^2=\gamma^2+k^2=\gamma^2+\omega^2\varepsilon\mu$ 可知：

当 $k>k_c$ 时，$\gamma=\mathrm{j}\sqrt{k_c^2-k^2}=\mathrm{j}\beta$，此为可传播模式，这种情形下可传播电磁波；

当 $k<k_c$ 时，$\gamma=\sqrt{k_c^2-k^2}=\alpha$，此为衰减模式，这种情形下不可传播电磁波；

当 $k=k_c$ 时，$\gamma=\sqrt{k_c^2-k^2}=0$，此为临界状态。

在临界状态下，因 $\gamma=0$，$\omega=\omega_c=\dfrac{k_c}{\sqrt{\varepsilon\mu}}$，故可得到截止频率 f_c 和截止波长 λ_c 分别为

$$f_c=\frac{k_c}{2\pi\sqrt{\varepsilon\mu}} \tag{10.1-19}$$

$$\lambda_c=\frac{v}{f_c}=\frac{2\pi}{k_c} \tag{10.1-20}$$

可见，只有当工作频率(信号源频率) $f>f_c$ 或工作波长 $\lambda<\lambda_c$ 时，电磁信号才可以传播，否则呈衰减波，此为波导的滤波作用。

能够传播电磁波的情形下，波导中的相位常数 β 为

$$\beta=\sqrt{k^2-k_c^2}=k\sqrt{1-\left(\frac{f_c}{f}\right)^2}<k=\omega\sqrt{\varepsilon\mu} \tag{10.1-21}$$

波导波长为

$$\lambda_g=\frac{2\pi}{\beta}=\frac{\lambda}{\sqrt{1-\left(\frac{f_c}{f}\right)^2}}>\lambda \tag{10.1-22}$$

波导相速为

$$v_p=\frac{\omega}{\beta}=\frac{v}{\sqrt{1-\left(\frac{f_c}{f}\right)^2}}>v=\frac{1}{\sqrt{\varepsilon\mu}} \tag{10.1-23}$$

可见，波导中的相位常数小于无界空间的相位常数，波导中的波长大于无界空间的波长，波导中的相速大于无界空间的相速。

10.2　双导体传输线系统及其传输特性

无耗传输线上的行波

无耗传输线上的纯驻波

无耗传输线上的行驻波

在微波电路中，传输线传输电磁波的波长与电路系统的尺寸可相比拟。由电磁场理论可知，当微波信号通过传输线时会产生分布参数。例如：导线流过电流时，其周围产生高

频磁场，因此传输线各点产生串联分布电感；两导线间加入电压时，导线间产生高频电场使得导线间产生并联分布电容；电导率有限的导线流过电流时产生热损耗，由于高频时产生趋肤效应，使得电阻加大，表明产生分布电阻；导线间介质非理想时产生漏电流，表明产生分布漏电导。在微波频段，这些参数都会引起沿线电压和电流的幅度及相位变化，因此称为分布参数。如果传输线沿线的分布参数是均匀的，则称传输线为均匀传输线，否则称传输线为不均匀传输线。

均匀双导体传输线系统能够传输 TEM 波，因此双导体传输线也称为 TEM 波传输线，通常把 TEM 波传输线称为长线，它是指传输线的几何长度与工作波长可相比拟的传输线，需用分布参数电路描述。短线是指几何长度与工作波长相比可忽略不计的传输线，可采用集总参数的电路描述。传输线的几何长度与其上工作波长的比值称为传输线的电长度。长线与短线的区别在于电气尺寸与波长的关系，取决于它们的电长度，而不在于绝对长度。在微波频段的传输线均属于长线，传输线上各点的电压、电流不仅随时间变化，而且也随空间变化。

均匀双导体传输线系统可用“路”的方法进行求解，即将传输线作为分布参数电路来处理，用基尔霍夫定律建立传输线方程，从而求得传输线上的电压和电流的时空变化规律，然后分析其传播特性。

10.2.1　传输线方程

对于均匀双导体传输线，由于分布参数沿线均匀分布，因此均匀传输线的分析方法是将均匀无限长传输线划分为许多长度为 Δz（$\Delta z \ll \lambda$）的微分段，称为线元。线元的长度相对于工作波长极短，可视每一个小线元为由集总参数组成的电路，其上有电阻 $R_1\Delta z$、电感 $L_1\Delta z$、电容 $C_1\Delta z$ 和漏电导 $G_1\Delta z$。这里，其中 R_1、L_1、C_1 和 G_1 分别为单位长电阻、单位长电感、单位长电容和单位长漏电导。在有耗线中需考虑漏电导，而均匀无耗线中则不存在 $G_1\Delta z$ 和电阻 $R_1\Delta z$。这样，整个传输线可等效为各小线元等效电路的级联，如图 10.2-1 所示。

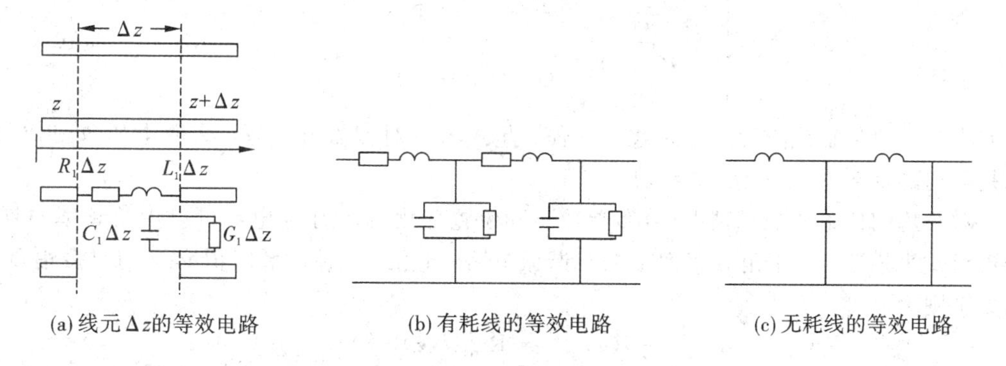

(a) 线元 Δz 的等效电路　(b) 有耗线的等效电路　(c) 无耗线的等效电路

图 10.2-1　传输线等效电路模型

尽管集总参数电路理论不能直接应用于微波频段的整个传输线，但可以应用于可等效成集总参数的每一个微分小线元传输线上。这样，将电路理论中的基尔霍夫定律应用到每个 Δz 段的等效电路中，可得出传输线上任意点电压 $u(z, t)$、电流 $i(z, t)$ 所服从的微分方程，解其微分方程可得到长线上任意一点的电压、电流表示式，即电压、电流沿传输线的分布函数。

设传输线开始端接微波信号源，终端接负载。选取传输线的纵向坐标为 z，坐标原点选在始端处，电磁波沿 z 方向传播。长线上任意小线元 Δz 段的等效电路可由图 10.2－2 表示。

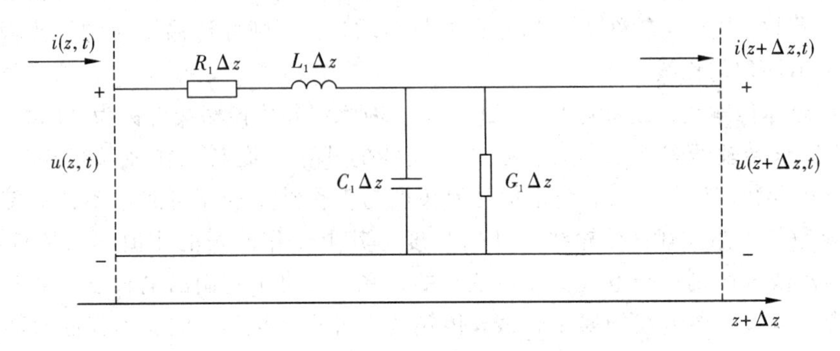

图 10.2－2　长线上线元 Δz 段的等效电路

设在 t 时刻，位置 z 处的电压和电流分别为 $u(z, t)$、$i(z, t)$，而在位置 $z+\Delta z$ 处的电压和电流分别为 $u(z+\Delta z, t)$、$i(z+\Delta z, t)$。按泰勒级数展开并忽略很小的高阶项后有

$$\begin{cases} u(z+\Delta z, t)-u(z, t)=\dfrac{\partial u(z, t)}{\partial z}\Delta z \\ i(z+\Delta z, t)-i(z, t)=\dfrac{\partial i(z, t)}{\partial z}\Delta z \end{cases} \tag{10.2-1}$$

应用基尔霍夫定律可得

$$\begin{cases} u(z, t)-R_1\Delta z i(z, t)-L_1\Delta z\dfrac{\partial i(z, t)}{\partial t}-u(z+\Delta z, t)=0 \\ i(z, t)-G_1\Delta z u(z+\Delta z, t)-c_1\Delta z\dfrac{\partial u(z+\Delta z, t)}{\partial t}-i(z+\Delta z, t)=0 \end{cases} \tag{10.2-2}$$

对上式两边同除以 Δz，并取 Δz 趋于 0 的极限，可得下列微分方程：

$$\begin{cases} -\dfrac{\partial u(z, t)}{\partial z}=R_1 i(z, t)+L_1\dfrac{\partial i(z, t)}{\partial t} \\ -\dfrac{\partial i(z, t)}{\partial z}=G_1 u(z, t)+c_1\dfrac{\partial u(z, t)}{\partial t} \end{cases} \tag{10.2-3}$$

此方程为一般传输线方程，亦称电报方程。此式为一对偏微分方程，表明电压 u 和电流 i 既是空间的函数，又是时间的函数。

对于均匀传输线稳态情况(分布参数不随位置变化)，电压与电流可以用角频率的复数交流形式来描述。对于角频率为 ω 的时谐振电路，电压、电流的瞬时值 u、i 与复振幅 U、I 的关系则为

$$\begin{cases} u(z, t)=\mathrm{Re}[U(z)\mathrm{e}^{\mathrm{j}\omega t}] \\ i(z, t)=\mathrm{Re}[I(z)\mathrm{e}^{\mathrm{j}\omega t}] \end{cases} \tag{10.2-4}$$

将上式代入式(10.2－3)可得到时谐传输方程为

$$\begin{cases} \dfrac{\mathrm{d}U(z)}{\mathrm{d}z}=-Z_1 I(z) \\ \dfrac{\mathrm{d}I(z)}{\mathrm{d}z}=-Y_1 U(z) \end{cases} \tag{10.2-5}$$

式中，$Z_1=R_1+\mathrm{j}\omega L_1$ 和 $Y_1=G_1+\mathrm{j}\omega C_1$ 分别为传输线单位长度的串联阻抗和并联导纳。

10.2.2　均匀传输线方程的解

1. 均匀传输线方程的通解

如果传输线上的分布参数沿线均匀分布，不随位置变化，则称为均匀传输线。从式(10.2-5)可以看到，传输线方程是对传输线纵向坐标 z 的微分方程，因此对式(10.2-5)两边微分可得

$$\begin{cases}\dfrac{\mathrm{d}^2U(z)}{\mathrm{d}z^2}=-Z_1\dfrac{\mathrm{d}I(z)}{\mathrm{d}z}\\[2ex]\dfrac{\mathrm{d}^2I(z)}{\mathrm{d}z^2}=-Y_1\dfrac{\mathrm{d}U(z)}{\mathrm{d}z}\end{cases}\tag{10.2-6}$$

将式(10.2-5)代入上式，并令 $\gamma^2=Z_1Y_1=(R_1+\mathrm{j}\omega L_1)(G_1+\mathrm{j}\omega C_1)$，可得到均匀传输线电压和电流的波动方程为

$$\begin{cases}\dfrac{\mathrm{d}^2U(z)}{\mathrm{d}z^2}-\gamma^2U(z)=0\\[2ex]\dfrac{\mathrm{d}^2I(z)}{\mathrm{d}z^2}-\gamma^2I(z)=0\end{cases}\tag{10.2-7}$$

显然，电压和电流分布满足一维波动方程，因此可直接写出该式的通解：

$$\begin{cases}U(z)=A_1\mathrm{e}^{-\gamma z}+A_2\mathrm{e}^{\gamma z}\\I(z)=B_1\mathrm{e}^{-\gamma z}+B_2\mathrm{e}^{\gamma z}\end{cases}\tag{10.2-8}$$

由式(10.2-5)和式(10.2-8)可得

$$I(z)=-\frac{1}{Z_1}\frac{\mathrm{d}U(z)}{\mathrm{d}z}=\frac{\gamma}{Z_1}(A_1\mathrm{e}^{-\gamma z}-A_2\mathrm{e}^{\gamma z})=\frac{1}{Z_0}(A_1\mathrm{e}^{-\gamma z}-A_2\mathrm{e}^{\gamma z})$$

则式(10.2-8)可变为

$$\begin{cases}U(z)=A_1\mathrm{e}^{-\gamma z}+A_2\mathrm{e}^{\gamma z}\\[1ex]I(z)=\dfrac{1}{Z_0}(A_1\mathrm{e}^{-\gamma z}-A_2\mathrm{e}^{\gamma z})\end{cases}\tag{10.2-9}$$

式中

$$Z_0=\frac{Z_1}{\gamma}=\sqrt{\frac{Z_1}{Y_1}}=\sqrt{\frac{R_1+\mathrm{j}\omega L_1}{G_1+\mathrm{j}\omega C_1}}$$

$$\gamma=\sqrt{Z_1Y_1}=\sqrt{(R_1+\mathrm{j}\omega L_1)(G_1+\mathrm{j}\omega C_1)}=\alpha+\mathrm{j}\beta$$

这里，A_1、A_2 为待定参数。

Z_0 具有阻抗特性，因此称为传输线的特性阻抗；γ 称为传输线的传输常数，一般情况下为复数，其实部 α 称为衰减常数，虚部 β 称为相移常数或相位常数。

经与电磁波在自由空间传播的情况比对，把 $\mathrm{e}^{-\mathrm{j}\omega z}$ 项认为是离开微波源向负载方向传输的电压、电流波称为入射波，用下标 i 表示；而把 $\mathrm{e}^{\mathrm{j}\omega z}$ 项认为是离开负载端向电源方向传输的电压、电流波，称为反射波，用下标 r 表示。

把 $\gamma=\alpha+\mathrm{j}\beta$ 代入式(10.2-9)可得

$$\begin{cases}u(z,t)=A_1\mathrm{e}^{-\alpha z}\cos(\omega t-\beta z)+A_2\mathrm{e}^{\alpha z}\cos(\omega t+\beta z)=u_\mathrm{i}(z,t)+u_\mathrm{r}(z,t)\\[1ex]i(z,t)=\dfrac{1}{Z_0}[A_1\mathrm{e}^{-\alpha z}\cos(\omega t-\beta z)-A_2\mathrm{e}^{\alpha z}\cos(\omega t+\beta z)]=i_\mathrm{i}(z,t)+i_\mathrm{r}(z,t)\end{cases}\tag{10.2-10}$$

上式表明：① 传输线上的电压与电流都以波的形式传输，传输线上沿线电压与电流均由入射波和反射波两部分组成；② 传输线上任意一点的电压和电流都是入射波与反射波的叠加；③ 当 Z_0 为实数时，入射波的电压与电流相位相同，反射波的电压与电流相位相反。

2. 均匀传输线方程的定解

传输线方程解中的 A_1、A_2 为待定参数，或称积分常数，必须由传输线的边界条件来确定。传输线的边界条件一般有以下三种：

（1）已知终端电压和电流。

（2）已知始端电压和电流。

（3）已知信号源电动势和内阻以及负载阻抗。

图 10.2-3 给出了一般传输线的端接条件。

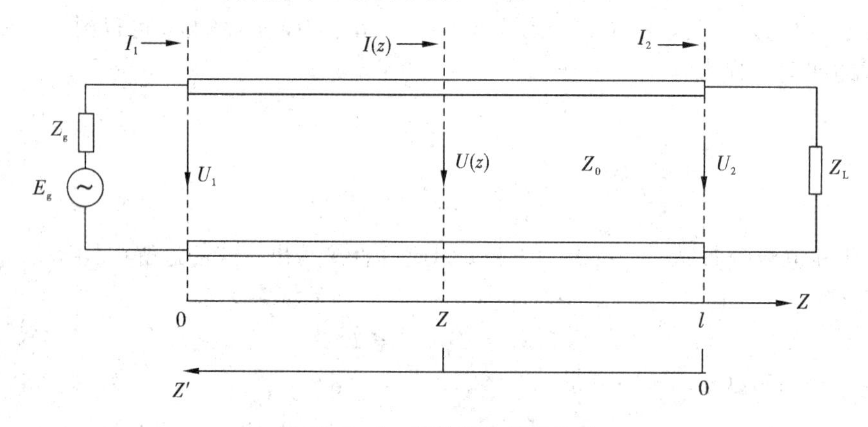

图 10.2-3 传输线的端接条件

这里给出一种边界条件下(已知始端电压和电流)传输线方程的定解，其它两种条件读者可自行推导。

根据已知条件，在始端 $Z=0$，则令 $U(0)=U_1$，$I(0)=I_1$，并代入式(10.2-9)可得

$$\begin{cases} A_1 = \dfrac{U_1 + I_1 Z_0}{2} \\ A_2 = \dfrac{U_1 - I_1 Z_0}{2} \end{cases} \tag{10.2-11}$$

将式(10.2-11)代入式(10.2-9)，整理后得到

$$\begin{cases} U(z) = \dfrac{U_1 + I_1 Z_0}{2} e^{-\gamma z} + \dfrac{U_1 - I_1 Z_0}{2} e^{\gamma z} \\ I(z) = \dfrac{U_1 + I_1 Z_0}{2Z_0} e^{-\gamma z} - \dfrac{U_1 - I_1 Z_0}{2Z_0} e^{\gamma z} \end{cases} \tag{10.2-12}$$

上式也可以用双曲函数表示成

$$\begin{cases} U(z) = U_1 \operatorname{ch}(\gamma z) - I_1 Z_0 \operatorname{sh}(\gamma z) \\ I(z) = -U_1 \dfrac{\operatorname{sh}(\gamma z)}{Z_0} + I_1 \operatorname{ch}(\gamma z) \end{cases} \tag{10.2-13a}$$

式(10.2-13a)可用矩阵表示为

$$\begin{bmatrix} U(z) \\ I(z) \end{bmatrix} = \begin{bmatrix} \operatorname{ch}(\gamma z) & -Z_0 \operatorname{sh}(\gamma z) \\ -Z_0^{-1} \operatorname{sh}(\gamma z) & \operatorname{ch}(\gamma z) \end{bmatrix} \begin{bmatrix} U_1 \\ I_1 \end{bmatrix} \tag{10.2-13b}$$

10.2.3 传输线特性参数和状态参量

传输线状况一般用其传输特性参数和状态参数来描述。传输线特性参数用来衡量传输线的传播特性，主要有特性阻抗、传播常数、相速与波长等参量；状态参数用来衡量传输线的状态，主要有输入阻抗、反射系数、传输系数和驻波系数等。

1. 传输特性参数

1）特性阻抗

特性阻抗 Z_0 是分布参数电路中描述传输线固有特性的一个物理量，随着工作频率的升高，这种特性越显重要。特性阻抗 Z_0 定义为行波电压与行波电流之比，事实上是传输线上入射波电压与电流之比，或反射波电压与电流之比的负值，即

$$Z_0=\frac{U_i(z)}{I_i(z)}=-\frac{U_r(z)}{I_r}=\sqrt{\frac{R+j\omega L}{G+j\omega C}} \tag{10.2-14}$$

特性阻抗的倒数称为传输线的特性导纳，用 Y_0 表示。

特性阻抗 Z_0 一般情况下是复数，与工作频率有关。它由传输线本身的分布参数决定而与负载和信号源无关。在如下特殊情况下与频率无关，一般为实数。

（1）无耗传输线。此时 $R=G=0$，所以

$$z_0=\sqrt{\frac{L}{C}} \tag{10.2-15}$$

（2）微波低耗传输线。一般来说，微波传输线都是低耗线，都满足 $R\leqslant\omega L$，$G\leqslant\omega C$，则有

$$\begin{aligned}Z_0&=\sqrt{\frac{R+j\omega L}{G+j\omega C}}\approx\sqrt{\frac{L}{C}}\left(1+\frac{1}{2}\frac{R}{j\omega L}\right)\left(1-\frac{1}{2}\frac{G}{j\omega C}\right)\\&\approx\sqrt{\frac{L}{C}}\left[1-j\frac{1}{2}\left(\frac{R}{\omega L}-\frac{G}{\omega C}\right)\right]\\&\approx\sqrt{\frac{L}{C}}\end{aligned} \tag{10.2-16}$$

工程上一般常用平行双导线和同轴线居多。对于直径为 d、间距为 D 的平行双导线，可以推导出其特性阻抗为

$$Z_0=\frac{120}{\sqrt{\varepsilon_r}}\ln\frac{2D}{d}\ (\Omega) \tag{10.2-17}$$

式中，ε_r 为导线周围填充介质的相对介电常数。在双导线间为空气介质时，$\varepsilon_r=1$。一般平行双导线的特性阻抗 $Z_0=100\sim1000\ \Omega$，常用的平行双导线的特性阻抗有 200 Ω、250 Ω、300 Ω、400 Ω、600 Ω 等几种。

对于内外半径分别为 a、b 的无耗同轴线，可以推导其特性阻抗为

$$Z_0=\frac{60}{\sqrt{\varepsilon_r}}\ln\frac{a}{b}\ (\Omega) \tag{10.2-18}$$

一般同轴线的特性阻抗 $Z_0=40\sim150\ \Omega$，常用的有 50 Ω、75 Ω 两种。

对于间距为 d、宽为 W 的平行板传输线，如果其波阻抗为 η，则其特性阻抗为

$$Z_0=\frac{d}{W}\eta \tag{10.2-19}$$

2）传播常数

传播常数 γ 是描述传输线上波的幅度和相位变化的一个物理量，也就是描述导行波传播过程中衰减和相移的物理量，它一般为复数，即

$$\gamma = \sqrt{(R + \mathrm{j}\omega L)(G + \mathrm{j}\omega C)} = \alpha + \mathrm{j}\beta \tag{10.2-20}$$

式中：α 为衰减常数，表示传输线上波行进单位长度幅值的变化，其单位为 dB/m(分贝/米)，它以 10 为底的常用对数得到，有时也用单位 NP/m(奈培/米)，它以 e 为底的自然对数得到；β 为相移常数，表示传输线上波行进单位长度相位的变化，单位为 rad/m(弧度/米)。

分贝(dB)与奈培(NP)的关系为

$$1\ \mathrm{NP} = 8.686\ \mathrm{dB}$$

$$1\ \mathrm{dB} = 0.115\ 129\ \mathrm{NP}$$

传播常数 γ 一般是频率的函数，对于无耗或低频传输线，其表达式可适当简化。

(1) 无耗线。因为 $R=G=0$，$\gamma=\mathrm{j}\beta=\mathrm{j}\omega\sqrt{LC}$，所以

$$\begin{cases} \alpha = 0 \\ \beta = \omega\sqrt{LC} \end{cases} \tag{10.2-21}$$

(2) 微波低耗线。此种情况下，$R \leqslant \omega L$，$G \leqslant \omega C$，则

$$\begin{aligned} \gamma &= \sqrt{(R+\mathrm{j}\omega L)(G+\mathrm{j}\omega C)} \\ &\approx \mathrm{j}\omega\sqrt{LC}\left(1+\frac{R}{\mathrm{j}\omega L}\right)^{\frac{1}{2}}\left(1+\frac{G}{\mathrm{j}\omega C}\right)^{\frac{1}{2}} \\ &\approx \frac{1}{2}\left(R\sqrt{\frac{C}{L}}+G\sqrt{\frac{L}{C}}\right)+\mathrm{j}\omega\sqrt{LC} \end{aligned}$$

所以

$$\begin{cases} \alpha = \dfrac{R}{2}\sqrt{\dfrac{C}{L}} + \dfrac{G}{2}\sqrt{\dfrac{L}{C}} = \dfrac{R}{2Z_0} + \dfrac{GZ_0}{2} = \alpha_c + \alpha_d \\ \beta = \omega\sqrt{LC} \end{cases} \tag{10.2-22}$$

式中，$\alpha_c = \dfrac{R}{2Z_0}$ 表示由单位长度分布电阻决定的导体衰减常数，$\alpha_d = \dfrac{GZ_0}{2}$ 表示由单位长度漏电导决定的介质衰减常数。

3）相速与波长

相速 v_p 指单位时间内波的等相位面移动的距离，波长 λ_g 指波的等相位面在一个周期内移动的距离，它们都与传输常数 γ 有关。

根据定义可知：

$$v_p = \frac{z_2 - z_1}{t_2 - t_1} = \frac{\omega}{\beta} \tag{10.2-23}$$

这里，z_1、z_2 分别为波相位面在时刻 t_1、t_2 时对应的位置。

对于微波无耗或低耗传输线 $\beta=\omega\sqrt{LC}$，则有

$$v_p = \frac{\omega}{\beta} = \frac{1}{\sqrt{LC}} \tag{10.2-24}$$

对于双导线和同轴线，将 L、C 代入上式有

$$v_p = \frac{1}{\sqrt{\mu\varepsilon}} = \frac{C_{光}}{\sqrt{\varepsilon_r}} \tag{10.2-25}$$

式中，$C_{光}$为光在自由空间中的传播速度。

根据波长定义可知

$$\lambda_p = v_p T = \frac{\omega}{\beta}\frac{1}{f} = \frac{2\pi}{\beta} \tag{10.2-26}$$

式中，T为波等相位面变化周期，f为工作频率。

将$\beta=\frac{\omega}{v_p}$代入式(10.2-26)有

$$\lambda_p = \frac{v_p}{f} = \frac{\lambda_0}{\sqrt{\varepsilon_r}} \tag{10.2-27}$$

式中，λ_0为自由空间工作波长。

2. 状态参量

从前面的分析可知，一般传输线上都存在两个波：从电源向负载方向传输的入射波和由负载向电源方向传输的反射波。电流波与电压波相互伴随，在传输线上任意一点的电压与电流之间的关系可由欧姆定律来确定，即传输线上任意一点的电压与电流的比值等于该点的阻抗，因此可以说传输线的阻抗与反射波、入射波等状态特性有关。由于传输线阻抗无法直接测量，须靠其它状态参量获得，因此这里引入几个重要的物理量，如输入阻抗、反射系数和驻波比等。

1) 输入阻抗 $Z_{in}(z)$

输入阻抗定义为传输线上任意一点z处的电压与电流之比。特别需要注意的是，传输线上任意一点的输入阻抗不仅与负载有关，而且也与其位置z有关。它既不等同于传输线特性阻抗Z_0(行波电压与电流之比)，也不等同于传输线负载阻抗Z_L(负载端总电压与总电流之比)，如图10.2-4所示。

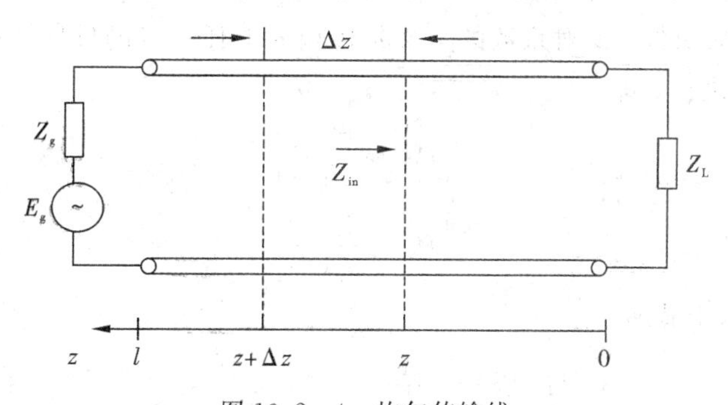

图10.2-4　均匀传输线

在图10.2-4中，长线终端接负载阻抗Z_L时，距终端z处向负载看过去的输入阻抗$Z_{in}(z)$为z处合成电压$U(z)$与合成电流$I(z)$之比：

$$Z_{in}(z) = \frac{U(Z)}{I(Z)} = \frac{U_i(z) + U_r(z)}{I_i(z) + I_r(z)} \tag{10.2-28}$$

由无耗均匀传输线的解可知：$\gamma=j\beta$，$\alpha=0$，则相对于终端电压U_2和电流I_2有

$$\begin{cases} U(z) = U_2\cos(\beta z) + \mathrm{j}I_2 Z_0 \sin(\beta z) \\ I(z) = I_2\cos(\beta z) + \mathrm{j}\dfrac{U_2}{Z_0}\sin(\beta z) \end{cases} \tag{10.2-29}$$

将上式代入式(10.2－28)得

$$Z_{in}(z) = \frac{U_2\cos(\beta z) + \mathrm{j}I_2 Z_0\sin(\beta z)}{I_2\cos(\beta z) + \mathrm{j}\dfrac{U_2}{Z_0}\sin(\beta z)}$$

将终端条件 $U_2 = Z_L I_2$ 代入上式有

$$Z_{in}(z) = Z_0 \frac{Z_L + \mathrm{j}Z_0\tan(\beta z)}{Z_0 + \mathrm{j}Z_L\tan(\beta z)} \tag{10.2-30}$$

上式表示，均匀无耗传输线上任意一点的输入阻抗与关系点的位置、传输线的特性阻抗、终端负载及工作频率有关，且一般为复数。另外，从式(10.2－30)可以看出，任意相距 $\lambda/2$ 处的输入阻抗相同，一般称为 $\lambda/2$ 重复性。

这里特别要注意两点：

(1) 式(10.2－30)中 z 坐标原点选在传输线终端。由于同一处的导纳与阻抗互为倒数，因此这里可直接写出输入导纳 $Y_{in}(z)$ 为

$$Y_{in}(z) = Y_0 \frac{Y_L + \mathrm{j}Y_0\tan(\beta z)}{Y_0 + \mathrm{j}Y_L\tan(\beta z)}$$

(2) 输入阻抗 $Z_{in}(z)$ 与特性阻抗 Z_0 是两个完全不同的概念。特性阻抗 Z_0 为传输线上行波电压与电流之比，其值与纵向坐标 z 无关，仅与传输线本身的横截面形状、尺寸及所填介质特性等因素有关。而输入阻抗 $Z_{in}(z)$ 不仅与长线本身的因素有关，而且还与坐标终端负载状况及信号频率有关。

2) 反射系数

长线上任意一点处的反射系数 $\Gamma(z)$ 是描述该处反射波与入射波相对幅度和相位关系的参量，是位置 z 的函数。反射系数的定义是传输线上任一点的反射波电压(或电流)与入射波电压(或电流)之比，即

$$\begin{cases} \Gamma_U = \dfrac{U_r(z)}{U_i(z)} \\ \Gamma_I = \dfrac{I_r(z)}{I_i(z)} \end{cases} \tag{10.2-31}$$

将式(10.2－9)代入上式有

$$\begin{cases} \Gamma_U(z) = \dfrac{A_2}{A_1}\mathrm{e}^{-\mathrm{j}2\beta z} \\ \Gamma_I(z) = -\dfrac{A_2}{A_1}\mathrm{e}^{-\mathrm{j}2\beta z} = -\Gamma_U(z) \end{cases} \tag{10.2-32}$$

可见，电流反射系数 Γ_I 与电压反射系数 Γ_U 的模相等，相位相差 π。通常将电压反射系数称为反射系数，用 $\Gamma(z)$ 表示。以后如无特别说明，所提到的反射系数均指电压反射系数。

对于均匀无耗传输线，把式(10.2－11)代入式(10.2－32)中有

$$\Gamma(z) = \frac{A_2}{A_1}\mathrm{e}^{-\mathrm{j}2\beta z} = \frac{Z_L - Z_0}{Z_L + Z_0}\mathrm{e}^{-\mathrm{j}2\beta z} = \Gamma_L \mathrm{e}^{-\mathrm{j}2\beta z}$$

这里，$\Gamma_L=\dfrac{Z_L-Z_0}{Z_L+Z_0}=|\Gamma_L|e^{j\phi_L}$称为终端反射系数，$\phi_L$为初始相位。因此，传输线上任意一点的反射系数可以用终端反射系数Γ_L表示为

$$\Gamma(z)=|\Gamma_L|e^{-j(2\beta z-\phi_L)} \tag{10.2-33}$$

可见，对于均匀无耗传输线，反射系数的幅值仅由负载决定，与距离无关。沿线任意点的反射系数大小均相等，只有相位按周期变化，其周期为$\lambda/2$，即有$\lambda/2$重复性。

3）反射系数与输入阻抗的关系

反射系数$\Gamma(z)$与输入阻抗$Z_{in}(z)$都是描述长线工作状态的重要参数，它们之间存在一定的关系，并且有非常普遍的应用。

传输线上同一点处的反射系数$\Gamma(z)$与输入阻抗的关系可以根据其定义得到。从前面的论述可知(由式(10.2-9)与式(10.2-32)可以得到)

$$\begin{cases}U(z)=U_i(z)+U_r(z)=A_1e^{j\omega z}[1+\Gamma(z)]\\I(z)=I_i(z)+I_r(z)=\dfrac{A_1}{Z_0}e^{j\omega z}[1-\Gamma(z)]\end{cases}$$

因此输入阻抗$Z_{in}(z)$为

$$Z_{in}(z)=\frac{U(z)}{I(z)}=Z_0\frac{1+\Gamma(z)}{1-\Gamma(z)} \tag{10.2-34}$$

则负载终端阻抗Z_L与终端处的反射系数Γ_L的关系为

$$Z_L=Z_0\frac{1+\Gamma_L}{1-\Gamma_L} \tag{10.2-35}$$

反过来有

$$\begin{cases}\Gamma(z)=\dfrac{Z_{in}(z)-Z_0}{Z_{in}(z)+Z_0}\\\Gamma_L=\dfrac{Z_L-Z_0}{Z_L+Z_0}\end{cases} \tag{10.2-36}$$

可见，当传输线上特性阻抗一定时，输入阻抗与反射系数一一对应，因此可以通过测量一种参数来计算另一种参数。

由式(10.2-36)可以看出，当负载阻抗等于特性阻抗时，终端反射系数为零，即无反射，称为负载匹配。而当负载阻抗不等于特性阻抗时，负载会产生反射波，向信号源方向传播，若信号源阻抗与特性阻抗不相同，即不匹配，则信号源也会产生反射波。

4）传输系数

传输系数T是描述传输线上功率之间的传输关系。其定义为通过传输线上某处的传输电压(或电流)与该处的入射电压(或电流)之比，即

$$T(z)=\frac{\text{传输电压(或电流)}}{\text{入射电压(或电流)}}=\frac{U_t(z)}{U_i(z)}=\frac{I_t(z)}{I_i(z)} \tag{10.2-37}$$

假设特性阻抗为Z_1的传输线，用特性阻抗Z_0的导线馈电。如果负载线无限长或其与本身的特性阻抗接连，则馈电处的反射系数Γ为

$$\Gamma=\frac{Z_1-Z_0}{Z_1+Z_0} \tag{10.2-38}$$

实际上并非全部入射波被反射，有一部分要以传输系数T表示的电压传输给特性阻抗

为 Z_1 的传输线，如图 10.2-5 所示。

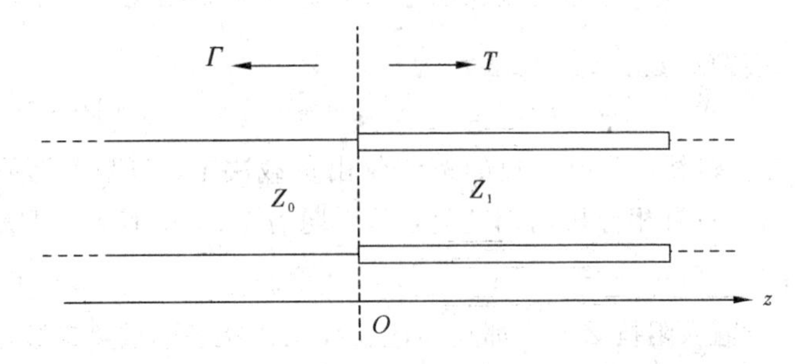

图 10.2-5 不同特性阻抗连接处的反射与传输

对于位置 $Z<0$ 线上的电压为

$$U_0(z)=|U_i|(e^{-j\beta z}+\Gamma e^{j\beta z})$$

对于位置 $Z>0$ 线上的电压为(不存在反射)

$$U_1(z)=|U_i|Te^{-j\beta z}$$

令以上两式在 $Z=0$ 处相等，则可得到传输系数 T 为

$$T=1+\Gamma=1+\frac{Z_1-Z_0}{Z_1+Z_0}=\frac{2Z_1}{Z_1+Z_0} \tag{10.2-39}$$

5) 驻波比

由前面的分析可知，终端不匹配时，传输线上同时存在入射波与反射波，称为负载传输线失配。此时传输线上每一点的波都是入射波与反射波的叠加波，其结果在传输线上形成驻波。这种失配程度一般用驻波比(或称为驻波系数)来描述。

驻波比 ρ 的定义是沿电压(或电流)的最大值与最小值之比，即

$$\rho=\left|\frac{U_{max}}{U_{min}}\right|=\left|\frac{I_{max}}{I_{min}}\right|=\text{VSWR} \tag{10.2-40}$$

传输线上的电压最大值和最小值为

$$\begin{cases}|U_{max}|=|U_i|+|U_r|\\|U_{min}|=|U_i|-|U_r|\end{cases}$$

将上式代入式(10.2-40)有

$$\rho=\frac{|U_i|+|U_r|}{|U_i|-|U_r|}=\frac{1+|\Gamma|}{1-|\Gamma|} \tag{10.2-41}$$

则

$$|\Gamma|=\frac{\rho-1}{\rho+1} \tag{10.2-42}$$

这里，ρ 为无量纲，其范围为 $1\leqslant\rho\leqslant\infty$。

6) 行波系数

对应驻波比 ρ，有时也用行波系数 K 来反映反射波的大小。行波系数定义为驻波比的倒数，用 K 表示，即

$$K=\frac{1}{\rho}=\frac{1-|\Gamma|}{1+|\Gamma|} \tag{10.2-43}$$

显然 $0\leqslant K\leqslant 1$。对无耗传输线，ρ、K 与坐标无关，只与反射系数 $|\Gamma|$ 有关。

【例题 10-1】 一特性阻抗为 $Z_0=50\ \Omega$ 的无耗均匀传输线，导体间的媒质参数为 $\varepsilon_r=2.25$，$\mu_r=1$，终端接有 $R_1=1\ \Omega$ 的负载。当 $f=100$ MHz 时，其线长度为 $\lambda/4$。求：(1) 传输线的实际长度；(2) 负载终端的反射系数；(3) 输入端的反射系数；(4) 输入端的阻抗。

解 (1) 由于传输线上波长 $\lambda_g=\dfrac{c/f}{\sqrt{\varepsilon_r}}=2$ m，则传输线的实际长度为

$$l=\frac{\lambda_g}{4}=0.5\ \text{m}$$

(2) 负载终端的反射系数为

$$\Gamma_1=\frac{R_1-Z_0}{R_1+Z_0}=-\frac{49}{51}$$

(3) 输入端的反射系数为

$$\Gamma_{in}=\Gamma_1 e^{-j2\beta l}=\frac{49}{51}$$

(4) 根据 $\lambda/4$ 阻抗变换性，可以得到输入端的阻抗为

$$Z_{in}=2500\ \Omega$$

【例题 10-2】 试证明无耗传输线上任意一点相距 $\lambda/4$ 的两点处的输入阻抗的乘积等于传输线特性阻抗的平方。

证明 传输线上任意一点 z_0 处的输入阻抗为

$$Z_{in}(z_0)=Z_0\frac{Z_1+jZ_0\tan\beta z_0}{Z_0+jZ_1\tan\beta z_0}$$

在 $z_0+\lambda/4$ 处的输入阻抗为

$$Z_{in}\left(z_0+\frac{\lambda}{4}\right)=Z_0\frac{Z_1+jZ_0\tan\beta\left(z_0+\dfrac{\lambda}{4}\right)}{Z_0+jZ_1\tan\beta\left(z_0+\dfrac{\lambda}{4}\right)}=Z_0\frac{Z_1-jZ_0/\tan\beta z_0}{Z_0-jZ_1/\tan\beta z_0}$$

因此

$$Z_{in}(z_0)\cdot Z_{in}\left(z_0+\frac{\lambda}{4}\right)=Z_0^2$$

10.3 矩形规则金属波导系统及其传输特性

规则金属波导是一理想波导，在波导管内填充的介质具有均匀、线性和各向同性的特点，同时波导管内无自由电荷和传导电流存在，而且管内的场为时谐场。因此，理想导行波系统中的电磁场可以直接对麦克斯韦方程求解，也可采用间接方法利用辅助矢位或标位函数使求解过程简化，或者采用纵向分量法使求解过程简化。常用的规则金属波导主要有矩形和圆柱形两类，在这两类波导中电磁波只能以 TE 和 TM 模传输。

通常将由金属材料制成的、矩形截面的、内充均匀介质的规则金属波导称为矩形波导，它是微波技术中应用最广泛的传输系统之一，尤其在高功率系统、毫米波系统和一些精密测试设备中，主要采用矩形波导。在实际应用中，矩形波导的管壁一般采用紫铜材料。由于实际应用中的矩形波导的损耗很小，因此一般将其近似认为是理想导体，即不存在衰减，衰减系数 $\alpha=0$。

假设矩形金属波导系统由无限长理想金属导体和内充均匀、线性和各向同性的理想介质(ε, μ)构成。根据波导系统的形状，取直角坐标系。设矩形波导宽边的内尺寸为 a，窄边的内尺寸为 b，如图 10.3-1 所示。矩形波导的横截面为 xOy 面，电磁波在波导内沿 z 方向传输，根据矩形金属波导的特性可知，它只能传输 TM 波和 TE 波，而不能传输 TEM 波。

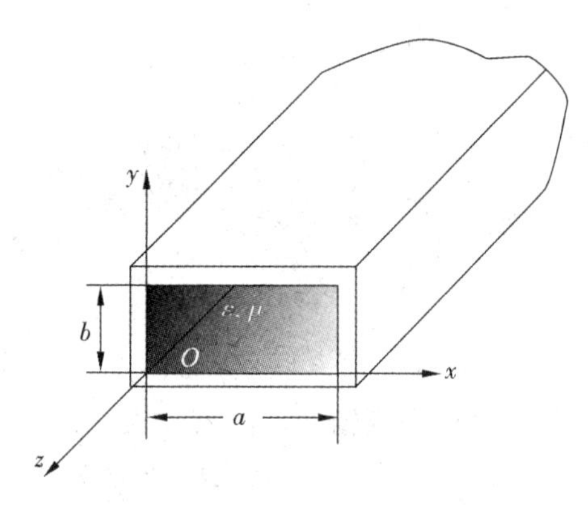

图 10.3-1 矩形波导

10.3.1 矩形波导中的场分布

由于在矩形波导中只能传输 TE 波和 TM 波，因此下面分别讨论在矩形波导中传输 TE 波和 TM 波的场分布特性。

1. TE 波的场分布

根据 TE 波的定义，$E_z=0$，$H_z\neq 0$，说明纵向分量只有纵向磁场分量，而无纵向电场分量。因此，根据纵向场分量与横向场分量的关系，只要求得纵向场分量 H_z，就可以获得各个横向场分量。

设 TE 波的纵向磁场分量 $H_z=H_{oz}(x, y)\mathrm{e}^{-\mathrm{j}\beta z}\neq 0$，则它满足齐次标量亥姆霍兹方程，即

$$\nabla_t^2 H_{oz}(x, y)+k_c^2 H_{oz}(x, y)=0 \tag{10.3-1}$$

在直角坐标系中$\nabla_t^2=\dfrac{\partial^2}{\partial x^2}+\dfrac{\partial^2}{\partial y^2}$，上式可写为

$$\left(\frac{\partial^2}{\partial x^2}+\frac{\partial^2}{\partial y^2}\right)H_{oz}(x, y)+k_c^2 H_{oz}(x, y)=0 \tag{10.3-2}$$

应用分离变量法，令

$$H_{oz}(x, y)=X(x)Y(y) \tag{10.3-3}$$

代入式(10.3-2)，并除以 $X(x)Y(y)$，得

$$-\frac{1}{X(x)}\frac{\mathrm{d}^2X(x)}{\mathrm{d}x^2}-\frac{1}{Y(y)}\frac{\mathrm{d}^2Y(y)}{\mathrm{d}y^2}=k_c^2$$

要使上式成立，上式左边每项必须均为常数，设分别为 k_x^2 和 k_y^2，则有

$$\begin{cases}\dfrac{\mathrm{d}^2X(x)}{\mathrm{d}x^2}+k_x^2X(x)=0\\[2ex]\dfrac{\mathrm{d}^2Y(y)}{\mathrm{d}y^2}+k_y^2Y(y)=0\\[2ex]k_x^2+k_y^2=k_c^2\end{cases} \tag{10.3-4}$$

于是，$H_{oz}(x, y)$的通解为

$$H_{oz}(x, y)=(A_1\cos k_x x+A_2\sin k_x x)(B_1\cos k_y y+B_2\sin k_y y) \tag{10.3-5}$$

其中，A_1、A_2、B_1、B_2为待定系数，由边界条件确定。

矩形金属波导中纵向磁场分量H_z应满足的边界条件为

$$\begin{cases}\dfrac{\partial H_z}{\partial x}\Big|_{x=0}=\dfrac{\partial H_z}{\partial x}\Big|_{x=a}=0\\[2ex]\dfrac{\partial H_z}{\partial y}\Big|_{y=0}=\dfrac{\partial H_z}{\partial y}\Big|_{y=b}=0\end{cases} \tag{10.3-6}$$

将式(10.3-5)代入式(10.3-6)可得

$$\begin{cases}A_2=0,\ k_x=\dfrac{m\pi}{a}\\[2ex]B_2=0,\ k_y=\dfrac{n\pi}{b}\end{cases} \tag{10.3-7}$$

于是矩形波导TE波纵向磁场的基本解为

$$H_z=A_1B_1\cos\left(\frac{m\pi}{a}x\right)\cos\left(\frac{n\pi}{b}y\right)e^{-j\beta z}=H_{mn}\cos\left(\frac{m\pi}{a}x\right)\cos\left(\frac{n\pi}{b}y\right)e^{-j\beta z}m,\ n=0,\ 1,\ 2,\ \cdots \tag{10.3-8}$$

式中，H_{mn}为(m, n)模式振幅常数，故$H_z(x, y, z)$的通解为

$$H_z=\sum_{m=0}^{\infty}\sum_{n=0}^{\infty}H_{mn}\cos\left(\frac{m\pi}{a}x\right)\cos\left(\frac{n\pi}{b}y\right)e^{-j\beta z} \tag{10.3-9}$$

将上式代入TE波纵向磁场分量和横向场分量的关系式即式(10.1-12)中，可得TE波其它横向场分量为

$$\begin{cases}E_x=\displaystyle\sum_{m=0}^{\infty}\sum_{n=0}^{\infty}\frac{j\omega\mu}{k_c^2}\frac{n\pi}{b}H_{mn}\cos\left(\frac{m\pi}{a}x\right)\sin\left(\frac{n\pi}{b}y\right)e^{-j\beta z}\\[2ex]E_y=\displaystyle\sum_{m=0}^{\infty}\sum_{n=0}^{\infty}\frac{-j\omega\mu}{k_c^2}\frac{m\pi}{a}H_{mn}\sin\left(\frac{m\pi}{a}x\right)\cos\left(\frac{n\pi}{b}y\right)e^{-j\beta z}\\[2ex]H_x=\displaystyle\sum_{m=0}^{\infty}\sum_{n=0}^{\infty}\frac{j\beta}{k_c^2}\frac{m\pi}{a}H_{mn}\sin\left(\frac{m\pi}{a}x\right)\cos\left(\frac{n\pi}{b}y\right)e^{-j\beta z}\\[2ex]H_y=\displaystyle\sum_{m=0}^{\infty}\sum_{n=0}^{\infty}\frac{j\beta}{k_c^2}\frac{n\pi}{b}H_{mn}\cos\left(\frac{m\pi}{a}x\right)\sin\left(\frac{n\pi}{b}y\right)e^{-j\beta z}\end{cases} \tag{10.3-10}$$

矩形波导TE10波的场分布

式中，$k_c=\sqrt{\left(\dfrac{m\pi}{a}\right)^2+\left(\dfrac{n\pi}{b}\right)^2}$为矩形波导TE波的截止波数，显然它与波导尺寸、传输波形有关。m和n分别代表TE波沿x方向和y方向分布的半波个数，一组m、n对应一种TE波，称做TE_{mn}模。但m和n不能同时为零，否则场分量全部为零。可见，矩形波导能够存在TE_{m0}模和TE_{0n}模及$TE_{mn}(m, n\neq0)$模；数值大的m及n模式称为高次模，数值小的称为低次模。由于矩形波导的尺寸$a>b$，因此矩形波导TE波中的TE_{10}模是最低次模，其余称为高次模。

2. TM波的场分布

根据TM波的定义，$E_z\neq0$，$H_z=0$，说明纵向分量只有纵向电场分量，而无纵向磁场

分量。因此根据纵向场分量与横向场分量的关系，只要求得纵向场分量 E_z，就可以获得各个横向场分量。

设 TE 波的纵向电场分量 $E_z=E_{oz}(x, y)e^{-j\beta z}$，则它满足齐次标量亥姆霍兹方程，即

$$\nabla_t^2 E_{oz}+k_c^2 E_{oz}=0 \tag{10.3-11}$$

类似 TE 波，TM 波的通解也可写成

$$E_{oz}(x, y)=(A_1\cos k_x x+A_2\sin k_x x)(B_1\cos k_y y+B_2\sin k_y y) \tag{10.3-12}$$

矩形金属波导中纵向电场分量 E_z 应满足的边界条件为

$$\begin{cases}E_z(0, y)=E_z(a, y)=0\\E_z(x, 0)=E_z(x, b)=0\end{cases} \tag{10.3-13}$$

用与 TE 波相同的方法可求得 TM 波的横向场分量为

$$\begin{cases}E_x=\sum\limits_{m=1}^{\infty}\sum\limits_{n=1}^{\infty}\dfrac{-j\beta}{k_c^2}\dfrac{m\pi}{a}E_{mn}\cos\left(\dfrac{m\pi}{a}x\right)\sin\left(\dfrac{n\pi}{b}y\right)e^{-j\beta z}\\E_y=\sum\limits_{m=1}^{\infty}\sum\limits_{n=1}^{\infty}\dfrac{-j\beta}{k_c^2}\dfrac{n\pi}{b}E_{mn}\sin\left(\dfrac{m\pi}{a}x\right)\cos\left(\dfrac{n\pi}{b}y\right)e^{-j\beta z}\\H_x=\sum\limits_{m=1}^{\infty}\sum\limits_{n=1}^{\infty}\dfrac{j\omega\varepsilon}{k_c^2}\dfrac{n\pi}{b}E_{mn}\sin\left(\dfrac{m\pi}{a}x\right)\cos\left(\dfrac{n\pi}{b}y\right)e^{-j\beta z}\\H_y=\sum\limits_{m=1}^{\infty}\sum\limits_{n=1}^{\infty}\dfrac{-j\omega\varepsilon}{k_c^2}\dfrac{m\pi}{a}E_{mn}\cos\left(\dfrac{m\pi}{a}x\right)\sin\left(\dfrac{n\pi}{b}y\right)e^{-j\beta z}\end{cases} \tag{10.3-14}$$

式中：$k_c=\sqrt{\left(\dfrac{m\pi}{a}\right)^2+\left(\dfrac{n\pi}{b}\right)^2}$ 为矩形波导 TM 波的截止波数，显然它与波导尺寸、传输波形有关；E_{mn} 为模式电场振幅数。一组 m、n 对应一种 TM 波，称做 TM_{mn} 模，但 m 和 n 都不能为零。其中 TM_{11} 模是矩形波导 TM 波的最低次模，其它均为高次模。

矩形波导 TM11 波的场分布

总之，矩形波导内存在许多模式的波，TE 波是所有 TE_{mn} 模式场的总和，而 TM 波是所有 TM_{mn} 模式场的总和。对于 m 和 n 的每一种组合都有相应的截止波数 k_{cmn} 和场分布，即一种可能的模式，称为 TM_{mn} 模或 TE_{mn} 模。不同的模式有不同的截止波数 k_{cmn}。对于 TE_{mn} 模，其 m 和 n 可以为 0，但不能同时为 0；而对于 TM_{mn} 模，其 m 和 n 都不能为 0，即不存在 TM_{m0} 模和 TM_{0n} 模。由于对相同的 m 和 n，TM_{mn} 模和 TE_{mn} 模的截止波数 k_{cmn} 相同，因此这种情况称为模式的简并。

10.3.2 矩形波导中的电磁波传输特性

在矩形波导中，TE_{mn} 波和 TM_{mn} 波的场矢量均可表示为

$$\begin{cases}\boldsymbol{E}_{mn}(x, y, z)=\boldsymbol{E}_{mn}(x, y)e^{-\gamma_{mn}z}\\\boldsymbol{H}_{mn}(x, y, z)=\boldsymbol{H}_{mn}(x, y)e^{-\gamma_{mn}z}\end{cases} \tag{10.3-15}$$

其中，传播常数为

$$\gamma_{mn}=\sqrt{k_{cmn}^2-k^2} \tag{10.3-16}$$

可见，矩形波导中的 TE_{mn} 波和 TM_{mn} 波的传播特性与电磁波的波数 k 和截止波数 k_{cmn} 有关。

(1) 当 $k_{cmn}>k$ 时，传播常数 $\gamma_{mn}=\sqrt{k_{cmn}^2-k^2}>0$ 为实数，则 $e^{-\gamma_{mn}z}$ 为衰减因子，说明相应模式的波不能在矩形波导中传播，此时，相位常数 β、波导波长 λ_g 不存在。

波阻抗为

$$\begin{cases}\eta_{\mathrm{TE}_{mn}}=\dfrac{\mathrm{j}\omega\mu}{\gamma_{mn}}=\dfrac{\mathrm{j}\omega\mu}{k\sqrt{(k_{cmn}/k)^2-1}}=\mathrm{j}a_1\\ \eta_{\mathrm{TM}_{mn}}=\dfrac{\gamma_{mn}}{\mathrm{j}\omega\varepsilon}=\dfrac{k\sqrt{(k_{cmn}/k)^2-1}}{\mathrm{j}\omega\varepsilon}=\mathrm{j}a_2\end{cases}\tag{10.3-17}$$

可见此时波阻抗为纯虚数。

(2) 当 $k_{cmn}=k$ 时，传播常数 $\gamma_{mn}=\sqrt{k_{cmn}^2-k^2}=0$，说明相应模式的波也不能在矩形波导中传播。

由 $k_{cmn}=k=\omega\sqrt{\varepsilon\mu}$ 和 $k_{cmn}=\sqrt{\left(\dfrac{m\pi}{a}\right)^2+\left(\dfrac{n\pi}{b}\right)^2}$ 可得到在矩形波导中传输的 TE_{mn} 和 TM_{mn} 波的截止参数均为

$$\begin{cases}\omega_c=\dfrac{k_{cmn}}{\sqrt{\varepsilon\mu}}=\dfrac{1}{\sqrt{\varepsilon\mu}}\sqrt{\left(\dfrac{m\pi}{a}\right)^2+\left(\dfrac{n\pi}{b}\right)^2} & \text{截止角频率}\\ f_c=\dfrac{\omega_{cmn}}{2\pi}=\dfrac{1}{2\pi\sqrt{\varepsilon\mu}}\sqrt{\left(\dfrac{m\pi}{a}\right)+\left(\dfrac{n\pi}{b}\right)^2} & \text{截止频率}\\ \lambda_c=\dfrac{2\pi}{k_{cmn}}=\dfrac{2\pi}{\sqrt{\left(\dfrac{m\pi}{a}\right)+\left(\dfrac{n\pi}{b}\right)^2}} & \text{截止波长}\end{cases}\tag{10.3-18}$$

(3) 当 $k_{cmn}<k$ 时，传播常数 $\gamma_{mn}=\sqrt{k_{cmn}^2-k^2}=\mathrm{j}\beta_{mn}$ 为一纯虚数，说明相应模式的波能在矩形波导中传播。TE_{mn} 和 TM_{mn} 波的相移常数为

$$\beta_{\mathrm{TE}_{mn}}=\beta_{\mathrm{TM}_{mn}}=\beta_{mn}=\sqrt{k^2-k_{cmn}^2}=\sqrt{\omega^2\varepsilon\mu-\left(\frac{m\pi}{a}\right)^2-\left(\frac{n\pi}{b}\right)^2}\tag{10.3-19}$$

TE_{mn} 和 TM_{mn} 波的相速为

$$v_{\mathrm{TE}_{mn}}=v_{\mathrm{TM}_{mn}}=v_{mn}=\frac{\omega}{\beta_{mn}}=\frac{\omega}{\sqrt{\omega^2\varepsilon\mu-\left(\dfrac{m\pi}{a}\right)^2-\left(\dfrac{n\pi}{b}\right)^2}}\tag{10.3-20}$$

TE_{mn} 和 TM_{mn} 波的波导波长(波导中相位变化 2π 时传输的距离)为

$$\lambda_{\mathrm{TE}_{mn}}=\lambda_{\mathrm{TM}_{mn}}=\lambda_{mn}=\frac{2\pi}{\beta_{mn}}=\frac{2\pi}{\sqrt{\omega^2\varepsilon\mu-\left(\dfrac{m\pi}{a}\right)^2-\left(\dfrac{n\pi}{b}\right)^2}}\tag{10.3-21}$$

TE_{mn} 和 TM_{mn} 波的波阻抗为

$$\begin{cases}\eta_{\mathrm{TE}_{mn}}=\dfrac{\omega\mu}{\beta_{mn}}=\dfrac{\omega\mu}{\sqrt{\omega^2\varepsilon\mu-\left(\dfrac{m\pi}{a}\right)^2-\left(\dfrac{n\pi}{b}\right)^2}}>\sqrt{\dfrac{\mu}{\varepsilon}}\\ \eta_{\mathrm{TM}_{mn}}=\dfrac{\beta_{mn}}{\omega\varepsilon}=\dfrac{\sqrt{\omega^2\varepsilon\mu-\left(\dfrac{m\pi}{a}\right)^2-\left(\dfrac{n\pi}{b}\right)^2}}{\omega\varepsilon}<\sqrt{\dfrac{\mu}{\varepsilon}}\end{cases}\tag{10.3-22}$$

可见，只有当工作波长 λ 小于某个模的截止波长 λ_c(或工作频率大于截止频率)时，$\beta^2>0$，此模可在波导中传输，故称为传导模；当工作波长 λ 大于或等于某个模的截止波长 λ_c(或工作频率小于或等于截止频率)时，$\beta^2\leqslant0$，即此模在波导中不能传输，称为截止模。一个模能

否在波导中传输取决于波导结构和工作频率(或波长)。对于相同的 m 和 n，TE_{mn} 和 TM_{mn} 模具有相同的截止波长，故又称为简并模，虽然它们的场分布不同，但具有相同的传输特性。在矩形波导系统中，除了 TE_{m0} 和 TE_{0n} 模外，其余模都具有双重简并模。

【例题 10-3】 一充满空气的矩形波导横截面尺寸为 $a\times b=2.3\ \text{cm}\times 1\ \text{cm}$，信号源频率为 10 GHz。试求：(1) 波导中可以传播的模式；(2) 该模式的截止波长 λ_c、相移常数 β、相速 v_p 和波导波长 λ_g 各为多少？

解 (1) 由已知的信号源频率，可以得到信号波长为

$$\lambda=\frac{c}{f}=3\ \text{cm}$$

又因为 $\lambda_{cTE_{10}}=2a=4.6\ \text{cm}$，$\lambda_{cTE_{20}}=a=2.3\ \text{cm}$，因此，波导中可以传输的模式只能为 TE_{10} 模。

(2) 根据矩形波导横截面尺寸，可以得到以 TE_{10} 模在该矩形波导内传输的截止波长 λ_c、相移常数 β、相速 v_p 和波导波长 λ_g 分别为

$$\lambda_{cTE_{10}}=2a=4.6\ \text{cm}$$

$$\beta=\frac{2\pi}{\lambda}\sqrt{1-\left(\frac{\lambda}{\lambda_c}\right)^2}=158.8$$

$$v_p=\frac{\omega}{\beta}=3.95\times 10^8\ \text{m/s}$$

$$\lambda_g=\frac{2\pi}{\beta}=3.95\ \text{cm}$$

10.4　圆柱形规则金属波导系统及其特性

圆柱形波导简称圆波导，是截面形状为圆形的金属管。同矩形波导一样，圆波导也只能传输 TE 和 TM 波形，而不能传输 TEM 波。圆波导具有加工方便、双极化、低损耗等优点，广泛应用于远距离通信、双极化馈线以及微波圆形谐振器等，是一种较为常用的规则金属波导。

在实际应用中，圆形波导的管壁一般也采用紫铜材料。由于实际应用中的圆形波导的损耗很小，因此一般将其近似认为是理想导体，即不存在衰减，即衰减系数 $\alpha=0$。

假设圆形金属波导系统由无限长理想金属导体和内充均匀、线性和各向同性的理想介质(ε, μ)构成。根据波导系统的形状，取圆柱坐标系。设圆形波导内壁的半径为 a，圆形波导的横截面为 xOy 面，电磁波在波导内沿 z 方向传输，如图 10.4-1 所示。

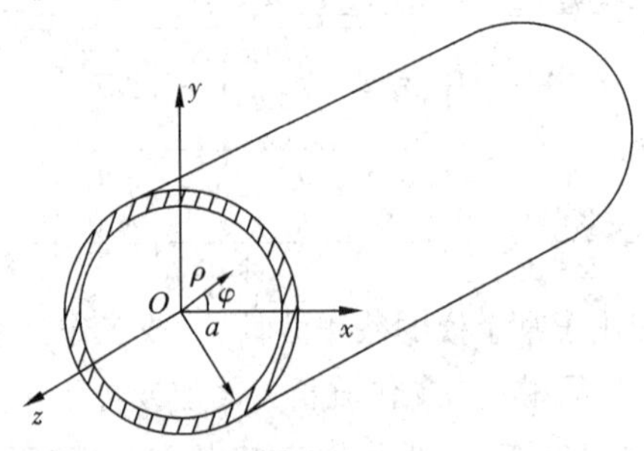

图 10.4-1　圆波导及其坐标

10.4.1　圆柱形波导中的场分布

与矩形波导类似，采用纵向场法，即先求出纵向分量 E_z 或 H_z，然后根据纵向场分量与横向场分量的关系再导出其余分量。

1. TE 波的场分布

根据 TE 波的定义，$E_z=0$，$H_z\neq0$，说明纵向分量只有纵向磁场分量，而无纵向电场分量。设 TE 波的纵向磁场分量 $H_z=H_{oz}(\rho,\varphi)\mathrm{e}^{-\mathrm{j}\beta z}\neq0$，则它满足齐次标量亥姆霍兹方程，即

$$\nabla_t^2 H_{oz}(\rho,\varphi)+k_c^2 H_{oz}(\rho,\varphi)=0 \tag{10.4-1}$$

在圆柱坐标中，$\nabla_t^2=\dfrac{\partial^2}{\partial\rho^2}+\dfrac{1}{\rho}\dfrac{\partial}{\partial\rho}+\dfrac{1}{\rho^2}\dfrac{\partial^2}{\partial\varphi^2}$，上式写作

$$\left(\frac{\partial^2}{\partial\rho^2}+\frac{1}{\rho}\frac{\partial}{\partial\rho}+\frac{1}{\rho^2}\frac{\partial^2}{\partial\varphi^2}\right)H_{oz}(\rho,\varphi)+k_c^2 H_{oz}(\rho,\varphi)=0 \tag{10.4-2}$$

应用分离变量法，令

$$H_{oz}(\rho,\varphi)=R(\rho)\Phi(\varphi) \tag{10.4-3}$$

代入式(10.4-2)，并除以 $R(\rho)\Phi(\varphi)$ 得

$$\frac{1}{R(\rho)}\left[\rho^2\frac{\mathrm{d}^2R(\rho)}{\mathrm{d}\rho^2}+\rho\frac{\mathrm{d}R(\rho)}{\mathrm{d}\rho}+\rho^2k_c^2R(\rho)\right]=-\frac{1}{\Phi(\varphi)}\frac{\mathrm{d}^2\Phi(\varphi)}{\mathrm{d}\varphi^2} \tag{10.4-4}$$

要使上式成立，方程的两边必须均为常数，设该常数为 m^2，则得

$$\rho^2\frac{\mathrm{d}^2R(\rho)}{\mathrm{d}\rho^2}+\rho\frac{\mathrm{d}R(\rho)}{\mathrm{d}\rho}+(\rho^2k_c^2-m^2)R(\rho)=0 \tag{10.4-5a}$$

$$\frac{\mathrm{d}^2\Phi(\varphi)}{\mathrm{d}\varphi^2}+m^2\Phi(\varphi)=0 \tag{10.4-5b}$$

式(10.4-5a)的通解为

$$R(\rho)=A_1J_m(k_c\rho)+A_2N_m(k_c\rho) \tag{10.4-6a}$$

式中，$J_m(x)$、$N_m(x)$分别为第一类和第二类 m 阶贝塞尔函数。

式(10.4-5b)的通解为

$$\Phi(\varphi)=B_1\cos m\varphi+B_2\sin m\varphi=B\begin{pmatrix}\cos m\varphi\\ \sin m\varphi\end{pmatrix} \tag{10.4-6b}$$

式(10.4-6b)中后一种表示形式是考虑到圆波导的轴对称性，因此场的极化方向具有不确定性，使导行波的场分布在 φ 方向存在 $\cos m\varphi$ 和 $\sin m\varphi$ 两种可能的分布，它们独立存在，相互正交，截止波长相同，构成同一导行模的极化简并模。

另外，由于 $\rho\to0$ 时 $N_m(k_c\rho)\to-\infty$，故式(10.4-6a)中必然有 $A_2=0$。于是 $H_{oz}(\rho,\varphi)$ 的通解为

$$H_{oz}(\rho,\varphi)=A_1BJ_m(k_c\rho)\begin{pmatrix}\cos m\varphi\\ \sin m\varphi\end{pmatrix} \tag{10.4-7}$$

根据边界条件 $\dfrac{\partial H_{oz}}{\partial\rho}\Big|_{\rho=a}=0$，由式(10.4-7)得 $J_m'(k_ca)=0$。设 m 阶贝塞尔函数的一阶导数 $J_m'(x)$ 的第 n 个根为 μ_{mn}，则有

$$k_ca=\mu_{mn}\quad 或\quad k_c=\frac{\mu_{mn}}{a}\qquad n=1,2,\cdots \tag{10.4-8}$$

则圆波导 TE 模纵向磁场 H_z 基本解为

$$H_z(\rho,\varphi,z)=A_1BJ_m\left(\frac{\mu_{mn}}{a}\rho\right)\begin{pmatrix}\cos m\varphi\\ \sin m\varphi\end{pmatrix}e^{-j\beta z}\qquad m=0,1,2,\cdots;\ n=1,2,\cdots \tag{10.4-9}$$

令模式振幅 $H_{mn}=A_1B$，则 $H_z(\rho,\varphi,z)$的通解为

$$H_z(\rho,\varphi,z)=\sum_{m=0}^{\infty}\sum_{n=1}^{\infty}H_{mn}J_m\left(\frac{\mu_{mn}}{a}\rho\right)\begin{pmatrix}\cos m\varphi\\ \sin m\varphi\end{pmatrix}e^{-j\beta z} \tag{10.4-10}$$

将上式代入 TE 波纵向磁场分量和横向场分量的关系式即式(10.1-12)中，可得 TE 波其它横向场分量为

$$\begin{cases}E_\rho=\pm\displaystyle\sum_{m=0}^{\infty}\sum_{n=1}^{\infty}\frac{j\omega\mu ma^2}{\mu_{mn}\rho}H_{mn}J_m\left(\frac{\mu_{mn}}{a}\rho\right)\begin{pmatrix}\sin m\varphi\\ \cos m\varphi\end{pmatrix}e^{-j\beta z}\\ E_\varphi=\displaystyle\sum_{m=0}^{\infty}\sum_{n=1}^{\infty}\frac{j\omega\mu a}{\mu_{mn}}H_{mn}J'_m\left(\frac{\mu_{mn}}{a}\rho\right)\begin{pmatrix}\cos m\varphi\\ \sin m\varphi\end{pmatrix}e^{-j\beta z}\\ H_\rho=\displaystyle\sum_{m=0}^{\infty}\sum_{n=1}^{\infty}\frac{-j\beta a}{\mu_{mn}}H_{mn}J'_m\left(\frac{\mu_{mn}}{a}\rho\right)\begin{pmatrix}\cos m\varphi\\ \sin m\varphi\end{pmatrix}e^{-j\beta z}\\ H_\varphi=\pm\displaystyle\sum_{m=0}^{\infty}\sum_{n=1}^{\infty}\frac{j\beta ma^2}{\mu_{mn}^2\rho}H_{mn}J_m\left(\frac{\mu_{mn}}{a}\rho\right)\begin{pmatrix}\sin m\varphi\\ \cos m\varphi\end{pmatrix}e^{-j\beta z}\end{cases} \tag{10.4-11}$$

可见，圆波导中同样存在着无穷多种 TE 模，不同的 m 和 n 代表不同的模式，记作 TE_{mn}。式中，m 表示场沿圆周分布的整波数，n 表示场沿半径分布的最大值个数。

2. TM 波的场分布

根据 TM 波的定义，$E_z\neq0$，$H_z=0$，说明纵向分量只有纵向电场分量，而无纵向磁场分量。因此，根据纵向场分量和横向场分量的关系，只要求得纵向场分量 E_z，就可以获得各个横向场分量。

设 TM 波的纵向电场分量 $E_z=E_{oz}(x,y)e^{-j\beta z}$，则它满足齐次标量亥姆霍兹方程，即

$$\nabla_t^2E_{oz}+k_c^2E_{oz}=0 \tag{10.4-12}$$

类似 TE 波，TM 波的通解也可写成

$$E_z(\rho,\varphi,z)=\sum_{m=0}^{\infty}\sum_{n=1}^{\infty}E_{mn}J_m\left(\frac{v_{mn}}{a}\rho\right)\begin{pmatrix}\cos m\varphi\\ \sin m\varphi\end{pmatrix}e^{-j\beta z} \tag{10.4-13}$$

其中，v_{mn} 是 m 阶贝塞尔函数 $J_m(x)$的第 n 个根且 $k_{cTM_{mn}}=\dfrac{v_{mn}}{a}$，于是可得其它横向场分量为

$$\begin{cases}E_\rho=\displaystyle\sum_{m=0}^{\infty}\sum_{n=1}^{\infty}\frac{-j\beta a}{v_{mn}}E_{mn}J'_m\left(\frac{v_{mn}}{a}\rho\right)\begin{pmatrix}\cos m\varphi\\ \sin m\varphi\end{pmatrix}e^{-j\beta z}\\ E_\varphi=\pm\displaystyle\sum_{m=0}^{\infty}\sum_{n=1}^{\infty}\frac{j\beta ma^2}{v_{mn}^2\rho}E_{mn}J_m\left(\frac{v_{mn}}{a}\rho\right)\begin{pmatrix}\sin m\varphi\\ \cos m\varphi\end{pmatrix}e^{-j\beta z}\\ H_\rho=\pm\displaystyle\sum_{m=0}^{\infty}\sum_{n=1}^{\infty}\frac{j\omega\varepsilon ma^2}{v_{mn}^2\rho}E_{mn}J_m\left(\frac{v_{mn}}{a}\rho\right)\begin{pmatrix}\sin m\varphi\\ \cos m\varphi\end{pmatrix}e^{-j\beta z}\\ H_\varphi=\displaystyle\sum_{m=0}^{\infty}\sum_{n=1}^{\infty}\frac{-j\omega\varepsilon a}{v_{mn}}E_{mn}J'_m\left(\frac{v_{mn}}{a}\rho\right)\begin{pmatrix}\cos m\varphi\\ \sin m\varphi\end{pmatrix}e^{-j\beta z}\\ H_z=0\end{cases} \tag{10.4-14}$$

可见，圆波导中存在着无穷多种 TM 模，波形指数 m 和 n 的意义与 TE 模相同。

10.4.2　圆柱形波导的传输特性

在圆柱形波导中，TE_{mn} 波和 TM_{mn} 波的场矢量均可表示为

$$\begin{cases} E_{mn}(\rho,\ \varphi,\ z) = E_{mn}(\rho,\ \varphi)e^{-\gamma z} \\ H_{mn}(\rho,\ \varphi,\ z) = H_{mn}(\rho,\ \varphi)e^{-\gamma z} \end{cases} \tag{10.4-15}$$

其中，传播常数为

$$\gamma_{mn} = \sqrt{k_{cmn}^2 - k^2} \tag{10.4-16}$$

可见，圆柱形波导中的 TE_{mn} 波和 TM_{mn} 波的传播特性与电磁波的波数 k 和截止波数 k_{cmn} 有关。

（1）当 $k_{cmn} > k$ 时，传播常数 $\gamma_{mn} = \sqrt{k_{cmn}^2 - k^2} > 0$ 为实数，则 $e^{-\gamma z}$ 为衰减因子，说明相应模式的波不能在矩形波导中传播。

（2）当 $k_{cmn} = k$ 时，传播常数 $\gamma_{mn} = \sqrt{k_{cmn}^2 - k^2} = 0$，说明相应模式的波也不能在矩形波导中传播。

由 $k_{cmn} = k = \omega\sqrt{\varepsilon\mu}$ 和 TE_{mn} 波的截止波数 $k_{cmn} = \dfrac{\mu_{mn}}{a}$ 与 TM_{mn} 波的截止波数 $k_{cTM_{mn}} = \dfrac{v_{mn}}{a}$ 可得到在圆柱形波导中传输的 TE_{mn} 和 TM_{mn} 波的截止参数均为

$$\begin{cases} \omega_{cmn} = \dfrac{k_{cmn}}{\sqrt{\varepsilon\mu}} = \begin{cases} \omega_{cTE_{mn}} = \dfrac{\mu_{mn}}{a\sqrt{\varepsilon\mu}} \\ \omega_{cTM_{mn}} = \dfrac{v_{mn}}{a\sqrt{\varepsilon\mu}} \end{cases} & \text{截止角频率} \\ f_{cmn} = \dfrac{\omega_{cmn}}{2\pi} = \begin{cases} f_{cTE_{mn}} = \dfrac{\mu_{mn}}{2\pi a\sqrt{\varepsilon\mu}} \\ f_{cTM_{mn}} = \dfrac{v_{mn}}{2\pi a\sqrt{\varepsilon\mu}} \end{cases} & \text{截止频率} \\ \lambda_{cmn} = \dfrac{2\pi}{k_{cmn}} = \begin{cases} \lambda_{cTE_{mn}} = \dfrac{2\pi a}{\mu_{mn}} \\ \lambda_{cTM_{mn}} = \dfrac{2\pi a}{v_{mn}} \end{cases} & \text{截止波长} \end{cases} \tag{10.4-17}$$

（3）当 $k_{cmn} < k$ 时，传播常数 $\gamma_{mn} = \sqrt{k_{cmn}^2 - k^2} = j\beta_{mn}$，为一纯虚数，说明相应模式的波能在圆柱形波导中传播。TE_{mn} 和 TM_{mn} 波的相移常数为

$$\begin{cases} \beta_{TE_{mn}} = \sqrt{k^2 - k_{cmn}^2} = \sqrt{\omega^2\varepsilon\mu - \left(\dfrac{\mu_{mn}}{a}\right)^2} \\ \beta_{TM_{mn}} = \sqrt{k^2 - k_{cmn}^2} = \sqrt{\omega^2\varepsilon\mu - \left(\dfrac{v_{mn}}{a}\right)^2} \end{cases} \tag{10.4-18}$$

TE_{mn} 和 TM_{mn} 波的相速为

$$\begin{cases} v_{\mathrm{TE}_{mn}}=\dfrac{\omega}{\beta}=\dfrac{v}{\sqrt{1-\left(\dfrac{f_{\mathrm{cTE}_{mn}}}{f}\right)^2}} \\ v_{\mathrm{TM}_{mn}}=\dfrac{\omega}{\beta}=\dfrac{v}{\sqrt{1-\left(\dfrac{f_{\mathrm{cTM}_{mn}}}{f}\right)^2}} \end{cases} \tag{10.4-19}$$

TE_{mn} 和 TM_{mn} 波的波导波长(波导中相位变化 2π 时传输的距离)为

$$\begin{cases} \lambda_{\mathrm{TE}_{mn}}=\dfrac{v_{\mathrm{TE}_{mn}}}{f}=\dfrac{\lambda}{\sqrt{1-\left(\dfrac{f_{\mathrm{cTE}_{mn}}}{f}\right)^2}} \\ \lambda_{\mathrm{TM}_{mn}}=\dfrac{v_{\mathrm{TM}_{mn}}}{f}=\dfrac{\lambda}{\sqrt{1-\left(\dfrac{f_{\mathrm{cTM}_{mn}}}{f}\right)^2}} \end{cases} \tag{10.4-20}$$

TE_{mn} 和 TM_{mn} 波的波阻抗为

$$\begin{cases} \eta_{\mathrm{TE}_{mn}}=\dfrac{\omega\mu}{\beta_{mn}}=\eta\sqrt{1-\left(\dfrac{f_{\mathrm{cTE}_{mn}}}{f}\right)^2} \\ \eta_{\mathrm{TM}_{mn}}=\dfrac{\beta_{mn}}{\omega\varepsilon}=\dfrac{\eta}{\sqrt{1-\left(\dfrac{f_{\mathrm{cTE}_{mn}}}{f}\right)^2}} \end{cases} \tag{10.4-21}$$

可见，一个模能否在波导中传输取决于波导结构和工作频率(或波长)。圆柱形波导中存在无穷多个可能的传播模式。在所有的模式中，TE_{11} 模截止波长最长，其次为 TM_{01} 模，三种典型模式的截止波长分别为 $\lambda_{\mathrm{cTE}_{11}}=3.4126a$，$\lambda_{\mathrm{cTM}_{01}}=2.6127a$，$\lambda_{\mathrm{cTE}_{01}}=1.6398a$，因此圆柱形波导中的主模为 TE_{11} 模。

另外，圆柱形波导中也存在简并模，它有两种简并模，即 E-H 简并模和极化简并模。不同模式具有相同的截止波长。由于贝塞尔函数具有 $J_0'(x)=-J_1(x)$ 的性质，所以一阶贝塞尔函数的根和零阶贝塞尔函数导数的根相等，即 $\mu_{0n}=v_{1n}$，故有 $\lambda_{\mathrm{cTE}_{0n}}=\lambda_{\mathrm{cTM}_{1n}}$，从而形成了 TE_{0n} 模和 TM_{1n} 模的简并，这种简并称为 E-H 简并，这和矩形波导中的模式简并相同。由于圆波导具有轴对称性，对 $m\neq0$ 的任意非圆对称模式，横向电磁场可以有任意的极化方向而截止波数相同，任意极化方向的电磁波可以看成是偶对称极化波和奇对称极化波的线性组合。偶对称极化波和奇对称极化波具有相同的场分布，故称之为极化简并，这是圆柱形波导中特有的。正因为存在极化简并，所以波在传播过程中由于圆波导细微的不均匀而引起极化旋转，从而导致不能单模传输。同时，也正是因为有极化简并现象，圆波导可以构成极化分离器、极化衰减器等。

10.5 典型应用

10.5.1 隐身飞行物的无源探测

隐身飞行物隐身的方法主要有两种：一是减小目标的雷达截面积，使现有精度的雷达无法探测；二是在飞行物上涂上吸波材料。涂敷吸波材料是飞行物隐身的关键技术之一，按其工作原理可分为三类：① 雷达波作用于材料时，材料产生电导损耗、高频介质损耗和磁滞损耗等，使电磁波能转换为热能而散发；② 雷达波能量分散到目标表面各部分，减小雷达接收天线方向上散射的电磁能；③ 使雷达波在材料表面的反射波与进入材料后在材料底层的反射波叠加发生干涉而相互抵消。

根据电波传输理论和辐射理论可知，任何物体在大气中都要吸收和辐射能量，并且遵守能量守恒定律，即吸收能量和辐射能量相等。微波辐射计(Microwave Radiometer)是测量物质热辐射的高灵敏度接收机，它是无源遥感接收机，其测量的是自然界一切物体微弱的热辐射信号。

采用微波辐射计来实现对隐身飞行物的探测是一种新的测量方法。这种方法的优点有两方面：一是微波辐射计是被动接收空中目标的大气热噪声，本身不发射电磁波，因此具有隐蔽性，即具有自隐身功能；二是隐身目标在设计中除结构上优化外，主要在目标外壳上大量涂敷微波吸收材料，从而减小电磁波的反射，达到隐身目的。根据能量守恒原理，隐身目标在吸收电磁波的同时一定会向外辐射一定的热量，使目标处的大气热噪声加大，这就为微波辐射计测量隐身目标提供了可能。

1. 微波辐射计的构成

微波辐射计主要由放大器、检波器、积分器和显示记录等四部分组成，图10.5-1为其简化组成图。

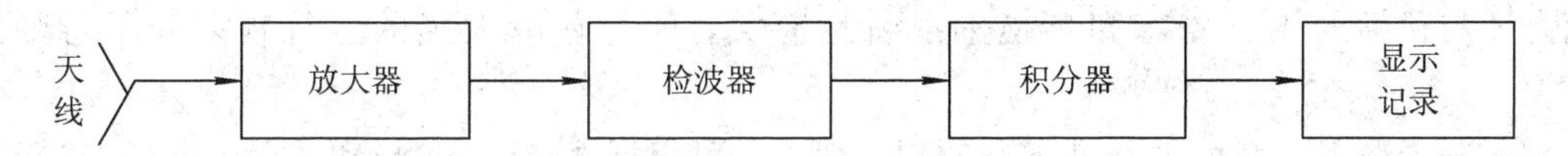

图10.5-1　微波辐射计简化组成图

一般辐射计均采用抛物面天线及其变形，为了获得较好的空间分辨率，天线孔径一般选得较大。辐射计的输出包括两部分：一部分是由天线收集到的物体微波热辐射信号噪声，它非常微弱；另一部分是辐射计本身的热噪声。

2. 利用微波辐射计对隐身目标进行无源探测的原理

无源探测依赖于目标的自然辐射，而由温度和发射率决定的热辐射是自然辐射的主要来源。当空中无目标时微辐射计测量量为其探测路径上的大气热噪声，即大气亮度温度。当探测路径上有目标出现时，其测量量为路径上的大气热噪声与目标本身发出的热噪声之和。这样就可以根据有目标时场景天线温度和没有目标时的背景天线温度之差ΔT对目标进行探测和识别。

利用地基微波辐射计对空中目标进行探测，当目标进入天线主波束时，辐射计天线温度$T_{A1}(\theta_0)$为

$$T_{A1}(\theta_0)=\frac{\int_{\Omega_T}T_{AP}(\theta,\varphi)G(\theta,\varphi)d\Omega}{\int_{4\pi}G(\theta,\varphi)d\Omega}+\frac{\int_{\Omega_m-\Omega_T}T_B(\theta,\varphi)G(\theta,\varphi)d\Omega}{\int_{4\pi}G(\theta,\varphi)d\Omega}+\frac{\int_{\Omega_s}T_B(\theta,\varphi)G(\theta,\varphi)d\Omega}{\int_{4\pi}G(\theta,\varphi)d\Omega} \tag{10.5-1}$$

式中：θ_0为辐射计观测仰角；$T_{AP}(\theta,\varphi)$为目标的视在温度分布；$G(\theta,\varphi)$为辐射计天线方

向图；$T_B(\theta, \varphi)$为观测背景视在温度分布；Ω_T 为目标对天线所张立体角；Ω_m 为辐射计天线主波束所张立体角；Ω_s 为天线旁瓣所张立体角，$\Omega_s = 4\pi - \Omega_m$。

当背景中没有目标时，目标对天线所张的立体角内的场景视在温度应为背景视在温度分布 $T_B(\theta, \varphi)$，这时天线温度 $T_{A2}(\theta_0)$可写成：

$$T_{A2}(\theta_0) = \frac{\int_{\Omega_T} T_B(\theta, \varphi)G(\theta, \varphi)\mathrm{d}\Omega}{\int_{4\pi} G(\theta, \varphi)\mathrm{d}\Omega} + \frac{\int_{\Omega_m - \Omega_T} T_B(\theta, \varphi)G(\theta, \varphi)\mathrm{d}\Omega}{\int_{4\pi} G(\theta, \varphi)\mathrm{d}\Omega} + \frac{\int_{\Omega_S} T_B(\theta, \varphi)G(\theta, \varphi)\mathrm{d}\Omega}{\int_{4\pi} G(\theta, \varphi)\mathrm{d}\Omega} \tag{10.5-2}$$

有目标时与没有目标时的天线温度对比度 $\Delta T_A(\theta_0)$为

$$\begin{aligned}\Delta T_A(\theta_0) &= T_{A1}(\theta_0) - T_{A2}(\theta_0) \\ &= \frac{\int_{\Omega_T} T_{AP}(\theta, \varphi)G(\theta, \varphi)\mathrm{d}\Omega}{\int_{4\pi} G(\theta, \varphi)\mathrm{d}\Omega} - \frac{\int_{\Omega_T} T_B(\theta, \varphi)G(\theta, \varphi)\mathrm{d}\Omega}{\int_{\Omega_{4\pi}} G(\theta, \varphi)\mathrm{d}\Omega} \\ &= \frac{1}{\int_{4\pi} G(\theta, \varphi)\mathrm{d}\Omega}\int_{\Omega_T} [T_{AP}(\theta, \varphi) - T_B(\theta, \varphi)]G(\theta, \varphi)\mathrm{d}\Omega \end{aligned} \tag{10.5-3}$$

在实际情况下，天线温度对比度不仅取决于目标的天线主波束填充系数，而且对于金属目标 $T_{AP}(\theta, \varphi)$的表达式也十分复杂，它不仅与立体目标的几何形状和材料特性有关，而且还与目标的飞行姿态和环境辐射特性有关，即与环境大气的上行辐射和下行辐射有关。

对于无散射大气的上行和下行辐射，理论上可根据式(10.5-4)和式(10.5-5)进行计算，即

$$T_{BUP}(\theta, \varphi) = T_{Bg}(\theta, \varphi)\tau(0, H) + \int_0^H k_a(z)T(z)\tau(z, H)\csc\theta \mathrm{d}z \tag{10.5-4}$$

$$T_{Bdn}(\theta, \varphi) = T_{BC}(\infty)\tau(0, \infty) + \int_0^\infty k_a(z)T(z)\tau(0, z)\csc\theta \mathrm{d}z \tag{10.5-5}$$

$$T_{Bg}(\theta, \varphi) = T_{Bgr}(\theta, \varphi) + T_{Bgc}(\theta, \varphi) \tag{10.5-6}$$

$$\tau(z, H) = \exp\left\{-\int_z^H k_a(z')\csc\theta \cdot \mathrm{d}z'\right\} \tag{10.5-7}$$

$$\tau(0, H) = \exp\left\{-\int_0^H k_a(z')\csc\theta \cdot \mathrm{d}z'\right\} \tag{10.5-8}$$

式中：T_{BUP}、T_{Bdn}分别为散射大气的上、下行天线温度；θ 为观测仰角；H 为目标高度；$T_{Bg}(\theta, \varphi)$为地表面处在(θ, φ)方向上的上行辐射亮温温度；$T_{Bgr}(\theta, \varphi)$为地表面热辐射亮温温度；$T_{Bgc}(\theta, \varphi)$为来自地表上空半无限大气及外空的下行辐射被地表反射和散射到(θ, φ)方向上的部分辐射分量；$k_a(z)$为大气体吸收系数；$T_{BC}(\infty)$为宇宙背景辐射亮温温度；$T(z)$为高度 z 处大气热力学温度。

由式(10.5-4)和式(10.5-5)可以看出目标所产生的天线温度增量还与天气状况和地面辐射特性有关，即目标产生的天线温度对比度又是天气状况、季节的随机函数。要想得到真实立体目标天线温度对比度的可靠资料，就必须对真实目标进行反复测量再进行统计分析，这不仅需要良好的测试条件，而且需要耗费大量的时间和经费，对工程应用而言，

有必要寻求一种经济实用的测量方法。

目前，常用的测量方法是缩比测量法，在满足缩比测量条件——天线特性、目标形状、观测角度及背景类型不变以及观测高度和目标的几何尺寸同比例降低的情况下，计算出的目标天线温度对比度应相等，这样就可以在较低的高度上测量缩小了的模拟目标，以等效在实际应用距离上测量真实大目标的天线温度对比度。这就便于对不同的目标在各种条件下进行长期的反复测量，累积大量的资料进行统计分析，以保证得出目标天线温度对比度的可靠技术资料。

10.5.2　高精度气体折射率测量

随着社会需求的快速发展，气体有关参数的精确测量在国民经济和军事应用领域日显迫切，如氧气纯度、空气折射率以及氢气中含水量的测量等。然而，要实现对气体参数的精确测量，采用目前常用的方法很难达到精度要求，因此需要寻求其它方法来实现。

气体的含水量、纯度等都与气体的介电常数有关，而气体的介电常数又与其折射率有关，因此，只要能够精确地测量出气体的折射率就可以实现对气体参数的精确测量。精确测量大气折射率的仪器称为折射率仪。

1. 微波折射率仪的组成

微波折射率仪主要由测量腔、测量稳频单元、标准稳频单元、混频单元和终端等五个单元组成，如图 10.5-2 所示。

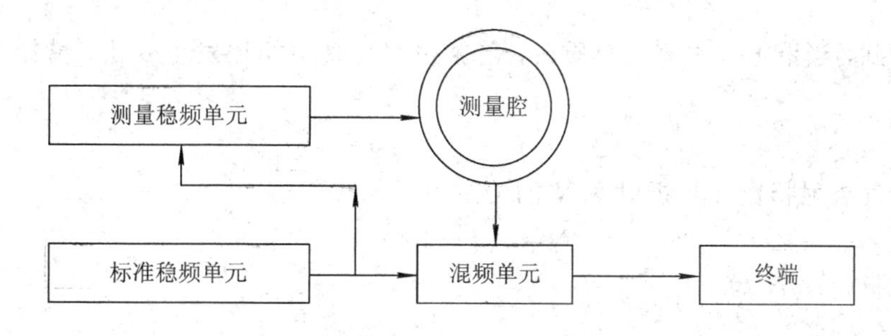

图 10.5-2　微波折射率仪组成框图

(1) 测量稳频单元。测量稳频单元的功能是输出腔体中气体介质引起变化了的频率值。它主要由压控晶体振荡器(VCO)、锁相环、倍频器、滤波器、衰减器、调配器、环形器、检波器、放大器、检相器、调制振荡器等组成。

(2) 标准稳频单元。标准稳频单元的功能是为检测空气充入谐振腔后的谐振频率变化提供一个标准频率。它主要由高精度晶体振荡器、倍频器、滤波器等组成。

(3) 混频单元。混频单元的主要功能是检测出空气充入到谐振腔后引起谐振频率的变化量。

(4) 测量腔。测量腔由空腔谐振器和匹配元件组成。谐振腔的总体要求有：一是两端要开孔，使气体能够流动；二是随着环境温度的变化，其具有很高的谐振频率稳定性，即温度变化的影响尽可能减小；三是高 Q(品质因数)设计，使频率变化能够准确地反映出折射率的微小变化。

(5) 终端。终端的主要功能是对得到的频率差进行一定的修正(主要是温度修正)后，通过数据处理软件来实现数据采集、处理、显示、存储等。它主要由温度测量电路、微机、接口、处理软件、外围测量电路等组成。

利用折射率仪测量大气折射率的主要部件是空腔谐振器，即测量腔，测量时采用稳频跟踪单元进行控制。空腔谐振器采用圆柱谐振腔。要保证折射率的测量精度，必须使得谐振器具有很高的品质因数 Q。根据电磁场理论，圆柱形波导中所有模式中 TE_{01} 的损耗最小，因此在圆柱谐振腔设计中选择传输模式为 TE_{01} 模式。

2. 微波折射率仪测量大气折射率的原理

由电磁场方程和边界条件可以得到 TE_{nip} 模的谐振波长为

$$\lambda_0 = \frac{1}{\sqrt{\frac{p^2}{4L^2} + \left(\frac{\mu_{ni}}{2\pi R}\right)^2}} \tag{10.5-9}$$

式中：λ_0 为谐振波长；L 为谐振腔轴向尺寸；R 为谐振腔半径；μ_{ni} 为第 n 阶贝塞尔函数的导数的第 i 个根；P 为沿轴向长度为 1/4 波长的倍数。

根据设计的圆柱谐振腔的尺寸，得到的 TE_{01} 模的谐振频率为

$$f = \frac{c}{n}\sqrt{\frac{1}{4L^2} + \left(\frac{1}{1.64R}\right)^2} \tag{10.5-10}$$

式中：n 为谐振腔中气体的折射指数；c 为无线电波在真空中的传播速度。

若谐振腔在真空状态下，由于其折射指数 $n=1$，则谐振腔的谐振频率为

$$f_0 = c\sqrt{\frac{1}{4L^2} + \left(\frac{1}{1.64R}\right)^2} \tag{10.5-11}$$

可以看到，当谐振腔中充满介质后，谐振频率与真空相比发生变化，谐振频率的变化量为

$$\Delta f = f_0 - f = (n-1)f \tag{10.5-12}$$

由于大气折射指数 n 与折射率 N 的关系为

$$N = (n-1)\times 10^6 \tag{10.5-13}$$

因此大气的折射率 N 为

$$N = \frac{\Delta f}{f}\times 10^6 \tag{10.5-14}$$

由于 Δf 相对 f 较小，且 $f_0 \approx f$ 都很大，因此可以把上式写为

$$N = \frac{\Delta f}{f_0}\times 10^6 \tag{10.5-15}$$

由式(10.5-15)可以看出，谐振腔充满大气介质以后，谐振频率的变化量与介质的折射率成正比。因此，只要测得谐振腔中谐振频率的变化量，就可得到折射率的量。折射率仪的主要作用就是测量谐振腔的谐振频率的变化量。

习　题

10.1　在一均匀无耗传输线上传输频率为 3 GHz 的信号，已知其特性阻抗 $Z_0=100\ \Omega$，终端接 $Z_1=75+j100\Omega$ 的负载，试求：(1) 传输线上的驻波系数；(2) 距离终端 10 cm 处的反射系数；(3) 距离终端 2.5 cm 处的输入阻抗。

10.2　有一特性阻抗 $Z_0=50\ \Omega$ 的无耗均匀传输线，导体间的媒质参数为 $\varepsilon_r=2.25$，

$\mu_r=1$，终端接 $R_1=1\ \Omega$ 负载。当 $f=100$ MHz 时，其线长度为 $\lambda/4$。试求：(1) 传输线的实际长度；(2) 负载终端反射系数；(3) 输入端反射系数；(4) 输入端阻抗。

10.3　已知一双线无损耗传播线的线距 $D=8$ cm，导线的直径为 $d=1$ cm，传输线的周围介质为空气。试计算：(1) 单位长度电感和单位长度电容；(2) 当 $f=600$ MHz 时的特性阻抗和相位常数。

10.4　一条 100 m 长无损耗传输线，其分布电感为 296 nH/m，分布电容为 46.2 pF/m，工作于无负载状态。在传输线输入端接有电压源输送功率。电压源的开路电压为 $U_s(t)=100\cos(10^6 t)$(V)，其内阻抗可忽略。计算：(1) 线路的特性阻抗和相位常数；(2) 接收端的电压和电源供给的电流；(3) 电源送出的功率。

10.5　一矩形波导的尺寸为 $a=2$ cm，$b=1$ cm，内部充满空气，该波导能否传输波长 3 cm 的信号？求其在波导中的相移常数、波导波长、相速度、群速度和波阻抗。

10.6　已知横截面为 $a\times b$ 的矩形波导内的纵向场分量为 $E_z=0$，$H_z=H_0\cos\left(\dfrac{\pi}{a}x\right)\cos\left(\dfrac{\pi}{b}y\right)e^{-j\beta z}$，其中 H_0 为常量。(1) 试求波导内场的其他分量及传输模式；(2) 试说明为什么波导内部不可能存在 TEM 波。

10.7　已知空气填充矩形波导中传播的电磁波是 TE_{10} 波，其中磁场的轴向 z 方向分量为 $H_z=H_0\cos\left(\dfrac{\pi}{a}x\right)e^{j(\omega t-\beta z)}$。试求：(1) 矩形波导中电场、磁场各分量的表达式；(2) 波导壁上的表面电流分布。

10.8　下列矩形波导具有相同的工作波长，试比较它们工作在 TM_{11} 模式的截止频率。

(1) $a\times b=23\ \text{mm}\times 10\ \text{mm}$；

(2) $a\times b=16.5\ \text{mm}\times 16.5\ \text{mm}$。

10.9　空心矩形金属波导的尺寸为 $a\times b=22.86\ \text{mm}\times 10.16\ \text{mm}$，当信源的波长分别为 10 cm、8 cm 和 3.2 cm 时，问：

(1) 哪些波长的波可以在该波导内传输？对于可传输的波在波导内可能存在哪些模式？

(2) 若信源的波长仍如上所述，而波导尺寸为 $a\times b=72.14\ \text{mm}\times 30.4\ \text{mm}$，此时情况又如何？

10.10　矩形波导截面尺寸为 $a\times b=23\ \text{mm}\times 10\ \text{mm}$，其内充满空气，设信号频率为 $f=10$ GHz。

(1) 求此波导中可传输波的传输模式及最低传输模式的截止频率、相位常数、波导波长、相速和波阻抗；(2) 若填充 $\varepsilon_r=4$ 的无耗电介质，则 $f=10$ GHz 时，波导中可能存在哪些传输模？(3) 对于 $\varepsilon_r=4$ 的波导，若要求只传输 TE_{10} 波，则重新确定波导尺寸或重新确定其单模工作的频段。

10.11　如果在宽、窄边分别为 a、b 的传播 TE_{10} 波的矩形波导中分别在 $z=0$ 和 $z=l$ 处放置金属板，求其内部的电磁场表达式。

10.12　已知矩形波导中 TM 模的纵向电场 $E_z=E_0\sin\left(\dfrac{\pi}{3}x\right)\sin\left(\dfrac{\pi}{3}y\right)\cos\left(\omega t-\dfrac{\sqrt{2}}{3}\pi z\right)$，其中 x、y、z 的单位为 cm。(1) 求截止波长和波导波长；(2) 如果此模式为 TM_{21} 波，求波

导尺寸。

10.13　已知圆波导的直径为 5 cm，填充空气介质。(1) 求 TE_{11}、TE_{01}、TM_{01} 三种模式的截止波长；

(2) 当工作波长分别为 7 cm、6 cm、3 cm 时波导中出现上述哪些模式；

(3) 当工作波长为 $\lambda=7$ cm 时，求最低次模的波导波长 λ_g。

10.14　设空气媒介矩形波导宽边和窄边内尺寸分别是 $a=2.3$ cm，$b=1.0$ cm。(1) 求此波导只传播 TE_{10} 波的工作频率范围；(2) 若此波导只传播 TE_{10} 波，在波导宽边中间沿纵轴测得两个相邻的电场强度波节点相距 2.2 cm，求工作波长。

10.15　矩形波导(填充 μ_0、ε_0)内尺寸为 $a\times b$，如图 10-1 所示。已知电场 $\boldsymbol{E}=\boldsymbol{e}_y E_0\cdot\sin\left(\frac{\pi}{a}x\right)e^{-j\beta z}$，其中 $\beta=\frac{2\pi}{\lambda_g}=\frac{2\pi}{\lambda}\sqrt{1-\left(\frac{\lambda}{2a}\right)^2}$。(1) 求出波导中的磁场 $\boldsymbol{H}$；(2) 画出波导场结构；(3) 写出波导传输功率 P；(4) 求波导下底壁($x\in[0, a]$，$y=0$)上的表面电流密度 $\boldsymbol{J}_S$(提示：$\boldsymbol{J}_S=\boldsymbol{n}\times\boldsymbol{H}$)。

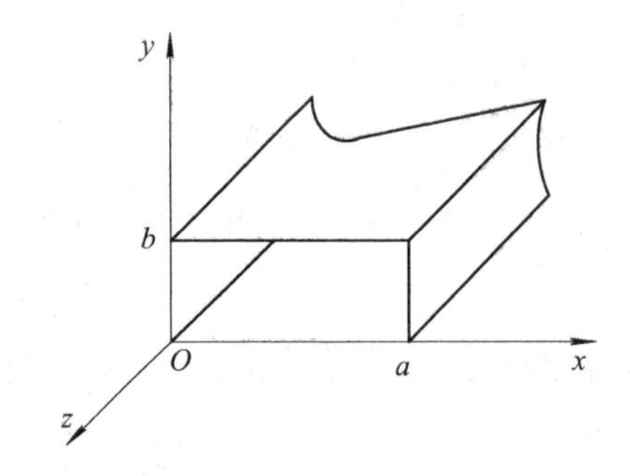

图 10-1　习题 10.15 图

10.16　矩形波导尺寸为 23 mm×10 mm。(1) 当波长为 20 mm、30 mm 时波导中能传输哪些模？(2) 为保证只传输 TE_{10} 波，其波长范围和频率范围应为多少？(3) 计算 $\lambda=35.42$ mm 时，λ_g、β 和波阻抗。

10.17　如图 10-2 所示，无限长波导传输 TE_{10} 模，电场为 $\boldsymbol{E}(\boldsymbol{r})=\boldsymbol{e}_y E_0\sin\left(\frac{\pi}{a}x\right)e^{-j\beta z}$。现在于 $z=0$ 处放置一短路板，求此情况下在 $z<0$ 区域的电场 $\boldsymbol{E}_t$。

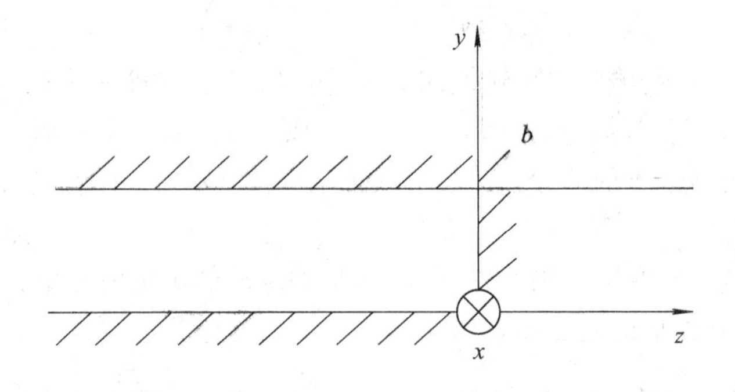

图 10-2　习题 10.17 图

10.18　已知无耗传输线电长度为 θ，特性阻抗 $Z_0=1$。(1) 已知负载阻抗 $Z_L=r_1+jx_1$，求负载驻波比 ρ_L；(2) 求输入驻波比 ρ_{in}；(3) 求负载反射系数 Γ_L。

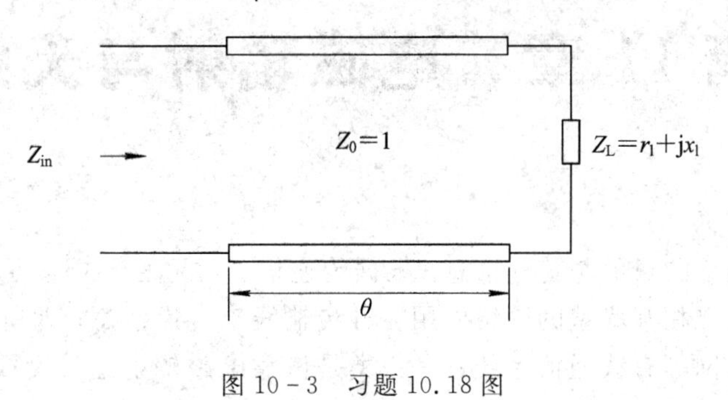

图 10-3　习题 10.18 图

第 11 章 电磁辐射与天线

我们知道，通信的目的是传递信息。根据传递信息的途径不同，可将通信系统大致分为两大类：一类是在相互联系的网络中用各种传输线来传递信息，即所谓的有线通信，如电话、计算机局域网等有线通信系统；另一类是依靠电磁辐射通过无线电波来传递信息，即所谓的无线通信，如电视、广播、雷达、导航、卫星等无线通信系统。在无线通信系统中，需要将来自发射机的导波能量转变为电磁波，或者将电磁波转换为导波能量。用来辐射和接收电磁波的装置称为天线。

从电磁场与电磁波理论中知道，激发电磁波的源是变化的电荷或变化的电流。也就是说，变化的电荷或电流都可以是激发电磁振荡源，或称为辐射源。变化电磁场相互作用和有限的传播速度可使电磁能量脱离振荡源以电磁波的形式在空间传播，这种现象称为电磁辐射。要使得电磁能量按一定的方式辐射出去，变化的电荷或电流必须按一定的方式分布。天线就是使得辐射源产生电磁场且能使之有效辐射的系统。当振荡源产生的电磁波的波长与天线尺寸可相比拟时，就会产生显著的辐射。例如，由发射机产生的高频振荡能量，经过发射天线变为电磁波能量，并向预定方向辐射。电磁波通过媒质传播到达接收天线附近，接收天线将接收到的电磁波能量变为高频振荡能量送入接收机，从而完成电磁波传输的全过程。

天线设备是将高频振荡能量和电磁波能量作可逆转换的设备，是一种“换能器”。研究天线问题，实质上是研究天线在空间所产生的电磁场分布。空间任一点的电磁场都满足麦克斯韦方程和边界条件。因此，求解天线问题实质上是求解电磁场方程并满足边界条件，但这往往十分繁杂，有时甚至是十分困难的。在实际问题中，往往将条件理想化，进行一些近似处理，从而得到近似结果，这是天线工程中最常用的方法。在某些情况下，如果需要较精确的解，可借助电磁场理论的数值计算方法来进行。本章侧重讨论天线的辐射场空间分布问题。

11.1 电偶极子与磁偶极子的辐射

尽管各类天线的结构、特性各有不同，但是分析它们的基础都是建立在电、磁基本振子的辐射机理上。也就是说，电、磁基本振子是最基本的辐射源。

11.1.1 电偶极子的辐射

电偶极子是一种基本的辐射单元，是长度 l 远小于波长的直线电流元，线上电流均匀，且相位相同。任意线天线均可看成由一系列电基本振子构成。电偶极子产生的电磁场计算、分析是线性天线工程应用的基础。

设电偶极子的电流为 I，则电偶极子的电流元为 $\boldsymbol{e}_z I\mathrm{d}z'$，如图 11.1－1 所示。线电流产

生的磁矢位 $\boldsymbol{A}(r)$ 为

$$\boldsymbol{A}(r)=\frac{\mu_0}{4\pi}\int_l \frac{\boldsymbol{e}_z I \mathrm{e}^{-\mathrm{j}k|r-r'|}}{|r-r'|}\mathrm{d}z' \tag{11.1-1}$$

由于 $l \ll r$，因此式(11.1-1)可近似为

$$\boldsymbol{A}(r)=\boldsymbol{e}_z\frac{\mu_0 I}{4\pi r}\mathrm{e}^{-\mathrm{j}kr}\int_l \mathrm{d}z'=\boldsymbol{e}_z\frac{\mu_0 Il}{4\pi r}\mathrm{e}^{-\mathrm{j}kr} \tag{11.1-2}$$

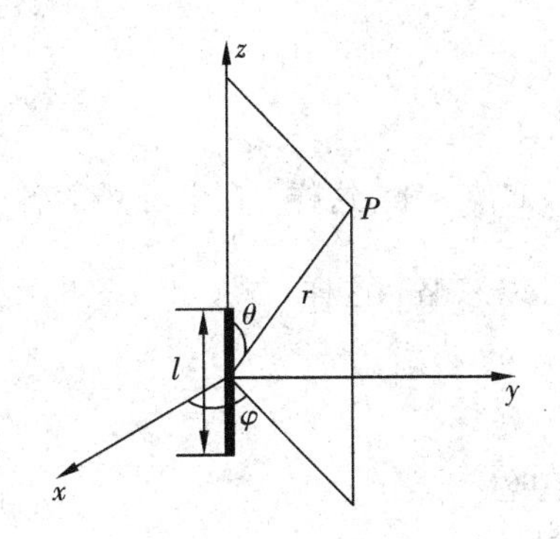

图 11.1-1　电偶极子

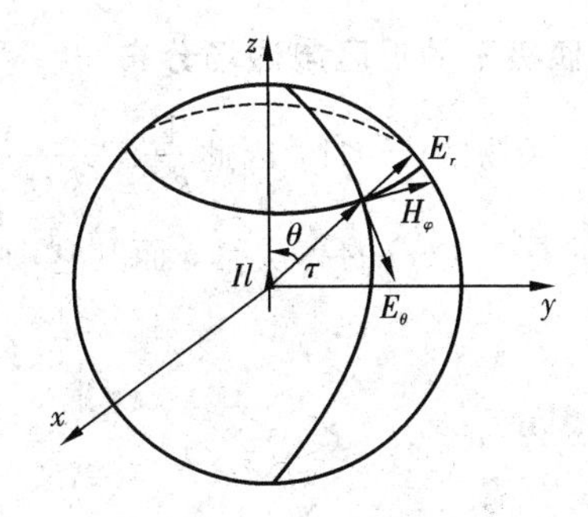

图 11.1-2　电偶极子产生的矢位

如果将电偶极子产生的磁矢位 $\boldsymbol{A}(r)$ 转化到球坐标中(如图 11.1-2 所示)，则三个坐标分量为

$$\begin{cases} A_r=\boldsymbol{A}(r)\cdot\boldsymbol{e}_r=A_z\cos\theta=\dfrac{\mu_0 Il}{4\pi r}\cos\theta\mathrm{e}^{-\mathrm{j}kr} \\ A_\theta=\boldsymbol{A}(r)\cdot\boldsymbol{e}_\theta=-A_z\sin\theta=-\dfrac{\mu_0 Il}{4\pi r}\sin\theta\mathrm{e}^{-\mathrm{j}kr} \\ A_\varphi=\boldsymbol{A}(r)\cdot\boldsymbol{e}_\varphi=0 \end{cases} \tag{11.1-3}$$

由此得到电偶极子在空间产生的电磁场为

$$\boldsymbol{H}=\frac{1}{\mu}\nabla\times\boldsymbol{A}=\frac{1}{\mu r^2\sin\theta}\begin{vmatrix}\boldsymbol{e}_r & r\boldsymbol{e}_\theta & r\sin\theta\boldsymbol{e}_\varphi \\ \dfrac{\partial}{\partial r} & \dfrac{\partial}{\partial\theta} & \dfrac{\partial}{\partial\varphi} \\ A_r & rA_\theta & r\sin\theta A_\varphi\end{vmatrix}=\boldsymbol{e}_\varphi\frac{k^2 Il\sin\theta}{4\pi}\left[\frac{\mathrm{j}}{kr}+\frac{1}{(kr)^2}\right]\mathrm{e}^{-\mathrm{j}kr}$$

$$\boldsymbol{E}=\frac{1}{\mathrm{j}\omega\varepsilon}\nabla\times\boldsymbol{H}=\frac{1}{\mathrm{j}\omega\varepsilon r^2\sin\theta}\begin{vmatrix}\boldsymbol{e}_r & r\boldsymbol{e}_\theta & r\sin\theta\boldsymbol{e}_\varphi \\ \dfrac{\partial}{\partial r} & \dfrac{\partial}{\partial\theta} & \dfrac{\partial}{\partial\varphi} \\ H_r & rH_\theta & r\sin\theta H_\varphi\end{vmatrix}$$

$$=\boldsymbol{e}_r\frac{2k^3 Il\cos\theta}{4\pi\omega\varepsilon_0}\left[\frac{1}{(kr)^2}-\frac{\mathrm{j}}{(kr)^3}\right]\mathrm{e}^{-\mathrm{j}kr}+\boldsymbol{e}_\theta\frac{k^3 Il\sin\theta}{4\pi\omega\varepsilon_0}\left[\frac{\mathrm{j}}{kr}+\frac{1}{(kr)^2}-\frac{\mathrm{j}}{(kr)^3}\right]\mathrm{e}^{-\mathrm{j}kr}$$

即电偶极子在空间产生的电磁场为

$$\begin{cases} E_r=\dfrac{2k^3 Il\cos\theta}{4\pi\omega\varepsilon_0}\left[\dfrac{1}{(kr)^2}-\dfrac{\mathrm{j}}{(kr)^3}\right]\mathrm{e}^{-\mathrm{j}kr} \\ E_\theta=\dfrac{k^3 Il\sin\theta}{4\pi\omega\varepsilon_0}\left[\dfrac{\mathrm{j}}{kr}+\dfrac{1}{(kr)^2}-\dfrac{\mathrm{j}}{(kr)^3}\right]\mathrm{e}^{-\mathrm{j}kr} \\ H_\varphi=\dfrac{k^2 Il\sin\theta}{4\pi}\left[\dfrac{\mathrm{j}}{kr}+\dfrac{1}{(kr)^2}\right]\mathrm{e}^{-\mathrm{j}kr} \end{cases} \tag{11.1-4}$$

可见，电偶极子在空间产生的电磁场只有φ方向上的磁场分量H_φ和r、θ方向上的电场分量E_r、E_θ。

针对实际应用，将$kr\ll 1$，即$r\ll\lambda/(2\pi)$的区域称为近区，近区中的电磁场称为近区场；将$kr\gg 1$，即$r\gg\lambda/(2\pi)$的区域称为远区，远区中的电磁场称为远区场。在这两个条件之外的区域称为中间区，或称为过渡区。过渡区中的电磁场可用式(11.1-4)计算得到。而近区场和远区场可采用近似得到。

1. 电偶极子的近区电磁场分布

由于近区场的$kr\ll 1$，因此$\dfrac{1}{kr}\ll\dfrac{1}{(kr)^2}\ll\dfrac{1}{(kr)^3}$，$e^{-jkr}\approx 1$。这样，在电磁场的各分量中起主要作用的是$1/(kr)$的高次幂，而其它项的作用可以忽略，这样，式(11.1-4)可近似为

$$\begin{cases} E_r = -\dfrac{jIl\cos\theta}{2\pi\omega\varepsilon_0 r^3} \\ E_\theta = -\dfrac{jIl\sin\theta}{4\pi\omega\varepsilon_0 r^3} \\ H_\varphi = \dfrac{Il\sin\theta}{4\pi r^2} \end{cases} \tag{11.1-5}$$

当用电偶极子的参数电偶极矩$\boldsymbol{p}_e=q\boldsymbol{l}$(其模$p_e=ql$)表示时，由于$I=j\omega q$(时谐场)，则式(11.1-5)变为

$$\begin{cases} E_r = \dfrac{p_e\cos\theta}{2\pi\varepsilon_0 r^3} \\ E_\theta = \dfrac{p_e\sin\theta}{4\pi\varepsilon_0 r^3} \\ H_\varphi = \dfrac{j\omega p_e\sin\theta}{4\pi r^2} \end{cases} \tag{11.1-6}$$

由式(11.1-5)可计算出近场区的平均坡印廷矢量为

$$\boldsymbol{S}_{av} = \frac{1}{2}\mathrm{Re}[\boldsymbol{E}\times\boldsymbol{H}^*] = 0 \tag{11.1-7}$$

可见，时变电偶极子在近场区产生的电场表达式与电偶极子在静态场中的电场表达式相同，磁场表达式与静态场中恒定电流元产生的磁场表达式相同。因此称时变电偶极子在近场区产生的电磁场为似稳场或准静态场。另外，由于时变电偶极子在近场区产生的电场和磁场存在$\pi/2$的相位差，能量在电场和磁场以及场与源之间交换，没有辐射也就没有波的传播，因此近区场也称为感应场。这里忽略了电磁场表达式中次要因素的影响，近场区实际上也有很小的功率向外辐射。

2. 电偶极子的远区电磁场分布

由于远区场的$kr\gg 1$，则$\dfrac{1}{kr}\gg\dfrac{1}{(kr)^2}\gg\dfrac{1}{(kr)^3}$。这样，在电磁场的各分量中起主要作用的是$\dfrac{1}{kr}$的低次幂，而其它高次幂项的作用可以忽略，这样，式(11.1-4)可近似为

$$\begin{cases} E_r = 0 \\ E_\theta = \mathrm{j}\,\dfrac{k^2 Il\sin\theta}{4\pi\omega\varepsilon_0 r}\mathrm{e}^{-\mathrm{j}kr} \\ H_\varphi = \mathrm{j}\,\dfrac{kIl\sin\theta}{4\pi r}\mathrm{e}^{-\mathrm{j}kr} \end{cases} \tag{11.1-8}$$

由于$k=\dfrac{2\pi}{\lambda}=\omega\sqrt{\varepsilon_0\mu_0}$，$\eta_0=\sqrt{\dfrac{\mu_0}{\varepsilon_0}}$，因当用波长$\lambda$和波阻抗$\eta_0$来描述电偶极子的远区电磁场分布时，式(11.1-8)变为

$$\begin{cases} E_r = 0 \\ E_\theta = \mathrm{j}\,\dfrac{Il\eta_0\sin\theta}{2\lambda r}\mathrm{e}^{-\mathrm{j}kr} \\ H_\varphi = \mathrm{j}\,\dfrac{Il\sin\theta}{2\lambda r}\mathrm{e}^{-\mathrm{j}kr} \end{cases} \tag{11.1-9}$$

由式(11.1-8)可计算出远场区的平均坡印廷矢量为

$$\begin{aligned} \boldsymbol{S}_{\mathrm{av}} &= \frac{1}{2}\mathrm{Re}[\boldsymbol{E}\times\boldsymbol{H}^*] = \frac{1}{2}\mathrm{Re}\left[\boldsymbol{e}_\theta\mathrm{j}\,\frac{Il\eta_0\sin\theta}{2\lambda r}\mathrm{e}^{-\mathrm{j}kr}\times\left(\boldsymbol{e}_\varphi\mathrm{j}\,\frac{Il\sin\theta}{2\lambda r}\mathrm{e}^{-\mathrm{j}kr}\right)^*\right] \\ &= \boldsymbol{e}_r\,\frac{\eta}{2}\left|\frac{Il\sin\theta}{2\lambda r}\right|^2 \end{aligned} \tag{11.1-10}$$

可见，时变电偶极子在近场区与近区场产生的电磁场完全不同。由于远区场有能量传播，因此远区场也称为辐射场。远区场的特点可归纳如下：

(1) 远区场为沿 $\boldsymbol{r}$ 方向传播的电磁波；

(2) 远区场纵向分量 $E_r \ll E_\theta$，而磁场分量只有横向分量 H_φ，故远区场近似为TEM波；

(3) 远区空间内任意一点电场和磁场在空间方向上相互垂直，在时间相位上同相；

(4) 远区场电磁场振幅比等于媒质的本征阻抗，即 $E_\theta/H_\varphi=\eta_0$；

(5) 远区场是非均匀球面波，电、磁场振幅都与 r 成反比，其等相位面为 r 等于常数的球面；

(6) 远区场具有方向性，振幅按 $\sin\theta$ 变化；

(7) 远区场有能量传播。

天线通过辐射场向外部空间辐射电磁波，其辐射功率即为通过包围此天线的闭合曲面的功率流的总和，即

$$\begin{aligned} P_{\mathrm{r}} &= \int_S \boldsymbol{S}_{\mathrm{av}}\cdot\mathrm{d}\boldsymbol{S} = \int_0^{2\pi}\int_0^{\pi}\boldsymbol{e}_r\,\frac{\eta_0}{2}\left(\frac{Il\sin\theta}{2\lambda r}\right)^2\cdot\boldsymbol{e}_r r^2\sin\theta\mathrm{d}\theta\mathrm{d}\phi \\ &= \frac{\pi\eta_0}{3}\left(\frac{Il}{\lambda_0}\right)^2 = 40\pi^2 I^2\left(\frac{l}{\lambda_0}\right)^2 \end{aligned} \tag{11.1-11}$$

为了衡量天线辐射功率的大小，常以辐射电阻 R_{r} 表述天线的辐射功率的能力，定义为

$$R_{\mathrm{r}} = \frac{2P_{\mathrm{r}}}{I^2} \tag{11.1-12}$$

式中的 I 是波源电流的幅值。将式(11.1-11)代入上式后可得

$$R_{\mathrm{r}} = \frac{80\pi^2 I^2\left(\dfrac{l}{\lambda_0}\right)^2}{I^2} = 80\pi^2\left(\frac{l}{\lambda_0}\right)^2 \tag{11.1-13}$$

可见，电流元长度越长，则电磁辐射能力越强。

11.1.2 磁偶极子的辐射

磁偶极子也是一种基本的辐射单元(磁流源)，是周长远小于波长的小电流圆环，环上的时谐电流均匀，且振幅与相位处处相等，如图 11.1-3 所示。磁偶极子产生的电磁场计算、分析也是天线工程的应用基础。

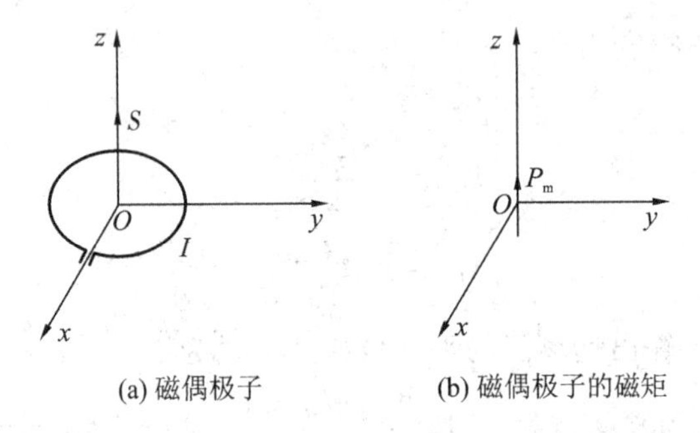

图 11.1-3 磁偶极子及其磁矩

设磁偶极子的小电流圆环(半径为 a)通过的电流为 I，则磁偶极子的电流元产生的磁矢位 $\boldsymbol{A}(r)$为

$$\boldsymbol{A}(r)=\frac{\mu_0 I}{4\pi}\oint_l \frac{\mathrm{e}^{-\mathrm{j}kR}}{|r-r'|}\mathrm{d}l'=\frac{\mu_0 I}{4\pi}\oint_l \frac{\mathrm{e}^{-\mathrm{j}k|r-r'|}}{|r-r'|}\mathrm{d}l' \tag{11.1-14}$$

上式的积分严格计算比较困难，但由于 $r'=a\ll\lambda$，所以指数因子可以近似为

$$\mathrm{e}^{-\mathrm{j}k(R-r)}=1-\mathrm{j}k(R-r)-\frac{1}{2}k^2(R-r)^2+\cdots$$

这样，磁偶极子的电流元产生的磁矢位 $\boldsymbol{A}(r)$近似为

$$\boldsymbol{A}(r)=(1+\mathrm{j}kr)\mathrm{e}^{-\mathrm{j}kr}\left[\frac{\mu_0 I}{4\pi}\oint_l \frac{\mathrm{d}l'}{|r-r'|}\right]-\frac{\mathrm{j}k\mu_0 I}{4\pi}\mathrm{e}^{-\mathrm{j}kr}\oint_l \mathrm{d}l' \tag{11.1-15}$$

如果将磁偶极子产生的磁矢位 $\boldsymbol{A}(r)$转化到球坐标中，则有

$$\frac{\mu_0 I}{4\pi}\oint_l \frac{\mathrm{d}l'}{|r-r'|}\approx \boldsymbol{e}_\varphi \frac{\mu_0 SI}{4r^2}\sin\theta \tag{11.1-16}$$

这里，S 为小电流圆环的面积，即 $S=\pi a^2$。这样，磁偶极子产生的磁矢位 $\boldsymbol{A}(r)$为

$$\boldsymbol{A}(r)=\boldsymbol{e}_\varphi \frac{\mu_0 IS}{4\pi r^2}(1+\mathrm{j}kr)\sin\theta\cdot\mathrm{e}^{-\mathrm{j}kr} \tag{11.1-17}$$

由此可得到磁偶极子在空间产生的电磁场为

$$\boldsymbol{H}=\frac{1}{\mu_0}\nabla\times\boldsymbol{A}(r)=\frac{1}{\mu r^2\sin\theta}\begin{vmatrix}\boldsymbol{e}_r & r\boldsymbol{e}_\theta & r\sin\theta\boldsymbol{e}_\varphi\\ \dfrac{\partial}{\partial r} & \dfrac{\partial}{\partial\theta} & \dfrac{\partial}{\partial\varphi}\\ A_r & rA_\theta & r\sin\theta A_\varphi\end{vmatrix}$$

$$=\boldsymbol{e}_r\frac{IS}{2\pi}\cos\theta\left(\frac{1}{r^3}+\frac{\mathrm{j}k}{r^2}\right)\mathrm{e}^{-\mathrm{j}kr}+\boldsymbol{e}_\theta\frac{IS}{4\pi}\sin\theta\left(\frac{1}{r^3}+\frac{\mathrm{j}k}{r^2}-\frac{k^2}{r}\right)\mathrm{e}^{-\mathrm{j}kr}$$

$$\boldsymbol{E}=\frac{1}{\mathrm{j}\omega\varepsilon}\nabla\times\boldsymbol{H}=-\boldsymbol{e}_\varphi\mathrm{j}\frac{ISk}{2\pi}\eta_0\sin\theta\left(\frac{\mathrm{j}k}{r}+\frac{1}{r^2}\right)\mathrm{e}^{-\mathrm{j}kr}$$

即磁偶极子在空间产生的电磁场为

$$\begin{cases} H_r = \dfrac{IS}{2\pi}\cos\theta\left(\dfrac{1}{r^3}+\dfrac{\mathrm{j}k}{r^2}\right)\mathrm{e}^{-\mathrm{j}kr} \\ H_\theta = \dfrac{IS}{4\pi}\sin\theta\left(\dfrac{1}{r^3}+\dfrac{\mathrm{j}k}{r^2}-\dfrac{k^2}{r}\right)\mathrm{e}^{-\mathrm{j}kr} \\ E_\varphi = -\mathrm{j}\,\dfrac{ISk}{2\pi}\eta_0\sin\theta\left(\dfrac{\mathrm{j}k}{r}+\dfrac{1}{r^2}\right)\mathrm{e}^{-\mathrm{j}kr} \end{cases} \tag{11.1-18}$$

可见，磁偶极子在空间产生的电磁场只有 φ 方向上的电场分量 E_φ 和 r、θ 方向上的磁场分量 H_r、H_θ。

同电偶极子一样，磁偶极子在近区场只是感应场，无法发射电磁波。因此这里只考虑磁偶极子在远区产生的电磁场。

由于远区场的 $kr\gg1$，因此 $\dfrac{1}{kr}\gg\dfrac{1}{(kr)^2}\gg\dfrac{1}{(kr)^3}$。这样，在电磁场的各分量中起主要作用的是 $\dfrac{1}{kr}$ 的低次幂，而其它高次幂项的作用可以忽略，这样，式(11.1-18)可近似为

$$\begin{cases} H_r = 0 \\ H_\theta = -\dfrac{k^2 IS}{4\pi r}\sin\theta\mathrm{e}^{-\mathrm{j}kr} \\ E_\varphi = \dfrac{ISk^2}{2\pi r}\eta_0\sin\theta\mathrm{e}^{-\mathrm{j}kr} \end{cases} \tag{11.1-19}$$

由于 $k=\dfrac{2\pi}{\lambda}=\omega\sqrt{\varepsilon_0\mu_0}$，$\eta_0=\sqrt{\dfrac{\mu_0}{\varepsilon_0}}$，因此当用波长 λ 和波阻抗 η_0 来描述磁偶极子的远区电磁场分布时，式(11.1-19)变为

$$\begin{cases} H_r = 0 \\ H_\theta = -\dfrac{\pi IS}{\lambda^2 r}\sin\theta\cdot\mathrm{e}^{-\mathrm{j}kr} \\ E_\varphi = \dfrac{\pi IS}{\lambda^2 r}\eta_0\sin\theta\cdot\mathrm{e}^{-\mathrm{j}kr} = -\eta_0 H_\theta \end{cases} \tag{11.1-20}$$

由式(11.1-19)可计算出远场区的平均坡印廷矢量为

$$\boldsymbol{S}_{\mathrm{av}} = \frac{1}{2}\mathrm{Re}[\boldsymbol{E}\times H^*] = \boldsymbol{e}_r\,\frac{1}{2}\eta_0\left(\frac{\pi IS}{\lambda^2 r}\right)^2\sin^2\theta \tag{11.1-21}$$

辐射功率为

$$\begin{aligned} P_{\mathrm{r}} &= \oint_S S_{\mathrm{av}}\cdot\mathrm{d}S = \int_0^{\pi}\int_0^{2\pi}\frac{1}{2}\eta_0\left(\frac{\pi IS}{\lambda^2 r}\right)^2\sin^2\theta\cdot r^2\sin\theta\,\mathrm{d}\theta\,\mathrm{d}\varphi \\ &= \frac{4}{3}\eta_0\pi\cdot\left(\frac{\pi IS}{\lambda^2}\right)^2 = 160\pi^4\cdot\left(\frac{S}{\lambda^2}\right)^2 I^2 \end{aligned} \tag{11.1-22}$$

辐射电阻为

$$R_{\mathrm{r}} = \frac{2P_{\mathrm{r}}}{I^2} = 320\pi^4\left(\frac{S}{\lambda^2}\right)^2 \tag{11.1-23}$$

将磁偶极子与电偶极子的远区场比较可见，两者远区场的性质相同，只是 E、H 的取向互换而已。时变磁偶极子在远场区的特点可归纳如下：

(1) 远区场为沿 $\boldsymbol{r}$ 方向传播的电磁波；

(2) 远区场纵向分量 $H_r\ll H_\theta$，而电场分量只有横向分量 E_φ，故远区场近似为 TEM 波；

(3) 远区空间内任意一点电场和磁场在空间方向上相互垂直，在时间相位上同相；

(4) 远区场电磁场振幅比等于媒质的本征阻抗，即$\dfrac{E_\theta}{-H_\varphi}=\eta_0$；

(5) 远区场是非均匀球面波，电、磁场振幅都与r成反比，其等相位面为r等于常数的球面；

(6) 远区场具有方向性，振幅按$\sin\theta$变化；

(7) 远区场有能量传播。

事实上，磁偶极子在空间产生的电磁场也可以用电与磁的对偶关系得到。我们知道，在稳态电磁场中，静止的电荷产生电场，恒定的电流产生磁场。尽管目前还不能肯定在自然界中是否有孤立的磁荷和磁流存在，但是，如果引入假想的磁荷和磁流的概念，将一部分原来由电荷和电流产生的电磁场用能够产生同样电磁场的磁荷和磁流来取代，即将“电源”换成等效“磁源”，从而就可以建立电与磁的对偶关系。利用电与磁的对偶关系就可以大大简化磁偶极子产生电磁场的计算工作。有兴趣的读者可参阅有关书籍。

【例题 11-1】 有一长度为$l=0.1\lambda$的电流元，计算当电流为 2 mA 时的辐射功率。

解 长度为$l=0.1\lambda$的电流元的辐射电阻为

$$R_r=80\pi^2\left(\frac{l}{\lambda}\right)^2=80\pi^2(0.1)^2=7.9\ \Omega$$

则电流为 2 mA 时的辐射功率为

$$P_r=\frac{1}{2}I^2R_r=\frac{1}{2}(2\times10^{-3})^2\times7.9=15.8\times10^{-6}\,\text{W}=15.8\ \mu\text{W}$$

【例题 11-2】 已知在电流元最大辐射方向上远区 1 km 处电场强度振幅为$|E_1|=1$ mV/m，求：(1) 最大辐射方向上 2 km 处电场强度振幅$|E_2|$；(2) 偏离最大方向 60°的方向上 2 km 处的磁场强度振幅$|H_3|$。

解 (1) 由于电流元远区电场与距电流元的距离成反比，则有 2 km 处的最大电场强度振幅$|E_2|$为

$$|E_2|=|E_1|\frac{r_1}{r_2}=1\times\frac{1}{2}=0.5\ \text{mV/m}$$

(2) 与 2 km 处的最大电场强度振幅偏离 60°方向上的电场强度振幅$|E_3|$为

$$|E_3|=|E_2|\cos60^\circ=0.5\cdot\frac{1}{2}=0.25\ \text{mV/m}$$

根据磁场强度与电场强度的关系可得

$$|H_3|=\frac{|E_3|}{\eta_0}=\frac{0.25}{377}=0.663\times10^{-3}\ \text{mA/m}=0.663\ \mu\text{A/m}$$

【例题 11-3】 沿z轴放置大小为I_1l_1的电基本振子，在xOy平面上放置大小为I_2S_2的磁基本振子，它们的取向和所载电流的频率相同，中心位于坐标原点，求它们的辐射电场强度。

解 电基本振子和磁基本振子在空间任意点产生的合成辐射场为

$$\begin{aligned}E&=E_1+E_2=\boldsymbol{e}_\theta E_\theta+\boldsymbol{e}_\varphi E_\varphi\\&=\left(E_\theta\mathrm{j}\,\frac{I_1l_1}{2\lambda}+\boldsymbol{e}_\varphi\frac{\pi I_2S_2}{\lambda^2}\right)\eta\sin\theta\cdot\frac{\mathrm{e}^{-\mathrm{j}kr}}{r}\end{aligned}$$

11.2　天线的基本参数

天线作为辐射和接收电磁波的装置，应具备的基本功能和要求为：① 天线应能将导波能量尽可能多地转变为电磁波能量，这就要求天线是一个良好的电磁开放系统，并且天线与发射机或接收机应相互匹配；② 天线应使电磁波尽可能集中于确定的方向上，或对确定方向的来波最大限度地接受，即天线应具有方向性；③ 天线应能发射或接收规定极化的电磁波，即天线应具有适当的极化；④ 天线应具有足够的工作频带。

根据天线的基本功能可确定其技术性能。天线的技术性能一般用若干参数来描述，这些参数称为天线的基本参数。

11.2.1　天线的方向性函数和方向性系数

任何天线都具有方向性，天线的方向性是天线的重要特性之一。描述天线的方向性一般采用方向性函数、方向图和方向性系数等参数。一般情况下，天线方向性函数和天线方向图是以电场强度来描述天线辐射特性，天线的方向性系数是以功率来描述天线辐射特性。

1. 方向性函数

天线的方向性函数是以电场强度描述天线的辐射特性与空间坐标之间的函数关系。由于天线的辐射能量具有三维分布，且为球面波，因此，常采用球坐标来描述天线方向性函数。在相同距离的条件下，天线辐射电场与空间方向(θ, φ)的函数关系称为天线方向性函数$f(\theta, \varphi)$。

为了便于比较不同天线的方向特性，常用归一化方向性函数$F(\theta, \varphi)$来表述天线方向性函数。归一化方向性函数为

$$F(\theta, \varphi)=\frac{|E(\theta, \varphi)|}{|E_{\max}|}=\frac{f(\theta, \varphi)}{f(\theta, \varphi)|_{\max}} \tag{11.2-1}$$

式中，$|E(\theta, \varphi)|$为指定距离处某方向上电场幅度的值，$|E_{\max}|$为该距离处各个方向上电场幅度的最大值，$f(\theta, \varphi)|_{\max}$为方向性函数的最大值。

显然，归一化方向函数的最大值$F(\theta, \varphi)|_{\max}=1$。这样，任何天线的辐射场的振幅可用归一化方向性函数表示为

$$|E(\theta, \varphi)|=|E_{\max}|F(\theta, \varphi) \tag{11.2-2}$$

由于电、磁偶极子的辐射电场分别为$E_\theta=\mathrm{j}\dfrac{k^2 Il\sin\theta}{4\pi\omega\varepsilon_0 r}\mathrm{e}^{-\mathrm{j}kr}$、$E_\varphi=\dfrac{ISk^2}{2\pi r}\eta_0\sin\theta\mathrm{e}^{-\mathrm{j}kr}$，则电、磁偶极子的归一化方向性函数都为$F(\theta, \varphi)=|\sin\theta|$。

有时为了讨论天线辐射功率的分布，也可以引入归一化功率方向性函数$F_{\mathrm{p}}(\theta, \varphi)$，它与电场归一化方向性函数$F(\theta, \varphi)$的关系为

$$F_{\mathrm{p}}(\theta, \varphi)=F^2(\theta, \varphi) \tag{11.2-3}$$

2. 方向图

如果将天线的归一化方向性函数用图形描绘出来，将更能形象地描述天线辐射场强的空间分布。将根据天线方向性函数绘制出来的图形称为天线的方向图。也就是说，天线方

向图是用图表示的归一化方向性函数，也就是与天线等距离处，天线辐射场大小在空间中的相对分布随方向变化的图形。

天线方向图一般为三维空间的立体图，但为了实际应用，常用平面方向图描述。方向图的两个最重要的平面方向图是 E 面和 H 面方向图。E 面即为电场强度矢量所在并包含最大辐射方向的平面；H 面即为磁场强度矢量所在并包含最大辐射方向的平面。

为了便于实际应用，天线方向图通常以直角坐标或极坐标绘制。用直角坐标绘制方向图，横坐标表示方向角，纵坐标表示辐射幅值。用极坐标绘制方向图，角度表示方向，矢径表示场强大小。对于直角坐标方向图，由于横坐标可按任意标尺扩展，故图形清晰。对于极坐标方向图，图形直观性强，但零点或最小值不易分清。这两种方向图各自有其优缺点，在实际使用中应根据便于简化、直观、方便等原则进行选择。

根据电偶极子的方向性函数可以绘制出其 E 面、H 面和立体方向图，如图 11.2－1 所示。

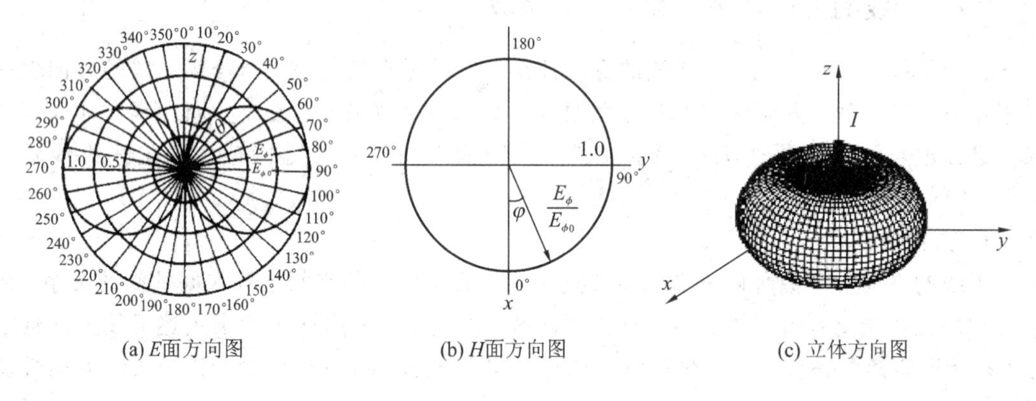

图 11.2－1　电偶极子的天线方向图

电偶极子天线 E 面方向图

电偶极子天线 H 面方向图

电偶极子天线立体方向图

实际天线的方向图要比电基本振子复杂得多，通常会有多个波瓣出现，它一般主要可细分为主瓣、副瓣和后瓣(或前后比)等。以极坐标绘出的典型雷达天线的方向图为例，如图 11.2－2 所示。

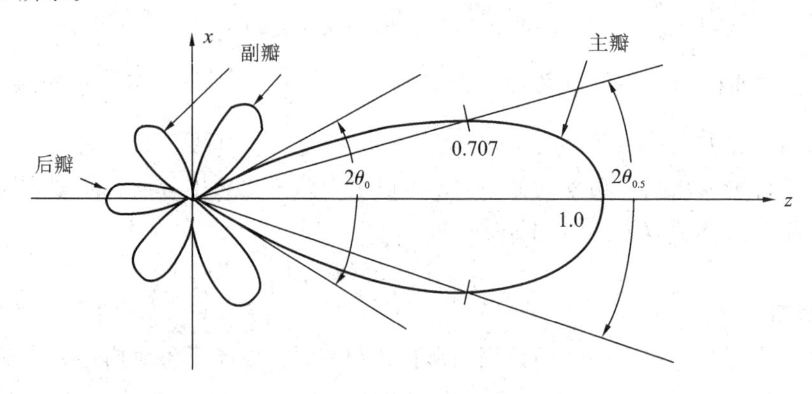

图 11.2－2　典型雷达天线的方向图

1）主瓣和主瓣宽度

方向图中辐射最强的波瓣称为主瓣。其辐射最强的方向称为主瓣方向。主瓣的宽窄程度常以主瓣宽度来描述。定义主瓣最大值两边功率下降为最大值的一半（称为半功率点）或者场强下降为最大值的 0.707 倍的两个辐射方向之间的夹角为主瓣宽度，或称为半功率角，常用 $2\theta_{0.5}$ 表示。由于半功率点正好是在方向图上增益相对于最高增益下降 3 dB 的宽度，因此有时也称为 3 dB 波束宽度。如果用 H 面表示，则主瓣宽度用 $2\varphi_{0.5}$ 表示。主瓣宽度越小，说明天线的辐射能量越集中，其定向性能越好。

在主瓣两边有两个辐射为 0 的方向，该点的辐射功率等于 0，称为零射方向。主瓣最大值两边两个零辐射方向之间的夹角称为零功率点波瓣宽度，用 $2\theta_0$（E 面）和 $2\varphi_0$（H 面）表示。

2）副瓣和副瓣电平

除了主瓣之外，其它波瓣都称为副瓣。一般情况下，由于副瓣不止一个，根据距离主瓣从近到远依次称为第一副瓣、第二副瓣、……一般用副瓣电平来描述副瓣对天线辐射的贡献。副瓣电平（SLL）定义为副瓣最大值（最大功率密度为 S_1，或最大电场强度为 E_1）与主瓣最大值（最大功率密度为 S_0，或最大电场强度为 E_0）之比，一般以分贝表示，即

$$\mathrm{SLL}=10\lg\left(\frac{S_1}{S_0}\right)=20\lg\left(\frac{E_1}{E_0}\right) \tag{11.2-4}$$

一般情况下，副瓣是不需要辐射的区域，因此要求天线的副瓣电平应尽可能低。

3）后瓣和前后比

一般将与主瓣相对位置的副瓣称为后瓣。一般常用前后比来描述后瓣对天线辐射的贡献。前后比（FB）定义为主瓣最大值（最大功率密度为 S_0，或最大电场强度为 E_0）与后瓣最大值（最大功率密度为 S_b，或最大电场强度为 E_b）之比，通常也用分贝表示：

$$\mathrm{FB}=10\lg\left(\frac{S_0}{S_b}\right)=20\lg\left(\frac{E_0}{E_b}\right) \tag{11.2-5}$$

前后比也称为前后向抑制比，为了保证主瓣辐射大，一般要求前后比尽量大。

3. 方向性系数

为了比较出不同天线最大辐射的相对大小，不同天线都取无方向性（也称全方向性）天线作为标准进行比较。定义天线在最大辐射方向上远区某点的功率密度 S_{max} 与辐射功率相同的无方向性天线在同一点的功率密度 S_0 之比称为天线的方向性系数 D，即

$$D=\left.\frac{S_{max}}{S_0}\right|_{P_r=P_{r0}}=\left.\frac{E_{max}^2}{E_0^2}\right|_{P_r=P_{r0}} \tag{11.2-6}$$

式中，P_r、P_{r0} 分别为同一点两天线的辐射功率。

无方向性天线在 r 处产生的辐射功率为

$$P_{r0}=S_0\times 4\pi r^2=\frac{E_0^2}{2\eta_0}\times 4\pi r^2=\frac{E_0^2 r^2}{60}$$

则

$$E_0^2=\frac{60P_{r0}}{r^2}$$

有向天线的辐射功率 P_r 为

$$P_r=\oint_S S_{av}\cdot dS=\oint_S \frac{E_{max}^2}{2\eta_0}F^2(\theta,\varphi)dS=\frac{1}{2\eta_0}\int_0^{2\pi}\int_0^{\pi}[E_{max}^2F^2(\theta,\varphi)]r^2\sin\theta d\theta d\varphi$$
$$=\frac{E_{max}^2r^2}{240\pi}\int_0^{2\pi}\int_0^{\pi}F^2(\theta,\varphi)\sin\theta d\theta d\varphi$$

则

$$E_{max}^2=\frac{240\pi P_r}{r^2\int_0^{2\pi}\int_0^{\pi}F^2(\theta,\varphi)\sin\theta d\theta d\varphi}$$

根据方向性系数的定义式(11.2-6)可以得到

$$D=\left.\frac{E_{max}^2}{E_0^2}\right|_{P_r=P_{r0}}=\frac{4\pi}{\int_0^{2\pi}\int_0^{\pi}F^2(\theta,\varphi)\sin\theta d\theta d\varphi}\tag{11.2-7}$$

可见，只要已知无方向性天线在某处的电场强度 E_0 和测试天线的方向性系数 D，则测试天线在该处的最大电场强度 $E_{max}=\sqrt{D}E_0$。

由于 $E_0^2=\frac{60P_{r0}}{r^2}=\frac{60P_r}{r^2}$，且无方向性天线的方向性系数 $D=1$，因此测试天线在某处的最大电场强度为

$$E_{max}=\left.\frac{\sqrt{60dP_r}}{r}\right|_{P_r=P_{r0}}=\left.\frac{\sqrt{60dP_{r0}}}{r}\right|_{P_r=P_{r0}}\tag{11.2-8}$$

由上述可见：

(1) 在辐射功率相同的情况下，有方向性天线在最大方向的场强是无方向性天线($D=1$)场强的$\sqrt{D}$倍。对最大辐射方向而言，这等效于辐射功率增大到 D 倍。这意味着，天线把向其它方向辐射的部分功率加强到此方向上去了。主瓣愈窄，意味着加强得愈多，则方向性系数愈大。

(2) 若要求在某点产生相同场强，有方向性天线辐射功率只需无方向性天线的 $1/D$ 倍。

(3) 方向性系数由场强在全空间的分布情况决定。若方向图给定，则 D 也就确定了，D 可由方向图函数直接算出。

【例题 11-4】 计算电基本振子的方向性系数。

解　由于电基本振子的归一化方向性函数 $F(\theta,\varphi)=\sin\theta$，则其方向性系数为

$$D=\frac{4\pi}{\int_0^{2\pi}\int_0^{\pi}\sin^2\theta\cdot\sin\theta d\theta d\varphi}=1.5$$

如果用分贝表示则为

$$D=10\lg1.5=1.16\ \text{dB}$$

可见，电基本振子的方向系数很低。

11.2.2　效率与增益

1. 效率

为了表征天线有效地转换能量的程度，常用天线的辐射效率来描述。天线辐射效率 η_A 定义为天线辐射功率 P_r 与输入功率 P_{in} 之比，即

$$\eta_A = \frac{P_r}{P_{in}} = \frac{P_r}{P_r + P_L} \tag{11.2-9}$$

式中，P_L为天线的总损耗功率。通常，天线的损耗功率包括天线导体中的热损耗、介质材料的损耗、天线附近物体的感应损耗等。

由前面的讨论可知，常用天线的辐射电阻 R_r 来度量天线辐射功率的能力，即 $R_r = \frac{2P_r}{I^2}$。它把天线向外辐射的功率看作是被辐射电阻所吸收。类似地，也把总损耗功率看作是被损耗电阻 R_L所吸收，则有

$$R_L = \frac{2P_L}{I^2} \tag{11.2-10}$$

如果用天线的辐射电阻 R_r和损耗电阻 R_L来表示，则

$$\eta_A = \frac{P_r}{P_r + P_L} = \frac{R_r}{R_r + R_L} \tag{11.2-11}$$

2. 增益

我们知道，天线的方向性系数 D 描述了天线的方向性，天线的辐射效率描述了天线能量转换的程度。为了综合衡量天线能量转换和方向特性，在天线工程中常引入天线的增益这一概念。定义在相同输入功率的条件下，天线最大辐射方向上的辐射功率密度 S_{max}（或场强 E_{max}^2）和理想无方向性天线（理想点源）的辐射功率密度 S_0（或场强 E_0^2）之比为天线增益 G，即

$$G = \left.\frac{S_{max}}{S_0}\right|_{P_{in}=P_{in0}} = \left.\frac{|E_{max}|^2}{|E_0|^2}\right|_{P_{in}=P_{in0}} \tag{11.2-12}$$

考虑到效率的定义，在有耗情况下，功率密度为无耗时的 η_A倍，则式(11.2-12)可改写为

$$G = \left.\frac{S_{max}}{S_0}\right|_{P_{in}=P_{in0}} = \left.\frac{\eta_A S_{max}}{S_0}\right|_{P_r=P_{r0}} = D\eta_A \tag{11.2-13}$$

可见，天线增益是方向系数与天线效率的乘积，它是天线方向性系数和辐射效率这两个参数的结合。当天线方向系数和效率越高时，增益越高。增益比较全面地表征了天线的性能。通常用分贝来表示增益，即

$$G(\text{dB}) = 10\lg G \tag{11.2-14}$$

因为天线在某处的最大电场强度 E_{max}为式(11.2-8)，考虑天线的效率后，最大电场强度应为

$$|E_{max}| = \frac{\sqrt{60d\eta_A P_{in}}}{r} = \frac{\sqrt{60GP_r}}{r} \tag{11.2-15}$$

11.2.3　天线的极化

天线的极化是指该天线在给定方向上远区辐射电场的空间取向，一般特指为该天线在最大辐射方向上的电场的空间取向，也就是天线在最大辐射方向上电场矢量的方向随时间变化的规律。同电磁波传播的极化一样，天线的极化也分为线极化、圆极化和椭圆极化。线极化又分为水平极化和垂直极化；圆极化又分左旋圆极化和右旋圆极化；椭圆极化又分左旋椭圆极化和右旋椭圆极化。

但要注意，天线不能接收与其正交的极化分量。例如：线极化天线不能接收来波中与其极化方向垂直的线极化波；圆极化天线不能接收来波中与其旋向相反的圆极化分量；对椭圆极化来波，其中与接收天线的极化旋向相反的圆极化分量不能被接收。

11.2.4　有效长度

有效长度是衡量天线辐射能力的又一个重要指标。天线的有效长度定义为：在保持实际天线最大辐射方向上的场强值不变的条件下，假设天线上电流分布为均匀分布时天线的等效长度。

天线的等效长度是把天线在最大辐射方向上的场强和电流联系起来的一个参数，通常将归于输入电流 I_{in} 的有效长度记为 l_{ein}，把归于波腹电流 I_m 的有效长度记为 l_{em}。

如图 11.2-3 所示，设实际长度为 l 的某天线的电流分布为 $I(z)$，根据式(11.1-9)，考虑到各电偶极子辐射场的叠加，此时该天线在最大辐射方向产生的电场为

$$E_{max} = \int_0^l dE = \int_0^l \frac{60\pi}{\lambda r} I(z)dz = \frac{60\pi}{\lambda r}\int_0^l I(z)dz \tag{11.2-16}$$

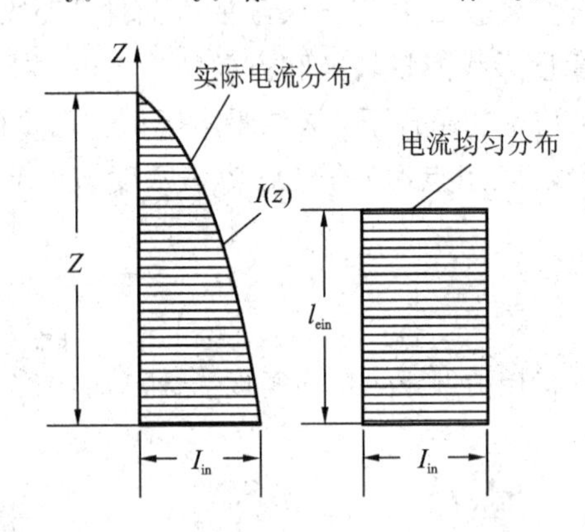

图 11.2-3　天线的等效长度

用等效长度表示的该天线在最大辐射方向产生的电场为

$$E_{max} = \frac{60\pi I_{in} l_{ein}}{\lambda r} \tag{11.2-17}$$

比较式(11.2-16)和式(11.2-17)，可得

$$I_{in} l_{ein} = \int_0^l I(z)dz \tag{11.2-18}$$

这样，天线辐射场强的一般表达式为

$$|E(\theta, \varphi)| = |E_{max}| F(\theta, \varphi) = \frac{60\pi I_{in} l_{ein}}{\lambda r} F(\theta, \varphi) \tag{11.2-19}$$

可见，天线的有效长度越长，表明天线的辐射能力越强。

11.2.5　输入阻抗

天线必须通过馈线与发射机相连接。要使得天线能从馈线获得最大功率，就必须使天线和馈线具有良好的匹配，即使天线的输入阻抗与馈线的特性阻抗相等。天线的输入阻抗 Z_{in} 是天线输入端的高频电压 U_{in} 与输入端的高频电流 I_{in} 之比，即

$$Z_{in} = \frac{U_{in}}{I_{in}} = R_{in} + jX_{in} \tag{11.2-20}$$

式中，R_{in}为输入电阻，X_{in}为输入电抗。

天线的输入阻抗对频率的变化往往十分敏感。当天线工作频率偏离设计频率时，天线与传输线的匹配变坏，致使传输线上的电压驻波比增大，天线效率降低。因此在实际应用中，还引入了电压驻波比参数，并且驻波比不能大于某一规定值。

11.2.6　频带宽度

天线的电参数都与频率有关。当工作频率偏离设计频率时，往往要引起天线参数的变化，如主瓣宽度增大、旁瓣电平增高、增益系数降低、输入阻抗和极化特性变坏等。事实上，天线也并非工作在点频，而是有一定的频率范围。当工作频率变化时，天线的有关电参数变化的程度在所允许的范围内，此时对应的频率范围称为频带宽度，简称天线的带宽。

根据频带宽度的不同，可以把天线分为窄频带天线、宽频带天线和超宽频带天线。对于窄频带天线，常用相对带宽，即$\frac{f_{max}-f_{min}}{f_0}\times 100\%$来表示其频带宽度。相对带宽只有百分之几的为窄频带天线；相对带宽达百分之几十的为宽频带天线。对于超宽频带天线，常用绝对带宽，即 f_{max}/f_{min}来表示其频带宽度。绝对带宽可达到几个倍频程的称为超宽频带天线。

11.3　线　天　线

天线的种类很多，按用途可将天线分为通信天线、广播电视天线、雷达天线等；按工作波长可将天线分为长波天线、中波天线、短波天线、超短波天线和微波天线等；按辐射元的类型或结构可将天线分为线天线和面天线。线天线是由半径远小于波长的金属导线构成的，主要用于长波、中波和短波波段；面天线是由尺寸大于波长的金属或介质面构成的，主要用于微波波段、超短波波段或两者兼用。

11.3.1　对称振子天线

对称振子天线是由两根粗细和长度都相同的导线构成的，其长度可与波长相比拟。中间为两个馈电端，其电流分布以导线中点为对称，如图 11.3-1 所示。对称振子天线是一种应用广泛且结构简单的基本线天线。由于它结构简单，所以被广泛用于无线电通信、雷达等各种无线电设备中，也可作为电视接收机最简单的天线设备。它既可作为最简单的天线使用，也可作为复杂天线阵的单元或面天线的馈源。

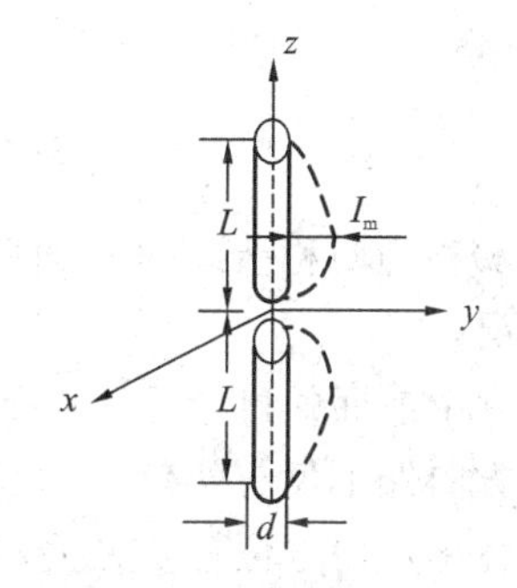

图 11.3-1　对称振子天线

由于对称振子天线的导线直径 $d\ll\lambda$，因此电流沿线分布可以近似认为具有正弦驻波特性。对称天线两端开路，电流为零，形成电流驻波的波节。电流驻波的波腹位置取决于对称天线的长度。

设对称天线的半长为 L，在直角坐标系中沿 z 轴放置，中点位于坐标原点，则电流空间分布函数可以表示为

$$I(z)=I_m \sin k(L-|z|) \quad (11.3-1)$$

式中：I_m 为电流的最大值，也是电流的波幅；k 为波数，也是相位常数，$k=2\pi/\lambda$，λ 为波长。

由于对称天线的电流分布为正弦驻波，对称天线可以看成是由很多电流振幅不等但相位相同的电偶极子排成一条直线而组成的。这样，利用电偶极子远区场公式即可直接计算对称天线的辐射场，如图 11.3-2 所示。

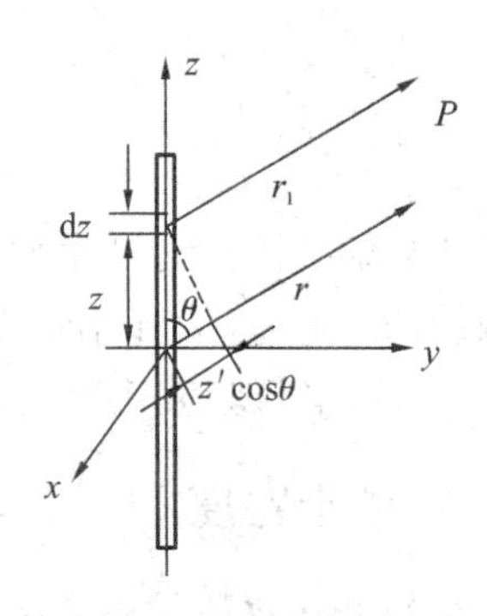

图 11.3-2 对称振子天线的远区场

在距中心点为 z 处取电流元段 $I\mathrm{d}z$，则它对远区场的贡献为

$$\mathrm{d}E_\theta=\mathrm{j}\frac{\eta_0 I\mathrm{d}z\sin\theta}{2\lambda r_1}\mathrm{e}^{-\mathrm{j}kr_1} \quad (11.3-2)$$

由于远区场点 P 到对称天线的距离 $r\gg L$，则可认为组成对称天线的每个电偶极子对于场点 P 的指向是相同的，即 $r//r_1$。这样，各个电偶极子在 P 点产生的远区电场方向相同，合成电场为各个电偶极子远区电场的叠加，即

$$E_\theta=\int_{-L}^{L}\mathrm{j}\frac{\eta_0 I\mathrm{d}z\sin\theta}{2\lambda r_1}\mathrm{e}^{-\mathrm{j}kr_1} \quad (11.3-3)$$

由于 $r_1\gg L$ 和 $r//r_1$，则可以认为 $1/r_1\approx 1/r$，$r_1=r-z\cos\theta$。这样有

$$\begin{aligned}E_\theta&=\int_{-L}^{L}\mathrm{j}\frac{\eta_0 I\mathrm{d}z\sin\theta}{2\lambda r_1}\mathrm{e}^{-\mathrm{j}kr_1}\\&=\mathrm{j}\frac{\eta_0 I_m\sin\theta}{2\lambda r}\mathrm{e}^{-\mathrm{j}kr}\int_{-L}^{L}\sin k(L-|z|)\frac{I\ \mathrm{d}z\ \sin\theta}{2\lambda r_1}\mathrm{e}^{\mathrm{j}kz\cos\theta}\mathrm{d}z\\&=\mathrm{j}\frac{I_m 60\pi}{\lambda}\frac{\mathrm{e}^{-\mathrm{j}kr}}{r}2\sin\theta\int_0^L\sin k(L-z)\cos(kz\cos\theta)\mathrm{d}z\\&=\mathrm{j}\frac{60I_m}{r}\mathrm{e}^{-\mathrm{j}kr}F(\theta)\end{aligned} \quad (11.3-4)$$

式中

$$F(\theta)=\frac{\cos(kL\cos\theta)-\cos(kL)}{\sin\theta} \quad (11.3-5)$$

$F(\theta)$ 称为对称天线的 E 面归一化方向性函数，它描述了归一化远区场 $|E_\theta|$ 随 θ 角的变化情况。

由前面的讨论可见，对称振子的辐射场仍为球面波，其极化方式仍为线极化。辐射场的方向性不仅与 θ 有关，也和振子的电长度(相对于工作波长的长度)有关。对称天线的方向性函数与方位角 φ 无关，仅为方位角 θ 的函数。

图 11.3-3 给出了电长度 $2L/\lambda$ 分别为 0.5、1、1.5、2 的对称振子天线的归一化 E 面方向图和相对应的归一化方向性函数。其中 $2L/\lambda=1/2$ 和 $2L/\lambda=1$ 的对称振子分别称为半波对称振子和全波对称振子，工程中最常用的是半波对称振子天线。

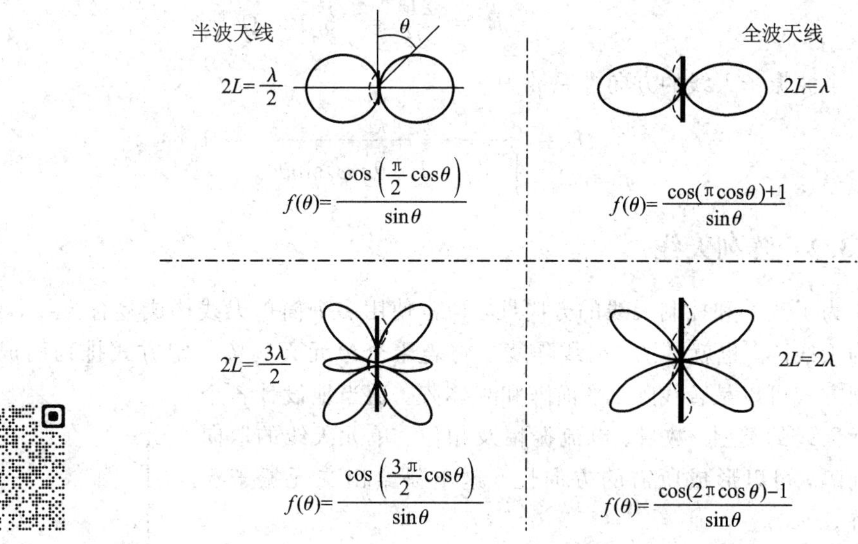

对称振子天线方向图
随电长度变化

图 11.3-3　对称振子天线的方向图

由图 11.3-3 可见：当电长度趋近于 3/2 时，天线的最大辐射方向将发生偏离；当电长度趋近于 2 时，在 $\theta=90°$平面内没有辐射。由于电基本振子在其轴向无辐射，因此对称振子在其轴向也无辐射。由于 $F(\theta)$不依赖于 φ，所以 H 面的方向图为圆。

半波对称振子天线的归一化方向性函数为

$$F(\theta)=\frac{\cos\left(\frac{\pi}{2}\cos\theta\right)}{\sin\theta} \tag{11.3-6}$$

半波对称振子天线的场分布为

$$\begin{cases} E_\theta=\mathrm{j}\,\dfrac{60I_\mathrm{m}\cos\left(\dfrac{\pi}{2}\cos\theta\right)}{r\sin\theta}\mathrm{e}^{-\mathrm{j}kr} \\ H_\varphi=\dfrac{E_\theta}{\eta_0} \end{cases} \tag{11.3-7}$$

对称振子的辐射功率为

$$\begin{aligned} P_\mathrm{r}&=\oint_S S_\mathrm{av}\cdot\mathrm{d}S=\int_0^{2\pi}\int_0^{\pi}\frac{|E_\theta|^2}{2\eta_0}r^2\sin\theta\,\mathrm{d}\theta\,\mathrm{d}\varphi \\ &=30I_\mathrm{m}^2\int_0^{\pi}\frac{[\cos(kl\cos\theta)-\cos kl]^2}{\sin\theta}\mathrm{d}\theta \end{aligned} \tag{11.3-8}$$

对称振子的辐射电阻为

$$R_\mathrm{r}=\frac{30}{\pi}\int_0^{2\pi}\int_0^{\pi}|F(\theta)|^2\sin\theta\,\mathrm{d}\theta\,\mathrm{d}\varphi \tag{11.3-9}$$

半波振子的辐射功率为

$$P_\mathrm{r}=30I_\mathrm{m}^2\int_0^{\pi}\frac{\left[\cos\left(\frac{\pi}{2}\cos\theta\right)\right]^2}{\sin\theta}\mathrm{d}\theta=30I_\mathrm{m}^2\times1.2188=36.564I_\mathrm{m}^2\,\mathrm{W} \tag{11.3-10}$$

半波振子的辐射电阻为

$$R_r = \frac{2P_r}{I_m^2} = 73.128\ \Omega \tag{11.3-11}$$

半波振子天线的方向性系数为

$$D = \frac{4\pi}{\int_0^{2\pi} d\varphi \int_0^{\pi} F^2(\theta, \varphi)\sin\theta d\theta} = 1.64 \tag{11.3-12}$$

11.3.2 阵列天线

为了改善和控制天线的方向性，通常使用多个简单天线构成复合天线，这种复合天线称为天线阵。也就是说，天线阵就是将若干个单元天线按一定方式排列而成的天线系统。排列方式可以是直线阵、平面阵和立体阵。适当地设计各个单元天线的类型、数目、电流振幅及相位、单元天线的取向及间隔，可以形成所需的方向性。这里只给出二元振子天线阵。

设有两个排列如图 11.3-4 所示的对称振子 1 和 2，它们构成一个二元天线阵。对称振子 1 和 2 的间距为 d，并沿 x 轴排列。1 号振子和 2 号振子满足同结构、同尺寸、同取向和同波源分布规律(如天线上电流都按正弦规律分布)四个条件，并且振子 2 的电流相位超前振子 1 的角度为 ξ，幅度是振子 1 的 m 倍，即 $I_{m2}=mI_{m1}e^{j\xi}$。这样，在相同坐标系统中各天线元单独存在时场强的方向性函数完全一样，仅有电场强度 E_θ 分量。

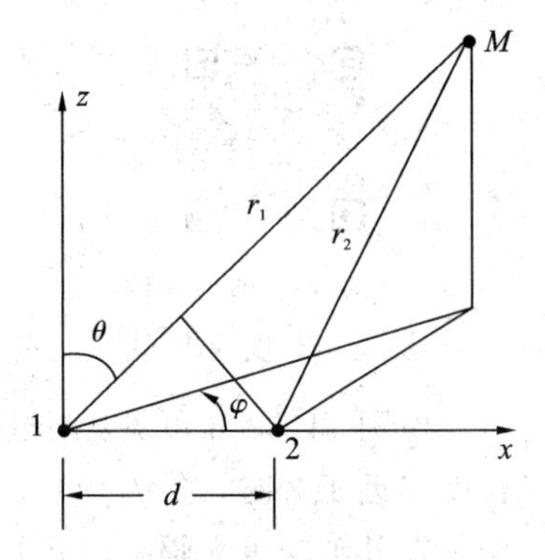

图 11.3-4　二元振子天线阵

这样，两个对称振子天线在远区形成的合成场为

$$E_\theta = E_{1\theta} + E_{2\theta} = j\frac{60I_{m1}}{r_1}F_1(\theta, \varphi)e^{-jkr_1} + j\frac{60I_{m2}}{r_2}F_2(\theta, \varphi)e^{-jkr_2}$$

由于 $F_1(\theta, \varphi)=F_2(\theta, \varphi)=F_0(\theta, \varphi)$，$I_{m2}=mI_{m1}e^{j\xi}=mI_m e^{j\xi}$，则合成场为

$$E_\theta = j60I_m F_0(\theta, \varphi)\left(\frac{e^{-jkr_1}}{r_1} + m\frac{e^{j\xi}e^{-jkr_2}}{r_2}\right) \tag{11.3-13}$$

由于远场区通常离天线相当远，故可认为自振子 1 和 2 至点 M 的两射线平行，即 $r_2 // r_1$，所以 r_2 与 r_1 的关系可写成

$$\frac{1}{r_1} \approx \frac{1}{r_2},\quad r_2 = r_1 - d\sin\theta\cos\varphi$$

则式(11.3-13)可变为

$$E_\theta = j60I_m F_0(\theta, \varphi)\frac{e^{-jkr_1}}{r_1}(1 + me^{j(\xi + kd\sin\theta\cos\varphi)}) = E_{1\theta}(1 + me^{j\psi}) \tag{11.3-14}$$

这里，$\psi=\xi+kd\sin\theta\cos\varphi$，表示 M 点处电场 E_1 与 E_2 之间的相位差，即振子 2 相对于振子 1 在 M 点的辐射的总的领先相位。

令 $F_a(\theta, \varphi)=|1+me^{j\psi}|$，则二元阵辐射场的电场强度模值为

$$|E_\theta| = \frac{60I_m}{r_1}F_0(\theta, \varphi)F_a(\theta, \varphi) \tag{11.3-15}$$

将 $F_0(\theta, \varphi)$ 称为天线阵的元因子，表示组成天线阵的单个辐射元的方向性函数，其值仅取决于天线元本身的类型和尺寸，体现了单个辐射元的方向性对天线阵方向性的影响；

将 $F_a(\theta, \varphi)$称为天线阵的阵因子，描述天线组阵的效应。它表示各向同性辐射元所组成的天线阵的方向性，其值取决于天线阵的排列方式及其天线元上激励电流的相对振幅和相位，与天线单个辐射元本身的类型和尺寸无关。

因此，天线阵的方向性函数 $F(\theta, \varphi)$可表示为

$$F(\theta, \varphi) = F_0(\theta, \varphi)F_a(\theta, \varphi) \tag{11.3-16}$$

可见，具有相似振子元组成的二元阵，天线阵的方向性函数(或方向图)等于单个振子元天线的元因子与阵因子的乘积。这个特性称为方向性乘积定理。

11.4　面　天　线

我们知道，从结构上分天线分为线天线和面天线。面天线从形状上看是一个金属曲面，所载电流沿天线体的金属表面分布，曲面的口径尺寸远大于工作波长。面天线常用在无线电频谱中的高频波段，尤其是微波波段，为了使电磁辐射具有更好的方向性，绝大多数都采用面天线。

面天线常由馈源和反射面两个具有不同作用的部分构成。常用的馈源有对称振子、喇叭或缝隙等，其作用是将高频电流或导波能量转变成电磁辐射能量；常用的反射面有喇叭口面、抛物面反射面等，其作用是使天线形成具有所要求方向特性的辐射口面。

面天线的分析与线天线类似，即先求出它的辐射场，然后再分析其方向性、阻抗等电参数特性。求解面天线辐射场的严格方法是根据边界条件来求解麦克斯韦方程。由于求解过程非常复杂，因此大都采用感应电流法或口径场法两种近似方法进行求解。

感应电流法是先求出天线的金属反射面在馈源照射下产生的感应面电流分布，然后计算此电流在外部空间产生的辐射场；口面场法包括两部分：先作一个包围天线的封闭面，求出此封闭面上的场(称为解内场问题)，然后根据惠更斯原理，利用该封闭面上的场求出空间的辐射场(称为解外场问题)。事实上，由于金属封闭面上无电磁场，故在计算时只需考虑封闭面的开口部分的辐射作用，即口面场的辐射。实际工程中常采用口面场法。

11.4.1　惠更斯元的辐射

面天线的结构包括金属导体面 S'、金属导体面的开口径 S(即口径面)及由 $S+S'$所构成的封闭曲面内的辐射源，如图 11.4-1 所示。

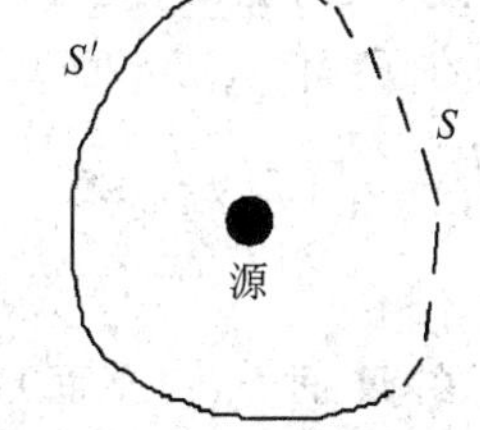

图 11.4-1　面天线组成

由于在封闭面上导体面 S'上的场为零，这样使得面天线的辐射问题简化为口径面 S 的辐射。惠更斯菲涅尔原理指出，包围波源的闭合面(波阵面)上任一点的场均可认为是二次波源，它们产生球面子波，闭合面外任一点的场可由闭合面上的场(二次波源)的叠加决定。因此，可把口径面看成由许多很小的面积元 dS(称为元口径辐射体)组成，每个小面积元称为惠更斯元。面状天线的辐射场也就是构成它的许多惠更斯元所产生的辐射场叠加的结果。也就是首先由惠更斯元求出其相应的辐射场，然后在整个口径面上积分便可求出整个口径的辐射场。

类似电基本振子和磁基本振子是分析线天线的基本辐射单元一样，惠更斯元是分析面

天线的基本辐射单元。设平面口径上一个惠更斯元 $dS=dxdy$，位于 xOy 平面上，坐标原点位于惠更斯元中心，且有 $dx\ll\lambda$，$dy\ll\lambda$。惠更斯元上的场为均匀分布，即各点的场强的振幅和相位均相同，且只有切向分量。根据等效原理，可将惠更斯元等效为由相互正交的电基本振子和磁基本振子组成，如图 11.4-2 所示。

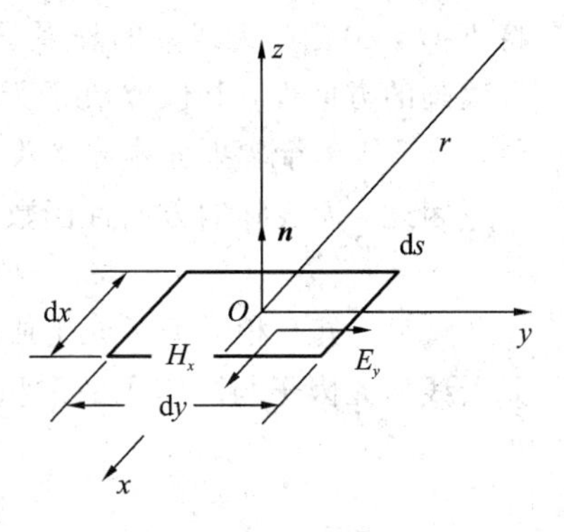

图 11.4-2　惠更斯元

假设惠更斯元上的切向电场为 E_y，切向磁场为 H_x。惠更斯元上的磁场等效为沿 y 轴方向放置，电流大小为 $H_x dx$ 的电基本振子，即 $I_e=H_x dx$；惠更斯元上的电场则等效为沿 x 轴方向放置，磁流大小为 $E_y dy$ 的磁基本振子，即 $I_m=E_y dy$，且有 $E_y=-H_x\eta_0$。$\boldsymbol{n}$ 为惠更斯元 dS 的外法线矢量。

类似前面的沿 z 轴放置的电基本振子的辐射场，再考虑任意 φ 方向，可得沿 y 轴放置的电基本振子远区辐射场为

$$\begin{cases} d\boldsymbol{E}_1 = j\dfrac{E_y\,dx\,dy}{2\lambda r}(\boldsymbol{e}_\theta\cos\theta\sin\varphi+\boldsymbol{e}_\varphi\cos\varphi)e^{-jkr} \\ d\boldsymbol{H}_1 = j\dfrac{H_x\,dx\,dy}{2\lambda r}(\boldsymbol{e}_\theta\cos\varphi-\boldsymbol{e}_\varphi\cos\theta\sin\varphi)e^{-jkr} \end{cases} \tag{11.4-1}$$

类似前面的沿 z 轴放置的磁基本振子的辐射场，再考虑任意 φ 方向，可得沿 x 轴放置的磁基本振子远区辐射场为

$$\begin{cases} d\boldsymbol{E}_2 = j\dfrac{E_y\,dx\,dy}{2\lambda r}(\boldsymbol{e}_\theta\sin\varphi+\boldsymbol{e}_\varphi\cos\theta\cos\varphi)e^{-jkr} \\ d\boldsymbol{H}_2 = j\dfrac{H_x\,dx\,dy}{2\lambda r}(\boldsymbol{e}_\theta\cos\theta\cos\varphi-\boldsymbol{e}_\varphi\sin\varphi)e^{-jkr} \end{cases} \tag{11.4-2}$$

我们知道，只要已知电场，通过波阻抗 η 就可得到相应的磁场，因此在天线分析中一般只关心辐射电场。惠更斯元的远区的辐射场为电基本振子和磁基本振子产生的辐射场的叠加，即

$$d\boldsymbol{E} = d\boldsymbol{E}_1 + d\boldsymbol{E}_2 = j\frac{E_y dS}{2\lambda r}(1+\cos\theta)(\boldsymbol{e}_\theta\sin\varphi+\boldsymbol{e}_\varphi\cos\varphi)e^{-jkr} \tag{11.4-3}$$

在研究天线方向性时，通常只关心两个主平面的情况。因此，这里只介绍惠更斯元的两个主平面的辐射场。

在 E 面（yOz 平面），方位角 $\varphi=\pi/2$，由式(11.4-3)可以得到此时的惠更斯元的辐射场为

$$d\boldsymbol{E} = \boldsymbol{e}_\theta j\frac{E_y dS}{2\lambda r}(1+\cos\theta)e^{-jkr} \tag{11.4-4}$$

在 H 面（xOz 平面），方位角 $\varphi=0$，由式(11.4-3)可以得到此时的惠更斯元的辐射场为

$$d\boldsymbol{E} = \boldsymbol{e}_\varphi j\frac{E_y dS}{2\lambda r}(1+\cos\theta)e^{-jkr} \tag{11.4-5}$$

可见，惠更斯元两个主平面的归一化方向函数为

$$F(\theta) = \left|\frac{1+\cos\theta}{2}\right| \tag{11.4-6}$$

11.4.2　平面口径面的辐射

任意平面口径场可以归结为很多振幅不等、相位不同的惠更斯元的辐射场的合成。由于实际工程中的天线口径面绝大多数都是平面，因此这里只讨论平面口径面的辐射。

设平面口径面位于 xOy 平面上，坐标原点到观察点 M 的距离为 r，惠更斯元 dS 到观察点 M 的距离为 r'，如图 11.4-3 所示。

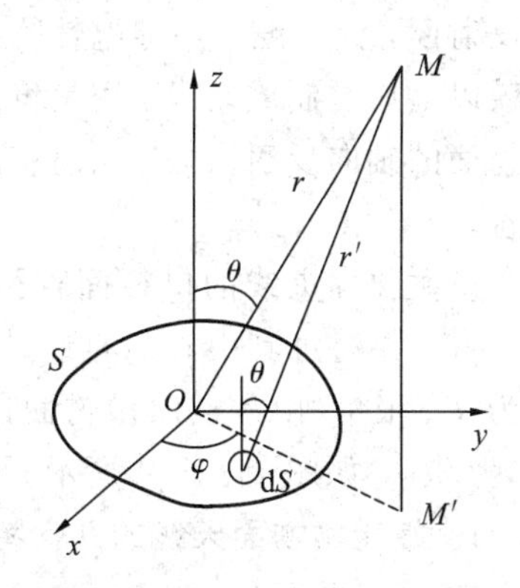

图 11.4-3　任意形状口径面

将惠更斯元 dS 在两个主平面上的辐射场 dE 沿整个口径面 S 进行积分，即可得到口面远区辐射场的一般表达式，即

$$\boldsymbol{E}_M = \mathrm{j}\,\frac{1}{2\lambda r}(1+\cos\theta)\int_S E_y \mathrm{e}^{-\mathrm{j}kr'}\cdot \mathrm{d}S' \tag{11.4-7}$$

设惠更斯元的直角坐标为(x', y', z')，远场区 M 点的直角坐标为(x, y, z)，则惠更斯元到场点 M 的距离 r' 为

$$r' = \sqrt{(x-x')^2+(y-y')^2+(z-z')^2} \tag{11.4-8}$$

球坐标与直角坐标的关系为

$$\begin{cases} x = r\sin\theta\cos\varphi \\ y = r\sin\theta\sin\varphi \\ z = r\cos\theta \end{cases}$$

代入式(11.4-8)，并考虑远区条件 $r//r'$，则式(11.4-8)可简化为

$$r' \approx r - (x'\sin\theta\cos\varphi + y'\sin\theta\sin\varphi) \tag{11.4-9}$$

将式(11.4-9)代入式(11.4-7)，可得用直角坐标表示的平面口径远区辐射场的一般表达式为

$$\boldsymbol{E}_M = \mathrm{j}\,\frac{1}{2\lambda r}(1+\cos\theta)\mathrm{e}^{-\mathrm{j}kr}\int_S E_y \mathrm{e}^{\mathrm{j}k(x'\sin\theta\cos\varphi+y'\sin\theta\sin\varphi)}\,\mathrm{d}S' \tag{11.4-10}$$

在 E 面(yOz 平面，$\varphi=\pi/2$)和 H 面(xOz 平面，$\varphi=0$)上的远区辐射场分别为

$$\begin{cases} \boldsymbol{E}_E = \boldsymbol{e}_\theta \mathrm{j}\,\dfrac{1}{2\lambda r}(1+\cos\theta)\mathrm{e}^{-\mathrm{j}kr}\displaystyle\int_S E_y \mathrm{e}^{\mathrm{j}ky'\sin\theta}\,\mathrm{d}x'\mathrm{d}y' \\ \boldsymbol{E}_H = \boldsymbol{e}_\varphi \mathrm{j}\,\dfrac{1}{2\lambda r}(1+\cos\theta)\mathrm{e}^{-\mathrm{j}kr}\displaystyle\int_S E_y \mathrm{e}^{\mathrm{j}kx'\sin\theta}\,\mathrm{d}x'\mathrm{d}y' \end{cases} \tag{11.4-11}$$

如果用极坐标来表示，即将直角坐标(x', y')变换成极坐标(ρ', φ')，则可以得到在 E 面和 H 面上用极坐标表示的远区辐射场分别为

$$\begin{cases} \boldsymbol{E}_E = \boldsymbol{e}_\theta \mathrm{j}\,\dfrac{1}{2\lambda r}(1+\cos\theta)\mathrm{e}^{-\mathrm{j}kr}\displaystyle\int_S E_y \mathrm{e}^{\mathrm{j}k\rho'\sin\theta\sin\varphi'}\rho'\,\mathrm{d}\rho'\mathrm{d}\varphi' \\ \boldsymbol{E}_H = \boldsymbol{e}_\varphi \mathrm{j}\,\dfrac{1}{2\lambda r}(1+\cos\theta)\mathrm{e}^{-\mathrm{j}kr}\displaystyle\int_S E_y \mathrm{e}^{\mathrm{j}k\rho'\sin\theta\cos\varphi'}\rho'\,\mathrm{d}\rho'\mathrm{d}\varphi' \end{cases} \tag{11.4-12}$$

11.4.3　抛物面天线

抛物面天线由照射器和抛物面反射器两部分组成。其中，照射器本身的方向性较差，

经过反射器反射后可使得方向性变得尖锐。最常采用的抛物面天线为旋转抛物面天线，它在通信、雷达和射电天文等系统中广泛使用。旋转抛物面天线由两部分组成：一是将与馈线相连的照射器置于抛物面焦点，称为馈源，其作用是向反射面上辐射电磁波；二是抛物线绕其焦轴旋转而成的抛物反射面，它一般采用导电性能良好的金属或在其它材料上敷以金属层制成。其作用是将馈源投射过来的球面波沿抛物面的轴向反射出去，从而获得较强的方向性和较高的增益。

设抛物面天线的口径面直径为 D_0；其轴线为与口径面垂直，并通过其中心的直线，即 z 轴；其焦点为 F，焦距为 f，张角(由焦点向抛物面边缘相对两点连线间的夹角)为 $2\psi_0$，如图 11.4－4 所示。

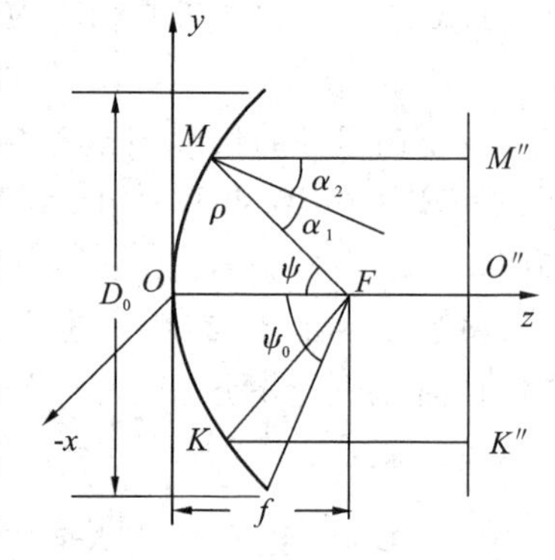

图 11.4－4　旋转抛物面天线

1. 旋转抛物面天线的几何特性

在 yOz 平面上，焦点 F 在 z 轴且其顶点通过坐标原点的抛物线方程为

$$y^2 = 4fz \tag{11.4-13}$$

由此抛物线绕 OF 轴旋转而形成的抛物面方程为

$$x^2 + y^2 = 4fz \tag{11.4-14}$$

为了方便分析，抛物线方程常用原点与焦点 F 重合的极坐标(ρ, ψ)来表示，即

$$\rho = \frac{2f}{1+\cos\psi} = f\sec^2\frac{\psi}{2} \tag{11.4-15}$$

由于抛物面的张角为 $2\psi_0$，它对应抛物线两端点之间的距离为 D_0，则

$$d_0 = 2|y| = 2\rho_0\sin\psi_0 = \frac{4f}{1+\cos\psi_0}\sin\psi_0 = 4f\tan\frac{\psi_0}{2}$$

从而可得抛物面口径的直径与张角的关系为

$$\frac{f}{d_0} = 4\tan\frac{\psi_0}{2} \tag{11.4-16}$$

这样，抛物面的形状可用焦距与直径比或口径张角的大小来表征。

根据抛物线的几何特性可以得到抛物线天线的两个主要特性：

(1) 通过抛物线上任意一点 M 作与焦点的连线 FM，同时作一直线 MM'' 平行于 OO''。根据几何光学反射定律可以证明，通过作过抛物线 M 点切线的垂线(抛物线在 M 点的法线)与 MF 的夹角 α_1 等于它与 MM'' 的夹角 α_2。因此，当抛物面为金属面时，从焦点 F 发出的以任意方向入射的电磁波经它反射后都平行于 OF 轴。假使馈源相位中心与焦点 F 重合，即从馈源发出球面波，经抛物线反射后就变为平面波，形成平面波束。此情形类似我们常用的手电筒的工作原理。

(2) 抛物线上任意一点到焦点 F 的距离与它到准线的距离相等。在抛物面口上，任一直线 $M''O''K''$ 与其准线平行。从图 11.4－4 可得 $FM+MM''=FK+KK''=FO+OO''=f+OO''$，即从焦点发出的各条电磁波射线经抛物面反射后到抛物面口径上的波程为一常数，等相位面为垂直于 OF 轴的平面，抛物面的口径场为同相场，反射波为平行于 OF 轴的平面波。

可见，如果馈源辐射理想的球面波，抛物面口径尺寸为无限大，抛物面就把球面波变为理想平面波，能量沿 z 轴正方向传播，其它方向的辐射为零。事实上，由于抛物面口径尺寸不可能为无限大，因此抛物面天线的波束不可能是波瓣宽度为零的理想波束，而是一个与抛物面口径尺寸及馈源方向图有关的窄波束。

2. 抛物面天线的辐射特性

分析抛物面天线的辐射特性通常采用两种方法：口径场法和面电流法。口径场法就是根据上节提及的惠更斯原理，抛物面天线的辐射场可以用包围源的任意封闭曲面($S+S'$)上各次级波源产生的辐射场的叠加。对于具体的抛物面天线，抛物面的外表面 S' 上的场为零，抛物面的开口径 S 上各点场的相位相同。因此只要求出口径面上的场分布，就可以利用上节的圆口径同相场的辐射公式来计算天线的辐射场。面电流法就是先求出馈源所辐射的电磁场在反射面上激励的面电流密度分布，然后由面电流密度分布再求抛物面天线的辐射场。

计算口径场分布时，要依据两个基本定律：几何光学反射定律和能量守恒定律。假设馈源辐射理想的球面波(即它有一个确定的相位中心并与抛物面的焦点重合)，馈源的后向辐射为零，抛物面位于馈源辐射场的远区。

由于抛物面是旋转对称的，所以要求馈源的方向图也应旋转对称，即仅是 ψ 的函数。设馈源的辐射功率为 P_Σ，方向函数为 $D_f(\psi)$，则它在 ψ 和 $\psi+d\psi$ 之间的旋转角内的辐射功率为

$$p(\psi,\ \psi+d\psi)=\frac{P_\Sigma D_f(\psi)}{4\pi\rho^2}\cdot(\rho d\psi\cdot 2\pi\rho\ \sin\psi)=\frac{1}{2}P_\Sigma D_f(\psi)\sin\psi\ d\psi \qquad (11.4-17)$$

假设口径上的电场为 E_S，则口径上半径为 ρ_S 和 $\rho_S+d\rho_S$ 的圆环内的功率为

$$p(p_S,\ p_S+dp_S)=\frac{1}{2}\cdot\frac{|E_S|^2}{120\pi}\cdot 2\pi\rho_S d\rho_S \qquad (11.4-18)$$

因为射线经抛物面反射后都与 z 轴平行，根据能量守恒定律，馈源在 ψ 和 $\psi+d\psi$ 角度范围内投向抛物面的功率等于被抛物面反射在口径上半径为 ρ_S 和 $\rho_S+d\rho_S$ 的同轴圆柱面之间的功率，则由式(11.4-17)与式(11.4-18)可以得到

$$|E_S|^2=60P_\Sigma D_f(\psi)\sin\psi\frac{d\psi}{\rho_S d\rho_S} \qquad (11.4-19)$$

在抛物面口径上，由于

$$\rho_S^2=x^2+y^2=4fz=4f(f-\rho\cos\psi) \qquad (11.4-20)$$

将式(11.4-15)代入式(11.4-20)，则有

$$\rho_S=2f\tan\frac{\psi}{2} \qquad (11.4-21)$$

则

$$d\rho_S=f\sec^2\frac{\psi}{2}d\psi \qquad (11.4-22)$$

将式(11.4-21)和式(11.4-22)代入式(11.4-19)，可得到口径场的电场为

$$|E_S|=\sqrt{60P_\Sigma D_f(\psi)}\frac{\cos^2\left(\dfrac{\psi}{2}\right)}{f}=\frac{\sqrt{60P_\Sigma D_f(\psi)}}{\rho} \qquad (11.4-23)$$

可见，即使馈源是一个无方向性的点源，即 $D_f(\psi)$ 为常数，$|E_S|$ 随 ψ 的增大按 $1/\rho$ 规律逐渐减小。一般情况下，馈源的辐射也是随 ψ 的增大而减弱。因此，口径场的大小由口径沿

径向 ρ 逐渐减小。越靠近口径边缘场越弱，但各点的场的相位都相同。

这样可以得到 E 面上抛物面口径辐射场的表达式为

$$\boldsymbol{E}_{\mathrm{E}}=\boldsymbol{e}_{\theta}\mathrm{j}\frac{f\sqrt{60P_{\Sigma}}\,\mathrm{e}^{-\mathrm{j}kR}}{r\lambda}\cdot(1+\cos\theta)\int_{0}^{2\pi}\int_{0}^{\psi_0}\sqrt{D_{\mathrm{f}}(\psi)}\tan\frac{\psi}{2}\mathrm{e}^{\mathrm{j}2kf\tan\frac{\psi}{2}\sin\varphi_{\mathrm{S}}\sin\theta}\mathrm{d}\psi\mathrm{d}\varphi_{\mathrm{S}}\quad(11.4-24)$$

在利用 $J_0(u)=\dfrac{1}{2\pi}\displaystyle\int_0^{2\pi}\mathrm{e}^{\mathrm{j}u\sin v}\mathrm{d}v$，可以得到 E 面归一化方向函数为

$$F_{\mathrm{E}}(\theta)=\int_0^{\psi_0}\sqrt{D_{\mathrm{f}}(\psi)}\tan\frac{\psi}{2}J_0\left(ka\cot\frac{\psi_0}{2}\tan\frac{\psi}{2}\sin\theta\right)\mathrm{d}\psi\quad(11.4-25)$$

由于抛物面是旋转对称，馈源的方向函数也是旋转对称，因此抛物面天线的 E 面和 H 面方向函数相同，即 $F_{\mathrm{H}}(\theta)=F_{\mathrm{E}}(\theta)$。

11.4.4　卡塞格伦天线

卡塞格伦天线是一种具有双反射器的天线系统。位于一个焦点的馈源发出的球面波首先射向前方的旋转双曲面，经旋转双曲面的反射后再投射到旋转抛物面上，最后由抛物面再次反射成为平行波辐射出去，如图 11.4－5 所示。与单反射面天线相比，它具有的主要优点为：① 由于天线有两个反射面，几何参数增多，便于按照各种需要灵活地进行天线设计；② 可以采用短焦距抛物面天线作主反射面，减小了天线的纵向尺寸；③ 由于采用了副反射面，馈源可以安装在抛物面顶点附近，使馈源和接收机之间的传输线缩短，减小了传输线损耗所造成的噪声；④ 卡塞格伦天线具有低噪声、高增益的特点。

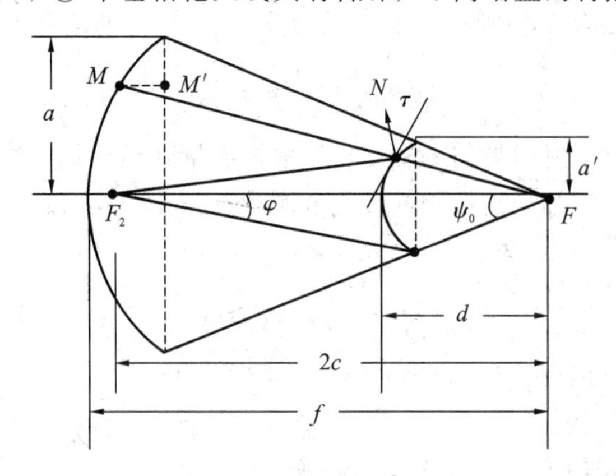

图 11.4－5　卡塞格伦天线几何图

1. 卡塞格伦天线的几何特性

卡塞格伦天线由主反射面、副反射面和馈源三部分组成。主反射面是由焦点在 F、焦距为 f 的抛物线绕其焦轴旋转而成；副反射面是由一个焦点在 F_1（称为虚焦点，与抛物面的焦点 F 重合），另一个焦点在 F_2（称为实焦点，在抛物面的顶点附近）的双曲线绕其焦轴旋转而成。主、副面的焦轴重合。馈源通常采用喇叭，它的相位中心位于双曲面的实焦点 F_2 上。

作为副反射面的双曲线具有以下两个重要的特性：

(1) 双曲面的任一点 N 处的切线 τ 平分 N 对两焦点的张角 $\angle FNF_2$。将线 FN 延长与抛物面相交于点 M。说明由 F_2 发出的各射线经双曲面反射后，反射线的延长线都相交于 F 点。因此，在 F_2 放置的馈源发出的球面波，经双曲面反射后其所有的反射线

就像从双曲面的另一个焦点 F 发出来的一样，这些射线经抛物面反射后都平行于抛物面的焦轴。

(2) 双曲面上任意一点到两焦点的距离差等于常数，即

$$F_2N - NF = c_1 \tag{11.4-26}$$

根据抛物面的几何特性有

$$FN + NM + MM' = c_2 \tag{11.4-27}$$

将式(11.4-26)与式(11.4-27)相加有

$$F_2N + NM + MM' = c_1 + c_2 = \text{const} \tag{11.4-28}$$

可见，由馈源在 F_2 发出的任意射线经双曲面和抛物面反射后，到达抛物面口径时所经过的波程相等。因此，由馈源在 F_2 发出的任意射线经双曲面和抛物面反射后，不仅相互平行，而且同时到达卡塞格伦天线。这说明卡塞格伦天线与旋转抛物面天线是相似的。

卡塞格伦天线有七个几何参数，其中抛物面有 $2a$、f、ψ_0 三个参数，双曲面有 $2a'$、$2c$、φ 和 d(顶点到焦点的距离)四个参数。

由式(11.4-16)可得

$$a = \frac{f}{8\tan\dfrac{\psi_0}{2}} \tag{11.4-29}$$

根据图 11.4-5 中的几何关系有

$$a'(\cot\varphi + \cot\psi_0) = 2c \tag{11.4-30}$$

$$\frac{a'}{\sin\varphi} - \frac{a'}{\sin\psi_0} = 2c - 2d \tag{11.4-31}$$

式(11.4-29)、式(11.4-30)和式(11.4-31)为卡塞格伦天线的三个独立的几何参数关系。在实际天线设计中，只要根据天线的电指标和结构要求选定四个参数即可，其它三个参数可由这三个式子求出。

2. 卡塞格伦天线的分析方法

卡塞格伦天线的主反射面、副反射面可用等效抛物面来分析，其等效抛物面如图 11.4-6 所示。

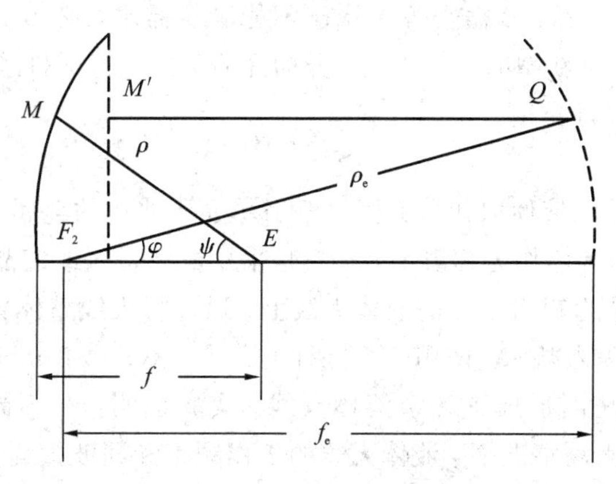

图 11.4-6　卡塞格伦天线的等效抛物面

等效抛物面这样建立：延长卡塞格伦天线中馈源至副面的任一条射线 F_2N 与该射线经副、主面反射后的实际射线 MM' 的延长线相交于 Q 点。由此方法而得到的 Q 点的轨迹

是一条抛物线，其上任意一点距焦点 F_2 的距离为 ρ_e。

由图 11.4－6 可见

$$\rho \sin\psi = \rho_e \sin\varphi \tag{11.4-32}$$

根据抛物面方程有

$$\rho = \frac{2f}{1+\cos\psi} \tag{11.4-33}$$

将式(11.4－33)代入式(11.4－32)有

$$\rho_e = \frac{2f}{1+\cos\psi}\frac{\sin\psi}{\sin\varphi} = 2f\frac{\tan\frac{\psi}{2}}{\sin\varphi} = 2f\frac{\tan\frac{\psi}{2}}{\left(1+\cos\frac{\varphi}{2}\right)\tan\frac{\varphi}{2}} = \frac{2f}{1+\cos\frac{\varphi}{2}}\frac{\tan\frac{\psi}{2}}{\tan\frac{\varphi}{2}} \tag{11.4-34}$$

令 $A=\dfrac{\tan\frac{\psi}{2}}{\tan\frac{\varphi}{2}}$，则式(11.4－34)变为

$$\rho_e = \frac{2Af}{1+\cos\frac{\varphi}{2}} = \frac{2f_e}{1+\cos\frac{\varphi}{2}} \tag{11.4-35}$$

上式表示一条抛物线，其焦点为 F_2，焦距为 f_e。

由此等效抛物线旋转形成的抛物面称为等效抛物面。此等效抛物面的口径尺寸与原抛物面的口径尺寸相同，但焦距放大了 A 倍，即 $f_e=Af$。

可见，卡塞格伦天线可以用一个口径尺寸与原抛物面相同，但焦距放大了 A 倍的旋转抛物面天线来等效，且具有相同的场分布。这样，就可以用前面介绍的旋转抛物面天线的理论来分析卡塞格伦天线的辐射特性及各种电参数。

11.5 新型天线

随着对无线电系统体积的要求越来越小，以及对天线小型化、宽波束和高增益的要求越来越高，传统的喇叭、螺旋、振子等天线已不能满足需求，必须寻求提升系统性能的各种新型天线。这里简要对新型的液体天线、异向介质天线、超材料透镜天线、可折叠天线、智能天线等新型天线进行介绍。

1. 液体天线

液体天线是指用导电液体取代普通天线辐射单元所使用的金属材料。液体天线通常有两种，一种是使用离子液体作为辐射单元，二是采用液态金属或液晶材料。

在使用离子液体作为辐射单元的液体天线上，通过将天线整体置于一块大的铝制地板上，在一个 PVC 管中灌入盐水，使用一个探针连着 SMA(Sub-Miniature-A，一种常见的天线接口)头作馈电口，从而形成了一个液体天线。实验证明，在不同的盐水浓度、不同的 PVC 管径以及不同的水深情况下，液体天线的工作频率和回波损耗会随之发生变化。由于这种天线内部是液体，因此这种天线十分适用于可重构天线。

液晶的组成物质是一种以碳为中心所构成的有机化合物。同时具有两种物质的液晶，是以分子间力量组合的，它们的特殊光学性质，使其对电磁场敏感，极具实用价值。2003

年，有人将液晶材料应用于微带天线上，制作了一个频率可调的微带天线。将普通的微带天线金属层下方的介质用液晶取代。仿真与测量结果证实，此液晶频率可调微带天线的工作频率为 4.94～5.07 GHz，可调范围达 130 MHz。2008 年，有人采用同样的方法，使用液晶调节微带天线的频率为 5.45～5.65 GHz。

2. 异向介质天线

由于呈现出不同寻常的电磁特性，异向介质在天线领域有着广泛的应用前景。有人在 2000 年就提出可以用异向介质平板实现“完美透镜”，分辨率可达到小于一个波长的精度。异向介质平板的会聚特性，还可以起到天线搬移的功能。异向介质平板成像原理如图 11.5-1 所示。

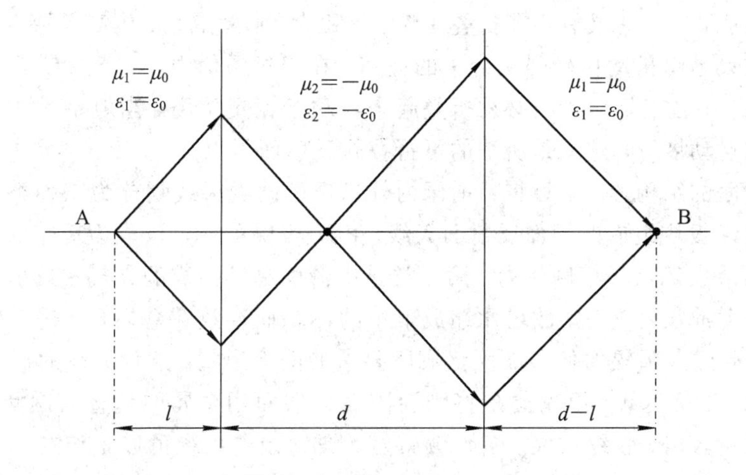

图 11.5-1　异向介质平板成像原理示意图

图 11.5-1 中，A 为实际天线，经过异向介质平板在 B 处成像，相当于天线在 B 处辐射一样，这种方式在军事中可以起到隐蔽天线 A 的作用。

利用异向介质在某个频段内折射率接近于 0 的特性，可以用它来制造天线，其原理图如图 11.5-2 所示。发射源位于异向介质（n 约等于 0）平板中，根据 Snell 定律，波束透射到真空中时发生折射，折射角接近于 0，基本上沿着近轴方向（z 轴）辐射，由此实现的天线具有很强的定向辐射能力。

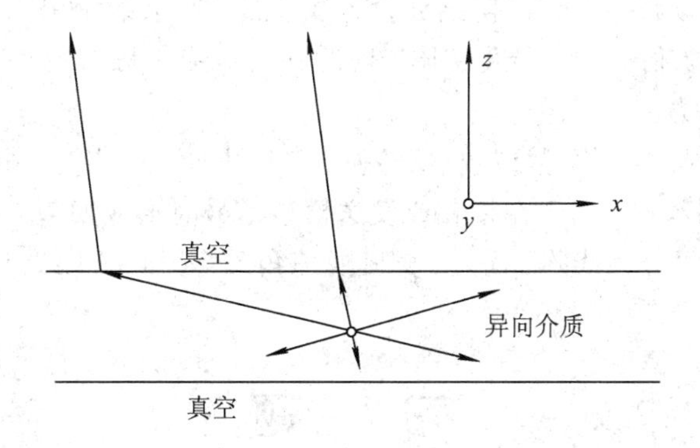

图 11.5-2　异向介质实现定向天线原理图

3. 超材料透镜天线

近年国内外相关研究表明，超材料已在天线制作上显示出巨大优势。国外有人研究了基于超材料的波束扫描天线；有人采用零折射率的超材料设计了多波束天线，获得了高增益特性。国内有人将超材料应用在微带天线中，提高了天线的定向性和增益；也有人将超材料应用于传统天线，显著提高了天线的增益，压缩了波束宽度。同时，这种在环氧板上通过打孔构造的超材料，具有宽带工作特性，因此可以制作宽带天线，具有工程应用价值。

4. 可折叠天线

反射面天线因具有单个天线增益高、频带宽的特点，广泛应用于卫星通信、微波通信中继、移动通信基站、车载站等场合。除卫星通信外，现今普遍使用的天线的反射面大多由刚性材料制成，由于它具有不能折叠压缩、体积大、质量高、成本高等缺点，因此限制了此类天线在架设地点机动性较强场合中的应用。在卫星通信中，由于受航天运载工具整流罩容积的限制，卫星发射时天线必须折叠起来收藏于卫星罩内。当卫星入轨后，天线再靠自带的动力源自动展开，这就是所谓的可折叠式反射面天线。

按照反射面的结构形式，可将目前国内外出现的此类天线划分为三种类型。第一类是由中心毂和刚性板块组成的固面反射面天线。由于板块可加工成较为理想的抛物面，因而这种反射面的最大优点是精度较高。第二类是由薄膜黏结而成的充气式反射面天线。这类天线由于在发射前没有充气，故可压缩成很小的体积而存放在盒内，当进入轨道后，充气并膨胀展开，通过太阳辐射使形面固化成所要求的曲面形状。这种天线的优点是收缩比较高、质量轻、加工费用低。第三类是将刚性固面反射面用金属网代替的网状反射面天线。这类天线的质量较轻、收缩比大、工作频带宽，波导馈电系统可以工作在大功率，且容易实现多波束、多频段、多极化以及电扫描和电控波束宽度，适合于高分辨率的小卫星 SAR(合成孔径雷达)天线。

5. 智能天线

智能天线原名为自适应天线阵列，最初应用于雷达、声呐等军事领域，主要用来完成空间滤波和定位，常见的相控阵雷达就是简单的自适应天线阵。智能天线是一种智能化的天线形式，它可以改善通信链路性能，大大提高系统容量，提高频谱利用率。

智能天线的基本思想是基于阵列天线技术，并利用用户信号空间特征的差异。它能够根据信号环境情况自动形成“最佳”阵列波束天线，然后在天线中引入自适应信号处理，实现噪声抵消、在干扰入射方向上产生零陷，同时在主波束上跟踪有用信号，从而使天线阵列具有智能接收的能力。

智能天线由天线阵列、模/数或数/模转换、自适应处理、波束形成网络等四部分组成。智能天线的天线阵列部分，用于在接收或发送模拟信号时形成期望波束。根据天线阵列在空间中的排列位置，可分为线阵、面阵、圆阵及三角阵等。根据天线阵子间是否等距，又可分为不规则阵和随机阵等。

习　题

11.1　已知某天线的辐射功率为 100 W，方向系数 $D=3$，求：(1) $r=10$ km 处，最大辐射方向上的电场强度振幅；(2) 若保持功率不变，要使 $r=20$ km 处的场强等于原来 $r=$

10 km 处的场强，应选取方向性系数 D 等于多少的天线？

11.2　计算矩形均匀同相口径天线的方向性系数及增益。

11.3　两个天线置于自由空间，相距 0.5 km(满足远场条件)，一个发射，另一个接收。设发射天线的增益为 20 dB，输入信号的功率为 150 W，信号频率为 1 GHz，接收天线的增益为 10 dB，问最大接收功率为多少瓦？

11.4　设有两个天线，其方向性系数分别为 $D_1=20$，$D_2=10$，其效率分别为 $\eta_{A1}=20\%$，$\eta_{A2}=40\%$，求：(1) 辐射功率相等时两个天线在最大辐射方向上的电场强度之比；(2) 输入功率相等时两个天线在最大辐射方向上的电场强度之比。

11.5　天线的归一化方向函数为

$$f(\theta,\varphi)=\begin{cases}\cos^2\theta & |\theta|\leqslant\pi/2\\ 0 & |\theta|>\pi/2\end{cases}$$

试求其方向性系数。

11.6　某天线的增益系数为 20 dB，工作波长 $\lambda=1$ m，试求其有效接收面积 A_e。

11.7　已知天线的辐射功率为 P_r，方向系数为 D。(1) 试给出自由空间中距离天线 r 处辐射场大小的表达式；(2) 若距离增加一倍，天线的辐射功率不变，辐射场的大小不变，则天线方向系数需增加多少分贝？

11.8　某天线置于自由空间，已知它产生的远区电场为 $\boldsymbol{E}(r,\theta,\varphi)=c\dfrac{1}{r}\mathrm{e}^{-\mathrm{j}kr}(\sin\theta)^{1/2}\cdot\hat{\theta}$，其中$(r,\theta,\varphi)$为场点的球坐标，$c$ 为已知常数，$k=\dfrac{2\pi}{\lambda}$(λ 为波长)，$\hat{\theta}$ 为 θ 方向的单位矢。(1) 求出这个天线的归一化远场方向图函数；(2) 求该天线 E 面方向图的半功率波束宽度；(3) 求该天线的方向系数；(4) 如果该天线的增益为 0 dB，则它的效率为多少？(5) 求 $\theta=30°$时，远区电场的极化方向与极轴(z 轴)的夹角。

11.9　某发射电台辐射功率为 10 kW，用偶极子天线发射，求在天线的垂直平分面上距离天线 1 km 处的 S_{av} 和 E；在与天线的垂直平分面成何角度时，S_{av} 减小一半？

11.10　已知某天线在 E 面上的方向函数为

$$F(\theta)=\cos\left(\frac{\pi}{4}\cos\theta-\frac{\pi}{4}\right)$$

(1) 画出其 E 面方向图；

(2) 计算其半功率波瓣宽度。

11.11　已知两副天线的方向函数分别是 $f_1(\theta)=\sin^2\theta+0.5$，$f_2(\theta)=\cos^2\theta+0.4$，试计算这两副天线方向图的半功率角 $2\theta_{0.5}$。

11.12　(1) 有一无方向性天线，辐射功率为 $P_\Sigma=100$ W，计算 $r=10$ km 处 M 点的辐射场强值；(2) 若改方向系数 $D=100$ 的强方向性天线，其最大辐射方向对准点 M，再求 M 点的场强值。

11.13　一长度为 $2h$(h 远小于 λ)中心馈电的短振子，其电流分布为 $I(z)=I_0(1-|z|/h)$，其中 I_0 为输入电流，也等于波腹电流 I_m。试求：(1) 短振子的辐射场(电场、磁场)；(2) 辐射电阻及方向系数。

11.14　已知天线在某一主平面上的方向函数为 $F(\theta)=\sin^2\theta+0.414$。(1) 画出天线在此主平面的方向图；(2) 若天线的方向系数为 $D=1.6$，辐射功率为 $P_\Sigma=10$ W，计算在

$\theta=30^\circ$方向上 $r=2$ km 处的场强值。

11.15　设在相距 1.5 km 的两个站之间进行通信，每站均以半波振子为天线，工作频率为 300 MHz。若一个站发射的功率为 100 W，则另一个站的匹配负载中能收到多少功率？

11.16　两个半波振子天线平行放置，相距 $\lambda/2$。若要求它们的最大辐射方向在偏离天线阵轴线 $\pm 60^\circ$ 的方向上，则两个半波振子天线馈电电流相位差应该是多少？

11.17　设电基本振子的轴线沿东西方向放置，在远方有一移动接收电台在正南方向而接收到最大的电场强度。当接收电台沿电基本振子为中心的圆周在地面上移动时，电场强度将逐渐减小。当电场强度减小到最大值的 $1/\sqrt{2}$ 时，接收电台的位置偏离正南方向多少度？

11.18　当波源频率 $f=1$ MHz，线长 $l=1$ m 时，求以下两种情况下的导线段的辐射电阻。(1) 设导线是长直的；(2) 设导线弯成环形形状。

11.19　由于某种应用上的要求，在自由空间中离天线 1 km 的点处需保持 1 V/m 的电场强度，若天线是(1)无方向性天线、(2)电偶极子天线、(3)对称半波天线，则必须馈给天线的功率分别是多少？(不计损耗)

11.20　半波天线的电流振幅为 1 A，求离开天线 1 km 处的最大电场强度。

11.21　由三个间距为 $\lambda/2$ 的各向同性元组成的三元阵，各单元天线上电流的相位相同，振幅为 1 : 2 : 1，试画出该天线阵的方向图。

11.22　假设有一电偶极子向空间辐射电磁波，已知在垂直它的方向上 100 km 处的电磁场强度为 100 μV/m，求该电偶极子的辐射功率。

11.23　如图 11-1 所示，在 yOz 面上放置的两平行半波阵子天线，间距为 $\lambda/4$，现对两天馈电 $I_2=-\mathrm{j}I_1$。(1) 求空间方向函数；(2) 分别写出 E 面和 H 面方向函数；(3) 概画出 E 面和 H 面方向图。

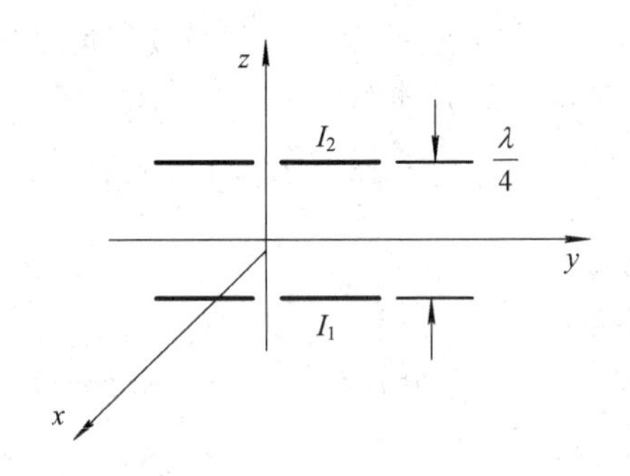

图 11-1　习题 11.23 图

附录 A　常用矢量运算

1. 矢量的分量表示

$$\boldsymbol{A}=\begin{cases} A_x\boldsymbol{e}_x+A_y\boldsymbol{e}_y+A_z\boldsymbol{e}_z & \text{直角坐标} \\ A_\rho\boldsymbol{e}_\rho+A_\varphi e_\varphi+A_z\boldsymbol{e}_z & \text{圆柱坐标} \\ A_r\boldsymbol{e}_r+A_\theta\boldsymbol{e}_\theta+A_\varphi\boldsymbol{e}_\varphi & \text{球坐标} \end{cases}$$

2. 矢量在坐标系中的转换

直角坐标⇒圆柱坐标：

$$\begin{bmatrix} A_\rho \\ A_\varphi \\ A_z \end{bmatrix}=\begin{bmatrix} \cos\varphi & \sin\varphi & 0 \\ -\sin\varphi & \cos\varphi & 0 \\ 0 & 0 & 1 \end{bmatrix}\begin{bmatrix} A_x \\ A_y \\ A_z \end{bmatrix}$$

直角坐标⇒球坐标：

$$\begin{bmatrix} A_r \\ A_\theta \\ A_\varphi \end{bmatrix}=\begin{bmatrix} \sin\theta\cos\varphi & \sin\theta\sin\varphi & \cos\theta \\ \cos\theta\cos\varphi & \cos\theta\sin\varphi & -\sin\theta \\ -\sin\varphi & \cos\varphi & 0 \end{bmatrix}\begin{bmatrix} A_x \\ A_y \\ A_z \end{bmatrix}$$

圆柱坐标⇒直角坐标：

$$\begin{bmatrix} A_x \\ A_y \\ A_z \end{bmatrix}=\begin{bmatrix} \cos\varphi & -\sin\varphi & 0 \\ \sin\varphi & \cos\varphi & 0 \\ 0 & 0 & 1 \end{bmatrix}\begin{bmatrix} A_\rho \\ A_\varphi \\ A_z \end{bmatrix}$$

圆柱坐标⇒球坐标：

$$\begin{bmatrix} A_r \\ A_\theta \\ A_\varphi \end{bmatrix}=\begin{bmatrix} \sin\theta & 0 & \cos\theta \\ \cos\theta & 0 & -\sin\theta \\ 0 & 1 & 0 \end{bmatrix}\begin{bmatrix} A_\rho \\ A_\varphi \\ A_z \end{bmatrix}$$

球坐标⇒直角坐标：

$$\begin{bmatrix} A_x \\ A_y \\ A_z \end{bmatrix}=\begin{bmatrix} \sin\theta\cos\varphi & \cos\theta\cos\varphi & -\sin\varphi \\ \sin\theta\sin\varphi & \cos\theta\sin\varphi & \cos\varphi \\ \cos\theta & -\sin\theta & 0 \end{bmatrix}\begin{bmatrix} A_r \\ A_\theta \\ A_\varphi \end{bmatrix}$$

球坐标⇒圆柱坐标：

$$\begin{bmatrix} A_\rho \\ A_\varphi \\ A_z \end{bmatrix}=\begin{bmatrix} \sin\theta & \cos\theta & 0 \\ 0 & 0 & 1 \\ \cos\theta & -\sin\theta & 0 \end{bmatrix}\begin{bmatrix} A_r \\ A_\theta \\ A_\varphi \end{bmatrix}$$

3. 矢量的加法与减法

$$\boldsymbol{A}\pm\boldsymbol{B}=(A_x\pm B_x)\boldsymbol{e}_x+(A_y\pm B_y)\boldsymbol{e}_y+(A_z\pm B_z)\boldsymbol{e}_z$$

4. 矢量的乘法

矢量的数乘：

$$k\boldsymbol{A} = kA_x\boldsymbol{e}_x + kA_y\boldsymbol{e}_y + kA_z\boldsymbol{e}_z \quad (k\text{ 为实数})$$

矢量的点乘：

$$\boldsymbol{A}\cdot\boldsymbol{B} = |\boldsymbol{A}||\boldsymbol{B}|\cos\theta = A_xB_x + A_yB_y + A_zB_z \ (\theta\text{ 为 }\boldsymbol{A}、\boldsymbol{B}\text{ 矢量间的夹角}，0\leqslant\theta\leqslant\pi)$$

矢量的叉乘：

$$\boldsymbol{A}\times\boldsymbol{B} = |\boldsymbol{A}||\boldsymbol{B}|\sin\theta\boldsymbol{e}_n = \begin{vmatrix} \boldsymbol{e}_x & \boldsymbol{e}_y & \boldsymbol{e}_z \\ A_x & A_y & A_z \\ B_x & B_y & B_z \end{vmatrix} \ (\theta\text{ 为 }\boldsymbol{A}、\boldsymbol{B}\text{ 矢量间的夹角}，0\leqslant\theta\leqslant\pi)$$

5. 矢量的偏微分算子(哈密顿算子)

$$\nabla = \begin{cases} \boldsymbol{e}_x\dfrac{\partial}{\partial x} + \boldsymbol{e}_y\dfrac{\partial}{\partial y} + \boldsymbol{e}_z\dfrac{\partial}{\partial z} & \text{直角坐标} \\ \boldsymbol{e}_\rho\dfrac{\partial}{\partial\rho} + \boldsymbol{e}_\varphi\dfrac{1}{\rho}\dfrac{\partial}{\partial\varphi} + \boldsymbol{e}_z\dfrac{\partial}{\partial z} & \text{圆柱坐标} \\ \boldsymbol{e}_r\dfrac{\partial}{\partial r} + \boldsymbol{e}_\theta\dfrac{1}{r}\dfrac{\partial}{\partial\theta} + \boldsymbol{e}_\varphi\dfrac{1}{r\sin\theta}\dfrac{\partial}{\partial\varphi} & \text{球坐标} \end{cases}$$

梯度：

$$\nabla u = \begin{cases} \boldsymbol{e}_x\dfrac{\partial u}{\partial x} + \boldsymbol{e}_y\dfrac{\partial u}{\partial y} + \boldsymbol{e}_z\dfrac{\partial u}{\partial z} & \text{直角坐标} \\ \boldsymbol{e}_\rho\dfrac{\partial u}{\partial\rho} + \boldsymbol{e}_\varphi\dfrac{1}{\rho}\dfrac{\partial u}{\partial\varphi} + \boldsymbol{e}_z\dfrac{\partial u}{\partial z} & \text{圆柱坐标} \\ \boldsymbol{e}_r\dfrac{\partial u}{\partial r} + \boldsymbol{e}_\theta\dfrac{1}{r}\dfrac{\partial u}{\partial\theta} + \boldsymbol{e}_\varphi\dfrac{1}{r\sin\theta}\dfrac{\partial u}{\partial\varphi} & \text{球坐标} \end{cases}$$

散度：

$$\nabla\cdot\boldsymbol{A} = \begin{cases} \dfrac{\partial A_x}{\partial x} + \dfrac{\partial A_y}{\partial y} + \dfrac{\partial A_z}{\partial z} & \text{直角坐标} \\ \dfrac{1}{\rho}\dfrac{\partial(\rho A_\rho)}{\partial\rho} + \dfrac{1}{\rho}\dfrac{\partial A_\varphi}{\partial\varphi} + \dfrac{\partial A_z}{\partial z} & \text{圆柱坐标} \\ \dfrac{1}{r^2}\dfrac{\partial(r^2A_r)}{\partial r} + \dfrac{1}{r\sin\theta}\dfrac{\partial(\sin\theta A_\theta)}{\partial\theta} + \dfrac{1}{r\sin\theta}\dfrac{\partial A_\varphi}{\partial\varphi} & \text{球坐标} \end{cases}$$

旋度：

$$\nabla\times\boldsymbol{A} = \begin{cases} \begin{vmatrix} \boldsymbol{e}_x & \boldsymbol{e}_y & \boldsymbol{e}_z \\ \dfrac{\partial}{\partial x} & \dfrac{\partial}{\partial y} & \dfrac{\partial}{\partial z} \\ A_x & A_y & A_z \end{vmatrix} & \text{直角坐标} \\ \dfrac{1}{\rho}\begin{vmatrix} \boldsymbol{e}_\rho & \rho\boldsymbol{e}_\varphi & \boldsymbol{e}_z \\ \dfrac{\partial}{\partial\rho} & \dfrac{\partial}{\partial\varphi} & \dfrac{\partial}{\partial z} \\ A_\rho & \rho A_\varphi & A_z \end{vmatrix} & \text{圆柱坐标} \\ \dfrac{1}{r^2\sin\theta}\begin{vmatrix} \boldsymbol{e}_r & r\boldsymbol{e}_\theta & r\sin\theta\,\boldsymbol{e}_\varphi \\ \dfrac{\partial}{\partial r} & \dfrac{\partial}{\partial\theta} & \dfrac{\partial}{\partial\varphi} \\ A_r & rA_\theta & r\sin\theta A_\varphi \end{vmatrix} & \text{球坐标} \end{cases}$$

6. 矢量等式

(1) $\boldsymbol{A}\cdot(\boldsymbol{B}\times\boldsymbol{C}) = \boldsymbol{B}\cdot(\boldsymbol{C}\times\boldsymbol{A}) = \boldsymbol{C}\cdot(\boldsymbol{A}\times\boldsymbol{B})$

(2) $\boldsymbol{A}\times(\boldsymbol{B}\times\boldsymbol{C})=\boldsymbol{B}(\boldsymbol{A}\cdot\boldsymbol{C})-\boldsymbol{C}(\boldsymbol{A}\cdot\boldsymbol{B})$

(3) $\nabla\times(\nabla u)\equiv 0$

(4) $\nabla\cdot(\nabla\times\boldsymbol{A})\equiv 0$

(5) $\nabla(uv)=(\nabla u)v+u(\nabla v)$

(6) $\nabla\times(u\boldsymbol{A})=u\nabla\times\boldsymbol{A}+\nabla u\times\boldsymbol{A}$

(7) $\nabla\cdot(u\boldsymbol{A})=u\nabla\cdot\boldsymbol{A}+\nabla u\cdot\boldsymbol{A}$

(8) $\nabla\cdot(\boldsymbol{A}\times\boldsymbol{B})=\boldsymbol{B}\cdot\nabla\times\boldsymbol{A}-\boldsymbol{A}\cdot\nabla\times\boldsymbol{B}$

(9) $\nabla\times(\boldsymbol{A}\times\boldsymbol{B})=(\boldsymbol{B}\cdot\nabla)\boldsymbol{A}-(\boldsymbol{A}\cdot\nabla)\boldsymbol{B}+\boldsymbol{A}(\nabla\cdot\boldsymbol{B})-\boldsymbol{B}(\nabla\cdot\boldsymbol{A})$

(10) $\nabla(\boldsymbol{A}\cdot\boldsymbol{B})=(\boldsymbol{A}\cdot\nabla)\boldsymbol{B}+-(\boldsymbol{B}\cdot\nabla)\boldsymbol{A}+\boldsymbol{A}\times(\nabla\times\boldsymbol{B})+\boldsymbol{B}\times(\nabla\times\boldsymbol{A})$

(11) $\nabla\times\nabla\times\boldsymbol{A}=\nabla(\nabla\cdot\boldsymbol{A})-\nabla^2\boldsymbol{A}$

7. 定理

Gauss 散度定理：

$$\oint_S \boldsymbol{A}\cdot \mathrm{d}\boldsymbol{S}=\int_V \nabla\cdot\boldsymbol{A}\mathrm{d}V$$

Stokes 环路定理：

$$\oint_C \boldsymbol{A}\cdot \mathrm{d}\boldsymbol{l}=\int_S \nabla\times\boldsymbol{A}\cdot \mathrm{d}\boldsymbol{S}$$

格林定理：

$$\int_V(\varphi\nabla^2\psi+\nabla\varphi\cdot\nabla\psi)\mathrm{d}V=\oint_S\varphi\nabla\psi\cdot\mathrm{d}\boldsymbol{S}$$

$$\int_V(\varphi\nabla^2\psi-\psi\nabla^2\varphi)\mathrm{d}V=\oint_S(\varphi\nabla\psi-\psi\nabla\varphi)\cdot\mathrm{d}\boldsymbol{S}$$

亥姆霍兹定理：

$$\boldsymbol{F}=-\nabla u(\boldsymbol{r})+\nabla\times\boldsymbol{A}(\boldsymbol{r})$$

$$\begin{cases} u(\boldsymbol{r})=\dfrac{1}{4\pi}\displaystyle\int_V\dfrac{\nabla'\cdot\boldsymbol{F}(\boldsymbol{r}')}{|\boldsymbol{r}-\boldsymbol{r}'|}\mathrm{d}V' \\ \boldsymbol{A}(\boldsymbol{r})=\dfrac{1}{4\pi}\displaystyle\int_V\dfrac{\nabla'\times\boldsymbol{F}(\boldsymbol{r}')}{|\boldsymbol{r}-\boldsymbol{r}'|}\mathrm{d}V' \end{cases}\qquad\text{（无限区域）}$$

$$\begin{cases} u(\boldsymbol{r})=\dfrac{1}{4\pi}\displaystyle\int_V\dfrac{\nabla'\cdot\boldsymbol{F}(\boldsymbol{r}')}{|\boldsymbol{r}-\boldsymbol{r}'|}\mathrm{d}V'-\dfrac{1}{4\pi}\oint_S\dfrac{\boldsymbol{e}'_{\mathrm{n}}\cdot\boldsymbol{F}(\boldsymbol{r}')}{|\boldsymbol{r}-\boldsymbol{r}'|}\mathrm{d}S' \\ \boldsymbol{A}(\boldsymbol{r})=\dfrac{1}{4\pi}\displaystyle\int_V\dfrac{\nabla'\times\boldsymbol{F}(\boldsymbol{r}')}{|\boldsymbol{r}-\boldsymbol{r}'|}\mathrm{d}V'-\dfrac{1}{4\pi}\oint_S\dfrac{\boldsymbol{e}'_{\mathrm{n}}\times\boldsymbol{F}(\boldsymbol{r}')}{|\boldsymbol{r}-\boldsymbol{r}'|}\mathrm{d}S' \end{cases}\qquad\text{（有限区域）}$$

附录 B　常用物理常数

(1) 电子的电荷量:

$$e = -1.6022 \times 10^{-19} \mathrm{C}$$

(2) 真空中光速:

$$C = 2.997\,925 \times 10^{8} \mathrm{m/s}$$

(3) 真空中介电常数:

$$\varepsilon_0 = 8.854\,188 \times 10^{-12}\ \mathrm{F/m}$$

(4) 真空中磁导率:

$$\mu_0 = 1.256\,637 \times 10^{-6}\ \mathrm{H/m}$$

(5) 真空中平面波阻抗:

$$\eta_0 = 376.730\ \Omega$$

参考文献

[1] 李约瑟. 中国科学技术史[M]. 北京：科学出版社，1990.

[2] 沙踪. 电波传播的研究与应用[D]. 第七届电波传播年会论文集，2004.

[3] 王元坤. 电波传播概论[M]. 北京：国防工业出版社，1984.

[4] 梁昌洪. 矢算场论札记[M]. 北京：科学出版社，2009.

[5] 谢处方，饶克谨. 电磁场与电磁波[M]. 4 版. 北京：高等教育出版社，2006.

[6] GURU B S，HIZIROGLU H R. 电磁场与电磁波[M]. 2 版. 周可定，译. 北京：机械工业出版社，2010.

[7] RAO N N. 电磁场理论[M]. 邵小桃，郭勇，王国栋，译. 北京：电子工业出版社，2010.

[8] HAYT W H，BUCK J A. 工程电磁学[M]. 6 版. 徐安士，等译. 北京：电子工业出版社，2004.

[9] 焦其祥. 电磁场与电磁波[M]. 北京：科学出版社，2004.

[10] 刘岚，黄秋元，程莉，等. 电磁场与电磁波基础[M]. 北京：电子工业出版社，2010.

[11] 费恩曼. 费恩曼物理学讲义(第 2 卷)[M]. 上海：上海科学技术出版社，2005.

[12] 楼仁海，符果行，袁敬闳. 电磁理论[M]. 成都：电子科技大学出版社，1996.

[13] 王家礼，朱满座，路宏敏. 电磁场与电磁波[M]. 2 版. 西安：西安电子科技大学出版社，2000.

[14] 牛中奇，朱满座，卢智远，等. 电磁场理论基础[M]. 西安：西安电子科技大学出版社，2001.

[15] 何红雨. 电磁场数值计算法与 MATLAB 实现. 武汉：华中科技大学出版社，2004.

[16] 邹鹏，周晓萍. 电磁场与电磁波. 北京：清华大学出版社，2009.

[17] 杨儒贵. 电磁场与电磁波[M]. 成都：电子科技大学出版社，1996.

[18] 张瑜. 电磁波空间传播[M]. 西安：西安电子科技大学出版社，2007.

[19] 刘学观，郭辉萍. 电磁场与电磁波[M]. 西安：西安电子科技大学出版社，2010.

[20] 徐立勤，曹伟. 电磁场与电磁波理论[M]. 北京：科学出版社，2006.

[21] GURU B S，HIZIROGLU H R. 电磁场与电磁波[M]. 2 版. 周克定，译. 北京：机械工业出版社，2006.

[22] 黄玉兰. 电磁场与微波技术[M]. 2 版. 北京：人民邮电出版社，2012.

[23] 威廉 · H. 海特，约翰 · A. 巴克. 工程电磁场[M]. 8 版. 赵彦珍，杨黎晖，陈锋，等译. 西安：西安交通大学出版社，2013.

[24] CHENG D K . Field and wave electromagnetics[M]. 2nd ed. 北京：清华大学出版社，2007.

[25] 冯恩信. 电磁场与电磁波[M]. 3 版，西安：西安交通大学出版社，2010.

[26] 王长清，祝西里. 现代计算电磁学基础[M]. 北京：北京大学出版社，2005.
[27] 戴振铎，鲁述. 电磁场理论中的并矢格林函数[M]. 武汉：武汉大学出版社，2005.
[28] 张瑜，郝文辉，高金辉. 微波技术及其应用[M]. 西安：西安电子科技大学出版社，2006.
[29] 梁昌洪，谢拥军. 简明微波[M]. 北京：高等教育出版社，2006.
[30] 任伟，赵家生. 电磁场与微波技术[M]. 北京：电子工业出版社，2006.
[31] 赵克玉，许永福. 微波原理与技术[M]. 北京：高等教育出版社，2006.
[32] 刘学观，郭辉萍. 微波技术与天线[M]. 3 版. 西安：西安电子科技大学出版社，2012.
[33] 龚书喜. 微波技术与天线[M]. 北京：高等教育出版社，2014.
[34] 王新稳，李延平，李萍. 微波技术与天线[M]. 3 版. 北京：电子工业出版社，2011.
[35] POZAR D M. Microwave engineering[M]. 3rd ed. New York: Jonh Wilek & Sons, Inc, 2003.